内燃机
构造与维修

严 健　杨贵恒　邓志明　潘小兵　阮 喻　编著

化学工业出版社
·北京·

本书讲述内燃机总体构造、机体组件与曲柄连杆机构、配气机构与进排气系统、柴油机燃油供给系统、汽油机燃油供给系统、汽油机点火系统、润滑与冷却系统、启动系统以及内燃机性能与试验。

本书可作为汽车发动机修理工和工程机械维修工的案头工具书，也可作为高等职业院校汽车、港口机械、起重运输机械、筑路机械、发电与供电等相关专业师生的教学参考书。

图书在版编目（CIP）数据

内燃机构造与维修/严健等编著．—北京：化学工业出版社，2019.8（2023.2重印）

ISBN 978-7-122-34750-3

Ⅰ.①内…　Ⅱ.①严…　Ⅲ.①内燃机-构造②内燃机-维修　Ⅳ.①TK4

中国版本图书馆CIP数据核字（2019）第124612号

责任编辑：高墨荣　　文字编辑：孙凤英

责任校对：边　涛　　装帧设计：王晓宇

出版发行：化学工业出版社（北京市东城区青年湖南街13号　邮政编码100011）

印　　装：北京科印技术咨询服务有限公司数码印刷分部

787mm×1092mm　1/16　印张25　字数667千字　2023年2月北京第1版第3次印刷

购书咨询：010-64518888　售后服务：010-64518899

网　　址：http：//www.cip.com.cn

凡购买本书，如有缺损质量问题，本社销售中心负责调换。

定　　价：88.00元

前言

内燃机自问世以来，给人类社会的发展和人民生活水平的不断提高做出了不可磨灭的贡献。汽车、内燃发电机组（柴油发电机组和汽油发电机组）、港口机械、起重运输机械和筑路机械等性能的不断提高都与内燃机技术的发展与进步息息相关。

从2007年至今十余年间，笔者陆续在化学工业出版社出版了《发电机组维修技术》《柴油发电机组技术手册》《柴油发电机组实用技术技能》《内燃发电机组技术手册》以及《发电机组维修技术（第二版）》等有关内燃发电机组的相关书籍，深受读者欢迎，在一定程度上满足了不同层次读者的需要。但也有部分读者反映应该加强内燃机构造与维修方面的内容，因为内燃发电机组的维修（尤其是大修）在很大程度上就是发动机的维修。此次将内燃机构造与维修部分单独出版，以满足此类读者的需要，也能同时满足部分高等职业院校专业课教学的需要。

全书共11章。第1章：绪论，讲述内燃机的发展史、总体构造与工作过程、性能指标与特性；第2章至第9章：分别讲述机体组件与曲柄连杆机构、配气机构与进排气系统、柴油机燃油供给系统、汽油机燃油供给系统、汽油机点火系统、润滑系统、冷却系统和启动系统的基本构造与常见故障检修技能；第10章：内燃机的拆装与调试，讲述内燃机的拆卸、清洗与检验、装配、磨合与调试；第11章：内燃机的使用与维护，讲述内燃机的操作使用、维护保养与常见故障检修。

本书由严健、杨贵恒、邓志明（海军士官学校）、潘小兵、阮喻编著，在本书编写过程中，徐嘉峰、张寿珍、张伟、刘鹏、袁征、李海明、苏红春、龚利红、王志斌、杨新、强生泽、向成宣、刘小丽、甘剑锋、文武松、杨昆明、晏妮、吴兰珍、晏长春、唐嘉春、余江、蒋王莉、李光兰、温中珍、杨楚渝、杨胜、邓红梅、杨沙沙、杨洪、汪二亮、杨蕾和汪哲等做了大量的资料搜集与整理工作，在此表示衷心感谢！

本书图文并茂、通俗易懂、重点突出、针对性强、理论联系实际，具有较强的实用性与可操作性，可作为汽车发动机修理工和工程机械（发电机组、挖掘机、船用发动机等）维修工的案头工具书，也可作为高等职业院校汽车、港口机械、起重运输机械、筑路机械、发电与供电等相关专业师生的教学参考书。

由于笔者学识所限，加之编写时间仓促，书中难免存在疏漏和不妥之处，恳请广大读者提出宝贵意见和建议，以便再版时更正。

编著者

2019年夏于重庆林园

目 录

第1章 绪论

把燃料燃烧时所放出的热能转换成机械能的机器称为热机。热机可分为外燃机和内燃机两类。燃料燃烧的热能通过其他介质转变为机械能的称为外燃机，如蒸汽机和汽轮机等；燃料在发动机气缸内部燃烧，工质被加热并膨胀做功，直接将所含的热能转变为机械能的称为内燃机，如柴油机、汽油机和燃气轮机等。其中以柴油机和汽油机应用最为广泛，通常所说的内燃机多指这两种发动机。

柴油机是将柴油直接喷射入气缸与空气混合燃烧得到热能，并将热能转变为机械能的热力发动机；汽油机是以汽油作为燃料，将内能转化成动能的热机。

内燃机以其热效率高、结构紧凑、机动性强、运行维护简便的优点著称于世。一百多年以来，内燃机的巨大生命力经久不衰。现代内燃机更是成为当今用量最大、用途最广、无一与之匹敌的最重要的热能机械，在国民经济中占有相当重要的地位。当然内燃机同样也存在着不少的缺点，主要是：对燃料的要求高，不能直接燃用劣质燃料和固体燃料；由于间歇换气以及制造的困难，单机功率的提高受到限制，现代内燃机的最大功率通常小于 4 万千瓦，而蒸汽机的单机功率可以高达数十万千瓦；内燃机不能反转；内燃机的噪声和废气中有害成分对环境的污染尤其突出。可以说这一百多年来的内燃机的发展史就是人类不断革新，不断挑战克服这些缺点的历史。

1.1 内燃机的发展及其应用

1.1.1 发展简史

内燃机发展至今，约有一个半世纪的历史了。同其他科学一样，内燃机的每一个进步都是人类生产实践经验的概括和总结。内燃机的发明始于对活塞式蒸汽机的研究和改进。在其发展史中应当特别提到的是德国人奥托和狄塞尔，正是他们在总结前人无数实践经验的基础上，对内燃机的工作循环提出了较为完善的奥托循环和狄塞尔循环，才使得此前几十年间无数人的实践和创造活动得到了一个科学的总结，并有了质的飞跃。他们将前任粗浅和零乱无序的经验加以继承、发展、总结、提高，找出了其规律，为内燃机热力循环奠定了热力学基础，为内燃机的快速发展做出了巨大贡献。

1.1.1.1 往复活塞式内燃机

往复活塞式内燃机的种类很多，常见分类方法有：按所用燃料不同，可分为汽油机、柴油机、煤气机（包括各种气体燃料内燃机）等；按每个工作循环的行程数不同，可分为四冲程和二冲程；按着火方式不同，可分为点燃式和压燃式；按冷却方式不同，可分为水冷式和风冷式；按气缸排列形式不同，可分为直列式、V形、对置式、星形等；按气缸数不同，可分为单缸和多缸；按用途不同，可分为汽车用、农用、机车用、船用以及固定用等。下面按照煤气机、汽油机、柴油机这样一个发展脉络来向大家介绍。

(1) 最早的内燃机——煤气机

最早出现的内燃机是以煤气为燃料的煤气机。1860年，法国发明家莱诺·兰诺尔(Ettienne Lenoir，祖籍比利时)制成了第一台实用内燃机（单缸、二冲程、无压缩和电点火的煤气机，输出功率为0.74～1.47kW，转速为100r/min，热效率为4%)。法国工程师德罗沙（Alphonse Beau de Rochas）认识到，要想尽可能提高内燃机的热效率，就必须使单位气缸容积的冷却面积尽量减小，膨胀时活塞的速率尽量快，膨胀的范围（冲程）尽量长。在此基础上，他在1862年提出了著名的等容燃烧四冲程循环：进气、压缩、燃烧和膨胀(做功)、排气。

1876年，德国人尼古拉斯·奥古斯特·奥托（Nicolaus August Otto）制成了第一台四冲程往复活塞式内燃机（单缸、卧式，以煤气为燃料，功率大约为2.21kW，180r/min)。在这台内燃机上，奥托增加了飞轮，使其运转平稳，把进气道加长，又改进了气缸盖，使混合气充分形成。这是一台非常成功的内燃机，其热效率相当于当时蒸汽机的两倍。奥托把三个关键的技术思想内燃、压缩燃气、四冲程融为一体，体现了内燃机具有效率高、体积小、质量轻和功率大等一系列优点。在1878年巴黎万国博览会上，被誉为“瓦特以来动力机方面最大的成就”。由于等容燃烧四冲程循环由奥托实现，所以通常称其为“奥托循环”。

煤气机虽然比蒸汽机具有很大的优越性，但在社会化大生产情况下，仍不能满足交通运输业所要求的高速、轻便等性能。因为它以煤气为燃料，需要庞大的煤气发生炉和管道系统。而且煤气的热值低（$1.5\times10^7\sim2.09\times10^7$ J/m^3)，故煤气机转速慢，比功率小。到19世纪下半叶，随着石油工业的兴起，用石油产品取代煤气作燃料已成为必然趋势。

(2) 汽油机的出现

1883年，德国工程师戈特利布·戴姆勒（Gottlieb Daimler）和威廉·迈巴赫(Wilhelm Maybach）制成了第一台四冲程往复式汽油机，此内燃机上安装了迈巴赫设计的化油器，用白炽灯管解决了点火问题。以前内燃机的转速都不超过200r/min，而戴姆勒的汽油机转速提高到800～1000r/min。其特点是功率大、质量轻、体积小、转速快和效率高，特别适用于交通工具。与此同时，卡尔·弗里德里希·本茨（Karl Friedrich Benz）研制成功了现在仍在使用的点火装置和水冷式冷却器。

到19世纪末，活塞式内燃机进入实用化阶段，并且很快显示出巨大的生命力。内燃机在广泛应用中不断地得到改善和革新，迄今已达到一个较高的技术水平。在这样一个漫长的发展历史中，有两个重要的发展阶段是具有划时代意义的：一是20世纪50年代兴起的增压技术在内燃机上的广泛应用；二是20世纪70年代开始的电子技术及计算机技术在内燃机研制中的应用，这两个发展趋势至今都方兴未艾。

20世纪在汽车和飞机工业的推动下汽油机取得了长足的发展。按提高汽油机的功率、热效率、比功率和降低油耗等主要性能指标的过程，可以把汽油机的发展分为四个阶段。

第一阶段是20世纪最初20年，为了适应交通运输的要求，汽油机以提高功率和比功率为主。采取的主要技术措施是提高转速、增加缸数和改进相应辅助装置。这个时期内，转速从19世纪的500～800r/min提高到1000～1500r/min，比功率从3.68W/kg提高到735.5W/kg，对提高飞机的飞行性能和汽车的负载能力具有重大意义。

第二阶段是20世纪20年代，主要解决汽油机的爆震燃烧问题。当时汽油机的压缩比达到4时，汽油机就发生爆震。美国通用汽车公司研究室的米格雷和鲍义德通过在汽油中加入少量的四乙基铅，干扰氧和汽油分子化合的正常过程，解决了爆震的问题，使压缩比从 4 提高到了 8，大大提高了汽油机的功率和热效率。当时另一严重影响汽油机功率和热效率的因素是燃烧室的形状和结构，英国的里卡多及其合作者通过对多种燃烧室及燃烧原理的研究，改进了燃烧室，使汽油机的功率提高了 20%。

第三阶段是从 20 世纪 20 年代后期到 40 年代早期，主要是在汽油机上装备增压器。废气涡轮增压可使气压增至 1.6 大气压，废气涡轮增压器的应用为提高汽油机的功率和热效率开辟了一个新的途径。但是其真正的广泛应用，却是在 20 世纪 50 年代后期才开始。

第四阶段是从 20 世纪 50 年代至今，汽油机技术在原理重大变革之前发展已近极致。其结构越来越紧凑，转速越来越高。其技术现状为：缸内喷射；多气门技术；进气滚流，稀薄分层燃烧；电子控制点火正时、汽油喷射及空燃比随工况精确控制等全面电子内燃机管理；废气再循环及三元催化等排气净化技术等。其集中体现在近年来研制成功并投产的缸内直喷分层充气稀燃汽油机（Gasoline Direct Injection，GDI）。

20 世纪 70 年代开始电子技术和计算机技术在汽油机上的应用，为汽油机技术的改进提供了便利条件，使汽油机基本上满足了目前世界各国有关排放、节能、可靠性和舒适性等方面的要求。内燃机电子控制现已包括电控燃油喷射、电控点火、怠速控制、排放控制、进气控制、增压控制、警告提示、自我诊断、失效保护等诸多方面。

内燃机电子控制技术的发展大致可分为四个阶段：

① 内燃机零部件或局部系统的单独控制，如电子油泵、电子点火装置等。

② 内燃机单一系统或几个相关系统的独立控制，如燃油供给系统和最佳空燃比控制等。

③ 整台内燃机的统一智能化控制，如内燃机电子控制系统。

④ 装置与内燃机动力的集中电子控制，如汽车、船舶、发电机组的集中电子控制系统。

电子控制系统一般由传感器、执行器和控制器三部分组成。由此构成各种不同功能、不同用途的控制系统。其主要目标是保持内燃机各运行参数的最佳值，以求得内燃机功率、燃油消耗和排放性能的最佳平衡，并监视运行工况。

（3）内燃机家族的另一个明星——柴油机

柴油机几乎是与汽油机同时发展起来的，两者具有诸多共同点。所以柴油机的发展也与汽油机有许多相似之处，可以说在整个内燃机的发展史上，它们是相互推动的。

德国人鲁道夫·狄塞尔（Rudolf Diesel）于 1892 年获得压缩点火压缩机的技术专利，1897 年制成了第一台压缩点火的“狄塞尔”内燃机，即柴油机（由于其在柴油机方面的卓越贡献，英文单词“柴油机”用其名字“Diesel”命名）。柴油机的高压缩比带来众多优点：

① 省去化油器和点火装置，提高了热效率，且可以使用比汽油便宜的柴油作燃料。

② 柴油机由于其压缩比大，最大功率点、单位功率的油耗低。在现代内燃机中，柴油机的油耗约为汽油机的 70%。特别像汽车，通常在部分负荷工况下行驶，其油耗约为汽油机的 60%。柴油机是目前热效率最高的内燃机。

③ 柴油机因为压缩比高，机体组件制造结实，故经久耐用、寿命长。

与此同时，高压缩比也给柴油机带来了如下缺点：

① 结构笨重。通常柴油机的单位功率质量约为汽油机的 1.5～3 倍。柴油机压缩比高，爆发压力也大，可达汽油机的 1.5 倍左右（不增压的情况下）。为了承受高温高压，就要求其具有比汽油机结实的结构。所以柴油机最初只是作为一种固定式内燃机使用。

② 在同一排量下，柴油机的输出功率约为汽油机的 1/3。因为柴油机把燃料直接喷入气缸，不能充分利用空气，相应功率输出低。假设汽油机的空气利用率为 100%，那么柴油机仅有 80%～90%。柴油机功率输出小的另一原因是压缩比大，摩擦损失比汽油机大。这种摩擦损失与转速成正比，不能期望通过增加转速来提高功率。转速高的汽油机每分钟可运转

10000 次以上（如赛车汽油机），而柴油机的最高转速却只有 5000r/min。

近百年来，柴油机的热效率提高近 80%，比功率提高几十倍，空气利用率达 90%。当今柴油机的技术水平表现为：优良的燃烧系统；采用 4 气门技术；超高压喷射；增压和增压中冷；可控废气再循环和氧化催化器；降低噪声的双弹簧喷油器；全电子内燃机管理等，集中体现在以采用电控共轨式燃油喷射系统为特征的新一代柴油机上。

增压技术在柴油机上的应用要比汽油机晚一些。早在 20 世纪 20 年代就有人提出压缩空气提高进气密度的设想，直到 1926 年瑞士人 A. J. 伯玉希（A. J. Buchi）才第一次设计了一台带废气涡轮增压器的增压内燃机。由于当时的技术水平和工艺、材料的限制，还难以制造出性能良好的涡轮增压器，加上第二次世界大战的影响，增压技术未能迅速普及，直到大战结束后，增压技术的研究和应用才受到重视，1950 年增压技术才开始在柴油机上使用。

20 世纪 50 年代，增压度约为 50%，四冲程机的平均有效压力约为 0.8MPa，无中冷，处于一个技术水平较低的阶段。其后 20 多年间，增压技术得到了迅速发展和广泛采用。

20 世纪 70 年代，增压度达 200%以上，正式作为商品提供的柴油机的平均有效压力，四冲程机已达 2.0MPa 以上，二冲程机已超过 1.3MPa，普遍采用中冷，使得高增压（>2.0MPa）四冲程机实用化。单级增压比接近 5，并发展了两级增压和超高增压系统，相对于 20 世纪 50 年代初期刚采用增压技术的内燃机技术水平，近 30 年来有了惊人的发展。

20 世纪 80 年代，仍保持这种发展势头。由于进、排气系统的优化设计，提高了充气效率，为了充分利用废气能量，出现了谐振进气系统和组合脉冲转换（Modular Pulse Converter，MPC）增压系统。可变截面涡轮增压器，使得单级涡轮增压比可达到 5 甚至更高。采用超高增压系统，压力比可达 10 以上，而内燃机的压缩比可降至 6 以下，内燃机的功率输出可提高 2～3 倍。进一步发展到动力涡轮复合式二级涡轮增压系统。由此可见，高增压、超高增压的效果是可观的，将内燃机的性能提高到了一个崭新的水平。

1.1.1.2　旋转活塞式内燃机

一直以来人们都在致力于建造旋转式内燃机，其目标是避免往复式内燃机固有的复杂性。在 1910 年以前，全世界各国研究人员曾提出 2000 多个旋转内燃机的方案。20 世纪初，又有许多人提出不同的方案，但大多因结构复杂或无法解决气缸密封问题而不能实现。直到 1954 年，德国的菲力斯·亨利奇·汪克尔（Felix Heinrich Wankel）长期研究，突破了气缸密封这一关键技术，才使具有长短幅圆外旋轮线缸体的三角旋转活塞内燃机首次运转成功。转子每转一圈可以实现进气、压缩、燃烧膨胀和排气过程，按照奥托循环运转。1962 年三角转子内燃机作为船用动力，20 世纪 80 年代日本东洋工业公司把其用于汽车引擎。

（1）转子内燃机的优点

① 取消了曲柄连杆机构、气门机构等，得以实现高速化。

② 质量轻（比往复式内燃机质量下降 1/2～1/3），结构和操作简单（零部件数量比往复式少 40%，体积减少 50%）。

③ 在排气污染方面有所改善，如 NO_X 产生较少。

（2）转子内燃机不足之处

① 密封性能较差，至今为止只能作为压缩比低的汽油机使用。

② 由于高速导致的扭矩低，组织经济的燃烧过程困难。

③ 寿命短、可靠性低以及加工长短轴旋轮线的专用机床构造复杂等。

1.1.1.3　燃气轮机

1873 年，美国科学家乔治·布雷顿（George Brayton）制造了一种定压燃烧的内燃机。该机能提供使燃气完全膨胀到大气压所发出的功率。20 世纪初，法国的阿曼卡（Bene Armandaud）等成功地应用布雷顿循环原理制成了燃气轮机。但是，因当时条件限制，热效率很低，燃气轮机未能得到发展。

到 20 世纪 30 年代，由于空气动力学及耐高温合金材料和冷却系统的进展，为燃气轮机进入实用创造了条件。燃气轮机虽然是内燃机，但它没有像往复式内燃机那样必须在封闭的空间里和限定的时间内燃烧的限制，所以不会发生像汽油机那样的爆震，也很少像柴油机那样受摩擦损失的限制，且燃料燃烧所产生的气体直接推动叶轮转动，所以其结构简单（与活塞式内燃机相比，其部件数量仅为它的 1/6 左右）、质量轻、体积小、运行费用低，且易于采用多种燃料，也较少发生故障。虽然燃气轮机目前尚存在一些缺点，如成本高、寿命短、需要高级耐热钢材和排污系统（主要是 NO_X 排放较严重）等，致使至今燃气轮机的应用仍局限于飞机、船舶、发电厂和机车等，但是由于布雷顿循环的优越性、燃气轮机对燃油的限制小及上述的其他优点，使得它仍为现在和将来人们致力研究的动力技术之一。若突破涡轮入口温度，大大提高热效率，且有效克服其他缺点，燃气轮机有望与汽油机、柴油机媲美。

1.1.2 发展趋势

内燃机从发明至今，已有 100 多年的发展历史。如果把蒸汽机的发明认为是第一次动力革命，那么内燃机的问世当之无愧是第二次动力革命。因为它不仅是动力史上的一次大飞跃，而且其应用范围之广、数量之多也是当今任何一种别的动力机械无与伦比的。随着科技的发展，内燃机在经济性、动力性、可靠性等方面取得了惊人进步，为人类做出了巨大贡献，可以说如今内燃机已进入了极盛时期。内燃机的未来发展主要集中在以下几个方面。

（1）增压技术

从内燃机重要参数（压力、温度、转速）的发展规律来看，可以发现这三个参数在 1900 年以前随着年代的推移提高得很快。而在 1900 年以后，尤其是 1950 年以后，温度、转速提高的速度变慢，而平均有效压力随着年代的增加仍直线上升。实践证明：提高平均有效压力可以大幅度地提高效率，减轻质量。而提高平均有效压力的技术就是提高增压度。如柴油机增压可大幅度地缩小柴油机进气管的尺寸，并使气缸有足够大的充气效率用于提高柴油机的功率，使之能在一个宽广的转速范围内既提高功率又有大的扭矩。一台增压中冷柴油机可以使功率成倍提高，而造价仅提高 15%～30%，即每马力造价可平均降低 40%。所以增压、高增压、超高增压是当前内燃机重要的发展方向之一。但是这只是问题的一个方面，另一个方面内燃机强化和超强化会给零部件带来过大的机械负荷和热负荷，特别是热负荷问题已成为内燃机进一步强化的瓶颈；再就是单级高效率、高压比压气机也限制了增压技术的进一步发展，因此，内燃机也不是增压度越高越好。

（2）电子控制技术

内燃机电子控制技术产生于 20 世纪 60 年代后期，通过 70 年代的发展，80 年代趋于成熟。随着电子技术的进一步发展，内燃机电子控制技术将会承担更加重要的任务，其控制面会更宽，控制精度和智能化水平也会不断提高。诸如燃烧室容积和形状变化的控制、压缩比变化控制、工作状态的机械磨损检测控制等较大难度的内燃机控制将成为现实并得到广泛应用。内燃机电子控制正由单独控制向综合、集中控制方向发展，由控制的低效率及低精度向控制的高效率及高精度发展。随着人类进入电子时代，21 世纪的内燃机也将步入“内燃机电子时代”，其发展情况将与高速发展的电子技术相适应。内燃机电子控制技术是内燃机适应社会发展需求的主要技术依托，也是 21 世纪内燃机保持辉煌成就的重要影响因素。

（3）材料技术

内燃机使用的传统材料是钢、铸铁和有色金属及其合金。在内燃机发展过程中，人们不断对其经济性、动力性、排放等提出了更高要求，从而对内燃机材料的要求相应提高。根据内燃机今后的发展目标，对内燃机材料的要求主要集中在绝热性、耐热性、耐磨性、耐腐蚀性及热膨胀小、质量轻等方面。要促进内燃机材料的发展，除采用改变材料化学成分与含量来达到零部件所要求的物理、力学性能这一常规方法外，也可采用表面强化工艺来使材料达到所需的要求，但内燃机材料的发展更需要我们去开发适应不同工作状态的新材料。与内燃机传统材料相比，陶瓷材料具有无可比拟的绝热性和耐热性，陶瓷材料和工程塑料（如纤维增强塑料）具有比传统材料优越的耐磨性和耐腐蚀性，其密度与铝合金不相上下而比钢和铸铁轻得多。因此，高性能陶瓷材料凭借其优良的综合性能，可用在许多内燃机零件上，如喷油点火零件、燃烧室、活塞顶等，若能克服脆性、成本等方面的弱点，在不久的将来将会得到广泛应用。工程塑料也可用于许多内燃机零件，如内燃机上的各种罩盖、活塞裙部、正时齿轮、推杆等，随着工艺水平的提高及价格的降低，未来工程塑料在内燃机上的应用将会与日俱增。综合内燃机的各种材料，为扬长避短，在新材料的基础上又开发出了以金属、塑料或陶瓷为基材的各种复合材料，并开始在内燃机上逐渐推广使用。

（4）制造技术

内燃机整体发展水平主要取决于其零部件的发展水平，而内燃机零部件的发展水平，是由生产制造技术等因素来决定的。也就是说，内燃机零部件的制造技术水平，对内燃机整机的性能、寿命及可靠性有决定性的影响。同样制造技术与设备的关系也是密不可分的，每当新一代设备或工艺材料研制成功，都会给制造技术的革新带来突破性的进展。进入21世纪后，科学技术的发展异常迅猛，新设备的研制周期将越来越短，因此21世纪内燃机制造技术必将形成迅速发展的局面。

由于铸造技术水平的提高，气冲造型、静压造型、消失模铸造（消失模铸造是把与铸件尺寸形状相似的石蜡或泡沫模型粘接组合成模型簇，刷涂耐火涂料并烘干后，埋在干石英砂中振动造型，在负压下浇注，使模型气化，液体金属占据模型位置，凝固冷却后形成铸件的新型铸造方法。消失模铸造是一种近无余量、精确成型的新工艺，该工艺无须取模、无分型面、无砂芯，因而铸件没有飞边、毛刺和拔模斜度，并减少了由于型芯组合而造成的尺寸误差）使内燃机铸造的主要零件如机体、缸盖可以制成形状复杂的曲面及箱型结构的薄壁铸件。这不仅在很大程度上提高了机体刚度，降低了噪声辐射，而且使内燃机达到轻量化。一方面，由于像喷涂、重熔、烧结、堆焊、电化学加工、激光加工等局部表面强化技术的进步，使材料功能得到完美发挥；由于设备水平提高，加工制造技术向高精度、高效率、自动化方向发展，带动了内燃机零部件生产向高集中化程度发展。另一方面，柔性制造技术的推广，使内燃机产品更新换代具有更大的灵活性和适应性。多品种小批量生产的柔性制造系统引起了内燃机制造商们的广泛认同，也顺应了生产技术发展及市场形势的变化。

（5）代用燃料

由于世界石油危机和内燃机尾气对环境的污染日益严重，对内燃机技术的研究，世界各国研究者会将更多的精力转向高效节能及开发利用洁净的代用燃料。以汽油机和柴油机为基础进行改造或重新设计，开发以天然气、液化石油气和氢气等为燃料的气体内燃机为目前和今后一段时间内内燃机技术的重点之一。

综上所述，21世纪的内燃机技术将面临来自各方面的挑战，它将义无反顾地朝着节约能源、燃料多样化、提高功率、延长寿命、提高可靠性、降低排放和噪声、减轻质量、缩小体积、降低成本、简化维护保养等方向发展。在21世纪，天然气、醇类、植物油及氢等代用燃料将为内燃机增添新的活力，而内燃机电子控制技术在提高品质的同时也延长了内燃机行业的“生命”。新材料、新工艺的技术革命，为21世纪内燃机的发展提供了新的推动力。21世纪的内燃机，将在造福人类的同时不断弥补自身缺陷，为人类作出新的贡献。

1.1.3 典型应用

内燃机功率覆盖面大，转速范围宽，到目前为止没有任何一种热力发动机可以与之相媲美，所以内燃机的应用量大、面广，涉及国民经济和国防建设的各个领域。从农业机械、汽车、摩托、工程机械，机车、战车、电站、舰艇和民用船舶，乃至于飞机都广泛采用内燃机，特别在水陆交通运输和农业装备中占有绝对优势。

（1）交通运输方面的应用

交通是国民经济的命脉，从某种意义上说，交通的现代化对人类文明的发展起到了至关重要的作用。如果说没有汽车、火车、飞机、轮船，就没有发达的交通运输，没有畅通的物流，更没有广泛的文化与科技交流。近百年之所以有别于过去的世纪，能取得超越以往任何世纪的伟大成就，使物质文明和精神文明达到现在这样一个高度，交通发达及交通工具的现代化是其中诸多因素中的重要因素，可以说交通是推动时代列车前进的原动力。

汽车是使用内燃机最早的交通工具，内燃机作为汽车的“心脏”，它们相互依存，共同发展，汽车性能的好坏、汽车工业的兴衰，与内燃机的发展息息相关。近百年来，汽车产品的巨大进步，首先缘于内燃机工业强劲发展的推动，同时又促进了内燃机自身的发展。汽车发展至今，内燃机仍是现代汽车的最佳原动力。

在世界各国中，铁路是主要的交通干线，特别是地处内陆的国家，铁路承担着最大的运输量。机车使用蒸汽机的历史曾长达一个半世纪，直到 20 世纪 50 年代才最终为内燃机所取代。现代的内燃机车大多采用微机控制、电子制动装置、自诊断系统，以及流线型车身，舒适性司机室和其他许多新技术，使现代内燃机车成为 20 世纪陆上运输车辆中技术最复杂、现代化程度最高的一种交通工具。

内河及海上运输是交通运输的重要组成部分，尤其是海洋国家，海运是其国家兴衰的生命线。与内燃机车一样，船舶是水上交通的重要工具，也是最早使用蒸汽机的交通工具之一。但随着内燃机技术的不断发展及其产品性能的不断提高，船舶柴油机逐渐取代了蒸汽机。由于柴油机热效率最高、比油耗低、功率覆盖面广、转速范围宽、启动迅速、运行安全、维修方便、使用寿命长，所以柴油机作为主机和辅机在现代船舶中已居于统治地位。

内燃机对 20 世纪航空事业的发展发挥过重大的作用。特别是在二战期间，航空内燃机技术已达到一个很高水平，战后，航空内燃机才逐渐为燃气轮机所取代。即使现在，农用飞机等仍有少数采用内燃机作动力。

（2）现代农业方面的应用

内燃机是现代农业生产所必备的动力机械。内燃机在农业生产上的应用，按其使用方式不同，可分为固定式和移动式，前者用于排灌、脱粒、发电、农副产品加工等作业。后者用于整地、播种、中耕、喷雾、施肥、收割等田间作业，同时还可承担农田基本建设中的挖掘、推土、铲运、平整、开沟和农用运输等工作。

（3）军事电源方面的应用

1876 年人们研制了汽油机，随后就出现了汽油发电机组。当时，这种汽油发电机组是一种小功率独立发电设备。柴油发电机组问世于 1897 年，随着内燃机技术的不断发展，20 世纪初，柴油发电机组作为一种独立发电设备，被广泛应用于通信、航空、航海、侦察探测等多个军事领域。20 世纪 30 年代，飞机开始采用内燃发动机组和镉镍蓄电池组，并取代了风轮带动的直流发电机，随后又采用燃气轮机。20 世纪 40 年代，喷气涡轮式发动机在飞机和巡航导弹上得到广泛应用。第二次世界大战结束后，内燃机得到快速发展，内燃发电机组因此得到大量应用，相继出现了内燃机移动电站和内燃机固定电站。其中，内燃机移动电站主要用在军用汽车、拖车、敞车等多种交通运输工具上。20 世纪中期，又出现了燃气轮机发电机组。燃气轮发电机组由于具有启停迅速、变负荷速度快、输出单位功率所需的发动机体积小、重量比内燃机低等特点，在发电厂和独立发电设备中得到了广泛应用。从 20 世纪 60 年代开始，水面舰艇普遍采这种燃气轮发电机组。

20 世纪末，军用内燃机发电设备的比功率、容量得到了不断提高，而且体积、重量大大减小，噪声等信号特征有了明显改善，并形成了系列化和标准化产品。20 世纪 80 年代以来，军用野战电源建设逐步得到加强。汽油发电机组和柴油发电机组的容量主要集中在 0.5～1000kW 之间。如美军的轻型战术发电机组有 2～60kW 系列，具有噪声小、红外辐射弱、机动灵活、生存能力强、一般燃料可通用的特点；中型移动电站主要有 100～200kW 系列；大型移动电站容量有 2×460kW 系列，整个装置为集装箱式，并配有底盘，既能空运，又能车运，电站还具有防辐射装置。从 1993 年起，针对军事用电需要，通过对内燃发电机组进行降噪改造后，出现了新型 60kW 战术无声发电机组。随后，移动式电站除包括汽油电站、柴油电站、燃气轮机电站外，又增加了化学电站。

内燃机作为一种科技产品，历时百年，经久不衰，这既是内燃机技术不断发展、完善的结果，也是内燃机满足社会需要，表现自身价值的结果。进入 21 世纪，内燃机技术必将会为人类社会的进步做出更大贡献。

1.2 内燃机总体构造与工作过程

1.2.1 总体构造

1.2.1.1 柴油机总体构造

柴油机在工作过程中能输出动力，除了有直接将燃料的热能转变为机械能的燃烧室和曲柄连杆机构外，还必须具有相应的机构和系统予以保证，并且这些机构和系统是互相联系和协调工作的。不同类型和用途的柴油机，其机构和系统的形式不同，但其功用基本一致。柴油机主要由机体组件与曲柄连杆机构、配气机构与进排气系统、燃油供给系统、润滑系统、冷却系统、启动装置等机构和系统组成，如图 1-1 所示。

(1) 机体组件与曲柄连杆机构

机体组件主要包括气缸体、气缸盖和曲轴箱等。它是柴油机各机构系统的装配基体，而且其本身的许多部位又分别是柴油机曲柄连杆机构、配气机构与进排气系统、燃油供给系统、润滑和冷却系统的组成部分。例如，气缸盖与活塞顶共同形成燃烧室空间，不少零件、进排气道和油道也布置在它上面。

热能转变为机械能，需要通过曲柄连杆机构来完成。此机构是柴油机的主要运动件，由活塞、连杆、曲轴、飞轮和曲轴箱等组成。在柴油燃烧时，活塞承受气体膨胀的压力，并通过连杆使曲轴旋转，将活塞的往复直线运动转变为曲轴的旋转运动，并对外输出动力。

(2) 配气机构与进排气系统

配气机构由气门组（进气门、排气门、气门导管、气门座和气门弹簧等）及传动组（挺柱、挺杆、摇臂、摇臂轴、凸轮轴和正时齿轮等）组成，进排气系统是由空气滤清器、进气管、排气管与消声器等组成的，配气机构与进排气系统的作用是按一定要求，适时地开启和关闭进、排气门，排出气缸内的废气和吸入新鲜空气，保证柴油机换气过程顺利进行。

(3) 燃油供给系统

柴油机燃油供给系统的作用是将一定量的柴油，在一定的时间内，以一定的压力喷入燃烧室与空气混合，以便燃烧做功。它主要由柴油箱、输油泵、柴油滤清器、喷油泵（高压油泵)、喷油器、调速器等组成。

(4) 润滑系统

润滑系统的功用是将润滑油送到柴油机各运动件的摩擦表面，起减摩、冷却、净化、密封和防锈等作用，以减小摩擦阻力和磨损，并带走摩擦产生的热量，从而保证柴油机正常工作。它主要由机油泵、机油滤清器、机油散热器、各种阀门及润滑油道等组成。

(5) 冷却系统

冷却系统的功用是将柴油机受热零件的热量传出，以保持柴油机在最适宜的温度状态下工作，以获得良好的经济性、动力性和耐久性。冷却系统分为水冷和风冷两种。多数柴油机采用水冷方式，它是以水作为冷却介质的。也有少数柴油机采用风冷方式。风冷方式又称空气冷却方式，它以空气作冷却介质，将柴油机受热零部件的热量传送出去。这种冷却方式由风扇和导风罩等组成，为了增加散热面积，通常在气缸盖和气缸体上铸有散热片。

(6) 启动装置

柴油机不能自行启动，必须借助外力才能使之运转着火燃烧，以达到自行运转状态。因此，柴油机必须设有专用的启动装置。手摇启动的柴油机设有启动爪；马达启动的装有启动电机；用压缩空气启动的装有压缩空气启动装置等。

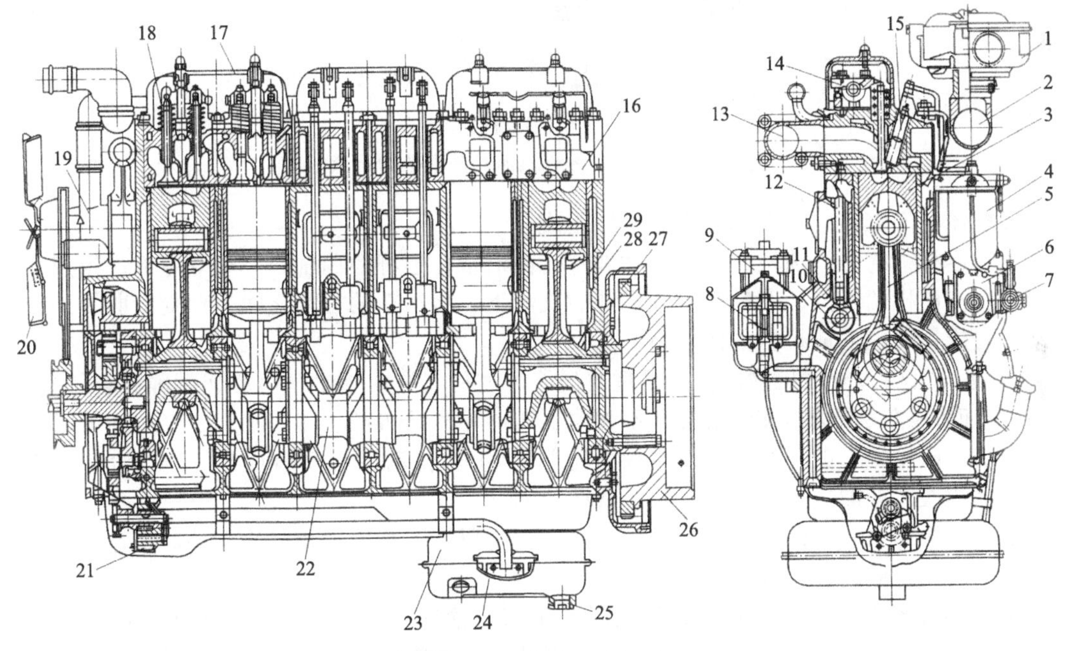

图 1-1 六缸柴油机纵横剖面图

1—空气滤清器；2—进气管；3—活塞；4—柴油滤清器；5—连杆；6—喷油泵；7—输油泵；8—机油粗滤器；9—机油精滤器；10—凸轮轴；11—挺柱；12—推杆；13—排气管；14—摇臂；15—喷油器；16—气缸盖；17—气缸盖罩；18—气门；19—水泵；20—风扇；21—机油泵；22—曲轴；23—油底壳；24—集滤器；25—放油塞；26—飞轮；27 启动齿圈；28—机体；29—气缸套

1.2.1.2 汽油机总体构造

虽然汽油机的种类很多，但其基本组成部分不外乎是下列一些机构与系统，这些机构和系统相互关联，彼此协调，共同完成热能转变为机械能的任务。

(1) 四冲程汽油机总体构造

如图 1-2 所示为单缸四冲程汽油机总体构造示意图，四冲程汽油机主要由机体组件与曲轴连杆机构、配气机构、燃油供给系统、点火系统、润滑系统、冷却系统等组成。

① 机体组件与曲轴连杆机构。机体组件主要用于固定和支承曲轴连杆机构及其他附件。

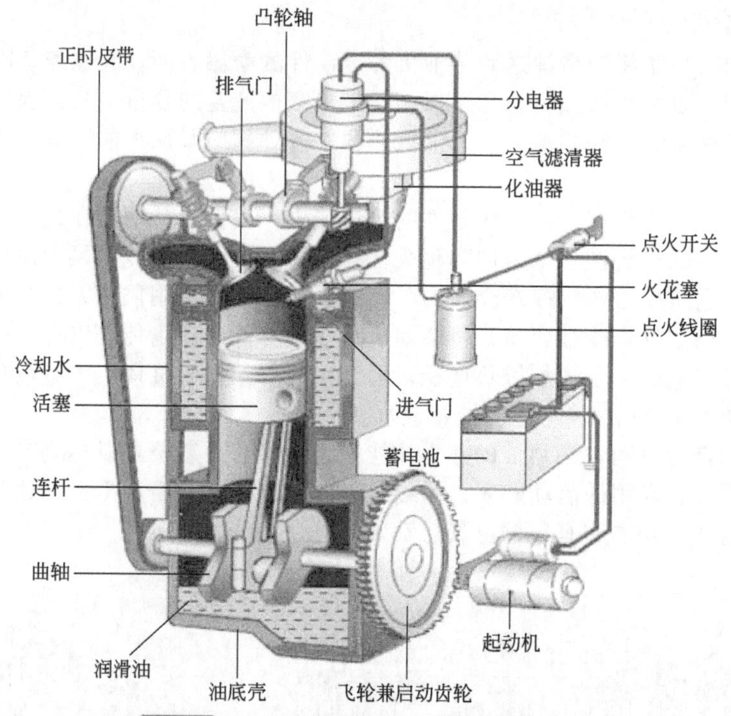

图 1-2 单缸回冲程汽油机基本结构示意图

它由气缸体、气缸盖、曲轴箱等固定机件组成。

曲轴连杆机构是汽油机的主要运动部件，由活塞、连杆、曲轴、飞轮等零部件组成。其作用是在汽油机的气缸、曲轴箱等固定件的支承下，将活塞的往复直线运动变为曲轴的旋转运动，完成把热能变成机械能的转换。

② 配气机构。配气机构的任务是适时地将废气从气缸内排出，以便让新鲜混合气进入。二冲程与四冲程汽油机的配气机构并不相同。四冲程汽油机都用气门配气，气门的开闭由凸轮轴控制，凸轮轴上的正时齿轮与主轴齿轮以 2∶1 的传动比相互啮合；二冲程汽油机则用气缸壁上的换气孔配气，气孔的开闭由活塞控制。

配气机构的主要机件有气门、气门弹簧、气门顶杆、凸轮轴及驱动零件等。这些机件互相配合，共同完成进、排气任务。

③ 燃油供给系统。燃油供给系统的任务是将汽油雾化并与空气按一定比例混合成可燃混合气，在节气门的调节下控制进入气缸的混合气的数量，然后进入气缸内燃烧。

汽油从油箱中流出经油管和汽油滤清器滤清后，由汽油泵泵入化油器，然后与从空气滤清器进来的空气混合成可燃混合气，再经进气管、进气门进入气缸，在气缸内经过点火燃烧、膨胀做功后，废气经排气门、排气管和消音器排出。

汽油机的燃油供给系统一般由油箱、油管、汽油泵、汽油滤清器和化油器等组成。为了使汽油机能随着负荷的大小自动地改变供油量，汽油机一般都设有调速器。汽油机的调速器控制化油器的节气门，以调节进入气缸的可燃混合气数量。

④ 润滑系统。为了减小汽油机运动部件的摩擦力和机件的磨损，汽油机设有润滑系统。

润滑系统的主要任务是将一定数量的润滑油源源不断地送到各运动机件的摩擦部位，滑润、冷却和清洁摩擦表面。润滑系统一般由机油盆、机油泵、机油压力表、机油滤清器等组成。机油泵将储存在机油盆中的机油经机油管泵入机油滤清器，滤清后的机油送到需要润滑的部位，然后机油从各润滑表面流回机油盆。机油压力表指示机油道中机油的压力，机油压力可通过机油限压阀调整。

⑤ 冷却系统。汽油机工作时，由于高温燃气的作用，气缸、气门、活塞等零件都会被强烈加热，如不及时加以冷却，势必引起机件损坏而无法工作。为了保持汽油机在工作过程中有适宜的温度，汽油机均设有冷却系统。冷却系统的任务就是将高温零件所吸收的热量及时传导出去，以保持其正常工作温度。根据冷却介质的不同，冷却系统主要有水冷式和风冷式两种。

水冷式冷却系统一般由水箱、水管、水套、水泵、风扇和水温表等组成。水泵将储于水箱里的冷却水经过下水管泵入水套（在气缸周围），冷水吸收气缸的热量后变成热水，再经上水管流回水箱，热水从水箱上部流回下部的过程中，经风扇吹来的冷空气使其再变成冷水，以便重新灌入水套吸热。

风冷汽油机的气缸周围没有水套，只有许多散热片。风扇和飞轮铸在一起，飞轮转动时拨动空气流向气缸外表面。为了使风力集中，散热片外面装有导风罩。所以，风冷式冷却系统仅有带风扇的飞轮、导风罩和散热片三部分。

汽油发电机组中的汽油机绝大多数采用风冷式冷却系统。

⑥ 点火系统。点火系统的作用是定时产生电火花，点燃气缸内经过压缩的混合气。汽油发电机组用汽油机的点火方式主要有蓄电池点火和磁电机点火两种。

磁电机点火系统主要由磁电机、高压线和火花塞三部分组成。磁电机是利用汽油机本身的动力发电并产生高压的。由于它具有体积小、重量轻的优点，所以几乎所有单缸汽油机都采用磁电机式电子点火系统。现代汽油机大多采用电容放电式点火装置（Capacitor Discharge Ignition，CDI）和晶体管控制点火装置（Transistor Control Ignition，TCI），其主要机件有火花塞、线圈、TCI 与 CDI 及附属装置。

蓄电池点火系统主要由蓄电池、点火开关、点火线圈、电流表、分电器、高压线、火花塞等组成。点火线圈将蓄电池低压升高到 15～20kV 的高压后，通过高压线加在火花塞上，使火花塞产生电火花，从而点燃气缸内的混合气。分电器可以控制电火花产生的时间，并把高压电按汽油机的工作顺序依次分配到各气缸。

⑦ 启动装置。启动装置的任务是在启动汽油机时，用外力带动曲轴转动，为曲轴自行转动提供外部条件。汽油机的启动方式通常有人力启动和电动机启动两种。

（2）二冲程汽油机总体构造

曲轴箱换气式二冲程汽油机结构如图 1-3 所示。其构造与四冲程汽油机相比相似的有曲轴连杆机构、燃油系统、点火系统、冷却系统；不同的是它没有由进、排气门等组成的配气机构，但在气缸壁上有三个孔，与化油器相通的孔称为曲轴箱进气孔，与排气管连通的孔称为排气孔，使曲轴箱与气缸连通的孔称为换气孔。由于三个气孔的高度不一致，利用活塞的往复运动，在不同时间内可以自行开启和关闭，达到适时进、排气的目的。

对曲轴箱换气式二冲程汽油机，因为曲轴箱要用来换气，而不能储存润滑油，所以这种汽油机的润滑方式，是在汽油中按比例掺入少量的机油，当混合气体进入曲轴箱后，靠油雾中的机油成分润滑内部运动机件。

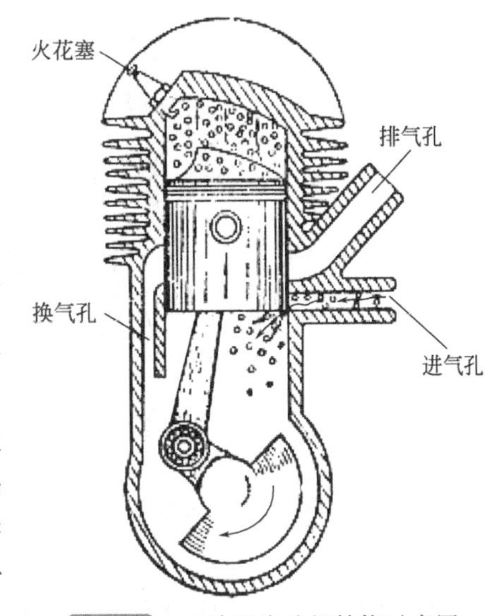

图 1-3 二冲程汽油机结构示意图

1.2.2 工作过程

单缸往复活塞式内燃机结构示意图如图 1-4 所示，其主要由排气门 1、进气门 2、气缸盖 3、气缸 4、活塞 5、活塞销 6、连杆 7 和曲轴 8 等组成。气缸 4 内装有活塞 5，活塞通过活塞销 6、连杆 7 与曲轴 8 相连接。活塞在气缸内做上下往复运动，通过连杆推动曲轴转动。为了吸入新鲜空气和排出废气，在气缸盖上设有进气门 2 和排气门 1。

1.2.2.1 基本名词术语

（1）上止点

活塞离曲轴中心最大距离的位置。

（2）下止点

活塞离曲轴中心最小距离的位置。

（3）活塞冲程（冲程）

上止点与下止点间的距离，用符号 S 表示，单位为 mm。

（4）曲柄半径

曲轴旋转中心到曲柄销中心的距离，用符号 r 表示，单位为 mm。由图 1-4 可见，活塞冲程 S 等于曲柄半径 r 的两倍，即

$$S=2r$$

（5）气缸工作容积

在一个气缸中，活塞从上止点到下止点所扫过的气缸容积。用符号 V_h 表示，单位为 L，则

$$V_h=\frac{\pi}{4}D^2S\times10^{-6}(\mathrm{L})$$

式中 D——气缸直径，mm；

S——活塞冲程，mm。

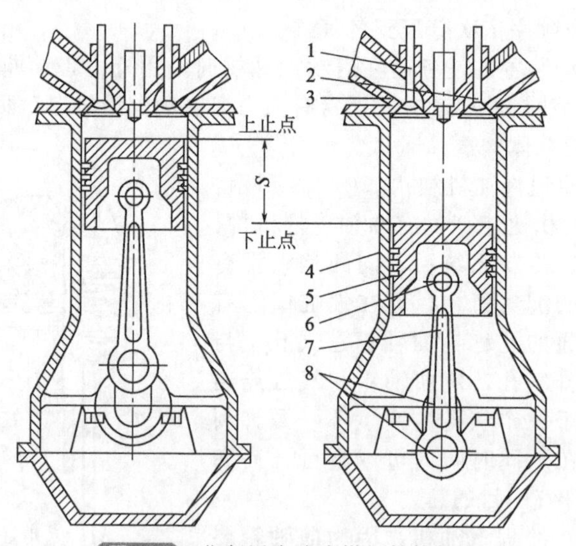

图 1-4 往复活塞式内燃机结构简图

1—排气门；2—进气门；3—气缸盖；4—气缸；5—活塞；6—活塞销；7—连杆；8—曲轴

（6）内燃机排量

内燃机所有气缸工作容积的总和称为内燃机排量，用 V_H 表示，如果内燃机有 i 个气缸，则内燃机排量

$$V_H = V_h i = \frac{\pi}{4} i D^2 S \times 10^{-6} (L)$$

内燃机排量表示内燃机的做功能力，在其他参数相同的前提下，内燃机排量越大，则其所发出的功率就越大。

（7）燃烧室容积

当活塞在上止点时，活塞上方的气缸容积。用符号 V_c 表示。

（8）气缸总容积

当活塞在下止点时，活塞上方的气缸容积。用符号 V_a 表示。它等于燃烧室容积 V_c 与气缸工作容积 V_h 之和。即

$$V_a = V_c + V_h$$

（9）压缩比

气缸总容积与燃烧室容积之比。用符号 ε 表示。则

$$\varepsilon = V_a / V_c = (V_c + V_h) / V_c = 1 + V_h / V_c$$

压缩比 ε 表示气缸中的气体被压缩后体积缩小的倍数，也表明气体被压缩的程度，通常柴油机的压缩比 ε＝12～22，汽油机的压缩比 ε＝6～12。压缩比越大，活塞运动时，气体被压缩得越厉害，气体的温度和压力就越高，内燃机的效率也越高。

（10）工作循环

内燃机中热能与机械能的转化，是通过活塞在气缸内工作，连续进行进气、压缩、做功、排气四个过程来完成的。每进行这样一个过程称为一个工作循环。如内燃机活塞走完四个冲程（曲轴旋转两周）完成一个工作循环，称该机为四冲程内燃机；如活塞走完二个冲程（曲轴旋转一周）完成一个工作循环，称该机为二冲程内燃机。

1.2.2.2 四冲程内燃机工作过程

（1）四冲程柴油机工作过程

① 进气冲程如图 1-5(a) 所示。活塞从上止点向下止点移动，这时在配气机构的作用下进气门打开，排气门关闭。由于活塞下移，气缸内容积增大，压力降低，新鲜空气经空气滤清器、进气管不断吸入气缸。由于进气系统存在阻力，使进气终了时气缸内的气体压力低于大气压力 p_0（约 78～91kPa），温度为 320～340K。

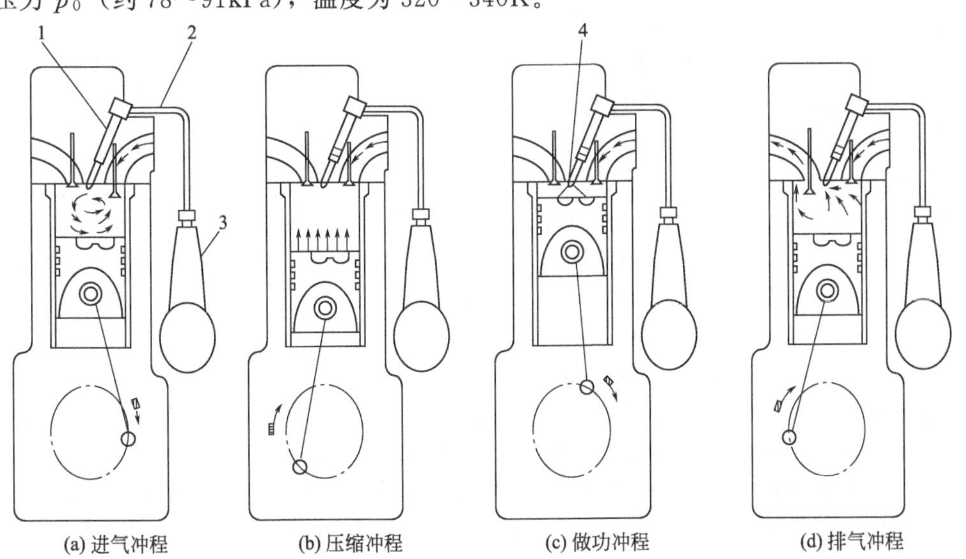

图 1-5 单缸四冲程柴油机工作过程示意图

1—喷油器；2—高压油管；3—喷油泵；4—燃烧室

② 压缩冲程如图 1-5(b) 所示。活塞由下止点向上止点运动，这时进、排气门关闭。气缸内容积不断减小，气体被压缩，其温度和压力不断提高。压缩终了时气体压力可达 3～5MPa，温度高达 750～1000K，为喷入气缸内的柴油蒸发、混合和燃烧创造条件。

③ 做功冲程如图 1-5(c) 所示。在压缩冲程即将终了时，喷油器将柴油以细小的油雾喷入气缸，在高温、高压和高速气流作用下很快蒸发，与空气混合，形成混合气。并在高温下自动着火燃烧，放出大量的热量，使气缸中气体温度和压力急剧上升。燃烧气体的最大压力可达 6～9MPa，最高温度可达 1800～2000K。高压气体膨胀推动活塞由上止点向下止点移动，从而使曲轴旋转对外做功。由于喷油和燃烧要持续一段时间，所以虽然活塞开始下移，但此时还有喷入的燃料继续燃烧放热，气缸内的压力并没有明显下降，随着活塞下移，气缸内的温度和压力才逐渐下降。做功冲程结束时，压力约为 0.2～0.5MPa。

④ 排气冲程如图 1-5(d) 所示。做功冲程结束后，排气门打开，进气门关闭。活塞在曲轴的带动下由下止点向上止点运动，燃烧过的废气便依靠压力差和活塞上行的排挤，迅速从排气门排出。由于排气系统有阻力，因此，排气终了时，气缸内废气压力略高于大气压力。气缸内残余废气的压力约为 0.105～0.12MPa，温度约为 700～900K。

活塞经过上述四个连续冲程后，便完成了一个工作循环。当排气冲程结束后，柴油机曲轴依靠飞轮转动的惯性作用仍继续旋转，上述四个冲程又重复进行。如此周而复始地进行一个又一个的工作循环，使柴油机连续不断地运转起来，并带动工作机械做功。

(2) 四冲程汽油机工作过程

四冲程汽油机是在四个活塞冲程内完成一个工作循环，其冲程的名称通常按每个冲程所完成的主要工作内容来命名。因而其四个冲程分别称为进气冲程、压缩冲程、做功冲程（又叫燃烧膨胀冲程）和排气冲程，如图 1-6 所示。

① 进气冲程。气缸内充入混合气体的过程叫进气冲程。如图 1-6(a) 所示，在进气冲程初始阶段，进气门打开，排气门关闭，活塞在曲轴的作用下，由上止点向下止点移动，气缸的容积逐渐增大，气缸内外产生压力差，在此压力差的作用下，在化油器中形成的可燃混合气，便经进气管被吸入气缸。当活塞到达下止点时，进气门关闭，进气冲程结束，此时曲轴旋转了第一个半转（0°～180°）。由于进气系统有一定的阻力，故进气终了时气缸内的压力低于大气压力，约为 0.08～0.09MPa。因为进入气缸的混合气与活塞等高温机件接触，所以，温度升为 300～400K。本冲程要求进入气缸的混合气尽可能多，则燃烧后膨胀压力就更大，发动机输出功率也就更大。但实际上会因发动机温升使混合气受热后体积膨胀，密度下降，以及进气时间太短、进气管道的机械阻力和缸内积炭等因素的影响，而影响混合气的进入量。因此，在使用中要尽量保持空气滤清器的清洁，正确调整好化油器的相关参数以及气门间隙，定期清除缸内积炭和保证各密封处不漏气。

② 压缩冲程。压缩冲程是进入气缸内的混合气被压缩的过程。进气冲程结束时，气缸内混合气体的密度很小，其压力和温度都比较低。为了提高气缸内的压力和温度，形成燃烧的有利条件，需要对混合气进行压缩。

如图 1-6(b) 所示，在进气冲程终了时，进、排气门均处于关闭状态，曲轴带动活塞由下止点向上止点移动，气缸容积逐渐减小，燃料与空气更均匀地混合，为燃烧创造有利条件，活塞移至上止点时，压缩冲程结束，此时曲轴旋转了第二个半转（180°～360°）。此时，气缸内的压力可达 0.8～1.5 MPa，温度为 600～750K。

在本冲程中，燃烧速度越快，膨胀压力就越大，发动机输出功率也就越大。因此，要求发动机要有良好的压缩压力。如发生压缩不良或漏气等现象，应及时排除、修复。另外，在使用中要保持其压缩比不变，检修时要注意气缸垫厚度必须符合要求。

③ 做功冲程。做功冲程是可燃混合气体燃烧后，膨胀推动活塞做功的过程。如图 1-6(c)

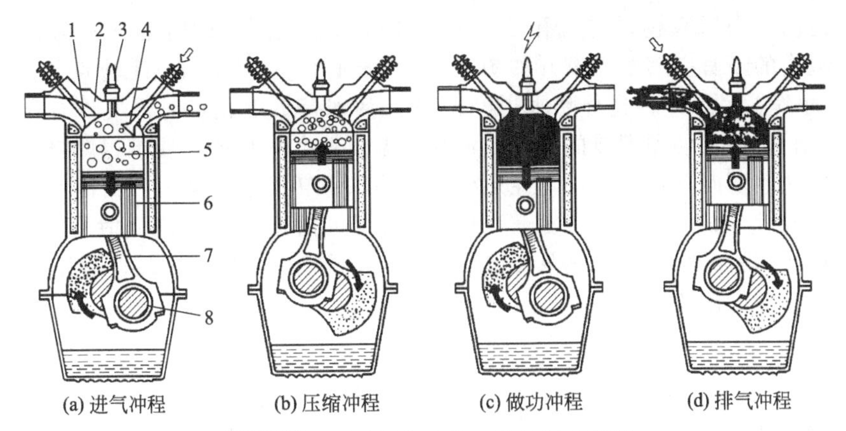

图 1-6　四冲程汽油机工作过程示意图

1—排气门；2—气缸盖；3—火花塞；4—进气门；5—气缸；6—活塞；7—连杆；8—曲轴

所示，在压缩冲程结束前，当活塞接近上止点时，火花塞点火，混合气体被点燃迅速燃烧，这时进、排气门仍然关闭，短时间内压力升高到 3.0～6.5MPa，温度一般达到 2200～2800K，在高压气体的作用下，推动活塞下行，通过连杆使曲轴旋转并对外做功。随着活塞的下行，气缸容积逐渐增大，压力温度也逐渐降低，活塞到达下止点时，做功冲程结束，这一过程，曲轴转了第三个半转（360°～540°）。

在做功冲程中，必须保证混合气能迅速、安全、正常地燃烧，以获得最大的动力，并节省汽油。为此，要求点火适时，火花强烈，混合气浓度恰当，无自燃、爆震现象。为了减少能量损耗，必须保证曲轴销与连杆大头、连杆小头与活塞销、活塞组与气缸壁等处间隙符合要求。因为间隙过大过小都会消耗一部分能量并影响机器的使用寿命。

④ 排气冲程。排气冲程是气缸内的废气被排出的过程。如图 1-6(d) 所示，做功冲程将近终了时，排气门打开，进气门仍关闭。由于气缸内的废气压力比大气压力高，加之飞轮的惯性作用，使曲轴继续转动，活塞又开始上行，废气迅速从排气门排出。当活塞到达上止点时，排气门关闭，排气冲程结束。这一过程中，曲轴旋转了第四个半转（540°～720°）。排气终了的压力一般为 0.105～0.120 MPa，温度约为 900～1100℃。

至此，发动机完成了一个工作循环。当活塞利用飞轮的惯性越过上止点下行，再一次进入进气冲程时，标志着下一个工作循环的开始。

应该指出，排气冲程结束时，燃烧室内的废气是排不尽的，这部分气体叫残余废气，它会影响下一个循环新鲜混合气的进入量，从而降低发动机的输出功率。所以，本冲程要求将燃烧后的废气尽量排除干净。在维护保养时，必须保证排气门间隙正确，及时清除积炭，防止排气通道和消声器堵塞等。

1.2.2.3　二冲程内燃机工作过程

（1）二冲程柴油机工作过程

如图 1-7 所示为带有扫气泵的气门气孔式二冲程柴油机工作过程示意图。这种类型的二冲程柴油机无进气门。气缸（气缸套）壁上有一组进气孔 3，由活塞的上下运动控制进气孔的开、闭，气缸盖上设有排气门 5。空气由扫气泵 1 提高压力以后，经气缸外部的空气室 2 和气缸壁上的进气孔 3 进入气缸，完成进气和扫气过程。燃烧后的废气由气缸盖上的排气门排出。其工作过程如下。

① 第一冲程。第一冲程也称换气-压缩过程。曲轴带动活塞由下止点向上运动，这时进气孔和排气门均打开［如图 1-7(a) 所示］，新鲜空气由扫气泵以高于大气压力送入气缸中，并把气缸中的残余废气从排气门扫除。这种进、排气同时进行的过程称为“扫气过程”。活

塞继续向上运动，当活塞越过进气孔后，进气孔被活塞关闭的同时配气机构也使排气门关闭。于是气缸内的新鲜空气被压缩［如图 1-7(b) 所示］，一直进行到上止点。

② 第二冲程。第二冲程也称膨胀-换气过程。活塞接近上止点时，喷油器开始喷油［如图 1-7(c) 所示］，被喷油器喷成的雾状柴油与高温压缩空气相遇，便迅速燃烧。由于燃气压力的作用，推动活塞向下止点运动，经连杆带动曲轴旋转而输出动力。当活塞下行至某一时刻时排气门打开［如图 1-7(d) 所示］，做功后的废气由排气门排出。活塞继续向下运动，随后进气孔打开，新鲜空气被扫气泵再次压入气缸，开始“扫气过程”。活塞一直运动到下止点，完成第二个工作冲程。

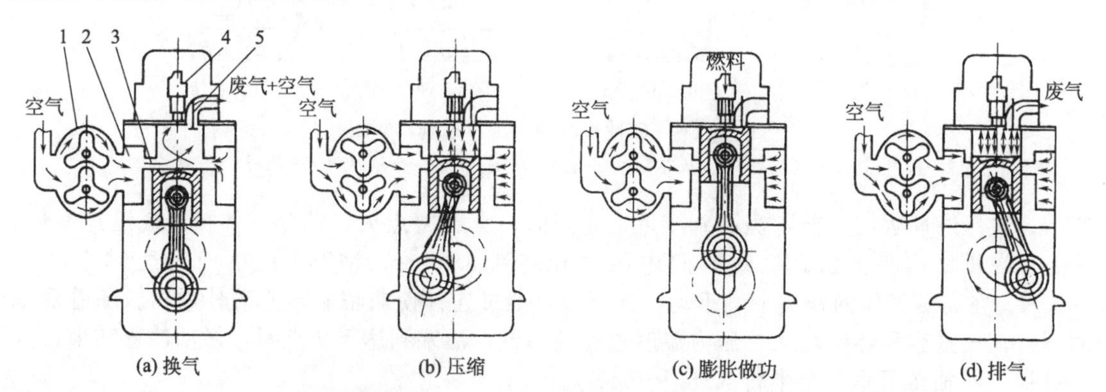

图 1-7　二冲程柴油机工作过程示意图

1—扫气泵；2—空气室；3—进气孔；4—喷油器；5—排气门

（2）二冲程汽油机工作过程

曲轴转一圈，活塞在气缸中往返移动一次，完成进（扫）气、压缩、膨胀做功、排气一个工作循环的汽油机称为二冲程汽油机。二冲程汽油机的工作过程示意如图 1-8 所示。

二冲程发动机有多种结构形式，图中表示的为曲轴箱换气式二冲程汽油发动机，它没有四冲程发动机上通常采用的配气机构（如进、排气门等）。其进、排气都是通过开在气缸壁上的气孔进行的，而气孔的开启和关闭则由活塞的运动进行控制。当活塞往复运动时，其上部气缸内和下部曲轴箱内进行着不同的工作。

① 第一冲程。冲程开始时，活塞由下止点往上移动［如图 1-8(a)、图 1-8(c) 所示］。当活塞尚未遮住换气孔 2 和排气孔 6 时，曲轴箱内具有一定压力的新鲜混合气通过换气道和换气孔源源不断地流入气缸，而上一个工作循环所产生的废气则经排气孔继续排出机体外。对气缸而言，这一阶段进气和排气同时在进行，通常称为换气过程。活塞继续上行，首先将换气孔完全遮盖，这时换气过程结束，但排气孔尚未全闭，因而气缸内的气体（其中可能含新鲜混合气）仍在向外排出。待活塞全部遮盖排气孔后，气缸内即成密闭的空间，压缩过程才开始进行，直至活塞到达上止点时为止。

在活塞下部的曲轴箱内，当活塞完全遮盖换气孔后，也成为一个密闭的空间。随着活塞上行，空间容积增大，气体压力不断降低。当活塞上行到使进气孔 7 与曲轴箱相通时，曲轴箱内的气压已低于外界大气压，于是汽油和空气组成的可燃混合气即由进气孔流入曲轴箱内，直至活塞下行重新遮盖进气孔时为止。

② 第二冲程。当活塞上行接近上止点时，火花塞的两电极间跳火，点燃被压缩的混合气，高温、高压的燃气即推动活塞下行做功。当活塞下行到排气孔 6 开始露出时，废气开始排出，膨胀和做功过程基本结束。随后，换气孔 2 也与气缸内相通，换气过程即开始。二冲程发动机为了能减少换气过程中新鲜混合气或空气的损失，同时利用进气流驱赶废气以便使废气排除得更干净，还在气孔的布置和活塞顶部的形状上采取了适当的措施，如采用凸顶活

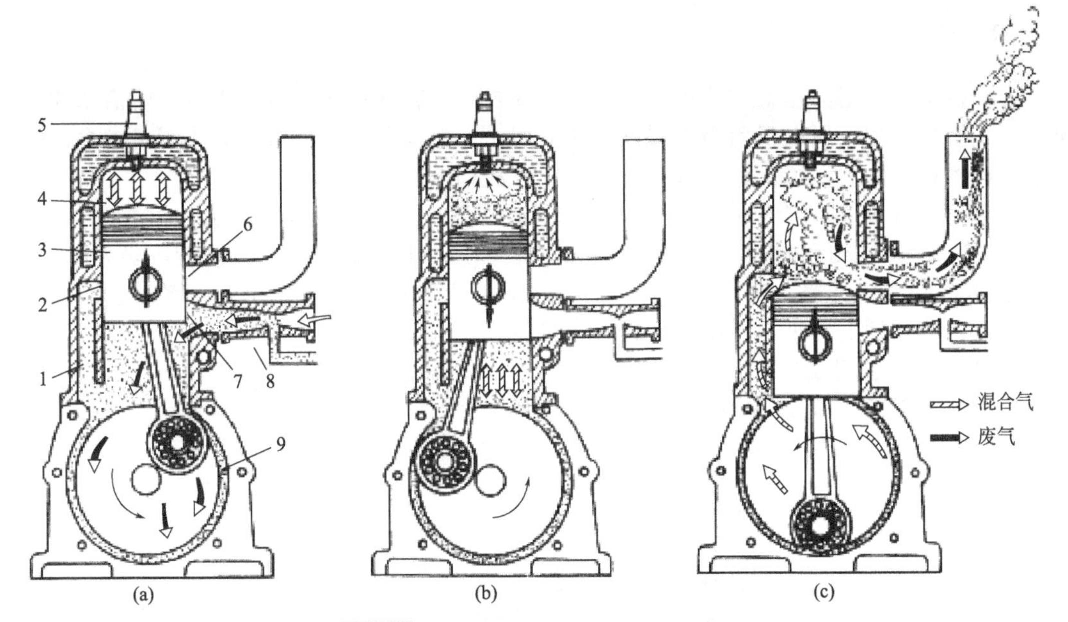

图 1-8 二冲程汽油机工作过程示意图

1—换气道；2—换气孔；3—活塞；4—气缸；5—火花塞；6—排气孔；7—进气孔；8—化油器；9—曲轴箱

塞、进气孔中心线与气缸中心线成倾斜方向，使进气气流引向气缸顶部等。对于组织安排得好的换气过程是：既能使废气排除较干净，又能使新鲜混合气充满整个气缸，且随废气排出的损失量比较少［如图 1-8(b)、图 1-8(c) 所示］。

当活塞继续下行时，新鲜混合气仍不断流入曲轴箱，到活塞下缘将进气孔 7 完全遮住时，进气结束，曲轴箱内又成为密闭的空间。随着活塞下行，曲轴箱内的气体受到压缩，压力升高，直到换气孔 2 打开，气体流往气缸为止。提高曲轴箱内气体压力的目的是改善换气过程，若进气压力较高，则换气过程中新鲜混合气或空气易于充入气缸，且能起到扫除废气的作用，故也有称换气过程为扫气过程的。

二冲程汽油机的上述两个冲程，周而复始地完成进（扫）气、压缩、膨胀做功、排气四个工作过程。每循环一次，汽油机做一次功，连续循环，汽油机就连续输出功率。

1.2.2.4 二冲程内燃机与四冲程内燃机的比较

与四冲程内燃机比较，二冲程内燃机有以下主要特点：

① 曲轴每转一周就有一个做功过程，因此，当二冲程内燃机工作容积和转速与四冲程内燃机相同时，在理论上其功率应为四冲程内燃机功率的两倍。但由于结构上的关系，二冲程内燃机废气排除不彻底，并且换气过程减小了有效工作冲程。因而在同样的工作容积和曲轴转速下，二冲程内燃机的功率约为四冲程内燃机的 1.5～1.7 倍。

② 二冲程内燃机因其曲轴每转一周就有一个做功冲程，在相同转速下工作循环次数多，故输出扭矩均匀，运转平稳，可以使用较小的飞轮。

③ 大多数二冲程内燃机部分或全部采用气孔换气，配气机构简单。所以，二冲程内燃机结构简单，质量轻，使用维修方便。

④ 换气时间短，并需要借助新鲜空气来清扫废气，换气效果相对较差。

由于二冲程内燃机具有上述特点，它被广泛应用于小排量内燃机；同时由于它所存在的缺点，限制了其在大中型内燃机上的应用。

1.2.3 分类

内燃机根据活塞的运动方式可分为往复活塞式和旋转活塞式两种。由于旋转活塞式内燃机还存在不少问题，所以目前尚未得到普遍应用。内燃发电机组、汽车和工程机械多以往复活塞式内燃机为动力。往复活塞式内燃机分类方法如下。

① 按使用的燃料分类：有柴油机、汽油机、煤气（包括各种代用燃料）机等。

② 按一个工作循环的冲程数分类：有四冲程和二冲程两种。发电用内燃机多为四冲程。

③ 按冷却方式分类：有水冷式和风冷式两种。发电用大功率柴油机大多为水冷式，而发电用汽油机和发电用小功率柴油机大多为风冷式。

④ 按进气方式分类：有非增压（自然吸气）式和增压式两种。

⑤ 按气缸数目分类：有单缸、双缸和多缸内燃机。

⑥ 按气缸排列分类：有直列式、V形、卧式和对置式等。如图 1-9 所示。

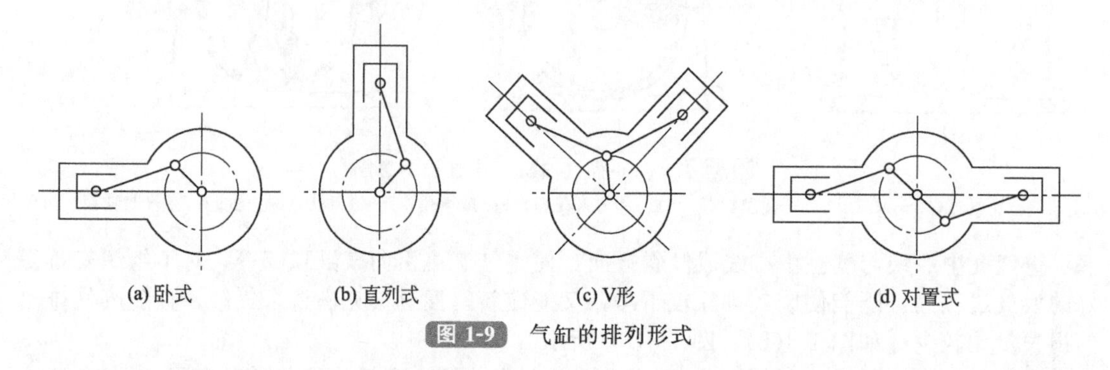

图 1-9 气缸的排列形式

⑦ 按内燃机转速或活塞平均速度分类：有高速（标定转速高于 1000r/min 或活塞平均速度高于 9m/s）、中速（标定转速为 600～1000r/min 或活塞平均速度为 6～9m/s）和低速（标定转速低于 600r/min 或活塞平均速度低于 6m/s）内燃机。

⑧ 按用途分类：有发电用、汽车用、工程机械用、拖拉机用、铁路机车用、船舶用、农用、坦克用和摩托车用等内燃机。

1.2.4 型号编制规则

（1）内燃机的型号含义

内燃机的型号由阿拉伯数字、汉语拼音字母或国际通用的英文缩写字母（以下简称字母）组成。为了便于内燃机的生产管理与使用，GB/T 725—2008《内燃机产品名称和型号编制规则》对内燃机的产品名称和型号作了统一规定。其型号包括四部分，如图 1-10 所示。

第一部分：由制造商代号或系列符号组成。本部分代号由制造商根据需要选择相应 1～3 位字母表示。

第二部分：由气缸数、气缸布置形式符号、冲程形式符号和缸径符号组成。气缸数用 1～2 位数字表示；气缸布置形式符号按表 1-1 的规定；冲程形式为四冲程时符号省略，二冲程用 E 表示；缸径符号一般用缸径或缸径/冲程数字表示，亦可用发动机排量或功率表示，其单位由制造商自定。

第三部分：由结构特征符号和用途特征符号组成。结构特征符号和用途特征符号分别按表 1-2 和表 1-3 的规定，柴油机的燃料符号省略（无符号），而汽油机的燃料符号为“P”。

第四部分：区分符号。同系列产品需要区分时，允许制造商选用适当符号表示。第三部分与第四部分可用“-”分隔。

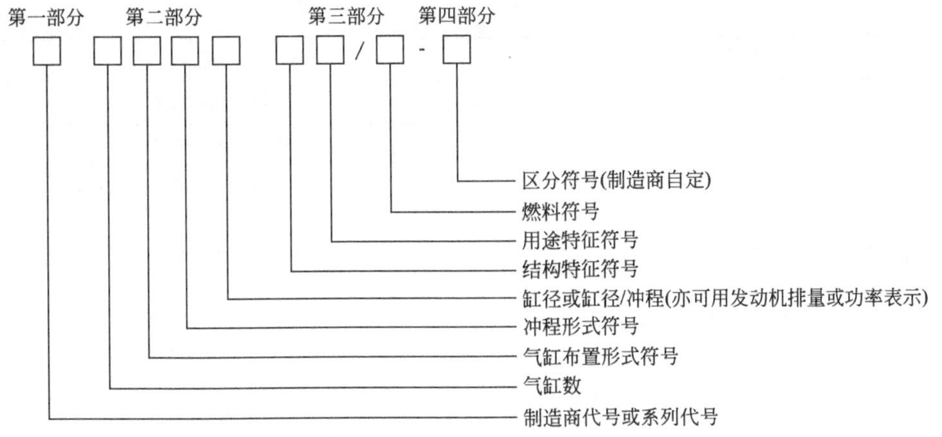

图 1-10 内燃机型号表示方法

表 1-1 内燃机气缸布置形式符号

符号	含义
无符号	多缸直列或单缸
V	V 形
P	卧式
H	H 形
X	X 形

注：其他布置形式符号详见 GB/T 1883.1。

表 1-2 内燃机结构特征符号

符号	结构特征
无符号	冷却液冷却
F	风冷
N	凝气冷却
S	十字头式
Z	增压
ZL	增压中冷
DZ	可倒转

表 1-3 内燃机用途特征符号

符号	用途
无符号	通用型和固定动力(或制造商自定)
T	拖拉机
M	摩托车
G	工程机械
Q	汽车
J	铁路机车
D	发电机组

续表

符号	用途
C	船用主机右机基本型
CZ	船用主机左机基本型
Y	农用三轮车(或其他农用车)
L	林业机械

注:柴油机左机和右机的定义按 GB/T 726 的规定。

在编制内燃机的型号时应注意以下几点:

① 优先选用表 1-1、表 1-2 和表 1-3 规定的字母,允许制造商根据需要选用其他字母,但不得与表 1-1、表 1-2 和表 1-3 中已规定的字母重复。符号可重叠使用,但应按图 1-10 中的顺序表示。

② 内燃机的型号应力求简明,第二部分规定的符号必须表示,但第一部分、第三部分和第四部分允许制造商根据具体情况增减,同一产品的型号一旦确定,不得随意更改。

③ 由国外引进的内燃机产品,若保持原结构性能不变,允许保留原产品型号或在原型号基础上进行扩展。经国产化的产品尽量采用图 1-10 的方法编制。

(2) 内燃机型号举例

① G12V190ZLD——12 缸、V 形、四冲程、缸径为 190mm、冷却液冷却、增压中冷、发电用柴油机(G 为系列代号);

② R175A——单缸、四冲程、缸径 75mm、冷却液冷却、通用型(R 为 175 产品系列代号、A 为区分符号)柴油机;

③ YZ6102Q——6 缸、直列、四冲程、缸径 102mm、冷却液冷却、车用柴油机(YZ 为扬州柴油机厂代号);

④ 8E150C-1——8 缸、直列、二冲程、缸径 150mm、冷却液冷却、船用主机、右机基本型柴油机(1 为区分符号);

⑤ 12VE230/300ZCZ——12 缸、V 形、二冲程、缸径 230mm、冲程 300mm、冷却液冷却、增压、船用主机左机基本型柴油机;

⑥ G8300/380ZDZC——8 缸、直列、四冲程、缸径 300mm、冲程 380mm、冷却液冷却、增压、可倒转、船用主机右机基本型柴油机(G 为产品系列代号);

⑦ JC12V260/320ZLC——12 缸、V 形、四冲程、缸径 260mm、冲程 320mm、冷却液冷却、增压中冷、船用主机右机基本型柴油机(JC 为济南柴油机股份有限公司代号);

⑧ IE65F/P——单缸、二冲程、缸径 65mm、风冷、通用型汽油机;

⑨ 492Q/P-A——4 缸、直列、四冲程、缸径 92mm、冷却液冷却、汽车用汽油机(A 为区分符号)。

(3) 内燃机气缸序号

国产内燃机气缸序号根据国家标准 GB/T 726—1994《单列往复式内燃机　右机和左机定义》进行编制。

① 内燃机的气缸序号,采用连续顺序号表示。

② 直列式内燃机气缸序号是从曲轴自由端开始为第一缸,向功率输出端依次排序。

③ V 形内燃机分左右两列,左右列是由功率输出端位置来区分的,气缸序号是从右列自由端处为第一缸,依次向功率输出端编序号,右列排完后,再从左列自由端连续向功率输出端编气缸的序号。

1.3 内燃机的性能指标

表征内燃机性能的指标很多，主要有动力性能指标（功率、扭矩和转速）和经济性能指标（燃油和润滑油消耗率）。衡量一台内燃机质量的好坏，除了从动力性指标和经济性指标加以考虑外，还要从紧凑性、强化指标、运转性指标（启动性能、噪声和排气品质等）、可靠性和耐久性等多方面综合地分析评价。因此，表征内燃机质量的指标也是多方面的，而且有许多指标是相互对立、相互制约的。不同用途、不同生产条件和不同使用条件的发动机对各种性能指标所要求的着重点有所不同。

内燃机的动力性能指标和经济性能指标有两种：一种是以气缸内工质对活塞做功为基础的指标，称为指示指标，它只能评定工作循环进行得好坏；另一种是以内燃机功率输出轴上得到的净功率为基础的指标，称为有效指标，它能够评定整台内燃机性能的优劣。

1.3.1 指示指标

（1）指示功 W_i

指示功 W_i 表示气缸内的气体完成一个工作循环对活塞所做的功。

（2）平均指示压力 p_i

平均指示压力 p_i 表示在每个工作循环中，单位气缸工作容积所做的指示功，即

$$p_i = W_i / V_h(\text{Pa})$$

式中 W_i——发动机每个循环的指示功，J；

V_h——发动机气缸的工作容积，m^3。

一般 V_h 以 L 为单位，W_i 用 kJ 为单位，则 $p_i = W_i / V_h$（MPa）。

上式可写成：$W_i = p_i V_h = p_i \pi D^2 S / 4$。式中 D、S 分别为气缸直径和活塞行程。平均指示压力的物理意义是将 p_i 视作一个假想的不变的压力，以这个压力作用在活塞顶上，推动活塞移动一个行程所做的功即为循环指示功。

平均指示压力 p_i 是从实际循环的角度来评价发动机气缸工作容积利用率高低的一个参数。p_i 值愈高，表明同样大小的气缸工作容积所发出的指示功愈大、气缸工作容积的利用程度愈高。因此，它是衡量发动机实际循环动力性能方面的一个重要指标。

（3）指示功率 N_i

指示功率 N_i 表示单位时间内所做的指示功。

$$N_i = p_i V_h i n / 30\tau(\text{kW})$$

式中 p_i——平均指示压力，MPa；

V_h——发动机气缸的工作容积，L；

i——发动机气缸数；

n——发动机转速，r/min；

τ——冲程系数，四冲程 $\tau=4$，二冲程 $\tau=2$。

（4）指示热效率 η_i

指示热效率 η_i 是发动机实际循环的指示功与所消耗的燃料热量之比值，即

$$\eta_i = W_i / Q_1$$

式中 W_i——指示功，kJ；

Q_1——为得到指示功 W_i 所消耗的热量，kJ。

对于一台内燃机，当测得其指示功率为 N_i（kW）和每小时燃油消耗量为 G_f（kg）时，根据 η_i 的定义，可得

$$\eta_i = 3.6 \times 10^3 N_i / G_f H_u$$

式中 3.6×10^3——1kW·h的热当量，kJ/(kW·h)；

G_f——发动机每小时消耗的燃油量，kg/h；

H_u——所用燃料的低热值，kJ/kg。

指示热效率是衡量燃油所含的热量转换为指示功的有效程度的指标。

(5) 指示燃油消耗率 g_i

发动机每小时发出每千瓦的指示功率所需要的燃油量称为指示燃油消耗率 g_i，即

$$g_i = 1000 G_f / N_i [g/(kW \cdot h)]$$

式中 N_i——指示功率，kW；

G_f——每小时燃油消耗率，kg/h。

因此，表示发动机气缸内实际循环的两个经济性指标指示热效率 η_i 和指示燃油消耗率 g_i 之间存在下述关系

$$\eta_i = 3.6 \times 10^6 / g_i H_u$$

1.3.2 有效指标

内燃机的有效指标是从其输出轴上所获得的性能指标，指示指标与有效指标之差为机械损失。机械损失包括发动机运动件的摩擦损失和驱动附属设备（如配气机构、喷油泵和机油泵等）的功率消耗，这些消耗在内燃机自身的损失功率的总和称为机械损失功率。

(1) 有效功率 N_e

从内燃机输出轴上所获得的功率，称为有效功率，其关系式如下

$$N_e = N_i - N_m (kW)$$

式中 N_i——指示功率，kW；

N_m——机械损失功率，kW。

(2) 机械效率 η_m

有效功率和指示功率之比称为机械效率。

$$\eta_m = N_e / N_i$$

η_m 值的一般范围是：非增压内燃机 0.78～0.85；增压内燃机 0.80～0.92。

(3) 有效扭矩 M_e

由发动机曲轴输出的扭矩称为有效扭矩 M_e。它与有效功率之间关系为

$$N_e = 2 \times 10^3 \pi n M_e / 60 = M_e n / 9550 (kW)$$

$$M_e = 9550 N_e / n (N \cdot m)$$

式中，n 为内燃机转速，r/min。

(4) 平均有效压力 p_e

在评价内燃机有效指标时，常用平均有效压力 p_e，它是折合到单位气缸工作容积的比参数，其物理概念与平均指示压力值相对应。平均有效压力的定义为单位气缸工作容积所发出的有效功。平均机械损失压力 p_m 是发动机每个工作循环中单位气缸工作容积所损耗的功。它可以用来衡量发动机机械损失的大小。

根据指示功率 N_i 的计算公式（N_i 与 p_i 的关系式）

$$N_i = p_i V_h i n / 30\tau (kW)$$

即可得到 N_e 与 p_e 以及 N_m 与 p_m 的关系式

$$N_e = p_e V_h i n / 30\tau (kW); N_m = p_m V_h i n / 30\tau (kW)$$

由此可得

$$p_e = 30\tau N_e / V_h i n (MPa); p_m = 30\tau N_m / V_h i n (MPa)$$

$$p_e = p_i - p_m; \eta_m = p_e / p_i$$

$$M_e = 9550 N_e / n = 955 p_e V_h i / 3\tau (N \cdot m)$$

由上式可知：对于一定总排量（即 $V_h i$）的发动机来说，p_e 值反映了发动机输出扭矩（即有效扭矩）M_e 的大小，即

$$M_e \propto p_e$$

也就是说，p_e 可以反映出发动机单位气缸容积输出扭矩的大小。但就功率（即单位时间内做功的能力）方面来衡量发动机气缸工作容积的利用程度而言，还需要采用升功率这样一个指标来衡量更准确一些。

（5）升功率 N_l

升功率 N_l 是指在标定工况下，发动机每升气缸工作容积所发出的有效功率。

$$N_l = N_e / i V_h = p_e n / 30\tau (kW/L)$$

式中 N_e——发动机的标定功率（有效功率），kW；

i——发动机气缸数；

V_h——发动机每个气缸的工作容积，L；

p_e——在标定工况下的平均有效压力，MPa；

n——发动机标定转速，r/min；

τ——冲程系数，四冲程 $\tau=4$，二冲程 $\tau=2$。

升功率 N_l 是从发动机有效功率的角度，对其气缸工作容积的利用率作总的评价，决定于 p_e、n 和 τ。它是评价发动机整机动力性能和强化程度的重要指标之一。N_l 值越大，则发动机强化程度越高，且发出一定有效功率的发动机尺寸越小，结构越紧凑。因此，不断提高 p_e 和 n 的水平以获得更强化、更轻巧和更紧凑的发动机是内燃机工作者追求的目标。

（6）有效热效率 η_e

有效热效率 η_e 是发动机实际循环发出的有效功与所消耗的燃料热值之比，即

$$\eta_e = W_e / Q_1 = W_i \eta_m / Q_1$$

由于 $\eta_i = W_i / Q_1$，所以

$$\eta_e = \eta_i \eta_m$$

与指示热效率公式 $\eta_i = 3.6 \times 10^3 N_i / G_f H_u$ 相仿，可得

$$\eta_e = 3.6 \times 10^3 N_e / G_f H_u$$

（7）有效燃油消耗率 g_e

有效燃油消耗率 g_e 是指单位有效功的耗油量，通常用有效 1kW・h 所消耗的燃油量来表示，即

$$g_e = G_f \times 10^3 / N_e [g/(kW \cdot h)]$$

由于 $\eta_e = 3.6 \times 10^3 N_e / G_f H_u$，所以 $\eta_e = 3.6 \times 10^6 / g_e H_u$

有效热效率 η_e 和有效燃油消耗率 g_e 是标志发动机经济性能的重要指标。显然，有效热效率 η_e 和有效燃油消耗率 g_e 成反比，有效燃油消耗率 g_e 值愈小，发动机经济性愈好。

1.3.3 其他指标

1.3.3.1 紧凑性指标

紧凑性指标是用来表征内燃机总体设计紧凑程度的指标，通常用比质量和单位体积功率来表示。

（1）比质量

比质量 g_N 是指内燃机的净质量与标定功率的比值，即

$$g_N = G/N_{eb}(kg/kW)$$

式中 G——内燃机的净质量，kg；

N_{eb}——内燃机的标定功率，kW。

所谓净质量是指不包括燃油、润滑油、冷却液、底座以及其他不直接安装在内燃机本体上的附件的质量。

(2) 单位体积功率

单位体积功率 N_V 是指内燃机的标定功率与内燃机的外廓体积的比值，即

$$N_V = N_{eb}/V = N_{eb}/LBH(kW/m^3)$$

式中 N_{eb}——内燃机的标定功率，kW；

V——内燃机的外廓体积，指内燃机本体（即不含未直接安装在本体上的附件）的长（L）、宽（B）和高（H）的乘积，m^3。

1.3.3.2 强化指标

强化指标是指内燃机承受热负荷和机械负荷水平的指标。通常用平均有效压力 p_e、升功率和活塞平均速度 C_m（或强化系数 ξ_m）来衡量。

(1) 活塞平均速度

活塞平均速度 C_m 是指在标定转速下，曲轴每转一转的两个行程中，活塞运动速度的平均值，即

$$C_m = Sn_{eb} \times 10^{-3}/30(m/s)$$

式中 S——活塞行程，mm；

n_{eb}——标定转速，r/min。

活塞平均速度是表征发动机高速性的指标，它对发动机的性能、工作可靠性及使用寿命都有很大的影响。活塞平均速度 C_m 值愈高，表明发动机的功率和升功率愈高，但发动机所受的机械负荷和热负荷也愈大。

(2) 强化系数

平均有效压力 p_e 和活塞平均速度 C_m 的乘积（p_eC_m）称为强化系数 ξ_m，如果考虑发动机冲程数 τ 的影响，则强化系数 ξ_m 可以写成（p_eC_m/τ）。它一方面代表了发动机功率和转速的强化，表征了性能指标的先进性；另一方面，它又代表了发动机所受热负荷和机械负荷的大小，它直接影响到发动机的使用寿命和工作可靠性。

1.3.3.3 运转性指标

运转性指标是指内燃机启动性和加速性的好坏、操纵维护是否方便、运转是否平稳以及噪声和废气排放等指标。随着人们环境保护意识的加强，如何降低发动机的噪声和减少废气排放一直是内燃机工作者致力研究的课题。

1.3.3.4 可靠性和耐久性指标

可靠性指标是指内燃机在规定使用条件下，正常持续工作能力的指标。一般以保证期内不停机故障次数、停机故障次数及更换主要零件和非主要零件数来表示。发电机组用柴油发动机的无故障保证期一般为 500～2000h。

耐久性指标是指内燃机主要零件在工作过程中磨损到不能继续正常工作的极限时间，通常以内燃机使用寿命的长短来衡量。

内燃机的使用寿命即内燃机大修期，是指内燃机从开始使用到第一次大修前累计运行的时间。发电机组用内燃机的使用寿命一般为 10000h 左右。

1.4 内燃机的特性

1.4.1 工况

内燃机的工作状况（简称工况），通常用重要的工况参数（转速和负荷）来表示。从内燃机性能指标一节我们知道，内燃机的功率 N_e、扭矩 M_e 和转速 n 之间有如下关系

$$N_e=2\times10^3\pi nM_e/60=M_en/9550N_e=p_eV_hin/30\tau(\text{kW})$$

$$M_e=9550N_e/n=955p_eV_hi/3\tau=Kp_e(\text{N}\cdot\text{m})$$

上式中，$K=955V_hi/3\tau$，对于某一特定的内燃机是一个常数，所以，扭矩 M_e 与平均有效压力 p_e 成正比。在 N_e、M_e（或 p_e）和 n 这 3 个参数中，只要知道其中的两个参数就可求出另一个参数，也就是说只要给定其中的两个参数，内燃机的工况就确定了。当转速 n 一定时，N_e 和 M_e（或 p_e）都可以代表该转速下内燃机负荷的大小。

内燃机的工况总是与它所驱动的工作机械的负荷和转速相适应，因而，不同用途的内燃机，其工况变化的规律也不同。根据内燃机所驱动的工作机械负荷和转速的变化情况，内燃机的工况可分为三类。

(1) 固定式工况

内燃机驱动发电机、压气机、水泵等工作机械时，其转速基本保持不变，功率则随工作机械负荷大小的变化而变化，这种工况称为内燃机的固定式工况（亦称直线工况）。如图 1-11中的直线 1 所示。

(2) 螺旋桨工况

当内燃机驱动空气中或水中的螺旋桨时，其工况变化的特点为：功率和转速之间具有一定的函数关系，即 $N_e=f(n)$。这使螺旋桨的扭矩与转速的平方成正比，即 $M_e=Kn^2$（K 为比例常数）；功率与转速的 3 次方成正比，即 $N_e=Kn^3$。这种工况称为螺旋桨工况（亦称函数工况）。如图 1-11 中的曲线 2 所示。

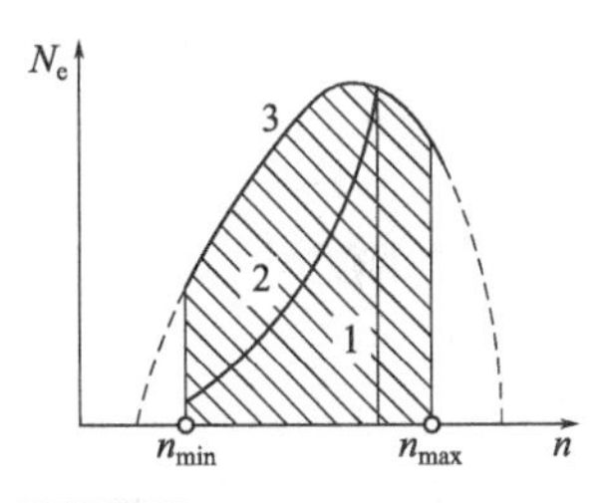

图 1-11 内燃机的各种工况

(3) 车用工况

内燃机的功率和转速都独立地在很大范围内变化，二者之间无一定的函数关系，这种工况称为车用工况（亦称面工况）。如图 1-11 中的阴影部分所示。

当内燃机作为工程机械和汽车动力时，其转速可在最低和最高转速之间变化。在同一转速下，功率可在零负荷至全负荷之间变化。图 1-11 中的阴影面上限是内燃机在各种转速下所能发出的最大功率（曲线 3），左右面分别对应于最低稳定转速 n_{min} 和最高许用转速 n_{max}，横坐标轴为内燃机在不同转速下的空转转速。不同工程机械和汽车是在不同的负荷和转速下工作的。即使是同一台工程机械或汽车，也经常是在变扭矩和（或）变转速下工作。

内燃机的主要性能指标（N_e、M_e、g_e 等）随工况而变化的关系称为内燃机的特性。若这种关系以曲线形式表示，则称为内燃机的特性曲线。介绍内燃机特性曲线的目的是全面了解内燃机的性能在不同工况下的变化规律。根据特性曲线的形状，可以选定最合理的工作区域，了解内燃机在什么情况下动力性最大，在什么情况下经济性最好，以利于工作中充分发挥内燃机的性能或寻找改进内燃机特性的途径。

内燃机的特性有多种，常见的有负荷特性、速度特性、调速特性和万有特性等，但最主要的是负荷特性和速度特性。下面以柴油机为例，分别叙述有关特性。

1.4.2 负荷特性

柴油机的负荷通常是指柴油机阻力矩的大小。由于平均有效压力与扭矩成正比，所以常用平均有效压力来表示负荷。柴油机的工况是由转速和负荷共同决定的。所谓负荷特性是指柴油机转速不变时，其他主要性能参数（燃油消耗率 g_e、耗油量 G_f 和排气温度 t_r 等）随负荷而变化的关系。这时由于转速是常数，所以有效功率可以用来作度量负荷。在发动机调试过程中，经常用负荷特性作为其性能比较的标准。

另外，负荷特性给出了在等速条件下，发动机的负荷与燃油消耗率的关系，因此，对负荷可以在很大范围内改变，而转速基本维持不变的固定式发动机（如发电机组用发动机）具有特殊的意义。如果从发动机上测出一系列不同转速下的负荷特性曲线，则可选择出固定式或运输式发动机的最经济工况。

柴油机在运转中，充气量变化不大，主要通过改变每循环供油量来改变混合气的浓度(即过量空气系数 α)，从而调节柴油机的负荷（称为质调节）。换句话说，柴油机主要是通过改变喷油泵调节杆的位置，用增加或减少供油量的方法来改变负荷的。

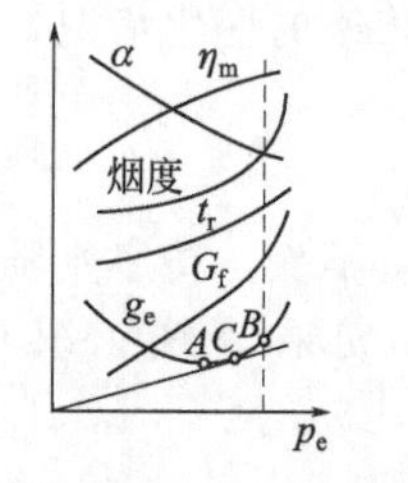

图 1-12 柴油机各参数随负荷变化的情况

图 1-12 是柴油机按负荷特性运转时一些参数随负荷变化的一般规律。柴油机增加负荷就意味着增加每循环供油量，所以耗油量 G_f 随负荷的增加而增加，而过量空气系数 α 随负荷的增加而减小；供油量多，放热也多，使排气温度 t_r 随负荷的增加而升高。

在空负荷时，$N_e=0$，$p_i=p_m$，这时 $\eta_m=0$，所以 g_e 为无穷大。随着负荷的增加，η_m 迅速上升，而 g_e 反而下降。当负荷增加到 A 点时，g_e 达到最小值。再继续增加负荷，由于过量空气系数 α 减小，混合气形成和燃烧恶化，g_e 反而升高。

排气烟度随负荷的增加而增加，但在低负荷时增加缓慢，且低负荷时烟度很小，肉眼看不出，通常被认为是排气无烟。在高负荷时，烟度迅速增加，当接近最大功率时，由于 α 减小，混合气形成和燃烧恶化，燃烧不完全，排气烟度急剧增加(图中 B 点)，此时燃油消耗率 g_e 也迅速升高。活塞和气缸盖等机件的热负荷也迅速增大。如果再继续增加供油量，则柴油机排气大量冒黑烟，功率反而下降，因此柴油机存在一个冒烟极限。为了保证柴油机安全可靠地运行，不允许柴油机在冒烟极限下工作。

从图 1-12 中还可以看出，A 点 g_e 最低，但功率较小；B 点功率虽高，但 g_e 也高。从坐标原点作一射线与 g_e 曲线相切得到切点 C，C 点的功率 N_e 与 g_e 之比值最大，是柴油机使用最经济的点，这点的位置可作为功率标定的依据。

1.4.3 速度特性

柴油机喷油泵的油量调节杆（拉杆或齿杆）位置一定时，发动机的性能参数（功率、扭矩、燃油消耗率和排气温度等）随转速的变化关系，称为柴油机的速度特性。当喷油泵油量调节杆固定在标定功率位置时，测得的速度特性称为全负荷速度特性（外特性)。当喷油泵油量调节杆固定在小于标定功率位置时，测得的速度特性称为部分负荷速度特性。6135 型柴油机的全负荷速度特性和部分负荷速度特性如图 1-13 和图 1-14 所示。

柴油机的调速性能与外特性（全负荷速度特性）有密切联系，两者常绘在一张图上。柴油机在进行调速特性试验时，应同时测出速度特性曲线。图 1-15 为全程式调速器柴油机的速度特性和调速特性。图中的曲线 1 表示全负荷速度特性，这时调速器不起作用。曲线 2～5 相当于调速手柄在不同位置时的调速特性，这样的曲线有无数条，每一条曲线对应一定的转速范围。当调速手柄固定在某一位置时，柴油机即以该位置的速度特性工作，负荷可由零变化到全负荷速度特性上，而转速变化范围不大，扭矩曲线几乎变成竖线。例如，曲线 2 对应的速度范围为 $n_2 \sim n_2'$，柴油机在此转速范围内稳定工作。曲线 5 对应的是调速手柄紧靠高速限制螺钉时的速度特性，其转速范围为 $n_b \sim n_{0max}$，即从标定转速 n_b 到最高空转转速 n_{0max}。这种表示法特别适合发电机组用柴油机，调速特性和外特性衔接在一起，可以看出发动机工作的稳定性和克服超负荷的能力。

为了更清楚地表明在标定工况下，柴油机各性能参数随负荷变化的关系，调速特性还可作成图 1-16 所示的形式。它以功率 N_e 为横坐标，以 M_e、g_e、G_f 和 n 为纵坐标。由于调速器起作用，转速变化很小，所以调速特性可看作柴油机实际运行的负荷特性。从图中可明显看出经济性随负荷变化的情况。制取这种表示形式的调速特性时，柴油机的调速手柄应固定在标准工况位置，图中从点 2 到点 4 的曲线为 M_e、g_e、G_f 和 n 随负荷变化的速度特性，从点 1 到点 2 的曲线为外特性，此时调速器不起作用。

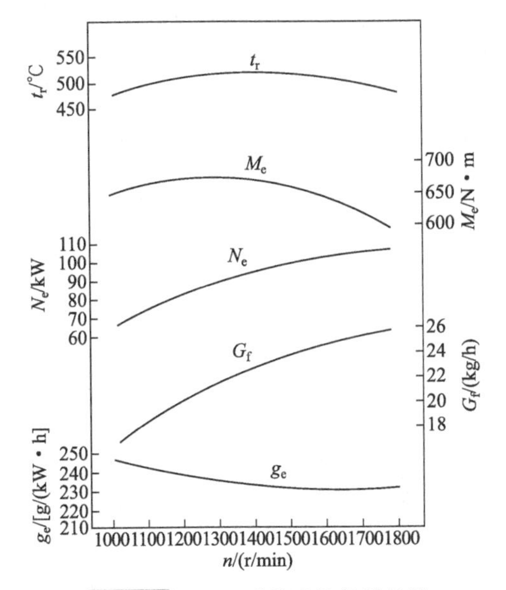

图 1-13　6135 型柴油机的外特性

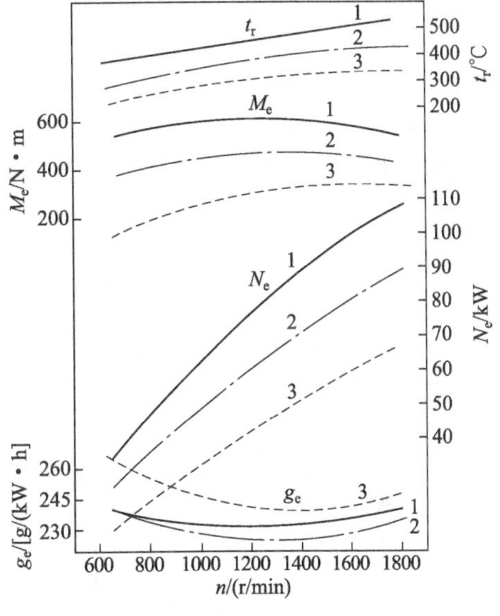

图 1-14　6135 型柴油机的部分负荷速度特性

1—90%负荷；2—75%负荷；3—50%负荷

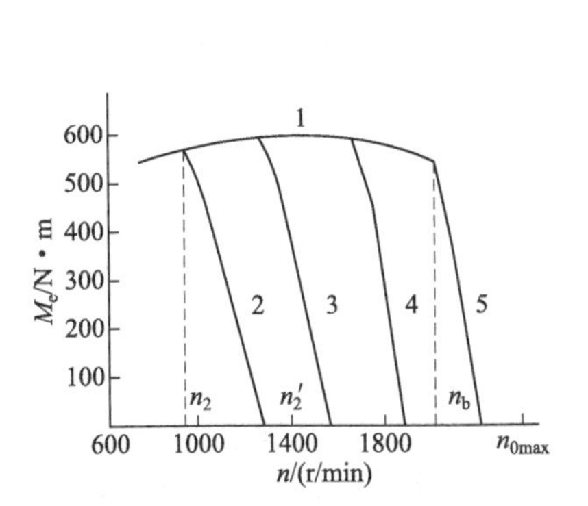

图 1-15　柴油机的速度特性和调速特性

1—外特性；2～5—调速特性

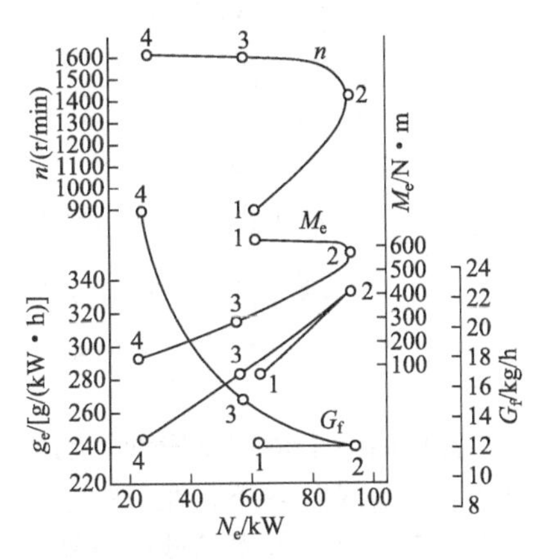

图 1-16　6135 型柴油机的调速特性

1.4.4 万有特性

柴油机负荷特性和速度特性只表示在某一指定转速或喷油泵油量调节杆位置一定时，柴油机性能参数间的变化规律。由于工程机械和汽车用发动机工况变化范围很广，要分析各种工况下的性能就需要许多负荷特性和速度特性曲线，因此，用负荷特性和速度特性曲线分析工况变化比较大的工程机械和汽车用发动机的性能仍不太方便。为了能在一张图上全面表示发动机的性能，经常应用多参数的特性曲线，这就是万有特性。

应用最广的万有特性是将转速作为横坐标，平均有效压力（或扭矩）作为纵坐标，在图上画出等燃油消耗率曲线和等功率曲线，组成一群曲线族，这样就很方便地表示出任意转速和负荷下的燃油经济性。图 1-17 为 6120 型柴油机的万有特性曲线。

万有特性曲线可根据不同转速下发动机的负荷特性曲线族经过坐标变换后得到。其方法如图 1-18 所示。在负荷特性曲线族上，作若干条等燃油消耗率 g_e 曲线，每条等燃油消耗率 g_e 曲线都与各转速下的燃油效率 g_e 曲线有 1～2 个交点，每个交点都对应一个平均有效压力 p_e 的值，然后将每个交点（对应一定的转速 n 和平均有效压力 p_e）转换到以 p_e 为纵坐标，n 为横坐标的坐标系内。这样，相应每条等 g_e 线，在 p_e-n 坐标系内，就可得到一条等燃油消耗率曲线，于是就可得出若干条等 g_e 曲线。

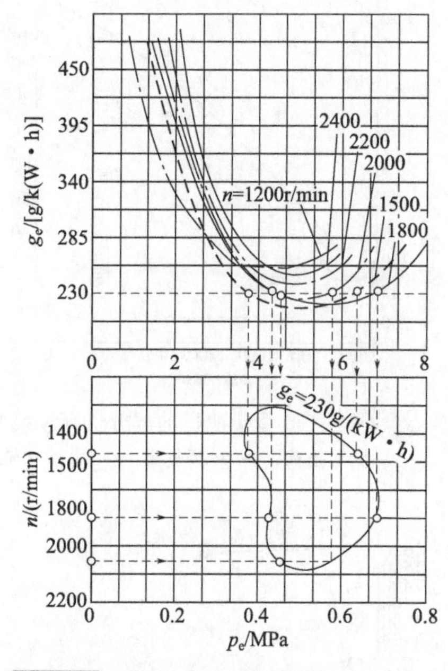

图 1-17 6120 型柴油机的万有特性曲线

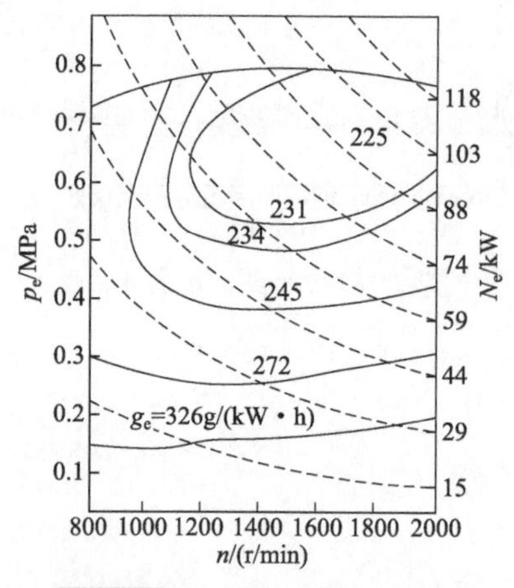

图 1-18 万有特性曲线的作法

等功率曲线是根据公式 $N_e=M_en/9550N_e=p_eV_hin/30\tau=Kp_en$ 作出的，对于某一特定的发动机，$K=V_hi/30\tau$ 是一个恒定的常数，所以在 p_e-n 坐标系内，等功率曲线是一群双曲线。

从万有特性曲线上很容易看到发动机最经济的负荷和转速，最内层的等 g_e 曲线相当于最经济的区域，曲线愈向外，经济性愈差。等 g_e 曲线的形状及分布情况对发动机的使用经济性有重要影响。对于工程机械用发动机（如发电用），转速变化范围相对较小，而负荷变化范围相对较大，希望最经济区在标定转速附近，并沿纵坐标方向较长，使其在负荷变化范围较大的工况下获得良好的经济性。对于汽车、拖拉机和摩托车等运输式发动机来说，希望最经济的区域最好在万有特性的中间位置，使常用转速和负荷落在最经济的区域内，等 g_e

曲线沿横坐标方向长一些。如果发动机的万有特性不能满足工程机械的使用要求，则应重新选择发动机，或对发动机进行适当调整以改变其万有特性。

1.4.5 功率标定及其修正

（1）内燃机功率的标定

在内燃机产品的铭牌上和使用说明书中，都明确规定了内燃机的有效使用功率和最大功率及其相应的转速。在铭牌上标注的有效使用功率和相应的转速，称之为标定功率和标定转速，统称为标定工况。内燃机功率的标定是根据内燃机的特性、使用特点、寿命和可靠性要求而综合确定的。目前按照新的国家标准 GB/T 6072.1—2008《往复式内燃机 性能 第1部分：功率、燃料消耗和机油消耗的标定及试验方法 通用发动机的附加要求》的规定，内燃机的标定功率分为四级：

① 15min 功率：在标准环境条件下，内燃机连续运行 15min 的最大有效功率；

② 1h 功率：在标准环境条件下，内燃机连续运行 1h 的最大有效功率；

③ 12h 功率：在标准环境条件下，内燃机连续运行 12h 的最大有效功率；

④ 持续功率：在标准环境［大气压力 0.1MPa，环境温度 298K（陆用内燃机）、318K（船用内燃机）］条件下，内燃机以标定转速允许长期连续运行的最大有效功率。

15min 功率是对车用内燃机而言的，如汽车、摩托车和摩托艇等在超车或追击时以最高速度行驶，在 15min 内允许以满负荷运行。在正常行驶过程中，按内燃机标定功率运转。对车用内燃机，通常以 1h 功率为标定功率，15min 功率作为最大功率，相应的转速为标定转速和最大转速。汽车经常处在低于标定功率的情况下行驶，因此，在一般情况下车用内燃机的标定功率标得比较高，以充分发挥内燃机的工作能力。发电机组用内燃机、船用主机和内燃机车通常以持续功率为标定功率，1h 功率为最大功率。发电机组和船舶航行对内燃机的耐久性和可靠性要求很高，使用功率不能标定得太高。使用功率的标定是一项复杂的工作，内燃机的使用功率标定得越高，则其使用寿命越短。目前，产品使用功率是根据用户的要求和产品的性能，由生产厂家自行标定的。

（2）环境状况对内燃机性能的影响

内燃机所标定的功率都是针对某一特定的环境状况而言的。环境状况是指内燃机运行地点的环境大气压力、温度和相对湿度，它们对内燃机的性能有很大影响。当环境大气压力降低、温度升高和相对湿度增大时，吸入内燃机气缸内的干空气就会减少，内燃机的功率就会降低。反之，内燃机的功率会增加。由于环境状况对内燃机的性能影响很大，因此，在功率标定时，要规定标准环境状况。在国家标准 GB/T 6072.1—2008《往复式内燃机 性能 第1部分：功率、燃料消耗和机油消耗的标定及试验方法 通用发动机的附加要求》中规定了内燃机工作的标准环境状况：大气压 $p_0=100$kPa，相对湿度 $\phi_0=30\%$，环境温度 $T_0=298$K 或 25℃，中冷器冷却介质进口温度 $T_{c0}=298$K 或 25℃。如果内燃机在非标准状况下工作，其有效功率及燃油消耗率应修正到标准环境状况。

（3）内燃机功率的修正方法

在 GB/T 6072.1—2008《往复式内燃机 性能 第1部分：功率、燃料消耗和机油消耗的标定及试验方法 通用发动机的附加要求》中规定了内燃机功率修正的两种方法：可调油量法和等油量法。下面介绍可调油量法。

可调油量法认为：内燃机功率极限只受过量空气系数 α 的限制。因此，柴油发动机功率的修正要依据等 α 的原则。在环境状况改变时，要相应改变供油量，使 α 保持不变。在此条件下，认为燃烧情况和指示功率不变，指示功率与进入气缸的干空气量和燃油量成正比。然后，考虑环境状况对机械损失的影响，修正有效功率和燃油消耗率。公式中下标带“0”的表示标准环境状况下的数值，不带“0”的为现场环境状况下的实测数值。

有效功率的换算公式为

$$N_e=\alpha N_{e0}$$

$$\alpha=k+0.7(k-1)\left(\frac{1}{\eta_m}-1\right)$$

$$k=\left(\frac{p-\alpha\phi p_{sw}}{p_0-\alpha\phi_0 p_{sw0}}\right)^m\left(\frac{T_0}{T}\right)^n\left(\frac{T_{c0}}{T_c}\right)^q$$

式中　N_e，N_{e0}——现场环境状况下和标准环境状况下的有效功率，kW；

α——可调油量法功率校正系数；

k——指示功率比；

η_m——机械效率；

p，p_0——现场环境状况下和标准环境状况下的大气压，kPa；

ϕ，ϕ_0——现场环境状况下和标准环境状况下的相对湿度；

p_{sw}，p_{sw0}——现场环境状况下和标准环境状况下的饱和蒸气压，kPa；

T，T_0——现场环境状况下和标准环境状况下的环境温度，K；

T_c，T_{c0}——现场环境状况下和标准环境状况下中冷器冷却介质进口温度，K；

m，n，q——功率校正用指数。

燃油消耗率 g_e 的换算公式为

$$g_e=\beta g_{e0}$$

$$\beta=k/\alpha$$

式中　g_e，g_{e0}——现场环境状况下和标准环境状况下的燃油消耗率，g/(kW·h)；

β——可调油量法燃油消耗率校正系数。

上述各式中的 α、m、n、q、β 可在 GB/T 6072.1—2008《往复式内燃机 性能 第1部分：功率、燃料消耗和机油消耗的标定及试验方法 通用发动机的附加要求》中查到。

习题与思考题

1. 什么是热机？内燃机和外燃机的定义是什么？

2. 简述柴油机和汽油机的总体构造及各部分的作用。

3. 上止点、下止点、活塞行程的定义是什么？

4. 何谓燃烧室容积、气缸总容积、工作容积？

5. 什么叫压缩比？通常汽油机和柴油机的压缩比是多少？

6. 什么叫内燃机的排量？

7. 什么叫内燃机的工作循环？

8. CA-488 汽油机有 4 个气缸，气缸直径 87.5mm，活塞冲程 92mm，压缩比为 8.1，试计算其气缸工作容积、燃烧室容积及内燃机排量（容积以 L 为单位）。

9. 简述四冲程柴油机的工作过程。

10. 简述四冲程汽油机的工作过程。

11. 简述四冲程柴油机和汽油机工作过程的主要差别。

12. 简述二冲程柴油机和汽油机的工作过程。

13. 二冲程与四冲程内燃机有何差别？

14. 简述内燃机的分类方式。

15. 请说明如下内燃机的型号代表的含义：1E65F，8V100 及 6135Q。

16. 内燃机的指示指标有哪些？各是如何定义的？
17. 内燃机的有效指标有哪些？各是如何定义的？
18. 根据发动机所驱动的工作机械负荷和转速变化情况，发动机的工况可分为哪几类？
19. 内燃机的标定功率分为哪四级？
20. 简述内燃机功率的修正方法。

第2章

机体组件与曲柄连杆机构

机体组件与曲柄连杆机构是内燃机实现热能与机械能相互转换的主要机构，它承受燃料燃烧时产生的气体力，并将此力传给曲轴对外输出做功，同时将活塞的往复运动转变为曲轴的旋转运动。其组成部件包括机体组件、活塞连杆组和曲轴飞轮组。

2.1 机体组件

机体组件是内燃机的骨架，主要由气缸体、气缸与气缸套、气缸盖、气缸垫和油底壳等固定件组成。内燃机的所有运动机件和辅助系统都安装在它上面，而且其本身的许多部位又分别是内燃机曲柄连杆机构、配气机构与进排气系统、燃油供给与调速系统、润滑系统和冷却系统的组成部分。比如气缸盖上装有气门组、摇臂和进排气管等。

2.1.1 机体组件的构造

（1）气缸体

多缸内燃机的各气缸通常铸成一个整体，称为气缸体。气缸体是内燃机的主体，是安装其他零部件和附件的支承骨架。气缸体应保证内燃机在运行中所需的强度，结构要紧凑。同时应尽可能提高其刚性，使内燃机各部分变形小，并保证主要运动件安装位置正确，运转正常。为了使气缸体在重量最轻的条件下具有最大的刚度和强度，通常在气缸体受力较大的地方设有加强筋。如图 2-1 和图 2-2 所示分别为康明斯 B 系列 6 缸柴油机和 12V135 型柴油机气缸体及其相关组件的结构。

气缸体常见的结构形式一般有四种，如图 2-3 所示。

① 普通式（平分式）[图 2-3(a)]。其特点是上曲轴箱的底平面与曲轴中心线在同一平面上。这种形式的优点是加工和拆装方便，但刚度差。主要用于车用汽油机，柴油机用得不多。

② 龙门式 [图 2-3(b)]。其结构特点是曲轴箱接合面低于曲轴中心水平面，整个主轴承位于上曲轴箱内。其优点是结构刚度较好，缺点是加工不方便。中小功率柴油机多采用这种结构。

③ 隧道式 [图 2-3(c)]。其结构特点是主轴承孔为整圆式，轴承采用滚动轴承。因此，这种机体结构紧凑，刚度最好。其缺点是机体显得笨重，结构较复杂。在小型单、双缸机中，为便于曲轴安装，采用这种结构为宜。对于多缸机而言，则须采用盘形滚动轴承作主轴承，较少采用这种结构。国产 135 系列柴油机的机体属于这种形式。

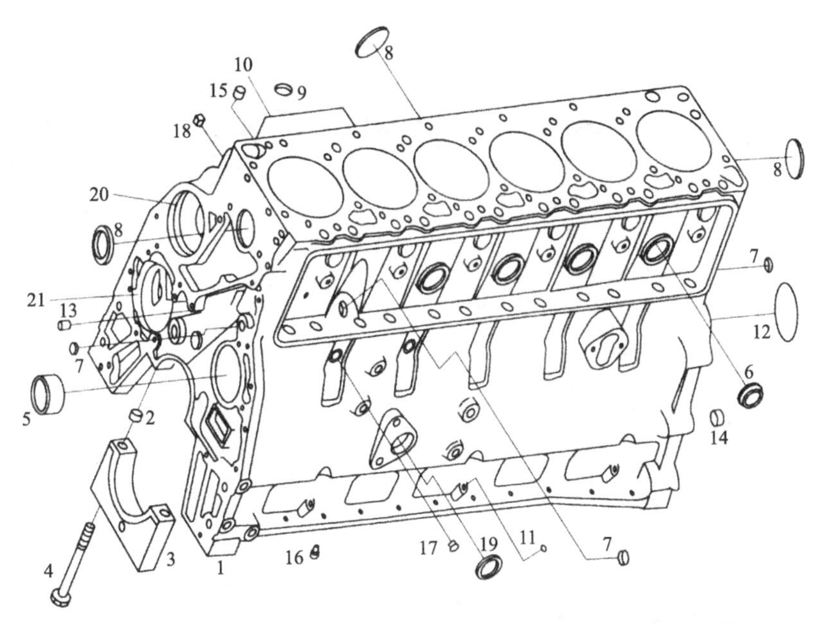

图 2-1 康明斯 B 系列 6 缸柴油机气缸体及其相关组件的结构

1—气缸体；2，14，15—定位环；3—主轴承盖；4—主轴承盖螺栓；5—凸轮轴衬套；6～9，11—碗形塞；10—机冷气腔；12—塞片；13—定位销；16—冷却喷嘴；17，18—锥形塞；19—矩形密封圈；20—水泵蜗壳；21—润滑油泵体

④ 底座式［图 2-3(d)］。这种缸体的上曲轴箱内无主轴承，曲轴在下曲轴箱上安装，并承受主要负荷，底座式气缸体适用于大型柴油机。

气缸体的材料一般采用优质灰铸铁。对于重量有特殊要求的发动机，有采用铝合金铸造机体的。铝合金机体的强度和刚度较差，而成本较高。

风冷式内燃机通常采用单体气缸结构，其气缸体与曲轴箱分开制造，并通过螺栓将二者连接在一起。为使内燃机得到充分冷却，在气缸体和气缸盖外表面铸有许多散热片，如图 2-4 所示。由发动机本身驱动的冷却风扇将空气流吹向气缸盖和气缸体。因散热片多而密，所以散热面积较大，使零件能够得到适当冷却。

风冷式单缸内燃机的气缸体比较简单，气缸周围除散热片外，没有其他零件。风冷式多缸内燃机的气缸盖和气缸体大多各缸分开制造，以便于铸造和加工。由于同一种零件可以相互通用，因而有利于实现产品的系列化。

(2) 气缸与气缸套

气缸是用来引导活塞做往复运动的圆筒形空间。气缸内壁与活塞顶、气缸盖底面共同构成燃烧室，其表面在工作时与高温、高压燃气及温度较低的新鲜空气交替接触。由于燃气压力和温度的影响，加之活塞相对于气缸内壁的高速运动和侧压力的作用，使气缸表面产生磨损。当气缸壁磨损到一定程度后，活塞环与气缸壁之间就会失去密封性，大量燃气漏入曲轴箱，使柴油机性能恶化，而且机油也较易变质。因此对气缸的材料、加工精度和表面粗糙度都有较高要求。通常内燃机的大修期限是根据气缸壁面的磨损情况来决定的。

为了提高气缸的强度和耐磨性，便于维修和降低成本，通常采用较好的合金材料将气缸制成单独的气缸套镶入气缸体中。一般气缸套采用耐磨合金铸铁制造，如高磷铸铁、含硼铸铁、球墨铸铁或奥氏体铸铁等。为了使气缸套的耐磨性更好，有的气缸套还进行了表面淬火、多孔镀铬、喷钼或氮化处理等。

常用的气缸套可分为干式和湿式两种，如图 2-5 所示。

干式气缸套［图 2-5(a)］是壁厚为 1～3mm 的薄壁圆筒，其特点是缸套的外表面不与

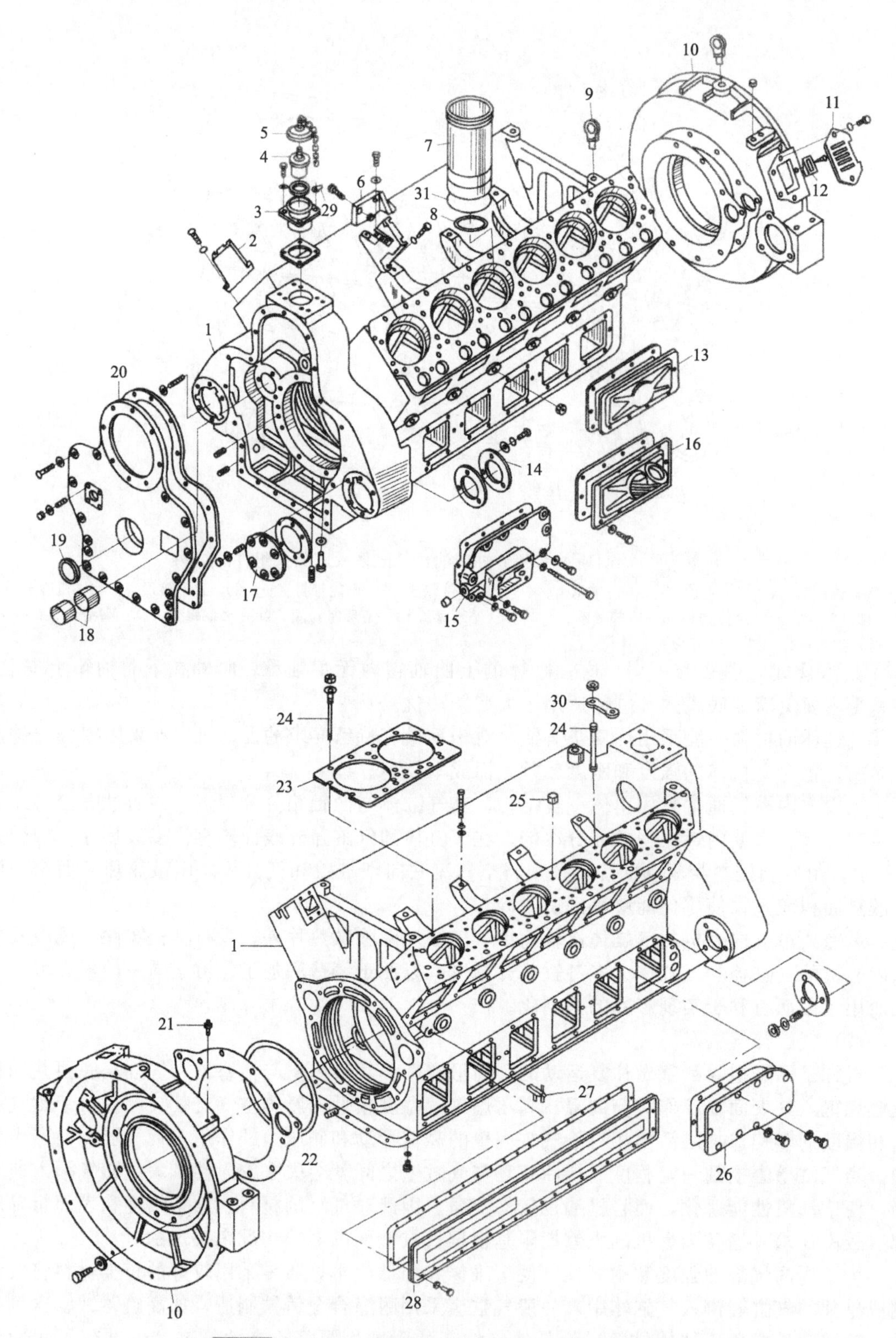

图 2-2　12V135 型柴油机气缸体及其相关组件的结构

1—气缸体-曲轴箱；2—侧支架；3—上通气管；4—管芯部件；5—通气管壳；6—燃油滤清器支架；7—气缸套；8—封水圈；9—吊环螺钉；10—飞轮壳；11—指针盖板；12—指针；13～15，17，26—盖板；16—侧通气管；18—凸轮轴轴承；19—骨架式橡胶油封；20—前盖板；21—油管直接头；22—锁簧；23—气缸垫；24—气缸盖螺栓；25—定位套筒；27—放水阀；28—上侧盖板；29—搭扣；30—气缸盖桥式垫块；31—铜垫圈

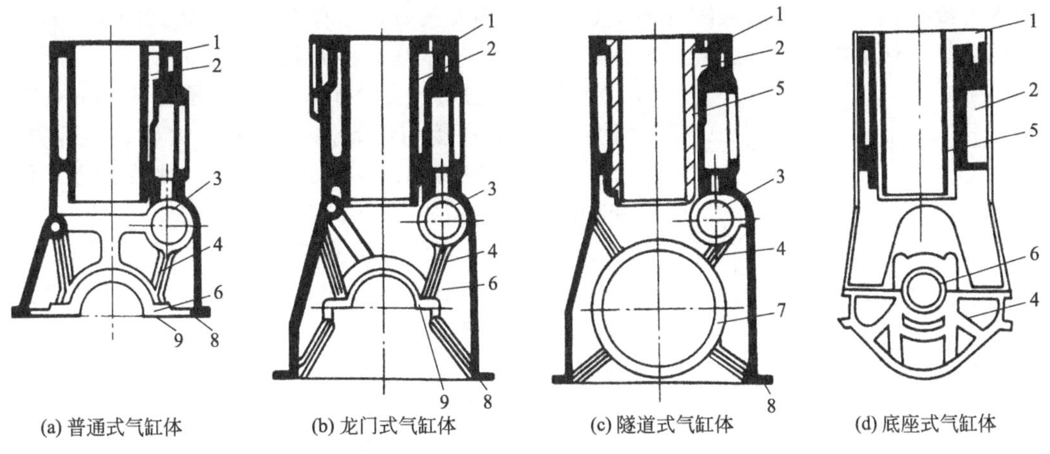

图 2-3 气缸体的结构形式示意图

1—气缸体；2—水套；3—凸轮轴孔座；4—加强筋；5—湿缸套；
6—主轴承座；7—主轴承座孔；8—安装油底壳加工面；9—安装主轴承盖加工面

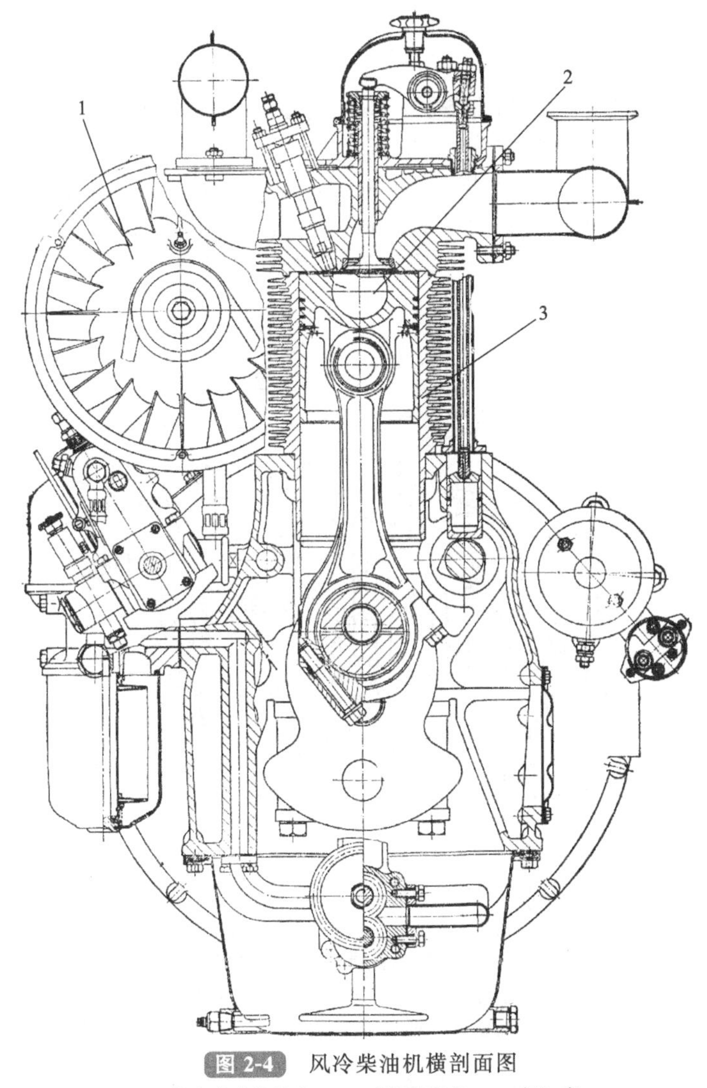

图 2-4 风冷柴油机横剖面图

1—轴流式冷却风扇；2—球形燃烧室；3—气缸套

冷却水直接接触。采用干式气缸套的优点是机体刚度较好，不存在冷却水密封问题；缺点是缸套的散热条件不如湿式气缸套好，加工面增加、成本高、拆卸困难。

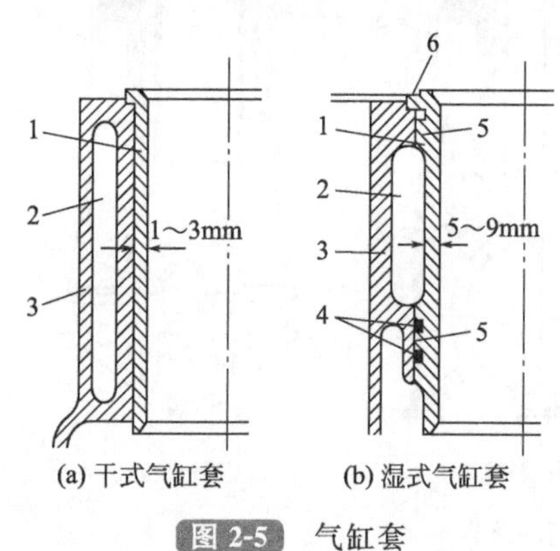

图 2-5 气缸套

1—气缸套；2—水套；3—气缸体；4—气缸套封水圈；5—圆环带；6—凸缘

湿式气缸套［图 2-5(b)］是壁厚为 5～9mm 的圆筒，其外壁直接与冷却水相接触。优点是装拆方便，冷却可靠，容易加工；缺点是机体的刚度较差，漏水的可能性比较大。柴油机大多采用湿式气缸套。

湿式气缸套因外壁直接与冷却水接触，所以在缸套的外表面制有两个凸出的圆环带 5，以保证气缸套的径向定位和密封。缸套的轴向定位是利用上端的凸缘 6 进行的。凸缘 6 下面装有密封铜垫片。缸套外表面的下凸出圆环带上装有 1～3 个耐热耐油的橡胶密封水圈，有的发动机则把密封水圈安装在机体上。缸套装入机体后，其凸缘顶面应高于机体顶面 0.06～0.15mm，以使气缸盖能压紧在气缸套上。有的发动机在气缸套下端开有切口，以保证连杆在其最大倾斜位置时不致与缸套相碰。

（3）气缸盖

气缸盖装于气缸体上部，用缸盖螺栓按规定力矩紧固在气缸体上。其功用是封闭气缸上平面，并与气缸和活塞顶构成燃烧室。

气缸盖的结构常见的有三种形式：①单缸式，即每一个气缸有一个单独气缸盖；②双缸式，即每两个气缸共用一个气缸盖（图 2-6 所示为 135 系列柴油机气缸盖及其相关组件的结构）；③多缸式，即每列气缸共用一个气缸盖，又称整体式（图 2-7 所示为康明斯 B 系列柴油机气缸盖及其相关组件的结构）。

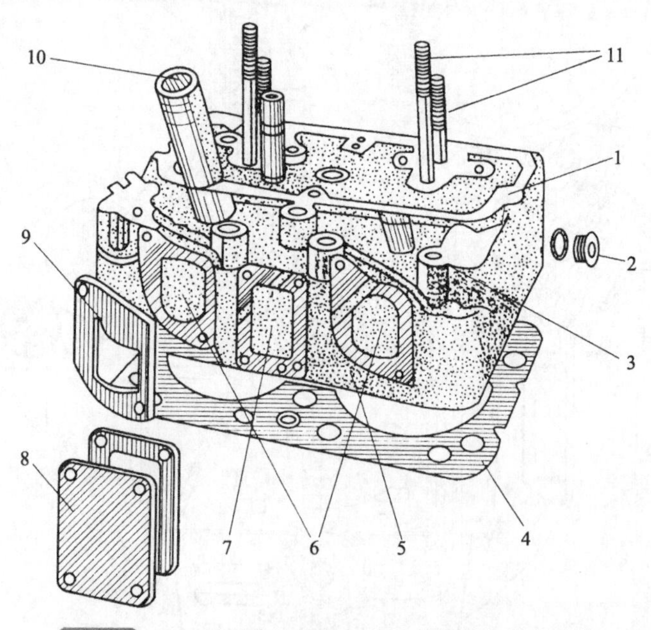

图 2-6 135 系列柴油机气缸盖及其相关组件的结构

1—气缸盖；2—螺塞；3—气缸盖螺塞孔；4—气缸垫；5—出气孔；6—进气口；7—工艺口；8—盖板；9—进气管垫片；10—喷油器水套；11—摇臂座固定螺栓

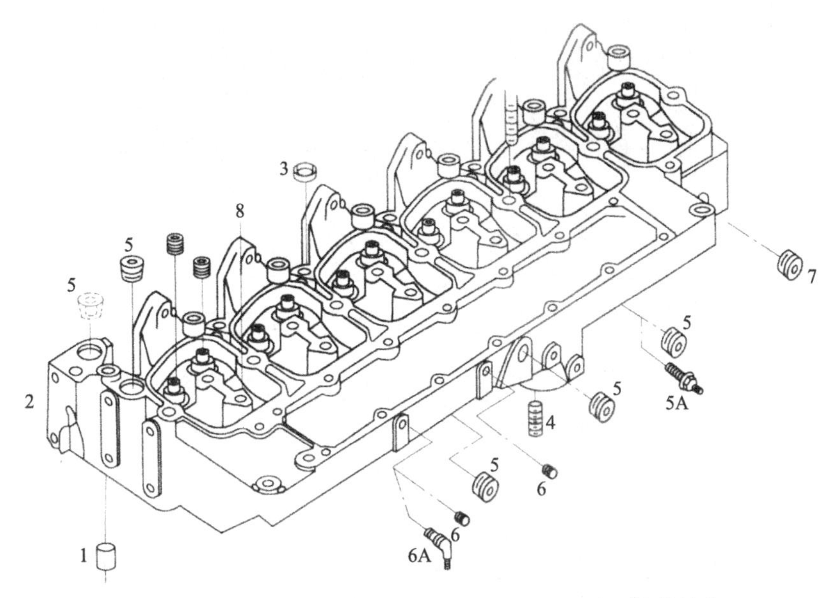

图 2-7　康明斯 B 系列柴油机气缸盖及其相关组件的结构

1—气缸盖定位环；2—气缸盖总成；3—碗形塞；4—燃油滤清器接头；
5，7—内六角锥形螺塞；5A—扩口式锥螺纹直通管接头体；6—方槽锥形螺塞；6A—直角管接头体；8—气门杆油封

柴油机气缸盖的热负荷十分严重，由于它上面装有进/排气门、气门摇臂和喷油器等零部件，而且气缸盖内布置有进/排气道和机油道等。特别是风冷式柴油机的气缸盖，散热片的布置比较困难。如果喷油器冷却效果不好、温度过高，则喷油器针阀容易咬死或出现其他故障，由于排气门受热严重，如冷却不良也会加剧磨损而降低其使用寿命。所以对于一些重要部件均需保证有足够的冷却效果。

气缸盖常用材料为高强度灰铸铁 HT20-40、HT25-47。大型或强化柴油机采用合金铸铁或球墨铸铁。风冷柴油机或特殊用途柴油机常用铝合金铸铁气缸盖。

(4) 气缸垫

气缸垫装于气缸体和气缸盖接合面之间，其功用为补偿接合面的不平处，保证气缸体和气缸盖间的密封。它对防止三漏（漏水、漏气和漏油）关系甚大，其厚薄程度还会影响内燃机的压缩比和工作性能，因此，在使用和维修内燃机时应注意保证气缸垫良好，更换时应按照原来标准厚度选用。

气缸垫要求耐高温、耐腐蚀，并具有一定的弹性。同时还要求拆装方便，能多次重复使用。常用的气缸垫为金属-石棉缸垫，如图 2-8 所示。这种气缸垫的外廓尺寸与缸盖底面相同，在自由状态时，厚约 3mm，压紧后约为 1.5～2mm。缸垫的内部是石棉纤维（夹有碎铜丝或钢屑），外面包以铜皮或钢皮。有的气缸垫在气缸孔的周围用镍皮镶边，以防止燃气将其烧损。在过水孔和过油孔的周围用铜皮镶边。这种气缸垫的弹性好，可重复使用。

在强化或增压发动机上，常用塑性金属（如硬铝板）制成的金属衬垫作气缸垫。金属衬垫强度好、耐烧蚀能力强。

(5) 油底壳

油底壳（又称下曲轴箱）主要用于收集和储存润滑油，同时密封曲轴箱。油底壳一般用 1～2mm 厚的薄钢板冲压或焊接而成，也有用铸铁或铝合金铸成的。

油底壳的结构形状主要是根据机油的容量、内燃机的安装位置以及在使用中的纵横倾斜角度来决定的。如图 2-9 所示为 135 系列柴油机的油底壳，为了保证润滑油泵能经常吸油，

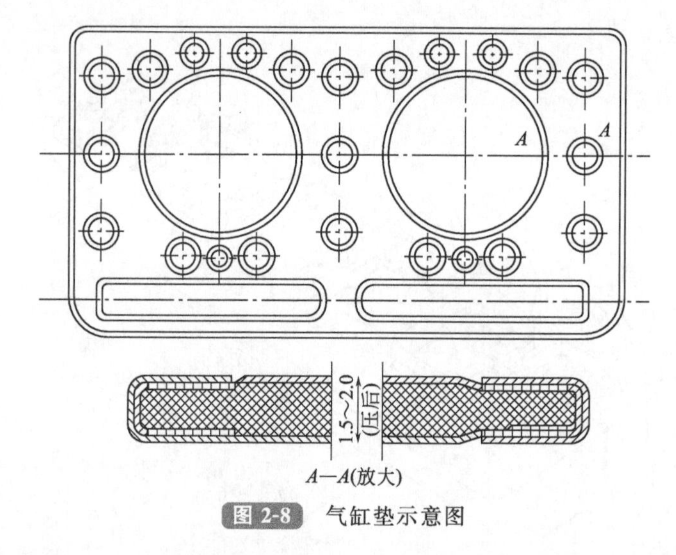

图 2-8 气缸垫示意图

其后部较深，整个底部呈斜面以保证供油充足。对于热负荷较大的内燃机，油底壳还带有散热片以降低机油的温度。为防止润滑油激溅，油底壳中多设有挡油板。油底壳底部有的还装有磁性放油塞，以吸附润滑油中的铁屑和必要时放出润滑油。

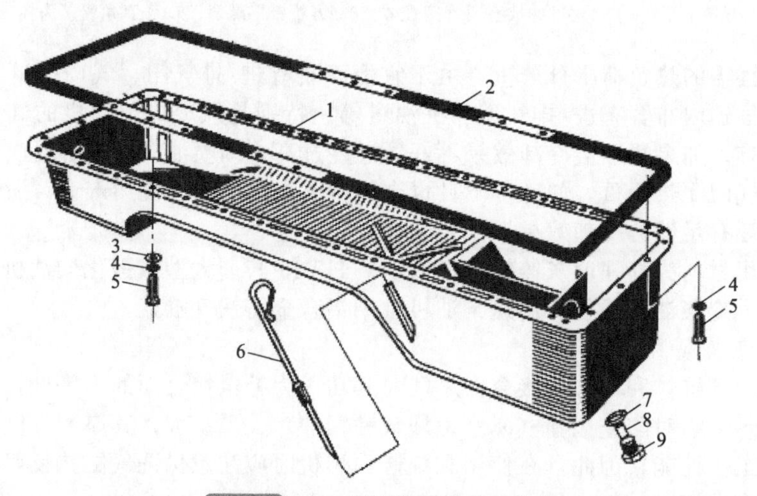

图 2-9 135 系列柴油机的油底壳

1—油底壳；2—衬垫；3—垫圈；4—弹簧垫圈；5—螺栓；6—机油尺；7—紫铜垫圈；8—磁铁；9—放油螺塞

（6）内燃机的支承

内燃机的支承随其用途不同而各异，固定式内燃机（如发电机组用内燃机、工程机械用内燃机等）多用机体上的四个支承点刚性地固定在机座或其他质量较大的基础上，以降低由于内燃机固有的不平衡性引起的振动。

2.1.2 气缸体与气缸盖的维修

气缸体和气缸盖的常见失效形式有不同位置的裂纹、平面变形、水道口腐蚀和螺孔损坏等。本小节将分别讨论这几种失效形式产生的原因、检验及修理方法。

2.1.2.1 裂纹的检验与修理

气缸体和气缸盖裂纹会导致冷却液或机油泄漏，影响内燃机的工作，甚至造成气缸体或气缸盖报废。

(1) 裂纹产生的原因

气缸体与气缸盖产生裂纹的部位往往与它们的结构有关，不同形式的发动机出现裂纹的部位有它一定的规律性。总体来说，裂纹产生的原因不外乎三个方面：

① 设计和制造方面的缺陷。

a. 一些改进型发动机是强化机型，其转速和功率较原发动机显著提高，在高转速下，发动机受到的惯性力和应力也增大，易出现裂纹。

b. 气缸体结构复杂，各处壁厚不均匀，在一些薄弱部位，刚度低，易出现裂纹。

c. 加工部位与未加工部位、壁厚不同部位过渡处都将产生应力集中，当这些应力与铸造时的残余应力叠加时，也易产生裂纹。

② 使用不当。

a. 在寒冷冬季，没使用防冻液或停机后没按照规定时间（冷却水冷却至常温）放出冷却水，致使水套内的冷却水结冰而发生冻裂，或在严寒冬季，骤加高温热水而炸裂。

b. 在内燃机处于高温工作状况下突然加入冷水，造成气缸体和气缸盖热应力过大，致使气缸体和气缸盖产生裂纹。

c. 在拆装或搬运中不慎，使气缸体或气缸盖严重受震或碰撞而产生裂纹。内燃机在运转过程中，材料受到过高的热应力。比如，长时间超负荷工作，造成气缸体内应力增大；水套中的水垢过厚，减小了冷却水的通过面积，而且水垢的传热性差，降低了发动机的散热性能，特别是气缸之间、气门座之间以及进、排气孔附近的水道被阻塞后，将严重影响散热，使局部工作温度升高，热应力过大，以致产生裂纹。

d. 在没有充分暖机的情况下，迅速增加负荷，致使气缸体和气缸盖冷热变化剧烈且不均匀，以致产生裂纹。

③ 修理质量不高。

在维修过程中，未能严格执行工艺要求，如气缸盖螺母未能按规定顺序和力矩拧紧，拧紧力不均匀，用不符合规定的气缸盖螺母等；在镶配气门座圈时，没有根据气门座的材料及加工精度等选用适当的压入过盈量等，也会使其产生裂纹。

拧紧气缸盖螺母要用读数准确的扭力扳手，先中间后两边，分2～3次（如135系列柴油机气缸盖螺母的规定力矩为245～265N・m，我们第一次可拧到100N・m，第二次可拧到200N・m，第三次可拧到规定力矩）对称地拧紧到规定的力矩（各螺母拧紧顺序如图2-10所示）。对重装气缸盖的发动机在第一次走热，冷却至常温后，还须按上述要求再拧一次气缸盖螺母以达到规定力矩，并应重新调整一次气门间隙。

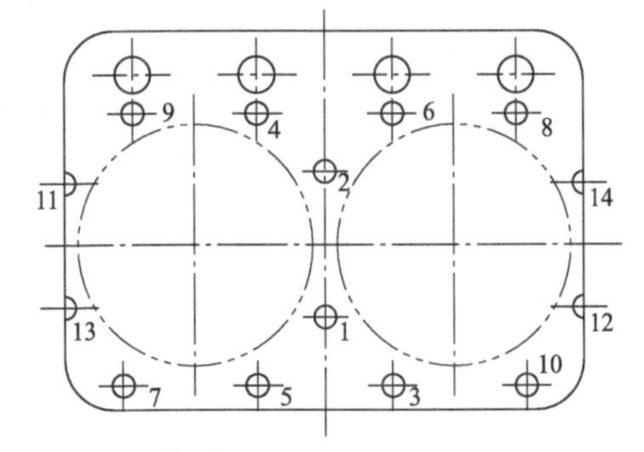

图 2-10 气缸盖螺母拧紧顺序

拆卸气缸盖螺母的顺序与上述顺序刚好相反，按先两边后中间的顺序，分2～3次对称地拧松。千万不要为了方便，一次性地把所有螺母卸掉。

(2) 裂纹的检验方法

气缸体和气缸盖是不允许有裂纹存在的，否则就会使内燃机不能正常工作，气缸体和气缸盖的严重裂纹，一般容易发现，但细小裂纹不易察觉。通常，气缸体和气缸盖裂纹的检验方法有以下三种：

① 水压法。水压法如图2-11所示。把气缸盖和气缸垫按技术要求装在气缸体上，将水压机出水管接头与气缸前端连接好，并封闭所有水道口，然后将水压入气缸体和气缸盖内(有条件时，可用80～90℃的热水)，在0.3～0.5MPa的压力下，保持5min，应没有任何渗

漏现象。如果有水珠渗出，就表明渗水处有裂纹。内燃机修补过气缸体，更换过气缸套、气门座圈及气门导管后，均应进行一次水压检验。

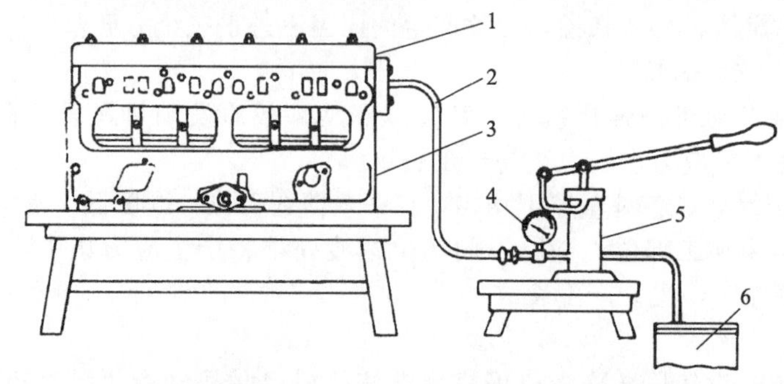

图 2-11 气缸体与气缸盖的水压试验

1—气缸盖；2—软管；3—气缸体；4—水压表；5—水压机；6—储水槽

② 气压法。在没有水压机的情况下，可用自来水、气泵或打气筒。将自来水注入气缸体和气缸盖水套内，然后用气泵或打气筒向注水的水套内充气，借助气体压力检查有无液体渗漏，即可确定裂纹所在的部位。为防止水和气倒流，应在充气管与气缸体水管接头间装一单向阀门。

③ 浸油锤击显示法。在以上两种检查方法的条件都不具备时，可用浸油锤击显示法。检验时，先将零件浸入柴油或煤油中一定时间，取出后将表面擦干，撒上一层白粉，然后用小锤轻轻敲击非工作表面，如果零件有裂纹，由于振动，会使浸入裂纹的柴油或煤油渗出，使裂纹处的白粉呈现黄色线痕。一旦检验出气缸体或气缸盖有裂纹，就必须进行修理。

(3) 裂纹的修理方法

气缸体和气缸盖裂纹的修理，应根据其破裂的程度、损伤的部位及自身修理条件和设备状况，确定其修理方法，常用的修理方法有五种：

① 环氧树脂胶粘接。环氧树脂粘接具有粘接力强、收缩小、耐疲劳等优点，同时工艺简单、操作方便、成本低。其主要缺点是不耐高温、不耐冲击等，而且在下一次修理时，经热碱水煮洗后会产生脱落现象，需要重新粘接。所以，气缸体和气缸盖除燃烧室、气门座等高温区域外，其余部位均可采用这种方法进行修复。

② 螺钉填补。这种方法适用于某些受力不大、强度要求小和裂纹范围较短（一般在50mm 以下）的平面部位，其修理质量较高，但较费工时。具体的填补工艺如下：

a. 在裂纹两端各钻一个限制孔，如图 2-12 中的 1 和 2 所示，以防止裂纹的继续延伸。

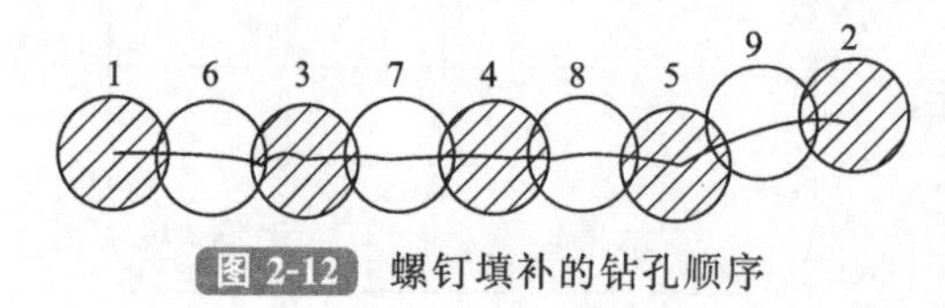

图 2-12 螺钉填补的钻孔顺序

b. 沿裂纹钻孔 3、4、5，孔的直径视螺纹的直径而定，并保证孔与孔之间重叠 1/3 孔径（比如：第 3 孔应与 6、7 孔各重叠 1/3 孔径）。

c. 在上述 1、2、3、4、5 孔中攻出螺纹。

d. 在攻好的螺纹中，拧入预先铰好螺纹的紫铜杆（拧入部分漆以白漆），拧好后切断铜杆，使切断处高出裂纹表面 1～1.5mm，如图 2-13 所示。

e. 在已经切断的螺杆之间钻孔 6、7、8、9，按照上述方法攻螺纹并拧入螺杆，使之填满裂纹，形成一条螺钉链。

f. 为填满紧密起见，应用手锤在已切断的螺杆之间轻轻敲打，最后用锉刀修平，必要时可用锡焊，以防渗漏。

③ 补板封补。在气缸体、气缸盖受力不大的部位上，如裂纹较长或有破洞时，在破损

处的四周采用补板封补。补板封补工艺如图 2-14 所示。

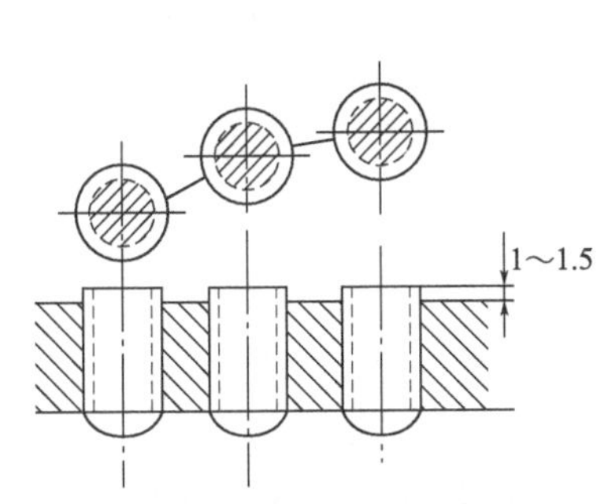

图 2-13 螺钉填补裂纹拧入紫铜杆的方法

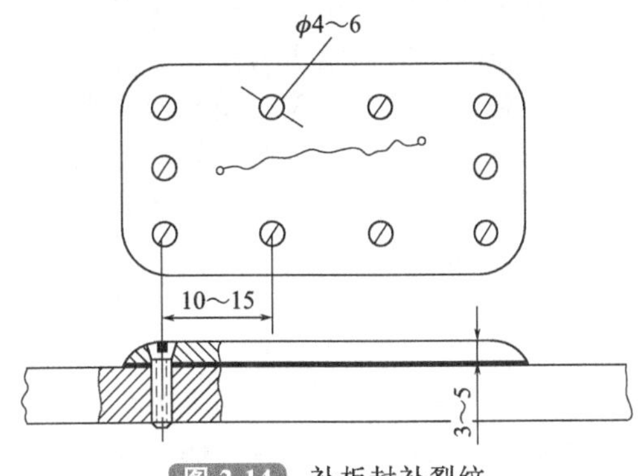

图 2-14 补板封补裂纹

a. 在各裂纹端部钻孔，限制其延伸。

b. 用 3～5mm 厚的紫铜板或 1.5～2mm 厚的铁板，截成与破口轮廓相似、四周大于破口 15～20mm 的补板。如破裂的表面有凸起部分，须在补板上敲出同样形状的凸起，使整个补板能与封补部位的表面贴合。

c. 在补板四周每隔 10～15mm，钻直径 4～6mm 的孔，其位置离补板边沿 10mm 左右。

d. 将补板按在破口上，从补板孔中用划针在气缸体上做出钻孔记号，移去补板后，在记号处钻出深度约 10mm 左右的孔，并攻出所需直径的螺纹。

e. 在气缸体与补板之间，填入涂有白漆的石棉衬垫，然后用平头螺栓将补板紧固在气缸体上，必要时将补板四周用小锤敲击，并进一步拧紧螺栓，以增加其密封性。

④ 焊补。气缸体与气缸盖的裂纹，如发生在受力较大或温度较高的部位，以及用以上几种方法不易操作的部位，多采用焊补法修复。其焊补工艺如下：

a. 在裂纹两端各钻一个 3～5mm 的孔，防止裂纹的延伸。

b. 按具体情况，将裂纹凿成 60°～90°的 V 形槽，并清理干净，漏出光泽。

c. 采用电焊时，应使用直流电焊；采用乙炔焊时，应将缸体或缸盖垫平，将焊区缓慢预热至 500℃左右，焊补后加热至 500～550℃保持 1h，然后在不少于 16h 内缓冷至常温。

⑤ 堵漏剂堵漏。堵漏剂通常是由水玻璃、无机聚沉剂、有机絮凝剂、无机填充剂和粘接剂等组成的胶状液体，适用于铸铁或铝缸体所出现的细小裂纹、砂眼等缺陷的堵漏。采用堵漏剂进行修复裂纹时，应先找出漏水的部位，确定裂纹的长度、宽度或砂眼的孔径。如裂纹长度超过 40～50mm 时，可在裂纹两端钻 3～4mm 的限制孔，并点焊或攻螺纹拧上螺钉，防止裂纹的延伸。同时，每隔 30～40mm 钻孔（不钻通）点焊或攻螺纹拧上螺钉，避免工作中的振动使裂纹扩展。若裂纹宽度、砂眼孔径超过 0.3mm 时，最好不用这种方法修复。堵漏剂堵漏仅适用于小裂纹或有微量渗漏时采用。

最后，需要强调的是：若裂纹发生在关键部位，如缸孔边、主轴承座等受力较大的部位时，一般无法修复，应更换气缸体或气缸盖。需特别注意的是：凡经过修补的气缸体和气缸盖都应进行水压试验，以检查其是否有渗漏现象。

2.1.2.2 平面变形的检验与修理

气缸体与气缸盖在使用中发生变形是普遍存在的现象。气缸体和气缸盖的接触平面往往产生翘曲变形。气缸体变形会严重影响内燃机的装配质量。气缸体变形将造成气缸密封不严、漏气、漏水和漏油，甚至使燃气冲坏气缸垫，导致内燃机动力不足。

（1）平面变形的原因

① 制造时，未进行时效处理或时效处理不充分。因此，零件内应力很大，在发动机工

作过程中受高温作用，内应力重新分配，达到新的平衡，结果造成零件的变形。

② 内燃机长时间工作，螺孔周围在拉伸应力作用下产生变形。

③ 气缸盖螺母的拧紧扭力过大、拧力不均或未按规定次序拧紧，使平面翘曲。

④ 在高温下拆卸气缸盖，使平面不平。

⑤ 新机器或大修后的机器走热后，气缸盖螺母未重新进行紧固。

⑥ 用焊补法修理气缸体或气缸盖时，使其受热而变形。

(2) 平面变形的检验方法

通常的检验方法有两种：

① 显示剂法。在平台上涂一层显示剂，把被检验的气缸盖或气缸体放在平台上对磨，如果显示剂均匀分布在平面上，则说明平面平整。否则，说明平面不平。

② 测量法。检验时，将直尺侧立在被测平面上，再用厚薄规测量直尺与平面间的间隙(在不同位置进行多次测量)，如图 2-15 所示。有条件时，可用平面度检测仪进行测量。

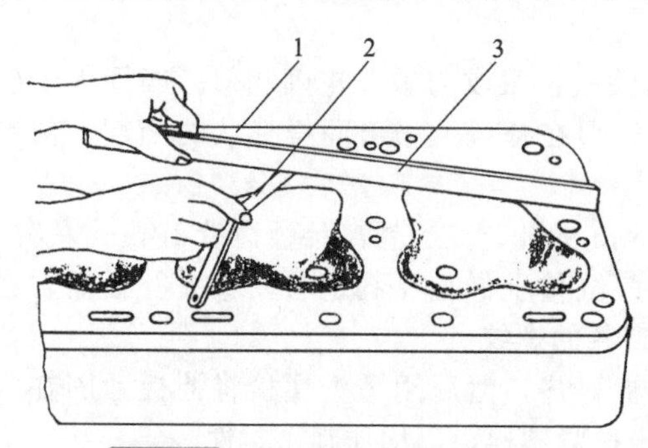

图 2-15 气缸盖平面变形的检验
1—气缸盖；2—厚薄规；3—直尺（钢板尺）

其检验标准是：对于气缸体上平面的平面度误差，在任意 50mm × 50mm 内不得大于 0.05mm。6 缸发动机在整个平面上不得大于 0.25mm；4 缸发动机在整个平面上不得大于 0.15mm。对于侧置气门式发动机，气缸盖下平面的平面度误差，在任意 50mm×50mm 内不得大于 0.05mm。6 缸发动机在整个平面上不得大于 0.35mm（铸铁缸盖）或 0.25mm（铝合金缸盖）；4 缸发动机在整个平面上不得大于 0.25mm（铸铁缸盖）或 0.15mm（铝合金缸盖）。若气缸体上平面和气缸盖下平面的平面度误差超过上述范围，应予以修整。

(3) 平面变形的修理方法

因气缸体与气缸盖的变形部位及程度不同，其修理方法也有所不同，其常见方法有：

① 气缸体平面螺孔附近的凸起，可用油石磨平或用细锉修平。

② 气缸体和气缸盖的不平，可用铣、磨的加工方法修复。

气缸体的上平面采用铣、磨方法修理时，要始终以主轴承孔和气缸孔中心线为加工定位基准。每个缸体上平面最多允许修理 2 次，每次修理量应小于 0.25mm，其修磨总量不能超过 0.50mm。

气缸体上平面经过修磨后，应检查气缸体的高度 H（即曲轴主轴承孔中心至气缸体上平面的距离），其值应在允许范围内，测量位置如图 2-16 所示。不同的发动机，其数值是有所不同的，在修理时要详细阅读说明书。

与此同时，当气缸体平面进行铣、磨后，为了保持活塞与气门间的正常间隙和气缸原有压缩比，应选用加厚的气缸垫。

③ 气缸体和气缸盖的不平也可用铲刀铲平或涂上研磨膏，把气缸盖放在气缸体上扣合研磨，如图 2-17 所示。

④ 气缸盖的翘曲，可用敲压法校正。图 2-18 为敲压法修复内燃机气缸盖的方法：先将厚度约为气缸盖变形量 4 倍的钢片垫放在气缸盖与平板之间。把压板压在气缸盖中部，拧紧螺栓，使气缸盖中部的平面贴在平板面上，用小铁锤沿气缸盖筋上敲击 2～3 遍，以减小受压变形时产生的内应力，停留 5min 后，将压板移装到全长 1/3 处敲击，最后再移到另一端 1/3 处进行压校敲击。若气缸盖在对角方向翘曲，则压板应斜压在气缸盖上。若压校过量，

则把气缸盖放在锻工的烘炉旁烘热片刻即可消除。

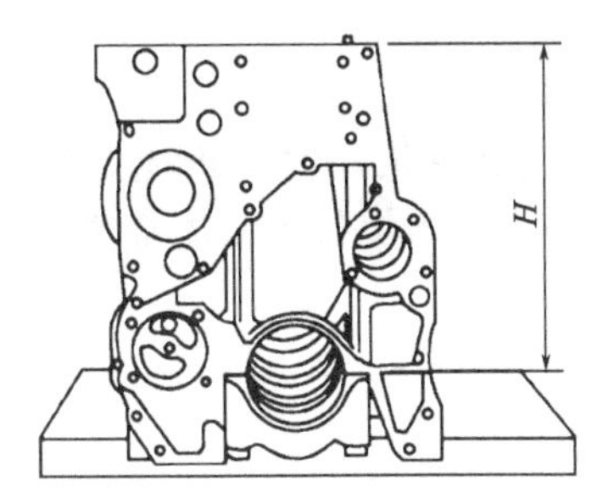

图 2-16 气缸体高度的测量位置

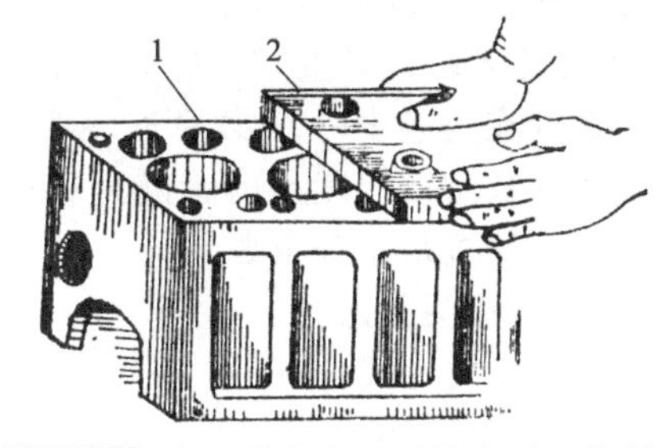

图 2-17 气缸体与气缸盖结合平面的研磨

1—气缸体；2—气缸盖

⑤ 气缸盖平面翘曲后，也可用磨削法来修整。缸盖磨削后，会使其厚度有所变薄，燃烧室容积变小，压缩比增大，从而引起内燃机的爆震。因此，当缸盖厚度比标准厚度小 2mm 时，应更换新气缸盖，或在强度影响不大的情况下，多加一个气缸垫继续使用。

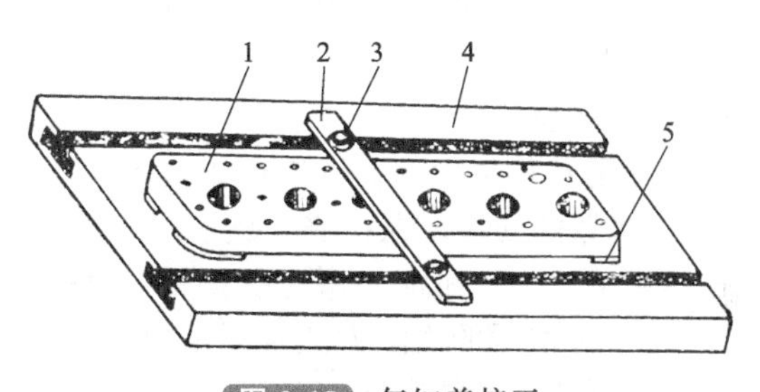

图 2-18 气缸盖校正

1—气缸盖；2—铁压板；

3—压板螺栓；4—工作平台；5—垫片

气缸盖变形经过磨削后容易出现燃烧室容积不等的现象，其容积变化差值，一般不应大于同一内燃机各燃烧室平均值的 4%。对于一般内燃机，燃烧室容积不应小于原厂规定的 95%，否则会出现爆燃倾向。所以，气缸盖修整后，应对燃烧室容积加以测量。

2.1.2.3 水道口腐蚀和螺孔损坏的修理

(1) 水道口腐蚀的修理

缸盖的水道口容易被腐蚀，严重时会出现漏水现象，尤其是铝合金缸盖更是如此。修理时，可采用环氧树脂粘补，或者堆焊后重新开水道口，也可采用补板镶补。

补板镶补的方法是：

① 将被腐蚀的水道口加工成台阶形的圆孔或椭圆孔，其深度一般为 3mm 左右。

② 用 4mm 厚的铝板加工成与水道口形状相同的补板，并留适当的过盈量。

③ 用手锤和平铳将补板镶入孔内，然后修整，并钻出水道口。补板除过盈压合外，也可用胶接法黏合。

(2) 螺孔损坏的修理

螺孔损坏，一般是由冲击磨损和金属腐蚀引起的，最常见的是滑扣。螺柱安装不当或扭紧力过大，会使螺孔胀裂。

螺孔的螺纹损坏超过 2 牙以上时，可用镶套法修复。将已损坏的螺纹孔，按一定的尺寸扩大并攻出新的螺纹，拧入有外螺纹的螺套，螺套的内螺纹必须与原螺孔的螺纹规格相同。必要时，可在螺套外径上加止动螺钉，防止螺套松动。也可将原损坏的螺孔扩大，再配用台阶形的螺柱。

2.1.3 气缸的维修

气缸所处的工作环境十分恶劣，具体来说，具有以下几个特点：

① 内表面直接受到高温、高压燃烧气体的作用。

② 工作过程中温度变化剧烈。燃烧过程中燃气最高温度可达 2000℃左右，而进气过程

中冷空气温度只有几十摄氏度。

③ 气缸外壁受到冷却水的作用，产生严重的腐蚀。

④ 活塞往复运动，产生交变应力，造成气缸严重磨损。

由于气缸处在上述十分恶劣的条件下工作，可以说气缸在工作时真正地处在“水深火热”之中，而气缸磨损程度是内燃机大修的主要依据，决定着内燃机的使用寿命。因此，设法降低气缸磨损便显得十分重要。

2.1.3.1 气缸常见失效形式

气缸常见的失效形式有五种：

(1) 气缸套外壁沉积水垢

水垢的主要成分是$CaCO_3$、$MgCO_3$、$CaSO_4$和$MgSO_4$等不溶于水的物质。

① 水垢产生的主要原因。冷却水中含有矿物质，在高温作用下沉积下来，牢固地附着在气缸套的外表面上。

② 气缸套外壁沉积水垢的危害。水套容积变小，循环阻力增加，冷却效果下降。经测定，水垢的传热系数仅为钢铁传热系数的1/25。

③ 水垢的处理。在检修内燃机时，应仔细将附着在气缸套外壁的水垢清理干净。为了减小其影响，内燃机应使用含矿物质少的冷却水或将硬水软化，尽量不用硬水（含矿物质多的水）。有关水垢的清除方法及硬水的软化步骤，将在“冷却系统”章节中详细讲解。

(2) 湿式缸套的穴蚀

① 穴蚀的概念。所谓湿式缸套的穴蚀，是指内燃机使用一段时间（情况严重时，往往在高负荷下运转几十小时）后，在气缸套外表面沿连杆摆动方向两侧，出现的蜂窝状的孔群（通常其直径为1～5mm，深度达2～3mm），如图2-19所示。有时，内燃机的气缸内壁尚未使用到磨损极限，即被穴蚀所击穿。

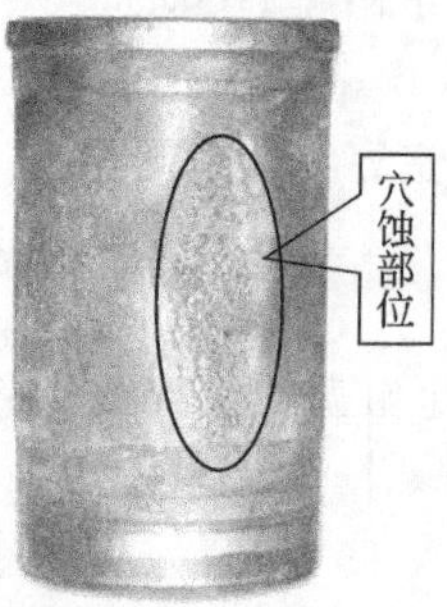

图2-19 湿式缸套的穴蚀

② 穴蚀产生的原因。

a. 气缸套材料内，存在微观小孔、裂纹和沟槽；

b. 机器运转时，缸套振动。

机器运转时，由于燃烧爆发的冲击以及活塞上下运动时的敲击，引起缸套振动，使缸套外壁上的冷却水附层，产生局部的高压和高真空，在高真空作用下，冷却水蒸发成气泡，有的真空泡和气泡受振动挤入或直接发生在缸套外壁微小的针孔内，当它们受高压冲击而破裂时，就在破裂区附近产生压力冲击波，其压力可达数十个大气压，它以极短的时间冲击气缸外壁，对气缸产生强烈的破坏力。这样经常不断地反复作用，使金属表面出现急速的疲劳破坏，而产生穴蚀现象。

如果气缸套被穴蚀击穿，就会产生比较大的危害：水进入气缸、机器摇不动。当前，对气缸套的穴蚀还缺少行之有效的解决方法，只能采取一些方法或措施来预防或减少穴蚀对气缸套的破坏作用。

③ 预防或减少穴蚀的措施。

a. 减小气缸套的振动。尽量减小活塞与气缸及气缸套与气缸体之间的配合间隙；减轻活塞重量；在重量和结构允许的情况下，适当选用厚壁缸套以及改善曲轴平衡效果等来减小气缸套的振动。

b. 提高气缸套的抗穴蚀能力。采用较致密的材料以及在气缸外壁涂保护层、镀铬和渗氮等方法来提高气缸套的抗穴蚀能力。

c. 在冷却水中加抗蚀剂。

d. 保持适当的冷却水温。水温低，穴蚀倾向严重；水温在 90℃左右为宜，因为当水温高时，水中产生气泡，能起到气垫缓冲作用，减轻穴蚀。

尽管有这么多预防穴蚀的措施，但是，气缸套的穴蚀现象往往是不可避免的，在拆卸气缸套时应注意检查穴蚀情况，若不严重可将气缸套安装方向调转 90°（即将穴蚀表面转到与连杆摆动面的垂直方向上）继续使用，否则，应更换气缸套。

（3）拉缸

① 什么是拉缸？所谓拉缸是指在气缸套内壁上，沿活塞移动方向，出现一些深浅不同的沟纹。

② 拉缸产生的原因：

a. 内燃机磨合时没有严格按照其磨合工艺进行。

b. 活塞与气缸套间的配合间隙过小。

c. 活塞环开口间隙过小，以致刮坏气缸壁。

d. 机器在过低温度下启动，以致润滑油膜不能形成，产生干摩擦或半干摩擦。

e. 机器在工作过程中产生过热现象，使缸壁上的油膜遭到破坏。

f. 空气、燃油、机油没有很好过滤，将固体颗粒带入气缸。

内燃机产生拉缸后，其危害必然是影响气缸的密封。

③ 防止拉缸的措施：

a. 正确装配。比如，活塞与气缸套间的配合间隙以及活塞环的开口间隙等，各种内燃机都有明确的规定，在装配时应特别注意。

b. 严格按照操作规程使用内燃机。

因此，只要按照规定正确装配内燃机，严格按照操作规程使用，拉缸现象是完全可以避免的。

（4）裂纹

① 裂纹产生的原因：

a. 制造或材料质量不合格，也就是通常说的伪劣产品。

b. 使用操作不当。比如：内燃机在运转过程中，发生水量不足甚至断水现象时，使内燃机过热，在这种情况下，若突然加入冷水，使缸套骤冷收缩，就会产生裂纹；或者，当内燃机长时间超负荷运转，机械负荷与热负荷急剧增大，也会使气缸套产生裂纹。

② 气缸产生裂纹的危害。气缸产生裂纹后，往往会带来比较严重的后果。

a. 若裂纹处漏水，冷却水进入气缸内，将在气缸内产生“水垫”现象，造成“顶缸”事故（水的压缩性极小，当其被活塞推动上移时，会产生很大压力），使连杆顶弯或损坏内燃机的其他零件。

b. 水漏到曲轴箱内，混入机油中，破坏机油润滑性能，造成烧瓦等严重事故。

③ 防止缸套裂纹产生的措施。严格按照操作规程管理内燃机；保证内燃机正常冷却，严禁长时间超负荷运行。

（5）磨损

磨损是气缸最主要的失效形式，判断内燃机是否需要大修，主要取决于气缸的磨损程度。因此，研究气缸磨损原因，掌握其磨损规律，不仅对检验气缸磨损程度有一定意义，而且更重要的是针对气缸磨损的原因与规律，在内燃机维修、管理和使用中采取有效措施，减少气缸的磨损，延长发动机的使用寿命。

① 气缸的磨损规律。人们通过广泛的理论研究和实践，发现气缸的磨损主要有以下规律：

a. 沿长度方向成“锥形”。图 2-20 是气缸沿长度方向磨损示意图，图中的阴影部分表示磨损量，由图可知：在活塞环运动区域内磨损较大；这种磨损是不均匀的，上重，下轻，使气缸沿长度方向成“锥形”；其最大磨损发生在活塞处于上止点时，与第一道活塞环相对的气缸壁厢稍下处；最小的磨损发生在气缸的最下部，即活塞行程以外的气缸壁。

b. 沿圆周方向“失圆”。气缸沿圆周方向的磨损规律如图 2-21 所示，由图可知，气缸体在正常情况下，从气缸的平面看，沿圆周方向的磨损也不均匀，有的方向磨损较大，有的方向磨损较小，使气缸横断面呈失圆状态，在通常情况下，气缸横断面磨损最大部位是：与进气门相对的气缸壁附近以及沿连杆摆动方向的气缸壁两侧。

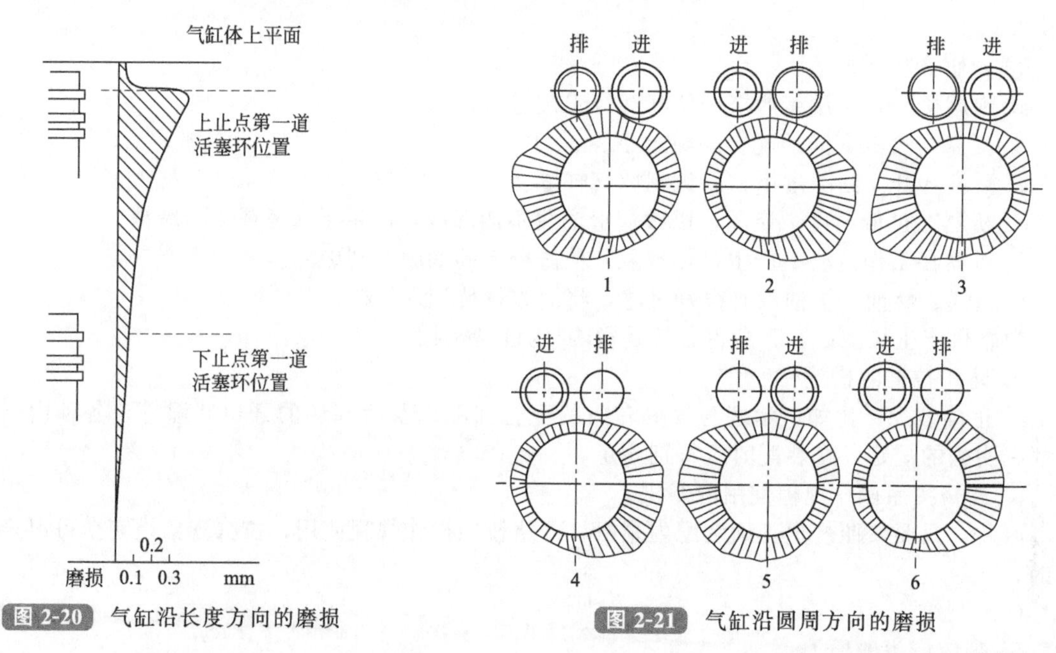

图 2-20 气缸沿长度方向的磨损

图 2-21 气缸沿圆周方向的磨损

c. 在活塞环不接触的上面，几乎没有磨损而形成“缸肩”。在气缸的最上沿，不与活塞接触的部位，几乎没有磨损。内燃机经长时间工作后，在第一道活塞环的上方，形成明显的台阶，这一台阶俗称为“缸肩”。

d. 对多缸机而言，各缸磨损不一致。这主要是由各缸的工作性能、冷却强度、装配等不可能完全一致而造成的。

以上四条气缸的磨损规律，严重影响内燃机工作性能的是前两者，即锥形度和失圆度，当其超过一定范围后，将破坏活塞、活塞环同气缸的正常配合，使活塞环不能严密地紧压在气缸壁上，造成漏气和窜机油，严重时还会产生“敲缸”，使内燃机耗油量增加，功率显著下降，以至于不能正常工作，甚至造成事故。

② 气缸锥形磨损的原因。活塞、活塞环和气缸是在高温、高压和润滑不足的条件下工作的，由于活塞、活塞环在气缸内高速往复运动，使气缸工作表面发生磨损。

a. 活塞环的背压力。内燃机在压缩和做功冲程中，气体窜入活塞环后面，因而剧烈地增加了活塞环在气缸壁上的单位压力。图 2-22 为某型号柴油机在燃烧过程中各道活塞环背面压力分布情况，当气缸内的燃烧压力为 7.5MPa($75kgf/cm^2$) 时，第一道活塞环的背压力为 6 MPa($60kgf/cm^2$)，第二道活塞环的背压力为 1.5MPa($15kgf/cm^2$)，第三道活塞环的背压力 0.5MPa($5kgf/cm^2$)。由于在第一道活塞环处气缸壁的单位压力最大，将润滑油挤出，润滑不良；同时，活塞环对气缸壁的压力也是上大下小，因此，气缸的磨损也是上大下小，形成“锥形”，而且气缸磨损最大处应在活塞处于上止点时，与第一道活塞环相对应的位置才对，但在高速内燃机中，由于活塞环背面最高压力的产生落后于气缸内最高压力的产生，所以气缸沿长度方向的最大磨损发生在活塞处于上止点时，与第一道活塞环相对的气缸壁稍下处（距气缸体顶平面 10mm 左右）。

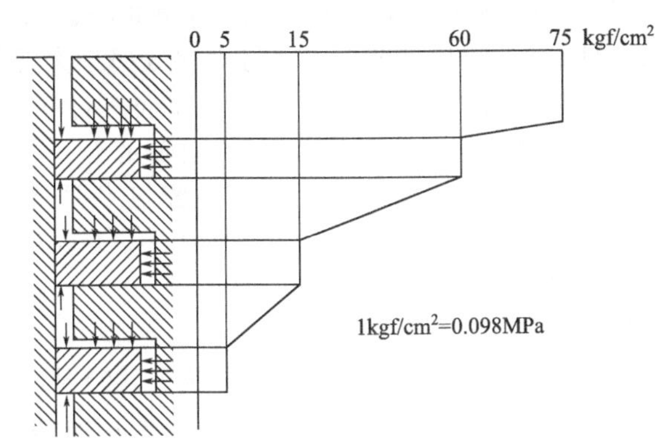

图 2-22 某型号柴油机活塞环背面气体压力示意图

b. 润滑油的影响。气缸上部由于靠近燃烧室，温度高，润滑油在燃烧气体作用下有一部分被燃烧掉。同时，气缸上部形成油膜的条件差，受高温影响，润滑油变稀，黏度下降，油膜不易保持，再者，可燃混合气进入气缸时，混合气中所含的细小油滴不断冲涮缸壁，使油膜强度减弱，从而使活塞与气缸间形成半干摩擦、边界摩擦甚至干摩擦，从而使气缸上部的磨损较大，沿长度方向成“锥形”。

此外，活塞与活塞环运动速度的变化，也使气缸工作表面不能形成稳定的润滑油膜。活塞工作时，在上、下止点的速度为零，而中间速度很大，另外发动机在启动、怠速和正常工作时，速度变化范围也很大，这有可能使润滑油膜遭到破坏，加速气缸工作表面的磨损。而气缸上部润滑油不易达到，所以磨损更大。

c. 腐蚀磨损。气缸内可燃混合气燃烧后，产生的水蒸气与酸性氧化物 CO_2、SO_2 和 NO_2 等发生化学反应生成矿物酸，此外燃烧过程中还生成有机酸如蚁酸、醋酸等，它们对气缸工作表面产生腐蚀作用，气缸表面经腐蚀后形成松散的组织，在摩擦中逐步被活塞环刮掉。

矿物酸的生成及对磨损的影响与其工作温度有直接关系。当冷却水温低于 80℃时，在气缸壁表面易形成水珠，酸性氧化物溶于水而生成酸，对气缸壁产生腐蚀作用，温度越低，酸性物质越容易生成，腐蚀作用也就越大。

再者，当供油量过大，没有燃烧完的燃油转变成气体时，气缸内的温度降低很多，同时，对气缸壁油膜的冲涮作用也较大，造成气缸的磨损。

由于越靠近气缸上部，上面所讲的三个因素的影响作用也越大，所以造成了气缸上部的磨损比下部大，沿长度方向呈“锥形”。

d. 磨料磨损。若空气滤清器和机油滤清器保养不当，空气中的灰尘便进入气缸或曲轴箱，形成有害磨料；与此同时，发动机在工作过程中，自身也要产生一些磨屑，这些磨料大都黏附在气缸壁上，而且在气缸上部空气带入的磨料多，其棱角也锋利，造成气缸上部磨损比较严重，使气缸沿长度方向呈“锥形”。

③ 气缸失圆磨损的原因。在气缸横断面圆周方向的“失圆”磨损，往往是不规则的椭圆形，它与发动机的结构和工作条件等因素有关。

a. 活塞侧压力的影响。无论是压缩还是膨胀行程，由于活塞侧压力作用于气缸壁的左方或右方（其方向均与曲轴轴线垂直），破坏了润滑油膜，加快了气缸两侧的磨损，从而使气缸沿圆周方向“失圆”。有些发动机为减少这一磨损，加强了对它的喷溅润滑。

b. 结构因素的影响。对于侧置气门式发动机，由于进入气缸内的新鲜混合气对进气门相对的气缸壁附近的冲涮作用，使其温度降低，再加之混合气中细小油滴对润滑膜的破坏，给酸性物质产生创造了条件，并且使酸性物质有可能直接腐蚀气缸壁，加速了该处磨损，因此，与进气门相对的气缸壁附近，以及在冷却水套与冷却效率最大的气缸壁附近磨损最大，从而使气缸沿圆周方向“失圆”，图 2-21 是侧置气门式发动机各气缸横断面磨损情况示意图。正因如此，不同结构的内燃机，气缸“失圆”的长短轴是不一样的。

c. 装配质量的影响。曲柄连杆机构组装时不符合装配技术要求，如连杆的弯曲、扭曲过量；连杆轴颈锥形过大；气缸或主轴承中心线与曲轴中心线不垂直；气缸套安装不正；曲轴轴向间隙过大等都会造成气缸的偏磨现象。

④ 减少气缸磨损的方法。由以上分析可以看出：气缸磨损在内燃机使用过程中是客观存在，不可避免的，但在实际工作中，应尽量想办法来减小其磨损。

a. 冷机启动前，先手摇曲轴使润滑油进入润滑机件表面，启动后，先低速运转，温度升高后，再加负载；工作中，使机器保持正常温度。

b. 及时清洗空气滤清器，经常检查机油的数量和质量。

c. 保证修理质量及正常的配合间隙，在修理和装配过程中，应做到：气缸中心线与曲轴中心线垂直；曲轴和连杆不能弯曲和扭曲；活塞销、连杆筒套、连杆瓦应装正，保证曲轴中心线与气缸中心线垂直；气缸要有一定的精度和粗糙度。

如果在修理或装配时，做不到以上几点，将造成活塞在气缸中形成不正常的运动，使气缸加速磨损。因此，在修理过程中，必须以精益求精、一丝不苟的精神认真修理，确保修理质量。一旦气缸磨损比较严重，就应对气缸进行检验和修理。

2.1.3.2　气缸的检验

（1）气缸的检查与测量

① 外观检查。将气缸套擦洗干净，检查其是否有拉缸、裂纹、穴蚀和锈斑等失效形式。

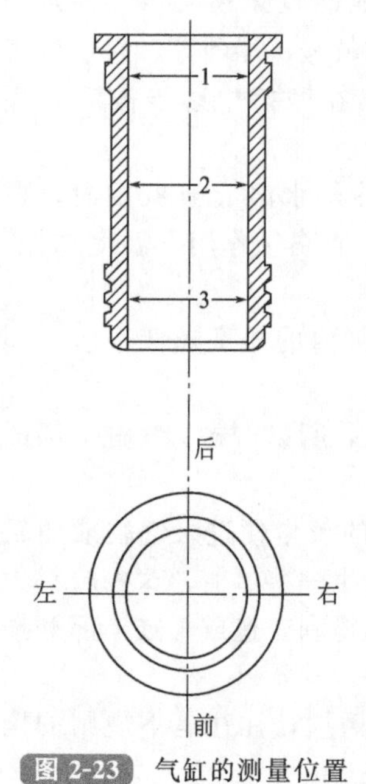

图 2-23　气缸的测量位置

② 气缸的测量。测量气缸的目的在于量出气缸的失圆度与锥形度（亦称圆度与圆柱度），弄清气缸的磨损程度，以确定其是否能继续使用；需要修理的，确定其修理范围和修理等级。

测量气缸通常用量缸表，其测量步骤为：

a. 确定气缸原有尺寸。方法是：查阅资料记载，或用量缸表结合外径千分尺来确定，若用测量法才能得出原有尺寸，就要测量气缸的上缘（即活塞在上止点时，第一道活塞环的上端）或缸套的最下部，才能正确得出原有的气缸直径，因为这两个部位在工作过程中不会发生磨损，在一定的程度上可以代表气缸的原有直径。

b. 测量气缸的失圆度。为了保证测量的准确性，一般测三个部位（如图 2-23 所示）：

第一个部位：气缸上部，即气缸磨损最大位置，在活塞处于上止点时，第一道活塞环相对应的稍下方（5～10mm 左右），约距顶部边缘 20mm 处。第二个部位：气缸中部，即活塞处于上止点时，第一道油环附近，约距顶部边缘 40～60mm 处。第三个部位：气缸下部，即活塞处于下止点时，第二道油环附近，约距气缸底边 20～40mm 处。

其测量方法是：在上述气缸上、中、下三个部位中，分别测出前后（垂直于曲轴中心线方向)、左右（平行于曲轴中心线方向）的气缸直径数值，两个方向测量尺寸的差值，就是气缸的失圆度，但测量后，要以三个中最大数值为依据，作为该缸的失圆度。气缸的磨损量=最大直径—标准尺寸（气缸原有尺寸）。

c. 测量气缸的锥形度。在上述气缸上、中、下三个部位中，分别测出前后、左右的气缸直径数值，上下两部位最大与最小数值之差就是气缸的锥形度。由于气缸是内燃机的核心部件，其磨损量、失圆度和锥形度是决定其修理类别的主要依据。当其磨损量、失圆度和锥形度超过一定范围后，就会对内燃机的工作性能造成严重影响。

(2) 气缸过度磨损对内燃机工作性能的影响

① 气缸与活塞裙部的配合间隙增大，致使压缩不良，启动困难，功率下降；

② 燃油漏入机油盆，破坏气缸壁的润滑，冲稀机油，降低机油质量；

③ 机油窜入燃烧室被烧掉，机油消耗量增加，燃烧室产生积炭，气缸磨损加剧，可能咬住活塞环（因机油在活塞环处烧焦）；

④ 当失圆度、锥形度过大时，活塞环与缸壁的密封性降低，使环的工作稳定性丧失。

因此，各种内燃机气缸的失圆度和锥形度都有明确的技术要求。

(3) 气缸套的技术要求

① 一般修理的技术要求。气缸磨损到下列情况之一时，必须修理或更换：

a. 缸壁有裂纹；

b. 缸壁的划痕深度大于 0.25mm；

c. 气缸的磨损量大于 0.35mm 或活塞裙部与缸壁间隙大于 0.50mm；

d. 气缸的失圆度和锥形度大于 0.15mm。

② 生产厂或大修厂的技术要求：

a. 气缸的尺寸达到说明书上的要求；

b. 气缸的失圆度、锥形度在 0.03mm 内；

c. 气缸内表面粗糙度不高于 0.63μm；

d. 局部凹痕深度不大于 0.03mm。

根据测量结果，当气缸的磨损量、失圆度和锥形度超过各种机器的规定值时，均应对气缸进行修理，恢复气缸的正常技术要求。

2.1.3.3 气缸的修理

一般来说，气缸的修理程序是：搪缸和磨缸，当气缸搪削到不能再搪削时，或是不具备搪缸条件时，则更换或镶配气缸套。在多数情况下，不具备搪缸和磨缸条件，另外采用直接更换或镶配气缸套的方法维修成本会更低，因此当气缸的磨损程度超过使用技术条件时，气缸的修理通常采用直接更换或镶配气缸套的方法。所以本节着重讲述气缸套的更换。

镶换气缸套的工艺如下：

(1) 干式气缸套的镶配

① 选择气缸套。气缸第一次镶套时，应选用标准尺寸的气缸套，以便于以后进行多次镶套修理。气缸套外表面粗糙度应不超过 0.80μm；圆柱度公差不得超过 0.02mm，缸套下端外缘应有相应的锥度或倒角。

② 搪承孔。根据选用的气缸套外径，将气缸搪至所需要的修理尺寸和应有的表面粗糙度，要求承孔表面粗糙度不超过 1.60μm，圆柱度公差不大于 0.01mm。如果原气缸镶有缸套，可用专用工具将旧缸套拉出，或用搪缸机将其搪掉。拉压缸套的工具常用的有油压式和机械式两种，如图 2-24 所示为机械式拉压气缸套的工具。旧缸套取出后，应检查气缸套承孔是否符合要求。气缸套与承孔的配合应有适当的过盈，一般上端有突缘的气缸套其配合过盈量为 0.05～0.07mm，无突缘的气缸套其配合过盈量为 0.07～0.10mm。突缘与承孔的配

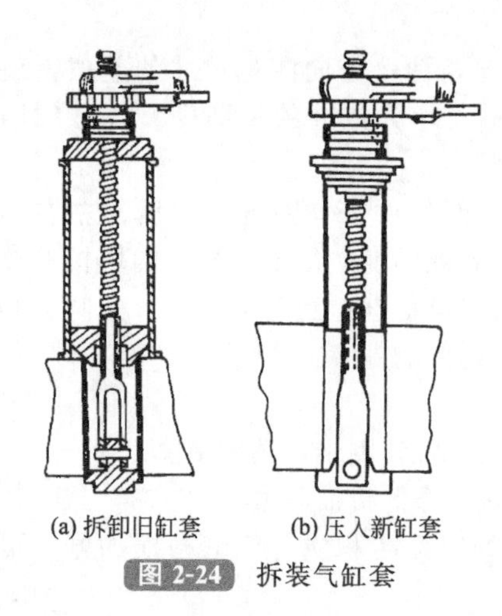
(a) 拆卸旧缸套　　(b) 压入新缸套

图 2-24　拆装气缸套

合间隙：一般铸铁气缸套为 0.25～0.40mm。旧承孔与新选的气缸套的配合，如不符合要求时，应把承孔重新搪至需要的尺寸。

③ 新气缸套的压入。清洁气缸和气缸套后，在缸套的外壁上涂以适量机油，将气缸套插入气缸一部分，用直角尺找正，在气缸套上端口放一硬木或软金属平整垫板，然后用 5～10t 的压床将气缸套缓缓压入，如无压力机时，可用液压式或机械式拉压气缸套的专用工具将其压入，如图 2-24(b) 所示。在施压过程中，要始终保持气缸套与气缸体上平面垂直，压力要逐渐增加。当压入 30～50mm 后，应放松一下，使其自然调整缸套位置。在压入过程中如发现阻力突然增大时，应立即停止，查明原因，以防挤坏气缸壁。为防止气缸体变形，压入干式气缸套时，应采用隔缸顺序压入的方法。

④ 修整平面。气缸套压入承孔后，其端面不得低于气缸体上平面，也不得高出 0.10mm 以上。遇有高出时，可用锉刀修整，或用固定式搪缸机把高出的部分搪平。

⑤ 气缸套的刷镀。当气缸套承孔扩大，选配不到合适的气缸套与之配合时，可采用对气缸套的外壁刷镀的办法修复。刷镀时，可用镍镀液和铜镀液。当采用多层镀时，能使镀层厚度达 0.20mm，这就可以满足气缸套与气缸壁过盈配合的需要。

(2) 湿式气缸套的换修

① 取出旧缸套。拆除旧缸套时，可敲击缸套底部，用专用拉器取出。如无专用工具，可将缸体侧放，用硬木板垫在缸套下端，然后用圆木或铁管顶住硬木板，利用铁锤敲击圆木把气缸套打出。拆去旧缸套后，刮去气缸体内承孔处的金属锈、污垢及其他杂物，并用砂布砂磨缸体与缸套的结合处，使其露出金属光泽，防止挤压使缸套变形。特别是密封圈接触的气缸体孔壁必须光滑，防止因凹凸不平而使橡胶密封圈损坏造成漏水。如在气缸套下凸肩有硬质沉积物，由于四周不均匀，造成气缸套安装倾斜，使上凸肩处出现空隙，压紧气缸盖后出现回正力矩，使气缸套发生变形，容易发生早期磨损、活塞环折断、活塞偏磨、窜油等故障。

② 换配新气缸套。湿式缸套支承肩与气缸体承孔结合端面的表面粗糙度均不得超过 1.60μm 并且不得有斑点、沟槽。气缸体上下承孔的圆柱度公差不能超过 0.015mm，承孔与气缸的配合间隙为 0.05～0.15mm。在安装前，应先将未装密封圈的气缸套放入承孔内，把气缸套压紧时，气缸套端面应高出气缸体平面 0.03～0.24mm，各缸高出差应不大于 0.03mm。如果过高，可用刮刀修理气缸体上口凹槽的底面，或锉修气缸套上平面；如果过低，可用在气缸套突缘下压垫紫铜丝的方法加以调整。

③ 新缸套的压入。湿式气缸套在压入前，应装上新的涂有白漆的橡胶密封圈，以防漏水。其压入方法同干式气缸套的安装。

④ 注意事项。湿式气缸套因压入时用力不大，气缸套内径未受影响，因而通常不进行光磨加工。如经过测量，气缸的圆度或圆柱度误差过大时，应拉出缸套，检查和修整承孔的锈蚀部位，并将缸套旋转 90°再压入，但密封圈需更换。缸套压入后，密封圈不得变形，应密封良好，必要时，应进行水压试验，以不渗漏为合适。

2.2 活塞连杆组

活塞连杆组由活塞组（活塞、活塞环、活塞销）和连杆组（连杆小头、连杆杆身、连杆大头、连杆轴承等）组成。图 2-25 所示为国产 135 系列柴油机的活塞连杆组。

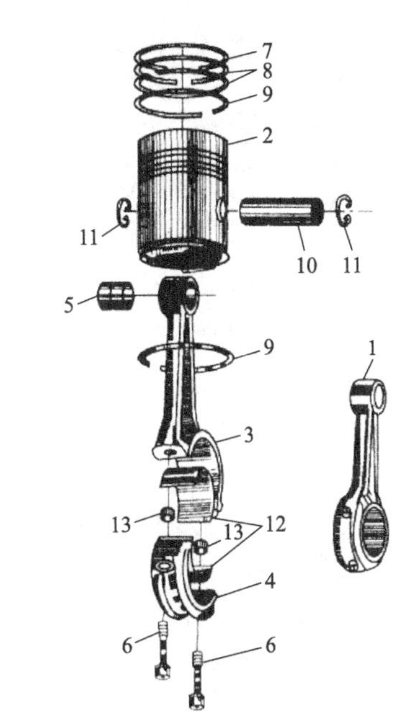

图 2-25 135 系列柴油机活塞连杆组

1—连杆总成；2—活塞；3—连杆；4—连杆盖；5—连杆衬套；6—连杆螺钉；7，8—气环；9—油环；10—活塞销；11—活塞销卡环；12—连杆轴瓦；13—定位套筒

2.2.1 活塞组的构造

（1）活塞

活塞的功用是承受燃气的压力，并经过连杆将力传给曲轴。

活塞的工作条件十分恶劣，它在高温、高压的燃气作用下，不断地做高速往复直线运动。由于受到周期性变化的燃气压力和往复惯性力的作用，活塞承受很大的机械负荷和热负荷，加之温度分布不均匀，就会引起热应力。因此，要求活塞必须有较轻的重量以及足够的强度与刚度。活塞在高温、高压、高速条件下工作，其润滑条件较差，活塞与气缸壁摩擦严重。为减小磨损，活塞表面必须耐磨。

高速内燃机的活塞通常采用铸铝合金。随着内燃机的不断强化，采用锻铝合金或共晶铝硅合金的活塞日益增多，而高增压内燃机较多采用铸铁活塞，其目的在于提高其强度，减小热膨胀系数。活塞的基本构造如图 2-26 所示，它可分为顶部、环槽部（防漏部或头部）、活塞销座和裙部四部分。

① 顶部。顶部是构成燃烧室的一部分，其结构形状与发动机及燃烧室的形式有关。如图 2-27 所示为活塞顶部的几种不同结构形状。小型内燃机大多采用平顶活塞［图 2-27(a)］，优点是制造简单，受热面积小。大多数内燃机的活塞顶部由于要形成特殊形状的燃烧室，其形状比较复杂，一般都制有各种各样的凹坑［图 2-27(c)、图 2-27(d)］。凹坑是为了改善发动机的燃烧状况而设置的，使可燃混合气的形成更有利，燃烧过程更完善。有的内燃机为避免气门与活塞顶相碰撞，在顶部还制有浅的气门避碰凹坑［图 2-27(d)］。

内燃机活塞所受的热负荷大（尤其是直接喷射式内燃机），往往会使活塞引起热疲劳，产生裂纹。因此，有的内燃机可从连杆小头上的喷油孔喷射机油，以冷却活塞顶内壁。也有的内燃机在机体里设有专门的喷油机构，也可起到同样的作用。活塞顶部因承受燃气压力，所以一般比较厚；有的活塞顶内部还制有加强筋。

② 环槽部。环槽部主要用于安装活塞环以防止燃油或燃气漏入曲轴箱，并将活塞吸收的热量经活塞环传给气缸壁，与此同时阻止润滑油窜入燃烧室。活塞头部加工有数道安装活塞环的环槽，上面 2～3 道用于安装气环，下面 1～2 道是油环槽。油环槽的底部钻有许多径向小孔，以便油环从气缸壁上刮下多余的润滑油从小孔流回曲轴箱。

有的内燃机在活塞顶到第一环槽之间，或者一直到以下几道环槽处，都开有细小的隔热沟槽，如图 2-28 中 1 所示。沟槽在活塞工作时，可形成一定的退让性，可以防止活塞与气缸壁的咬合，故这种活塞可适当减小活塞与气缸间的间隙。

随着内燃机的不断强化，为了提高第一、二道环槽的耐磨性，有的内燃机在环槽部位上镶铸耐热和耐磨的奥氏体铸铁护圈，如图 2-28 中 2 所示。

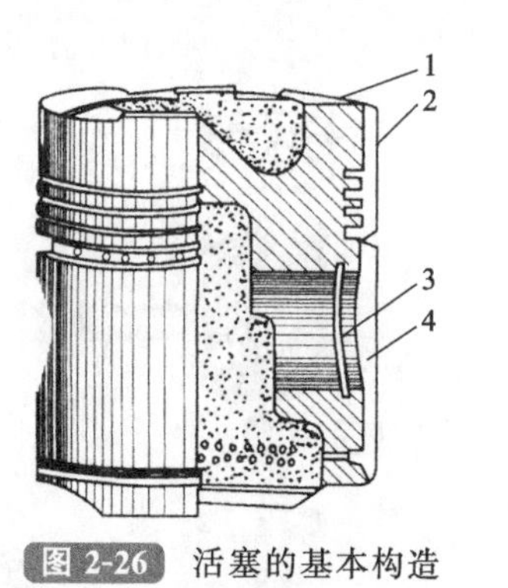

图 2-26 活塞的基本构造

1—顶部；2—环槽部；3—销座；4—裙部

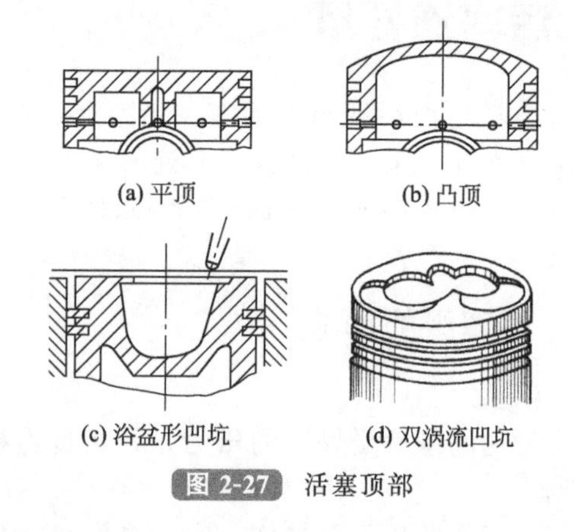

图 2-27 活塞顶部

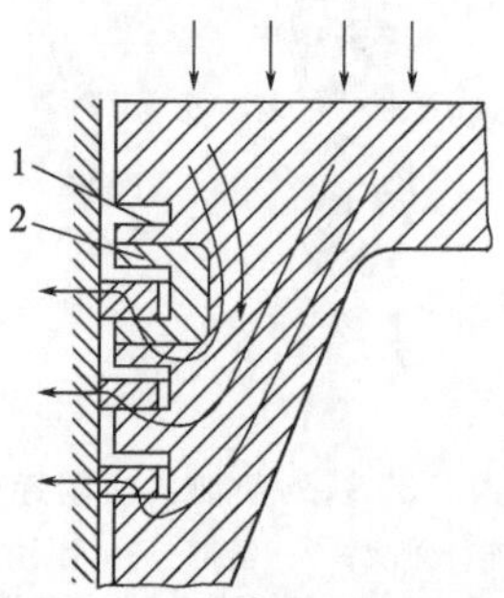

图 2-28 带护槽圈和隔热槽的活塞

1—隔热槽；2—护槽圈

③ 活塞销座。销座用以安装活塞销，主要起传递气压力的作用。活塞销座与顶部之间往往还有加强筋，以增加刚度。销座孔内设有安装弹性卡环的环槽，活塞销卡环的作用是防止活塞销在工作中发生轴向窜动，窜出活塞销座孔而打坏气缸体。

④ 裙部。活塞头部最低一道油环槽以下的部分称为裙部。其作用主要是对活塞在气缸内的运动加以导向，此外它还承受侧压力。柴油机由于燃气压力高，侧压力大，所以裙部也比较长，以减小单位面积上的压力和磨损。

由于柴油机气缸压力很大，要求裙部具有足够大的承压面积，又要在任何情况下保持它与气缸壁有最佳的配合间隙（既不因间隙过大而使密封性变差和产生敲缸现象，又不因间隙过小而刮伤气缸壁，甚至发生咬缸现象）。故其活塞裙部通常不开切槽，只是将活塞轴向制成上小下大的圆锥形，并将裙部径向做成椭圆形。因此，柴油机活塞与气缸壁的装配间隙要比汽油机的大。为了保证柴油机压缩终了有足够的压力和温度，则要求其有更好的密封性，因此，柴油机应具有更多的密封环和刮油环。

(2) 活塞环

活塞环是具有弹性的金属开口圆环，按其功用不同可分为气环和油环两种。安装在活塞头部上端的是 2～4 道气环，下端的是 1～2 道油环。如图 2-25 的 7、8、9 所示。

① 气环。气环的功用是保证活塞与气缸壁之间的密封，防止活塞上部的高压气体漏入曲轴箱。当密封不良时，压缩冲程中的气体漏出较多，使压缩终了的压力降低，对于内燃机会造成启动困难。高温燃气漏入曲轴箱还会使活塞温度升高，机油因受热而氧化变质。除密封作用外，气环还起传热作用。活塞顶部所吸收的热量，大部分要通过气环传给气缸壁（因活塞头部并不接触气缸壁），再由外部的冷却介质带走。

气环，特别是第一道气环，除了随活塞沿气缸壁做高速往复直线运动外，还受到高温和高压燃气的压力以及润滑条件差等因素的影响，从而使气环的力学性能降低，弹性下降，而且会引起润滑油的炭化，甚至可能造成拉缸和漏气。因此要求气环应有足够的弹力，才能使环的四周紧贴在气缸壁上，这时高压燃气就不可能通过气环与气缸壁之间的接触面漏出。而作用在环上端面的燃气，使环紧压在活塞环槽中，使下端面与环槽紧贴。进入环的内侧面与环槽之间的燃气，其压力向外，使环更加贴紧气缸壁。因此利用气环本身的弹力和燃气的压力，即可阻止高压燃气的泄漏。

活塞环通常采用优质灰铸铁或合金铸铁制成。为了提高第一道气环的工作性能，提高其耐磨性，常在第一道气环的表面镀上多孔性铬层或钼层。近年来，第一道气环也有用球墨铸铁或钢制成的。在自由状态下，环的外径略大于气缸直径，装入气缸后，活塞环产生弹力压紧在气缸壁上，开口处应保留一定的间隙（称为端隙或开口间隙，内燃机活塞环的开口间隙通常为 0.4～0.8mm），以防止活塞环受热膨胀时卡死在气缸中。活塞环装入环槽后，在高度方向也应有一定的间隙（称为侧隙，内燃机活塞环的侧隙通常为 0.08～0.16mm）。当活塞环安装在活塞上时，应按规定将各环的开口处互相错开 120°～180°，并且活塞环开口应与活塞销座孔错开 45°以上，以防活塞环装入气缸后产生漏气现象。

为了改善活塞环的工作条件，使活塞环与气缸更好地走合，有些活塞环采用了不同的断面，在安装时要特别注意。

气环的基本断面形状是矩形［图 2-29(a)］。矩形环易于制造，应用广泛，但其磨合性比较差，不能满足发动机日益强化的要求。这种普通的压缩环可随意安装在气环槽内。

有的发动机采用锥面环结构［图 2-29(b)、图 2-29(c)］。这种环的工作表面制成 0.5°～1.5°的锥角，使环的工作表面与缸壁的接触面减小，可以较快地磨合。锥角还兼有刮油的作用。但锥面环的磨损较快，影响使用寿命。安装时有棱角的一面朝下。

有些内燃机采用扭曲环［图 2-29(d)、图 2-29(e)］。扭曲环的内圆上边缘或外圆下边缘切去一部分，形成台阶形断面。这种断面内外不对称，环装入气缸受到压缩后，在不对称内力的作用下，产生明显的断面倾斜，使环的外表面形成上小下大的锥面。这就减小了环与缸壁的接触面积，使环易于磨合，并具有向下刮油的作用。而且环的上下端面与环槽的上下端面在相应的地方接触，既增加密封性，又可防止活塞环在槽内上下窜动而造成泵油和磨损。这种环目前使用较广泛。安装扭曲环时，必须注意其上下方向，不能装反，内切口要朝上，外切口要朝下。

在一些热负荷较大的内燃机上，为了提高气环的抗结焦能力，常采用梯形环［图 2-29(f)］。这种环的端面与环槽的配合间隙随活塞在侧向力作用下做横向摆动而改变，能将环槽中的积炭挤碎，防止活塞环结胶卡住。这种环同普通气环一样可随意安装。

还有一种形式的气环——桶面环［图 2-29(g)］，它的工作表面呈凸圆弧形，其上下方向均与气缸壁呈楔形，易于磨合，润滑性能好，密封性强。这种环已普遍用于强化内燃机上。这种环同普通的压缩环一样，可随意安装在气环槽内。

② 油环。油环的功用是将气缸表面多余的润滑油刮下，不让它窜入燃烧室，同时使气缸壁上润滑油均匀分布，改善活塞组的润滑条件。

油环位于气环的下面，其工作温度和燃气压力相对较低，而油环为了有效地刮油，又要求有较高的压力压向气缸壁。因此，油环一方面本身的弹力较大，同时又尽可能地减小环与气缸壁的接触面，以增强单位面积的接触压力。

油环分为普通油环和组合油环两种。

普通油环的断面形状如图 2-30 所示。其结构形式与矩形断面气环相似，所不同的是在环的外圆柱面中间有一道凹槽，在凹槽底部加工出很多穿通的排油小孔。当活塞运动时，气缸壁上多余的润滑油就被油环刮下，经油环上的排油孔和活塞上的回油孔流回曲轴箱。一般内燃机的油环多采用如图 2-30(f)所示的结构。这种环可任意安装。有些内燃机的油环，在工作表面的单向或双向、同向或反向倒出锥角［图 2-30(a)、图 2-30(b)、图 2-30(c)］，以提高油环的刮油能力。安装时图 2-30(a) 和图 2-30(c) 可以任意安装，图 2-30(b) 要使有锥角的一面朝上。有的内燃机将油环工作表面加工成鼻形［图 2-30(d)］，其刮油能力更好。还有一些内燃机将两片单独的油环装在同一环槽内［图 2-30(e)］，这种油环不仅能使回油通道增大，而且由于两个环片彼此独立运动，较能适应气缸的不均匀磨损和活塞摆动。安装时，以上两种环都要使有锥角的一面朝上。

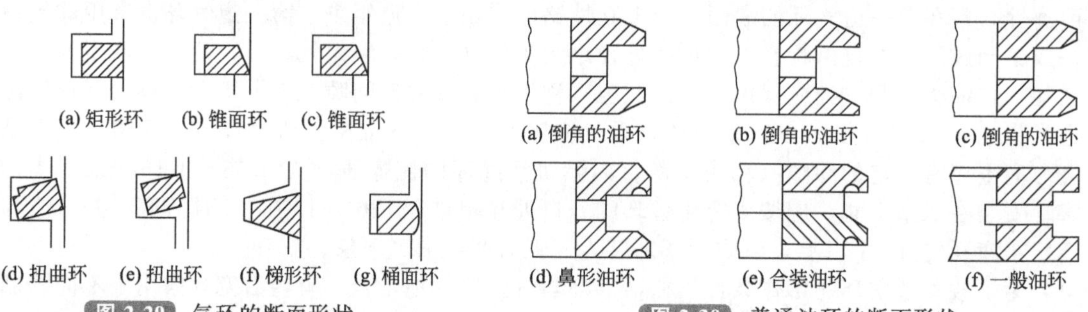

图 2-29 气环的断面形状

图 2-30 普通油环的断面形状

还有的发动机采用一种钢片组合油环，它有几片薄钢片状的片簧（刮片）和波纹形的衬簧，它们共放在一个油环槽中，如图 2-31 所示。它是由三片片簧和两个衬簧（一个轴向、一个径向）组成的，两片片簧放在轴向衬簧上面，一片放在轴向衬簧下面，轴向衬簧用以保证环与环槽间的侧隙。径向衬簧放在环槽底部，安装时几片片簧的开口应互相错开。通常，这种环的片簧采用合金钢制成，与缸壁接触的外圆表面采用镀铬处理。

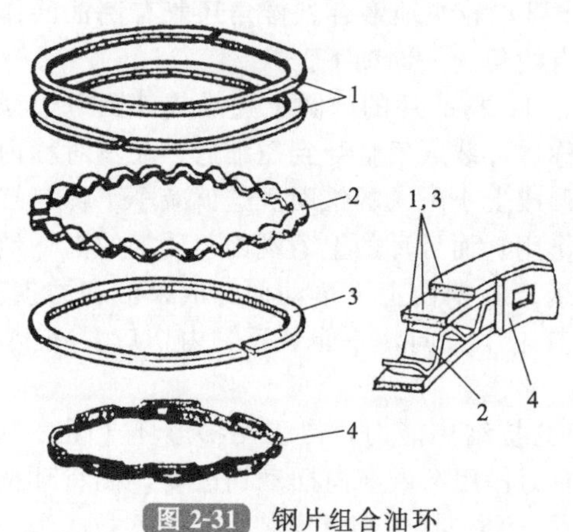

图 2-31 钢片组合油环

1，3—片簧；2—轴向衬簧；4—径向衬簧

钢片组合油环的摩擦件（片簧）与弹力件分开，能避免磨损后弹力减弱而引起刮油能力下降的情况，同时又具有双片油环的特点。

目前，在高速内燃发动机上广泛采用在普通油环内装螺旋弹簧的涨圈油环（如图 2-32 所示），这种油环的作用与钢片组合油环相似，制造安装也比较方便。

（3）活塞销

活塞销的功用是连接活塞和连杆，承受活塞运动时的往复惯性力和气体压力，并传递给连杆。活塞销的中部穿过连杆小头孔，两端则支承在活塞销座孔中（如图 2-33 所示）。

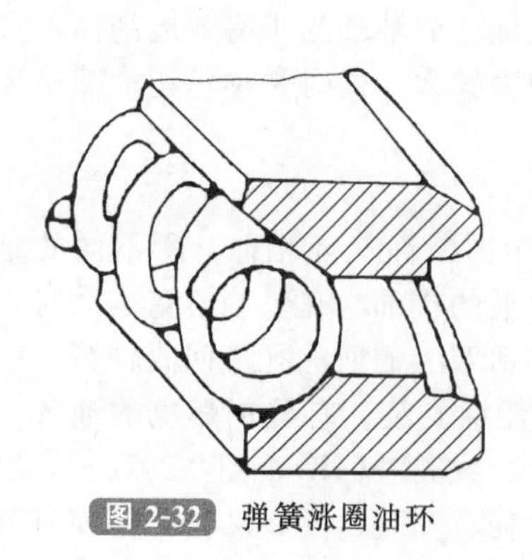

图 2-32 弹簧涨圈油环

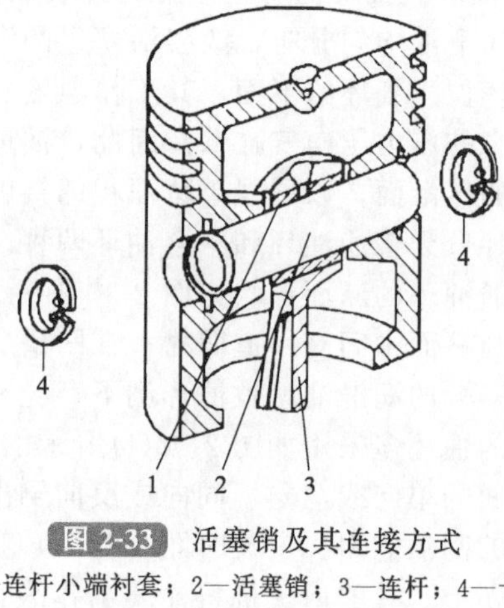

图 2-33 活塞销及其连接方式

1—连杆小端衬套；2—活塞销；3—连杆；4—卡环

活塞销在高温下承受很大的周期性冲击负荷。活塞销的外圆表面与连杆小头衬套的相对滑动速度不高，但一般润滑条件较差，多为飞溅润滑。因此，要求活塞销有足够的强度和刚度，表面应耐磨，内部应有较好的韧性和较高的抗疲劳强度。为了减小往复惯性力，活塞销的重量要轻。活塞销通常采用优质钢材（20 钢）或合金钢制造。其外表面要经过渗碳或氰化处理，然后精磨，以达到很高的表面粗糙度和精度。为提高其抗疲劳强度，可将活塞销内外表面同时进行渗碳淬火处理。

活塞销一般制成空心圆柱体，以使其质量轻，强度和刚度下降也不多。

活塞销通常采用全浮式安装。所谓全浮式是指在发动机工作时，活塞销在连杆小头及活塞销座中都能自由转动。这种结构简单，活塞销的缓慢转动有利于飞溅来的润滑油分布于摩擦表面，使磨损减轻，沿活塞销长度和圆周上的磨损可以比较均匀。为防止活塞销轴向窜动拉伤气缸壁，活塞销的两端装有活塞销卡环，卡环应装入活塞销座孔的槽内。

由于铝活塞的膨胀系数大，为保证工作时活塞销与销座孔之间的间隙适当，在常温时它们之间应有一定的过盈。为了安装方便和不损伤配合表面，通常将活塞放入水或油中加热到一定的温度（约 70～90℃），再将活塞销推入座孔中。

2.2.2 活塞组的维修

2.2.2.1 活塞常见故障与检修

（1）活塞的常见故障

活塞的常见故障包括三个方面：①活塞裙部的磨损；②活塞环槽的磨损；③活塞销座孔的磨损。

① 活塞裙部的磨损。

a. 原因。活塞在正常工作时，它的裙部与活塞销座孔成垂直方向的工作面，由于侧压力的作用，与气缸壁直接摩擦，其表面产生有规律的缕丝状的磨痕。在一般情况下，这种磨损并不影响活塞与气缸壁的正常配合。活塞在工作中，因装有活塞环，其头部很少与气缸壁接触（头部直径一般比下部要小些，相差约 0.6～0.9mm)，顶部因受热较强而金属也较厚，热起来会膨胀。裙部虽与气缸壁接触，但其单位压力不大，而润滑条件又较好，所以，磨损也较小。由于活塞与连杆高速运转时产生侧压力，活塞将形成径向磨损。因此，衡量活塞是否可用，取决于活塞与气缸壁之间间隙增大的程度。

b. 活塞与气缸壁之间间隙增大的后果。出现金属敲击声（俗称敲缸)；加剧活塞与缸壁的磨损；漏气，启动性差；转速不稳，功率下降；机油消耗量增加，排气冒蓝烟。

② 活塞环槽的磨损。

a. 原因。活塞环在环槽内运动，使活塞环槽在高度方向受到最大磨损，使之变成阶梯形或梯形（外大内小)，同时，使环槽磨损变宽，第一道环槽的磨损大于其他环槽。活塞环在槽壁上的单位压力及高温的影响是磨损的主要原因，环槽磨损的速度在很大程度上取决于活塞环平面的粗糙度和活塞的构造情况。

b. 后果。活塞环的侧隙及背隙增大；窜油（燃油漏入机油盆)、泵油作用上升（机油参与燃烧，排气冒蓝烟)；机油消耗量增加；功率、经济性下降。

③ 活塞销座孔的磨损。

a. 原因。活塞销座孔的磨损一般小于活塞环槽的磨损，其磨损速度取决于活塞销座孔的粗糙度以及活塞销与销座孔的配合情况。由于气体压力和惯性力的作用，活塞销座孔的磨损是不圆的，而最大的磨损则发生在垂直于活塞顶的方向上（即活塞销座孔的上下方)。

b. 后果。销孔的配合松旷；销子响；销子窜出来拉坏气缸。

另外，活塞还会产生周壁裂纹和刮伤等故障。如发现以上损伤，则不能使用。

(2) 活塞的检验、选配与修理

① 活塞外观检验。

a. 目测法。用肉眼或放大镜观察活塞外表面：有无裂纹；有无拉毛和划痕；裙部颜色（白色的好，其他色差）。

b. 敲击法。用手锤轻轻敲击活塞裙部，根据声音判断好坏，如果声音嘶哑，无尾声，则表示有裂纹，应予以更换；若声音清脆，则表示活塞没有裂纹。

② 活塞裙部的测量。活塞裙部的最大磨损量、锥形度和失圆度可用外径千分尺（图 2-34）或千分表（图 2-35）进行测量。

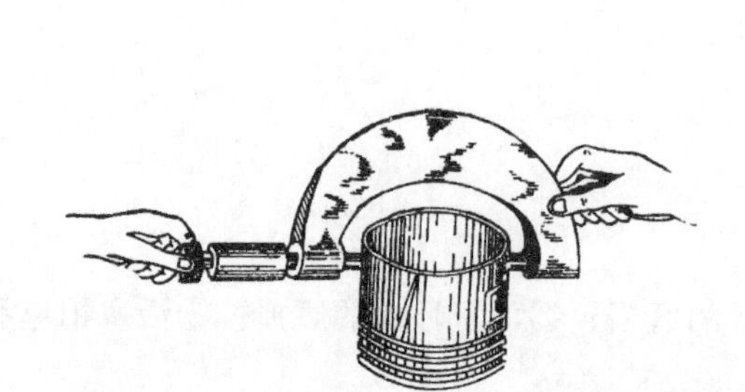

图 2-34 用外径千分尺测量活塞的锥形度和失圆度

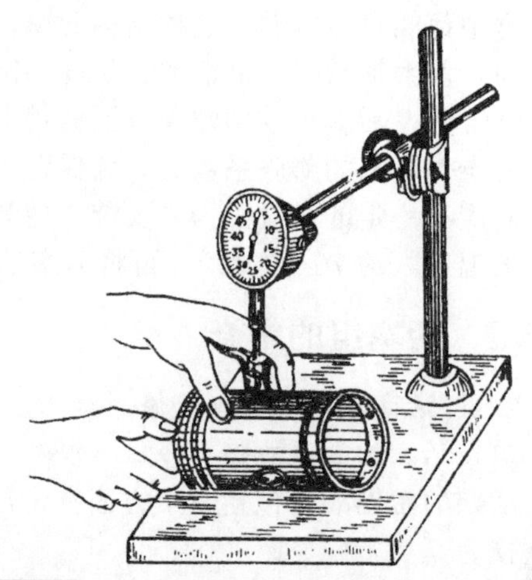

图 2-35 用千分表测量活塞的锥形度和失圆度

值得注意的是：测量活塞时，应在活塞裙部的上、中、下三处分别测出前后和左右的数值（图 2-36），测得活塞纵向直径最大值与最小值之差为锥形度，横断面直径最大值与最小值之差为失圆度，然后，按照说明书技术要求进行对照，看是否可继续使用。

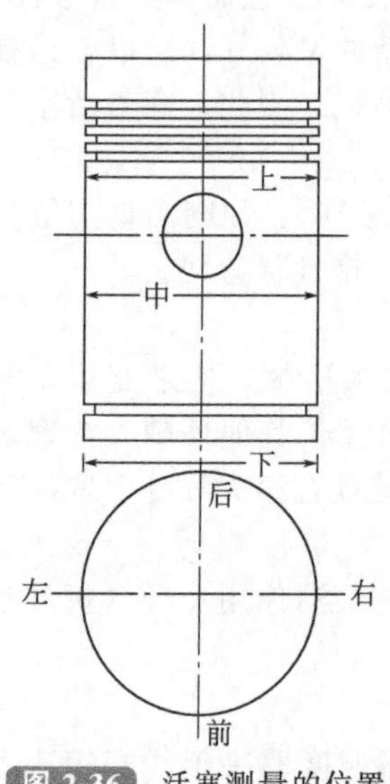

图 2-36 活塞测量的位置

③ 活塞裙部与气缸壁径向间隙的检查。活塞裙部与气缸壁径向间隙各机均有明确规定。检查方法是：选择适当长度、厚度与所测定间隙大小相等的厚薄规，活塞倒过来顶朝下，厚薄规放在活塞裙部，同时装入气缸（此时，活塞不装活塞环，若是使用过的旧活塞和旧气缸，应放在磨损量最大的地方），到位后拉出厚薄规，用手拉出，稍有一定阻力为合适。

④ 压缩室高度的检查与调整。

a. 压缩室高度的定义。所谓压缩室高度，是指活塞到达上止点时，活塞顶与气缸盖之间的距离（间隙），也称压缩室余隙。

在修理内燃机时，若更换或修理过气缸套、连杆、连杆瓦、活塞销衬套、气缸垫等机件，均应对压缩室高度进行检查与调整。

b. 压缩室高度的检查。其方法是：把铅块或铅丝（选用的铅块厚度或铅丝直径不能小于规定的压缩室高度，但也不能太大，一般比规定的压缩室高度大 1.5～2 倍左右）放在活塞顶上（注意避开气门），并将气缸盖按规定力矩拧紧，然后慢慢转动曲轴，使活塞经过上止点，最后将铅块（或铅丝）取出，用千分尺测量其厚度，此厚度就是压缩室的高度。

注意：检查压缩室高度一定要在连杆轴瓦检修完以后进行，测得的压缩室高度不能超过原机规定数值的5%。

c. 压缩室高度的调整。压缩室高度的调整通常有两种方法。一种是利用气缸垫的厚度来调整，缸垫加厚，压缩室高度上升；缸垫减薄，压缩室高度下降。另一种是利用连杆轴瓦间的垫片厚度来调整，垫片加厚，压缩室高度下降；垫片减薄，压缩室高度上升。柴油机压缩室高度的调整方法通常采用后者，而汽油机压缩室高度的调整方法通常采用前者。

⑤ 活塞的选配。活塞的选配应按气缸的修理尺寸来决定，由于气缸有六级修理尺寸，所以，活塞也有与之相对应的六级修理尺寸：0.25mm、0.50mm、0.75mm、1.00mm、1.25mm、1.50mm。在选配活塞时应注意：一台内燃机上应选用同一厂牌成组的活塞，以便使材料、性能、重量和尺寸一致；同一组活塞的直径差，不得大于0.025mm；各个活塞的重量差不得超过活塞自重的1%～1.5%。各机型都有明确的规定。

⑥ 活塞的修理。

a. 活塞裙部的磨损、活塞裙部的失圆度与锥形度大于规定值时应更换；

b. 活塞环槽磨损加宽，使活塞环的侧隙大于规定允许值时，可按照加大尺寸的活塞环在车床上车削活塞环槽；

c. 活塞销座孔磨损超过规定值时，要将销孔用铰刀铰到修理尺寸，并配上加大尺寸的活塞销；

d. 活塞脱顶、裙部拉伤严重时应予以更换；

e. 在不具备修理条件时，通常采用更换标准尺寸活塞或气缸（套）的方法予以解决。

2.2.2.2 活塞环的常见故障与检修

（1）活塞环的常见故障

① 上下环面磨损。

a. 原因。这是因为活塞在气缸里做往复变速运动，因而环的运动方向也随之频繁地改变，结果使环的上下面在环槽内不断撞击，这样就造成了环的上下面磨损。与环槽的磨损情况相似，也是越靠近活塞顶，环的磨损越大。

b. 后果。活塞环的侧隙增大。

② 弹力减弱。

a. 原因。磨损和高温作用。

b. 后果。侧隙、背隙、端隙增大；密封作用下降；漏气、窜机油，发动机机油消耗量增加；功率、经济性下降。

③ 断裂。

a. 原因。安装方法不当，卡伤撞断活塞环；侧隙、端隙过小，使环卡断；承受大负荷的撞击（如内燃机突爆时）；修理时缸肩未刮除，将第一道活塞环撞断。

b. 后果。拉伤活塞及气缸壁。

（2）活塞环的检验与修理

① 活塞环间隙的检查与修理。

a. 侧隙的检查。侧隙（也叫边隙），是指活塞环与环槽平面间（槽内的上下平面间）的间隙。侧隙过大，将影响活塞的密封作用；侧隙过小，将会使活塞环卡死在环槽内。

侧隙的测量：把活塞环放在各自的环槽内，围绕着环槽滚行一周，应能自由滚动，而且既不松动又不涩滞，用厚薄规按规定间隙大小测量，如图2-37所示。

如活塞环侧隙过小，可采用下列方法：将活塞环放在极细的砂布（00号）上研磨，研磨时，砂布应放在平板上，稍涂机油，使环贴紧砂布，细心、均匀地做回转运动（如图2-38所示）；用平板玻璃涂以磨料（金刚砂）及机油，将活塞环平放细磨。如侧隙过大，活塞环将不能使用，要采用加厚的活塞环，但更普遍的方法是更换活塞。

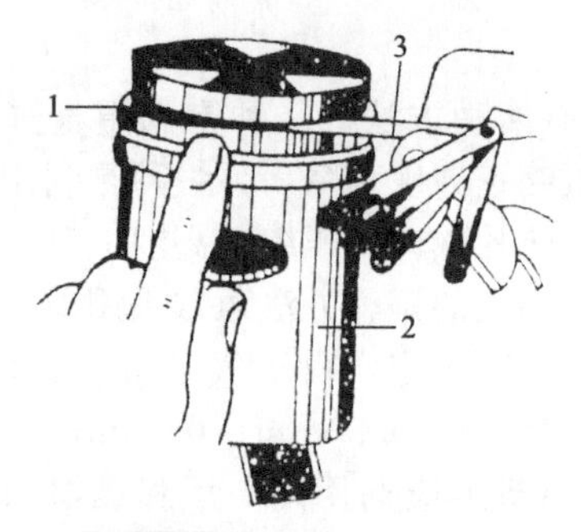

图 2-37 测量活塞环侧隙

1—活塞环；2—活塞；3—厚薄规

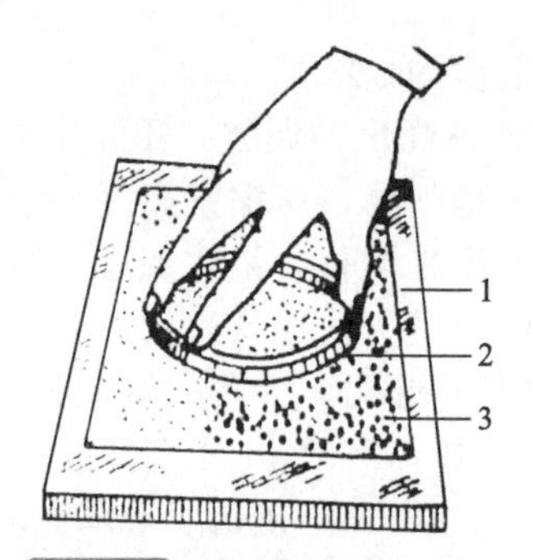

图 2-38 活塞环磨薄的方法

1—平板；2—活塞环；3—砂布

b. 背隙的检查。背隙（也叫槽隙），是指活塞与活塞环装入气缸后，活塞环背部与活塞环槽之间的间隙。为了测量方便，通常用活塞环槽的深度与活塞环的厚度之差来表示（可用带深度尺的游标卡尺测量）。活塞环一般应低于环岸 0.2～0.35mm，以免在气缸内卡住。如果背隙过小，可将活塞环槽车深。

c. 开口间隙的检查。开口间隙（也叫端隙），是指活塞环装入气缸后，在活塞环的开口处两端之间的间隙。开口间隙的大小与气缸直径有关，气缸直径每 100mm，开口间隙为 0.25～0.45mm，而且第一道环最大，然后依次减小。若开口间隙过大，则气缸密封不好；若开口间隙过小，则活塞环受热膨胀后将卡死在气缸内。

检查活塞环的开口间隙：先把活塞环平正地放在待配的气缸内，用活塞头部将活塞环推至气缸的未磨损处（或新气缸的任何一处），使活塞环平行于气缸体平面，然后用厚薄规测量其开口处两端之间的间隙（图 2-39）。

如果其开口间隙超过规定值过大，则不能使用，须更换活塞环；若开口间隙过小，可用细锉刀锉环口一端，加以调整（图 2-40）。锉时要注意：环口端面要平整，锉后要留有倒角，以防止环外口的锋利边拉坏气缸，并且要边锉边检查，以防造成开口间隙过大。

图 2-39 活塞环开口间隙的检查

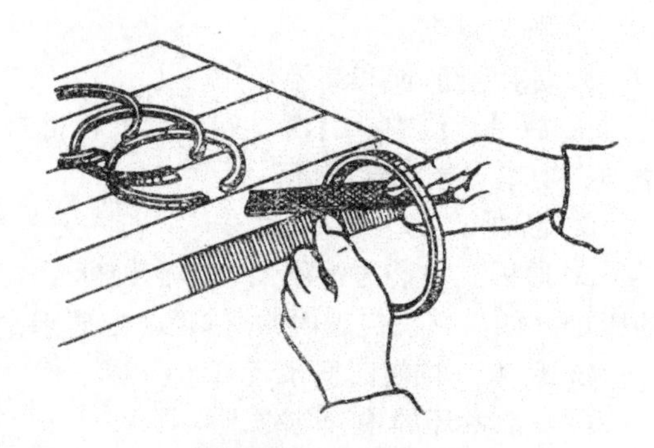

图 2-40 锉削活塞环

② 活塞环漏光度的检查。活塞环必须与气缸壁处处贴合，以便有效地起到密封作用，为此，在选配活塞环时，应进行漏光度的检查。

检查的方法，通常是将活塞环平放在气缸内，在活塞环下边放一个灯泡，上面放一个盖板盖住环的内圆，观察环与缸壁之间的漏光缝隙（如图 2-41 所示）。一般要求是：活塞环漏光间隙不得超过 0.03mm；漏光弧长角度在圆周上一处不得大于 30°；同一环上的漏光处不超过 2 处，总弧长角度不超过 60°；在环端开口处左右 30°范围内不允许漏光。

③ 活塞环弹性的检查。为了保证活塞环与气缸的紧密配合，活塞环应有一定的弹性。

弹性过大，对气缸壁产生过大的压力，增加摩擦损失，气缸壁容易早期磨损；弹性过小，活塞环在气缸内就不能起到很好的密封作用，容易使气缸漏气窜油。

活塞环的弹性可在弹性检验器上检验，如图 2-42 所示。检验时，将活塞环放在检验器的凹槽内，环的开口向外，然后移动杠杆上的重锤，按规定所需的力，使活塞环的开口间隙压紧至规定尺寸，如果荷重符合技术规定的数据，活塞环的弹力便认为合格。

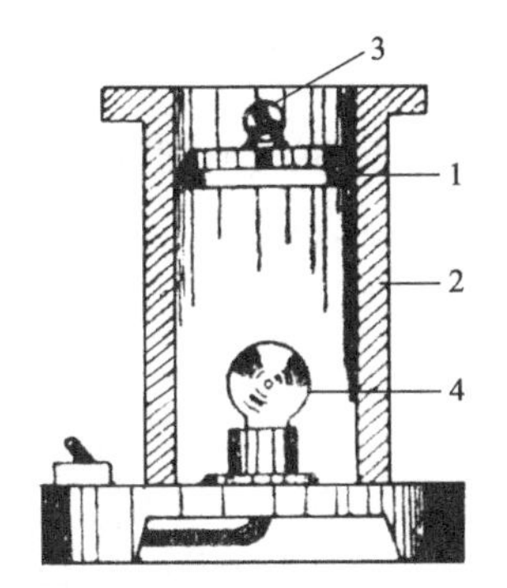

图 2-41 活塞环漏光度的检查

1—活塞环；2—气缸；3—盖板；4—灯泡

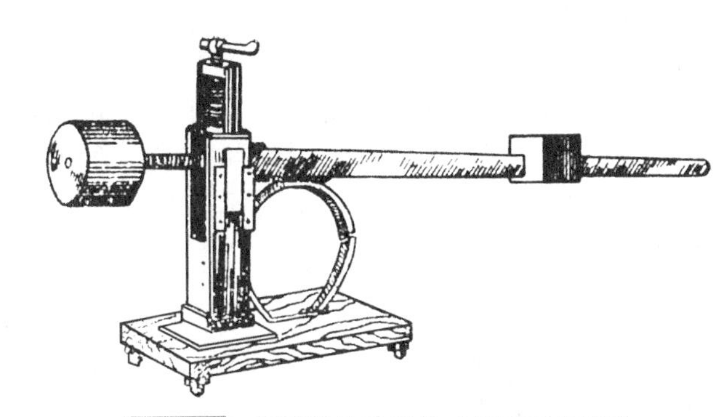

图 2-42 用弹性检验器检查活塞环的弹性

如果没有检验器，可用新旧对比法，将被检验的旧活塞环与新环上下直立放在一起，在环上施加一定压力，如图 2-43 所示。如果被检验的旧活塞环开口相碰，而新活塞环口还有相当间隙时，即表示旧环弹性不够，应予以更换。

④ 活塞环的选配。内燃机大修时，应按照气缸的修理尺寸，选用与气缸、活塞相适应的同级活塞环，不可用大尺寸的活塞环锉小使用，因为，如果选用了较大的活塞环，虽然可将开口处锉去一部分，勉强装入气缸内，但这样会使活塞环失圆，使活塞环与气缸壁接触不严密而造成漏气，影响内燃机的正常工作性能。

活塞环除标准尺寸外，为了适应气缸修理的需要，其修理加大尺寸与气缸修理加大尺寸相同，即共有六级加大尺寸，每级加大 0.25mm，直至 1.5mm，在活塞环端面上都印有活塞环的修理尺寸。也有生产厂家将活塞环开口间隙做小一些，以便装配时调整。

⑤ 活塞环的拆装。拆装活塞环一般采用专用工具——活塞环钳，在没有专用工具的条件下，也可用三块铁片或平口起子拆装，如图 2-44 所示。有的活塞环采用了不同的断面，在拆装时要特别注意其拆装方向（参见图 2-29 和图 2-30）。

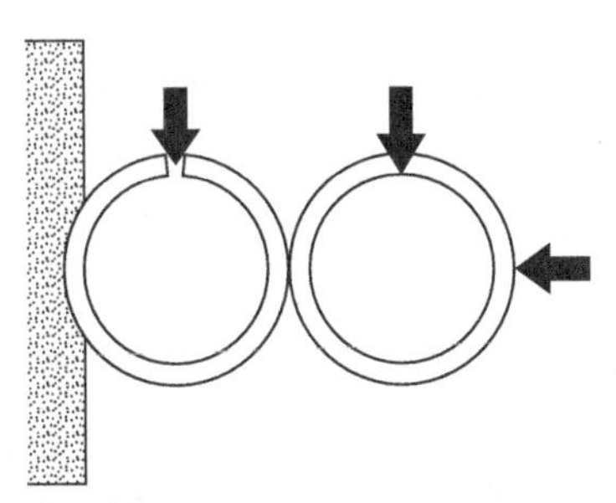

图 2-43 用新旧对比法检查活塞环

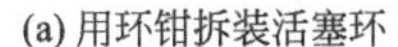

(a) 用环钳拆装活塞环

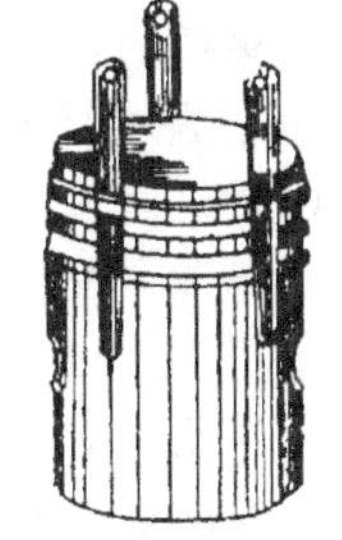

(b) 用薄铁片拆装活塞环

图 2-44 活塞环的拆装方法

2.2.2.3 活塞销的常见故障与检修

（1）活塞销的常见故障

① 活塞销的磨损。

a. 原因。承受较大的交变负荷。

b. 后果。活塞销、活塞销座孔及连杆衬套配合处相对磨损；活塞销与活塞销座孔、活塞销与连杆衬套配合间隙增大；产生敲击声（销子响）。

② 断裂。

a. 原因。活塞销质量不好，有裂纹。

b. 后果。打坏气缸体，造成事故。

(2) 活塞销的检验与修理

① 活塞销磨损的测量与修复。

a. 磨损的测量。内燃机的活塞销，应用千分尺测量（图 2-45）。测量时要测三个部位（图 2-46）：两头和中间。每一部位所测得的任意两相互垂直的直径之差即为该部位的失圆度；三个部位上所测得的最大与最小直径之差即为锥形度；其失圆度及锥形度一般不应大于 0.005mm。

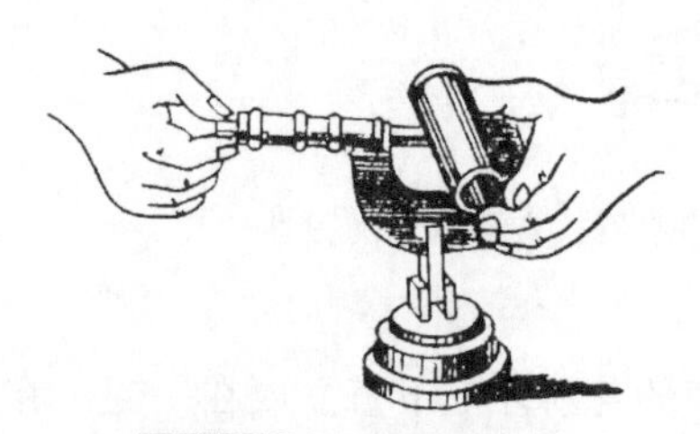

图 2-45 活塞销的测量

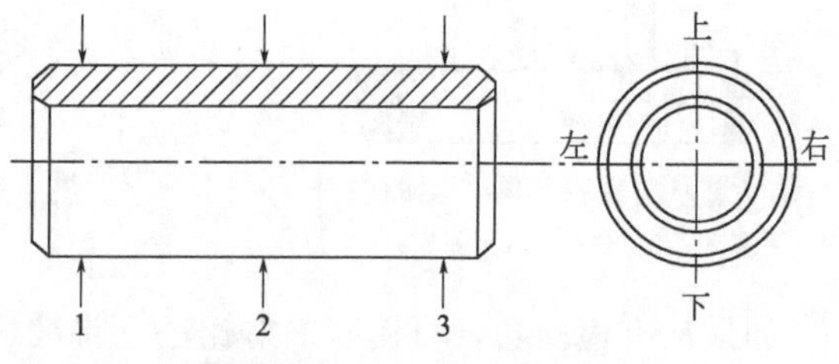

图 2-46 活塞销测量的部位

b. 修复。当径向磨损大于 0.5mm 时，必须更换；当径向磨损小于 0.5mm 时，可采用镀铬或镦粗的方法修复（镦：冲压金属板使其变形，不加热叫冷镦，加热叫热镦）。

② 活塞销裂纹的检验。方法是先将活塞销清洗干净，然后用放大镜观察，必要时可用磁力探伤法检查。如有裂纹、表面脱落或锈蚀严重等均应更换。

(3) 活塞销与销座孔的修配

① 活塞销的选配。

a. 活塞销除标准尺寸外，还有四级加大修理尺寸：＋0.08mm、＋0.12mm、＋0.25mm、＋0.20mm；

b. 选配时应根据销孔磨损以后的内径，选用近似于内径的加大活塞销（一般比销孔的内径大 0.025～0.05mm），如选用最大一级的加大活塞销配合时仍感松旷，则应重选活塞；

c. 内燃机大修时，因选配的活塞是新的，所以，活塞销应选配标准的，以便给以后的维修留有更换的余地；

d. 新选配的活塞销锥形度和失圆度应不超过 0.005mm，表面粗糙度不低于 0.32μm，对多缸内燃机而言，各缸的活塞销质量相差不得超过 10g；

e. 活塞销与销座孔，在常温（15～25℃）下，应有 0.025～0.04mm 的过盈量。

② 活塞销与销座孔的技术要求。

a. 在常温下，应有微量过盈（一般为 0.0025～0.04mm），加温到 75～85℃时，又有微量间隙，使活塞销能在销座孔内转动，而冷却后，活塞裙部椭圆变形即长轴缩短（与活塞销轴线相垂直方向），短轴伸长（活塞销轴线方向），其变化均不应超过 0.04mm。这一点，是活塞销与销座孔修配的关键。若配合太紧，机油进不去，使活塞销的润滑变坏，加剧磨损，甚至会产生卡缸现象；若配合太松，会使活塞销在活塞往复运动中撞击活塞和连杆衬套，磨损加剧，严重时会出现活塞销折断或窜出现象，造成事故。

b. 接触面积不少于 75%。这是因为，接触面积太小，单位面积承受载荷上升，加速磨损，影响松紧度，内燃机寿命下降。

活塞销与销座孔的配合，是通过对活塞销座孔的搪削或铰削完成的。铰削销座孔时，应选用长刃铰刀，使两个销座孔能同时进行铰削，以保证两孔的同心度。

③ 活塞销座孔的铰配步骤。

a. 选择铰刀：根据销座孔的实际尺寸选择铰刀，并将铰刀夹在虎钳上，使其与钳口的平面保持垂直。

b. 调整铰刀：铰刀向上调整尺寸缩小，向下调整尺寸扩大。因第一刀是试验性的微量铰削，销座孔铰削量较小，一般是调整到刀片上端露出销座孔即可，以后各刀的调整量也不应过大，一般是旋转调整螺母 60°～90°为宜，当铰削量过小时，可再旋转调整螺母 30°～60°。

c. 铰削：铰削时，两手握住活塞稳妥轻压，轻压的力要均匀，掌握要平正，按顺时针方向旋转铰削（如图 2-47 所示）。为了使销座孔铰削正直，每调整一次铰刀，要从销座孔的两个方向铰一下，当转到某个位置很紧时，可稍倒转一下，再继续顺时针方向旋转，绝不能在转不动时硬转，这样对刀片和销孔表面均有影响，而且要一直铰刀底，将活塞从铰刀的另一端取出；中途不能倒转回来，因为这样会使活塞销孔内圆表面出现与活络铰刀刀片数目相同的阶梯，以致在工作过程中，活塞销和孔的配合间隙会迅速增大；为了提高粗糙度，接近铰好时，铰刀的铰削量应尽量调小一些。

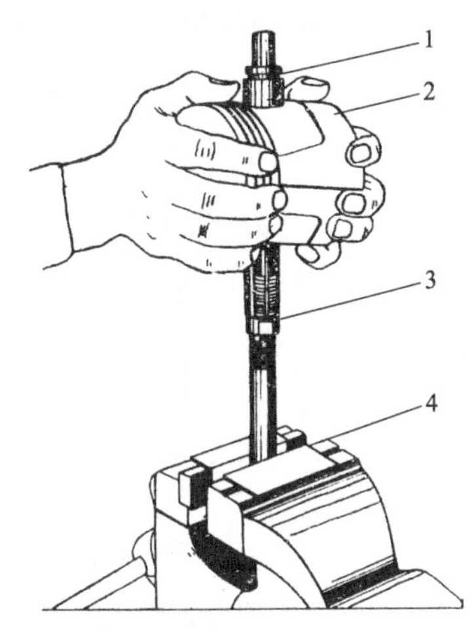

图 2-47 活塞销座孔的铰削

1—导向套；2—活塞；3—可调铰刀；4—虎钳

d. 试配：铰削过程中应随时用活塞销试配，防止把活塞销座孔铰大，当铰削到用手掌的力量将活塞销推入一个销座孔的 1/3 左右时，应停止铰削。然后用木锤或垫以铜冲用手锤轻轻将活塞销打入一个销座孔，试配一两次检查接触情况后，再继续打入另一个座孔。打压时，活塞销要放正，以防销子倾斜损伤销座孔的工作面，最后将活塞销冲出，查看接触面情况，适当进行修刮。

e. 修刮：修刮不仅能增加活塞销与销座孔的接触面积，而且还可以获得合适的配合紧度，修刮时刀刃应与销座孔的轴线成 30°～40°角，以避免修刮面积过大，刮伤未接触的部位，修刮时应按从里到外、刮重留轻、刮大留小的原则进行，两端边缘处最好开始少刮或不刮，以防止刮成喇叭口形，待活塞销与销座孔的松紧度和接触面接近合适时，再稍修刮两端，修刮后，使松紧度和接触面都达到要求。

松紧度的要求：常温下，汽油机能用手掌的力量，把活塞销推进一个座孔的 1/2～2/3 为宜；柴油机要求活塞在水中加温到 75～85℃时，在活塞销上涂以机油，用手掌稍用力将其推入销座孔为合适。接触面的要求：接触面 75%以上，在销座孔工作面上的印痕应星点分布均匀，轻重一致。

2.2.3 连杆组的构造

连杆组的功用是连接活塞与曲轴，将活塞承受的燃气压力传给曲轴，并和连杆配合，把活塞的直线往复运动变为曲轴的旋转运动。

连杆在工作时，承受三种作用力：活塞传来的气体压力；活塞组零件及连杆本身（小头）的惯性力；连杆本身绕活塞销做变速摆动时的惯性力。这些力的大小和方向都是周期性变化的，因此连杆承受着压缩、拉伸和横向弯曲等交变应力。连杆或连杆螺栓一旦断裂，就可能造成整机破坏的重大事故。如果刚度不足，使大头孔变形失圆，大头轴承的润滑条件受到破坏，则轴承会发热而烧损。连杆杆身变形弯曲，则会造成气缸与活塞的偏磨，引起漏气和窜机油。所以要求连杆在尽可能轻的情况下，保证有足够的强度和刚度。

为保证连杆结构轻巧，且有足够的刚度和强度，一般常用优质中碳钢（如 45 钢）模锻或滚压成型，并经调质处理。中小功率内燃机连杆有采用球墨铸铁制造的，其效果良好，且成本较低。强化程度高的内燃机采用高级合金钢（如 40Cr、40MnB、42CrMo 等）滚压制造而成。合金钢的特点是抗疲劳强度高，但对应力集中比较敏感，因此采用合金钢制造连杆的时候，对其外部形状、过渡圆角和表面粗糙度等都有严格要求。近年来，硼钢、可锻铸铁及稀镁土球墨铸铁已广泛用于制造内燃机连杆，其抗疲劳强度接近于中碳钢，并且其切削性能很好，对应力集中不敏感，制造成本低。

（1）普通连杆

内燃机的连杆组主要由连杆小头、连杆杆身、连杆大头、连杆盖、连杆轴瓦、连杆衬套和连杆螺栓等部分组成如图 2-48 所示。

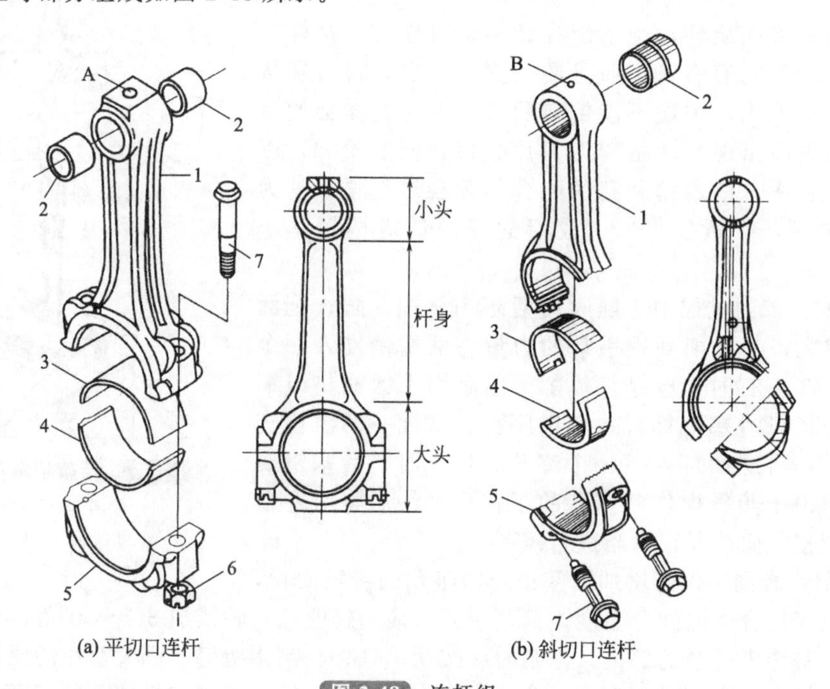

图 2-48 连杆组

A—集油孔；B—喷油孔；1—连杆体；2—连杆衬套；
3—连杆轴承上轴瓦；4—连杆轴承下轴瓦；5—连杆盖；6—螺母；7—连杆螺栓

① 连杆小头。连杆小头的结构通常为短圆管形，用来安装活塞销。通常以半径较大的圆弧与杆身圆滑衔接，从而减小过渡处的应力集中。在小头孔中压配有耐磨的锡青铜、铝青铜或铁基粉末冶金的薄壁衬套，以减小活塞销的磨损。为了润滑衬套和全浮式活塞销的配合表面，在连杆小头和衬套上方钻孔或铣槽，以收集飞溅下来的油雾。对采用压力润滑方式的连杆，在杆身中钻有油道，润滑油从曲轴连杆轴颈，经过杆身油道进小头衬套的摩擦表面。

② 连杆杆身。连杆杆身一般采用“工”字形断面，这是因为在材料断面面积相等的条件下，其抗弯断面模数最大，因此连杆可在最轻的情况下获得最大的结构刚度和强度。

③ 连杆大头。连杆大头是连杆与曲轴连杆轴颈相连接的部分，亦是连杆轴颈的轴承部分。连杆大头一般通过孔心分成两部分，以利于拆装，其中被分开的小部分称为连杆盖（或连杆瓦盖），装配时，这两部分用两个或四个连杆螺栓连接。

连杆螺栓一般用中碳合金钢经精加工调质处理制成。为使连杆轴瓦与大头贴合良好，防止大头剖分面在受力时产生缝隙，连杆螺栓必须具有一定的预紧力。所以各生产厂对螺栓的扭紧力矩都作了详细的规定。装配时，连杆螺栓应按一定次序、对称均匀、分 2～3 次逐步拧紧，达到规定的扭紧力矩。连杆螺栓紧固后，为防止其松脱，一般采用开口销、铁丝、锁紧片等锁紧。当螺纹精确加工且合理拧紧时，不加任何锁紧装置，连杆螺栓也不会松动。所以在现代内燃机中，连杆螺栓大多没有特别的锁紧装置。

由于大头孔的精度要求很高，因此必须在剖分后再组合在一起进行孔的加工。孔加工后必须通过定位装置将大头盖与连杆大头之间的相对位置加以固定，以防装配时错位。同时在大头与大头盖的一侧打上配对记号，以免装错。

连杆大头的剖分形式有平切口和斜切口两种。剖分面垂直于连杆杆身中心线的称为平切口［如图 2-48(a) 所示］。剖分面与杆身中心线倾斜成一定角度（30°～60°，通常成 45°）的称为斜切口［如图 2-48(b) 所示］。

(2) V 形连杆

V 形内燃机左右两侧相对应的两个气缸的连杆，通常都装在同一个曲柄销上。按照两个连杆连接方式的不同，可分为下列三种形式：

① 并列连杆。相对应的左右两缸的连杆，一前一后地装在同一曲柄销上，如图 2-49 所示。由于连杆的结构形式相同，因此可以通用，而且两侧气缸的活塞连杆组的运动规律相同。其缺点是两侧气缸的中心线沿曲轴轴向要错开一段距离，因而曲轴的长度增加，使曲轴刚度降低。

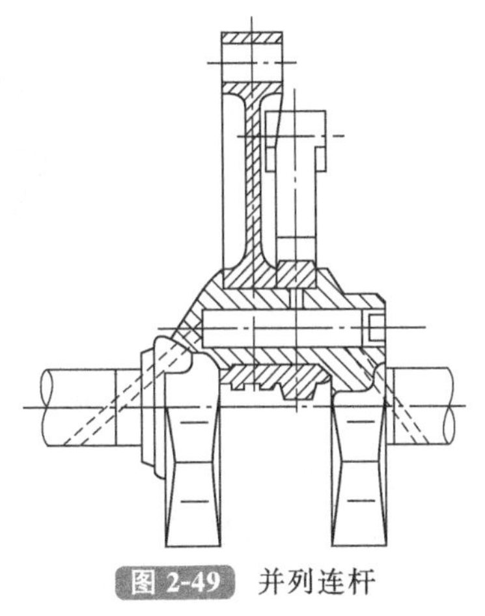

图 2-49　并列连杆

② 主副连杆。主副连杆又称关节式连杆，一列气缸的连杆装在连杆轴颈上，称为主连杆；另一列气缸的连杆，通过一圆柱销与主连杆的耳销孔相连接，称为副连杆。如图 2-50 所示。左右两列对应气缸的主副连杆及其中心线位于同一平面内。

这种形式的优点是曲轴的长度不需加长，使曲轴刚度加强。缺点是连杆不能互换，副连杆对主连杆产生附加弯矩，以及左右两列气缸的活塞连杆组运动规律不同。

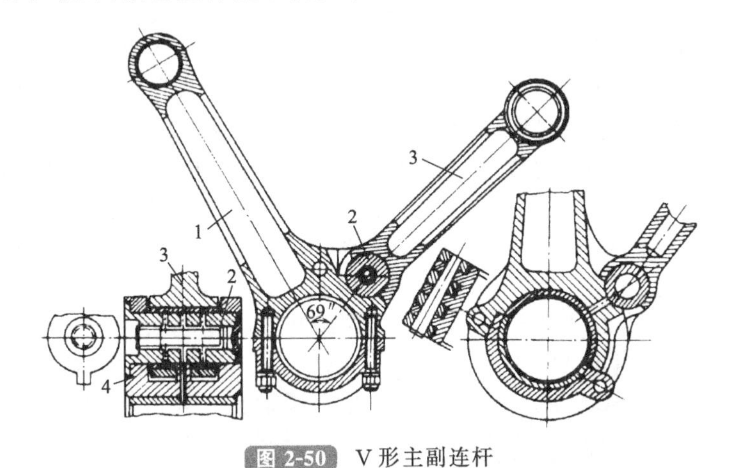

图 2-50　V 形主副连杆

1—主连杆；2—副连杆插销；3—副连杆；4—主连杆耳

③ 叉片式连杆。左右两列气缸相对应的两个连杆中，一个连杆的大头做成叉形，另一个连杆的大头插在叉形连杆的开挡内（如图 2-51 所示），称为叉片式连杆。

叉形连杆杆身的工字断面的长轴位于垂直于摆动平面的平面内。其翼板伸到大头的部分就成为叉形，这使片式连杆摆动时，在叉形连杆杆身上开槽的高度可以减小，因而强度有所提高。

叉形连杆的优点是两列气缸中活塞连杆组的运动规律相同，曲轴的长度不需加长。缺点是叉形连杆大头结构和制造工艺比较复杂，大头的刚度也不够高。

在缸径较大、缸数较多的 V 形内燃机上，多采用主副连杆和叉片式连杆，而一般 V 形内燃机则多采用并列式连杆。

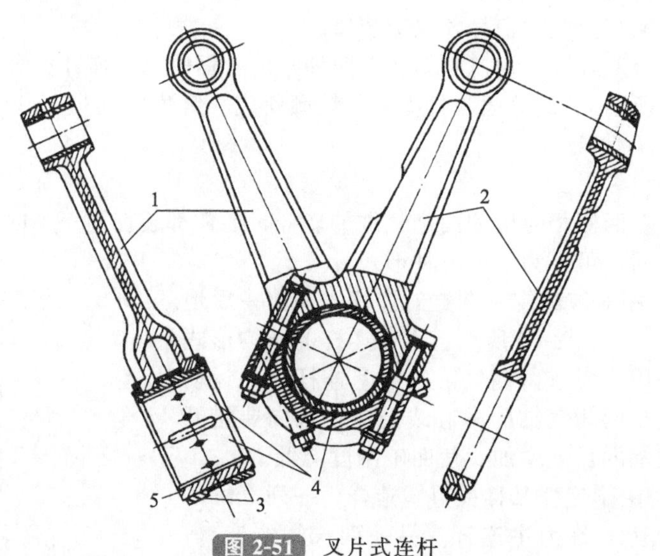

图 2-51 叉片式连杆

1—叉形连杆；2—内连杆；3—叉形连杆轴承盖；4—轴瓦；5—销钉

(3) 连杆轴承

内燃机中的轴承以滑动轴承（又称轴瓦）为多，其中受力较大且具有重要作用的是连杆轴承和曲轴主轴承。它们的工作情况对内燃机的可靠性、使用寿命等有很大影响。它们的工作情况和材料要求大致相同，因此在此一并介绍。

轴瓦是用厚 1～3mm 的钢带作瓦背，其上浇有厚 0.3～1.0mm 的减磨合金（白合金、铜铅合金或铝基合金）的薄壁零件（图 2-25 中的 12）。由于连杆轴承在工作时受到气体压力和活塞连杆组往复惯性力的冲击作用，而且轴承工作表面和轴之间有很高的相对滑动速度，再加上高负荷、高速度的作用，所以轴承很容易发热和磨损。这就要求减磨合金的机械强度要高，耐腐蚀性、耐热性和减磨性要好。由于柴油机的轴承负荷大，所以柴油机通常采用铜铅合金或铝基合金轴瓦。它们的抗疲劳强度高，承载能力大，耐磨性也好，但其减磨性较差。为了改善减磨合金的表面性能，通常在减磨合金上再镀一层极薄的合金（多为铅锡合金），构成“钢背-减磨合金-表层”的三层金属轴瓦。我国在中小型内燃机上广泛采用了铝基合金轴瓦，其抗疲劳强度高，减磨性也不差，耐腐蚀性好，制造成本低。

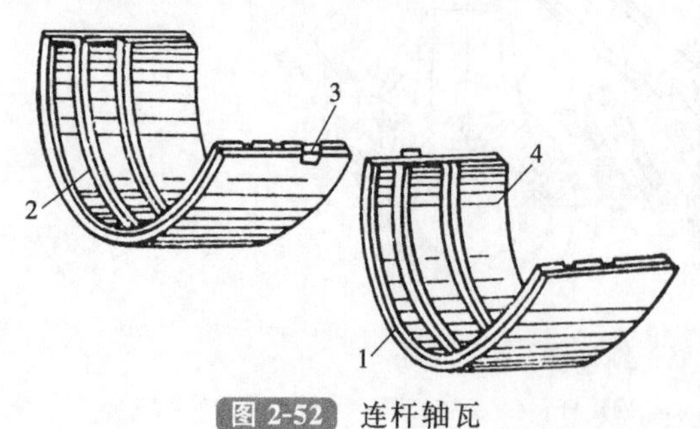

图 2-52 连杆轴瓦

1—钢背；2—油槽；3—定位凸键；4—减磨合金层

轴瓦的构造如图 2-52 所示。为了使轴瓦在工作中不致转动或轴向移动，在轴瓦上冲出高出背面的定位凸键，在轴瓦装入大头孔中时，两个凸键应分别嵌入连杆杆身和连杆盖的相应凹槽中。有些轴瓦在内表面有浅槽，用以储油以利润滑。但实践证明，开油槽的轴瓦承载能力显著降低，因此受力大的轴瓦，如主轴承的下轴瓦最好不开槽。

轴瓦的内外表面都经过精密加工，因此，不允许以任何不适当的手工方式加工（如锉连杆盖、焊补合金等）。

装配时，连杆轴瓦与曲柄销间应有适当的油膜间隙。安装轴瓦时，必须保持干净，如有任何杂物落入，将会破坏其紧密性，引起轴瓦变形、过热甚至烧坏合金。

2.2.4 连杆组的维修

2.2.4.1 连杆的常见故障

连杆是内燃机动力传递的主要机件，在工作中受力复杂，经长期工作，可能产生以下几种常见故障：

① 裂纹：报废。

② 侧向弯曲［如图 2-53(a) 所示］。侧向弯曲容易导致：连杆大小头孔的中心线不平行；活塞在气缸中产生偏斜，摩擦力增大，功率损耗增加；活塞和活塞环磨损加剧；漏入曲轴箱废气增多，窜机油；连杆衬套和轴瓦在整个工作表面受载不均，引起连杆衬套和轴瓦发热，磨损加剧。

③ 扭曲［如图 2-53(b) 所示］。连杆扭曲容易导致：连杆和活塞销、活塞销与活塞别住，使其转动不灵，严重时将产生强烈的敲缸声。

④ 连杆在平面方向的弯曲［如图 2-53(c) 所示］。

⑤ 连杆大小端孔产生失圆和锥形。

⑥ 连杆螺栓、螺母损伤。

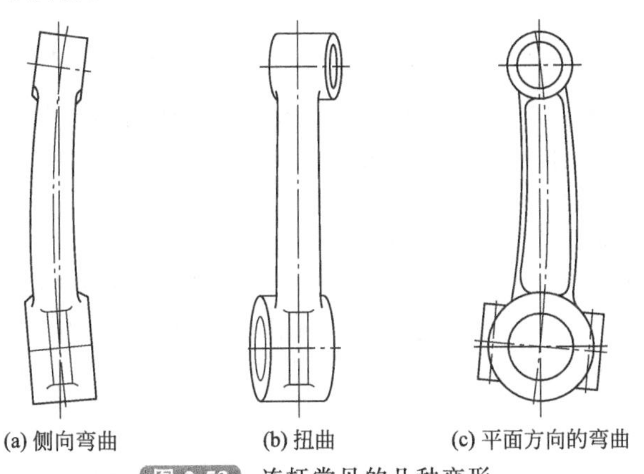

(a) 侧向弯曲　(b) 扭曲　(c) 平面方向的弯曲

图 2-53 连杆常见的几种变形

连杆的弯曲和扭曲，往往是由内燃机超负荷和突爆等原因造成的，从以上它们产生的后果知道，连杆有了弯曲和扭曲，不仅降低了它本身的强度，而且还使活塞组与气缸的配合失常，给活塞组和气缸带来不正常的纵向磨损。因此，在修理时必须认真、准确地对连杆进行检验和校正。

连杆弯曲和扭曲的检验是在连杆校正器上进行的。连杆校验器的结构如图 2-54 所示，它是由槽块座、连杆、垂直板、横轴调整螺栓及扩张块等五部分组成的。另外，还附有校正连杆弯曲和扭曲的专用工具。

2.2.4.2 连杆组的检验与修理

(1) 连杆弯曲度的检验与校正

① 弯曲度的检验。连杆弯曲度的检验在连杆校正器上进行。根据连杆轴承的孔径，选

择合适的扩张块装入芯轴，将连杆大头的轴承盖装好，此时，不装轴承（连杆瓦），按规定的扭力拧紧，同时装入已配好的活塞销，然后将连杆大头套入校正器的芯轴上，旋动调整螺母，借芯轴上斜面凸轴的作用，使扩张块渐渐向外张，与连杆大头孔配至适当的紧度为止，并使连杆固定在适当的位置上，如槽块座位置不当时，可进行调整，使活塞销紧贴槽块座的上平面（或下平面），如图 2-54(a) 所示。检查两边间隙，若两边间隙不一样，说明连杆弯曲，两边间隙相差越大，说明连杆弯曲越厉害。当两边间隙的误差超过 0.05～0.10mm 时，应进行校正。根据检查的结果，确定连杆弯曲的方向和程度，然后进行校正。

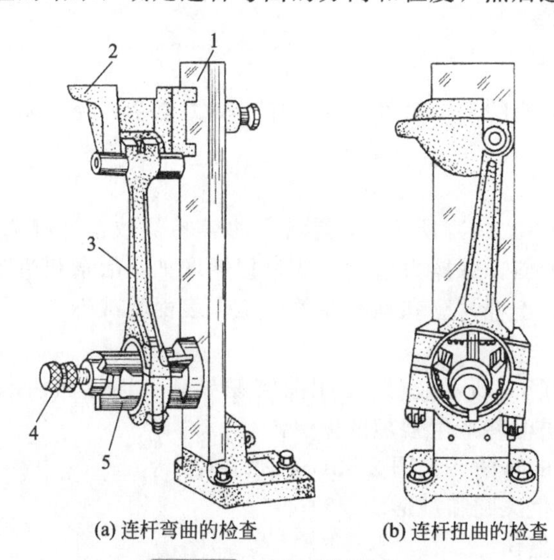

图 2-54 连杆弯扭的检查

1—垂直板；2—槽块座（小角铁）；3—连杆；4—横轴调整螺栓；5—扩张块（定心块）

② 弯曲度的校正。连杆弯曲度的校正，一般是利用连杆校正器上的附属工具进行，如图 2-55 所示，根据连杆弯曲的方向，把校正的专用工具夹在台虎钳上，对连杆进行压正，注意：要边压边检查，直至连杆校正为止。

由于连杆弯曲或扭曲后有残余应力存在，虽然在当时是压好的，但有可能会发生重复变形。为了解决这个问题，连杆校正后可放在机油中加温到 150～200℃，以消除或减小连杆弯曲和扭曲的残余应力。当连杆的弯曲和扭曲程度很小时，校正后可不做此项工作。在没有连杆校正器的情况下，也可以利用其他简单工具（如台虎钳）进行校正，如图 2-56 所示。

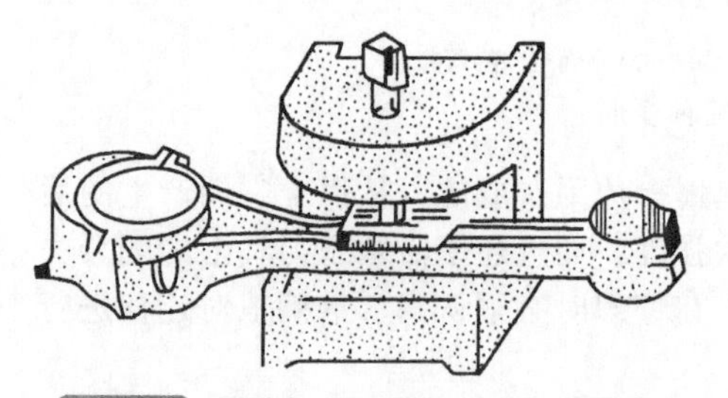

图 2-55 用连杆校正器校正连杆的弯曲

图 2-56 在台虎钳上校正连杆的弯曲

(2) 连杆扭曲度的检验与校正

① 扭曲度的检验。检查连杆的扭曲时，应使活塞销紧靠槽块座的侧面，如图 2-54(b) 所示，观察两边的间隙，若间隙不一样，说明连杆发生扭曲，其两边间隙差应在 0.05～0.1mm 范围内，如果超出此值，应进行校正。

② 扭曲度的校正。校正连杆扭曲的方法，如图 2-57 所示，将校扭曲的两根杠杆夹住连杆两边，不带螺孔的一根杠杆应放在间隙大的一边，逐渐旋紧压力螺栓，迫使两根杠杆向两边分开，渐渐将连杆反扭，边校正边检查，直至连杆校正为止。

在没有连杆校正器时，可用管子钳进行校正。方法是：将连杆的大头夹紧在台虎钳上，根据扭曲的方向利用管子钳扳正，如图 2-58 所示，边校正边检查，直至校正为止。

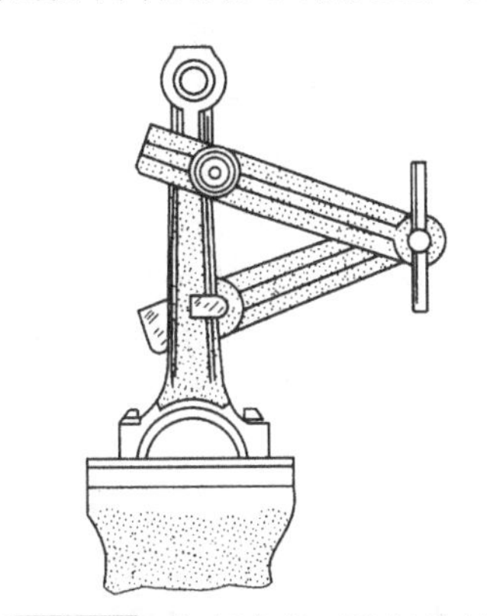

图 2-57 杠杆夹校正连杆的扭曲

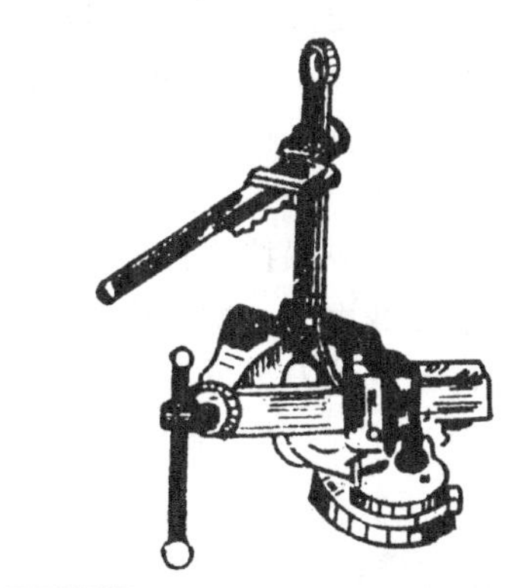

图 2-58 在台虎钳上校正连杆的扭曲

(3) 连杆螺栓和螺母损伤的检验与更换

① 连杆螺栓螺母的常见故障：裂纹；伸长；螺纹松旷；螺纹损伤。

② 产生原因：螺栓螺母的质量不好；更换连杆螺栓螺母时，未成套更换；螺栓螺母与连杆大端的螺栓孔靠合不紧密，松旷间隙大；扭紧螺母时，用力过大；或在同一连杆上，两个螺母的扭力不一致；螺栓头和螺母与连杆的支承表面贴附不平整，在螺栓和螺母装紧后，有歪斜现象；连杆轴瓦的间隙过大，或连杆轴颈的失圆度过大。

在通常情况下，连杆螺栓螺母不是一下子损坏的，而是由于以上某些原因长期存在而未及时发现，引起材料疲劳而产生的。因此，修理时应仔细检验，并进行合理装配，以免因螺栓和螺母的损伤而发生严重事故。

③ 检验方法：用 5～10 倍的放大镜，在螺栓的圆角处和螺纹附近，仔细检查有无损伤现象；利用电磁探伤器，检查有无裂纹；用量尺检查螺栓长度有无拉伸现象，用螺纹规检查螺纹有无损伤。

④ 螺栓螺母的更换（技术鉴定)。在检验时，如发现螺栓螺母有下列情况之一者，必须予以更换：螺纹有损坏现象，或拉纹在两扣以上；螺栓有裂纹或有明显的凹痕；螺栓伸长超过原长的 0.3%；螺母装在螺栓上有明显的松旷现象。

(4) 活塞销与连杆衬套的修配

① 连杆衬套的选配。更换活塞销时，应选配连杆衬套，如衬套磨损至过薄，则应更换新衬套。衬套与连杆小头内径的配合，应有 0.04～0.10mm 的过盈量。

新选配的衬套应有一定的加工余量，不宜过大或过小，因为，若加工余量过大，则铰削的次数太多，容易把内孔铰偏；若加工余量太小，则不容易保证修配质量。

经验的判断方法是：在衬套压入连杆小头之前，与选配好的新活塞销试套，如果能勉强套上，则为合适。

拆连杆衬套，用冲子冲出即可。安装连杆衬套时，用冲子冲入或用台钳压入（如图 2-59 所示)，有条件的地方，可在压床上进行。安装时，应注意使衬套的油孔与连杆小头上的油孔对准。若新衬套上无油孔时，应在压入前先将油孔钻好。

② 活塞销与连杆衬套的技术要求。配合间隙：汽油机在常温下，有 0.003～0.010mm

的微量间隙；而柴油机应有0.02～0.12mm的间隙。接触面积：不少于75%。其间隙过大、过小，接触面积过小的危害与活塞销、销座孔间间隙过大、过小，接触面积过小的危害相同。活塞销与连杆衬套的正确配合，是通过铰削来实现的。

③ 连杆衬套的铰配。连杆衬套的铰配步骤与活塞销座孔的铰配步骤相似。

a. 选择铰刀：根据活塞销实际尺寸选择铰刀，将铰刀夹入台虎钳与钳口平面垂直。

b. 调整铰刀：把连杆小端套入铰刀内，一手托住连杆的大端，一手压小端，以刀刃能露出衬套上平面3～5mm为第一刀的铰销量。铰刀的调整量，以旋转螺母60°～90°为宜。如铰削量过大或过小，都会使连杆在铰削过程中摆动，铰出棱坎或喇叭口。

c. 铰削：铰削时，一手把住连杆大端，并均匀用力拨转，一手把持小端，并向下施压力进行铰削。铰削中应保持连杆与铰刀成直角，以免铰偏（如图2-60所示）。调一次铰刀铰到底后，再将连杆翻面铰一次，以免铰成锥形，当衬套下平面与刀刃下方向平齐时，应下压连杆小头，使衬套从铰刀下方脱出，以免起棱。

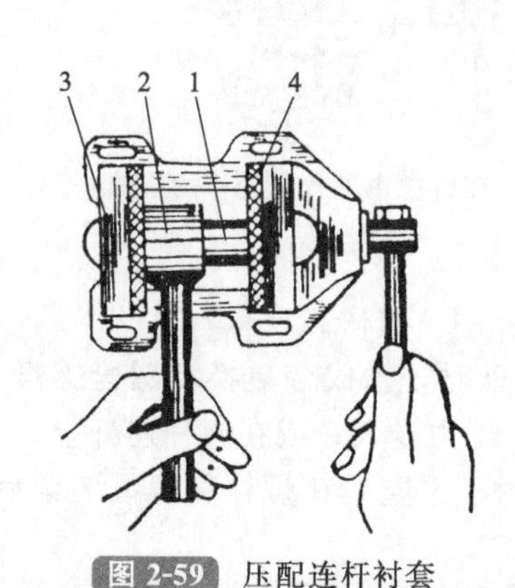

图2-59 压配连杆衬套

1—连杆衬套；2—连杆；3—台钳；4—垫板

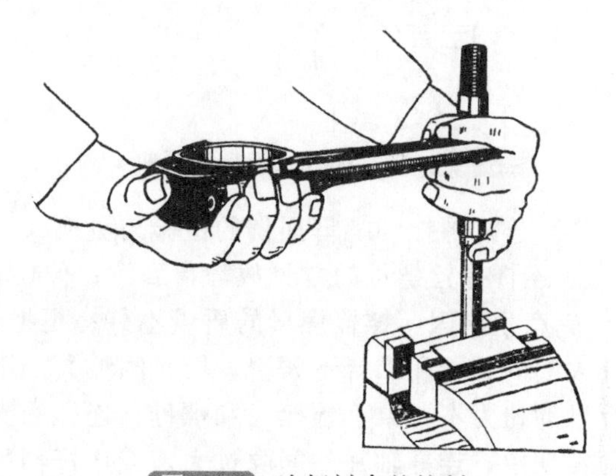

图2-60 连杆衬套的铰削

d. 试配：在铰削时应经常用活塞销试配，以防铰大，当铰削到用手掌的力能将销子推入衬套1/3～2/3时，应停止铰削，此时，可将销子压入或用木锤打入衬套内（打时要防止销子倾斜），并夹持在台虎钳上左右往复拨转连杆，然后压出销子，查看衬套的接触情况。

e. 修刮：根据活塞销与连杆衬套的接触面和松紧情况，用刮刀加以修刮，修刮后，应达到各机说明书上的要求。

对柴油机而言，一般的检验方法是：将活塞销涂以机油，能用手掌的力量把活塞销推入连杆衬套，并且没有间隙的感觉，则认为松紧度为合适［如图2-61(a) 所示］。对汽油机而言，一般的检验方法是：将活塞销涂以机油，能用大拇指的力量把活塞销推入连杆衬套，并且没有间隙的感觉，则认为松紧度为合适［如图2-61(b) 所示］。接触面积在75%以上，并且接触点分布均匀，轻重一致，则认为接触面符合要求。

2.2.4.3 活塞连杆组的装配与检验

活塞与活塞销、活塞销与连杆衬套、连杆等分别修配好后，还要进行装配与检验。

(1) 连杆组的装配

具有分开式连杆盖的连杆，大头的孔是在连杆轴承盖、杆身和连杆螺栓装配好了才进行加工的。在盖和身分开面的一外侧刻有同一个号码（见图2-62），例如6，两个“6”字应装在同一侧，如果装错了，孔可能变成锥形，或者盖和杆身的分开面会错开。

一般情况下，连杆上刻有号码的一边朝向凸轮轴，修刮连杆轴瓦和装配时不要弄错。与此同时，某些凸轮轴机构是依靠连杆大头上的喷油孔（如图2-63所示）喷出的润滑油来润滑的，所以油孔应朝向凸轮轴方向。

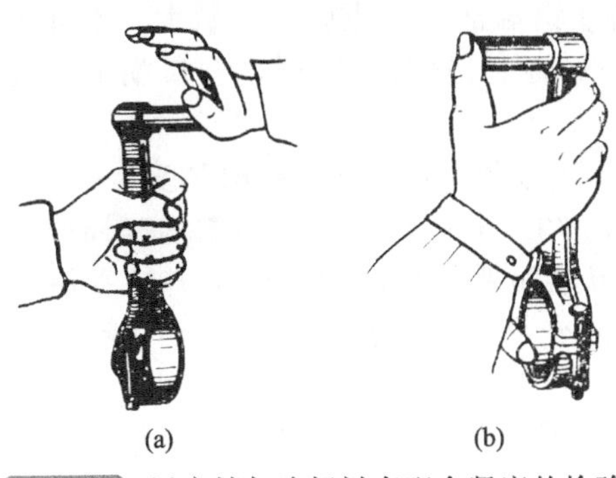

图 2-61 活塞销与连杆衬套配合紧度的检验

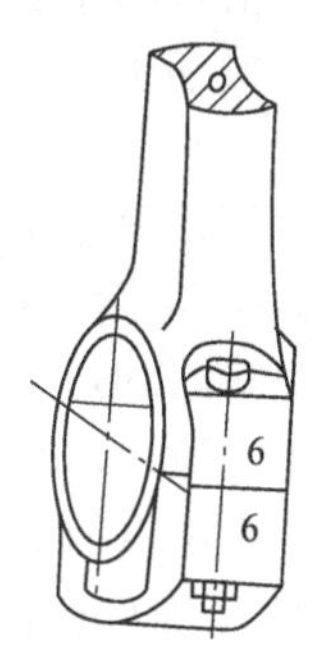

图 2-62 连杆盖与杆身的安装

（2）活塞与连杆的装配与检验

① 将活塞上所标记的装配方向认定准确。

a. 有膨胀槽的活塞，应朝向连杆喷油孔的相对面；

b. 活塞顶上的箭头：指向排气管；

c. 活塞顶上的凹槽：按相关位置装配；

d. 活塞平顶无记号：任意装配（但不能装错缸）。

② 活塞、活塞销及连杆小头的装配。将铝制活塞（全浮式）放入水中加热到 75～85℃，取出活塞后迅速擦净销孔，将活塞销推入孔的一端，立即在衬套内涂以少许机油，把连杆伸入活塞内与活塞销对正（注意方向：一般大头上有油匙的一边应朝向工作时的转动方向），继续用手的腕力将活塞销推入另一销孔（或用木槌敲进）。尤其用木槌往里敲时，活塞销一定要装正，否则对销孔内表面有损伤。装好后继续放入水中加温，当温度达到 90℃左右时，再从水中取出，当活塞销处于垂直地面位置时，活塞销在孔中应不能自动下移，如果下移就证明配合松；另外应摇动连杆，看活塞销是否在孔中转动，如能转动，证明配合正常；如活塞销在孔中不转动，则证明配合过紧，此时应把销子打出来，适当进行修刮。

③ 活塞销与连杆衬套装配检验。在常温下，检查活塞销与衬套的配合情况时，可以用手扶住活塞，另一手持连杆大头部分摆动，如果活塞销和衬套配合正常，摆动时应有一定的阻力；或用手握住活塞，使连杆大头部分稍向上，如图 2-64 中的虚线位置，若衬套与活塞销配合正常，则连杆能借本身的重量徐徐下降。若配合松时，则下降很快；若配合紧了，则连杆不下降。若配合稍松，可用合适的工具在衬套两边轻轻敲击数下，这样可以使衬套内径稍变小，若紧得不多，则不必用刮刀修刮，可将活塞销装进衬套，然后将活塞销夹在台虎钳上，来回拨动连杆，使衬套内表面磨得光滑些即可。

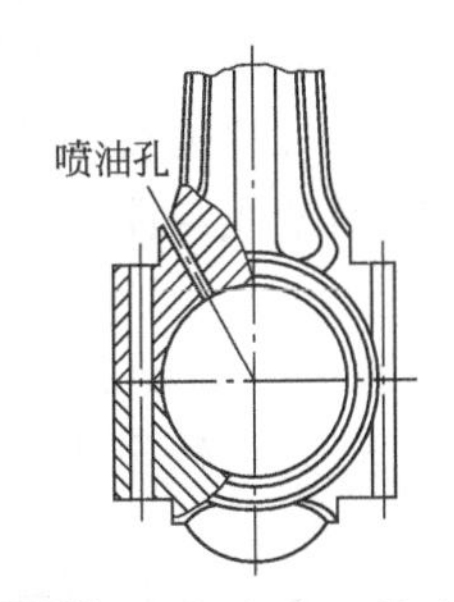

图 2-63 连杆大头上的喷油孔

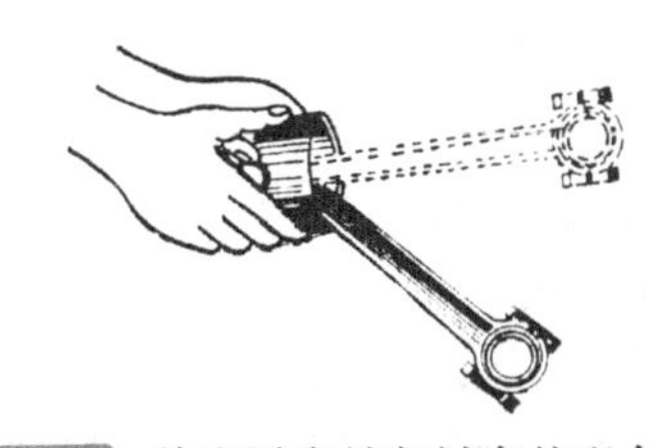

图 2-64 检查活塞销与衬套的配合情况

④ 活塞连杆装好后，在活塞销两端装入卡环。一定要把卡环装在槽内，并使开口朝向活塞的上边（活塞顶端方向），这是因为活塞销端部受热膨胀的系数大，卡环长期受高温而失去弹力，开口朝上时，卡环端部回缩，不易跑出槽外，同时，开口朝上，还可以保存润滑油。

卡环有两种，分别为钢丝和钢片。如卡环为钢片时，其卡环槽深度为0.6～0.7mm；卡环为钢丝时，槽的深度为钢丝直径的1/2～2/3，卡环装入槽内与槽的四周应接触严密。卡环与活塞销的间隙均应不小0.10mm。保留此间隙的目的在于使活塞销受热后有膨胀的余地。若没有此间隙，活塞销膨胀会使活塞的变形加大，甚至顶出卡环，易造成“拉缸”事故。间隙过小或没有时，可将活塞销磨短少许即可。

⑤ 检查活塞连杆组的弯扭。在连杆校正器上检查整套活塞连杆组是否有弯扭现象（检查时不装活塞环），检查方法如图2-65所示。方法：按要求将活塞连杆组装在连杆校正器上，使活塞的底部与槽块的顶部接触，通过左右间隙的测量来确定活塞连杆组的扭曲，不得超过0.10mm；通过测量活塞裙部上下与平块之间的间隙来确定活塞连杆组的弯曲，不得超过0.10mm，若超过规定就要重新对轴承、活塞销孔、连杆衬套、连杆的弯曲与扭曲进行校验。

⑥ 活塞连杆组的质量规定。内燃机的型号不同，要求也不一样，各内燃机说明书均有具体规定，例如：135系列柴油机，新机时，在同一台柴油机中各活塞质量差不得大于5g，在同一台柴油机中各连杆组（包括连杆体、连杆盖、大小头轴承、连杆螺钉）质量差不得大于30g。一般修理时要求略低一些，例如铸铁活塞直径在150mm左右的，各缸质量差不能超过15g，连杆不能超过30～40g，活塞连杆组不超过60～80g，气缸直径在100mm左右的铝活塞各缸质量差不超过10g，连杆不能超过25～30g，活塞连杆组不能超过40～50g。

2.2.4.4 偏缸检查

前面讲述的连杆校正器是检验连杆弯曲和扭曲的专用工具，在维修工作中用它既方便又能较好地保证质量，但根据工作条件和使用环境的不同，有的单位不一定具备连杆校正器，在这种情况下，我们可以采用偏缸检查的方法检查活塞连杆组的弯曲与偏斜现象。

(1) 偏缸的检验方法

将不带活塞环的活塞连杆组，按规定装入气缸中，连接连杆轴颈，按规定扭力拧紧螺栓螺母，转动曲轴使活塞处于上（下）止点；然后用厚薄规测量活塞头部各方向与气缸壁的间隙（如图2-66所示），如间隙相同，即表示装配合适，活塞偏缸间隙最大不得超过0.10mm。如相对间隙相差很大，甚至某一方向没有间隙时，即表示有偏缸存在，应予以调整，再行配合。根据经验方法，也可从气缸下端看其漏光情况，来判断其是否有偏缸现象存在。

(2) 产生偏缸的原因

① 气缸方面：活塞在气缸上、中、下部位，向同一方向歪斜，可能是因搪缸不当，发生气缸轴线与曲轴轴线不相垂直（向发动机前后倾斜）、气缸轴线向前后位移等现象。

② 曲轴方面：活塞在气缸上（下）部位有不同方向的歪斜，可能因连杆轴颈锥形与主轴线不平行，或因曲轴箱变形和曲轴轴承配合不当，使曲轴轴线与气缸轴线不相垂直，以及曲轴弯曲等，活塞在气缸中部位置改变歪斜方向，是因为连杆轴颈轴线与曲轴轴线不在同一平面内。

③ 连杆方面：个别活塞在气缸上、中、下部位向同一方向歪斜，歪斜方向就是连杆小端的弯曲方向，在中部歪斜严重，上行和下行偏缸方向有改变，则为连杆扭曲。

④ 活塞方面：可能因活塞销座孔铰偏不正。

总之，偏缸不一定是单一零件的问题，影响它的因素很多，因此，必须根据检查情况多方面分析，找出原因，加以修整。

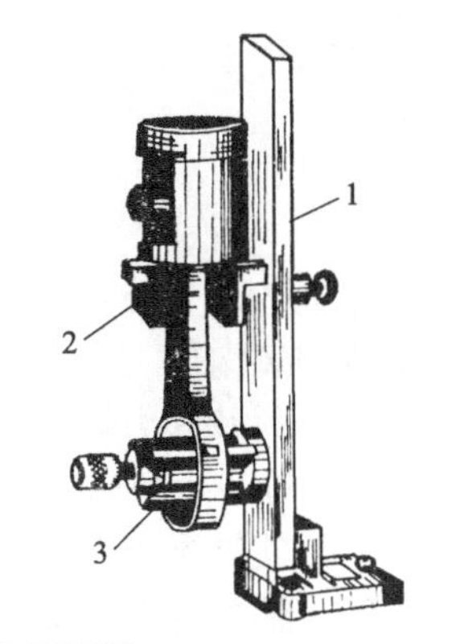

图 2-65 活塞连杆组的检验

1—平板；2—槽块座；3—扩张块

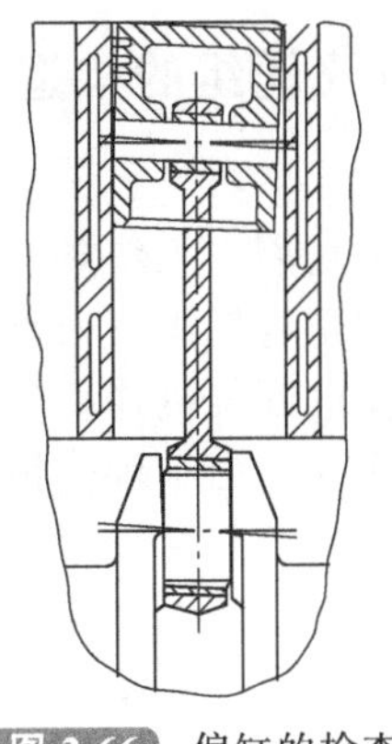

图 2-66 偏缸的检查

2.3 曲轴飞轮组

曲轴飞轮组的功用是将活塞连杆组传来的力转变成扭矩，从轴上输出机械功，同时驱动内燃机各机构及辅助系统，克服非做功冲程的阻力，还可贮存和释放能量，使内燃机运转平稳。它主要由曲轴、飞轮及扭转减振器等组成。如图 2-67 所示为 135 系列柴油机曲轴飞轮组结构示意图。

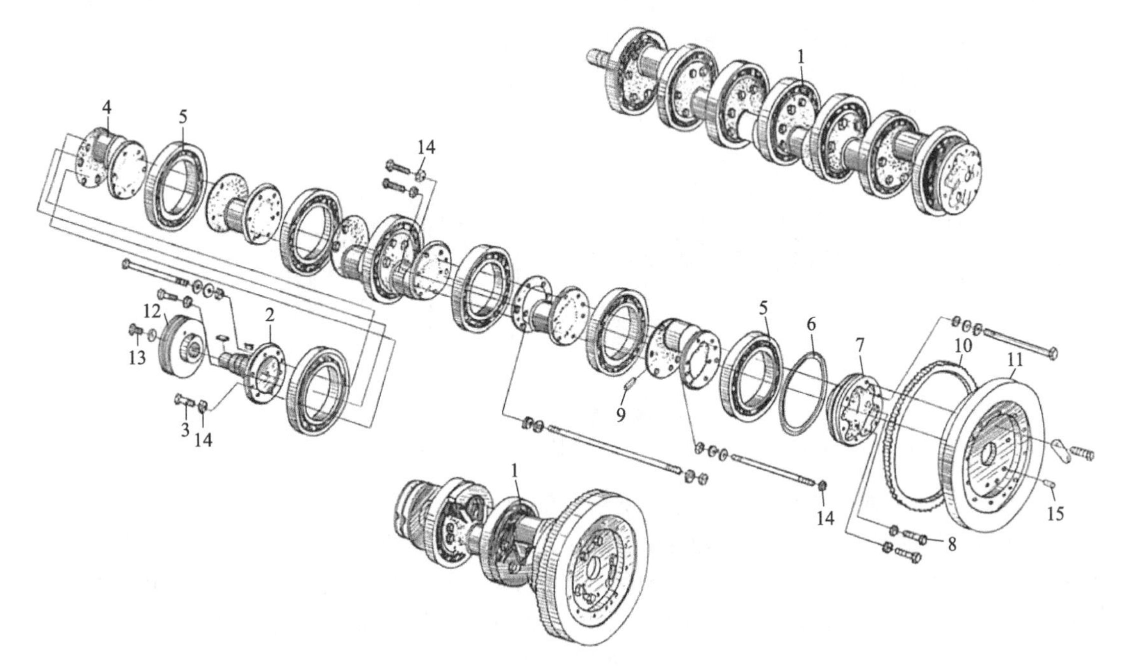

图 2-67 135 系列柴油机曲轴飞轮组的结构

1—曲轴装配部件；2—前轴；3—连接螺钉；4—曲拐；
5—4G7002136L 滚柱轴承；6—甩油圈；7—曲轴法兰；8—定位螺钉；
9—油管；10—启动齿圈；11—飞轮；12—皮带盘；13—压紧螺钉；14—镀铜螺母；15—定位销

2.3.1 曲轴飞轮组的构造

2.3.1.1 曲轴

（1）曲轴的功用、工作条件及制造方法

曲轴的功用是将气体压力转变为扭矩输出，以驱动与其相连的动力装置。此外，它还要驱动内燃机本身的配气机构及各种附件，如喷油泵、水泵和冷却风扇等。

曲轴在工作时，由于承受很高的气体力、往复惯性力、离心力及其力矩的作用，因此曲轴内部产生冲击性的交变应力（拉伸、压缩、弯曲、扭转），并易产生扭转振动，从而引起曲轴的疲劳破坏。另外由于各轴颈在很高的压力下做高速转动，使轴颈与轴承磨损严重，所以，对曲轴的要求是：耐疲劳、耐冲击；有足够的强度和刚度；轴颈表面的耐磨性好并经常保持良好的润滑状态；静平衡与动平衡要好；在使用转速范围内不能产生扭转振动；安装固定可靠并加以轴向定位或限制轴向位移。

曲轴毛坯制造采用铸造和锻造两种方法。锻造曲轴主要用于强化程度高的内燃机，这类曲轴一般采用强度极限和屈服极限较高的合金钢（如 40Cr、35CrMo 等）或中碳钢（如 45 钢）制造。铸造曲轴广泛应用于中小功率内燃机，通常采用高强度球墨铸铁铸造，其优点是：制造方便，成本低；能够铸出合理的结构形状；对扭转振动的阻尼作用优于钢材。

（2）曲轴的分类

① 曲轴按各组成部分的连接情况，可分为组合式曲轴和整体式曲轴两种。

组合式曲轴如图 2-67 所示。即将曲轴分成若干部分，分别制造与加工，然后组装成一个整体。其优点是加工方便，便于产品系列化。缺点是拆装不方便，组装质量不易保证，重量大，成本高，采用滚动轴承，噪声大，难以适应高转速。

整体式曲轴如图 2-68 所示，即曲轴的各组成部分铸（或锻）造在一根曲轴毛坯上。其优点是结构简单紧凑，强度及刚度好，重量轻，成本低。

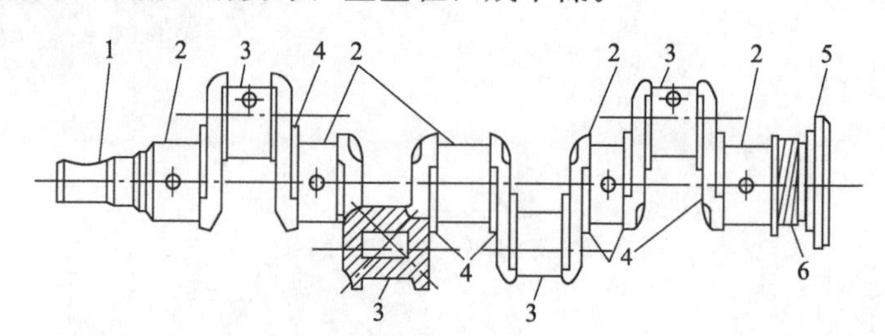

图 2-68 整体式曲轴

1—曲轴前端；2—主轴承；3—连杆轴颈；4—曲柄；5—安装飞轮的凸缘；6—曲轴后端回油螺纹

② 按照曲轴主轴颈数目，可分为全支承曲轴和非全支承曲轴。

全支承曲轴即是在任两个相邻曲拐之间都设有主轴颈的曲轴。其主轴颈总数比连杆轴颈数多一个，如图 2-67、图 2-68 所示。这种曲轴的优点是曲轴的刚度大，主轴承负荷轻。其缺点是内燃机轴向尺寸加长。非全支承曲轴的主轴颈总数等于或少于连杆轴颈数，其优点是尺寸小、结构简单、紧凑。缺点是刚度和强度较差，主轴承负荷较重。柴油机因负荷较重，一般多采用全支承曲轴。非全支承曲轴多用于负荷较轻的内燃机。

（3）曲轴的构造

曲轴主要由主轴颈、连杆轴颈（曲柄销）、曲柄臂、平衡重（并非所有曲轴都有）、前端（自由端）和后端（功率输出端）等组成。

① 主轴颈与连杆轴颈：内燃机的主轴颈与连杆轴颈都是尺寸精度较高和粗糙度较低的圆柱体，它们以较大的圆弧半径与曲柄臂相连接。主轴颈是用来支承曲轴的，曲轴绕主轴颈

中心高速旋转。主轴颈多为实心的，而球墨铸铁的曲轴主轴颈与连杆轴颈大多是空心的，其优点是可以减小旋转质量，从而减小其离心力；同时可作为润滑油离心滤清器的空腔。主轴颈与连杆轴颈采用压力润滑，润滑油通过曲柄臂中的斜油道被压送至连杆轴颈空腔内，在旋转离心力的作用下，将机油中密度大的金属磨屑及其他杂质甩向空腔的外壁，内侧干净的机油通过油管流到连杆轴颈及轴承摩擦表面。

② 曲柄臂（简称曲柄）：曲柄臂的作用是连接主轴颈与连杆轴颈，通常制成椭圆形或圆形，其厚度与宽度应使曲轴有足够的刚度和强度。

③ 平衡重：如图 2-69 所示，平衡重通常设在与连杆轴颈相对的一侧曲柄臂上，其形状多为扇形。平衡重的作用是平衡连杆轴颈及曲柄臂的重量、离心力及其力矩，以减轻主轴承的载荷，增加运转的平稳性。

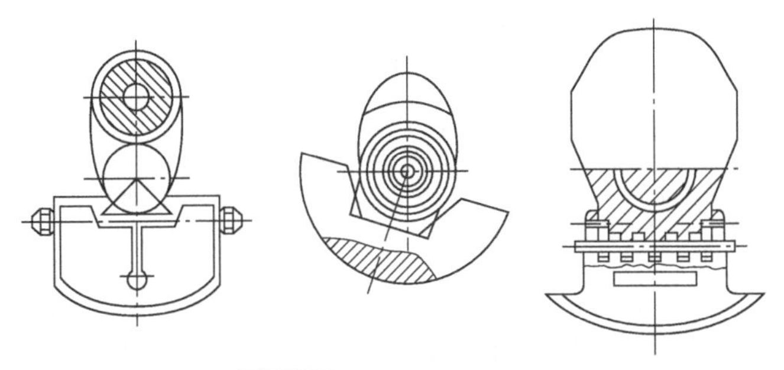

图 2-69 曲柄上的平衡重

④ 曲轴的前端：曲轴的前端制成有台肩的圆柱形，如图 2-70 所示。其上分别装有正时齿轮 7、挡油圈 6、油封 5、皮带轮 2 和止推片 8 等零件。有些中小功率内燃机曲轴前端设有启动爪 1，另有一些高速内燃机曲轴前端装有扭转减振器，还有些工程机械用内燃机的曲轴前端设有动力输出装置。

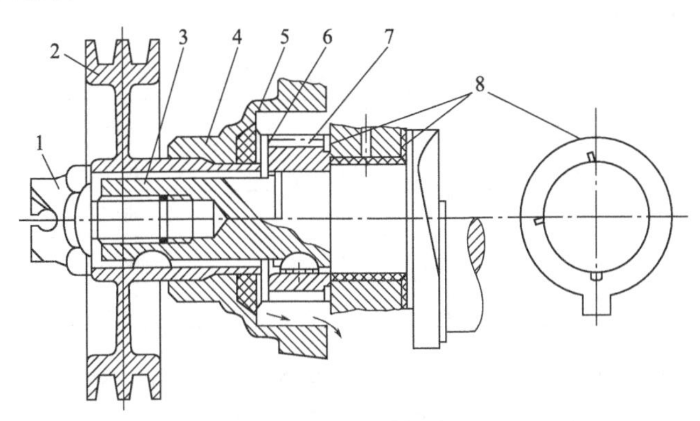

图 2-70 曲轴前端

1—启动爪；2—皮带轮；3—曲轴；4—正时齿轮室盖；5—油封；6—挡油圈；7—正时齿轮；8—双金属止推片

⑤ 曲轴的后端：如图 2-71 所示，一般曲轴的后端设有油封 6、回油螺槽 7、后凸缘 8 等结构。曲轴后端的尾部伸出机体外，以便将内燃机的功率输送给配套机具的传动装置。后端多装有飞轮，通过花键或凸缘与其相配，然后用螺栓紧固。由于飞轮尺寸大而重，因此对螺栓的紧固有一定的要求。

（4）曲轴的形状和发动机的发火次序

曲轴的形状及曲柄销间的相互位置（即曲拐的布置）与冲程数、气缸数、气缸排列方式和各气缸做功冲程发生的顺序（称为发火次序或工作顺序）有关。曲轴的形状要同时满足惯

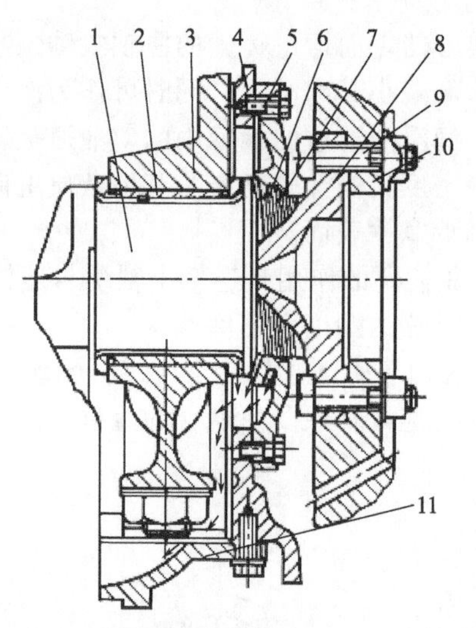

图 2-71 曲轴后端

1—曲轴；2—后主轴瓦；3—后主轴承座；4—飞轮壳；5—油封壳体；6—油封；7—回油螺槽；8—后凸缘；9—飞轮固定螺栓；10—飞轮；11—油底壳

性力的平衡和发动机工作平稳性的要求。

就四冲程发动机而言，曲轴每转两圈（即一个工作循环），每缸都应发火做功一次。各缸的发火间隔时间（以°CA 表示）应力求均匀。设发动机有 i 个气缸，则发火间隔应为720°/i°CA，即曲轴每转720°/i 时，就应有一个缸做功，这样才能使发动机工作平稳。现就常用的 4 缸、6 缸和 V 形 8 缸发动机说明如下。

① 四冲程直列 4 缸发动机因缸数 $i=4$，所以发火间隔应为720°/4＝180°CA。其曲柄销布置如图 2-72 所示，4 个曲柄销布置在同一平面内，1、4 缸的曲柄销朝上时，2、3 缸的朝下，1、4 缸与 2、3 缸相隔180°。这种发动机可能采用的一种发火次序如表 2-1 所示。

表 2-1　4 缸机工作循环(发火次序 1—3—4—2)

°CA	1 缸	2 缸	3 缸	4 缸
0～180	进气	压缩	排气	做功
180～360	压缩	做功	进气	排气
360～540	做功	排气	压缩	进气
540～720	排气	进气	做功	压 缩

表 2-1 所示的发火次序为 1—3—4—2，我们习惯上以第一缸为准，1 缸做功后接着是第 3 缸作功，依此类推。这种发动机的各缸就是按照 1—3—4—2 的顺序循环，周而复始地工作着。

如果将上述的 2、3 缸工作过程互换，则可得到表 2-2 所示的另一种发火次序。这种互换之所以可能，是因为 2、3 缸的曲柄销（连杆轴颈）以及活塞的位置是相同的。这样就得到另一种发火次序：1—2—4—3。

表 2-2　4 缸机工作循环(发火次序 1—2—4—3)

°CA	1 缸	2 缸	3 缸	4 缸
0～180	进气	排气	压缩	做功
180～360	压缩	进气	做功	排气

续表

°CA	1缸	2缸	3缸	4缸
360～540	做功	压缩	排气	进气
540～720	排气	做功	进气	压缩

因此，图2-72所示的4缸机可能采用两种发火次序：1—3—4—2和1—2—4—3。不过，对某一特定的发动机而言，由于发火次序还与其配气机构等因素有关，其发火次序是确定的，而不能随意变更。使用一台发动机时，必须了解其发火次序。

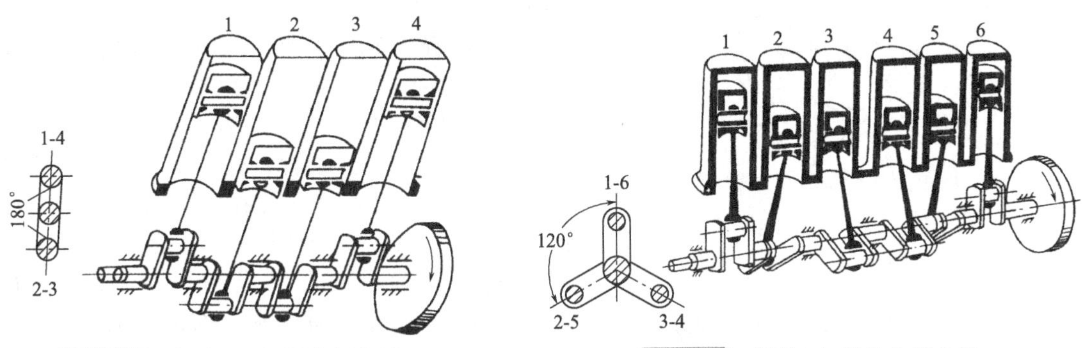

图2-72 直列4缸机的曲拐布置

图2-73 直列6缸机的曲拐布置

1—3—4—2和1—2—4—3两种发火次序在工作平稳性和主轴承负荷方面，没有什么区别。但大多数发动机采用前一种，只有少数发动机采用后一种发火次序。

② 四冲程直列6缸发动机的发火间隔应为720°/6＝120°CA，其曲轴形状如图2-73所示。6个曲柄销分别布置在3个平面内（每平面内2个曲柄销），各平面间互成120°。曲柄销的具体布置可有两种方式。第一种方式如图2-73所示，当1、6缸的曲柄销朝上时，则2、5缸的曲柄销朝左，3、4缸的朝右，其发火次序是1—5—3—6—2—4，如表2-3所示。我国绝大多数6缸机都采用这种曲轴和发火次序。

表2-3 **6缸工作循环(发火次序1—5—3—6—2—4)**

<table>
<tr><th colspan="2">°CA</th><th>1缸</th><th>2缸</th><th>3缸</th><th>4缸</th><th>5缸</th><th>6缸</th></tr>
<tr><td rowspan="3">0～180</td><td>0～60</td><td rowspan="3">进气</td><td rowspan="2">压缩</td><td>做功</td><td>进气</td><td rowspan="2">排气</td><td rowspan="3">做功</td></tr>
<tr><td>60～120</td><td rowspan="3">排气</td><td rowspan="3">压缩</td></tr>
<tr><td>120～180</td><td rowspan="3">做功</td><td rowspan="3">进气</td></tr>
<tr><td rowspan="3">180～360</td><td>180～240</td><td rowspan="3">压缩</td><td rowspan="3">排气</td></tr>
<tr><td>240～300</td><td rowspan="3">进气</td><td rowspan="3">做功</td></tr>
<tr><td>300～360</td><td rowspan="3">排气</td><td rowspan="3">压缩</td></tr>
<tr><td rowspan="3">360～540</td><td>360～420</td><td rowspan="3">做功</td><td rowspan="3">进气</td></tr>
<tr><td>420～480</td><td rowspan="3">压缩</td><td rowspan="3">排气</td></tr>
<tr><td>480～540</td><td rowspan="3">进气</td><td rowspan="3">做功</td></tr>
<tr><td rowspan="3">540～720</td><td>540～600</td><td rowspan="3">排气</td><td rowspan="3">压缩</td></tr>
<tr><td>600～660</td><td rowspan="2">做功</td><td rowspan="2">进气</td></tr>
<tr><td>660～720</td><td>压缩</td><td>排气</td></tr>
</table>

曲柄销的另一种布置形式是将上述第一种方式的2、5缸分别与3、4缸互换。这种方式

的着火次序是1—4—2—6—3—5，只有少数进口内燃机采用这种着火次序。

当然，上述两种6缸机的曲轴还可能采用其他的发火次序，但是，在实际的发动机上没有应用，所以在这里就不再讲述。

由表2-3可以看出，按发火次序看，前后两个气缸的做功冲程有60°是重叠的，这种现象是容易理解的。因为各气缸间做功冲程的间隔是120°，而每个气缸的做功冲程本身都是180°，就必然有前后两个气缸的做功冲程有60°的重叠角。在这个60°中，两个气缸都在做功，前一个气缸做功未完，后一个气缸做功已经开始。这种做功冲程重叠的现象对发动机工作的平稳性是非常有利的。

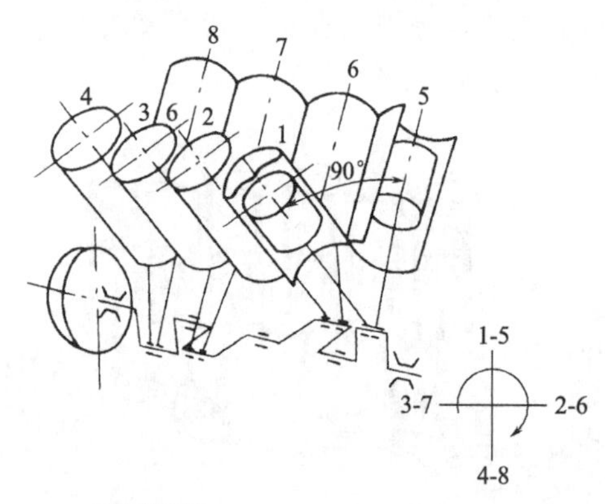

图2-74 V形8缸机的曲拐布置

③ 四冲程V形8缸机。四冲程8缸机大多将气缸排列成双列V形（两列气缸的中心线夹角常取90°）。因其气缸数$i=8$，所以，各缸发火间隔应为720°/8=90°CA。通常，这种发动机左右两列气缸中相对的一对连杆共装在一个曲柄销上，所以V形8缸机只有4个曲柄销。一般情况下，将4个曲柄销布置在两个互成90°的平面内（如图2-74所示）。V形8缸机常用的发火次序为1—5—4—2—6—3—7—8，工作循环进行的情况如表2-4所示。

表2-4 V形8缸机的工作循环

<table>
<tr><th colspan="2">°CA</th><th>1缸</th><th>2缸</th><th>3缸</th><th>4缸</th><th>5缸</th><th>6缸</th><th>7缸</th><th>8缸</th></tr>
<tr><td rowspan="2">0～180</td><td>0～90</td><td rowspan="2">进气</td><td>做功</td><td>压缩</td><td rowspan="2">排气</td><td>排气</td><td rowspan="2">做功</td><td rowspan="2">压缩</td><td>进气</td></tr>
<tr><td>90～180</td><td rowspan="2">排气</td><td rowspan="2">做功</td><td rowspan="2">进气</td><td rowspan="2">压缩</td></tr>
<tr><td rowspan="2">180～360</td><td>180～270</td><td rowspan="2">压缩</td><td rowspan="2">进气</td><td rowspan="2">排气</td><td rowspan="2">做功</td></tr>
<tr><td>270～360</td><td rowspan="2">进气</td><td rowspan="2">排气</td><td rowspan="2">压缩</td><td rowspan="2">做功</td></tr>
<tr><td rowspan="2">360～540</td><td>360～450</td><td rowspan="2">做功</td><td rowspan="2">压缩</td><td rowspan="2">进气</td><td rowspan="2">排气</td></tr>
<tr><td>450～540</td><td rowspan="2">压缩</td><td rowspan="2">进气</td><td rowspan="2">做功</td><td rowspan="2">排气</td></tr>
<tr><td rowspan="2">540～720</td><td>540～630</td><td rowspan="2">排气</td><td rowspan="2">做功</td><td rowspan="2">压缩</td><td rowspan="2">进气</td></tr>
<tr><td>630～720</td><td>做功</td><td>压缩</td><td>排气</td><td>进气</td></tr>
</table>

2.3.1.2 飞轮

内燃机飞轮的主要功用是存储做功冲程产生的能量，克服辅助冲程（进气、压缩和排气冲程）的阻力，以保持曲轴旋转的均匀性，使内燃机运转平稳。其次，飞轮还具有克服内燃机短期超载的能力。有时它还可兼作动力输出的皮带轮等。

内燃发动机的飞轮多用灰铸铁制造，当轮边的圆周速度超过50m/s时，则选用强度较高的球墨铸铁或铸钢。飞轮的结构形状是一个大圆盘，如图2-67所示。轮边尺寸宽而厚，这在重量一定的条件下，可获得较大的转动惯量。多缸内燃机的扭矩输出较均匀，对飞轮的转动惯量要求较小，因此飞轮的尺寸小些。相反，单缸机飞轮相应做得大些。通常在飞轮的外圆上装有启动齿圈，并在外圆上刻有记号或钻有小孔，用以指示某一缸（通常为第一缸）在上止点的位置，供检查气门间隙、供油提前角（点火提前角）和配气定时使用。由于飞轮上刻有记号，飞轮与曲轴的位置在安装时不能随意错动。

2.3.2 曲轴的维修

(1) 曲轴的工作条件及常见故障

1) 曲轴的工作条件

① 承受燃烧气体的压力、活塞连杆组往复运动的惯性力和旋转质量的离心力；

② 承受燃烧气体的压力、活塞连杆组往复运动的惯性力和旋转质量的离心力产生的力矩；

③ 承受油膜脉动的挤压应力；

④ 旋转运动速度高；

⑤ 润滑条件较好，但受到较多杂质的冲刷作用。

2) 曲轴的常见故障

① 曲轴弯扭；

② 轴颈磨损；

③ 裂纹、折断。

(2) 曲轴弯扭的原因、检验与校正

1) 曲轴弯扭的原因

① 内燃机工作不平稳，各轴颈受力不均衡；

② 内燃机突然超负荷工作，使曲轴过分受振；

③ 内燃机经常发生“突爆”燃烧；

④ 曲轴轴承和连杆轴承间隙过大，工作时受到冲击；

⑤ 曲轴轴承松紧不一，中心线不在一直线上；

⑥ 各缸活塞重量不一致；

⑦ 曲轴端隙过大，运转时前后移动。

当曲轴弯扭超过一定值后，将加速曲轴和轴承的磨损，严重时会使曲轴出现裂纹甚至折断，同时还会加速活塞连杆组和气缸的磨损。

2) 曲轴弯扭的检验

① 曲轴弯曲的检验。将曲轴的两端放在检验平台上的V形架上，如图2-75所示，以前后端未发生磨损部分为基面（前端以正时齿轮轴颈，后端以装飞轮的突缘）校对中心水平后，用百分表进行测量。测量时，百分表的量头对准曲轴中间的一道（被检验曲轴的主轴颈个数为单数时）或两道（被检验曲轴的主轴颈个数为双数时）曲轴轴颈，用手慢慢转动曲轴一圈后，百分表上所指的最大和最小的两个读数之差的1/2，即为曲轴的弯曲度。

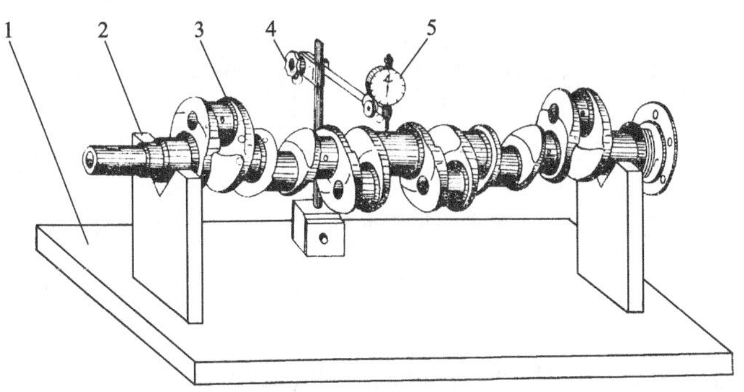

图2-75 曲轴弯曲和扭曲的检验

1—检验平台；2—V形架；3—曲轴；4—百分表架；5—百分表

测量时，不可将百分表的量头放在轴颈的中间，而应放在曲颈的一端，否则，由于轴颈不同圆，而对曲轴的弯曲量做出不正确的结论。必须指出，这样测出的结果，因为牵涉到两端轴颈失圆所增加的误差，故为一近似值。因为失圆和弯曲的方向往往并不重合。

弯曲度多用弯曲摆差来表示，弯曲摆差为弯曲度的两倍，其摆差一般不应超过 0.10mm。曲轴中间轴颈中心弯曲，如不超过 0.05mm 时，可不加修整；如超过 0.05～0.10mm 时，可以结合轴颈磨削一并予以修正；如超过 0.10mm 时，则须加以校正。

② 曲轴扭转的检验。曲轴弯曲检验以后，将连杆轴颈（如 1、6 或 2、5 或 3、4）转到水平位置，用百分表测出相对应的两个连杆轴颈的高度差，即为扭转度，曲轴的扭转度一般较小，可在修磨曲轴轴颈时予以修正。

3）曲轴弯曲的校正

① 冷压校正。一般是在压力机上进行，如图 2-76 所示。校正时，先将曲轴放置在压力机工作平板的 V 形架上，并在压力机的压杆与曲轴之间垫以铜皮或铅皮，以免压伤曲轴与压杆的接触面，压力作用的方向要与曲轴弯曲的方向相反，压力要分段缓缓增加，曲轴在校正后往往会发生“弹性变形”和“后效”，所以在校正时的反向压弯量一般比实际弯曲量要大。如：锻制中碳钢曲轴弯曲变形在 0.10mm 左右时，压校弯曲度大约为 3～4mm（即为原弯曲度的 30～40 倍），在 1～2min 之内即可校正；而对同样弯曲的球墨铸铁曲轴，压校时，大约为原弯曲度的 10～15 倍即可基本校正。

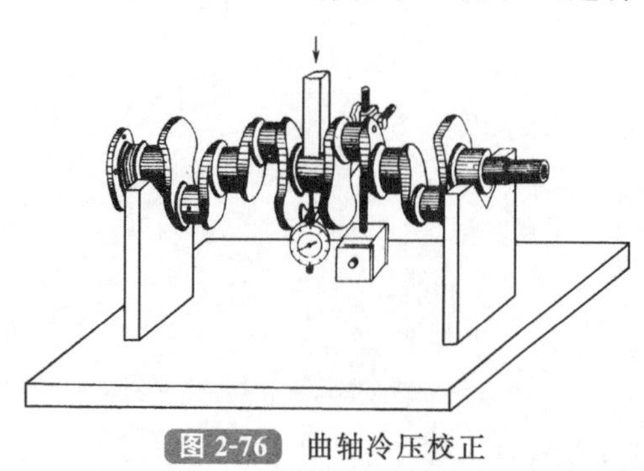

图 2-76 曲轴冷压校正

必须指出的是：当曲轴的弯曲度较大时，应分多次进行校正，以防压弯度过大而使曲轴折断，尤其是球墨铸铁制造的曲轴更容易折断。校正后加热至 180～220℃，保持 5～6h，以防发生弹性变形和后效。

操作时，再将所压轴颈的另一面放上百分表，借以观察校正时的反向压弯量。校正后的曲轴，允许有微量的反向弯曲。经冷压校正的曲轴，还应在曲轴臂处用手锤轻轻敲击后，再进行检查，以减小冷压所产生的应力。

② 表面敲击校正。对弯曲度不大的曲轴，可以采用表面敲击法进行校正。可根据曲轴弯曲的方向和程度，用球形手锤或气锤沿曲轴臂部的左右侧进行敲击。如图 2-77 所示，使曲轴臂部变形，从而使曲轴轴线发生位移，达到校正曲轴的目的。

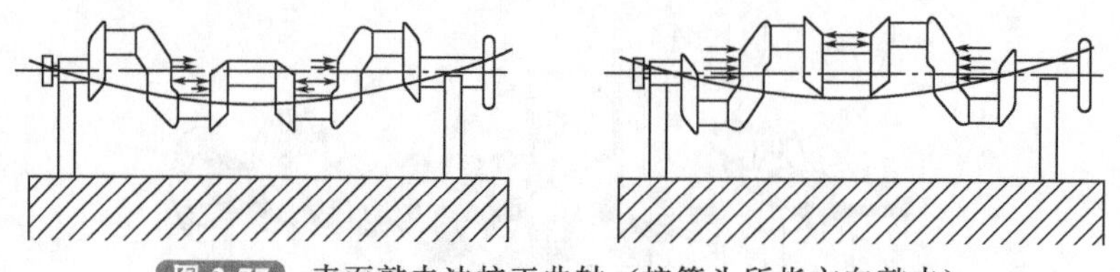

图 2-77 表面敲击法校正曲轴（按箭头所指方向敲击）

③ 就机校正。把气缸体倒放在工作平台上，使其平正，在前后两轴承座上仍装上旧轴承（瓦），中间轴承则拿去。在轴承上加注少许润滑油，然后将曲轴放上，在缸体边沿装置百分表，用手轻轻转动曲轴，在中间轴颈测出弯曲的最大位置，用粉笔做上记号，将轴承盖衬垫软铝或其他软质物品并垫实，卡住轴颈，慢慢扭紧曲轴轴承盖螺栓，等大约 1h 的时间，把螺栓松开，用百分表测验是否校正，如未达到允许标准，继续再校，直至符合要求为止。

(3) 轴颈磨损的检验与修理

1) 轴颈磨损的原因

曲轴经长时间使用后，由于作用在连杆轴颈和曲轴轴颈的力的大小和方向周期变化而产生不均匀的磨损，这是自然磨损的必然结果，是正常现象，但由于使用不当、润滑不良、轴承间隙过大或过小，都会加速轴颈的磨损和导致轴颈磨损不匀，磨损后的主要表现是轴颈不圆（失圆）和不呈圆柱形（锥形）。

曲轴轴颈（又称主轴颈）和连杆轴颈的磨损，是由于磨损不均匀而形成沿圆周的轴颈不圆和沿长度的不圆柱形磨损。连杆轴颈的磨损往往比曲轴轴颈的磨损约大 1～2 倍。曲轴轴颈的磨损因两端活塞连杆组相互作用的结果，所受合力一般小于连杆轴颈，因此，其磨损也小于连杆轴颈。其磨损规律如图 2-78 所示。

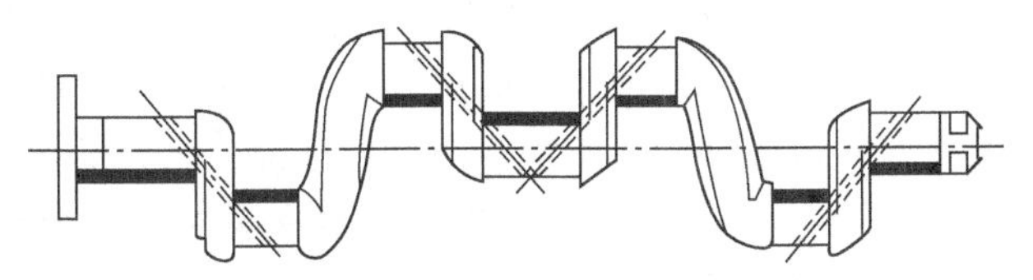

图 2-78 曲轴轴颈的磨损规律

连杆轴颈磨损不圆，主要是由于内燃机工作时的气体压力、活塞连杆组运动的惯性力以及连杆大端的离心力所形成的合力，作用在轴颈的内侧面上。因此，连杆轴颈最大磨损发生在各轴颈的内侧面（即靠曲轴中心的一侧）。

曲轴轴颈的不圆度比连杆轴颈小，也是由在连杆轴颈离心力的牵制下各点载荷的不均匀性和连续时间的不同而造成的。其最大部位是靠近连杆轴颈的一侧。

连杆轴颈不呈圆柱形（斜削）磨损，主要是油道中机械杂质的偏积造成的。因为通向连杆轴颈的油道是倾斜的，在曲轴旋转离心力的作用下，使润滑油中的机械杂质，随着润滑油沿油道的上斜面流入连杆轴颈的一侧，如图 2-79 所示，由于杂质的偏积，造成同一轴颈不均匀的磨损，磨损的最大部位是杂质偏积的一侧。另外，由于某些内燃机为了缩短连杆长度，将连杆大端做成不对称的形状，因而造成连杆轴颈沿轴线方向所受的载荷分布不均匀，形成连杆轴颈长度方向沿轴线方向的磨损不均匀。

2) 轴颈圆度及圆柱度误差的检验

曲轴轴颈和连杆轴颈圆度及圆柱度误差的检验，一般用外径千分尺在轴颈的同一横断面上进行多点测量（先在轴颈油孔的两侧测量，旋转 90°，再测量），其最大直径与最小直径之差即为圆度误差；两侧端测得的直径差即为圆柱度误差（如图 2-80 所示）。

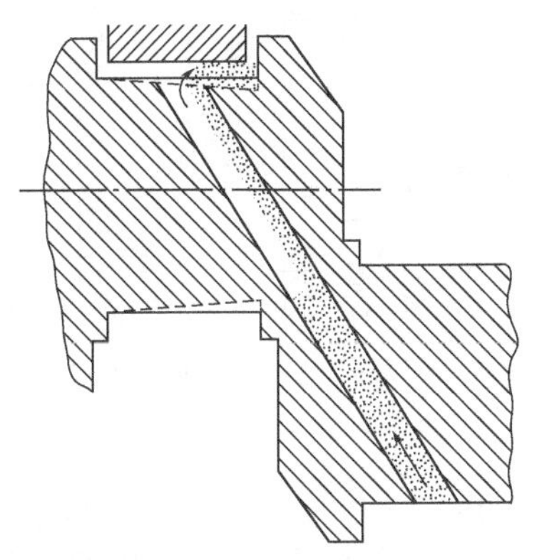

图 2-79 机械杂质偏积示意图

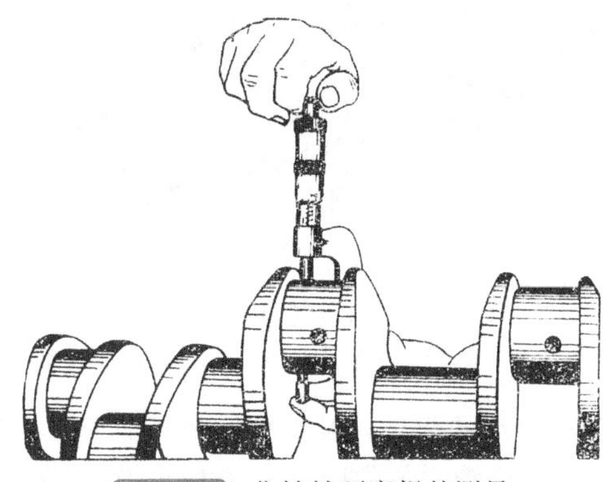

图 2-80 曲轴轴颈磨损的测量

轴颈的圆度及圆柱度公差，直径在80mm以下的为0.025mm，直径在80mm以上的为0.040mm，如超过了，均应按规定修理尺寸进行修磨。此外，还可用眼看、手摸等方式来发现轴颈的擦伤、起槽、毛糙、疤痕和烧蚀等损伤缺陷。

3）轴颈的磨损、圆度及圆柱度超差的修理和磨削

① 轴颈磨损伤痕的修理。如果曲轴各道轴颈的圆度和圆柱度都未超过规定限度，而仅有轻微的擦伤、起槽、毛糙、疤痕和烧蚀等情况，可用与轴颈宽度相同的细纱布长条缠绕在轴颈上，再用麻绳或布条在纱布上绕两三圈，用手往复拉动绳索的两端，进行光磨。或用特别的磨光夹具进行光磨。如图2-81所示。轴颈的伤痕磨去后，为了降低轴颈表面粗糙度，可将轴颈和磨夹上的磨料清洗干净，涂上一层润滑油，再进行最后的抛光。

② 轴颈圆度及圆柱度超差的修理。曲轴轴颈和连杆轴颈的圆度及圆柱度超过0.025mm或0.04mm时，即需按次一级的修理尺寸进行磨削修整，或进行振动堆焊，镀铬后再磨削至规定尺寸。曲轴的磨削一般是在专用的曲轴磨床或用普通车床改制的设备上进行的。在一般小型修配单位，有的用细锉刀将轴颈仔细地锉圆，仔细检验，反复进行，再用绳索或磨夹按上述方法进行光磨。如图2-81所示。运用这种方法修理需要有较熟练的钳工技术，才能保证一定的修理质量。一般修理人员不可效仿。

③ 轴颈的车磨。轴颈的修理尺寸，柴油机有六级，每缩小0.25mm为一级（0.25mm、0.50mm、0.75mm、1.00mm、1.25mm、1.50mm），汽油机有十六级，每缩小0.125mm为一级（0.125mm、0.250mm、0.375mm、0.500mm、0.625mm、0.750mm、0.875mm、1.000mm、1.125mm、1.250mm、1.375mm、1.500mm、1.625mm、1.750mm、1.875mm、2.000mm）。轴颈的最大缩小量不得超过2mm，超过时，应用堆焊、镀铬和喷镀等方法修复。

a. 确定修理尺寸上机磨削。修理尺寸是这样确定的：曲轴轴颈修理尺寸＝磨损最严重轴颈的最小直径－加工余量×2，一般尺寸加工余量为0.05mm。所得之值对照修理尺寸表，看这个数值同哪一级修理尺寸比较近，就选择哪一级修理尺寸。修理尺寸选择好后，就在磨床上进行磨削。

b. 注意事项。修理时要以磨损最厉害的轴颈为标准，把各个轴颈车磨成一样大小。由于主轴颈和连杆轴颈的磨损程度不一样，所以，它们的修理尺寸不一定是同一级的，而各道主轴颈或连杆轴颈的修理尺寸，在一般情况下应采用同一级的。曲轴的圆根处保留完善，千万不能磨小圆角的弧度，一般圆角的半径为4～6mm。如图2-82所示。

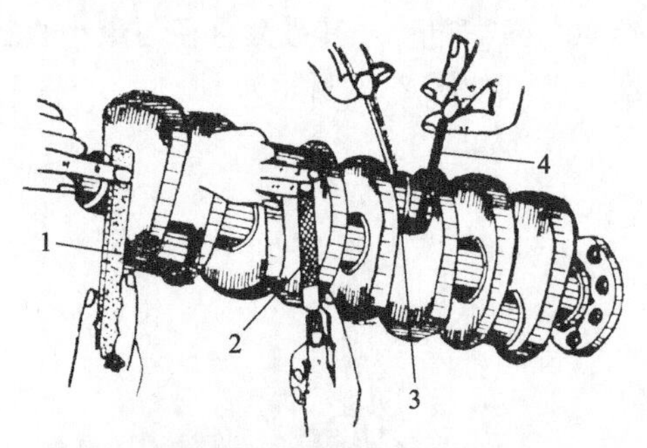

图2-81 曲轴的锉、磨

1—平面细油石；2—细平板锉刀；3—细纱布；4—布带

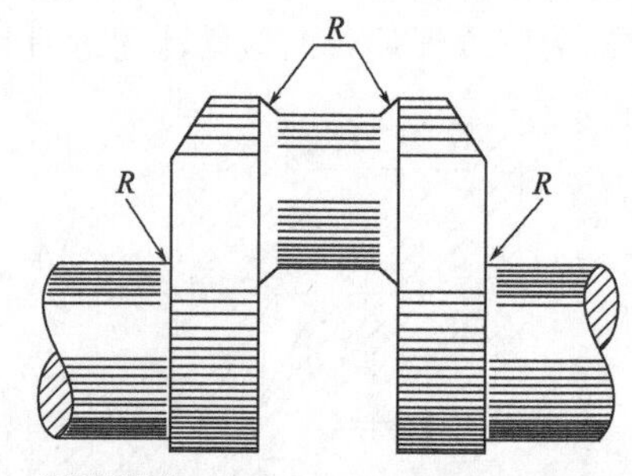

图2-82 轴颈和曲柄过渡处的圆角

c. 车磨后的要求。其失圆度和锥形度应在规定的范围内。一般而言，当$D<80$mm时，主轴颈和连杆轴颈的失圆度和锥形度允许范围分别为0.015mm和0.02mm；当$D>80$mm时，主轴颈和连杆轴颈的失圆度和锥形度允许范围分别为0.02mm和0.03mm。

(4) 曲轴裂纹和折断的原因、检查及修理

1) 曲轴裂纹和折断的原因

其原因除与曲轴弯扭大致相同外，还有以下几个方面：

① 光磨轴颈时，没有使轴颈与曲轴臂（曲柄）连接处保持一定的内圆角（一般要求轴颈的内圆角为1～3mm之间）引起应力集中而使曲轴断裂。

② 轴承的间隙过大或合金脱落，引起冲击载荷的增大。

③ 曲轴长期工作后发生疲劳损伤。

④ 曲轴经常在临界转速运转。

⑤ 气缸体变形，曲轴轴承座不正，修配曲轴轴承时，各曲轴轴承座孔不在一轴线上。

⑥ 润滑油道不畅通，曲轴处于半干摩擦状态，导致曲轴裂断。

⑦ 曲轴材质不佳，或制造时存有缺陷。

⑧ 曲轴平衡遭到破坏，曲轴受到很大的惯性冲击，使曲轴疲劳而裂断。

2) 曲轴裂纹和折断的检查

曲轴裂纹多发生在连杆轴颈端部或曲轴臂与曲轴轴颈的结合处。其检查方法有：

① 磁力探伤法。用磁力探伤器进行检查，先把曲轴用磁力探伤器磁化，再用铁粉末撒在需要检查的部位，同时用小手锤轻轻敲击曲轴。这时注意观察，如有裂纹，在铁粉末聚积的中间就会发现有清楚的裂纹线条。

② 锤击法。先清除黏附在曲轴表面上的油污，然后用煤油或柴油浸洗整个曲轴，再取出曲轴将其抹拭干净，最后将曲轴的两端支撑在木架上，用小手锤轻轻敲击每道曲轴臂。如发出“锵、锵”（连贯的尖锐金属声），则表示曲轴无裂纹；如发出“波、波”（不连贯，短促的哑金属声），则表示曲轴有裂纹。然后在这附近容易产生裂纹的部位，用眼看或用放大镜仔细观察，如发现油渍冒出或成一黑线的地方，就是裂纹之所在。

③ 粉渍法。将曲轴用煤油或柴油洗净抹干后，在曲轴表面均匀涂上一层滑石粉，然后用小手锤轻敲曲轴臂，如果曲轴存在裂纹，油渍就会由裂纹内部渗出而使曲轴表面的滑石粉变成黄褐色，即可发现裂纹之所在。

④ 石灰乳法。将曲轴洗净浸在热油（机油）中约2h，让油进入裂缝，取出抹干后，用喷枪把石灰乳液（石灰乳液是清洁的白垩和酒精的混合液，其比例为1：10～1：12）喷到曲轴上使其干燥。或用气焊火焰将曲轴上的喷层加热至70～80℃。这时，白垩便吸收储存在裂缝中的油液，这部分白垩便成暗色，显示出裂纹的形状。

3) 曲轴裂纹和折断的修理

曲轴有了裂纹或折断，可用焊修的方法进行修复，其工艺要点简述如下：

① 焊修前的准备。先将曲轴放在碱水中煮洗清洁，除去油污，再用凿刀沿着裂纹表面凿成U形槽。槽深以不见裂纹为好。槽的底部呈圆弧形，槽口的宽需根据裂纹的深度、长度和形状等情况来决定。然后进行校正，使曲轴的弯曲摆差不超过规定范围。最后，将曲轴装在专制的焊架上，或装在气缸体上，并在曲轴与焊架或气缸体之间垫以铁质衬瓦。再将轴承盖用螺栓紧固，避免曲轴在焊接过程中弯曲变形。如果焊接折断的曲轴，需按曲轴折断的原痕找出中心缝，用电焊在断缝两侧先点焊几点，再在裂缝未点焊的两面开槽而后焊接。

② 焊修。焊修前，先用气焊火焰在焊补部位加温至350～450℃，再用直径3～4mm的低碳钢电焊条进行电焊焊接。焊接时，采用对向焊接（与裂纹垂直方向移动焊条）的方法，而且每焊完一层后，应立即清除焊渣，再焊下一层。

③ 焊后整理。焊后，应先将焊修处凿修平整，并钻通油道，检验焊接处有无裂纹，曲轴有没有弯曲变形。然后用磨床在焊接处进行磨削加工，使表面光洁平整，并可在曲轴的工作表面进行热处理，以增加工作表面的抗磨性能。

2.3.3 轴承的维修

(1) 轴承的工作条件与常见故障

1) 工作条件

① 连杆轴承在工作时受到气体爆发压力和连杆组往复惯性力的交变冲击作用。

② 轴瓦的单位面积负荷大（达 $300kgf/cm^2$ 以上）。

③ 轴瓦表面与轴颈间相对速度高（>10m/s）。

④ 轴承受脉动油膜压力冲击。

⑤ 由于高速运转，轴承易发热，其温度一般在 100～150℃，易使润滑油变质，轴承表面产生腐蚀磨损。

⑥ 高温作用，燃油进入，不完全燃烧物溶入，使润滑油变质。

2) 常见故障

① 轴承烧蚀。

a. 原因：

· 润滑不良：润滑不良会使曲轴与轴瓦之间发生干摩擦，产生很高的温度。由于轴瓦合金层的熔点很低（铜铅锡合金的熔点为 240℃左右），要求其正常工作温度为 60～70℃，绝不能在超过 100℃的情况下工作，随着润滑条件的恶化，温度升高到 100℃时，轴瓦合金开始变软，当温度继续升高到轴承合金的熔点时，轴瓦合金就会烧坏。

· 装配间隙过小：如果轴瓦与曲轴装配间隙过小，则润滑油不易进入，也容易产生烧瓦现象。

b. 措施：保证正常的机油压力和温度；保证合适的装配间隙。

② 轴瓦拉伤。

a. 原因：润滑油中有机械杂质。

b. 措施：加强润滑油的滤清工作。

③ 合金脱落。

a. 原因：合金质量不好；浇铸质量不高；装配间隙不当；瓦片变形。

b. 措施：在维护保养时，注意观察轴承的质量；装配时保证合适的装配间隙。

(2) 轴承的选配与检验

1) 选配

① 旧轴承的鉴定。若轴承质量良好，尺寸合适，修刮方法正确，使用情况良好，可以用几个中修期，但在内燃机大修中，必须更换轴承。

在内燃机小修或中修时，如发现轴承有下列情况之一者，则不能继续使用。

a. 轴和轴承的配合间隙过大，且无法调整者。

b. 轴承表面有裂纹，合金脱落或有严重拉痕，甚至烧瓦者。

c. 轴承合金层薄于 0.2mm 者。

d. 弹性显著失效，失圆度超过正常范围（内燃机<0.07mm）者。

② 新轴承的质量要求。

a. 轴承两端应高出轴承座 0.05mm（见图 2-83 所示）。

b. 轴承没有砂眼、哑声、裂纹及背面毛糙。

c. 定位点定位良好。

d. 轴承油孔尽量对正，其误差不得超过 0.5mm。

e. 同一副轴承的两片厚度差不得超过 0.05mm。

③ 新轴承尺寸的选配。经检查确定要更换新轴承时，应首先将主轴颈以及连杆轴颈的

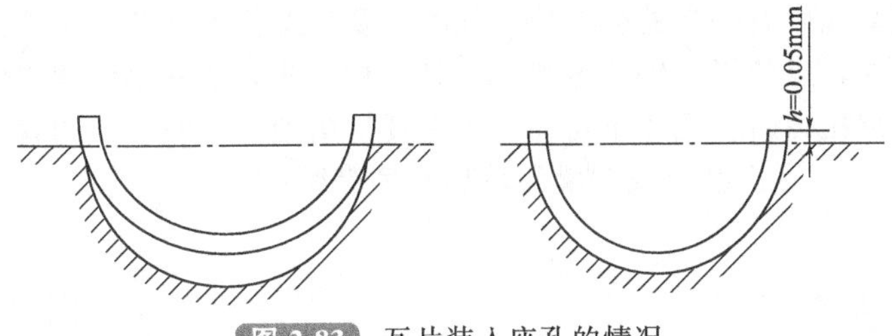

图 2-83 瓦片装入座孔的情况

表面、失圆度和锥形度等恢复正常，然后按曲轴轴颈和连杆轴颈的实有尺寸来选用与之相适应的新轴承。一般曲轴主轴颈和连杆轴颈的修理尺寸有标准的和缩小尺寸的。柴油机有六级：0.25mm、0.50mm、0.75mm、1.00mm、1.25mm、1.50mm，每缩小 0.25mm 为一级。所以，在更换新轴瓦时，要按主轴颈和连杆轴颈的现有尺寸来选配相应的轴瓦。即轴颈是标准尺寸的，就要选用标准尺寸的轴瓦，轴颈是缩小的，就应根据轴颈的修理尺寸选用同级的轴瓦。

2）检验

① 外观检查。

a. 合金层烧熔，应报废。

b. 表面磨损起线严重，发生咬伤者，应报废。

c. 铅青铜合金有剥落现象，应报废；若白合金层中有小片剥落，则可焊补修复。

d. 轴瓦表面有裂纹，且裂纹较深较宽者，应报废。

e. 轴瓦定位块或定位销与孔有损伤者，不能使用。

f. 轴瓦外圆磨损，或用锉刀锉过应报废。

② 测量轴瓦。测量轴瓦主要是测量合金层的厚度（测量方法见图 2-84）。内燃机轴瓦有两种类型：厚壁轴瓦和薄壁轴瓦。厚壁轴瓦浇铸的合金层厚度为 5～10mm，薄壁轴瓦又有两种：壁厚为 0.90～2.30mm 的，浇铸的合金层厚度为 0.4～1.0mm；壁厚为 1.0～3.0mm 的，浇铸的合金层厚度为 0.6～1.5mm。一般轴瓦的浇铸厚度各机型说明书都有具体说明。在维修过程中，大家可参看相关说明书，这里就不多讲述。

测量合金层厚度的方法有两种：

a. 新旧比较法：新旧两轴瓦厚度之差，就是磨损量。（合金层的）标准尺寸－磨损量＝合金层的厚度。

b. 在全套轴瓦中找出磨损后最薄的一片，先测出总厚度，再测出底板厚度，二者之差即为合金层厚度。

内燃机大修时，无论是主轴瓦还是连杆轴瓦，若其中有一片因磨损过薄或损坏而不能继续使用时，应予以成套更换；小修和中修时则允许更换个别轴瓦。

③ 轴瓦座孔的失圆度和锥形度不应超过允许范围。

a. 技术要求：生产厂或大修时，失圆度和锥形度均不超过 0.02mm；使用时，内燃机不超过 0.07mm。

b. 轴瓦座孔的失圆度和锥形度超过允许值的后果：使轴瓦座与瓦片贴合不严，造成轴承散热不良，瓦背漏油，轴瓦变形。

c. 检查方法：按规定力矩上好瓦盖，然后用量缸表测量其失圆度及锥形度。

d. 瓦片装入座孔时，瓦片的两端应高出座孔平面 0.05mm（参见图 2-83）。如果过高，则拧足扭力时会引起瓦片变形（如图 2-85 所示）。解决的办法是：在无定位块的一端锉去少许。如果过低，则瓦片在座孔内窜动。解决的办法是：在瓦的背面垫一张与瓦片尺寸相等的薄铜皮，但应保证刮配后有一定的合金层，同时还要注意留出油孔，绝不允许在瓦的背面垫纸和导热不良的物质，以免影响轴承散热。并且这种方法只能在小修和中修时使用，大修时绝对不允许。当拧足扭力后，瓦片不得在座内有任何窜动，同时，瓦的背面与座孔接触面积不应小于75%。否则，同样会造成润滑与散热不良等后果。

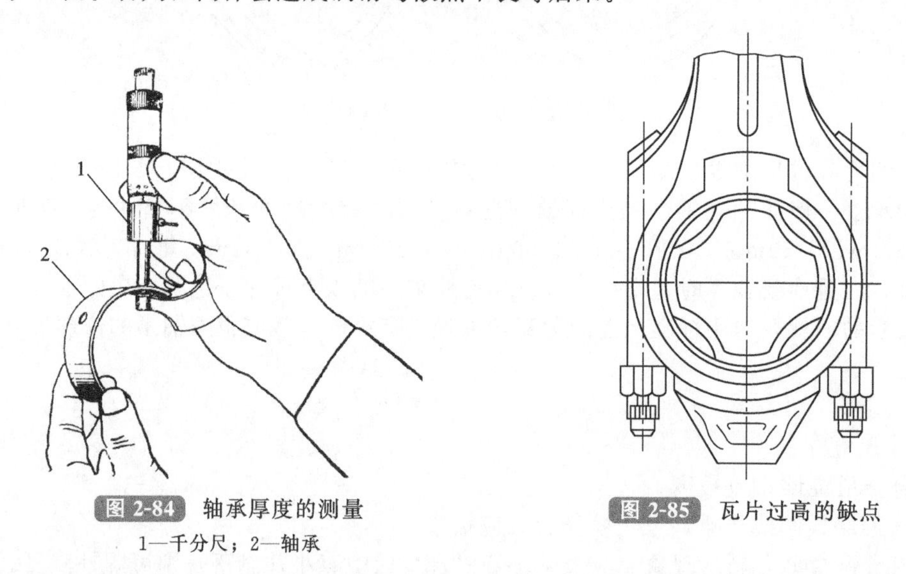

图 2-84 轴承厚度的测量
1—千分尺；2—轴承

图 2-85 瓦片过高的缺点

（3）轴瓦的修配

轴瓦的修配必须在气缸体和曲轴经过详细检查并恢复全部故障后进行。

1）修刮轴瓦前的准备工作

① 准备好各种工具，如套筒扳手、刮刀等。

② 准备好清洁用的油料和擦机布。

③ 准备好主轴瓦和连杆轴瓦的调整垫片（0.05～0.2mm厚的铜垫片）。

④ 清洗曲轴、连杆轴承座、轴承盖和轴瓦并堵住轴承座上的油孔。堵住其油孔的目的在于防止刮瓦时，将杂质漏入轴承座上的油孔而堵塞润滑油道。

2）连杆瓦的修配

① 修配方法。

a. 将曲轴抬上专用架，或立于飞轮上。

b. 擦净连杆轴颈和轴瓦。若轴颈上有毛糙、疤痕，可将00#砂布剪成与轴颈同宽并沾上少许机油把毛糙打磨光。

c. 将选好的轴瓦和连杆装在轴颈上，扭紧螺栓到转动有阻力为止，然后往复转动3～4圈，再拆下连杆轴瓦，查看与轴颈的接触情况并进行修刮。

开始修刮时，轴瓦与轴颈的接触一般都是在每片瓦的两端，经几次修刮后应注意：当接触面扩大到轴瓦长度的1/3以上时，应在轴瓦座两端面接触处垫以厚度为0.05mm的薄铜皮2～3片（注意不要将它垫在轴瓦两端的接合处），这样可以减少轴瓦的修刮量，缩短其修刮时间；在修刮时，必须根据接触情况，以左手托连杆或瓦盖，右手将刮刀持平，以手腕运动，使刮刀由外向内修刮，起刀和落刀要稳，要始终保持刮刀的锋利；开始修刮时，要求重者多刮，轻者少刮或不刮，以便迅速刮出均匀的接触面；接合面附近，开始适当重刮，刮到中途少刮或者不刮；当修刮到轴瓦接触面接近全面时，应以调整为主，刮重留轻，刮大留小，直至扭力上够，松紧度合适，接触面达到75%以上为止；在修刮过程中，如松紧度合适，但接触面未达到要求，可适当减少垫片后继续修刮；在一般情况下，轴瓦刮好后要保留

1～2 个垫片以便内燃机工作一段时间后对轴瓦的松紧度进行调整；在特殊情况下，如轴瓦的修刮量太小，可以在轴瓦的背面加上适当厚度的铜垫片，但这种方法只能在中、小修时使用，在大修时一律不得使用。

② 对轴瓦孔失圆度、锥形度的检查。其测量方法是：按规定力矩拧紧瓦盖螺栓，然后用量缸表测量其失圆度与锥形度。在同一横截面两互相垂直的直径之差即为失圆度；在同一纵截面最大与最小直径之差即为锥形度。其失圆度与锥形度均应在 0.02～0.04mm 以内。

③ 松紧度（轴瓦与轴颈的径向间隙）的检查。

a. 测量法。将装、刮配好轴瓦的连杆夹稳在台虎钳上，且按规定力矩上好连杆螺栓，用量缸表配合外径千分尺测量出瓦孔直径。瓦孔直径－轴颈直径＝径向间隙。其中要将失圆度考虑在内，而各机型轴瓦与轴颈的径向间隙均有具体规定。

b. 铅丝、铜皮法。铅丝法：在轴承与轴颈间放一直径为轴承标准间隙约 2 倍的铅丝，按规定力矩旋紧轴承盖后，再取出铅丝，用千分尺测量其厚度即为轴瓦与轴颈的径向间隙。铜皮法：用长约 30mm，宽约 10mm，厚度与标准间隙相同（取最小值）的铜皮（四周角应做成圆口，使用时应涂上一薄层机油）放于轴承和轴颈间，按照规定扭力旋紧轴承盖螺栓。用手扳动曲轴或飞轮，若扳不动，表示轴瓦与轴颈的径向间隙过小；若感觉有阻力不能轻易扳动，但取出铜片后又能以轻微力量转动，即表示合适；若无阻力或转动过松，即表示轴瓦与轴颈的径向间隙过大。如果间隙过大或过小，可以用增减垫片的方法加以调整。

c. 经验检查法。其方法是：在轴瓦上涂一薄层机油，然后装在轴颈上，按规定力矩拧紧连杆螺栓，用手使劲甩动连杆，如图 2-86 所示，如轴瓦合金为巴氏合金即镍基合金，可依靠连杆本身的惯性转动 1/2～1 圈；若轴瓦合金为铜铅合金（俗称铜瓦），能转动 1～2 圈；若轴瓦合金为铝基合金（俗称铝瓦），能转动 2～3 圈，同时再握住连杆小端，沿曲轴轴线方向拨动，应没有松旷感觉即为合适。

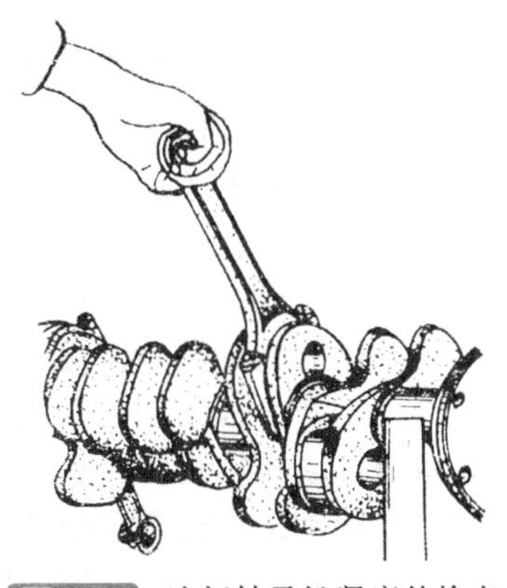

图 2-86 连杆轴承松紧度的检查

④ 连杆大端端隙的检查。当连杆轴瓦全部刮配好以后，还要对连杆大端的端隙进行检查，连杆大端的侧面与曲轴臂之间的间隙不能过大，一般为 0.1～0.35mm。如果超过 0.5mm，应在连杆大端的侧面堆焊铜或挂一层轴瓦合金予以修复。

3）主轴瓦的修配

主轴瓦（曲轴轴承）的修配的基本工艺与轴颈接触面积的要求，以及松紧度与接触面积之间关系的处理等，同连杆瓦（连杆轴承）基本一致。但连杆轴承是单个配合，而曲轴轴承是几道曲轴轴承支持着一根曲轴，这就要求修配后的各道曲轴轴承中心线必须一致，因此首先应进行水平线的校正，而后再研合各轴承。

① 水平线的校正。在修刮前，首先检查当轴瓦装入座孔时，各道轴瓦是否在一条水平线上。

检查方法：在曲轴轴颈上涂上一层红丹油，并把曲轴放在装有轴瓦的气缸体上，装上轴瓦盖适当拧紧螺栓（用约 60cm 长的撬棍能以臂力撬动曲轴为宜），撬动曲轴数圈，然后取下瓦盖，抬下曲轴，查看各道轴瓦的接触情况。

若各道轴瓦接触面积相差很大或个别轴瓦根本不接触，一般应另行选配轴瓦。若各道轴瓦虽然不一致，但相差不多，可把下瓦接触重的部分刮去，直至达到接触面积为 75%以上为止，此时，下轴瓦的水平线即校好（曲轴箱有三种常见结构形式：底座式、隧道式和悬挂式。在校正水平线时，前两者校下瓦，后者校上瓦）。在校正水平线的过程中，因各道轴瓦的水平线是很不相同的，并且它们之间相互影响，因此，要经常而准确地观察与分析各道轴瓦的变化情况及其原因，并注意以下两点：

a. 在水平线未校正好前，最好不要刮削上瓦，否则可能会造成当水平线尚未校好时，扭力已达到规定值，而上瓦接触仍很差，松紧度也过松等不良现象。

b. 当水平线校好后，除下瓦的个别较重部分适当刮去外，最好不用刮削下瓦的方法来达到松紧度适当的目的，否则，可能使校好的水平线又遭到破坏。

② 刮配各道轴瓦。水平线校好后，抬上曲轴，并按记号装上主轴瓦盖，以一定次序逐道拧紧螺栓，每拧紧一道，转动曲轴数圈，松开该道螺栓，再拧紧另一道，全部这样做完后，取下主轴瓦盖，根据接触面情况修刮轴瓦合金。修刮方法同连杆瓦的修刮方法。

拧瓦盖的顺序：

a. 3 道轴瓦：2、1、3；

b. 4 道轴瓦：2、3、1、4；

c. 5 道轴瓦：3、2、4、1、5；

d. 7 道轴瓦：4、2、6、3、7、1、5。

③ 刮配好的标准。

a. 接触面积。最后一道 95%以上；其他各道 75%以上，而且接触点分布均匀，无较重的接触痕迹。

b. 间隙（松紧度）适当。其检查方法如下。

・经验法。在轴瓦表面加入一薄层机油，并将瓦盖按规定力矩拧紧（拧紧顺序同上），用双手的腕力扳动曲轴臂，能使曲轴转动 1 圈左右为合适。

・公斤扳手法（比较可靠的方法）。用扭力扳手在曲轴后端装飞轮的螺栓处转动，其转动力矩为：3 道瓦 2～3kgf・m(1kgf・m＝9.8N・m)；4 道瓦 3～4kgf・m；5 道瓦 4～5kgf・m；6 道瓦 6～7kgf・m；7 道瓦 7～8kgf・m。

另外还有测量法和铅丝、铜皮法，这两种方法已在前面讲过，在这里就不再重述。

经过检查，若配合间隙过小，应进行适当修刮；若配合间隙过大，可将轴瓦两端的调整垫片减少，或在轴瓦背面垫适当厚度的铜皮（大修时不允许），必要时可更换轴瓦。切不可用锉刀锉削轴瓦盖或座孔的两端。

关于轴瓦与轴颈的径向间隙，每种机型都有明确的规定。配合间隙大小与轴瓦合金层的材料、轴颈直径、内燃机转速及轴瓦单位面积上承受的载荷有关。但取决定性作用的还是轴瓦合金层的材料。一般而言：巴氏合金轴瓦＜铜合金轴瓦＜铝合金轴瓦＜镍合金轴瓦。

④ 轴瓦松紧度不当的后果。配合间隙过大的后果：机油流失；油压减小；油膜形成困难；轴瓦承受的冲击负荷加剧；产生敲击声。配合间隙过小的后果：油膜形成困难；产生半干摩擦；轴承的工作温度上升；轴瓦磨损加剧；烧瓦或抱轴。

4）曲轴轴向间隙的检查

曲轴轴向间隙也称曲轴的端隙，是指轴承承推端面与轴颈定位轴肩之间的轴向间隙。它是为了适应内燃机在工作中机件热膨胀时的需要而定的。如果此间隙过小，会使机件膨胀而卡死；如果此间隙过大，前后窜动，则给活塞连杆组的机件带来不正常的磨损，止推垫圈表面逐渐磨损，使间隙改变，形成轴向位移，因此，在装配曲轴时，应进行曲轴轴向间隙的检查。其检验方法如图 2-87 所示。

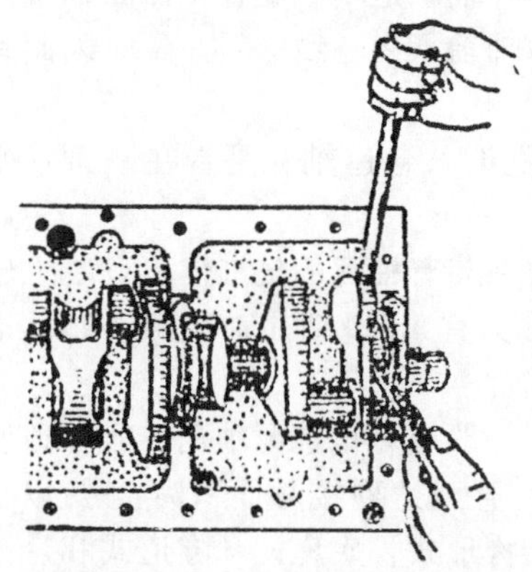

图 2-87 曲轴轴向间隙的检查

检查时，先将曲轴定位轴肩和轴承的承推端面的一边靠合，用撬棍撬挤曲轴后端，然后用厚薄规在第一道曲轴臂与止推垫圈间测量。曲轴轴向间隙一般在 0.05～0.25mm 之间。如轴向间隙过大或过小，则应更换或修整止推垫圈。

习题与思考题

1. 气缸的结构形式有哪些？试分析其优缺点，在结构上有哪些差别？
2. 气缸体和气缸盖产生裂纹的原因有哪些？
3. 气缸体和气缸盖裂纹的检验和修理方法有哪些？
4. 气缸体和气缸盖不平的原因是什么？怎样进行检验和修理？
5. 气缸常见的失效形式有哪些？
6. 简述气缸的磨损规律。减少气缸磨损的方法有哪些？
7. 简述气缸失圆和锥形磨损的原因。
8. 如何拆装气缸套？简述拆装气缸套的注意事项。
9. 活塞由哪几部分组成？各部分有什么作用？
10. 气环有哪几种形式？各有什么特点？
11. 油环有哪些形式？各有什么特点？
12. 怎样检查活塞环的侧隙、背隙和开口间隙？
13. 简述安装活塞环的注意事项。
14. 连杆由哪几部分组成？连杆大头切口有哪几种？各有什么优缺点？为什么柴油机常采用斜切口？
15. 简述活塞销与活塞销座孔、活塞销与连杆衬套的铰配步骤。
16. 活塞销与销孔、活塞销与连杆衬套的配合间隙如何察觉是否合适？
17. 偏缸的检验方法是什么？
18. 怎样刮配连杆轴瓦和曲轴主轴瓦？

第3章

配气机构与进排气系统

配气机构与进排气系统的功用是按内燃机（柴油机或汽油机）的工作循环和着火（或点火）顺序，定时地开启和关闭各缸的进排气门，以保证新鲜空气（或可燃混合气）适时充入气缸，并将燃烧后的废气即时排出。

配气机构与进排气系统各机件的技术状况在工作过程中是不断变化的，如气门、气门座和凸轮轴等主要机件，在高温高压和冲击负荷的作用下，会产生机械磨损和化学腐蚀。这样就破坏了气门与座的密封性和配气定时，从而使内燃机功率下降以及燃油消耗量增加。本章主要介绍配气机构与进排气系统的构造与检修技能。

3.1 配气机构与进排气系统的构造

发动机配气机构的类型有气门式、气孔式和气孔-气门式三种类型。四冲程内燃机普遍采用气门式配气机构。内燃机对配气机构及进排气系统的要求是：进入气缸的新鲜空气或可燃混合气要尽可能多，排气要尽可能充分；进、排气门的开闭时刻要准确，开闭时的振动和噪声要尽量小；另外，要工作可靠、使用寿命长和便于调整。本节着重讲述四冲程内燃机的气门式配气机构及其进排气系统。

3.1.1 配气机构的结构形式及工作过程

气门式配气机构由气门组（气门、气门导管、气门座及气门弹簧等）和气门传动组（推杆、摇臂、凸轮轴和正时齿轮等）组成；进排气系统由空气滤清器、进气管、排气管和消声器等组成。

内燃机配气机构的结构形式较多，按照气门相对于气缸的位置不同可分为两种形式：气门布置在气缸侧面的称为侧置式气门配气机构；气门布置在气缸顶部的称为顶置式气门配气机构。采用侧置式气门配气机构布置的燃烧室横向面积大，结构不紧凑，而高度又受气流和气门运动的限制不能太小，所以当压缩比大于 7.5 时，燃烧室就很难布置。对于柴油机，由于压缩比不能太低，所以广泛采用顶置式气门配气机构。按凸轮轴的布置位置可分为上置凸轮轴式、中置凸轮轴式和下置凸轮轴式；按曲轴与凸轮轴之间的传动方式可分为齿轮传动式和链条传动式；按每缸的气门数目可分为二气门、三气门、四气门和五气门机构。本节主要介绍常见的顶置式气门、下置凸轮轴、齿轮传动式、二气门的配气机构。

顶置式气门配气机构如图 3-1 所示，由凸轮轴 15、挺柱 14、推杆 13、气门摇臂 10 和气门 3 等零件组成。进、排气门都布置在气缸盖上，气门头部朝下，尾部朝上。如凸轮轴为了传动方便而靠近曲轴，则凸轮与气门之间的距离就较长。中间必须通过挺柱、推杆、摇臂等一系列零件才能驱动气门，使机构较为复杂，整个系统的刚性较差。

顶置式气门配气机构工作过程如下：凸轮轴由曲轴通过齿轮驱动。当内燃机工作时，凸轮轴即随曲轴转动，对于四冲程内燃机而言，凸轮轴的转速为曲轴转速的 1/2，即曲轴转两转完成一个工作循环，而凸轮轴转一转，使进、排气门各开启一次。当凸轮轴转到凸起部分与挺柱相接触时，挺柱开始升起。通过推杆 13 和调整螺钉 12 使摇臂绕摇臂轴转动，摇臂的另一端即压下气门，使气门开启。在压下气门的同时，内、外两个气门弹簧也受到压缩。当凸轮轴凸起部分的最高点转过挺柱平面以后，挺柱及推杆随凸轮的转动而下落，被压紧的气门弹簧通过气门弹簧座 6 和气门锁片 7，将气门向上抬起，最后压紧在气门座上，使气门关闭。气门弹簧在安装时就有一定的预紧力，以保证气门与气门座贴合紧密而不致漏气。

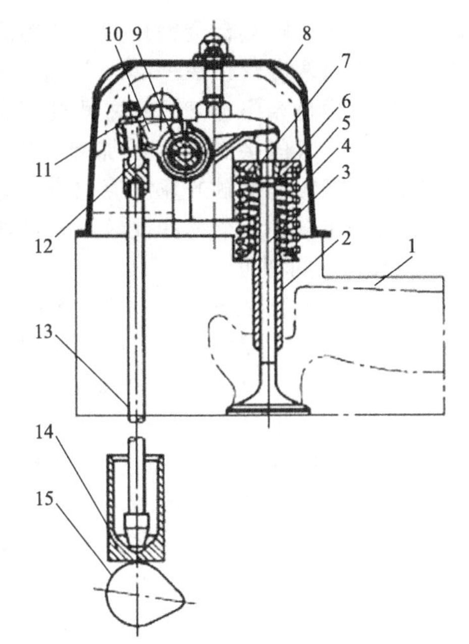

图 3-1 顶置式气门配气机构

1—气缸盖；2—气门导管；3—气门；4—气门主弹簧；5—气门副弹簧；6—气门弹簧座；7—锁片；8—气门室罩；9—摇臂轴；10—摇臂；11—锁紧螺母；12—调整螺钉；13—推杆；14—挺柱；15—凸轮轴

3.1.2 配气机构的主要零件

配气机构按其功用可分两组零件：以气门为主要零件的气门组和以凸轮轴为主要零件的气门传动组。

(1) 气门组

气门组包括气门、气门座圈、气门导管、气门弹簧及其锁紧装置等零件。如图 3-2 所示为内燃机广泛采用的气门组零件。

1) 气门

在压缩和燃烧过程中，气门必须保证严密的密封，不能出现漏气现象。否则内燃机的功率会下降，严重时内燃机由于压缩终了温度和压力太低，一直不能着火（点火）启动。气门在漏气情况下工作，高温燃气长时间冲刷进气门，会使气门过热、烧损。

气门是在高温、高机械负荷及冷却润滑困难的条件下工作的。气门头部还承受气体压力的作用。排气门还要受到高温废气的冲刷，经受废气中硫化物的腐蚀。因此，要求气门具有足够的强度、耐高温、耐腐蚀和耐磨损的能力。

气门分为进气门和排气门两种。顶置式气门配气机构有每缸二气门（一个进气门、一个排气门）、三气门（两个进气门、一个排气门）、四气门（两个进气门、两个排气门）和五气门（三个进气门、两个排气门）之分，二气门多用于中小功率的内燃机；后三者用于强化程度较高的中、大型内燃机，并以四气门结构的居多。

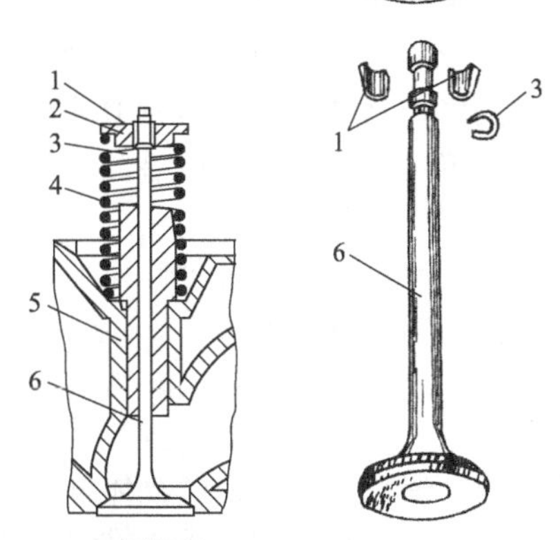

图 3-2 内燃机气门组零件

1—气门锁夹；2—气门弹簧座；3—挡圈；4—气门弹簧；5—气门导管；6—气门

进气门由于工作温度稍低，一般采用普通合金钢；

排气门普遍采用耐热合金钢。为了节约成本，有时杆部选用一般合金钢，而头部采用耐热合金钢，然后将两者焊接在一起。

气门锥面是气门与气门座之间的配合面，气门的密封性就是依靠两个表面严密贴合来保证的。此外，气门接受燃气的加热量的75%要通过锥面传出。从有利于传热的观点出发，气门锥面与气门座接触的宽度应愈宽愈好，但是接触面愈宽，密封的可靠性就愈低，因为工作面上的比压减小，杂物和硬粒不易被碾碎和排走。所以通常要求气门锥面密封环带的宽度在1～2mm之间即可。

气门顶面上有时还铣出一条狭窄的凹槽，主要用于研磨气门时能将工具插入槽中旋转气门。气门和气门座配对进行研磨，研磨后气门不能互换。

气门锥面的锥角一般为30°或45°。也有少数内燃机做成60°或15°锥角的。锥角愈小，单位面积上的压力也愈小，气门与气门座之间的相对滑动位移也较小，从而使气门的磨损减轻。因此，有的内燃机进气门锥面的锥角为30°。

排气门由于高温废气不断流过锥面，废气中的炭烟微粒容易沉积附着在锥面上，影响密封性。因此，排气门要求锥面上的比压要高些，以利于积炭的排除。排气门大多采用45°的锥角。为了制造和维修方便，不少内燃机进、排气门锥角均采用45°。

气门座的锥角有时比气门锥角大0.5°～1°，使两者接触面积更小，可以提高工作面的比压，从而提高其密封的可靠性。

气门头部的直径对气流的阻力影响较大。头部直径愈大，其流通截面也愈大，因而阻力减小。但直径的大小受气缸顶面的限制。考虑到进气阻力对内燃机性能的影响比排气阻力更大，所以一般都使进气门的直径比排气门稍大。有些内燃机的进、排气门直径相同，以便于制造和维修。但如果两者材料不同，则必须打上标记，以免装错。

气门头部边缘应保持一定的厚度，一般为1～3mm，以防止工作时，由于气门与气门座之间的冲击而损坏或被高温气体烧蚀。为了改善气门头部的耐磨性和耐腐蚀性，以增强密封性能，有些内燃机在排气门的密封锥面上，堆焊一层特种合金。

2）气门导管

气门导管的主要功用是保证气门与气门座有精确的同心度，使气门在气门导管内做往复直线运动。此外，还担负部分传热的任务。

气门导管在250～300℃的高温及润滑不良条件下工作，易磨损。气门导管一般选用灰铸铁或球墨铸铁制造。近年来，我国广泛应用铁基粉末冶金加工气门导管，它在润滑不良的条件下也能可靠工作，磨损很小。

为了防止气门导管落入气缸中，在导管露出气缸盖的部分嵌有卡环。气门与气门导管之间通常留有一定的间隙。间隙过小会影响气门的运动，在杆身受热膨胀时还可能卡死；间隙过大则气门运动时会有摆动现象，使气门座磨损不均匀。同时机油也容易从间隙中漏入气缸，造成烧机油等不良后果。

3）气门座圈

气门座是与气门密封锥面相配合的支承面，它与气门共同保证密封性能，同时它还要把气门头部的热量传递出去。

气门座可以直接在气缸盖或气缸体上加工而成。为了提高气门座表面的耐磨性，有时采用耐热钢、球墨铸铁或合金铸铁制成单独的零件，然后压入相应的孔中。这个零件即称为气门座圈。铝制气缸盖或气缸体进、排气门座都必须采用气门座圈。对于强化内燃机，排气门热负荷高、磨损严重，所以排气门座通常都采用气门座圈。有的增压内燃机，由于进气管中无真空度，所以进气门处得不到机油的润滑，而排气门处由于有废气中的油烟可起到润滑作用，所以进气门座有座圈，而排气门座则没有。

采用气门座圈的优点是提高了座面的耐磨性和寿命，更换和维修也比较方便。缺点是传热条件差，加工要求高，气门座圈如工作时松脱则会造成事故。

气门座圈的外表面有制成圆锥形或圆柱形两种。锥形表面压入座圈孔时，必须按规定的冲力将其压紧。气门座圈如压入铝合金气缸盖中时，其配合表面常制成沟槽，当气门座圈压入后，少量铝金属会挤入沟槽中，在对气门座孔扩口时也会促使铝合金挤入，以提高座圈在座孔中的紧固程度，防止松脱。

气门座紧压在气缸盖的座孔中，磨损后可以更换。气门锥面是气门与气门座之间的配合面，气门的密封性就是依靠两个表面严密贴合来保证的。为了保证密封，每个气门和气门座都要配对研磨，研磨后气门不能互换。

4）气门弹簧

气门弹簧的功用是保证气门在关闭时能压紧在气门座上，而在运动时使传动件保持相互接触，不致因惯性力的作用而相互脱离，产生冲击和噪声。所以气门弹簧在安装时就有较大的预紧力，同时有较大的刚度。

气门弹簧的材料通常为高碳锰钢、硅锰钢和镍铬锰钢的钢丝，用冷绕成型后，经热处理而成。为了提高弹簧的疲劳强度，一般用喷丸或喷砂表面处理。气门弹簧多为圆柱形螺旋弹簧。

气门弹簧在工作时可能发生共振。当气门弹簧的固有振动频率与凸轮轴转速或气门开闭的次数成倍数关系时，就会产生共振。共振会使气门弹簧加速疲劳而损坏，配气机构也无法正常工作，因而应极力防止。

通过增加弹簧刚度来提高固有频率是防止共振的措施之一。但刚度增加，凸轮表面的接触应力加大，使磨损加快，曲轴驱动配气机构所消耗的功也增加。有的内燃机采用变螺距弹簧来防止共振。工作时，弹簧螺距较小的一端逐渐叠合，有效圈数不断减少，因而固有频率也不断增加。这种气门弹簧在安装时，应将螺距较小的一端靠近气门座。

不少内燃机采用两根气门弹簧来防止共振。内、外两根气门弹簧同心地安装在一个气门上。采用双弹簧的优点除了可以防止共振外，当一根弹簧折断时，另一根还可继续维持工作，不致产生气门落入气缸的事故。此外，在保证相同弹力的条件下，双弹簧的高度可比一根弹簧的小，因而可降低整机高度。采用双弹簧时，内、外弹簧的螺旋方向应相反，以避免当一根弹簧折断时，折断部分卡入另一根弹簧中。

5）气门弹簧锁紧装置

气门弹簧装在气门杆部外边，其一端支承在气缸盖上，而另一端靠锁紧装置固定在弹簧座上。气门弹簧锁紧装置主要有以下三种。

第一种气门弹簧锁紧装置如图 3-3(a) 所示，为锁片式锁紧装置。该装置的气门杆尾部有凹槽，分为两半的锥形锁片卡在凹槽中，锁片锥形外圆与弹簧座锥孔配合，在弹簧的作用下使锁片不致脱落。这种气门弹簧锁紧装置应用最为普遍。

第二种气门弹簧锁紧装置如图 3-3(b) 所示，为锁销式锁紧装置。该装置在气门杆尾部钻有小孔，在孔内可插入一根锁销，锁销两端露出在气门杆外。弹簧座先放入气门杆中。当锁销插入孔中后，再将弹簧座提起，锁销即卡在弹簧座的凹槽中不致跳出。

第三种气门弹簧锁紧装置如图 3-3(c) 所示，为锁环式锁紧装置。该装置在气门杆尾端制出锥面，大端靠尾部。弹簧座内孔也做成锥面。为了能使弹簧座装入气门杆中，在弹簧座上铣有宽度略大于气门杆直径的缺口。气门杆尾端加粗后，气门导管如为整体，则气门无法装入气门导管，因此必须分为两半。显然这种结构在制造和装配方面都比较麻烦。

6）气门旋转机构

许多新型内燃发动机，为了改善气门、气门座密封锥面的工作条件，延长气门与气门座

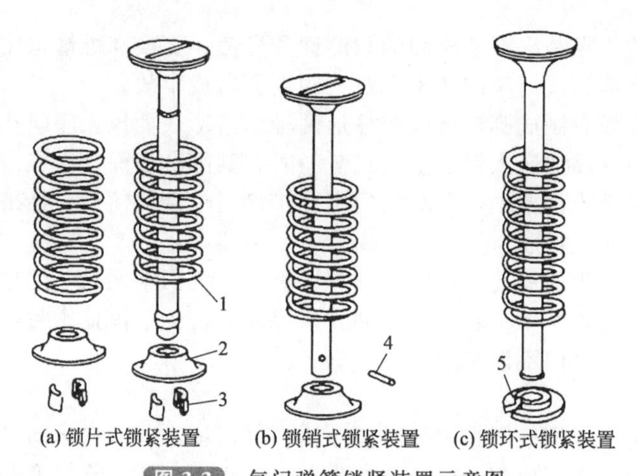

(a) 锁片式锁紧装置　(b) 锁销式锁紧装置　(c) 锁环式锁紧装置

图 3-3　气门弹簧锁紧装置示意图

1—气门弹簧；2—气门弹簧座；3—气门锁片；4—气门锁销；5—气门锁环

的使用寿命，采用了如图 3-4 所示的气门旋转机构。气门导管上套有一个固定不动的弹簧支承盘 5，支承盘上有若干条弧形凹槽，槽内装有钢球 4 和回位弹簧 6，支承盘的上面套有碟形弹簧 3、支承圈 2 和卡环 1，气门弹簧下端坐落在支承圈 2 上。

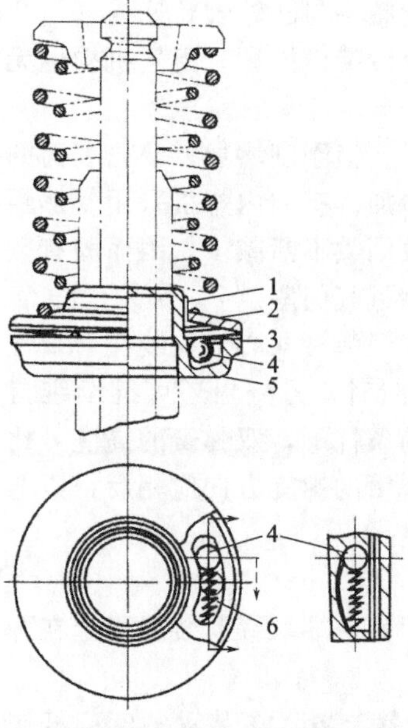

当气门处于关闭状态时，气门弹簧的预紧力通过支承圈 2 将碟形弹簧 3 压在弹簧支承盘 5 的上面，此时碟形弹簧 3 和钢球 4 没有接触。当气门处于开启状态时，气门弹簧通过支承圈 2 压缩碟形弹簧 3，使碟形弹簧 3 和钢球 4 接触，钢球 4 在碟形弹簧 3 的压迫下，沿着弹簧支承盘 5 上的底面为斜坡的凹槽滚动一定距离。这样，几个小钢球就拖动碟形弹簧 3、支承圈 2、气门弹簧及气门转动一定角度。当气门关闭后，钢球和碟形弹簧脱离接触，在回位弹簧的作用下回到坡面的高点上。气门每开启一次，就旋转一定角度，从而减少气门座合面的积炭，改善密封性，并减少气门与气门座局部过热与不均匀磨损。气门旋转机构多用于高速、大功率内燃机的进气门上。

图 3-4　气门旋转机构

1—卡环；2—支承圈；3—碟形弹簧；4—钢球；5—弹簧支承盘；6—回位弹簧

(2) 气门传动组

气门传动组主要由凸轮轴、正时齿轮、挺柱、推杆、摇臂和摇臂轴等零部件组成。气门传动组的功用是按照规定时刻（配气定时）和次序（发火或点火次序）打开和关闭进、排气门，并保证一定的开度。

1）凸轮轴与正时齿轮

凸轮轴是气门传动组的主要零件，气门开启和关闭的过程主要是由它来控制的。凸轮轴的结构如图 3-5 所示，其主要配置有各缸进/排气凸轮、凸轮轴轴颈以及驱动附件（如机油泵）的螺旋齿轮或偏心齿轮。凸轮轴上各凸轮的相互位置按发动机规定的发火次序排列。根据各凸轮的相对位置和凸轮轴的旋转方向，即可判断发动机的发火次序。为保证内燃机喷油（或点火）准时可靠，凸轮轴和曲轴必须保持一定的正时关系。

凸轮轴承受周期性冲击载荷。凸轮与挺柱之间有很高的接触应力，其相对滑动速度也很高，而润滑条件则较差。因此凸轮工作表面磨损较严重，还可能出现擦伤、麻点等不正常磨

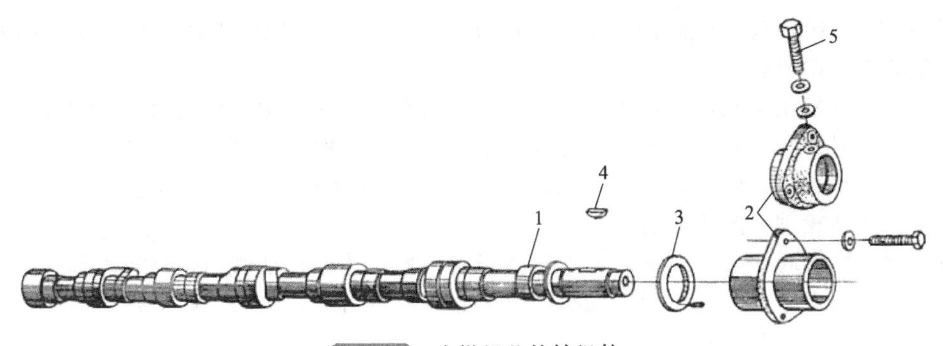

图 3-5 内燃机凸轮轴组件

1—凸轮轴；2—推力轴承；3—隔圈；4—半圆键；5—接头螺钉

损情况。凸轮轴一般用优质钢模锻而成。近年来广泛采用合金铸铁和球里铸铁铸造。大多数凸轮轴做成整体式，即各缸进、排气凸轮都在同一根轴上加工而成。

凸轮轴由曲轴驱动。由于凸轮轴与曲轴间有一定距离，中间必须通过传动件来传动。目前传动方式主要有齿轮式传动和链条式传动两种。由于齿轮式传动方式工作可靠，寿命较长而应用最广。齿轮式传动方式通常在曲轴齿轮和配气正时齿轮之间加装中间齿轮，使齿轮直径减小，以免机体横向尺寸增大。

为了使齿轮啮合平顺，减少噪声，正时齿轮一般采用斜齿，其倾斜角度约为 10°，曲轴上的正时齿轮多用合金钢制造，而凸轮轴上的正时齿轮多用夹布胶木或工程塑料制成。

由于斜齿轮传动产生的轴向力，或由于工程机械加速都可能使凸轮轴发生轴向窜动。轴向窜动会引起配气正时不准，因此，对凸轮轴必须加以轴向定位。

常见的凸轮轴轴向定位的方法有以下两种：

① 止推片轴向定位。如图 3-6 所示，凸轮轴止推片 4 用螺钉固定在气缸体上，止推片与正时齿轮之间应留有适当的间隙，此间隙的大小通常为 0.05～0.20mm，作为零件受热膨胀时的余地。此间隙的大小可通过更换隔圈 5 来调整。

② 推力轴承轴向定位。如图 3-7 所示，凸轮轴的第一道轴承为推力轴承，它装在轴承座孔内并用螺钉固定在机体上，其端面与凸轮轴的凸缘隔圈之间应留有适当的间隙。当凸轮

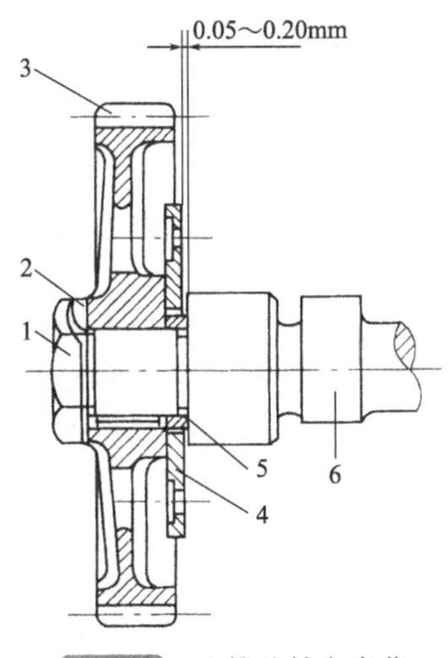

图 3-6 止推片轴向定位

1—螺母；2—锁紧垫圈；3—凸轮轴正时齿轮；4—止推片；5—隔圈；6—凸轮轴

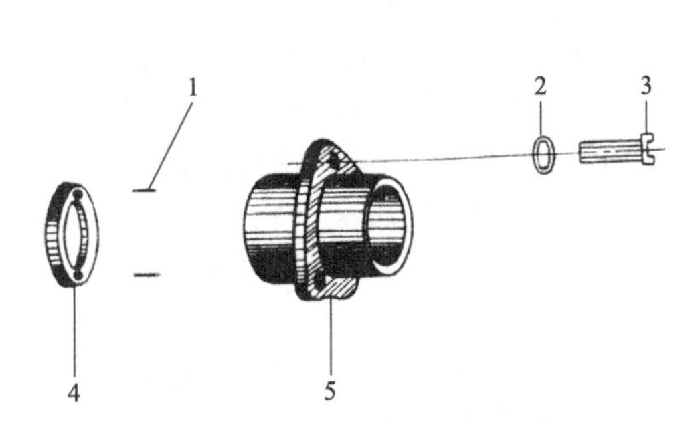

图 3-7 推力轴承轴向定位

1—圆柱销；2—垫圈；3—螺钉；4—隔圈；5—推力轴承

轴轴向移动其凸缘通过隔圈碰到推力轴承时便被挡住。6135 柴油机就是采用这种凸轮轴轴向定位装置的内燃机。

凸轮轴通常采用齿轮驱动，齿轮装在凸轮轴前端，与曲轴上的齿轮直接或间接啮合，称为正时齿轮。对于四冲程内燃机，每完成一个工作循环，曲轴旋转两周，各缸进、排气门各开启一次，凸轮轴只旋转一周，其传动比为 2∶1。曲轴上的正时齿轮经过一个或两个中间齿轮，再传到凸轮轴上的正时齿轮。

在装配凸轮轴时，必须对准各对齿轮的正时记号，才能保证气门按规定时刻开闭，柴油机的喷油泵按规定时刻供油（或汽油机的分电器按规定时刻点火）。如图 3-8 所示为 6135 柴油机传动齿轮装配定时关系图。

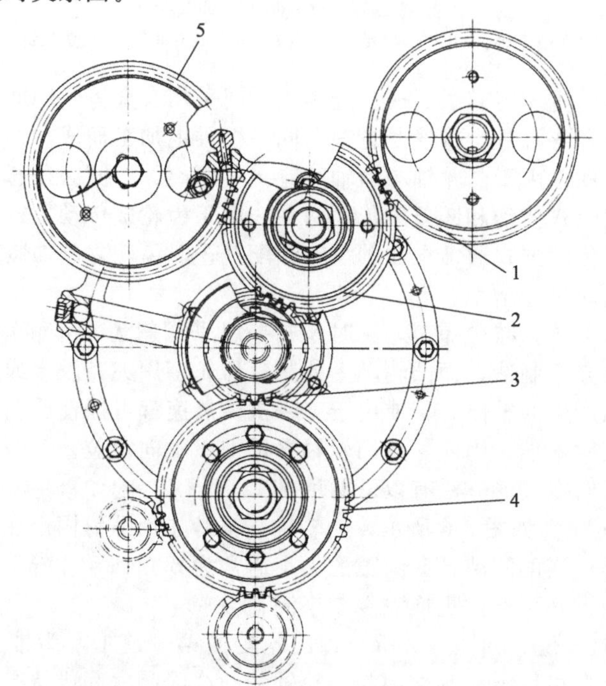

图 3-8　6135 柴油机传动齿轮装配定时关系图

1—喷油泵传动齿轮；2—定时惰齿轮；3—主动齿轮；4—机油泵、水泵传动齿轮；5—凸轮轴传动齿轮

2）挺柱

挺柱的作用是将凸轮的推力传给气门或推杆。

挺柱由钢或铸铁制成，一般制成空心圆柱体形状，这样既减轻质量，又可获得较大压力面积，以减小单位面积上的侧压力。推杆的下端即坐落在挺柱孔内。

为了使挺柱工作表面磨损均匀，挺柱中心线相对于凸轮侧面的对称线通常要偏移 1～3mm，如图 3-9 所示。或者将挺柱底面做成半径为 700～1000mm 的球面，而凸轮型面则略带锥度（约为 7′30″～10′），如图 3-10 所示。这样，当凸轮旋转时，迫使挺柱本身绕轴线旋转，使挺柱底面和侧面磨损都比较均匀。

3）推杆

在顶置式气门机构中，由于凸轮轴和气门是分开设置的，两者相距较远，因此采用推杆来传递凸轮轴传来的推力。

推杆一般采用空心钢管制造，以减轻质量。推杆两端焊有不同形状的端头。上端呈凹球形，气门摇臂调节螺钉的球头坐落其中；下端呈圆球形，插在气门挺柱的凹球形座内。上下端头多用钢制成，并经热处理提高硬度，改善其耐磨性。

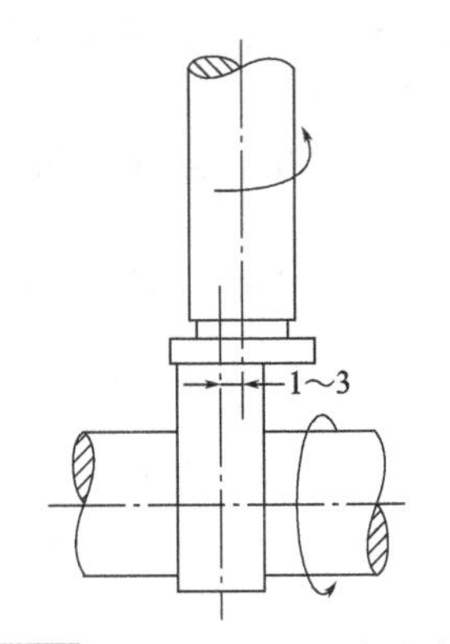

图 3-9 挺柱相对于凸轮的偏移

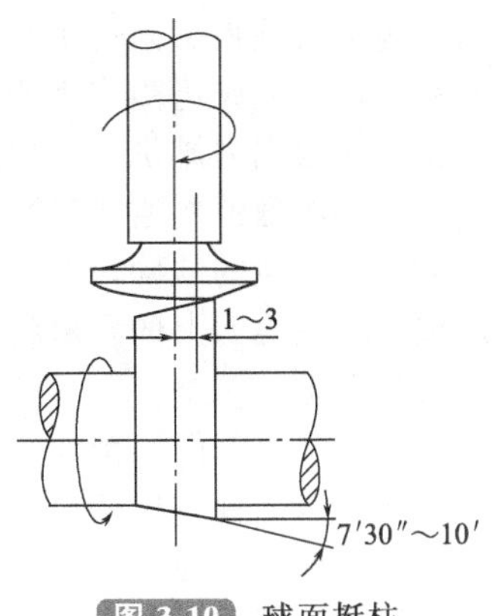

图 3-10 球面挺柱

4）摇臂

摇臂是推杆与气门之间的传动件，起杠杆作用。

摇臂的两臂长度不等，长短臂的比例约为 $a:b=1.6:1$。长臂端用以推动气门尾端，因此在一定的气门开度下，可减小凸轮的最大升程，与气门尾端接触的表面做成圆柱面，并经热处理和磨光。摇臂的短臂端装有调整气门间隙的调整螺钉和锁紧螺母。摇臂轴通常是做成中空的，作为润滑油道。润滑油从支座的油道经摇臂轴通向摇臂两端进行润滑，如图 3-11 所示。为了防止摇臂在工作时发生轴向移动，摇臂轴上两摇臂之间装有摇臂轴弹簧。

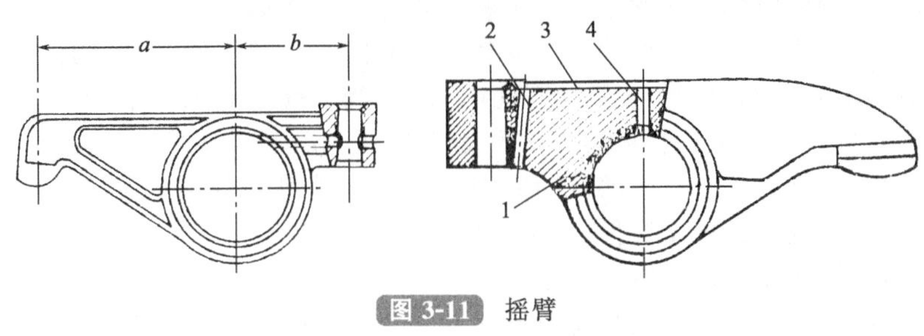

图 3-11 摇臂

1—衬套；2，4—油孔；3—油槽

3.1.3 配气相位和气门间隙

（1）配气相位

原理上内燃机的进气、压缩、做功和排气等过程都是在活塞到达上止点和到达下止点时开始或完成的。但是为了进气更充分，排气更干净，进、排气门要提早打开、延迟关闭。内燃机的进、排气门开始开启和关闭终了的时刻以及开启的延续时间，通常用相对于上、下止点时的曲轴转角来表示，称为配气相位或配气定时。表示每缸进、排气配气相位（正时）关系的环形图，称配气相位（正时）图，如图 3-12 所示。

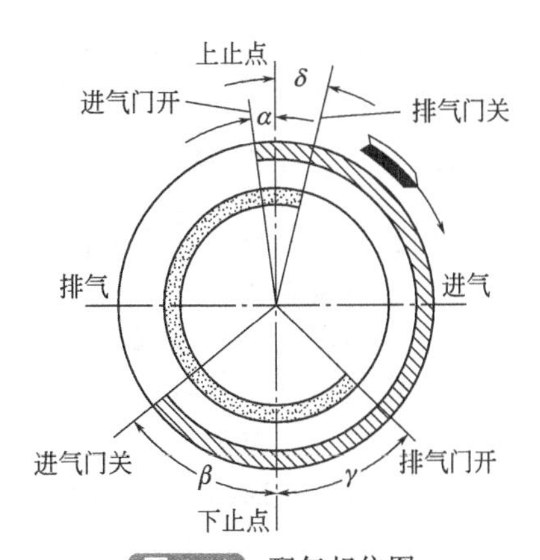

图 3-12 配气相位图

α—进气提前角；β—进气迟后角；γ—排气提前角；δ—排气迟后角；$\alpha+\delta$—气门重叠角

在上止点附近，进、排气门同时开启的角度称为气门重叠角（以°CA 表示）。由于新鲜气体（或可燃混合气）和废气流动惯性都很大，虽然进、排气门同时开启，但气流并不互相错位与混合。只要气门重叠角取得合适，就可以使进气更充分、排气更干净。

气门重叠角必须根据内燃机具体状况通过试验来确定。重叠角过小，达不到预期改善换气质量的目的，过大则可能产生废气倒流现象，降低内燃机的工作性能。

配气相位要根据内燃机的使用工况和常用转速来确定。不同的内燃机，其配气相位是不同的。配气相位的数值要通过试验确定。

为保证配气相位的准确，在曲轴与凸轮轴驱动机构之间通常设有专门的记号，在装配过程中必须按照相关说明书的要求将记号对准，不得随意改动。

(2) 气门间隙

发动机工作时，气门、推杆、挺柱等零件因温度升高而伸长。如果在室温下装配时，气门和各传动零件（摇臂、推杆、挺柱）及凸轮轴之间紧密接触，则在热态下，气门势必关闭不严，造成气缸漏气。为保证气门的密封性，必须在气门与传动件之间留出适当的间隙，我们习惯称之为气门间隙 ，并有冷间隙与热间隙之分。

气门传动组（气门与挺柱或气门与摇臂之间）在常温下装配时必须留有适当的间隙，以补偿气门及各传动零件的热膨胀，此间隙称为气门的冷间隙；在发动机正常运转时（热状态下），也需要一定的气门间隙，保证凸轮不作用于气门时，气门能完全密闭。发动机在热态下的气门间隙称为气门的热间隙。

在内燃机使用过程中，由于零件的磨损与变形，气门间隙会逐渐增大，促使进、排气门迟开、早关，导致进、排气的时间变短，进气不足，排气不净，致使内燃机的动力性与经济性下降，同时使各零件之间的撞击与磨损加剧，噪声增大；若气门间隙过小，则会引起气门密封不严而漏气，导致内燃机功率下降，油耗增加，甚至烧坏气门零件。

因此，在使用过程中，应定期检查和调整气门间隙。内燃机的气门间隙一般由制造厂给出，各机型都有具体规定。在常温下（冷间隙），一般进气门间隙在 0.20～0.35mm 之间，排气门间隙在 0.30～0.40mm 范围内。有的发动机只规定了冷间隙，此时的冷间隙数值能保证发动机在热机状态下仍有一定的气门间隙。有的发动机则分别规定了冷间隙和热间隙。装配时应将气门间隙调整到规定数值。

调整发动机气门间隙最好在冷机状态下，气门完全关闭时进行。因为在热机状态下，由于内燃机工作时间的长短不同，其机温也有所差别，气门间隙的大小不好把握。调整时，首先转动曲轴使要调整缸的活塞恰好处于压缩冲程上止点位置，此时，进、排气门处于完全关闭状态，然后用起子和厚薄规调整该缸的进、排气门间隙，调整完毕后按同样方法依次调整其他缸。调整气门间隙的方法是：先松开调整螺钉的锁紧螺母，再旋转调整螺钉，用规定数值的厚薄规插入气门杆与摇臂之间进行测量，使气门间隙符合规定，调整好后再将锁紧螺母拧紧，复查一次，直至气门间隙在规定的范围内。

3.1.4 进排气系统

内燃机的进排气系统主要由空气滤清器，进、排气管和消声器等组成。

(1) 空气滤清器

空气滤清器的功用是滤除空气中的灰尘及杂质，将清洁的空气送入气缸内，以减少活塞连杆组、配气机构和气缸的磨损。对空气滤清器的要求是：滤清效率高、阻力小、应用周期长且保养方便。空气滤清器的滤清方式有以下三种：

① 惯性式（离心式）：利用灰尘和杂质在空气成分中密度大的特点，通过引导气流急剧旋转或拐弯，从而在离心力的作用下，将灰尘和杂质从空气中分离出来。

② 油浴式（湿式）：使空气通过油液，空气杂质便沉积于油中而被滤清。

③ 过滤式（干式）：引导气流通过滤芯，使灰尘和杂质被黏附在滤芯上。

为获得较好的滤清效果，可采用上述两种或三种方式的综合滤清。空气滤清器由滤清器壳和滤芯等组成，滤清器壳由薄钢板冲压而成。滤芯有金属丝滤芯和纸质滤芯等。如图 3-13 所示为国产 135 系列 4、6 缸直列柴油机和 12 缸 V 形柴油机用空气滤清器。

图 3-13(a) 为 135 系列 4、6 缸直列柴油机用空气滤清器，这种纸质滤芯（或金属丝滤芯）滤清器目前应用广泛，滤芯普遍采用树脂处理的微孔滤纸制成，滤芯上下两端由塑料密封垫圈密封。柴油机工作时，空气经纸质滤芯滤清后，从接管沿进气管被吸入气缸。这种滤清器结构简单、成本低、维护方便；但用于尘粒量大的环境时，工作寿命较短，且不甚可靠。

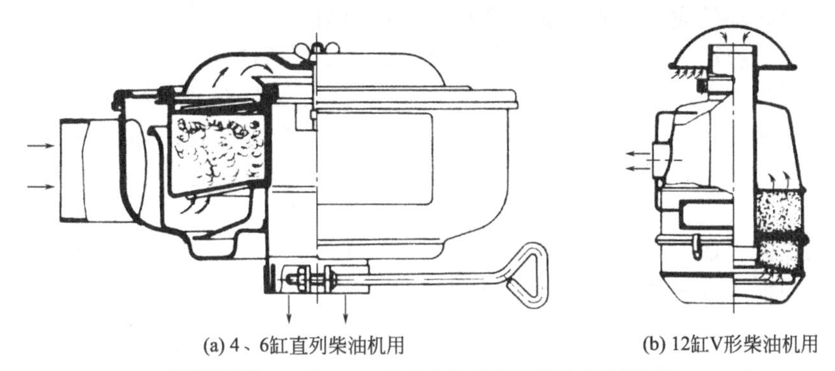

(a) 4、6缸直列柴油机用　　(b) 12缸V形柴油机用

图 3-13 国产 135 系列基本型柴油机空气滤清器

如图 3-14 所示为国产 135 系列增压柴油机用的旋流纸质空气滤清器。它主要由旋流粗滤器 4（内部竖置有旋流管）、纸质主精滤芯 2 和安全滤芯 1 等三部分组成。空气经旋流管离心力的作用，使空气中的绝大部分尘粒落入旋流管下端的集尘室 5，尘粒再经排气引射管（安装在消声器出口处，如图 3-15 所示）随柴油机废气一起排出。粗滤后较清洁的空气通过纸质主精滤芯及安全滤芯滤清，最后进入发动机气缸。

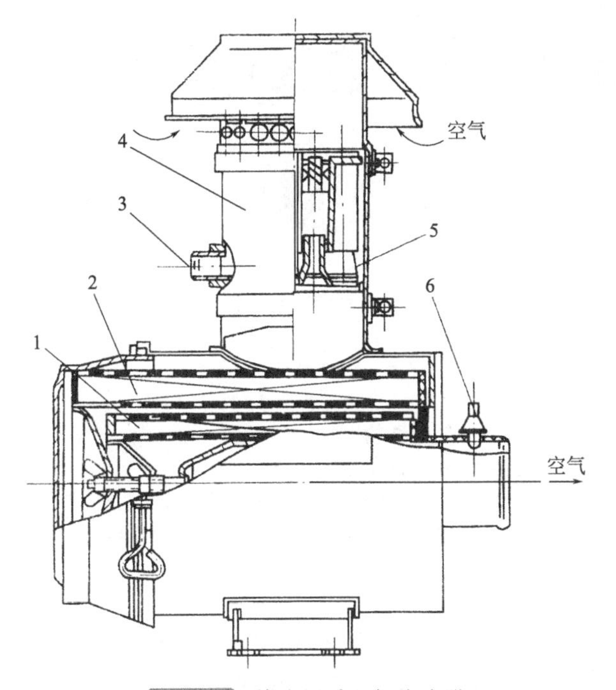

图 3-14 旋流纸质空气滤清器

1—安全滤芯；2—纸质主精滤芯；
3—排气引射管连接口；4—旋流粗滤器；
5—集尘室；6—报警器

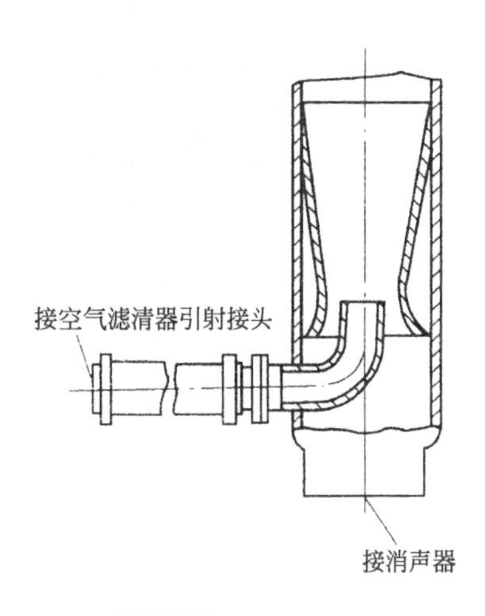

图 3-15 排气引射管

当采用上述旋流纸质空气滤清器时，消声器出口处需预装与之匹配的排气引射管，当柴油机排气时，高速气流通过喉管处使废气气流增大，于是便形成了真空度。利用此真空度将空气滤清器集尘室中的尘粒经橡胶管吸入排气引射管内，并与柴油机废气一起排出。

(2) 进、排气管

进、排气管的功用是引导新鲜工质进入气缸和使废气从气缸排出。进、排气管应具有较小的气流阻力，以减小进气和排气阻力。现代内燃机还要求进、排气管的结构形状有利于气流的惯性与压力脉动效应，以提高充量和排气能量的利用率。

进、排气管一般用铸铁制成。进气管也有用铝合金铸造或钢板冲压焊接而成的。进、排气管均用螺栓固定在气缸上（顶置式配气机构），其结合处装有密封衬垫，以防漏气。内燃机进气管内的气流是新鲜空气（或可燃混合气），为避免受排气管加热而减小充气量，现代内燃机的进、排气管均布置在机体的两侧，如图 3-16 所示为 6135 柴油机进、排气管结构。三个缸共用一个进气歧管，各装一个空气滤清器。其排气歧管是由两段套接而成的，在套接处填有石棉绳，以保证密封；有的内燃机排气歧管对应每一支管开有检视螺孔，以便测量各缸的排气温度和检查排气情况，平时用埋头螺塞封闭。

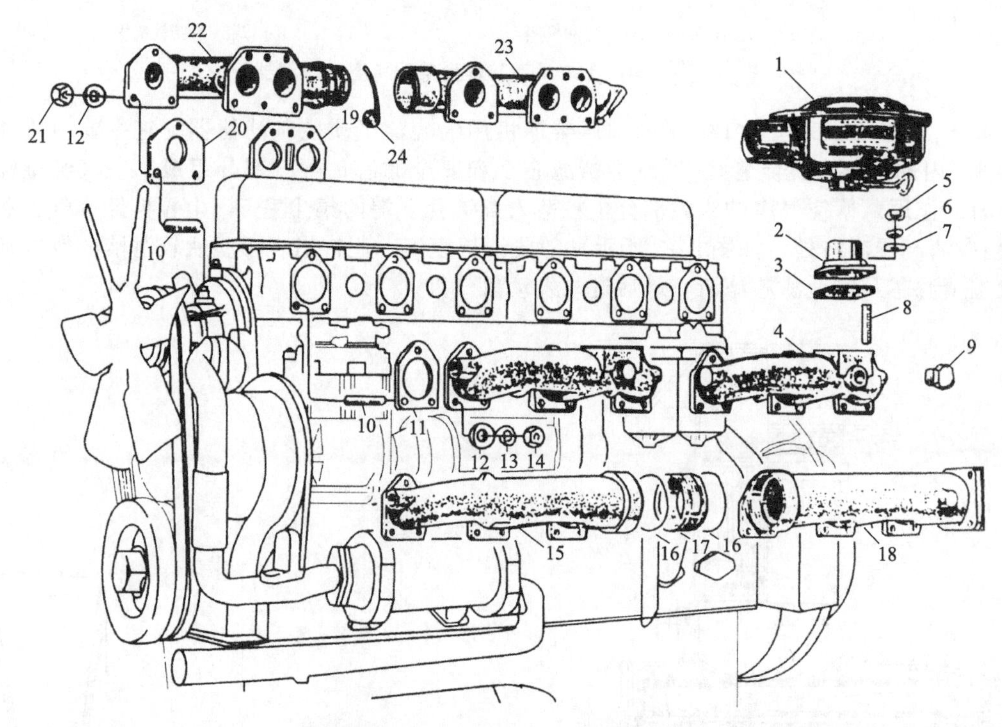

图 3-16 6135 柴油机进、排气管结构

1—空气滤清器；2—进气管接头；3，11—进气管衬垫；4—进气管；5，14—螺母；6，7，12，13—垫圈；8～10—螺栓；15—前进气歧管；16—橡胶气密圈；17—进气歧管中间套管；18—后进气歧管；19，20—排气歧管衬垫；21—铜螺母；22—前排气歧管；23—后排气歧管；24—石棉绳

(3) 消声器

内燃机排出的废气在排气管中流动时，由于排气门的开闭与活塞往复运动的影响，气流呈脉动形式，并具有较大的能量。如果让废气直接排入大气中，会产生强烈的排气噪声。消声器的功用是减小排气噪声和消除废气中的火星。

消声器一般用薄钢板冲压焊接而成。

它的工作原理是降低排气的压力波动和消耗废气流的能量。

消声器一般采用以下几种方法进行工作：

① 多次改变气流方向；

② 使气流多次通过收缩和扩大相结合的流通断面；

③ 将气流分割为很多小的支流并沿不平滑的表面流动；

④ 降低气流温度。

如图 3-17 所示为 6135 基本型柴油机的消声器，它是多腔膨胀共振型（在膨胀筒圆周充填有吸声的超细玻璃纤维），在标定工况下可使噪声下降约为 30dB(A)。

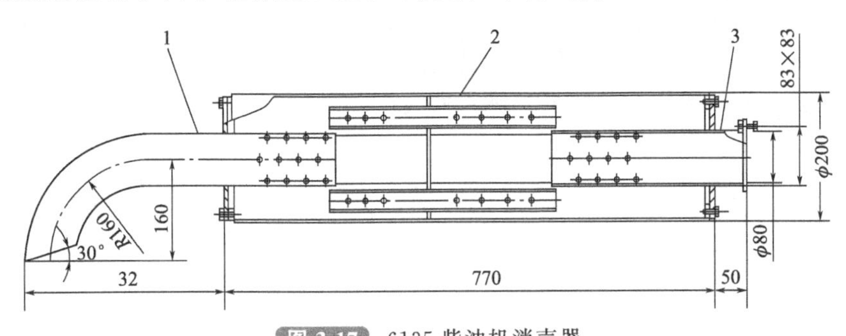

图 3-17 6135 柴油机消声器

1—出气管；2—消声器；3—进气管

3.1.5 柴油机的增压系统

随着生产的需要和科技水平的不断提高，对柴油机的要求也越来越高，不仅要求柴油机输出功率要大，经济性要好，而且质量要轻，体积要小。柴油机输出功率的大小，取决于进入气缸的燃油和空气的数量及热能的有效利用率。由此可知：要提高柴油机的输出功率，最经济最有效的办法是增加进入气缸的空气量。在柴油机气缸容积保持不变的条件下，增加进入气缸的空气密度是提高柴油机输出功率的主要手段。然而，空气密度与压力成正比，与温度成反比，因此，增加进气压力，降低进气温度都能提高进气密度，目前柴油机中采用增压器来提高压力，采用中冷器降低气体的温度。

所谓增压，即用增压器（压气机）将柴油机的进气在缸外压缩后再送入气缸，以增加柴油机的进气量，从而提高平均有效压力和功率。

(1) 增压方法

按照驱动增压器所用能量来源的不同，基本的增压方法可分为三类：机械增压系统、废气涡轮增压系统和复合增压系统。除了利用上述三种方法来提高气缸的空气压力外，还有利用进、排气管内的气体动力效应来提高气缸充气效率的惯性增压系统以及利用进、排气的压力交换来提高气缸空气压力的气波增压器。

1) 机械增压系统

增压器（压气机）由柴油机直接驱动的增压方式称为机械增压系统。它由柴油机的曲轴通过齿轮、皮带或链条等传动装置带动增压器旋转。增压器通常采用离心式压气机或罗茨压气机。空气经压缩提高其压力后，再送入气缸，如图 3-18 所示。

由于机械增压系统压气机所消耗的功率是由曲轴提供的，当增压压力较高时，所耗的驱动功率也会很大，使整机的机械效率下降。因此，机械增压系统通常只适用于增压压力不超过 160～170kPa 的低增压小功率柴油机。

2) 废气涡轮增压系统

废气涡轮增压是利用柴油机排出的废气能量来驱动增压器，将空气压缩后再送入气缸的一种增压方法。柴油机采用废气涡轮增压后，可提高输出功率30%～100%以上，同时还具有减少单位功率的质量，缩小外形尺寸，节省原材料，降低燃油消耗率，增大柴油机扭矩，提高载荷能力以及减少排气对大气的污染等优点，因而得到广泛应用。尤其在高原地区因气压低、空气稀薄，导致输出功率下降，一般当海拔高度每升高1000m，功率将下降8%～10%。若装设涡轮增压器后，可以恢复原输出功率，其经济效果尤为显著。

柴油机废气涡轮增压系统如图3-19所示。将柴油机排气管接到增压器的涡轮壳上，柴油机排出的具有500～650℃高温和一定压力的废气经涡轮壳进入喷嘴环，喷嘴环的通道面积由大逐渐变小，因而可以做到：虽然废气的压力和温度在下降，但其流速在不断提高，高速的废气流，按一定的方向冲击涡轮，使涡轮高速旋转。废气的压力、温度和速度越高，涡轮的转速就越快。通过涡轮的废气最后排入大气。

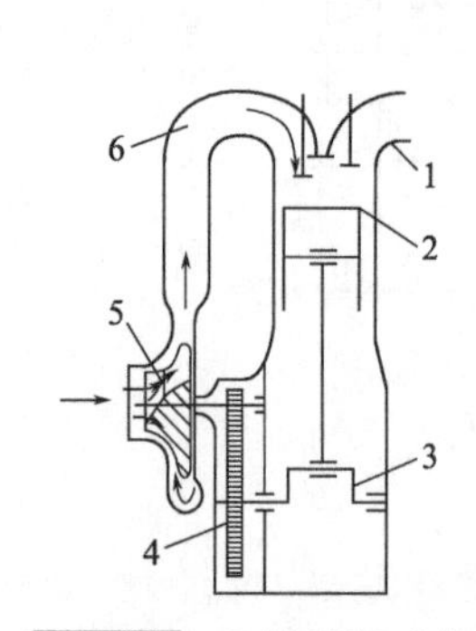

图3-18 机械增压系统
1—排气管；2—气缸；3—曲轴；
4—齿轮；5—压气机；6—进气管

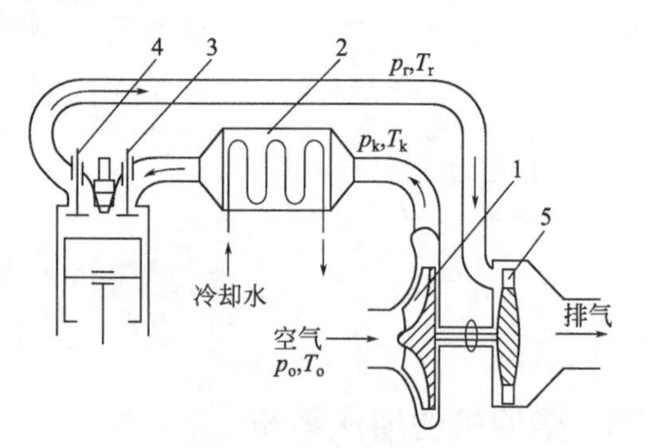

图3-19 废气涡轮增压系统
1—压气机；2—中冷器；
3—进气阀；4—排气阀；5—涡轮

废气涡轮增压器按进入涡轮的气流方向，可分为轴流式和径流式两种。

① 径流式涡轮增压器。径流式涡轮增压器的结构如图3-20所示。它主要是由涡壳、喷嘴环、涡轮和转子轴等组成的。径流式涡轮增压器工作时，柴油机排出的废气进入增压器的涡轮壳后，沿增压器转子轴的轴线垂直平面（即径向）流动。这是由于当气流通过喷嘴时，一部分压能和热能转换为动能，由此获得高速气流。由喷嘴环出来的高速气流按一定方向流入叶轮，在叶轮中被迫沿着弯曲通道改变流动方向，在离心力的作用下，气流质点投向叶片凹面，压力增加而相对速度降低；叶片凸面上则相对速度提高而压力降低，因此，作用在叶片凹凸面上的气流合力（即压力差）在涡轮轴上形成推动叶片旋转的力矩，因而从叶轮流出的废气经由涡轮中心沿轴排出。中型柴油机大多采用径流式涡轮增压器。

② 轴流式涡轮增压器。轴流式涡轮增压器工作时，柴油机排出的废气进入增压器的涡轮壳之后，气流沿着增压器的转子轴的轴线方向流动，故称轴流式。大型柴油发动机大多采用这种形式的增压器。

废气涡轮增压器按是否利用柴油发动机排气管内废气的脉冲能量，可分为恒压式和脉冲式两种增压器。

① 恒压式废气涡轮增压器是将多缸柴油机全部气缸的排气歧管接到一根排气总管内，再与增压器涡轮壳相连接，而废气以某一平均压力顺着一个单一的涡轮壳进气道通向整个喷嘴环的增压器，这种增压器常用于大功率高增压柴油机中。

② 脉冲式废气涡轮增压器的排气系统示意图如图3-21所示。以6缸柴油发动机为例来说明，其发火次序为1—5—3—6—2—4，通常将1、2、3缸的排气道连接到一根排气歧管上，沿涡轮壳上的一条进气道通向半圈喷嘴环；而将4、5、6缸的排气道连接到另一根排气

歧管，沿涡轮壳上的另一条进气道通向另半圈喷嘴环，这样各缸排气互不干扰，这种结构可以充分利用废气的脉冲能量，并能利用压力高峰后的瞬间真空扫气，防止某缸排气压力波高峰倒流到正在吸气的另一缸中，因此，在同一根排气歧管的各气缸发火间隔应大于180°曲轴转角。目前，中型柴油机废气涡轮增压均采用脉冲式增压器。

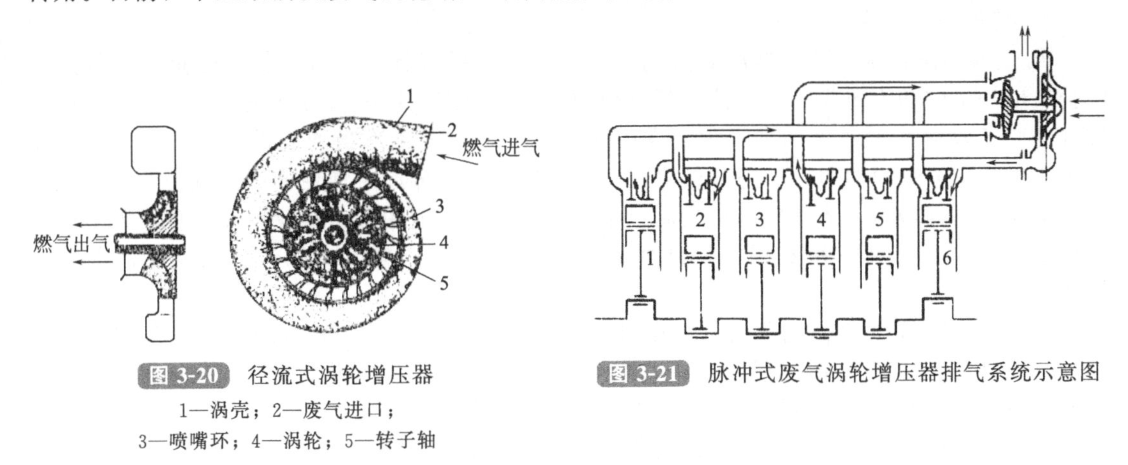

图 3-20 径流式涡轮增压器

1—涡壳；2—废气进口；3—喷嘴环；4—涡轮；5—转子轴

图 3-21 脉冲式废气涡轮增压器排气系统示意图

废气涡轮增压器的主要性能指标是空气压力升高比，简称压比，用 π_k 表示，它是压气机出口空气压力 p_k 和压气机进口空气压力 p_1 的比值，即

$$\pi_k = p_k / p_1$$

压气机出口空气压力 p_k 值越大，进入气缸的空气密度也越大。涡轮增压器按压比大小可分为低、中、高增压三种：

低增压 $\pi_k < 1.7$；中增压 $\pi_k = 1.7 \sim 2.5$；高增压 $\pi_k > 2.5$。

一般 $\pi_k > 1.8$ 的中增压，就要采用中冷器，以降低压气机出口空气温度，使进入气缸的空气密度增大。目前，柴油发动机上普遍采用低、中增压径流脉冲式废气涡轮增压器。高增压柴油机已成为发展趋势。

3）复合增压系统

在一些柴油机上，除了应用废气涡轮增压器外，同时还应用机械增压器，这种增压系统成为复合增压系统（如图 3-22 所示）。大型二冲程柴油机，常采用复合式增压系统。该系统中的机械驱动增压器用于协助废气涡轮增压器工作，以使在低负荷、低转速时获得较高的进气压力，从而保证二冲程柴油机在启动、低速和低负荷时所必需的扫气压力。有时，对排气背压较高的水下运行的柴油机，要得到较高的增压压力也常采用这种系统。

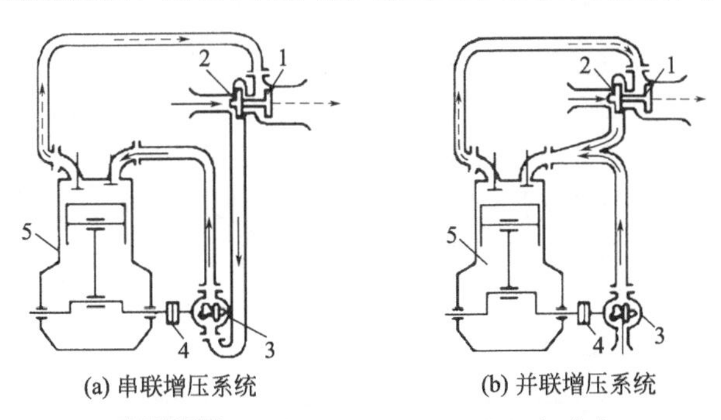

图 3-22 复合增压系统的两种基本形式

1—涡轮增压器的涡轮；2—涡轮增压器的压气机；3—机械驱动增压器的压气机；4—传动装置；5—柴油机

复合增压系统有两种形式：一种是串联增压系统，柴油机的废气进入废气涡轮带动离心式压气机，以提高空气压力，然后送入机械增压器中再增压，进一步提高空气压力后进入柴油机燃烧室中；另一种是并联增压系统，废气涡轮增压器和机械增压器分别将空气压力提高后，进入柴油机燃烧室中。

4）其他增压方法

① 惯性增压系统。这种增压方式利用了进气管和排气管内的气体，由于进、排气过程中会产生一定的动力效应——气体的惯性效应和波动效应，以改善柴油机的换气过程和提高气缸的充气效率，图 3-23 为惯性增压系统示意图。该系统仅适当加长进气管，再加一个稳压箱即可，不需专门的增压设备和改变发动机结构尺寸。因此，惯性增压系统易于在原机上安装实现。这种增压方法常用于小型高速柴油机上，尤其适用于负荷及转速变化范围不大的柴油机。一般可增加功率 20%，降低燃油消耗 10%左右，并可降低排气温度和改善尾气排放。

② 气波增压器。气波增压器是将柴油发动机排出的高压废气直接与低压进气接触，在相互不混合的情况下，利用气波（压缩波和膨胀波）原理，高压废气的能量通过压力波传递给低压进气，使低压进气压缩，进气压力提高的增压系统。实际上它是一个压力转换器。气波增压器的结构及其与柴油发动机的配置如图 3-24 所示。

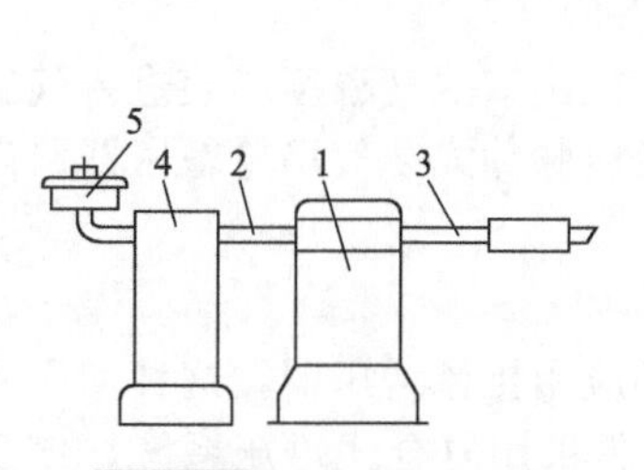

图 3-23 惯性增压系统

1—内燃机气缸；
2—进气管；3—排气管；
4—稳压箱；5—空气滤清器

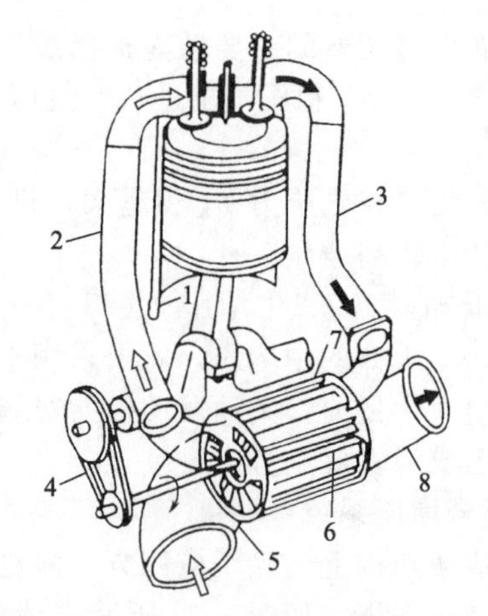

图 3-24 气波增压器结构及其与柴油机的配置

1—柴油机气缸；2—进气管；
3—排气管；4—V 形传动皮带；5—空气定子；
6—转子；7—转子外壳；8—燃气定子

气波增压器主要有由空气定子 5、转子 6、转子外壳 7 和燃气定子 8 等组成。在空气定子 5 上设有低压空气入口及高压空气出口；在燃气定子 8 上设有高压燃气入口和低压燃气出口；转子 6 上装有许多直叶片，构成了狭长的通道；转子外壳 7 将转子 6 包在里面。当转子由曲轴通过 V 形传动皮带 4 旋转时，大气中的低压空气进入转子通道的左端，柴油机排出的高压燃气进入转子通道的右端。高压燃气对低压空气产生一个压力波进行压缩，使空气压力增加，得到增压的空气，经出口进入柴油机的进气管 2 充入气缸，降低了压力的燃气经出口进入柴油机排气消声器排放到大气中。

气波增压器的结构简单、制造方便，不需要耐热合金材料，具有良好的工作适应性，低速扭矩高、加速性能好、最高转速较高，而且还具有环境污染小等优点，适用于中小型柴油机，尤其是车用柴油机上。气波增压器的缺点是：其本身是一个噪声源，噪声较大；它需要曲轴来驱动，安装位置受限制；其质量和体积较大。

(2) 中冷器

目前，中、高增压柴油发动机已普遍装置中冷器。中冷器实质上是一个热交换器，它安装在涡轮增压器和燃烧室之间。当柴油机增压器的增压比较高时，进气温度也较高，使进气密度有所下降。为此，需要在发动机进气系统中安装中冷器。中冷器用于冷却增压空气，降低增压后的进气温度。增压空气在中冷器中的温降一般为 25～60℃。一方面可以提高充气密度，另一方面还可降低进气终了的气缸温度和整个循环的平均温度。

发电用增压柴油机一般采用水冷式中冷器。在安装涡轮增压器和中冷器后，柴油机的润滑油路和冷却水路也根据具体情况作相应的改变，以适应增压和中冷的需要。KT(A)-1150 型康明斯柴油机进气流向如图 3-25 所示。中冷器由一个壳和一个内芯组成，中冷器壳作为发动机进气歧管的一部分，内芯用管子制成，发动机冷却液在其中循环。空气在进入发动机燃烧室以前，流过芯子而受到冷却。这样，由于应用了中冷器，更好地控制了发动机的进气温度（冷却），从而改善了发动机的燃烧状况。

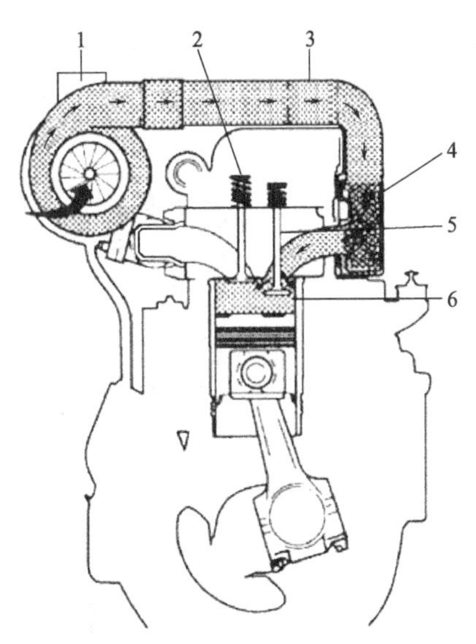

图 3-25 KT(A)-1150 型柴油机进气流向图

1—增压器；2—排气门；3—管道；4—中冷器；5—进气门；6—气缸

(3) 废气涡轮增压器的结构与工作原理

下面以径流式废气涡轮增压器为例讲述其结构与工作原理。废气涡轮增压器由废气涡轮和压气机两部分组成，如图 3-26 所示。右边为废气涡轮，左边为压气机，两者同轴。涡轮机壳用耐热合金铸铁铸造而成，进气端与气缸排气管道相连，出气口端与柴油机排烟口相连。压气机进气口端与柴油机进气口的空气滤清器相连，出气口端与气缸进气管道相连。

① 废气涡轮。废气涡轮通常由涡轮壳、喷嘴环和工作叶轮等组成。喷嘴环由喷嘴内环、外环和喷嘴叶片等组成。喷嘴叶片形成的通道从进口到出口呈收缩状。工作叶轮由转盘和叶轮组成，在转盘外缘固定有工作叶片。一个喷嘴环与相邻的工作叶轮组成一个“级”，仅有一个级的涡轮称单级涡轮，绝大多数增压器采用单级涡轮。

废气涡轮的工作原理如图 3-26 所示。柴油机工作时，废气通过排气管，以一定的压力和温度流入喷嘴环，由于喷嘴环的通道面积逐渐减小，所以喷嘴环内废气的流速增高（尽管其压力和温度降低）。从喷嘴出来的高速废气进入叶轮叶片中的流道，气流被迫转弯。由于离心力的作用，气流压向叶片凹面而企图离开叶片，使叶片凹、凸面产生压力差，作用在所有叶片上压力差的合力对转轴产生一个冲击力矩，使叶轮沿该力矩的方向旋转，随后从叶轮流出的废气经涡轮中心从排气口排出。

② 压气机。压气机主要由进气道、工作叶轮、扩压机和涡轮壳等组成。压气机与废气涡轮同轴，由废气涡轮带动，使工作涡轮高速旋转。工作涡轮是压气机的主要部件，通常它由前弯的导风轮和半开式工作轮组成，两部分分别装在转轴上。在工作轮上沿径向布置着直叶片，各叶片间形成扩张型的气流通道。由于工作轮的旋转使进气因离心力的作用而受到压缩，被抛向工作轮的外缘使空气的压力、温度和速度均升高。空气流经扩压器时，由于扩压作用，在排气涡轮壳中，空气的动能逐渐转化成压力能。就这样通过压气机使柴油机的进气密度得到了显著提高。

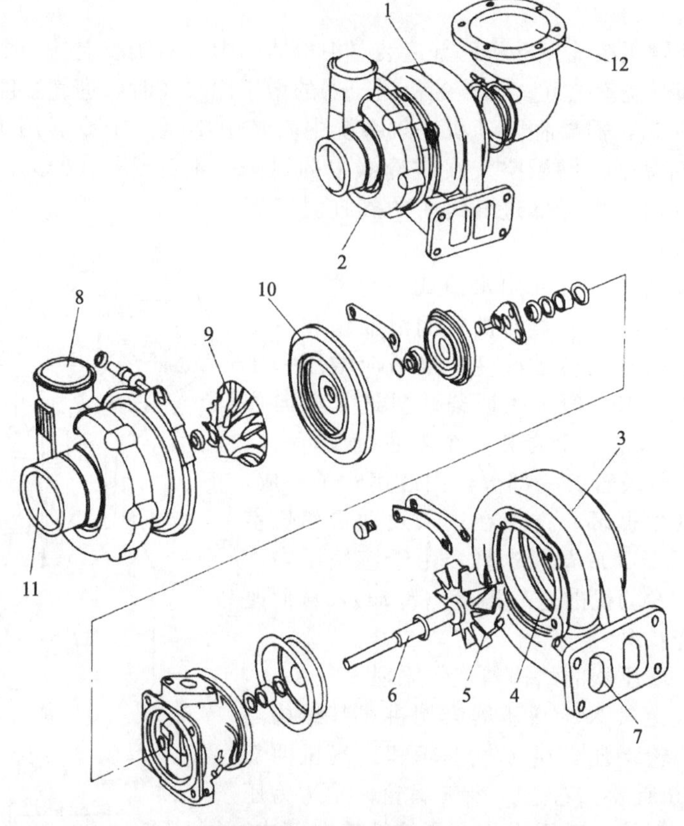

图 3-26 废气涡轮增压器

1—废气涡轮；2—压气机；3—涡轮壳；4—喷嘴环；5—工作叶轮；6—传动轴；
7—废气进口；8—空气进口；9—压气机叶轮；10—扩压机；11—空气出口；12—排烟口

(4) 增压柴油机的性能

1) 柴油机增压后性能的改善

柴油机采用废气涡轮增压后，其性能的改善主要表现在以下几个方面：

① 动力性得到了提高。增压后，进入气缸的循环空气量大大增加，循环供油量便可相应增加，因而柴油机功率明显提高。涡轮增压可使柴油机功率提高 30%～100%，甚至更高。与此同时，增压后，由于气体爆发压力的增大，使摩擦损失有所增加，但柴油机有效功率增加得更多，因而使柴油机机械效率有所提高。因此，增压使得柴油机的动力性能大大提高。

② 经济性能得到了改善。增压后机械效率的提高使燃油消耗率有所降低。进气压力的提高不仅使扫气过程得以改善，且使泵吸功变为正功，也将使燃油消耗率下降。此外，增压后通常过量空气系数将相应提高，使燃烧更趋完善，也促使燃油消耗率有所下降。

③ 有害排放物有所降低。增压后，由于过量空气系数提高，使得混合气中含氧量相对增加，燃烧更为完全，废气中 CO、HC 及烟度的含量有所下降。但是增压后，由于进气温度上升，使得尾气排放中的 NO_X 的含量有所增加。此时，若采用增压中冷技术，则尾气排放中 NO_X 的含量也会有所降低。因此，从整体上看，增压有利于降低排放。

2) 柴油机增压后带来的问题

柴油机增压后也将带来一些问题，主要表现为：

① 机械负荷增加。爆发压力是衡量柴油机机械负荷的主要标志之一。增压后压缩压力

及爆发压力均有所提高，使机件载荷增大，磨损加剧。因此，应对增压后的爆发压力进行控制，并强化主要受力机件（曲柄连杆机构、曲轴和轴承等）的结构或材质。

② 热负荷增加。由于增压后进气量和喷油量的增加，使得总的燃烧能量增加，柴油机的热负荷加大；与此同时，由于进入增压柴油机气缸的压缩空气温度提高，使得最高燃烧温度和循环的平均温度提高；而且由于工质的密度增大，使得工质向壁面间的传热增大。以上这些因素都使得活塞组、气缸（壁）和排气门等零部件的热负荷加大，材料强度降低。实践证明，热负荷的影响往往比机械负荷更大，成为限制提高柴油机增压度的主要因素。

3.2 气门组零部件的维修

3.2.1 气门的检验与修理

（1）气门的工作情况（条件）

① 受交变（应力）的冲击负荷作用（气门频繁地在高温下进行冲击性的打开和关闭，气门和气门座相互撞击）；

② 受高温高压燃气冲刷和燃烧产物的腐蚀，热应力高；

③ 润滑条件差；

④ 气门与气门导管摩擦频繁。

（2）常见故障

1）气门接触面的磨损

①空气中的尘埃或燃烧杂质渗入或滞留在接触面间；②内燃机在工作过程中，气门将不停地开启和关闭，由于气门与气门座的撞击、敲打，引起工作面的起槽和变宽；③进气门直径较大，在燃气爆发压力作用下产生变形；④光磨后气门边缘厚度下降；⑤排气门受高温气体的冲击，使工作面溶蚀，出现斑点和凹陷。

2）气门头部偏磨

气门杆在气门导管内不断摩擦，使配合间隙增大，而在管内晃动，引起气门头部的偏磨。

3）气门杆的磨损与弯曲变形

气缸内的气体压力以及凸轮通过挺柱对气门的撞击。

所有这些故障，均可造成进排气门关闭不严而漏气。

（3）气门的检验

① 外部检验。进排气门接触面的磨损及气门头部的偏磨等，均可通过一般检视即可发现。

② 气门顶边缘厚度的测量。各种内燃机气门顶的边缘厚度均不得小于 0.5mm（如图 3-27 所示）。正常的气门顶厚度要求是：汽油机不小于 1mm，柴油机不小于 1.5mm。在生产厂或大修时，绝不能使用不合要求的气门，若在中、小修时，气门顶厚度大于 0.5mm 可继续使用。

③ 气门顶及气门杆弯曲的检验。气门杆的弯曲和因气门杆弯曲而造成气门顶部的歪曲偏摆，可用百分表来测定（如图 3-28 所示），将气门杆全部置于 V 形铁块上，用手转动气门杆，并以百分表测量杆部与头部，若气门杆弯曲度超过 0.03mm，或气门头部的摆差超过 0.05mm 时，均应进行校正或修整。

④ 气门杆失圆度和锥形度的检验。测量方法很简单，用外径千分尺测量，同一横截面两互相垂直直径之差即为失圆度；同一纵截面最大与最小直径之差即为锥形度。其失圆度和

锥形度均不得大于 0.03mm。

⑤ 气门杆磨损量的测量。用外径千分尺测量，测量得出最小直径，标准直径与最小直径之差即为磨损量。其磨损量不得大于 0.075mm。

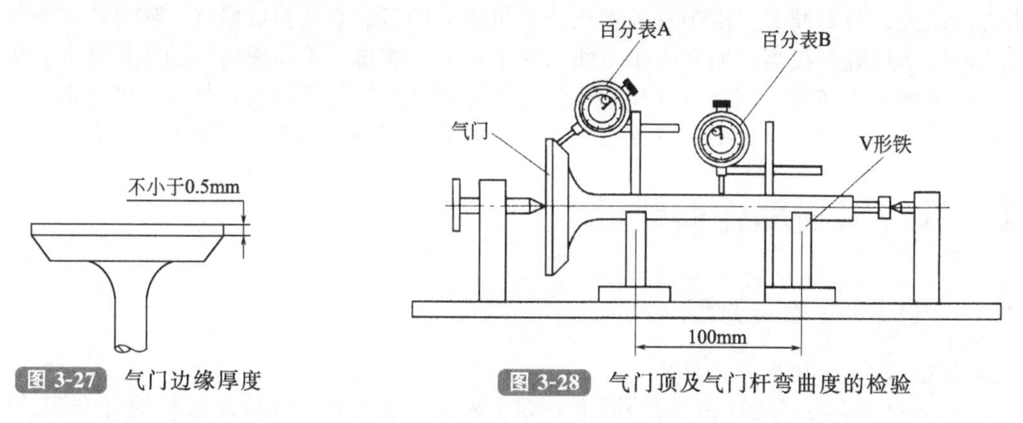

图 3-27 气门边缘厚度

图 3-28 气门顶及气门杆弯曲度的检验

(4) 气门的鉴定与修理

根据气门的测量要求，可把它归纳为以下几点，即气门的鉴定：

① 气门顶及颈部有裂纹、严重爆皮及其头部边缘厚度＜0.5mm 时应做报废处理；

② 气门弯曲度＞0.03mm 或气门头部摆差（径向跳动）＞0.05mm，应进行冷压校正或用软质锤进行敲击校正，无法校正时应更换新件；

③ 气门杆失圆度、锥形度＞0.03mm 时做报废处理；

④ 气门杆磨损量＞0.075mm，应更换或镀铬修复；

⑤ 气门锥形工作面烧蚀、斑点及凹陷轻微时，经研磨修复后可继续使用；

⑥ 气门锥形工作面烧蚀，斑点及凹陷严重时，必须进行光磨修复。

(5) 气门的修磨

气门工作面的修磨，根据设备条件，可采用光磨和锉磨两种办法修复。光磨可在气门光磨机上进行；锉磨可在台钻或车床上用锉刀进行，也可直接用锉刀进行锉磨。

1) 用气门光磨机光磨气门工作面

气门光磨机的结构如图 3-29 所示，其底座上装有纵拖板和横拖板，纵拖板能用手柄做纵向移动，上面安装有电动机和左右两个砂轮；横拖板可用手柄做横向移动，上面安装有气门夹架，由电动机带动旋转。横拖板上附有刻度，当松开夹架上的固定螺栓时，即可调整所需角度的位置。气门光磨步骤如下：

① 检查砂轮面情况，如不平整，应用金刚砂修整。

② 根据气门杆外径选择适当夹芯，将气门端正而稳妥地紧固在夹架上（气门头伸出夹芯的长度以 40mm 左右为宜），并使气门先不要和砂轮接触。

③ 调整气门夹架，使气门的角度与砂轮工作面的角度（30°或 45°）相符，并将紧固螺母旋紧。

④ 光磨：先开动夹架上的电动机，查看气门是否有摇摆现象，气门无摇摆时，再开动砂轮电动机进行光磨。

光磨时，一手转动横向手柄，使气门慢慢向右移动，一手转动纵向手柄，使砂轮渐渐移近气门工作面，在磨的过程中，不要使光磨量过大，并来回转动横向手柄，使气门工作面在砂轮面上左右慢慢移动，以保持砂轮平整，但须注意：气门移动不能超过砂轮面，以防打坏砂轮和气门。光磨后摇退砂轮，关闭电动机。

在光磨时，还应注意：砂轮与气门是在不同的转速下旋转的；应打开冷却液开关，湿磨

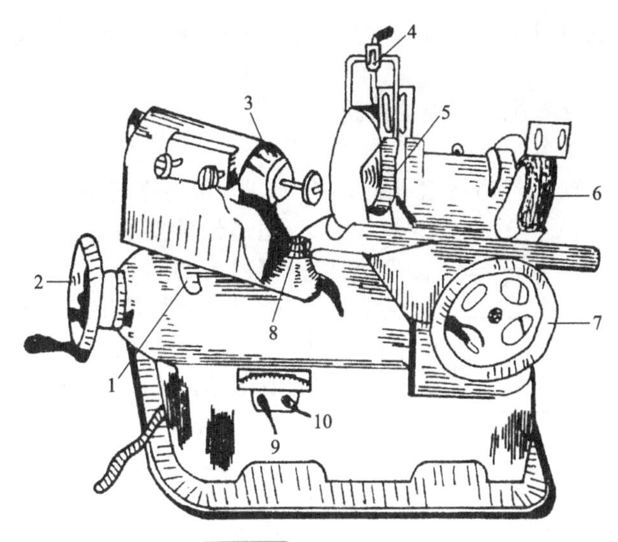

图 3-29 气门光磨机

1—刻度盘；2—横向手柄；3—夹架；4—冷却液开关；5，6—砂轮；
7—纵向手柄；8—夹架固定螺栓；9—夹架电动机开关；10—砂轮电动机开关

用以降低热量及气门工作面的粗糙度。

⑤ 用 00# 砂布磨光气门工作面。

2）用台钻或车床锉磨气门工作面

先将气门夹在台钻夹头（如图 3-30 所示）或车床的卡盘上，开动电动机，用细平锉刀沿气门原来的工作面角度，将麻点、凹陷、斑痕等缺陷锉去，最后在锉刀上包一层细砂布将气门工作面进行光磨。锉磨时，应尽量减少金属的磨销量，以免影响斜面的光洁度，速度也不宜过快，以免出现击打锉刀的现象。锉磨时，如气门头斜面有明显的跳动现象，可能是由于气门固定不当或气门杆弯曲，应重新夹持或校正气门杆。

3）用锉刀锉磨气门工作面

这种方法，是在没有上述设备的情况下进行的。其方法是：用左手拿气门并保持一定的角度，右手拿锉刀进行锉削，边锉边转动气门，使气门四周锉得均匀，最后在锉刀上包一层砂布将气门打光。

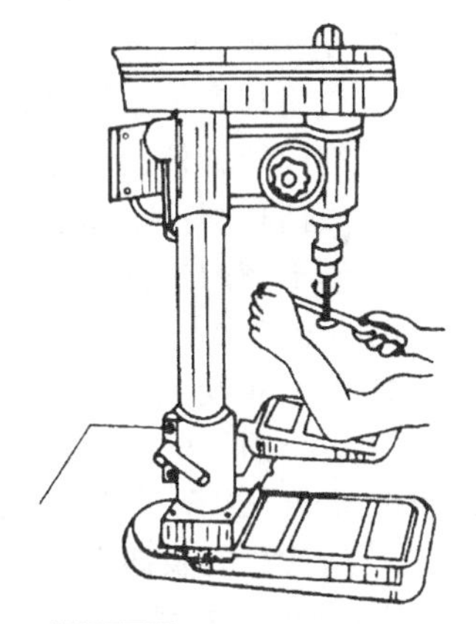

图 3-30 用台钻锉磨气门

由以上气门的修磨工艺可以看出，气门经过修磨，解决了因磨损、烧蚀等使气门关闭不严而漏气的问题。但是经多次修磨后，气门头边缘的厚度会逐渐减小，若气门头边缘的厚度过薄时，在工作中容易产生翘曲现象。因此，当汽油机的气门头边缘的厚度小于 0.5mm，柴油机的气门头边缘厚度小于 1mm 时，应更换气门。

3.2.2 气门导管的检验与修理

（1）常见故障

气门导管的工作条件与气门的工作条件基本相同，其常见故障有：

① 内径磨损：这是气门与气门导管摩擦频繁的结果。

② 外径过盈量消失。

但更常见的故障是前者，它会使气门杆与导管之间的配合间隙过大，加速气门杆与导管的磨损，对气门散热也造成困难。所以，在内燃机大中修时，必须对气门杆与气门导管的配合间隙进行检验与修理。

(2) 气门杆与气门导管配合间隙的检验

1) 测量法

其方法是：将气门置于气门导管孔内，使气门顶高出座口 10mm 左右，并在气缸体的适当位置安装百分表，使其量头触点抵住气门头的边缘，然后将气门头部沿百分表触点方向往复推动（如图 3-31 所示）。百分表上测得的摆差的一半，即是气门杆与导管孔间的近似间隙。进气门为 0.04～0.08mm，排气门为 0.05～0.10mm。

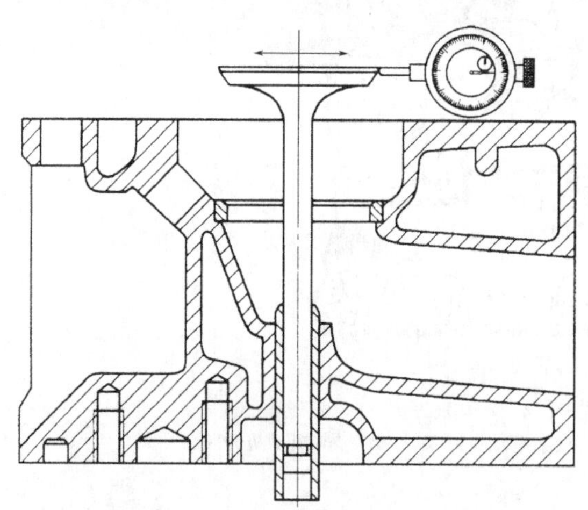

图 3-31 气门杆与导管配合间隙的检查

2) 经验法

① 在气门杆上涂上少量机油，插在导管中，如气门能以本身重量缓缓下降，则间隙为合适。

② 在不涂机油的情况下，用手堵住导管下端，迅速拔起气门，感觉有吸力，则配合间隙合适。

如果间隙超过使用极限时，应选配杆部经过镀铬加大至规定修理尺寸的气门，或更换气门导管，而更多的方法就是更换气门导管，使其配合间隙达到要求。

(3) 气门导管的更换

1) 更换原则

① 气门杆磨损未超过极限，但配合间隙过大，应更换导管。

② 气门导管外圆磨损，配合松动，应更换导管。

③ 气门杆磨损量超过极限应更换气门，同时应对导管进行修配。

④ 新导管的选择，要求导管的内径与气门杆尺寸相适应，其外径与导管座孔的配合应有一定的公盈量。公盈量一般为 0.025～0.075mm，各机型均有具体规定。

2) 导管的更换步骤

① 铳出旧导管。更换导管时，选用与导管内径合适的铳子，把铳子的一端装于导管内，用压床压出，或用手锤铳出旧导管，如图 3-32 所示。

② 清洗导管及座孔。

③ 压入新导管。

a. 压入前，应在导管外壁涂一层机油，锥面朝上（气门头一端），正直地放在导管座孔上，压入或铳入。铳出旧导管或压入新导管时，不能使铳子摆动，避免损坏导管。

b. 压入后，应测量导管上端与缸体（盖）平面的距离，一般为 22～24.5mm，如图 3-33所示。简单的办法就是与拆卸前的导管上端与缸体（盖）平面的距离一致，因此，在拆旧导管时应注意这一点。如是倒立式气门，也可测量气门脚一端的导管至缸盖平面的距离。因为气门导管的深度过深或过浅都不好。装得过深会增加进排气阻力，同时气门升起时气门弹簧或气门锁夹就容易碰到导管下端。当运转时，此处往往易发出一种类似于气门间隙过大的敲击声。严重时常导致零件早期损坏。装得过浅会影响气门和导管的散热效果。过深或过浅都会使气门降不到最低位置，造成气门漏气。

c. 导管更换后，若导管与气门杆间隙过小，可用气门导管铰刀铰削导管内孔（气门导管铰刀如图 3-34 所示）。

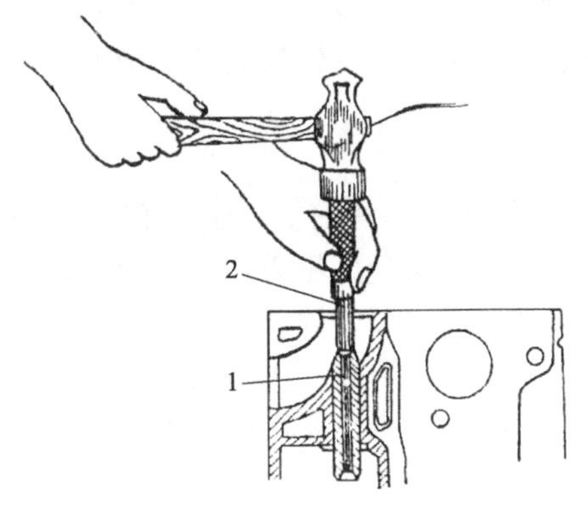

图 3-32　气门导管的拆装方法

1—气门导管；2—铳子

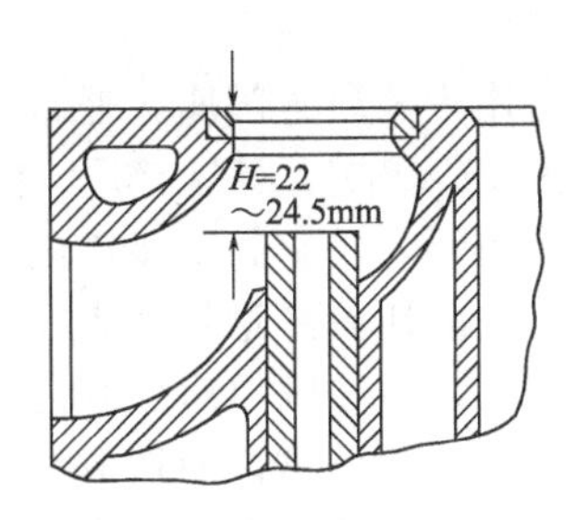

图 3-33　气门导管与气缸体（盖）平面的距离

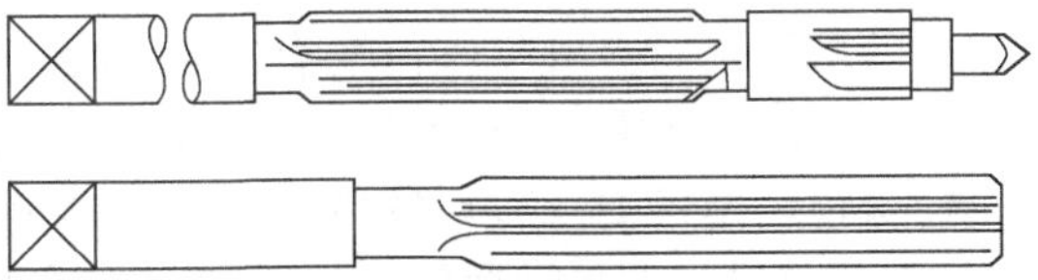

图 3-34　气门导管铰刀

铰削时，应根据气门杆直径大小选择和调整好铰刀，吃刀量不能过大，铰刀要保持平正，边铰削边试配，直至达到合适的配合间隙。在没有气门铰刀的情况下，也可在气门杆上涂细气门砂，插入导管进行研磨，直至符合要求。

3）气门杆的修理

在更换导管的同时，还应修理气门杆。

① 镀铬或镀铁加粗到修理尺寸；

② 当气门杆直径已减小到使用极限时，应更换气门；

③ 当气门杆磨损量超过 0.075mm，而又无修理条件时，应更换气门。

在修理中，有时采用更换气门并同时更换气门导管的方法来恢复规定的配合间隙。经配合好的气门与导管，应在气门头上做出记号，以免错乱。

3.2.3　气门座的检验与修理

（1）气门座的常见故障

① 锥形工作面磨损变宽或产生沟槽。这主要是因为内燃机在工作过程中，气门座反复受到气门的冲击。

② 锥形工作面产生斑点、烧蚀或裂纹。这主要是因为气门座受高温气体的冲刷（特别是排气门）及化学腐蚀作用。

这些故障所产生的后果是气门关闭不严。

（2）气门座的技术鉴定

① 气门座有裂纹或气门座磨损较大，铰削后锥形工作面太低（低于缸盖平面 2mm），均应做报废处理，更换新气门座圈。

② 气门座锥形工作面磨损起槽、麻点或烧蚀轻微，可研磨修复，严重时采用铰削、光磨等方法修复。

（3）气门座的检验

① 检验气门座与气门的接触面宽度。这个宽度，大型低速内燃机要求为 3～4mm，高速内燃机要求为 1.5～2.5mm。宽度过小，则气门与气门座接触差、导热差，甚至漏气；宽

度过大，则容易堆积炭渣和气门关闭不严，使接触面烧蚀而漏气。

② 检查气门座工作面有无烧蚀、斑点、裂纹和沟槽。

气门座锥形工作面经磨损变宽，或锥形工作面烧蚀较严重，出现较深的凹陷沟槽和斑点时，应进行铰削或磨削。

（4）气门座的铰削

铰削适用于软质气门座，通常用如图 3-35 所示的气门座铰刀进行。一副气门座铰刀的角度一般为 15°、30°、45°、75°（或 60°）四种。30°和 45°铰刀又分为粗刃和细刃两种。一般粗刃上带有齿形，用它做初步铰削，当铰削到一定程度时，再用细刃铰刀精加工。

在铰削之前还应注意：因为铰气门座时，是以气门导管为基准的，所以气门导管如需要更换或铰配时，应在气门座铰削之前进行。否则，若先铰削气门座再更换或铰配导管，就可能使座和管的中心偏移，而造成气门无法和座进行配合的后果。

气门座的一般铰削工艺程序如下：

① 选择铰刀导杆。根据气门导管的内径，选择相适应的铰刀导杆，并插入气门导管内，使导杆与气门导管内孔表面相贴合。

② 砂磨硬化层。由于气门座存有硬化层，在铰削时，往往使铰刀打滑，遇此情况时，可用粗砂布垫在铰刀下面进行砂磨，然后再进行铰削。

③ 初铰。先将 45°铰刀（用粗、细刀视情况而定）套在导杆上，使铰刀的键槽对准铰刀把下端面的凸缘，即可进行铰削。铰削时，铰刀应正直，两手用力要均匀、平稳，按顺时针方向旋转铰削。若反时针回刀时，勿用力，以防刀刃磨钝，直至将气门座上的烧蚀、斑点和凹陷等缺陷铰去为止。

④ 试配与修整接触面。初铰后，应用光磨过的相配气门进行试配。其方法是：在气门座锥形工作面上涂以红丹油，放入导管中转动 2～3 圈（勿拍），然后拿出气门观察其接触情况。正常要求是：接触面应在气门工作斜面的中下部，进气门宽度约 1.0～2.0mm，排气门约 1.5～2.5mm，接触面过窄，影响密封和散热，过宽容易积炭，而且不能紧密吻合。气门与气门座的正确接触位置如图 3-36 所示。在气门锥形工作面的中下部，宽度为 1.5～2mm。初铰后的试配，如果接触面偏上，应用 15°铰刀铰削上口，使接触面下移，如接触面偏下，应用 75°铰刀铰削下口，使接触面上移，初铰时应尽量使气门接触面在中下部，应边铰边试配。为了延长气门座与气门的使用寿命，当接触面距气门下边缘 1mm 时，即可停止铰配。

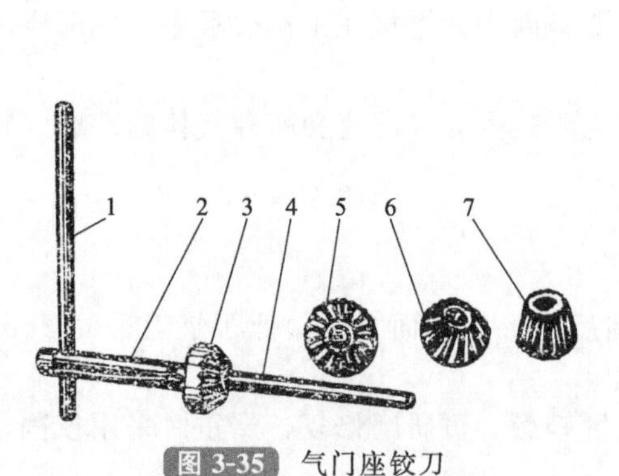

图 3-35 气门座铰刀

1—铰柄；2—刀杆；3—30°铰刀；4—导杆；5—15°铰刀；6—45°铰刀；7—75°铰刀

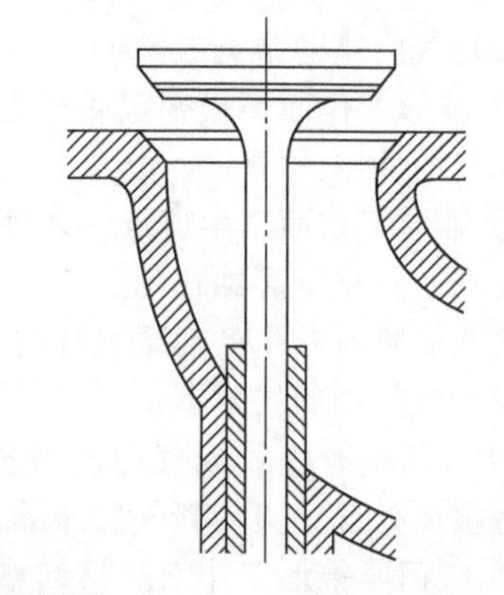
图 3-36 气门与气门座的正确接触位置

⑤ 精铰。最后用 45°（或 30°）的细刃铰刀，或铰刀上垫以细砂布精细地修铰（磨）气

门座工作面，以提高接触面的光洁度。最后再用红丹油进行检查，气门与气门座的接触面应是一条不间断的环形带。

需指出的是：以上方法和要求仅仅是基本的，在铰削中要根据气门座的具体情况灵活处理。在修理中，有时会遇到气门座宽度已铰合适，但接触面太靠上的情况，这时如果用15°铰刀铰上口时，将会产生接触面变窄的新问题。如果为了解决这一新问题，就用45°（或30°）铰刀进行铰削，则气门座的口径将会扩大，这将导致接触面向上移。因此，在这种情况下，虽然接触面太靠上，但只要接触面距气门工作面还有1mm以上，则允许使用，否则就要更换气门或重新镶配气门座圈。

按要求接触面最好在中间稍靠下为好，但在修理中，有时受座和气门技术条件的限制或考虑今后的再次修理，就不一定强求，一般靠上在1mm和靠下在0.5mm以内也是可以工作的。这里还要说明的一点是，气门的锥形工作面的角度，虽然大部分机型的进、排气门是45°角，但也有的是30°角，所以在铰削气门座时，一定不能弄错。

气门座的铰削顺序如图3-37所示。

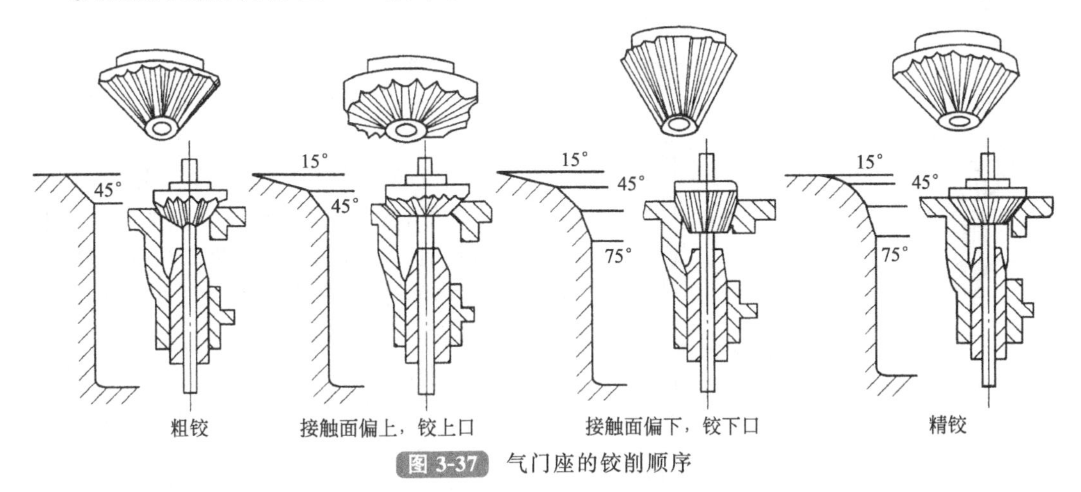

图3-37 气门座的铰削顺序

（5）气门座的磨削

磨削适用于硬质气门座。磨削时使用的是电动光磨机。用光磨机光磨气门座的顺序与铰削气门座的顺序基本相同，不同的是：光磨机用不同角度的砂轮代替了铰刀，用手电钻式的电动机代替了手铰削（或以压缩空气为动力的风动砂轮机来修磨气门座）。用光磨机修理气门座速度快、光洁度好、质量高，特别是用于修磨硬质度高的气门座，效果更好。因此现在很多修理单位采用了电动光磨机进行光磨气门座。如图3-38所示。

气门座磨削的操作要点如下：

① 选择和修整砂轮：根据气门座工作面的角度，选择合适的砂轮，并在砂轮修整器上，按工作面角度的要求，修整砂轮工作面。

② 安装：将修整好的砂轮安装在磨光机的端头上。然后在气门导管内装上与导管内径相适应的导杆，用导杆手柄旋动导杆使弹簧涨圈扩张加以固定，并滴上少许机油。

③ 光磨：打开电动机开关进行光磨，光磨时：a. 电动机要保持正直平稳，向下施以轻微的压力；b. 光磨时间不宜过长，要边磨、边检查、边试配；c. 停止操作时，应先关闭电动机开关，待砂轮停止转动后再取出，检视其接触面情况。

气门座圈经多次的铰、磨削后，其口径会逐渐扩大，使工作面下陷，到一定程度后，则会影响充气效率和降低弹簧的张力，同时将会产生气门与气门座接触面过于偏上而无法下移的现象。当气门座的工作面低于气缸体平面1.5mm（指配气机构装置是下置式的机器，如

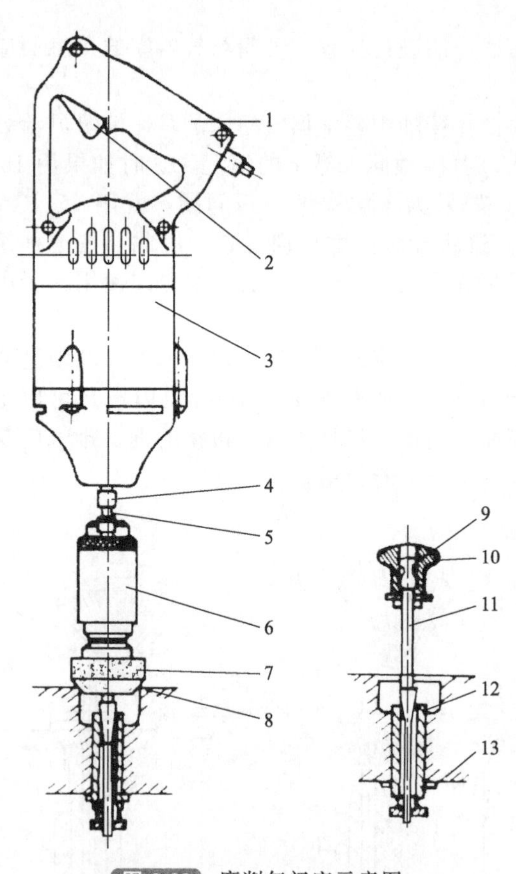

图 3-38　磨削气门座示意图

1—电动机手柄；2—电动机开关；3—电动机；4—套圈；5—六角头；6—磨头；7—砂轮；8—气门座；9—螺钉及螺母；10—导杆手柄；11—导杆；12—气门导杆；13—弹簧涨圈

汽油机一般都是气门座圈装在气缸体上的)，或符合要求的气门头装入气门座内下沉量超过允许值时，以及气门座严重烧蚀等，都应重新镶配新的气门座圈。

(6) 气门座的镶配

1) 拉出旧座圈

如图 3-39 所示，可用锥形弹簧圈或拉爪拉出原气门座圈。

2) 选用新的气门座圈

选用新的气门座圈时，先用平面铰刀修整座孔，底座应平整；失圆度和锥形度均不超过 0.015mm，内壁应光滑，气门座圈与缸体的配合过盈量一般为 0.07～0.17mm，以保证较好的传热和稳固性。

3) 将座圈压入座孔内

① 冷缩座圈法：将座圈放入冷却箱中，从盛有压缩 CO_2 的储气瓶内放出 CO_2 气体，使座圈温度降低到零下 70℃左右。或将气门座圈用冰箱冷缩，然后将座圈涂以甘油与黄丹粉混合的密封剂，垫以软金属，将座圈迅速地压入。

② 热膨胀座圈孔法：一般将座孔加温到 100℃左右，然后将座圈涂以甘油与黄丹粉混合的密封剂，垫以软金属，将座圈迅速地压入。

座圈镶入后，应检查、修正座圈高出的部分，使其与气缸体上平面平齐。座圈与气门导管轴心线应一致，其偏差不得超过 0.05mm，然后经铰削或光磨，与气门配合。

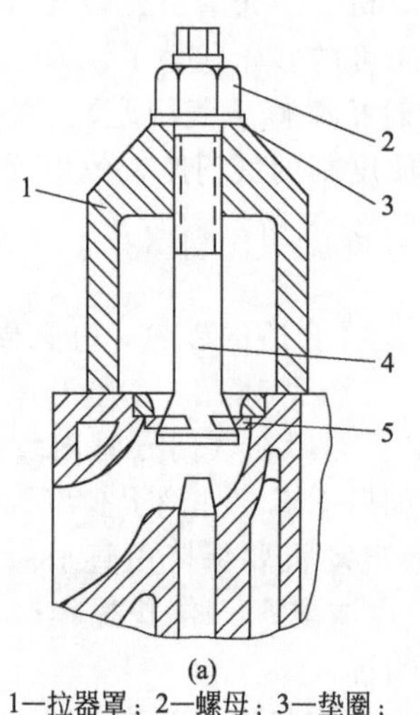

(a)

1—拉器罩；2—螺母；3—垫圈；4—拉杆；5—弹簧圈

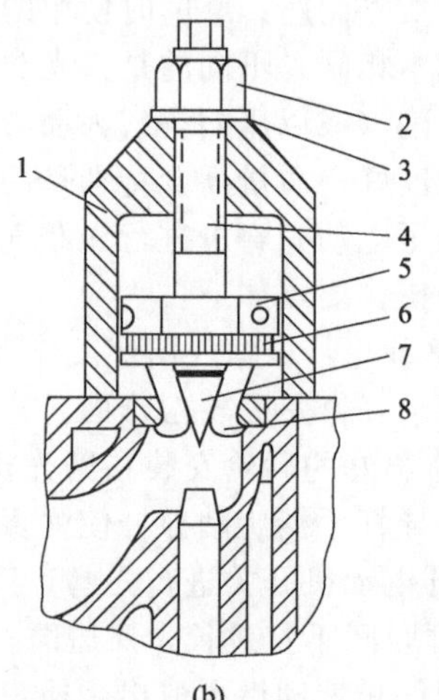

(b)

1—拉器罩；2—螺母；3—垫圈；4—螺杆；5—装拉爪的螺母；6—弹簧；7—锥体；8—拉爪

图 3-39　气门座圈拉钳

3.2.4 气门的研磨

(1) 研磨时机

① 气门漏气或有轻微的斑点和烧蚀时；

② 更换了气门、气门座和气门导管时。

由此可知，在维修中气门的研磨工作是经常遇到的，作为维修人员来讲，必须掌握这一工序的操作技能。

(2) 研磨方法

气门的研磨方法有机动研磨和手工研磨两种。机动研磨法主要适用于内燃机生产厂和大的维修机械厂。其原因有二：一是气门研磨机价格较高；二是生产厂和大的维修机械厂研磨的气门数量多，用研磨机研磨气门，可提高生产效率。而手工研磨主要适用于小的维修和使用单位。所以对一般的使用维修者而言，主要掌握手工研磨法。

手工研磨气门的步骤：

① 清洁气门、气门座及气门导管。

② 在气门斜面上涂一层薄薄的粗研磨砂（不宜过多，以免流入导管内），同时，在气门杆上涂上润滑油，将气门杆插入导管内。若气门与气门座均经过光磨，可直接用细砂。

③ 用橡胶碗吸住气门头，使气门往复旋转进行研磨，如图 3-40(a) 所示；若没有橡胶碗，气门顶有凹槽的，可在气门杆上套一根软弹簧，用起子进行研磨，如图 3-40(b) 所示。

研磨气门时应注意：a. 在研磨中要使气门在气门座内朝一个方向转动，应不时提起和转动气门，变换气门与座的相对位置，以保证研磨均匀；b. 研磨时不应过分用力，也不要提起气门用力在气门座上撞击敲打，否则会将气门工作面磨宽或磨成凹形槽痕。

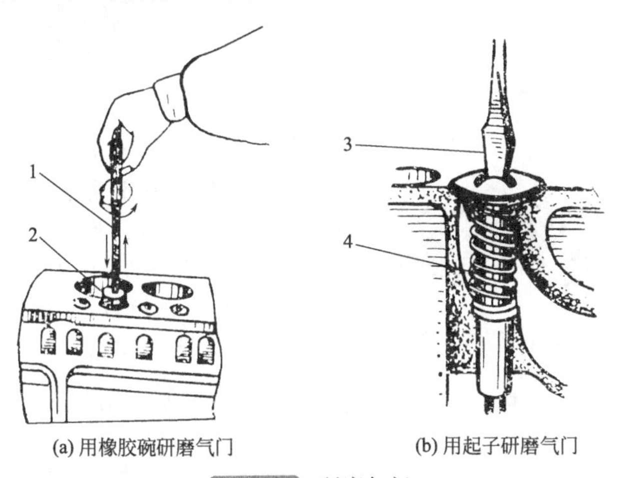

(a) 用橡胶碗研磨气门　　(b) 用起子研磨气门

图 3-40 研磨气门

1—木柄；2—橡胶碗；3—起子；4—弹簧

④ 当气门工作面与气门座工作面磨出一条较整齐而无斑痕、麻点的接触环带时，将粗研磨砂洗去，再换用细研磨砂研磨。

在研磨过程中，要注意检查气门的接触情况：若接触面太靠上，砂要点在接触面的上面，将接触面往中间赶；如果接触面太靠下，砂要点在下面，将接触面往中间赶；如果接触面在中间并基本适合要求时，可在接触面的上下两处点砂，以便能迅速磨出接触面来；如果接触面宽度太窄，砂要点在中间，以增大接触面。

⑤ 当气门头部工作面磨出一条封闭的光环时，再洗去细研磨砂，涂上润滑油，继续研

磨几分钟即可。

气门工作面的宽度应按原厂规定，无原厂规定时，一般进气门为 1.00～2.00mm；排气门为 1.50～2.50mm。

(3) 气门与气门座密封性的检验

检验气门与气门座密封性通常有以下四种方法：

① 凭眼睛观察研磨的程度。磨好的气门，接触面应呈现出一条均匀封闭的光环。接触面宽度，一般进气门为 1.5～3mm，排气门为 2～3mm。

② 铅笔画线法。用软铅笔在气门工作面上均匀地（约每隔 4mm 画一条线）画上若干道线条。与相配气门座工作面接触，并转动气门 1/8～1/4 圈，然后取出气门检查用铅笔画的线条，如图 3-41 所示。如铅笔线条均被切断，则表示密封良好，若有的线条未断，则表示密封不严，需重新研磨。

③ 浸油法。将磨好的气门装入座内，加入少许汽油或柴油，如图 3-42 所示。若 5min 内气门与座之间没有渗漏现象，则表示气门密封良好。

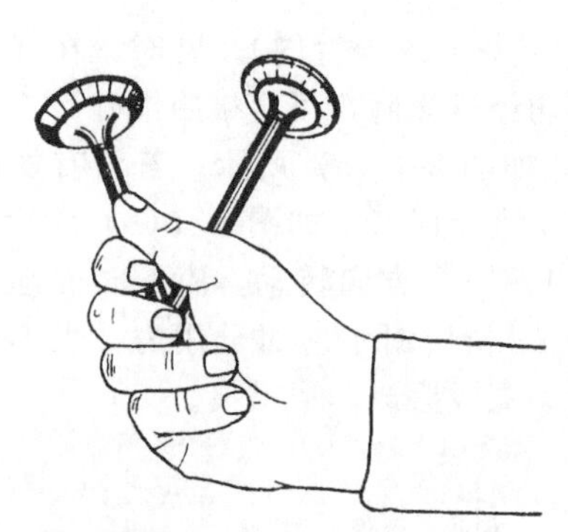

图 3-41 画线法检查气门密封性

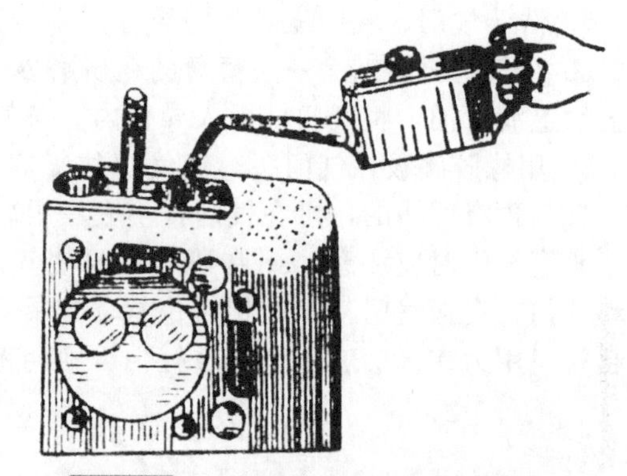

图 3-42 用注油法检查气门的研磨质量

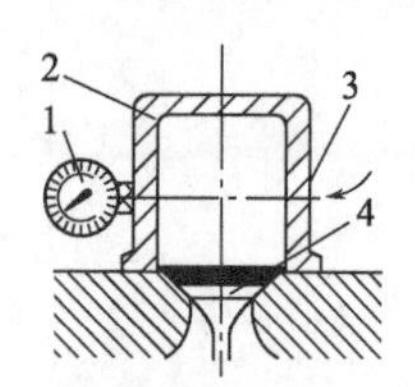

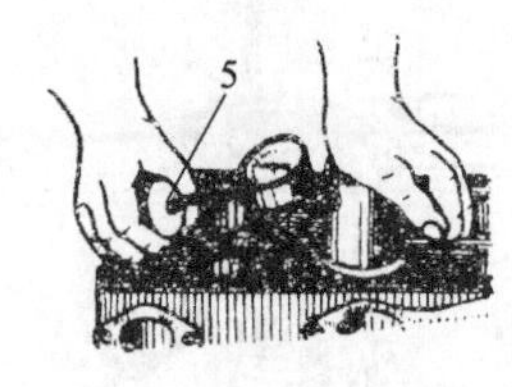

图 3-43 用检验器检查气门的密封性

1—气压表；2—空气室；3—进气孔；4—气门；5—橡胶球

④ 用专用仪器检查。用带有气压表的专门检验气门密封性的检验器检查。检查时，先将空气容筒紧密地压在气门座缸体上，再捏橡胶球，使空气容筒内具有 0.6～0.7kgf/cm^2 的压力，如果在 30s 内，气压表的读数不下降，则表示气门与座密封性良好（见图 3-43）。

3.2.5 气门弹簧的检验与修理

(1) 气门弹簧的常见失效形式及其原因

气门弹簧的常见失效形式有四种：①自由长度缩短；②弹力不足；③簧身歪斜变形；④折断。

所有这些失效形式，主要是因为气门弹簧经过长期使用后，由于受力压缩产生塑性变形，促使弹性疲劳而造成的。

气门弹簧自由长度缩短和弹力不足都将影响配气的正确性和气门关闭的密封性。歪斜变形或折断，不仅影响内燃机的正常运转，而且在顶置式的气门装置中，还会发生气门掉入气缸，造成机器损坏等严重事故。

尤其是气门弹簧的折断，我们平时更应注意，它除了有弹性疲劳而造成的原因外，还与弹簧的质量和曲轴箱的通风性有关。另外，不等距的弹簧如果装颠倒了，惯性力和振动会大大增加，也能很快使弹簧折断。

(2) 气门弹簧的检验

① 气门弹簧不允许有任何裂纹或折断。

② 气门弹簧的自由长度及在规定长度内的相应压力，应符合原生产厂的规定。当气门弹簧的弹性减弱而钢丝直径尚未磨损减少时，允许整理长度后经热处理修复。

③ 一般自由长度的缩短不得超过 3mm，弹力减弱不得超过原规定的 1/10，弹簧端面与中心线的垂直度不得超过 2°。

至于气门弹簧的弯曲和扭曲变形的检验方法如图 3-44 所示，将弹簧放在平板上以 90°角直尺检查，如果超过 2°，就应更换。当有不明显的变形而钢丝直径尚未磨损减小时，允许整理长度后热处理修复。

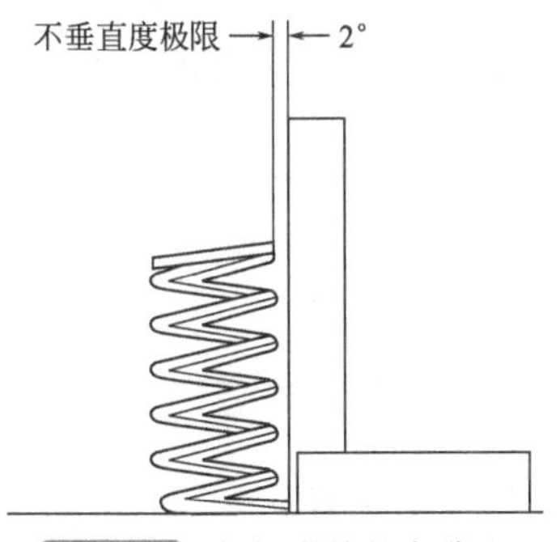

图 3-44 气门弹簧的弯曲和扭曲变形的检验

气门弹簧的自由长度可用钢板尺测量，或者与新弹簧比较，看其是否合乎规定。

气门弹簧的自由长度和弹力的大小，可用气门弹簧试验器检验，如图 3-45 所示，按规定把弹簧压至一定长度，观察其压力是否合乎规定。如果将弹簧压缩至适当长度后，其压力较规定数值显著减低，表示弹簧已经失去正常弹性，应根据情况更换新弹簧。

若没有气门弹簧试验器，也可采用一种简便方法进行检验，如图 3-46 所示，取一标准弹力的弹簧与要检查的弹簧各一只，在中间垫一块铁片，一起夹在台虎钳上，在台虎钳上压缩，比较长短，正常情况下，$a=b$，但如果 b 远远小于 a，就表示弹性太差，应更换新的。

在缺乏器材的情况下，若气门弹簧因弹性减弱，自由长度缩短而无新件更换时，也可以用加垫圈的方法，使之达到应有的弹性，但在加垫圈后必须进行检查，当凸轮顶起挺杆压缩弹簧至最高点时，要求弹簧的圈与圈之间仍有一定的间隙，否则会顶坏凸轮、挺杆等，造成不应有的损失。所以，规定所加垫圈的厚度不得超过 2mm。

弹力减弱或自由长度缩短的气门弹簧可采用适当的方法进行修理。

(3) 气门弹簧的修理

气门弹簧的修理，常用的有两种方法：冷作法和热处理法。

① 冷作法。如图 3-47 所示，把弹簧套在圆轴上（圆轴的外径要与弹簧的内径相适应），再将弹簧的一端与圆轴一起夹在车床卡盘上，在车床的刀架上固定一个移动杆，在移动杆头部锉出较弹簧钢丝直径稍大的凹槽，使弹簧嵌入槽内，借刀架将其压紧，慢慢转动卡盘，每转一圈，移动杆移动的距离要比弹簧圈距大 1～2mm。在转动弹簧的同时，用小手锤轻轻地连续敲击弹簧，使弹簧金属表面硬化，从而增加其弹性。使用这种方法修复的弹簧，使用的时间较短，因此，在不得已的情况下才使用。一般来说，还是更换新弹簧为佳。

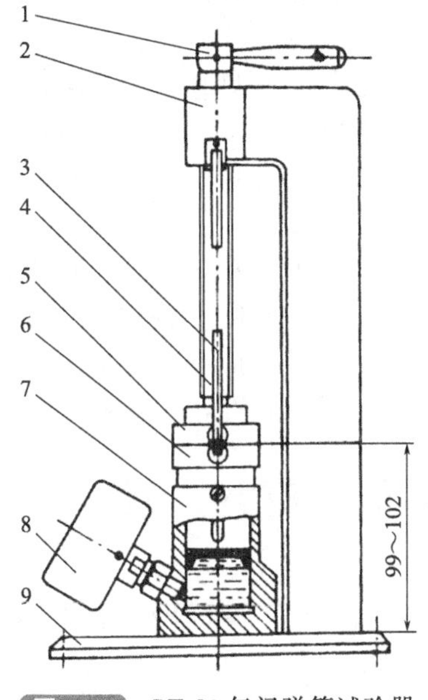

图 3-45 GT-80 气门弹簧试验器
1—手柄；2—支架；3—标尺；4—丝杠；5—上工作台面；6—下工作台面；7—油缸；8—压力表；9—底座

② 热处理法。将气门弹簧放在四周塞满铸铁铁屑的厚

铁皮箱内（铸铁屑可以防止弹簧表面氧化），在炉内加热至925℃左右，保温约1h后，将铁皮箱取出，在空气中冷却，然后将气门弹簧取出套在修复夹具的芯轴上，连同芯轴装入夹具的柜架内。柜架是由6mm厚铸铁板制成的，并按新气门弹簧的螺距切成槽穴。将套有气门弹簧的芯轴压入槽穴内，再将气门弹簧连同夹具加热至810℃左右，然后油淬，再加热至310℃后在空气中冷却，此时硬度应为41～42RC。

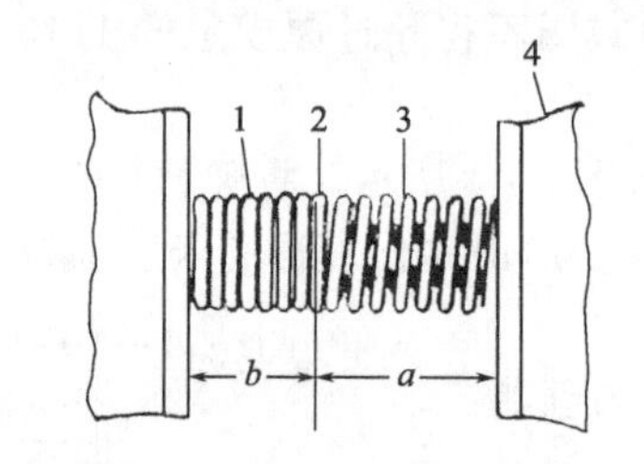

图3-46 新旧弹簧比较法检查弹簧弹力
1—试验弹簧；2—隔板；
3—标准弹簧；4—台虎钳

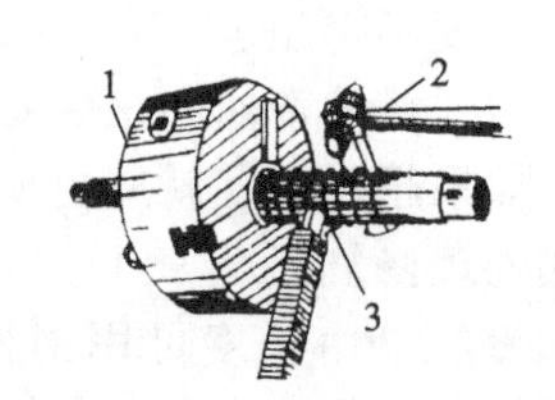

图3-47 冷作法修复气门弹簧
1—卡盘；2—手锤；3—弹簧

3.2.6 气门弹簧锁片和弹簧座的检验与修理

(1) 技术要求

① 气门弹簧锁片紧固在气门杆上时，其外圆锥面与座的锥孔应紧密接触；

② 两锁片的端面平面，应低于座圈2.5mm；

③ 气门弹簧锁片紧固在气门杆上，分开面每边应有0.5mm以上的间隙；

④ 两锁片的高低之差在0.3mm以内。

(2) 检验（技术鉴定）

① 检查两锁片内外表面及座锥孔有无明显磨痕及损伤，有则更换。

② 测量或对比，若两锁片高低之差超过0.3mm，应更换一致的。

③ 若两锁片分开面间隙已经消失，应更换。

④ 若锁片只有一头和座接触，机器工作时，锁片会因单头张开使它和气门杆都磨坏，甚至使锁片跳出，因此应更换。

⑤ 若锁片片面凸筋有磨损，应更换。

(3) 修理

① 若两锁片分开面间隙过小或消失，以及两片高低不一致，可用锉刀锉，但内、外表面要完好，外锥面与座要配合好。

② 若接触面不严密或有毛刺，应打掉磨光。

③ 其他情况，一般应更换新件。

3.3 气门传动组零部件的维修

3.3.1 气门挺杆和导孔的检验与修理

工作中，由于气门挺杆不仅做上下的直线运动，而且还做旋转运动，因此，气门挺杆的杆身和球面（或平面），必然要产生自然磨损。气门挺杆在工作中，虽然因受到压缩而产生压缩应力，但由于杆身粗而短，所以一般不容易产生弯曲变形。不过，由于长期工作，磨损仍然是不可避免的。

（1）常见失效形式

① 气门挺杆与导管或导孔发生摩擦面磨损（柱面磨损），使之配合间隙上升。

② 柱底面磨损、拉伤或疲劳剥落。

（2）检验与修理

① 气门挺杆与导孔的配合间隙，一般为0.03～0.10mm，最大不得超过0.15mm。经验的检查方法是：用拇指将挺杆向导孔推入时应稍有阻力，再提起少许用手摇晃时，无旷动的感觉。如果配合间隙超过0.10mm，可用电镀加粗并铰孔以恢复其配合尺寸。

② 挺柱底面磨损不平或球面有磨痕时，可用细纱布、研磨砂或油石研磨，也可以用磨光机消除不平面恢复其原有形状。

3.3.2 推杆和摇臂的检验与修理

（1）推杆

推杆的常见失效形式有两种：

① 杆身弯曲：用铁锤打直；

② 上端凹坑及下端球头磨损：一般采用堆焊或更换的方法修复。

（2）摇臂

摇臂的常见失效形式也有两种：

① 摇臂压头磨损成凹坑形状。一般而言，气门摇臂的撞击表面应凸出4.2mm，磨损后，最低也不得低于3.2mm，如果过低，则应进行堆焊，并对其进行必要的表面热处理。

② 摇臂孔衬套及轴磨损。摇臂孔衬套和摇臂轴的配合间隙一般在0.025～0.065mm范围内。如果磨损过大，配合间隙超过使用极限，则应将轴镀铬加粗，并磨至标准尺寸，然后重新配衬套。若轴颈没有明显磨损而衬套磨损较严重时，可以不磨轴颈，而更换新衬套，然后按轴的尺寸搪孔或铰孔至相应尺寸，得到合适的配合间隙。

3.3.3 凸轮轴和正时齿轮的检验与修理

（1）凸轮轴和正时齿轮的常见失效形式

① 凸轮轴的常见失效形式有三种：凸轮的磨损；轴颈及轴承的磨损；轴线弯曲。

② 正时齿轮的常见失效形式有两种：牙齿磨损；牙齿断裂。

（2）凸轮轴和正时齿轮失效的原因分析

凸轮轴的结构特点（长而细）和工作特点（周期性地承受不均匀的负荷）促使它在工作中发生轴颈和轴承的磨损、失圆和整个轴线的弯曲；凸轮与配气机件的相对运动，使凸轮外形和高度受到磨损。由于轴承磨损松旷，将加剧轴线的弯曲。轴线的弯曲又将促使油泵齿轮、正时齿轮及轴颈和轴承的磨损，甚至会造成齿轮工作时的噪声和牙齿断裂，气门挺柱球面转动不灵活，加速凸轮的磨损，使轴颈的失圆度和锥形度超过公差等。

但一般来说，由于凸轮轴的受力不大，它的磨损速度是缓慢的，通常在内燃机两三个大修周期（甚至更长时间）才达到允许使用极限。但是，这些磨损会影响配气机构工作的准确性，并给气门杆端和挺柱间的间隙调整带来困难，因此，在内燃机大修时，应对凸轮轴、凸轮、凸轮轴承、正时齿轮等进行认真的检验。

（3）凸轮轴的检验

① 凸轮轴弯曲度的检验（如图3-48所示）。其方法是将凸轮轴安装于车床顶针间或以V形铁块安放于平板上，以两端轴颈作为支点，用百分表检查各中间轴颈的摆差。如最大弯曲度超过0.025mm（即百分表读数总值为0.05mm）时，应进行冷压校正。当轴有单数支承轴颈时，测中间轴颈；当轴有双数支承轴颈时，则测中间两个轴颈。

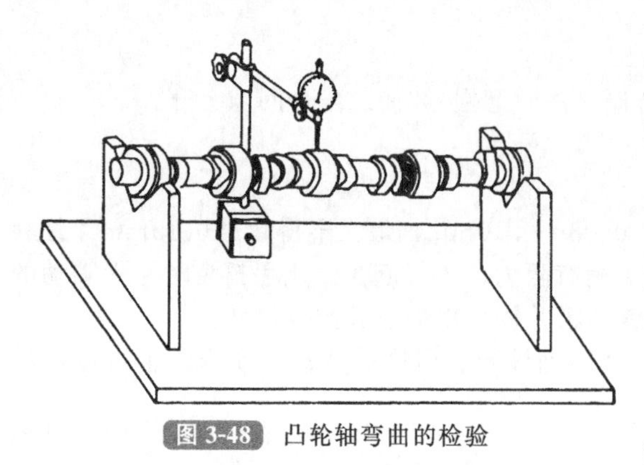
图 3-48　凸轮轴弯曲的检验

② 凸轮的检验。凸轮的检验，可用标准样板或外径千分尺测量，凸轮顶部的磨损超过 1mm 时，应予以堆焊修复。而且，凸轮尖端的圆弧磨损不应超过允许限度。

③ 凸轮轴轴颈的检验。凸轮轴轴颈的失圆度及锥形度误差应不大于 0.03mm，轴颈磨损量应不大于 1mm。

（4）凸轮轴的修理

① 凸轮轴轴颈的修理。凸轮轴轴颈磨损有两种修理方法：一种是压入在气缸体承孔内的可拆换的凸轮轴承，这种凸轮轴比较普遍，可磨小轴颈尺寸和配用相应尺寸的凸轮轴承，其修理尺寸一般分为四级，每级缩小 0.25mm，分别为 0.25mm、0.50mm、0.75mm、1.00mm，通常在磨床上进行；另一种是凸轮轴直接在气缸体承孔内旋转，则修理轴颈时，应用镀铬加粗，然后磨削至标准尺寸或修理尺寸再配合。

② 凸轮的修理。凸轮的表面如有击痕、毛糙及不均匀的磨损时，应用凸轮轴专用磨床进行修整，或根据标准样板予以细致的修理。凸轮高度因磨损减小至一定限度时（它的允许限度决定于凸轮渗碳层的厚度，一般不超过 0.50～0.80mm），应在专用的靠模车床或凸轮轴专用磨床上进行光磨。如果磨损过大，可进行合金焊条堆焊（如采用普通焊条时，焊后需渗碳并经热处理），然后按样板进行光磨，恢复原来的几何形状。在堆焊时为了避免受热变形，可将凸轮轴置于水中，仅将施焊部分露出水面。凸轮顶端具有锥度的，如锥度消失或不符合规定时，应予以修复。

③ 其他部位的修理。凸轮轴装正时齿轮固定螺母的螺纹如有损伤，应堆焊修复或更换新件。正时齿轮键与键槽须吻合，如有磨损应换新键。机油泵驱动齿轮的轮齿磨损，其齿损超过 0.50mm 时，应予堆焊修复。偏心轮表面磨损超过 0.50mm 时，应予修复。驱动齿轮及凸轮因磨损过大或有断裂等情况时，则应更换凸轮轴。

（5）凸轮轴轴承的修配

凸轮轴轴承与轴颈的配合间隙，一般为 0.03～0.07mm，最大不得超过 0.15mm。超过 0.15mm 时，则应修理或更换。

在大修内燃机时，凸轮轴轴承一般都要重新修配。轴承的修配方法和曲轴轴承一样，常用的有搪配和刮配两种方法。由于刮配的方法不需要专用设备，因此，在一般修理单位普遍采用。其刮配的具体步骤为：

① 根据凸轮轴轴颈的修理尺寸，选择同级修理尺寸的轴承。

② 刮配。刮配后轴承内径的尺寸应相当于轴颈尺寸＋轴承与轴颈的配合间隙（一般为 0.03～0.07mm）＋轴承与座孔的公盈量（一般为 0.015～0.02mm）。

刮配轴承时，其刮削厚度应尽量均匀，保证刮削后的轴承与座孔以及各轴承的中心线重合，在轴承未压入座孔前，应与轴颈试配，其配合应稍有松动，配合间隙以在轴承与轴颈之间加以厚薄规（其厚度等于轴承与座孔的公盈量＋轴承与轴颈的配合间隙），拉动轴承应稍有阻力为合适。因为，将轴承压入座孔后，由于轴承变形，内径缩小，一般来说内径的缩小尺寸相当于轴承与座孔的过盈量，所以，这样可以基本达到所需的配合间隙。

③ 将轴承压入座孔内，压入时应对准轴承，防止把轴承打毛。

④ 将凸轮轴装入轴承内，转动数圈，试看接触情况，并加以适当修刮，要求其接触面较好。检验其配合紧度的经验方法是：用手扳动正时齿轮，凸轮轴能转动灵活，沿径向移动

凸轮轴时，应没有明显的间隙感觉。

(6) 正时齿轮的检验与修理

凸轮轴上的正时齿轮工作过久会磨损，使齿隙变大，在工作中会产生噪声。当它们的配合间隙，胶木的大于 0.20mm（钢铁的大于 0.15mm）时，需更换齿轮。其最小齿隙，以装配时能用手推进，并转动轻便为宜。经验证明：有些齿轮更换后，虽配合间隙符合要求，但由于啮合不好，往往噪声很大，须走合一段时间才能消除。因此，如果原来正时齿轮的间隙稍大，只要噪声不大，还可继续使用。

正时齿轮的齿面应光洁，无刻痕和毛刺。沿节圆弦上规定齿高处的齿厚磨损不应超过 0.25mm。齿轮内孔磨损应在规定允许限度内；如无规定，一般应不超过 0.05mm。键槽宽度应在规定的允许限度内；如无规定一般不应超过 0.08mm。当超过上述各项允许限度后，除键槽容许在与旧键槽成 120°位置另开新键槽外，其余均不应使用。

(7) 凸轮轴轴向间隙的检查

凸轮轴轴向间隙，一般是以止推突缘与隔圈的厚度差来决定的。

凸轮轴的轴向间隙：汽油机一般为 0.05～0.20mm，不得超过 0.25mm；柴油机一般为 0.10～0.40mm，不得超过 0.50mm。

凸轮轴颈长期工作后，因磨损会使其间隙增大，造成凸轮轴的轴向移动，这不仅影响配气机构的正常工作，同时还会影响凸轮轴带动机件的正常工作。所以，在维修机器中，不能忽视这一间隙的检查与调整。

检查方法如图 3-49 所示。用厚薄规进行测量，若间隙超过规定值，应更换止推突缘，或在止推突缘端面重新浇铸一层锡基轴承合金，以达到正常间隙。

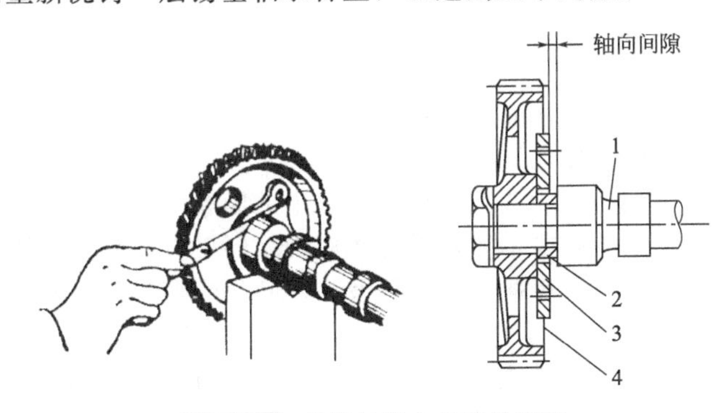

图 3-49 凸轮轴轴向间隙的测量

1—凸轮轴；2—隔圈；3—止推突缘；4—正时齿轮

3.4 废气涡轮增压器的维修

国产 135 增压柴油机 J11 系列废气涡轮增压器的结构如图 3-50 所示。涡轮部分包括径流式涡轮转子轴、涡轮壳等；压气机部分包括压气机壳、压气机叶轮等。这两个部分分别设在中间壳的两端。压气机叶轮用自锁螺母固定在涡轮转子轴上，转子轴由设在中间壳两端的浮动轴承支承。两叶轮产生的推力由设在中间壳压气机端的推力轴承承受。压气机壳、涡轮壳分别与柴油机的进、排气管连接。中间壳内还设有润滑和冷却浮动轴承及推力轴承的润滑油路。润滑油来自柴油机的润滑系统，经过专门滤清后进入中间壳体上的进油孔，通过增压器轴承，经中间壳的回油腔，流回柴油机的油底壳。在涡轮和压气机叶轮内侧设有弹力密封环，起封油封气作用。下面，我们以国产 135 增压柴油机 J11 系列废气涡轮增压器为例讲述其拆卸、清洗、检查和装配的具体方法。

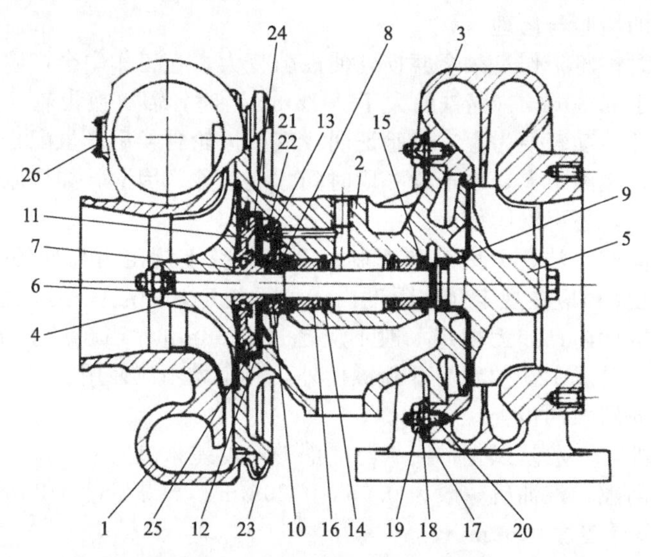

图 3-50 J11系列废气涡轮增压器纵剖面

1—压气机壳；2—中间壳；3—涡轮壳；4—压气机叶轮；5—涡轮转子轴；6—自锁螺母；7—轴封；8—推力片；9—弹力密封环；10—隔圈；11—气封板；12—挡油板；13—推力轴承；14—弹簧卡环；15—推力环；16—浮动轴承；17—涡轮端压板；18，21—止动垫片；19—螺母；20—双头螺栓；22—螺栓；23—V形夹箍总成；24—O形橡胶密封圈；25—孔用弹性挡圈；26—铭牌

3.4.1 废气涡轮增压器的拆卸

在拆卸前可将压气机壳 1、中间壳 2 及涡轮壳 3 三者的相互位置做好标记，以便在装配时安装到原始位置。拆卸过程按如下步骤进行。

① 分别松开压气机壳 1、涡轮壳 3 与中间壳 2 上的固紧件，取下两只壳体。若两只壳体与中间壳配合较紧时，可用橡胶或木质槌沿壳体四周轻轻敲打，取下壳体时要细心，不能使壳体在轴线方向上产生倾斜，以免碰上压气机及涡轮叶片的顶尖部分或碰毛壳体相应的内侧表面。

② 将涡轮转子轴 5 和叶轮出口处六角凸台夹在台虎钳上，识别或做好自锁螺母 6、涡轮转子轴 5 及压气机叶轮 4 相互位置的动平衡标记（如图 3-51 所示）。松开自锁螺母 6 并将其拧下，将压气机叶轮 4 从涡轮转子轴上轻轻拔出。若拔不出，则可将附有转子的中间壳从台虎钳上取下后，倒置过来，将压气机叶轮部分浸没在装有沸水的盆内，稍待片刻后即可将叶轮从转子轴上顺利取下。

③ 取出压气机叶轮后，用手托住涡轮叶轮，把附有涡轮转子轴的中间壳从台虎钳上取下置于工作台上。用手轻轻压涡轮转子轴在压气机端的螺纹中心孔端面，取出涡轮转子轴。取出转子轴时应十分小心，切不可将转子轴上螺纹碰及浮动轴承 16 内孔表面。

④ 用圆头钳取下中间壳内压气机端的孔用弹性挡圈 25，并用两把起子取下压气机端气封板 11（如图 3-52 所示），并从中间壳上取出挡油板 12、压气机端推力片 8 和隔圈 10，再从压气机端气封板中压出轴封 7，然后在手指上套上两个用细铁丝做成的圆环，取出轴封上的两个弹力密封环 9。

⑤ 用平口起子压平推力轴承 13 上锁片的翻边，先拧下 4 只六角螺栓，然后取出推力轴承及另一片推力片。

⑥ 用尖头钳取出压气机端轴承孔中弹簧卡环 14，再从轴承孔中取出推力环 15 及浮动轴

承 16，然后仍在压气机端方向用尖头钳从轴承孔中取出该浮动轴承另一端的弹簧卡环。但要特别注意不要使弹簧卡环擦伤轴承孔的表面。

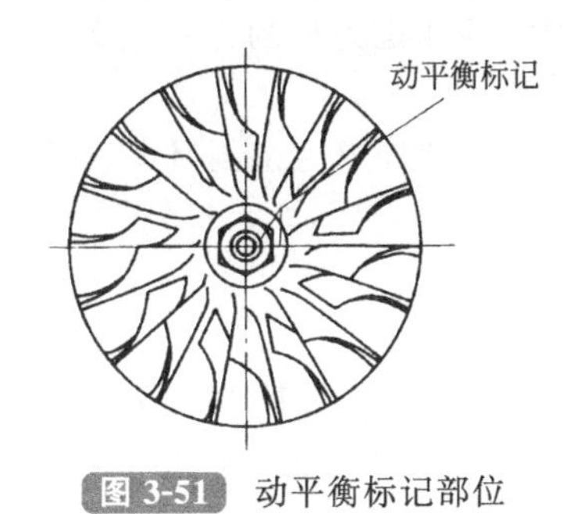

图 3-51 动平衡标记部位

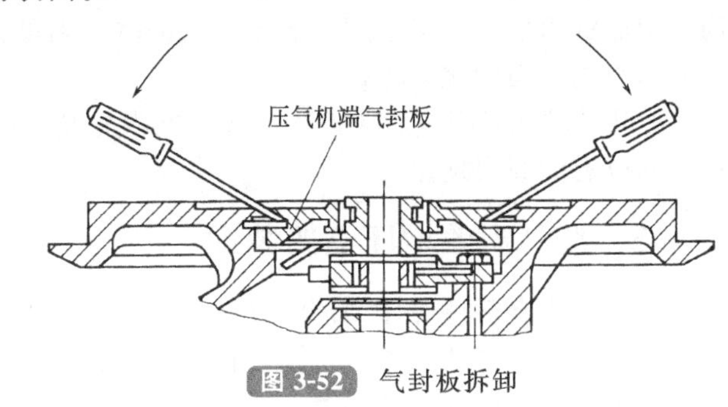

图 3-52 气封板拆卸

⑦ 用尖头钳取出中间壳在涡轮端轴承孔中的弹簧卡环 14，然后取出推力环 15 和浮动轴承 16。再在涡轮端方向用尖头钳取出设在浮动轴承另一端的弹簧卡环，但要特别注意，在取出上述两个弹簧卡环时不要擦伤轴承孔及弹性密封环座孔的表面。

3.4.2 废气涡轮增压器的清洗和检查

(1) 废气涡轮增压器的清洗

① 不允许用有腐蚀性的清洗液来清洗各零部件。

② 在清洗液内浸泡零部件上积炭及沉淀物使之松软。其中，中间壳回油腔内在涡轮端侧壁的较厚积炭层必须彻底铲除。

③ 只能用塑料刮刀或鬃毛刷清洗或铲刮铝质和铜质零部件上的积污。

④ 若用蒸汽冲击清洗时应将轴颈和其他轴承表面保护起来。

⑤ 应用压缩空气来清洁所有零部件上润滑油通道。

(2) 废气涡轮增压器的检查

外观检查前各零件不要清洗以便分析损坏原因。下面列出所要检查的主要零部件。

① 浮动轴承 16。观察浮环端面和内外表面的磨损情况。一般情况下，经长期运转后内外表面上所镀的铅锡层仍存在，而在外圆表面磨损较内圆表面大，开有油槽的端面上，稍有磨损痕迹，这些均属正常状况。浮环工作表面上划出的沟槽是因润滑油不干净所引起的，如果表面刻痕较为严重或经测量超过磨损极限时建议更换新的浮环。

② 中间壳 2。观察与压气机叶轮背部以及与涡轮叶轮背部相邻的表面有否碰擦痕迹与积炭程度。若有喷擦现象、浮动轴承 16 有较大磨损及轴承内孔座表面遭到破坏，则需用相应的研磨棒研磨内孔或用金相砂皮轻轻擦拭内孔表面，除去黏附在内孔表面上的铜铅物质的痕迹，经测量合格后才能继续使用，并应分析引起上述不良情况的原因。

③ 涡轮转子轴 5。在转子工作轴颈上，用手指摸其工作表面，应该感觉不出有明显的沟槽；观察涡轮端密封环槽处积炭和环槽侧壁的磨损情况；观察涡轮叶片进出口边缘有否弯曲和断裂；叶片出口边缘有无裂纹和叶片顶尖部位有否因碰擦引起的卷边毛刺；涡轮叶背有否碰擦伤现象等。

④ 压气机叶轮 4。检查叶轮背部及叶片顶尖部分有无碰擦现象；检查叶片有无弯曲和断裂；叶片进出口边缘有无裂纹及被异物碰伤现象等。

⑤ 涡轮壳 3 及压气机壳 1。检查各壳体上圆弧部分的碰擦情况或有否被异物擦伤的现象。注意观察各流道表面上油污沉积程度并分析引起上述不良情况的原因。

⑥ 弹力密封环 9。检查密封环工作两侧面磨损和积炭情况；测量环的厚度及自由状态时开口间隙应不小于 2mm，若小于上述数值及环的厚度超过规定的磨损极限时应更换。

⑦ 推力片 8 及推力轴承 13。在工作面上不应有手指感觉出来的明显沟槽，同时检查推力轴承上进油孔是否阻塞，并测量各件的轴向厚度应符合规定的尺寸范围。若推力片工作表面有明显磨损痕迹但又未超过磨损极限值时，则可在重装时分别将两片推力片的另一未磨损的面作为工作面依次装入。

⑧ 压气机端气封板 11 及中间壳 2 在涡轮端的弹力密封环座孔。检查弹力密封环与座孔接触部位有无磨损现象。

3.4.3 废气涡轮增压器的装配

装配前所有零件应仔细清洗（包括装配用的各种工具），要用不起毛的软质布料擦拭各零件，并放置在清洁的场所，同时在装配前各零件均应检查合格，必要时涡轮转子压气机叶轮及其组合部件应复校动平衡，然后进行重装。

装配过程及注意点（参见图 3-50）：

① 把中间壳 2 的压气机端朝上，将弹簧卡环 14 装进压气机端轴承座孔内侧环槽中，注意不要碰伤轴孔。然后放入抹上清洁机油的浮动轴承 16，推力环 15 再装入另一弹簧卡环。在装浮动轴承时，要注意把侧面有油槽的一端向上。在每个弹簧卡环装入后，均要检查卡环是否完全进入环槽内。

② 把中间壳的涡轮端朝上如同步骤①中所述次序将弹簧卡环、浮动轴承、推力环依次装入涡轮端轴承孔中，在装浮动轴承时要注意把侧面有油槽的一端向上。

③ 将用细铁丝制作的两个圆环套在手指上，将两个弹力密封环 9 张开，套入涡轮转子轴 5 密封环槽中，注意不能用力过猛，以免导致弹力密封环永久变形或断裂。

④ 在安装涡轮转子轴上两只弹力密封环时开口位置应错开 180°，然后在密封环上抹上清洁机油，小心地将转子插到中间壳中去，套装时注意不要使轴上台阶及螺纹碰伤浮动轴承内孔表面。为防止套装时环从一边滑出或断裂，弹力密封环相对于转子轴的位置要居中，并依靠中间壳座孔上锥面作引导，如图 3-53 所示，使之能顺利滑入密封环座孔中。

⑤ 用手托住已装入中间壳的涡轮叶轮，将涡轮叶轮出口处六角形台肩夹在台虎钳上，并用手轻轻扶住中间壳不使产生意外的倾侧，注意要防止涡轮转子轴 5 从中间壳中滑出。

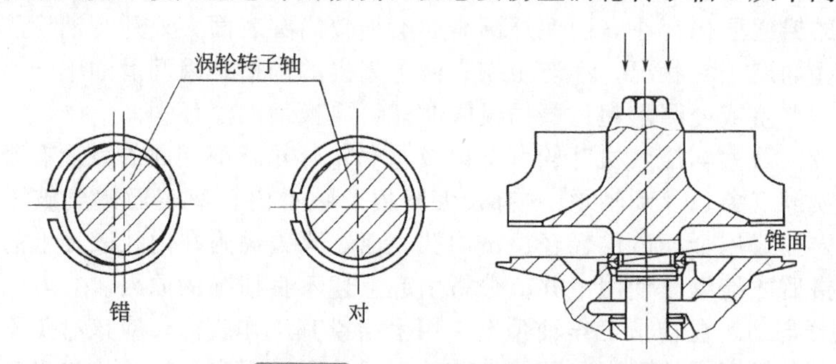

图 3-53 弹力密封环的安装

⑥ 将推力片 8 和隔圈 10 套在轴上，再放入抹上清洁机油的推力轴承 13，注意推力轴承平面上方的进油孔要向下对准中间壳上的进油孔，然后放上止动垫片 21，拧紧 4 个螺栓 22 后，将止动垫片 21 翻边保险，锁住 4 个螺栓。然后再将另一块推力片套在轴上及装入挡油板 12，注意挡油板上的导油舌必须伸入回油腔。

⑦ 将已装有弹力密封环的轴封 7 抹上清洁机油后装入压气机端气封板 11 上相应的座孔中，装入前将两个环的开口位置错开，使之相隔 180°，另将 O 形胶密封圈套入压气机气封板 11 外圆的环槽中，为了便于压入中间壳，橡胶密封圈外圆表面上适当抹上一些薄机油，

再压入中间壳机体中去。

⑧ 在对准转子及压气机叶轮4上动平衡标记后套上压气机叶轮，将自锁螺母6拧上并拧紧至与轴端面上的动平衡记号对准为止［此时的拧紧扭矩为39～44N·m(4～4.5kgf·m)］，在拧紧时不允许压气机叶轮相对于轴有转动（若压气机叶轮不能顺利套入轴上时，可将压气机叶轮浸入沸水加热后再套入)。

⑨ 从台虎钳上取下已装好的组合件，按原来标记装入涡轮壳3中，注意在装配时不要歪斜以免碰伤涡轮叶片顶尖部分，然后再装上涡轮端压板17及止动垫片18，拧紧六角螺母［拧紧扭矩为39N·m(4kgf·m)］后，将止动垫片翻边锁住八个螺母。

⑩ 将压气机壳对准标记装到中间壳中去，装配前先将V形夹箍总成23套入中间壳，并注意装配时不要歪斜，以免压气机壳圆弧部分碰伤压气机叶轮叶片顶尖部分，装上V形夹箍并拧紧螺栓［拧紧扭矩为14.7N·m(1.5kgf·m)］。

⑪ 在中间壳进油孔中注入清洁机油后，用手转动叶轮应灵活旋转，并细心测听，检查有无碰擦声。

⑫ 总装完后，应对下列两项进行测量：

a. 涡轮压气机转子轴向移动量的测量如图3-54所示，把有千分表的吸铁表座放在涡轮壳出口法兰平面上，将千分表的测量棒末端顶在涡轮叶轮出口处的六角形台肩平面上，再用手推拉转子轴即测得最大轴向移动量，其值应小于0.25mm，若超过此值，则应进一步检查止推轴承及推力片等各组合件。此法可在增压器已装在发动机上的情况下测定。

b. 压气机径向间隙测量如图3-55所示，用手指从径向压转子轴上自锁螺母后，用厚薄规测量压气机叶轮叶片与压气机壳之间最小间隙，此间隙应大于0.15mm，小于此值时应予拆卸检查。检查时不要损坏叶轮上叶片，此法亦可在已安装增压器的发动机上进行。

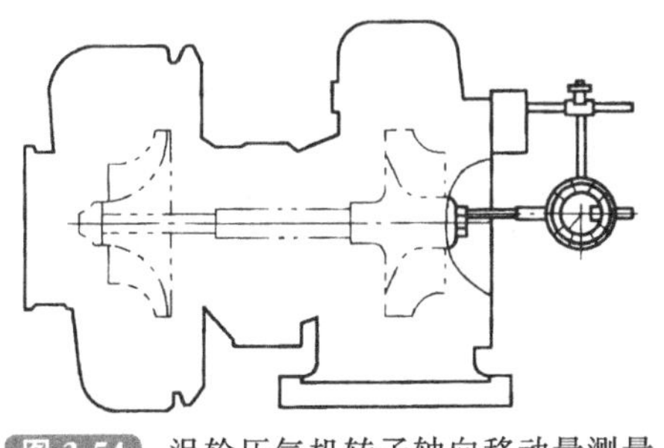

图3-54 涡轮压气机转子轴向移动量测量

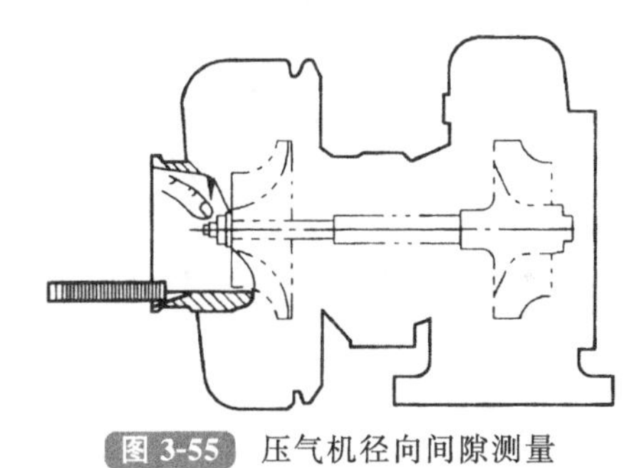

图3-55 压气机径向间隙测量

习题与思考题

1. 解释如下名词术语：(1) 配气相位；(2) 气门重叠角。

2. 为什么进、排气门都要相对于上、下止点提前开启或延迟关闭?

3. 某型号柴油机的进气提前角是14.5°CA，进气滞后角是41.5°CA，排气提前角是43.5°CA，排气滞后角是14.5°CA，试画出该柴油机的配气相位图。

4. 配气凸轮轴顶置有什么优缺点?

5. 气门弹簧有何功用? 为什么高速内燃机有时采用一个气门两根弹簧的结构?

6. 为什么采用机械挺柱的配气机构要留有气门间隙? 该间隙过大或过小对内燃机工作有什么影响?

7. 常用的空气滤清方法有几种? 分别简述其工作原理。

8. 如何检验气门?

9. 气门杆与气门导管的配合间隙怎样检查？
10. 气门导管安装的深度有什么要求？为什么？
11. 怎样铰削气门座？气门座与气门接触面宽度过宽或过窄有什么危害？
12. 简述研磨气门的步骤。怎样检验气门与气门座的密封情况？
13. 怎样检验气门弹簧的弹力？
14. 简述废气涡轮增压器的拆卸步骤。
15. 气门脚响的原因有哪些？如何排除此故障？
16. 简述正时齿轮异响的原因及处理方法。

第4章

柴油机燃油供给系统

柴油机燃油供给系统的功用是根据柴油机的工作要求，在一定的转速范围内，将一定数量的柴油，在一定的时间内，以一定的压力将雾化质量良好的柴油按一定的喷油规律喷入气缸，并使其与压缩空气迅速而良好地混合和燃烧。它的工作情况对柴油机的功率和经济性有重要影响。

应用最为广泛的直列柱塞式喷油泵柴油机燃油供给系统组成如图 4-1 所示。直列柱塞式喷油泵 3 一般由柴油机曲轴的正时齿轮驱动。固定在喷油泵体上的活塞式输油泵 5 由喷油泵的凸轮轴驱动。当柴油机工作时，输油泵 5 从柴油箱 8 吸出柴油，经油水分离器 7 除去柴油中的水分，再经柴油滤清器 2 滤除柴油中的杂质，然后送入喷油泵 3，在喷油泵内柴油经过增压和计量之后，经高压油管 9 输往喷油器 1，最后通过喷油器将柴油喷入燃烧室。喷油泵前端装有喷油提前器 4，后端与调速器 6 组成一体。输油泵供给的多余柴油及喷油器顶部的回油均经回油管 11 返回柴油箱。在有些小型柴油机上，往往不装输油泵，而依靠重力供油(柴油箱的位置比喷油泵的位置高)。

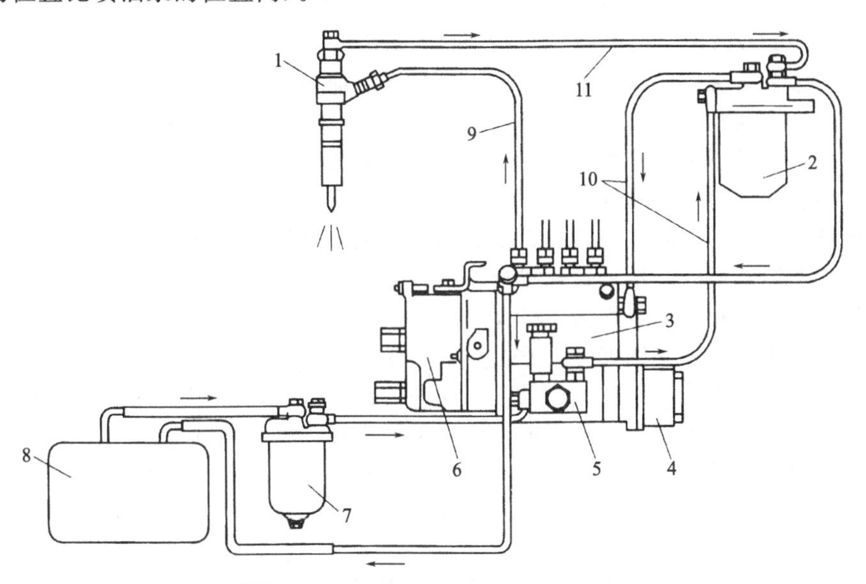

图 4-1　柱塞式喷油泵柴油机燃油供给系统

1—喷油器；2—柴油滤清器；3—柱塞式喷油泵；4—喷油提前器；
5—输油泵；6—调速器；7—油水分离器；8—柴油箱；9—高压油管；10—低压油管；11—回油管

4.1 燃油供给系统基本构造

4.1.1 喷油器

柴油机的燃料是在压缩过程接近终了时喷入气缸内的。喷油器的作用是将燃料雾化成细粒，并使它们适当地分布在燃烧室中，形成良好的可燃混合气。因此，对喷油器的基本要求是：有一定的喷射压力、一定的射程、一定的喷雾锥角、喷雾良好，在喷油终了时能迅速停油，不发生滴油现象。

目前，中小功率柴油机常采用闭式喷油器。闭式喷油器在不喷油时，喷孔被一个受强力弹簧压紧的针阀所关闭，将燃烧室与高压油腔隔开。在燃油喷入燃烧室前，一定要克服弹簧的弹力，才能把针阀打开。也就是说，燃油要有一定的压力才能开始喷射。这样才能保证燃油的雾化质量，能够迅速切断燃油的供给，不发生燃油滴漏现象。这在低速小负荷运转时尤为重要。其主要类型有孔式和轴针式两种。

(1) 孔式喷油器

孔式喷油器主要用于直接喷射式柴油机中。由于喷孔数可有几个且孔径小，因此，它能喷出几个锥角不大、射程较远的喷注。一般喷油孔的数目为 2～8 个，喷孔直径为 0.15～0.50mm。喷孔数目与方向取决于各种燃烧室对于雾化质量的要求与喷油器在燃烧室内的布置。例如 6135G 型柴油机的燃烧室是 ω 形，混合气的形成主要是将燃油直接喷射在燃烧室空间而实现的，故采用 4 孔闭式喷油器。喷孔直径为 0.35mm，喷射角为 150°，针阀开启压力为 17.5MPa，喷注形状与 ω 形燃烧室相适应。

孔式喷油器的结构如图 4-2 所示，它主要由针阀、针阀体、挺杆、调压弹簧、调压螺钉和喷油器体等零件组成。

喷油器的主要零件是用优质合金钢制成的针阀和针阀体，两者合称为针阀偶件（又称喷油嘴偶件）。针阀上部的圆柱表面与针阀体相应的内圆柱表面作高精度的滑动配合，配合间隙约为 0.001～0.0025mm。此间隙必须在规定的范围内。若间隙过大，则可能产生漏油而使油压下降，影响喷雾质量；若间隙过小，则针阀不能自由滑动。针阀中下部的锥面全部露出在针阀体的环形油腔中，其作用是承受由油压造成的轴向推力而使针阀上升，所以此锥面称为承压锥面。针阀下端的锥面与针阀体上相应的内锥面配合，以实现喷油器内腔的密封，称为密封锥面。针阀上部的圆柱面及下端的锥面同针阀体上相应的配合面是经过精磨后再相互研磨而保证其配合精度的。因此，选配和研磨好的一副针阀偶件是不能互换的。

装在喷油器体上部的调压弹簧通过挺杆使针阀紧压在针阀体的密封锥面上，使其喷孔关闭。只有当油压上升到足以克服调压弹簧的弹力时，针阀才能升起而开始喷油。喷射开始时的喷油压力取决于调压弹簧的弹力，它可用调压螺钉调节。

高压燃油从进油管接头经滤芯、喷油器体中的油道进入针阀体上端的环形槽内。此槽与针阀体下部的环状空间用两个斜孔连通。流经下部空腔的高压柴油对针阀锥面产生向上的轴向推力，当此力克服了调压弹簧和针阀与针阀体间的摩擦力（此力很小）后，针阀上移，开启喷孔 [如图 4-2(b) 所示]，于是高压燃油便从针阀体下端的喷孔喷入燃烧室内。针阀的升程受到喷油器体下端面的限制，这样有利于很快地切断燃油。当喷油泵停止供油时，由于高压油管内油压急剧下降，针阀在调压弹簧的作用下迅速将喷孔关闭，停止供油。

在喷油器工作期间会有少量燃油从针阀和针阀体的配合面间的间隙漏出。这部分燃油对针阀可起润滑作用，并沿着挺杆周围的空隙上升，通过回油管螺栓 1 上的孔进入回油管，流回到燃油箱中。为防止细小杂物堵塞喷孔，在高压油管接头上装有缝隙式滤芯。

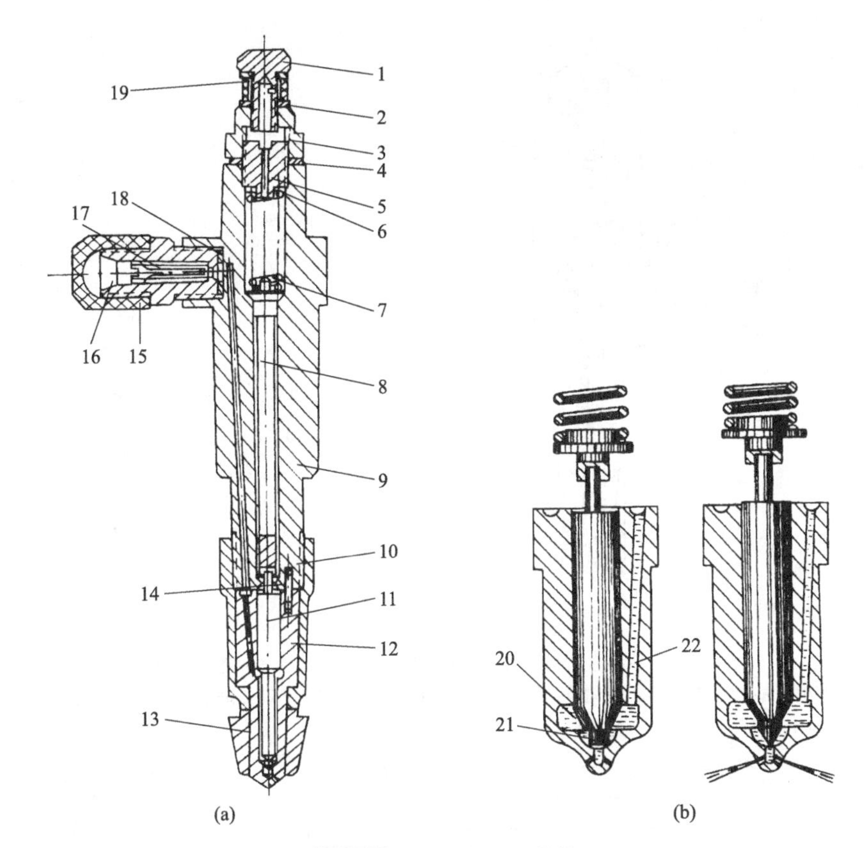

图 4-2 孔式喷油器结构

1—回油管螺栓；2—衬垫；3—调压螺钉护帽；4—垫圈；5—调压螺钉；6—调压弹簧垫圈；7—调压弹簧；8—挺杆；9—喷油器体；10—紧固螺套；11—针阀；12—针阀体；13—铜锥体；14—定位销；15—塑料护盖；16—进油管接头；17—滤芯；18—衬垫；19—胶木护套；20—针阀承压锥面；21—针阀密封锥面；22—针阀体油孔

喷油器用两个固定螺钉固定在气缸盖上的喷油器座孔内，用铜锥体密封，防止漏气。安装时，喷油器头部应伸出气缸体平面一段距离（各种机器均有具体规定）。为此，可在铜锥体与喷油器间加垫片或用更换铜锥体的方法来调整。

国产 135 系列柴油机均采用孔式喷油器。其特点是：喷孔直径小、雾化质量好，但其精度要求高，给小孔加工带来一定困难，使用中喷孔容易被积炭阻塞。

(2) 轴针式喷油器

轴针式喷油器多用于涡流室式和预燃室式柴油机中，其结构如图 4-3 所示。这种喷油器的工作原理与孔式喷油器相似。其结构特点是针阀在下端的密封锥面以下伸出一个倒圆锥体形的轴针。轴针伸出喷孔外面，使喷孔呈圆环状的狭缝。这样，喷油时喷柱将呈空心的圆锥形或圆柱形［如图 4-3(c)、图 4-3(d) 所示］。喷孔断面大小与喷柱的角度形状取决于轴针的形状和升程，因此要求轴针的形状加工得很精确。

常见的轴针式喷油器大多只有一个或两个喷孔，喷孔直径一般为 1～3mm，由于喷孔直径较大，喷油压力较低，一般喷油压力在 10～13MPa，便于制造加工，同时工作中轴针在喷孔内往复运动，可清除孔中的积炭，提高了工作可靠性。

(3) 喷油器型号的辨识

喷油器型号的辨识方法如图 4-4 所示。

例如，PF110SL28 喷油器表示的含义为：法兰固定式、有效装配长度为 110mm、无放气螺钉和有滤油器的喷油器。

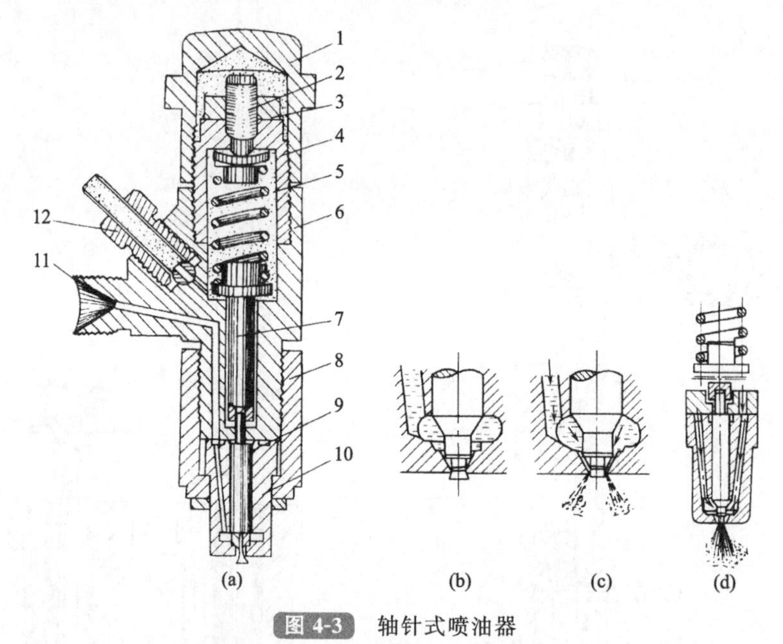

图 4-3　轴针式喷油器

1—罩帽；2—调压螺钉；3—锁紧螺母；4—弹簧罩；5—调压弹簧；
6—喷油器体；7—挺杆；8—喷油器螺母；9—针阀；10—针阀体；11—进油口；12—回油管接头

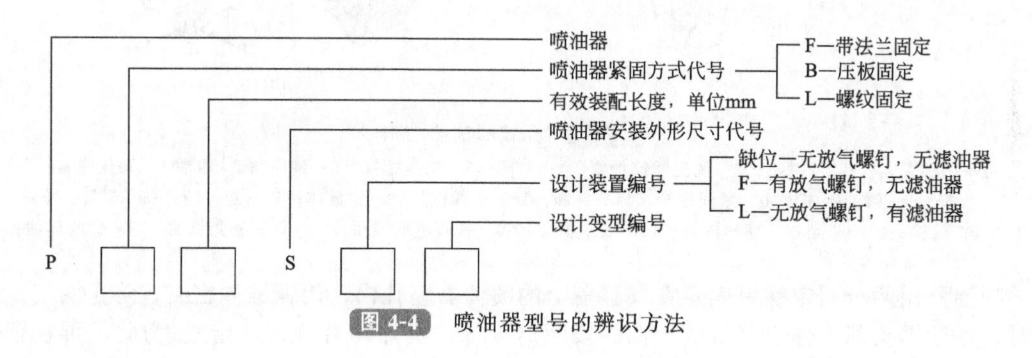

图 4-4　喷油器型号的辨识方法

4.1.2　喷油泵

喷油泵（又称高压油泵）是柴油机燃油供给系统中最重要的部件之一，其作用是根据柴油机的工作要求，在规定的时刻将定量的柴油以一定的高压送往喷油器。对喷油泵的基本要求主要有以下几个方面：

① 严格按照规定的供油时刻开始供油，并有一定的供油延续时间。

② 根据柴油机负荷的大小供给相应的油量。负荷大时，供油量增多；负荷小时，供油量应相应地减少。

③ 根据柴油机燃烧室的形式和混合气形成方式的不同，喷油泵必须向喷油器供给一定压力的柴油，以获得良好的喷雾质量。

④ 供油开始和结束要求迅速干脆，防止供油停止后喷油器滴油或出现不正常喷射，影响喷油器的使用寿命。

对于多缸柴油机的喷油泵，还要求各缸的供油次序应符合选定的发动机发火次序，各缸的供油时刻、供油量和供油压力等参数尽量相同，以保证各缸工作的均匀性。

喷油泵的结构形式很多，按作用原理的不同，大体可分为四类：柱塞式喷油泵、分配式喷油泵、泵-喷嘴和 PT 泵。目前，在柴油发电机组中应用最广泛的是柱塞式喷油泵。这种喷油泵结构简单紧凑、便于维修、使用可靠、供油量调节比较精确。

（1）柱塞式喷油泵的基本构造

柱塞式喷油泵是利用柱塞在柱塞套筒内做往复运动进行吸油和压油的。柱塞与柱塞套合称为柱塞偶件（或柱塞副），每一柱塞副只向一个气缸供油。根据其构造不同，柱塞式喷油泵又分为单体式和整体式两种。单体式喷油泵的所有零件都装在泵体中，其喷油泵凸轮通常和配气凸轮做在一根轴上，调速器装在机体内。这种喷油泵主要用于单缸或两缸柴油机。整体式喷油泵是把几组泵油元件（分泵）共同装入一个泵体内，由一根喷油泵凸轮轴驱动所构成的总泵。柱塞式喷油泵通常由泵体、泵油机构、油量控制机构及传动机构等组成。

泵油机构是喷油泵的主体，在多缸泵中又称为分泵，图 4-5 为一个分泵的构造图。泵油机构主要由柱塞偶件（柱塞 7 和柱塞套筒 6）和出油阀偶件（出油阀 3 和出油阀座 4）组成。柱塞为一光滑的圆柱体，在上部铣有斜槽，槽中钻有径向孔并与中心的轴向孔连通。柱塞下部固定有调节臂 13，可通过它转动柱塞。在柱塞套筒不同高度上钻有两个小孔，上面的为进油孔，下面的为回油孔。两孔均与泵体中的低压油腔相通。柱塞上部有出油阀 3，由出油阀弹簧 2 压紧在出油阀座 4 上。柱塞下端与装在滚轮体 10 中的垫块相接触。柱塞弹簧 8 通过弹簧座 9 将柱塞推向下方，并使滚轮 12 保持与凸轮轴上的凸轮 11 相接触。喷油泵凸轮轴由曲轴驱动。对于四冲程柴油机，曲轴转两周，喷油泵凸轮轴转一周。

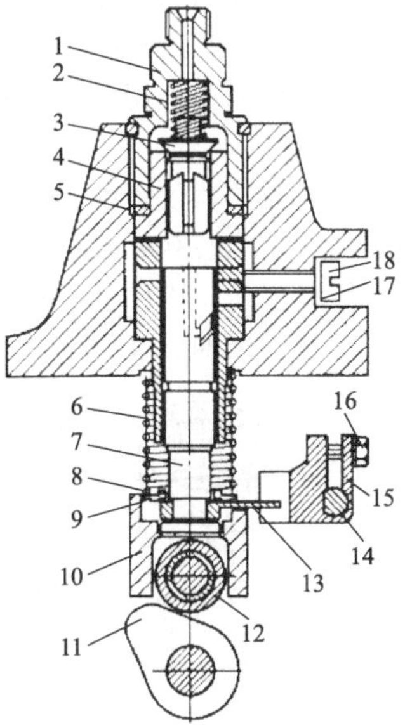

图 4-5　柱塞式喷油泵分泵

1—出油阀紧座；2—出油阀弹簧；3—出油阀；4—出油阀座；5，17—垫片；6—柱塞套筒；7—柱塞；8—柱塞弹簧；9—弹簧座；10—滚轮体；11—凸轮；12—滚轮；13—调节臂；14—供油拉杆；15—调节叉；16—夹紧螺钉；18—定位螺钉

（2）柱塞式喷油泵的工作原理

① 进油过程：当喷油泵凸轮轴由曲轴驱动旋转时，如果凸轮的凸起部分尚未与滚轮相接触，柱塞则在柱塞弹簧 8 的作用下处于最下端位置。这时柴油从低压油腔经进油孔流入柱塞上方的柱塞套筒内。

② 压油与供油过程：随着凸轮的凸起部分与滚轮相接触，柱塞开始上移，直至柱塞上端面将进油孔完全遮蔽时，柱塞上部成为密闭的空间。随着柱塞继续上升，柴油受到压缩，油压迅速升高。柱塞上部的出油阀在油压达到一定值时即被顶开，高压的柴油即经高压油管流向喷油器。当柱塞继续上行，喷油泵继续供油。

③ 停止供油过程：当柱塞上行到斜槽的上边沿与回油孔的下边沿相通时，供油过程即告结束。随后回油孔与斜槽相通，柱塞上部的高压油即通过柱塞中心的油孔和斜槽中的径向孔流入低压油腔，柴油压力迅速降低，出油阀在出油阀弹簧 2 的作用下落入出油阀座，这时喷油泵停止向喷油器供油。当凸轮的最高点越过滚柱后，随着凸轮的转动，柱塞在柱塞弹簧 8 的作用下逐渐下落，当柱塞上端低于进油孔时，柴油又开始流入套筒内。

柱塞自开始供油到供油停止这一段距离称为有效压油行程，简称有效行程。显然，改变有效压油行程也就是改变了供油量。由喷油泵的工作过程可知：喷油泵凸轮轴每转一转，泵油机构通过喷油器可向燃烧室供油一次。

为了深入了解柱塞式喷油泵的工作原理与特点，下面逐项说明这种喷油泵是如何满足柴油机的工作要求的。

1）定时供油的保证

喷油提前角是影响柴油机性能的重要参数，不同类型的柴油机对喷油提前角的大小有不同的要求。喷油泵必须严格保证在规定的时刻开始供油。

喷油器一般在压缩上止点前向燃烧室喷油。由于喷油器伸入燃烧室内，喷油时刻在一般条件下难以观察和测定，因此对于每种柴油机只规定供油提前角。所谓供油提前角是指喷油泵开始向高压油管供油时刻至压缩上止点这段时间，用曲轴转角 θ（°CA）来表示。当转动曲轴时，同时观察出油阀出口处的油面，当油面开始波动的瞬间即为供油开始时刻。

从工作过程可知：供油是在柱塞上端面完全遮蔽进油孔时开始的，此时所对应的曲轴转角即为供油提前角。实际上这一角度主要取决于喷油泵凸轮轴上的齿轮与曲轴驱动齿轮的相对位置。通常在这两个齿轮上做有记号，当喷油泵往机体上安装时，必须将记号对准。

对于多缸喷油泵，如喷油泵凸轮轴位置已定，而有些缸的供油时刻有差别时，则需要对各分泵的调节机构进行调整。调整的方法因结构不同而异。

2）供油量的调节

喷油泵向喷油器供给的柴油量主要取决于柱塞的有效行程和柱塞的直径，其数值等于柱塞开始压油时，回油孔处斜槽的下边缘至回油孔下边缘的距离（图 4-6 中的 h_a）。此距离愈长，有效行程愈长，则供油量愈大，而这一距离的长短则可通过转动柱塞加以改变。油量控制机构就是根据柴油机负荷的大小，转动柱塞来调节供油量，使其与负荷相适应的。

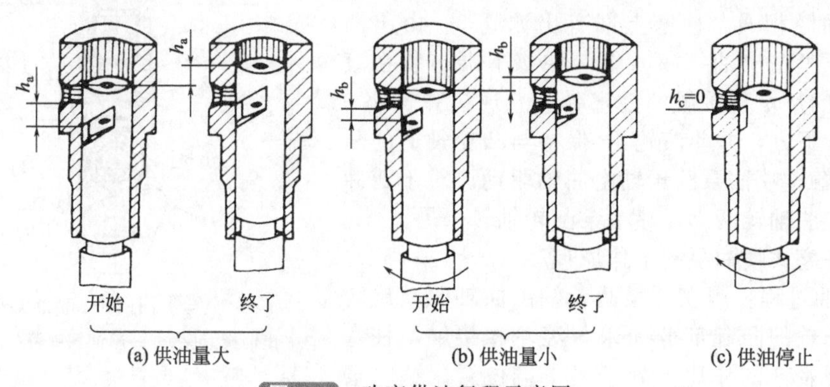

图 4-6　改变供油行程示意图

油量控制机构有两种形式：齿杆式和拨叉式。

① 齿杆式油量控制机构目前应用广泛，其结构如图 4-7 所示。柱塞下端有条状凸块伸入套筒 2 的缺口内，套筒 2 则松套在柱塞套筒 5 的外面。套筒 2 的上部用固紧螺钉 6 锁紧一个可调齿圈 3，可调齿圈 3 与齿杆 4 相啮合。移动齿杆 4 即可改变供油量。当需要调整某缸供油量时，先松开可调齿圈 3 的固紧螺钉 6，然后转动套筒 2，带动柱塞相对于齿圈转动一定角度，再将齿圈固定即可。这种油量控制机构传动平稳、工作可靠，但结构较复杂。

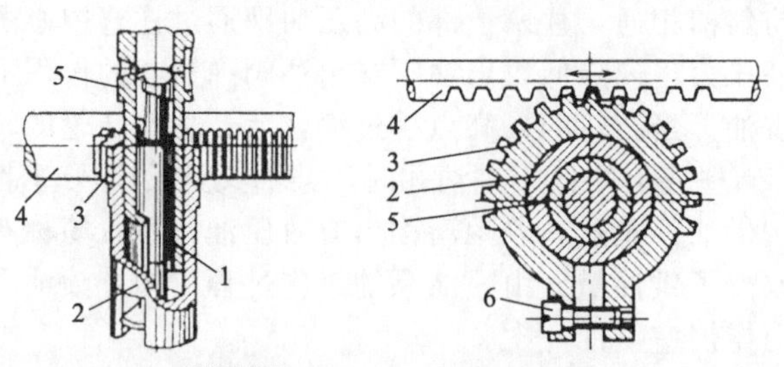

图 4-7　齿杆式油量控制机构

1—柱塞；2—套筒；3—可调齿圈；4—齿杆；5—柱塞套筒；6—固紧螺钉

② 拨叉式油量控制机构（如图 4-8 所示）主要由供油拉杆 5、调节叉 10 和调节臂 1 等组成。当供油拉杆 5 移动时，固定在拉杆上的调节叉 10 随即拨动调节臂 1，使柱塞 2 随之一起转动，从而改变供油量。柱塞 2 仅转动很小角度就能使供油量改变很大，因此拨叉式油量控制机构对供油量的调节十分灵敏。其结构简单、制造容易，适用于中小型柴油机。

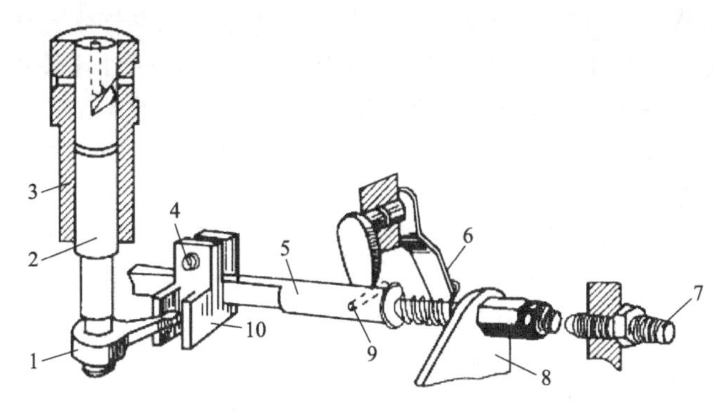

图 4-8 拨叉式油量控制机构

1—调节臂；2—柱塞；3—柱塞套筒；4—螺钉；5—供油拉杆；6—停油摇臂；7—停油挡钉；8—传动板；9—停油销子；10—调节叉

在柱塞直径一定时，有效行程愈长，供油量愈大，喷油延续时间愈长。喷油延续时间过长，则会由于后期喷入的燃料不能充分燃烧而使柴油机性能恶化。因此，供油量较大的柴油机，必须选用较大的柱塞直径。

对于多缸喷油泵，如各缸的供油量不一致时，必须进行调整。调整的方法因结构不同而异。如采用拨叉式油量控制机构，则可通过改变调节叉在拉杆上的位置来调整供油量。

3）供油压力的保证

为了得到良好的雾化质量，柴油机的喷油压力高达 12～100MPa。要建立这么高的燃油压力，柱塞上部油腔及与喷油器连通的部分必须有良好的密封性，这就要求柱塞与柱塞套筒之间有很高的配合精度，通常它们之间的间隙仅有 0.0015～0.0025mm。因此，柱塞偶件（副）都是通过成对选配并进行研磨而成的，偶件中的任一零件不能与其他零件互换。

喷油泵柱塞偶件的密封性是保证较高供油压力的基本条件，而实际的喷油压力则由喷油器的调节弹簧所限定。调整该调压弹簧的预紧力就可以改变喷油压力的高低。

4）供油干脆

供油干脆即供油迅速开始和断然结束。在柱塞偶件的上端面上，装有另一副精密偶件（出油阀与出油阀座），称为出油阀副，其构造如图 4-9 所示。出油阀的主要作用就是使喷油泵供油开始及时迅速而停油干脆利落。

出油阀上部有一圆锥面，出油阀弹簧将此锥面压紧在出油阀座上，使柱塞上部空间与高压油管隔断。锥面下部有一圆柱形的环带 3 称为减压环带，减压环带与出油阀座的内孔精密配合，也具有密封作用。减压环带下面的阀杆上铣有四个直槽，使断面呈十字形。十字部分在出油阀升降时起导向作用，而四个沟槽则是柴油的通路。

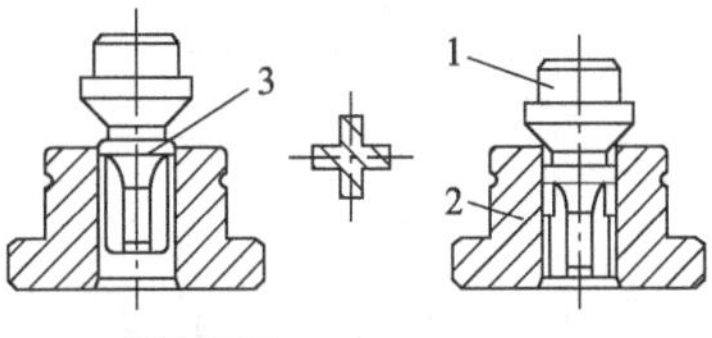

图 4-9 出油阀及阀座

1—出油阀；2—阀座；3—减压环带

当柱塞开始压油至柴油压力超过出油阀弹簧弹力时，出油阀开始升起。但并不出油，当出油阀升至减压环带下边缘离开出油阀座孔时，高压柴油才通过十字槽、高压油管流向喷油器，使供油迅速开始。

当柱塞斜槽边缘与回油孔接通时，高压柴油即倒流入低压油腔内。出油阀在出油阀弹簧及高压柴油的共同作用下迅速下落，高压油管中的油压迅速降低。

当减压环带的下边缘进入出油阀座的内孔时，柱塞上部的油腔即与高压油管隔断。随着出油阀的继续下落直至圆锥面落座，出油阀上方的高压油腔让出了一部分容积，因而高压油管中的油腔容积突然增大，油压又迅速降低，喷油立即停止，这就保证了喷油后期燃油的雾化质量，同时防止出现二次喷射和滴漏现象。此外，由于出油阀锥面与阀座配合严密，使高压油管中能保留一定量的柴油和保持一定的剩余压力，使下次供油比较迅速，且供油量较为均匀稳定。如减压环带磨损或间隙过大，使密封不良，就会导致柴油机工作性能恶化。出油阀副也是成对进行选配并精细研磨而成的偶件，在使用时不能随意更换。

(3) 国产系列柱塞式喷油泵

我国中、小功率柴油机采用的柱塞式喷油泵已初步形成了系列。由于柴油机的单缸功率变化范围很大，从几千瓦到几十千瓦不等，若按照不同功率设计不同的喷油泵，就会使喷油泵的尺寸规格和种类太多，制造和使用维修都十分困难。因此，将喷油泵分成几个系列。同一系列中可以选用不同的柱塞直径，得到不同的最大循环供油量，以满足柴油机不同功率的要求，而不必改变喷油泵的其他结构。这样就只需要生产几种形式的喷油泵，来适应功率范围较广的柴油机，给生产和使用带来许多方便。目前，国产柱塞式喷油泵一般分为Ⅰ、Ⅱ、Ⅲ号系列和A、B、P、Z系列泵，前者采用上下分体式泵体、拨叉式油量调节机构和带调整垫块的挺柱，单缸循环供油量覆盖了60～330mm/循环的范围；后者采用整体式泵体、齿杆式油量调节机构和带调整螺钉的挺柱，单缸循环供油量覆盖了60～600mm/循环的范围。而后者应用较多。表4-1是柱塞式喷油泵系列产品的主要性能。

表4-1 国产柱塞式喷油泵系列产品的主要性能

泵体结构	拉杆-拨叉，上、下体					齿杆-齿圈、整体式				
形式	BH			BHF		BH				BHF
系列代号	Ⅰ	Ⅱ	Ⅲ	Ⅰ	Ⅱ	A	B	P	Z	A
凸轮升程/mm	7	8	10	7	8	8	10	10	12	8
缸心距/mm	25	32	38	25	32	32	40	35	45	32
柱塞直径/mm	(6)	7	11	(6)	7	(6)	(8)	8.9	10	(6)
	7	(8)	12	7	(8)	7	9	10	11	7
	8	9	13	8	9	8	10	11	12	8
	8.5	9.5		8.5	9.5	8.5		12	13	8.5
	(9)	10		(9)	10	9		13		9
供油量范围/(mL/100次)	6～15	8～25	25～33	6～15	8～25	6～15	13～22.5	13～37.5	30～60	6～15
缸数	2～12	2～8	4～12	2～6	4～6	2～12	2～12	4～12	2～8	2～6
最大转速/(r/min)	1500	1100	1000	1500	1100	1400	1000	1500	900	1400

下面重点介绍Ⅰ号泵和B型泵的构造及其特点。

1) Ⅰ号喷油泵

图4-10所示为四缸柴油机Ⅰ号喷油泵的总体构造图。由分泵、油量控制机构、传动机构和泵体四部分组成。

① 分泵。其构造如图4-11所示。在柱塞13上部的圆柱面上铣有45°的左向斜槽，槽中钻有小孔，与柱塞中心的小孔相通。柱塞中部有一浅的小环槽，可储存少量柴油，以润滑柱塞与柱塞套筒之间的摩擦面。柱塞套筒14上有两个在同一高度上的小孔，靠近斜槽一边的

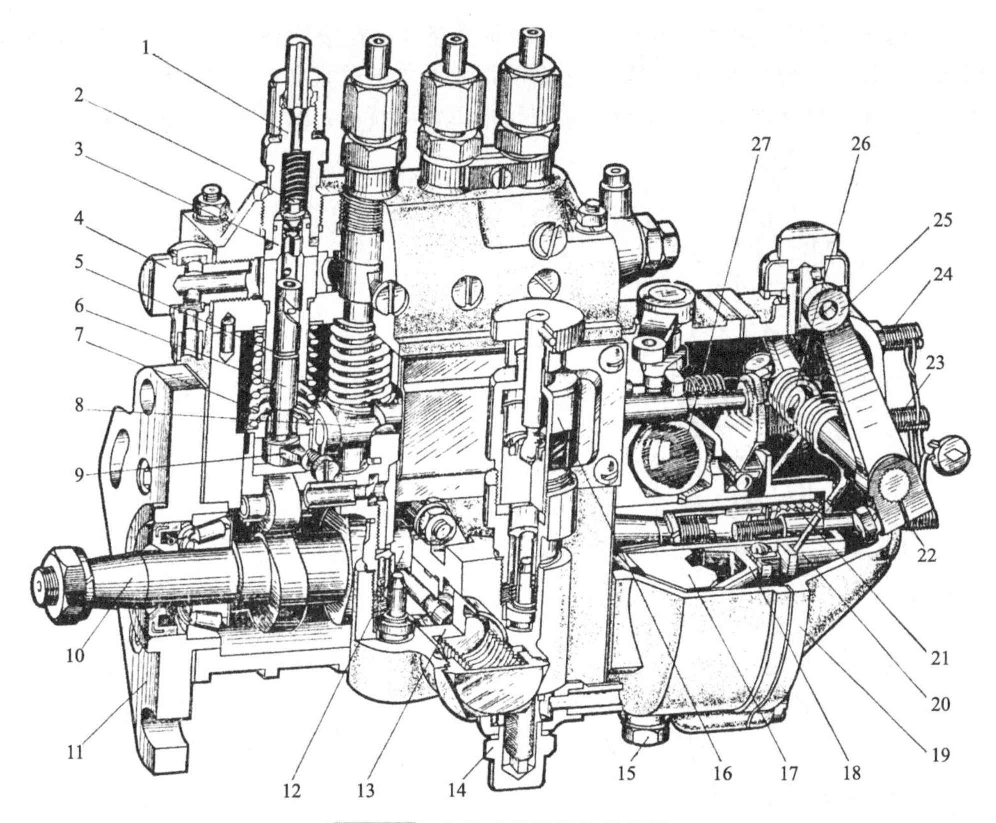

图 4-10 Ⅰ号喷油泵总体构造图

1—高压油管接头；2—出油阀；3—出油阀座；4—进油螺钉；
5—套筒；6—柱塞；7—柱塞弹簧；8—油门拉杆；9—调节臂；10—凸轮轴；11—固定接盘；12—输油泵偏心轮；
13—输油泵；14—进油螺钉；15—放油螺塞；16—手油泵；17—驱动盘；18—从动盘；19—壳体；20—滑套；
21—校正弹簧；22—油量调整螺钉；23—怠速限位螺钉；24—高速限位螺钉；25—调速手柄；26—调速弹簧；27—飞球

为回油孔 6，另一边为进油孔 11。在柱塞套筒装入泵体后，为了保证这两个油孔的正确位置，同时，为防止柱塞套筒在工作时发生转动，在柱塞套筒上部铣有小槽，并且用定位螺钉 4 加以定位。柱塞套筒的上部为出油阀偶件（出油阀 9 和出油阀座 10）和出油阀紧座 8。出油阀座与柱塞套筒上端面之间的密封是靠加工精度来保证的，并借出油阀紧座通过铜垫圈将出油阀座压紧在柱塞套筒上。出油阀紧座的拧紧力矩为 50～70N・m，过大可能压碎垫圈。

② 油量控制机构。国产Ⅰ、Ⅱ、Ⅲ号系列泵都采用拨叉式油量控制机构，其构造与图 4-8相同。对于 4 缸喷油泵，则在同一供油拉杆上，用螺钉固紧四个调节叉，各分泵柱塞尾端的调节臂球头，分别放入相应调节叉的槽中。当供油拉杆移动时，使四个柱塞同时转动，从而改变了各缸的供油量。柴油机工作时，供油拉杆由调速器自动控制，根据外界负荷的变化自动调节供油量。如果分泵供油量不合适而需要调节，则松开该调节叉的锁紧螺钉，使调节叉在供油拉杆上移动一定距离即可。

③ 传动机构。主要由驱动齿轮、凸轮轴和滚轮体等组成。驱动齿轮由曲轴通过惰齿轮带动。传动机构的主要功用是推动柱塞向上运动。而柱塞下行则靠的是柱塞弹簧的弹力。

凸轮轴上的偏心轮用于驱动输油泵。凸轮轴另一端固定有调速器的驱动盘，通过它将动力传给调速器。凸轮轴的两端由锥形滚柱轴承支承。通过一端装于轴承内圈一侧的调整垫片可调整凸轮轴的轴向间隙。调整时，要求凸轮轴转动灵活而最大间隙不超过 0.15mm。

滚轮体总成构造如图 4-12 所示。它由滚轮体 2、滚轮 4 及调整垫块 1 等组成。滚轮内套装有滚轮衬套 5，它们之间可相对转动，而滚轮衬套也可在滚轮轴上转动，这样就使各零件磨损较均匀，提高了使用寿命。滚轮体装在喷油泵下体的垂直孔内，滚轮体一侧开有轴向长孔，定位螺钉尾部伸入此孔中，既可防止滚轮体工作时转动，又不致妨碍其上下运动。

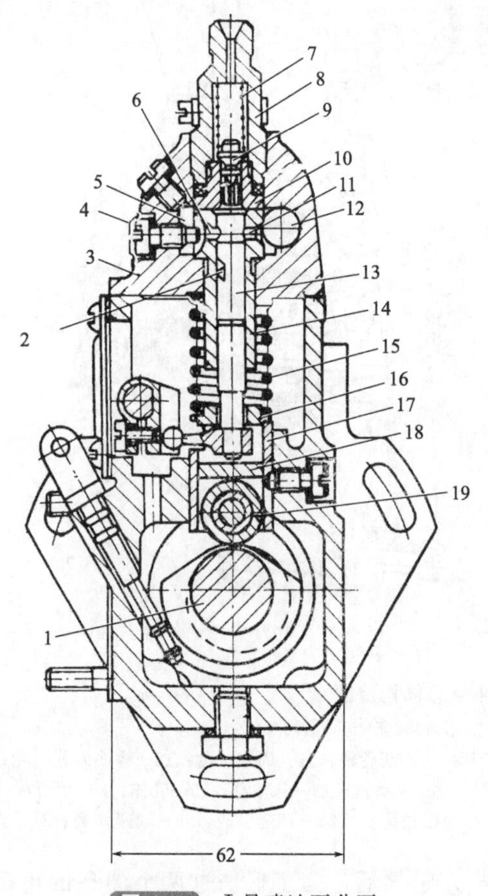

图 4-11　Ⅰ号喷油泵分泵

1—凸轮轴；2—柱塞斜槽；3—泵盖；4—定位螺钉；5—回油道；6—回油孔；7—出油阀弹簧；8—出油阀紧座；9—出油阀；10—出油阀座；11—进油孔；12—进油道；13—柱塞；14—柱塞套筒；15—柱塞弹簧；16—弹簧座；17—挺柱体；18—垫块；19—滚轮

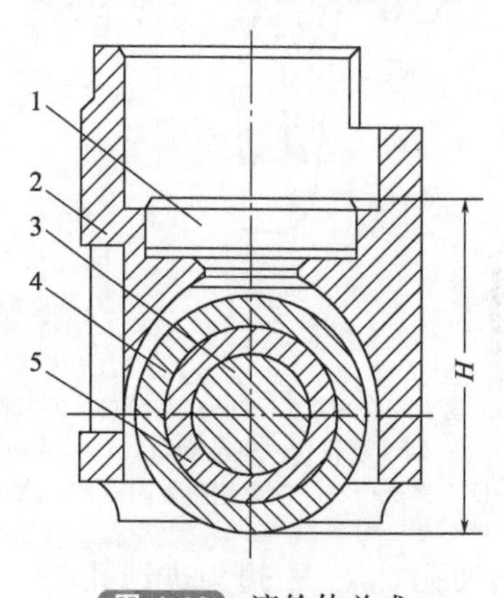

图 4-12　滚轮体总成

1—调整垫块；2—滚轮体；3—滚轮轴；4—滚轮；5—滚轮衬套；H—滚轮体总成工作高度

滚轮体总成的主要功用是保证供油开始时刻的准确性，对于多缸柴油机而言，还要保证各缸供油时刻的一致性。起保证作用的部位是滚轮下部到调整垫块上平面的高度 H。当喷油泵凸轮轴齿轮与曲轴齿轮相对位置一定时，H 越大，柱塞关闭进油孔的时刻越早，供油开始时刻也越早。反之，H 越小，供油开始时刻越延迟。因此要根据设计和试验定出合适的滚轮体工作高度 H，以保证供油开始时刻的准确性。对于多缸机，各分泵的 H 值应相等。调整垫块在喷油泵出厂时均已调好，不可随意互换。垫块是用耐磨材料制成的，并进行热处理以提高硬度，因此使用中不易磨损。如长时间使用后磨损较多，可换面使用。

④ 泵体。喷油泵泵体分上下两部分，喷油泵上体用于安装柱塞偶件及出油阀偶件，下体用于安装凸轮轴、滚轮体和输油泵等。泵体前侧中部开有检视窗孔，以便检查和调整供油量。下部有检视机油面的检视孔。

喷油泵上体中有一条油道，与各柱塞套筒外面的环形油槽相通。环形油槽则与柱塞套筒上的进、回油孔相通。由输油泵供来的低压油通过进油管接头进入油道中。油道中的柴油压力由装在回油管接头内的回油阀控制，一般要求保持在5～10kPa范围内。油压过低，在柱塞下行时，柴油不能迅速通过进油孔进入柱塞上部油腔。当油量过多而使油压升高时，多余的柴油会顶开回油阀流入柴油细滤器中。

2）B型喷油泵

B型喷油泵固定在柴油机机体一侧的支架上，由柴油机曲轴经正时齿轮驱动。喷油泵凸轮轴和驱动轴用联轴器连接，调速器装在喷油泵的后端，其结构如图4-13所示。

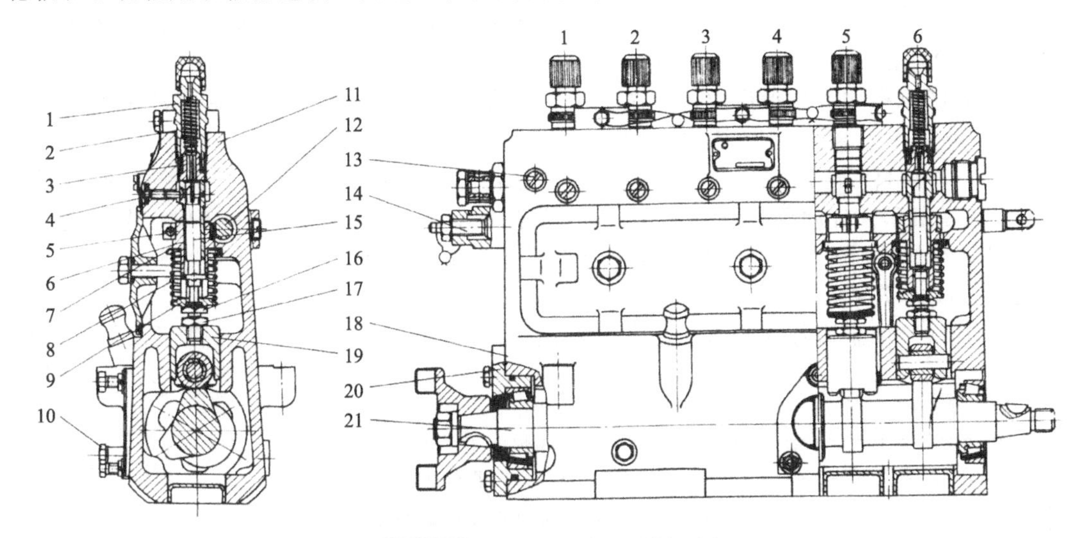

图4-13 6缸B型喷油泵剖面图

1—出油阀紧座；2—出油阀弹簧；3—出油阀偶件；4—套筒定位钉；5—锁紧螺钉；6—油量控制套筒；7—弹簧上座；8—柱塞弹簧；9—弹簧下座；10—油面螺钉；11—油泵体；12—调节齿杆；13—放气螺钉；14—油量限制螺钉；15—柱塞偶件；16—定时调节螺钉；17—定时调节螺母；18—调整垫片；19—滚轮体部件；20—轴盖板部件；21—凸轮轴

① 泵体。为整体式，中间由水平隔壁分成上室和下室两部分。上室安装分泵和油量控制机构，下室安装传动机构并装有适量的机油。

上室有安装柱塞副的垂直孔，中间开有纵向低压油道，使各柱塞套与周围的环形油腔互相连通。油道一端安装进油管接头，另一端用螺塞堵住。上室正面两端分别设有一个放气螺钉，需要时，可放出低压油道内的空气。

中间水平隔壁上有垂直孔，用于安装滚轮传动部件。在下室内存放润滑油，以润滑传动机构。正面设有机油尺和安装输油泵的凸缘。输油泵由凸轮轴上的偏心轮驱动。上室正面设有检视窗口，打开检视口盖，可以检查和调整各缸供油量和相邻两缸的供油间隔。

② 分泵。是喷油泵的泵油机构，其个数与气缸数相等，各分泵的结构完全相同，主要包括柱塞偶件（柱塞和柱塞套筒）、柱塞弹簧、弹簧上座、弹簧下座、出油阀偶件（出油阀和出油阀座）、出油阀弹簧和出油阀紧座等零部件。

③ 油量控制机构。用于根据柴油机负荷和转速的变化，相应转动柱塞以改变喷油泵的供油量，并对各缸供油的均匀性进行调整。B型泵采用齿杆式油量控制机构。

④ 传动机构。用于驱动喷油泵，并调整其供油提前角，由凸轮轴、滚轮传动部件等组成。凸轮轴支撑在两端的圆锥轴承上，其前端装有联轴器，后端与调速器相连。为保证在相当于一个工作循环的曲轴转角内，各缸都喷油一次，四冲程柴油机喷油泵的凸轮轴转速应等于曲轴转速的1/2。

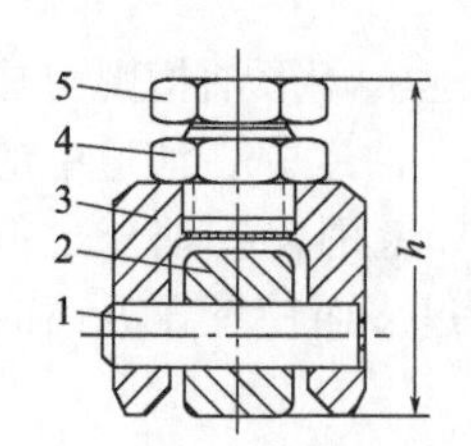

图 4-14 B型喷油泵滚轮传动部件
1—滚轮销（轴）；2—滚轮；
3—滚轮体（架）；4—锁紧螺母；5—调整螺钉

滚轮传动部件是由滚轮体、滚轮、滚轮销、调整螺钉和锁紧螺母等零部件组成的，如图 4-14所示。其高度采用螺钉调节。滚轮销长度大于滚轮体直径，卡在泵体上的滚轮传动部件导向孔的直槽里，使滚轮体只能上下移动，不能转动。

B型喷油泵的主要特点是：

① 泵体为整体式的铝合金铸件，刚度较高。

② 柱塞上部开有调节供油量的螺旋斜槽和轴向直槽，可以减小供油量与柱塞转动的变化率，但会增加柱塞偶件的侧向磨损。

③ 油量控制机构为齿条齿圈式。调节齿圈与套筒分开制造。调整单缸供油量时，只要拧紧齿圈固定螺钉，将套筒按需要方向转一个角度后拧紧即可。

④ B型喷油泵滚轮体的高度 h 可以调整，滚轮体上装有带锁紧螺母 4 的定时调节螺钉 5，如图 4-14 所示。旋动调节螺钉就可以调整供油提前角。螺钉旋出时 h 变长，供油提前角增大；螺钉旋入时则相反。不需拆开泵体，就能调整供油提前角，比较方便。

（4）合成式喷油泵及其柱塞偶件型号的辨识

① 合成式喷油泵型号的辨识。合成式喷油泵型号的辨识方法如图 4-15 所示。

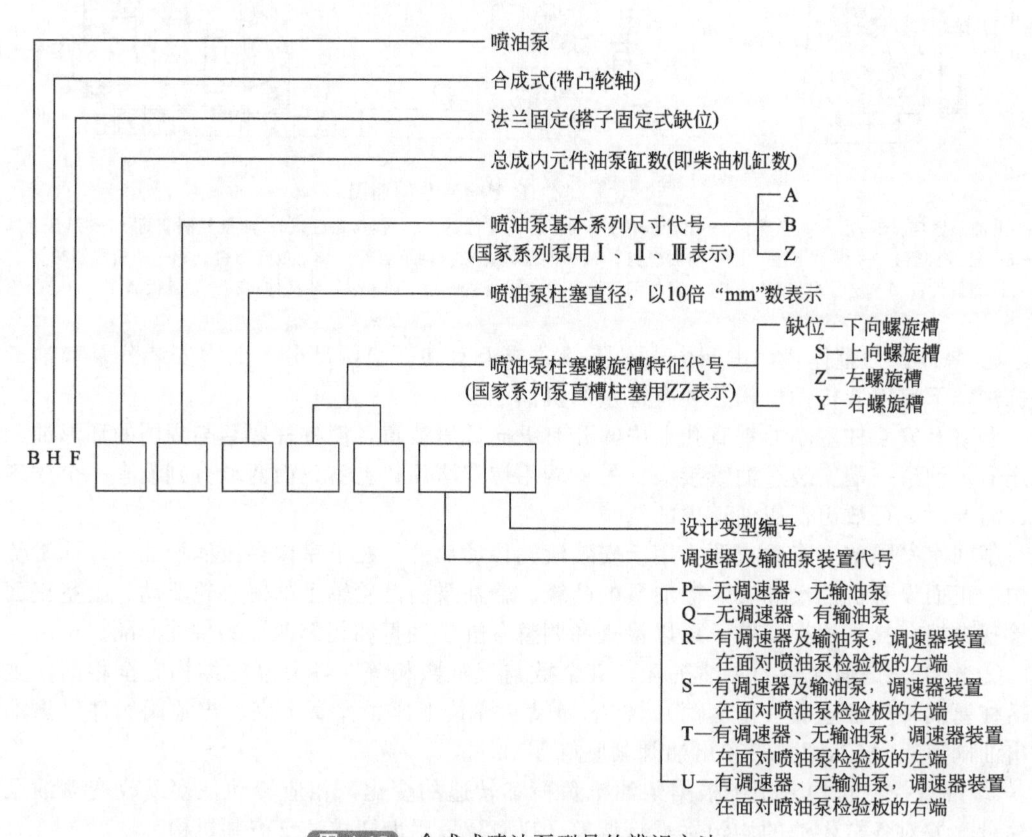

图 4-15 合成式喷油泵型号的辨识方法

② 柱塞偶件型号的辨识。柱塞偶件型号的辨识方法如图 4-16 所示。

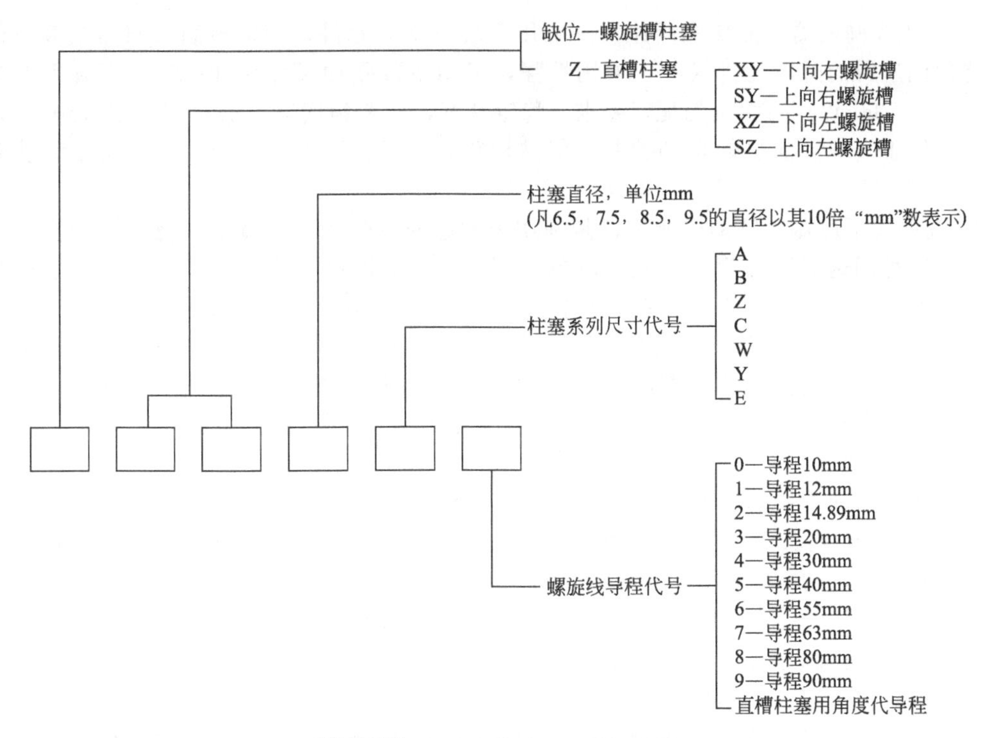

图 4-16 柱塞偶件型号的辨识方法

4.1.3 调速器

(1) 调速器的功用

调速器的功用是在柴油机所要求的转速范围内，能随着柴油机外界负荷的变化而自动调节供油量，以保持柴油机转速基本稳定。

对于柴油机而言，改变供油量只需转动喷油泵的柱塞即可。随着供油量加大，柴油机的功率和扭矩都相应增大，反之则减小。

柴油机驱动其他工作机械（如发电机、水泵等）时，如其输出扭矩与工作机械克服工作阻力所需的扭矩（阻力矩）相等，则工作处于稳定状态（转速基本稳定）。如阻力矩超过输出扭矩，则柴油机转速将下降，如不能达到新的稳定工况，则柴油机将停止工作。当输出扭矩大于阻力矩时，转速将升高，如不能达到新的平衡，则转速将不断上升，会发生“飞车”事故。由于工作机械的阻力矩会随着工作情况的变化而频繁变化，操作人员是不可能及时灵敏地调节供油量，使柴油机输出扭矩与外界阻力相适应的，这样，柴油机的转速就会出现剧烈的波动，从而影响工作机械的正常工作。因此，工程机械（如发电）用柴油机必须设置调速器。此外，由于柴油机喷油泵本身的性能特点，在怠速工作时不容易保持稳定，而在高速时又容易超速运转甚至“飞车”，所以在柴油机上必须安装调速器，以保持其怠速稳定和防止高速时出现“飞车”现象。

(2) 调速器的种类

1) 分类方式一

根据调速器调节机构的不同可分为机械式、液压式、气动式和电子式四种。

① 机械式调速器。机械式调速器的感应元件为飞块或飞球，直接推动执行机构，结构简单，工作可靠，广泛用于中、小功率柴油机上。

② 液压式调速器。液压式调速器一般用飞块作感应元件，推动控制活塞操纵液压伺服器。这种调速器的感应元件较小，通用性强，可用少数几种尺寸系列满足几十到上万马力（1 马力＝0.735kW）柴油机的配套要求。稳定性好，调节精度高（稳定调速率可到零），推动力大，便于实现柴油机的自动控制。但结构复杂，工艺要求高，因此，适用于大功率柴油机。

③ 气动式调速器。气动式调速器是利用膜片感应进气管真空度的变化，进而推动执行机构的。这种调速器结构简单，低速时灵敏度较高，但因进气管装有节流阀增加了进气阻力，使功率有所下降。因此，只适用于小功率柴油机，所以目前采用不多。

④ 电子式调速器。电子式调速器把柴油发动机转速的变化转换成电量变化，经采样放大后控制其执行机构。这种调速器可在柴油机转速产生明显变化之前调整供油量，获得很高的调节精度，实现无差并联运行。目前，主要用于柴油发电机组。

2）分类方式二

按照调速器起作用的转速范围，可分为单程式、两极式和全程式三种。

① 单程式调速器。单制式调速器只在某一个转速（一般为标定转速）时起作用。它适合于要求转速恒定的柴油机，如驱动发电机、空气压缩机、离心泵等的柴油机。

② 两极式调速器。两极式调速器只在柴油机怠速和标定转速两种情况下起作用，主要用于汽车，以保持怠速工作稳定和防止高速时“飞车”。其他工况则由操作者操纵加速踏板来调节供油量。

③ 全程式调速器。全程式调速器是在柴油机工作转速范围内均起作用的调速器。装有这种调速器的工作机械，操作人员根据工作需要选择任一转速后，调速器即能自动地使柴油机稳定在该转速下工作。这不仅大大改善了操作人员在负荷变化频繁情况下的劳动条件，而且也提高了工作质量和生产效率。因此，大多数工程机械都采用这种调速器。

（3）机械式调速器的基本工作原理

调速器要能根据外界负荷的变化，灵敏地调节供油量，以保持转速的稳定，它必须具备两个基本部分：感应元件与执行机构。

感应元件用于感应外界负荷的变化。当柴油机的外界负荷变化时，由于供油量与负荷不相适应，首先引起转速的变化。负荷增加时会使转速下降，负荷减小则转速上升。因此感应元件必须能灵敏地感受到转速的波动，并及时将感受到的信号传递给执行机构。

执行机构用于根据感应元件传递的信号相应地调节供油量。当柴油机负荷增大而转速降低时，执行机构应使供油量增加，以使转速回升到初始转速。当负荷减小而转速升高时，则执行机构应减小供油量，以使转速下降到初始转速。

1）单程式调速器

如图 4-17 所示为一种单程式调速器的工作原理图。传动盘 1 由柴油机曲轴带动旋转。在传动盘与推力盘 5 之间布置了一排飞球 2。飞球在传动盘的带动下一起旋转。飞球由于受到离心力的作用而向外飞开。传动盘的轴向位置是一定的，而推力盘则滑套在支承轴 3 上，可以沿轴向滑动。调速弹簧 4 以一定的预紧力压在推力盘上。推力盘上固定有传动板 6，传动板则和供油拉杆相连。当推力盘移动时，即通过传动板和供油拉杆使柱塞

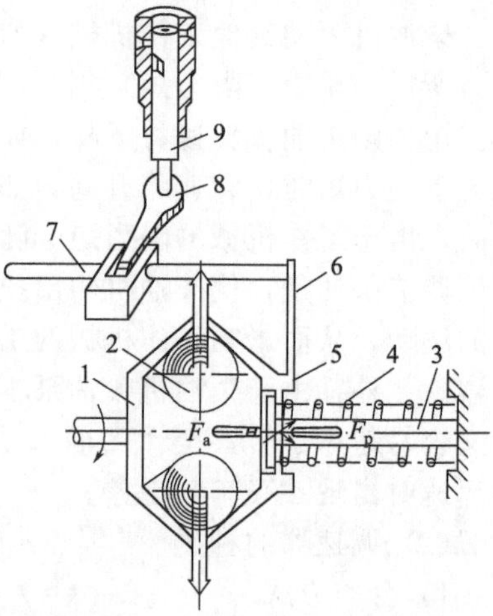

图 4-17 单程式调速器工作原理图

1—传动盘；2—飞球；3—支承轴；4—调速弹簧；5—推力盘；6—传动板；7—供油拉杆；8—调节臂；9—柱塞

转动，以改变供油量。传动板向右移时，供油量减少。

上述调速器的感应元件为飞球，执行机构为推力盘及传动板等。当外界负荷变化引起转速变化时，飞球的离心力随即改变。因离心力与转速的平方成正比，故飞球能较灵敏地感应转速的变化。飞球的离心力作用到推力盘上，并产生轴向分力 F_a，迫使推力盘向右移动。由于推力盘右侧作用有调速弹簧的弹力 F_p，因此推力盘的位置取决于两力是否平衡。

调速器的工作过程如下：

当柴油机工作时，传动盘和飞球即被曲轴驱动旋转。如飞球所产生的轴向力 F_a 小于调速弹簧力 F_p 时，推力盘仍处于最左端的位置。这时调速器尚未起调节作用。当曲轴转速升高到使力 F_a 与 F_p 相等时，曲轴转速为调速器开始起作用的转速。显然，调速弹簧的预紧力 F_p 越大，起作用的转速越高；反之则低。

若柴油机在调速器起作用转速（$F_a=F_p$）下工作时，外界负荷减小，曲轴转速将上升，飞球作用到推力盘上的轴向分力将增大（$F_a>F_p$），推动推力盘右移并压缩调速弹簧。而传动板则使供油拉杆向供油量减小的方向移动，使转速降低，F_a 减小，以适应外界负荷的变化。调速弹簧在被压缩的同时弹力 F_p 也不断增加，因此推力盘将在 $F'_a=F'_p$ 时达到新的稳定，而供油量也与减小的负荷相对应。如外界负荷继续减小，转速则不断上升，飞球将使推力盘和传动板将供油拉杆再向右移，当外界负荷为零时，调速器将供油拉杆移至最小供油量位置，柴油机处于最高空转转速下工作。

综上所述，机械单程式调速器的工作原理可归纳为以下三点：

① 感应元件通过离心力来感应柴油机转速的变化。当负荷减小、转速增高时，其离心力增大，借助离心力的轴向分力推动供油拉杆减小供油量。当负荷增大、转速降低时，其离心力减小，调速弹簧将推动供油拉杆增加供油量。

② 调速器起作用的转速由调速弹簧的弹力所决定。

③ 调速器并非使发动机的转速始终保持不变，而是使发动机的转速随负荷变化的波动被控制在允许的范围内。

2）两极式调速器

如图 4-18 所示为一种两极式调速器的工作原理图。这种调速器可在两种转速（低速和标定转速）下起作用。其主要特点是调速弹簧有两根，外调速弹簧 4 较长，但其刚性较弱；内调速弹簧 6 较短，但刚性强。外弹簧的预紧力小而内弹簧的预紧力大。在未工作时两弹簧之间保持一定距离。此外，供油拉杆 8 既可由调速器操纵，又可由操作者直接控制。

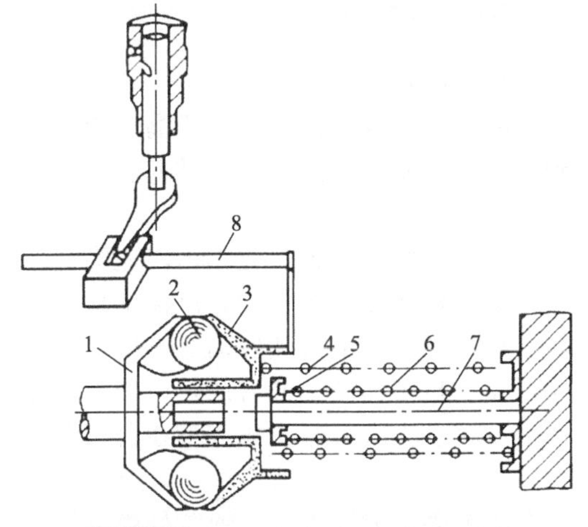

图 4-18 两极式调速器工作原理图

1—传动盘；2—飞球；3—推力盘；4—外调速弹簧；5—内弹簧座；6—内调速弹簧；7—支承杆；8—供油拉杆

两极式调速器的工作情况如下：

当柴油机未工作时，外调速弹簧 4 将供油拉杆 8 推向供油量最大的位置。当柴油机启动后，转速上升，因外弹簧预紧力小且刚性弱，飞球即可推动供油拉杆向减小供油量的方向移动。当转速升至某一转速 n_d时，推力盘 3 与内弹簧座 5 相接触。这时，由于内弹簧预紧力大而刚性强，因此即使转速继续升高，飞球的离心力仍不足以推动内弹簧座移动。但此时如由于外界负荷变化使转速低于 n_d时，外调速弹簧即可推动供油拉杆左移增加供油量，以保持柴油机可在 n_d转速下稳定工作。n_d即为最低空转转速。当柴油机转速升至标定转速时，飞球离心力显著升高，其轴向分力与内、外弹簧弹力相平衡。如果这时转速稍许上升，推力盘即推压内、外弹簧，使供油量减少，其工作情况与前述单程式调速器相同。

在转速 n_d与标定转速之间，调速器不起作用，由操作者根据需要调节供油量以实现柴油机转速的基本稳定。

3）全程式调速器

图 4-19 为一种全程式调速器的工作原理图，其特点是调速弹簧的弹力可以由操作者在一定范围内加以调节。因此，调速器起作用的转速也相应地在一定范围内变化。

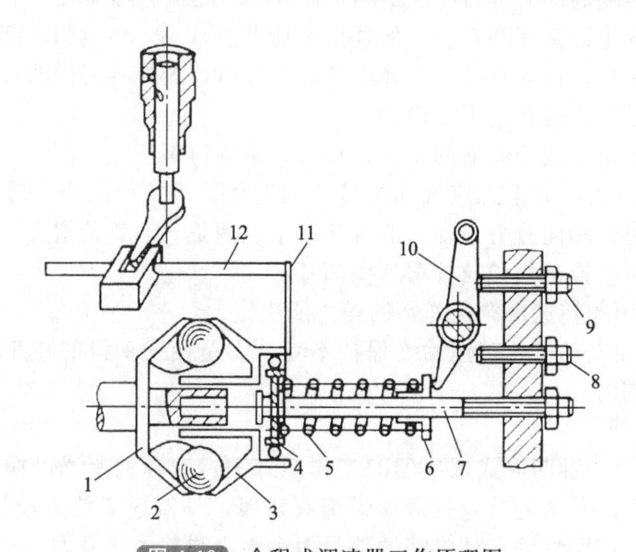

图 4-19　全程式调速器工作原理图

1—传动盘；2—飞球；3—推力盘；4—弹簧座；5—调速弹簧；6—调速弹簧滑座；
7—支承轴；8—怠速限位螺钉；9—最高转速限位螺钉；10—操纵臂；11—传动板；12—供油拉杆

由操作者操纵的操纵臂 10 的下端与调速弹簧滑座 6 相接触。当操纵臂顺时针摆动时，调速弹簧被压紧，弹力增大，使调速器起作用的转速增高。当操纵臂与最高转速限位螺钉 9 相碰时，起作用的转速达到最大。通常该转速为标定转速。如将螺钉 9 向外拧出，则起作用的转速升高，拧入则降低。

如将操纵臂反时针摆动，则调速弹簧放松，起作用转速降低。当操纵臂下端与怠速限位螺钉 8 相碰时，调速器则在最低空转转速下起作用，以保持怠速工作稳定。

由以上分析可见，装有全程式调速器的柴油发动机，操作者通过扳动操纵臂，改变调速弹簧的弹力，来达到改变柴油发动机工作转速的目的，而柴油机的供油量则由调速器根据外界负荷的变化自动地进行调节。这就大大减轻了操作者在负荷变化频繁时的紧张劳动，同时也提高了工作效率。

全程式调速器也可采用两根或多根调速弹簧。通常外弹簧较弱，且有预紧力；内弹簧则较强，呈自由状态（这是与两极式调速器的不同之处）。柴油发动机在低转速工作时，外弹簧起作用。随着转速的升高，内弹簧也开始工作，以适应不同转速范围内调速器性能对弹簧刚性的不同要求。

(4) 几种典型机械式调速器的构造与工作原理

1) Ⅰ号喷油泵调速器

① Ⅰ号喷油泵调速器的构造。Ⅰ号喷油泵调速器为机械全程式调速器，其构造如图 4-20所示。Ⅰ号喷油泵调速器主要由驱动件、飞球、调速弹簧、传动部分和操纵部分等组成。

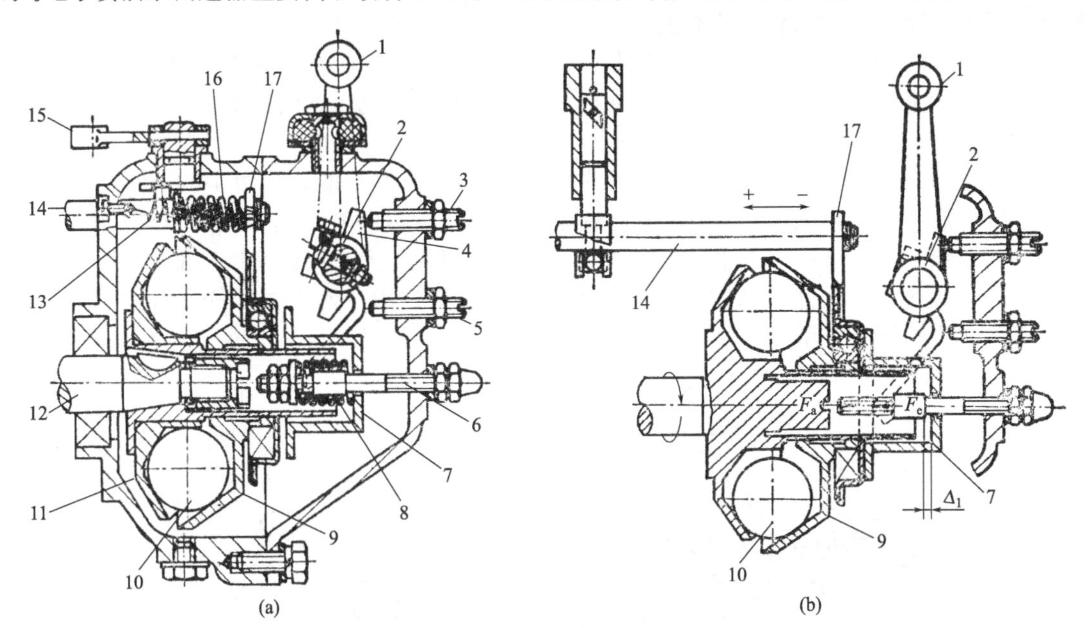

图 4-20　Ⅰ号喷油泵调速器的构造

1—调速手柄；2—调速弹簧；3—高速限位螺钉；4—调速限位块；5—怠速限位螺钉；6—油量限位螺钉；7—滑套；8—校正弹簧；9—推力盘；10—飞球；11—驱动盘；12—凸轮轴；13—启动弹簧；14—供油拉杆；15—停车手柄；16—停车弹簧；17—传动板

Ⅰ号喷油泵调速器的驱动件为具有 60°锥面的驱动盘 11。在驱动盘的内侧有六个径向的半圆形凹槽。驱动盘压紧在驱动轴套上而与其连成一体，然后通过半圆键和锁紧螺母使其和喷油泵的凸轮轴 12 相连。

六个直径为 25.4mm 的飞球 10 置于驱动盘的凹槽内，随驱动盘一起旋转。飞球另一侧为与轴线成 45°锥面的推力盘 9，推力盘滑套在驱动轴套上。工作时飞球的离心力作用在推力盘上，其轴向分力 F_a将使推力盘沿轴向滑动。套装在推力盘上的滑动轴承和传动板 17 也随之移动。传动板上端套在供油拉杆 14 上，因此供油拉杆也随之移动，从而改变供油量。

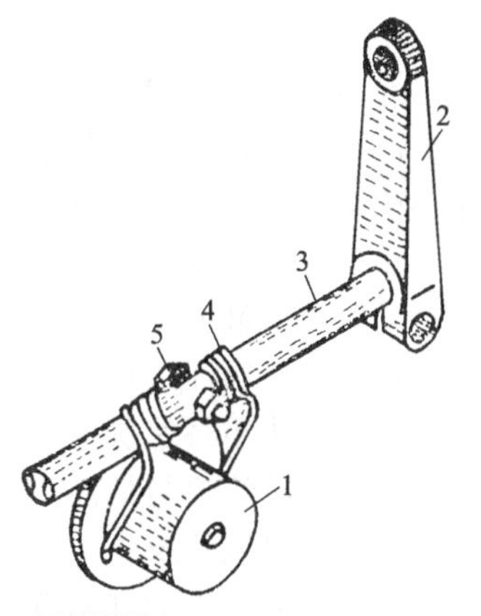

图 4-21　操纵轴与调速弹簧

1—滑套；2—调速手柄；3—操纵轴；4—调速弹簧；5—螺钉

在调速器纵轴上套有一根扭簧，即调速弹簧（图 4-21）。扭簧两端压在滑套 1 上，滑套端面则紧靠传动板，当传动板向左移动时，需要克服弹簧的压力。转动调速手柄即可改变扭簧的压力，因而改变了调速器起作用的转速。

在操纵轴上装有调速限位块 4（如图 4-20 所示），它随调速手柄一道转动。顺时针转动调速手柄，使调速限位块上端与高速限位螺钉相碰时，调速弹簧的预紧力最大，对应于柴油机最高转速工况（一般为标定转速）。反时针转动调速手柄，使限位块下端与怠速限位螺钉相碰，调速弹簧的预紧力最小，对应于柴油机的最低转速工况。

② Ⅰ号喷油泵调速器的工作原理。

a. 一般工况。当调速手柄处于两个限位螺钉之间的任一位置时，柴油机将稳定到某一转速下工作，飞球的离心力与调速弹簧弹力处于平衡状态。如这时外界负荷发生变化而引起转速变化，飞球离心力与调速弹簧弹力失去平衡，调速器将自动调节供油量，使柴油机转速维持在原来转速附近变化较小的范围内。

b. 冷启动工况。柴油机冷态启动时，由于压缩终了时气缸内气体的压力和温度较低，不利于燃油的蒸发和混合气的形成。因此，要求喷油泵供给比正常情况下更多的柴油（称为启动加浓），才能保证一定的混合气成分。

Ⅰ号喷油泵调速器的启动加浓作用是由启动弹簧13来实现的，如图4-22所示。当柴油机停车时，启动弹簧将供油拉杆14拉到最左端，供油量达到较大的数值。柴油机启动时，由于转速较低，飞球离心力很小，不足以克服启动弹簧的拉力，因此使启动油量较大。柴油机启动后，转速迅速上升，飞球离心力即大于启动弹簧拉力，使供油拉杆右移而减小供油量，启动加浓则停止作用。

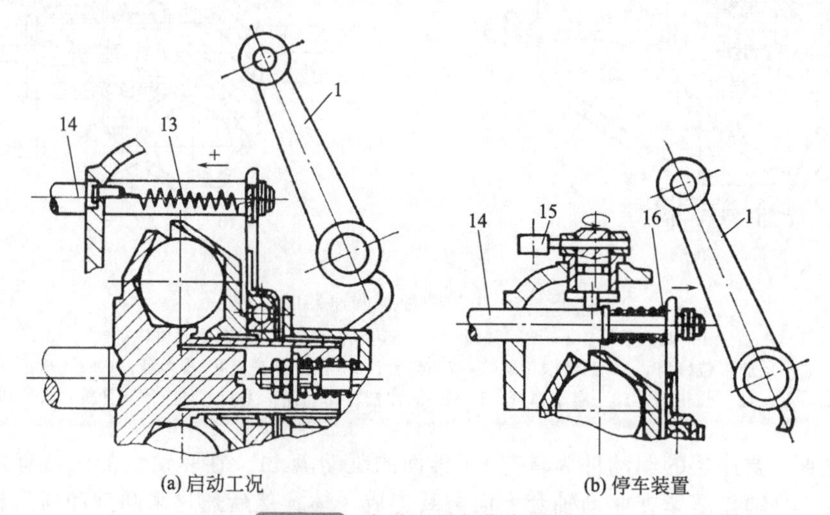

图 4-22 启动工况与停车装置

1—调速手柄；13—启动弹簧；14—供油拉杆；15—停车手柄；16—停车弹簧

c. 怠速工况。调速手柄转到限位块与怠速限位螺钉相碰时，则调速弹簧放松，预紧力最小，柴油机则稳定在最低转速下工作。调整怠速限位螺钉位置，可改变最低稳定转速。拧进时转速提高，反之降低。调整时应达到能使柴油机转速较低而又能稳定运转为佳。

d. 最高工作转速工况。调速手柄的限位块与高速限位螺钉相碰时，调速弹簧受到最大压缩而预紧力最大，柴油机处于最高转速工况下工作。如这时外界负荷减小，转速上升，飞球离心力将使供油拉杆向减小供油量方向移动，使柴油机输出扭矩与负荷相平衡。如负荷全部卸去，调速器将使供油量减至最小，柴油机处于最高空转转速下工作。装有调速器的柴油机，最高空转转速与最高工作转速之间差距较小，一般在100～200r/min左右，因而起到防止柴油机超速运转发生“飞车”危险的作用。

e. 超负荷工况。工程机械、汽车及拖拉机用的柴油机，在工作时经常会遇到短期阻力突然增大的情况。如柴油机已处于满负荷下工作，供油量已达到最大，这时如出现超负荷情况，柴油机转速会迅速降低而熄火。为了提高柴油机克服短期超负荷的能力，在全程式调速器中多装有校正装置。校正装置可使柴油机在超负荷时增加供油量15%～20%左右。供油量增加过多会因燃烧不完全而冒黑烟，使性能恶化和积炭增多，因而是不允许的。

Ⅰ号喷油泵调速器的校正装置与工作原理如图4-23所示。

图4-23(a)为无校正装置时的情况。当柴油机超负荷时，转速降到小于标定转速，飞球离心力的轴向分力F_a小于调速弹簧弹力F_e，于是滑套被压紧在油量限位螺钉凸肩上而不能继续左移，供油量不能再增加。

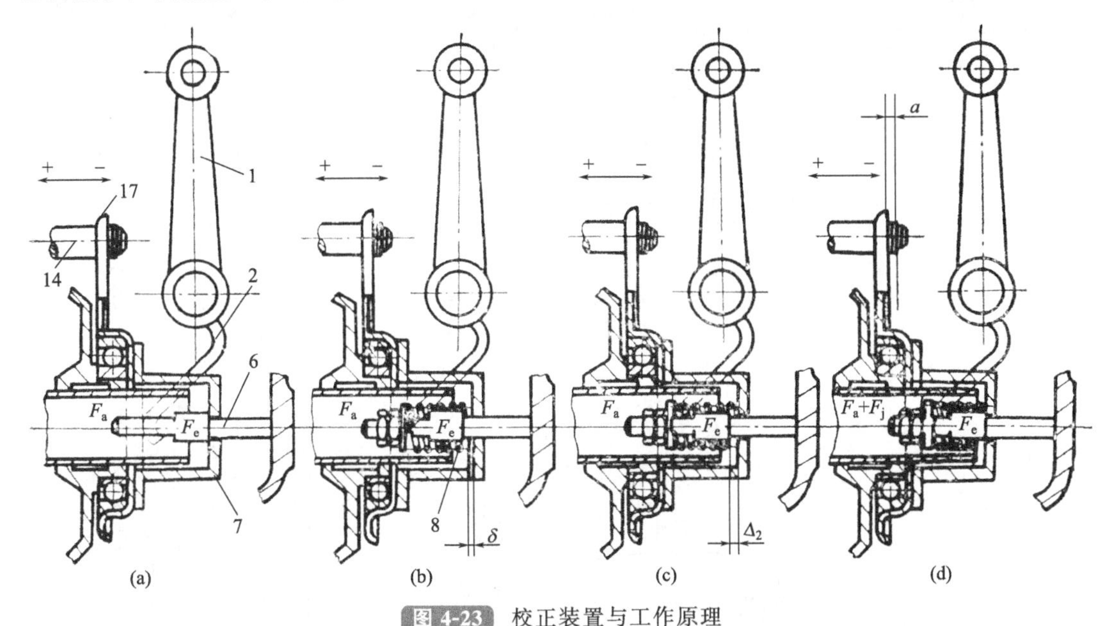

图4-23 校正装置与工作原理

1—调速手柄；2—调速弹簧；6—油量限位螺钉；7—滑套；8—校正弹簧；14—供油拉杆；17—传动板

图4-23(b)为有校正装置时，柴油机处于中等负荷时的情况。这时，校正弹簧8处于自由状态，且与滑套7间还留有间隙δ。

图4-23(c)为柴油机在标定工况下工作时的情况。滑套刚开始与校正弹簧相接触，间隙δ消失，而滑套与油量限位螺钉的凸肩仍有间隙Δ_2，此时供油拉杆处于标定油量位置。

图4-23(d)为柴油机处于超负荷工作时的情况。由于曲轴转速下降，飞球离心力的轴向分力F_a减小。调速弹簧的弹力F_e大于F_a，迫使滑套左移，开始压缩校正弹簧。供油拉杆也相应向增加供油量方向移动少许，以克服超负荷。当滑套与油量限位螺钉凸肩相碰时，校正油量达到最大。此时，校正弹簧的弹力F_j和飞球的轴向分力F_a两者相加与F_e相平衡。

从滑套开始压缩校正弹簧到与凸肩相碰为止，供油拉杆所移动的距离称为校正行程。Ⅰ号喷油泵调速器的最大校正行程为1.2～1.5mm。

f. 停机。由于带全程式调速器的喷油泵，操作员只能操纵调速弹簧的预紧力，而不能直接控制供油拉杆，因此当需要紧急停机时，必须还有专门的机构来停止供油。Ⅰ号喷油泵调速器上装有紧急停车手柄［图4-22(b)］，供紧急停车时使用。扳动紧急停车手柄，可使供油拉杆移至最右端，喷油泵即停止供油而使柴油机熄火。

2）B系列喷油泵调速器

B系列和B系列强化喷油泵所用调速器的结构如图4-24所示。目前135基本型柴油机上所用的调速器都是这种机械全程式调速器。

调速器是由装在喷油泵凸轮轴末端的调速齿轮部件驱动的。调速齿轮部件内装有三片弹簧片，对突然改变转速能起缓冲作用。由于提高了调速飞铁的转速，其外形尺寸可小些。两

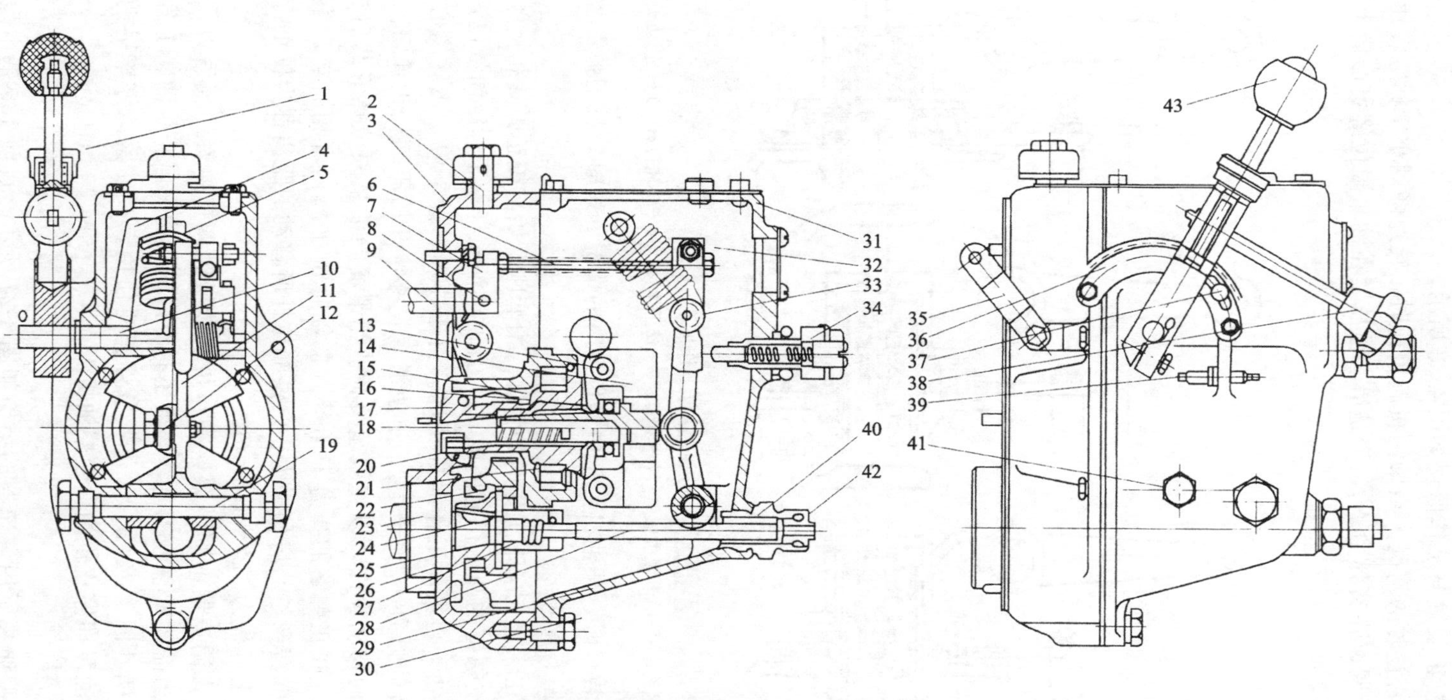

图 4-24 B系列喷油泵用全程式调速器

1—盖帽；2—呼吸器；3—调速器前壳；4—摇杆；5—调速弹簧；6—拉杆弹簧；7—拉杆接头；8—齿杆连接销；9—齿杆；10—操纵轴；11—调速杠杆；12—滚轮；13—飞锤销；14—飞锤；15—托架；16—止推轴承；17—滚动轴承；18—伸缩轴；19—杠杆轴；20—飞锤支架；21—滚动轴承；22—调速齿轮；23—凸轮轴；24—螺母；25—弹簧；26—弹簧座；27—缓冲弹簧；28—转速计传动轴；29—调速器后壳；30—放油螺钉；31—螺塞；32—拉杆支承块；33—滑轮；34—低速稳定器；35—停车手柄；36—扇形齿轮；37—低速限制螺钉；38—微量调节手轮；39—高速限制螺钉；40—螺套；41—机油平面螺钉；42—封油圈；43—操纵手柄

个重量相等的飞铁由飞铁销装在飞铁座架上。伸缩轴抵住调速杠杆部件中的滚轮，调速杠杆与喷油泵齿杆相连，调速弹簧的一端挂在调速杠杆上，另一端挂在调速弹簧摇杆上，摆动摇杆则可调节调速弹簧的拉力。调速器操纵手柄按柴油机用途不同有三种形式，如图 4-25 所示。其中微量调节操纵手柄如图 4-25(a) 所示，用于要求转速较准确的直列式柴油机（如发电机组）。操纵机构上有高速限制螺钉，用来限制柴油机的最高转速，即限制调速弹簧最大拉力时的手柄位置。在柴油机出厂时该螺钉已调整好，并加铅封，用户不得随意变动。

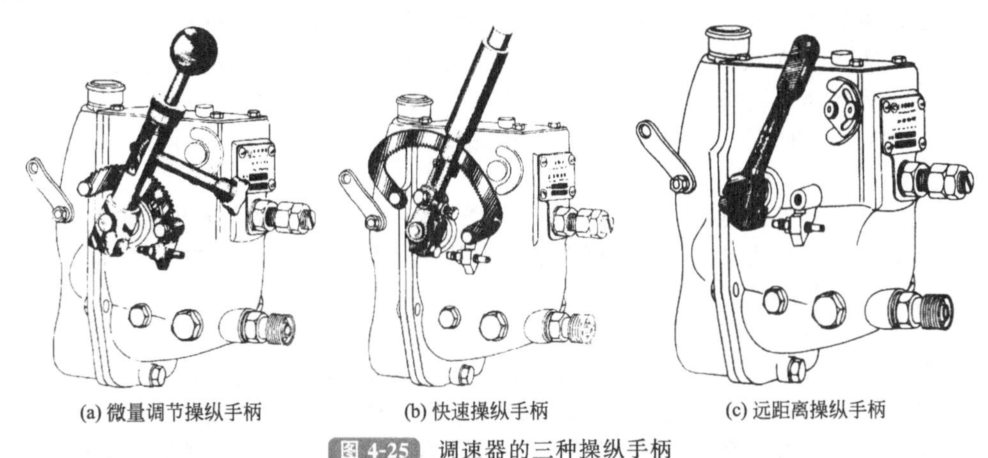

(a) 微量调节操纵手柄　(b) 快速操纵手柄　(c) 远距离操纵手柄

图 4-25　调速器的三种操纵手柄

调速器后壳端装有低速稳定器，可用以调节柴油机在低转速时的不稳定性。由于安装地位的关系，只有在 6 缸直列型柴油机的调速器后壳上才设有转速表传动装置接头。调速器前壳上装有停车手柄，当柴油机停车或需要紧急停车时，向右扳动停车手柄即可紧急停车。调速器润滑油与喷油泵不相通，加油时，由调速器上盖板的加油口注入，油加到从机油平面螺钉孔口有油溢出为止。

调速器工作原理：当柴油机在某一稳定工况工作时，飞铁的离心力与调速弹簧拉力及整套运转机构的摩擦力相平衡，于是飞铁、调速杠杆及各机件间的相互位置保持不变，则喷油泵的供油量不变，柴油机在某一转速下稳定运转；当柴油机负荷减小时，喷油泵供油量大于柴油机的需要量，于是柴油机转速增高，则飞铁的离心力大于调速弹簧的拉力，两者的平衡被破坏，飞铁向外张开，使伸缩轴向右移动，从而使调速杠杆绕杠杆轴向右摆动。此时调速弹簧即被拉伸，喷油泵的调节齿杆向右移动，供油量减少，转速降低，直至飞铁的离心力与调速弹簧的拉力再次达到平衡，这时柴油机就稳定在比负荷减少前略高的某一转速下运转。当柴油机负荷增加时，喷油泵供油量小于柴油机的需要量而引起转速降低，飞铁的离心力小于调速弹簧的拉力，调速弹簧即收缩，调速杠杆使调节齿杆向左移动，供油量增加，转速回到飞铁的离心力与调速弹簧的拉力再次达到平衡时为止。此时柴油机稳定在比负荷增加前略低的某一转速运转（柴油机调速器操纵手柄位置不变，负荷变化后新的稳定运转点的转速取决于所用调速器的调速率，而不同型号柴油机的调速率是根据不同的使用要求确定的），若要严格回到原来的转速则需调整调速器操纵手柄。

发电用的 135 柴油机的调速器在其壳体右上方一般还装有一块扇形板的微调机构，如图 4-25(c)所示。当多台柴油发电机组并联工作时，可用此扇形板来调节柴油机调速率。调节时可旋松扇形板腰形孔上的螺母，慢慢转动扇形板至所需调速率的位置并加以固定。

B 系列喷油泵配套的全制式调速器，具有以下特点：

转速感应组件：感应组件由一对飞锤 14、飞锤销 13、飞锤支架 20、托架 15、伸缩轴 18

和止推轴承 16 等组成。柴油机工作时，曲轴通过喷油泵凸轮轴上的齿轮带动飞锤和飞锤支架旋转。当柴油机转速变化时，飞锤受离心力作用而向外张开或向内收缩，飞锤通过支架、止推轴承 16 使伸缩轴 18 右移或左移，并经杠杆系统传给供油拉杆，而改变供油量。

调速弹簧组件：由调速弹簧 5 等组成。改变手柄 43 的位置时，摇杆 4 随之转动，从而改变调速弹簧的预紧力。采用拉簧作调速器弹簧时，可将拉簧布置在飞锤上方，使调速器长度缩短。操纵手柄的两个极限位置由高、低速限制螺钉 39 和 37 加以限制。

调速器后壳 29 上还装有低速稳定器 34，用以防止低速不稳。当柴油机怠速不稳时可将低速稳定器缓慢旋入，直至转速稳定为止。装有低速稳定器后，柴油机空载时，调速器杠杆 11 已右移到使稳定器弹簧参与工作。但是，稳定器弹簧不能旋入过多，以免空载转速（突然卸载后的最大转速）过高而引起事故。

杠杆机构：由杠杆 11、拉杆弹簧 6、拉杆接头 7 和齿杆连接销 8 等组成。杠杆 11 的支点在下端且固定不变，所以滚轮 12 和拉杆支承块 32 的位移比亦不变。

除上述组件外，B 系列喷油泵还有转速计传动轴 28，它与喷油泵凸轮轴相连，另外，调速器还设有紧急停车装置，操纵手柄上装有微量调节手轮 38，用于转速的微量调节。

（5）电子调速器

电子调速器在结构和控制原理上与机械式调速器有很大不同，它将转速和（或）负荷的变化以电子信号的形式传到控制单元，与设定的电压（电流）信号进行比较后再输出一个电子信号给执行机构，执行机构动作，拉动供油齿条加油或减油，以达到快速调整发动机转速的目的。电子调速器以电信号控制代替了机械调速器中的旋转飞重等结构，没有使用机械机构，动作灵敏、响应速度快、动态与静态参数精度高；电子调速器无调速器驱动机构，体积小、安装方便，便于实现自动控制。

常见的电子调速器有单脉冲电子调速器和双脉冲电子调速器两种。单脉冲电子调速器是以转速脉冲信号来调节供油量的；双脉冲电子调速器是将转速和负荷的两个单脉冲信号叠加起来调节供油量的。双脉冲电子调速器能在负荷一有变化而转速尚未变化之前就开始调整供油量，其调整精度比单脉冲电子调速器高，更能保证供电频率的稳定。

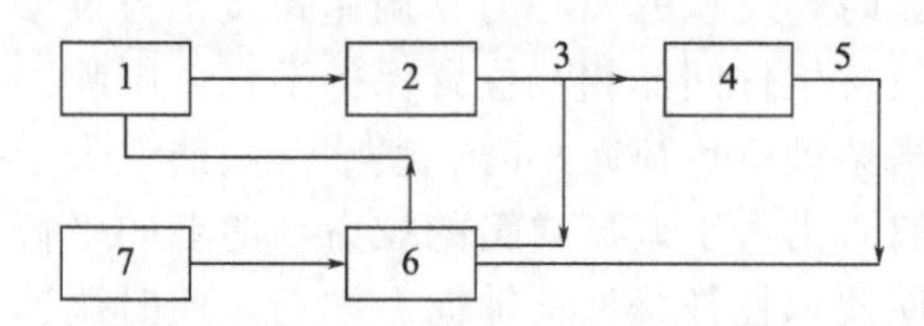

图 4-26 双脉冲电子调速器的基本组成

1—执行机构；2—柴油机；3—转速传感器；4—柴油机负载；5—负荷传感器；6—速度控制单元；7—转速设定电位器

双脉冲电子调速器的基本组成如图 4-26 所示。其主要由执行机构 1、转速传感器 3、负荷传感器 5 和速度控制单元 6 等组成。磁电式转速传感器用于监测柴油机转速的变化，并按比例产生交流电压输出；负荷传感器用于检测柴油机负荷的变化，并按比例转换成直流电压输出；速度控制单元是电子调速器的核心，接受来自转速传感器和负荷传感器的输出电压信号，并按比例转换成直流电压后与转速设定电压进行比较，把比较后的差值作为控制信号送往执行机构，执行机构根据输入的控制信号以电子（液压、气动）方式拉动柴油机的油量控制机构加油或减油。

若柴油机负荷突然增加，负荷传感器的输出电压首先发生变化，此后转速传感器的输出电压也发生相应变化（数值均下降）。上述两种降低的脉冲信号在速度控制单元内与设定的转速电压比较（传感器的负值信号数值小于转速设定电压的正值信号数值），输出正值的电压信号，在执行机构中使输出轴向加油方向转动，增加柴油机的循环供油量。

反之，若柴油机的负荷突然降低，也是负荷传感器的输出电压首先发生变化，此后转速传感器的输出电压也发生相应变化（数值均升高）。上述两种升高的脉冲信号在速度控制单元内与设定的转速电压比较，此时，传感器的负值信号数值大于转速设定电压的正值信号数值，速度控制单元输出负值的电压信号，在执行机构中使输出轴向减油方向转动，降低柴油机的循环供油量。

4.1.4 喷油提前角调节装置

喷油提前角是指柴油开始喷入气缸的时刻相对于曲轴上止点的曲轴转角，而供油提前角则是喷油泵开始向气缸供油时的曲轴转角。显然，供油提前角稍大于喷油提前角。由于供油提前角便于检查调整，所以在生产单位和使用部门采用较多。喷油提前角需要复杂而精密的仪器方能测量，因此只在科研中应用。也就是说，柴油发动机的喷油提前角（供油时间）是通过调整喷油泵的供油提前角来实现的。整体式喷油泵柴油发动机的总供油时间通常以喷油泵第一缸供油提前角为准，调整整个喷油泵供油提前角的方法是改变喷油泵凸轮轴与柴油机曲轴间的相对角位置。为此，喷油泵凸轮轴一端的联轴器通常是做成可调整的。图 4-27 示出了一种联轴器的结构。

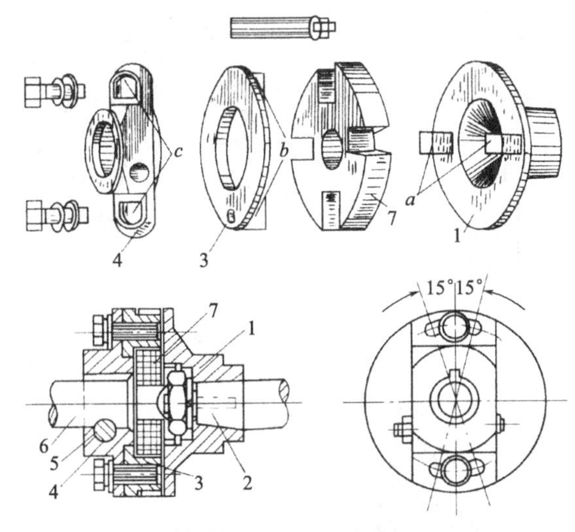

图 4-27 喷油泵联轴器

1—从动凸缘盘；2—喷油泵凸轮轴；3—中间凸缘盘；4—驱动凸缘盘；5—销钉；6—驱动齿轮轴；7—夹布胶木垫盘

联轴器主要有两个凸缘盘分别为装在驱动齿轮轴 6 上的凸缘盘 4 和装在喷油泵凸轮轴 2 一端的从动凸缘盘 1，两凸缘盘间用螺钉连接。驱动凸缘盘安装螺钉的孔是弧形的长孔。松开固定螺钉可变更两凸缘盘间的相对角位置，从而也就变更了整个喷油泵的供油提前角。

将喷油泵从柴油机上拆下后再重新装回时，可先将喷油泵固定在柴油机机体上的喷油泵托架上，再慢慢转动曲轴，使柴油机第一缸的活塞位于压缩行程上止点前相当于规定的供油提前角的位置，然后使喷油泵凸轮轴上与喷油泵壳体上相应记号对准，如图 4-28 所示。再拧紧联轴器的固定螺钉。

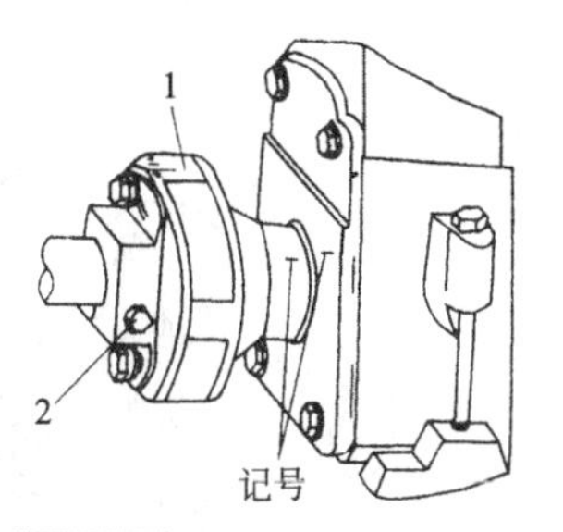

图 4-28 联轴器的调整标记

1—从动凸缘盘；2—连接螺钉

多数柴油发动机是在标定转速和全负荷下通过试验确定在该工况下的最佳喷油提前角的。将喷油泵安装到柴油机上时，即按此喷油提前角调定，而在柴油机工作过程中一般不再变动。显然，当柴油机在其他工况下运转时，这个喷油提前角就不是最有利的。对于转速范围变化比较大的柴油机，为了提高其经济性和动力性，希望柴油机的喷油提前角能随转速的变化自动进行调节，使其保持较有利的数值。因此，在这种柴油机（特别是直接喷射式柴油机）的喷油泵上，往往装有离心式供油提前角自动调节器。

如图 4-29 所示为一种离心式供油提前角自动调节器示意图。调节器装在联轴器和喷油泵之间。前端面有两个方形凸块的驱动盘 5，也就是联轴器的从动盘。在驱动盘的腹板上装有两个销轴 12。两个飞块 7 的一端各有一个圆孔套在此销轴上。两个飞块的另一端则压装有两个销钉 8。每个销钉上松套着一个滚轮内座圈 2 和滚轮 3。调节器的从动盘 1 的毂部用半月键与喷油泵凸轮轴相连。从动盘两臂的弧形侧面与滚轮 3 接触，另一侧面则压在两个弹簧 9 上。弹簧 9 的另一端支在弹簧座圈 11 上。弹簧座圈则由螺钉 10 固定在销轴 12 的端部。从动盘 1 还固定有筒状盘 6，其外圆面与驱动盘的内圆面相配合，以保证驱动盘与从动盘的同心度。整个调节器为一密闭体，内腔充满机油以供润滑。

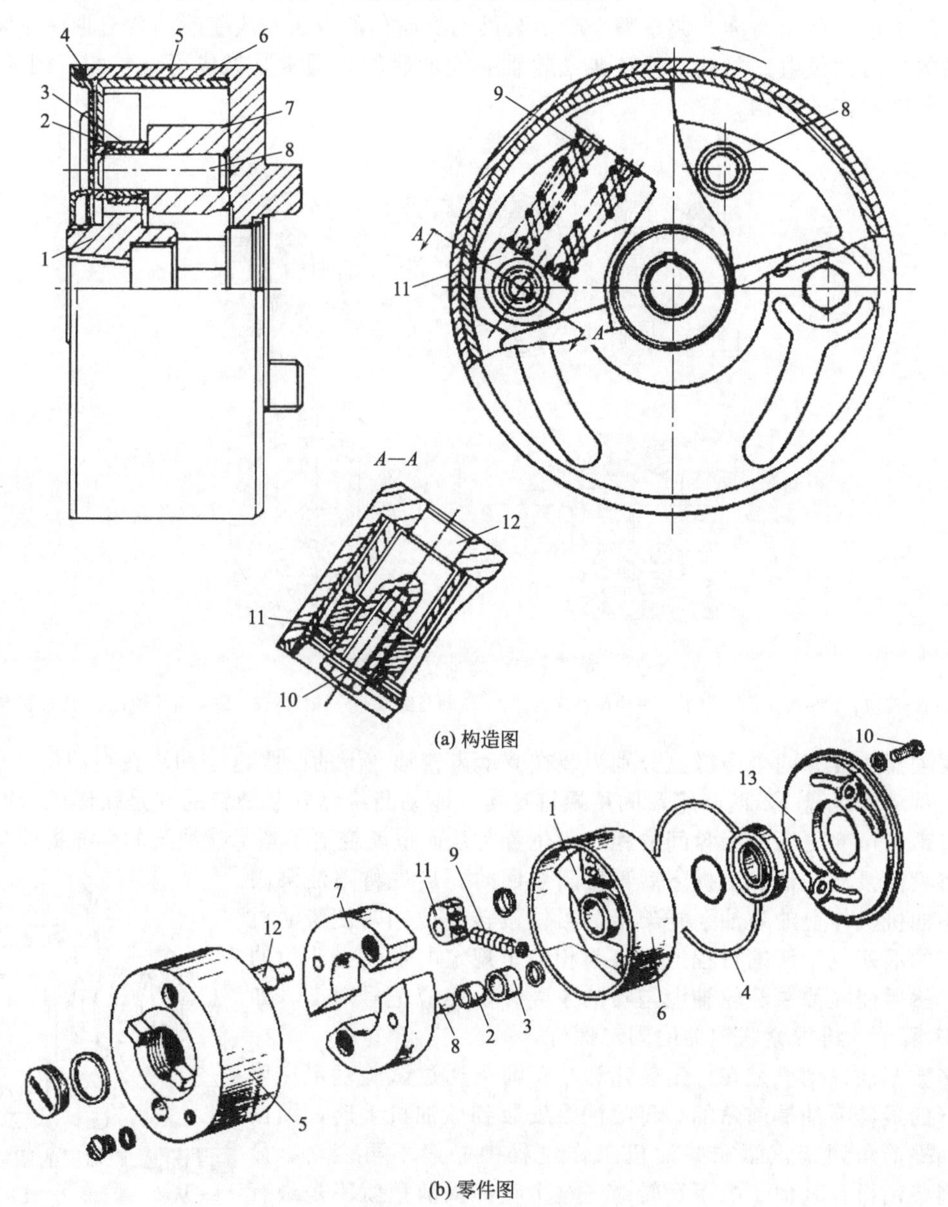

图 4-29 离心式供油提前角自动调节器

1—从动盘；2—内座圈；3—滚轮；4—密封圈；5—驱动盘；
6—筒状盘；7—飞块；8—销钉；9—弹簧；10—螺钉；11—弹簧座圈；12—销轴；13—调节器盖

柴油机工作时，驱动盘 5 连同飞块 7 被曲轴驱动而旋转。飞块在离心力的作用下绕销轴 12 转动，其活动端向外摆动。同时，滚轮 3 则迫使从动盘 1 沿箭头方向转动一个角度，直到弹簧 9 的弹力与飞块的离心力相平衡时为止。于是驱动盘与从动盘开始同步旋转。当柴油机转速升高，飞块活动端进一步向外张开时，从动盘被迫再沿箭头方向相对于驱动盘转过一定角度，使供油提前角随转速增加而相应增大。反之，曲轴转速降低，飞块离心力减小，从动盘在弹簧 9 的作用下退回一定角度，使供油提前角相应减小。这种离心式供油提前角自动调节器可以保证供油提前角在转速变化时，在 0°～10°范围内自动调节。

4.1.5 其他辅助装置

柴油机燃油供给系统的辅助装置主要包括柴油滤清器、油水分离器、输油泵和燃油箱等。

（1）柴油滤清器

各种柴油本身含有一定量的杂质，如灰分、残炭和胶质等。重柴油与轻柴油相比，含杂质更多。柴油在运输和储存过程中，还可能混入更多的尘土和水分，储存越久，由于氧化而生成的胶质也越多。每吨柴油的机械杂质含量可能多达 100～250g，粒度约为 5～50μm。平均粒度为 12μm 的硬质粒子，对柴油机供油系统精密偶件的危害性最大，有可能引起运动阻滞和各缸供油不均匀，并加速其磨损，以致柴油机功率下降、燃油消耗率增加。柴油中的水分还可引起零件锈蚀，胶质有可能使精密偶件卡死，因此对柴油必须进行过滤。除了在柴油注入油箱前必须经过 3～7 天的沉淀处理外，在柴油供给系统中还应设置柴油滤清器。小型单缸柴油机一般为一级滤清，大、中型柴油机多有粗、细两级滤清器。有的在油箱出口还设置沉淀杯以达到多级过滤，确保柴油机使用的燃油清洁。

柴油滤清器的种类很多，粗滤器用来滤除颗粒较大的杂质，这样可减少细滤器过滤的杂质量，避免细滤器被迅速堵塞而缩短使用寿命。细滤器则应能滤去对供油系统有危害的最小粒子，这种粒子的直径约数微米。

柴油滤清器的滤芯采用的材料有金属、毛毡、棉纱和滤纸等，目前，国内外柴油机滤清器使用纸质滤芯的比较广泛。纸质滤芯的使用，可以节省大量的毛毡及棉纱，而且纸质滤芯性能好、质量轻、体积小、成本低。

柴油滤清器主要由滤芯、外壳及滤清器座三部分组成，如图 4-30 所示为 135 系列柴油机柴油滤清器装配剖面图，各机型均通用，唯有溢流阀 8 有两种结构，根据不同机型选用 C0810A 或 C0810B 滤清器。

燃油由输油泵送入柴油滤清器，通过纸质滤芯清除燃油中的杂质后进入滤油筒内腔，再通过滤清器座上的集油腔通向喷油泵。滤清器座上设有回油接头，内装溢流阀，当柴油滤清器内燃油压力超过 78kPa（0.8kgf/cm^2）时，多余的燃油由回油接头回至燃油箱。连接低压燃油管路应按座上箭头所指方向，不可接错。滤芯底部的密封垫圈装在弹簧座内，弹簧将密封垫圈紧贴在螺母的底面起密封作用。滤清器座和外壳之间靠拉杆连接，并由橡胶圈密封，滤清器座上端有放气螺塞，在使用中可以松开放气螺钉清除柴油滤清器的空气。

柴油滤清器用两个 M8-6H 螺钉固定在机体或支架上，在使用中如发现供油不通畅，则有滤芯堵塞的可能。此时，应停车放掉燃油，可直接在柴油机上松开拉杆螺母，卸下外壳，取出滤芯（图 4-31），然后将滤芯浸在汽油或柴油中用毛刷轻轻地洗掉污物（图 4-32）。如果滤芯破裂或难以清洗，则必须换新，然后按图 4-30 装好，并注入清洁的燃油。

（2）油水分离器

为了除去柴油中的水分，有的柴油机（如康明斯 C 系列）在燃油箱与输油泵之间还装有专门的油水分离装置——油水分离器。其结构如图 4-33 所示，由分离器壳体 7、液面传感

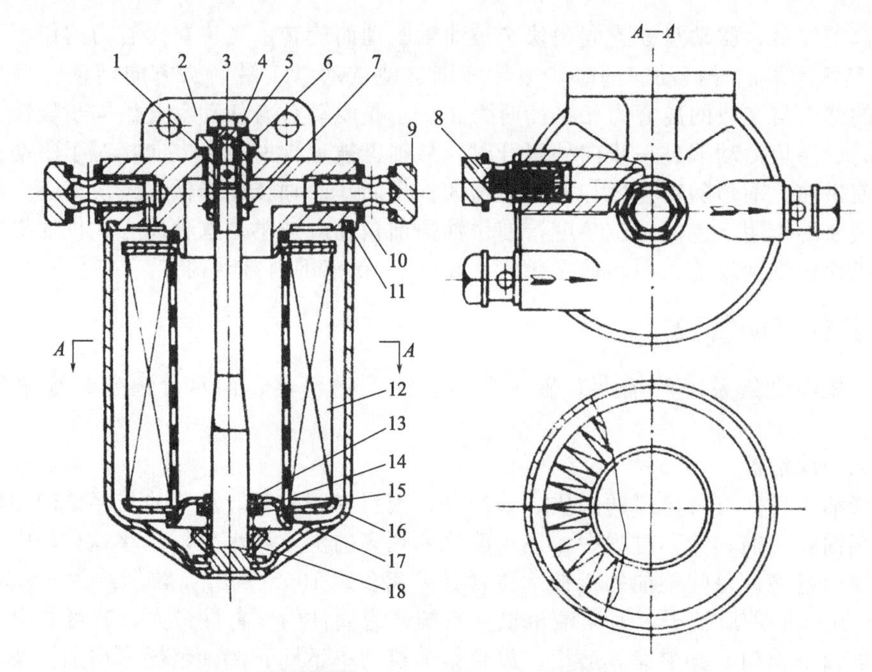

图 4-30 柴油滤清器装配剖面图

1，5—垫圈；2—滤清器座；3—拉杆；4—放气螺钉；6—拉杆螺母；7—卡簧；8—溢流阀；9—油管接头；10，13，17—密封圈；11—密封垫圈；12—滤芯；14—托盘；15—弹簧座；16—壳体；18—弹簧

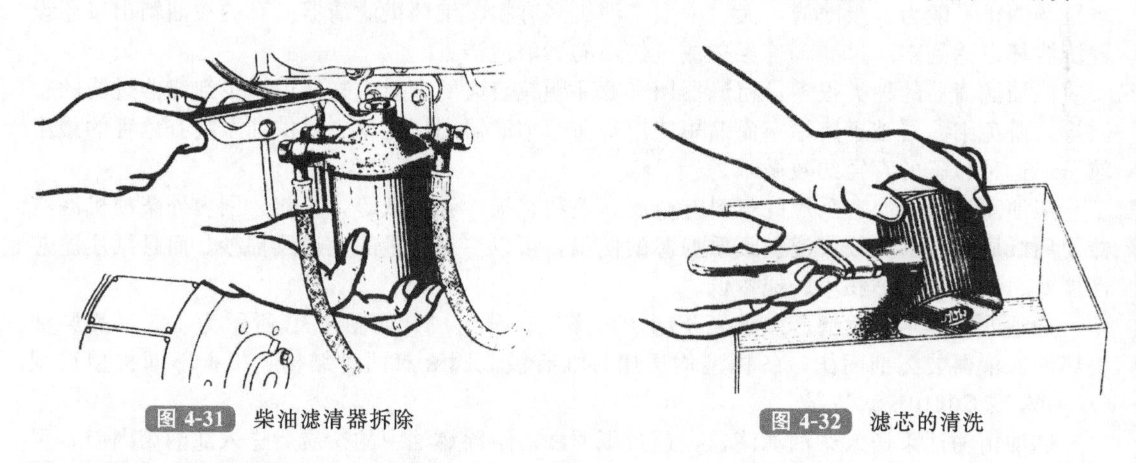

图 4-31 柴油滤清器拆除

图 4-32 滤芯的清洗

器 5、浮子 6 和手压膜片泵 1 等组成。

来自燃油箱的燃油经进油口 2 进入油水分离器，并从出油口 9 流出至输油泵。燃油中的冷凝水在油水分离器内分离并沉淀在分离器壳体 7 的下部。装在壳体下部的浮子 6 随着积聚在油水分离器壳体 7 内的冷凝水的增多而逐渐上升。当浮子达到规定的放水水位 3 时，液面传感器 5 将电路接通，在仪表盘上的放水警告灯就发出放水信号，这时需及时松开油水分离器上的放水塞放水。手压膜片泵 1 供排水和排气时使用。

(3) 输油泵

输油泵的功用是保证低压油路中柴油的正常流动，克服柴油滤清器和管道中的阻力，并以一定的压力向喷油泵输送足够的柴油。

柴油机所采用的输油泵有活塞式、内外转子式、滑片式和膜片式等多种。在中小功率柴油机中常用活塞式输油泵，活塞式输油泵又称柱塞式输油泵，其构造及工作原理如图 4-34 所示。活塞式输油泵主要由活塞 10、推杆 13、出油阀 2 和手油泵 5 等组成。用于推动活塞运动的偏心轮通常设在喷油泵的凸轮轴上，因此输油泵常和喷油泵组装在一起。

柴油机工作时，喷油泵凸轮轴由曲轴驱动旋转，偏心轮 15 即随之转动。当偏心轮凸起部分最高点向推杆位置转动时［如图 4-34(b) 所示］，推杆被推动并使活塞 10 移动压油，同时压缩活塞弹簧 14。由于活塞前端油腔中的柴油压力提高，进油阀 6 在压力作用下关闭，出油阀 2 被推开，该油腔中的柴油经出油阀和上出油道 11 流入活塞靠推杆一端的油腔内。

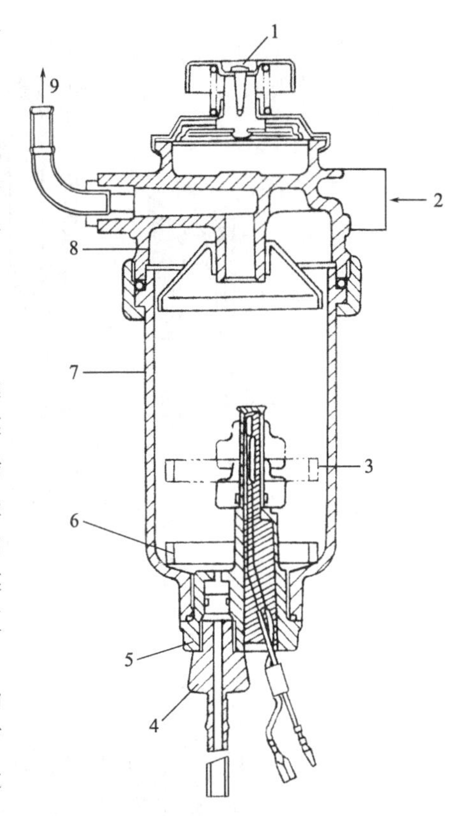

图 4-33 油水分离器

1—手压膜片泵；2—进油口；3—放水水位；4—放水塞；5—液面传感器；6—浮子；7—分离器壳体；8—分离器盖；9—出油口

当偏心轮继续转动，使凸起部分最高点逐渐远离推杆时［如图 4-34(c) 所示］，柱塞弹簧推动活塞和推杆回行，这时活塞后端油腔的油压升高而前端油压下降，出油阀关闭，活塞后端油腔中的柴油经上出油道 11 流向喷油泵。进油阀 6 被推开，由柴油箱或者柴油滤清器来的柴油，经进油道 8 流入活塞前端油腔，使油腔充满柴油，至此，活塞式输油泵就完成了一次压油与进油的过程。

由于柴油由输油泵流向喷油泵是依靠弹簧推动活塞而压出的，因此输油压力由弹簧弹力所决定而保持在一定的范围内。活塞往复运动时，当活塞运动到最前端，也即弹簧受到最大压缩时的变形量，取决于偏心轮的偏心距（工作中是不可改变的）。活塞退回到最后端的位置，则为弹簧弹力与活塞后端油腔中油压相等时的位置。当喷油泵需要的柴油量大时，柴油由输油泵后端油腔中流出较快，活塞冲程较长。当柴油机负荷减小，需要的油量减少，活塞后端油腔中柴油流出较少，油压相对升高［如图 4-34(d) 所示］，活塞后退的冲程就短。因此这种输油泵可保持输油压力一定，而输油量则可根据需要而改变。

输油泵上还装有手油泵，其作用是在柴油机尚未工作时，由人工用它来向供油系统内压油，以排除油道中的空气。使用时，先提起手油泵活塞，进油阀开启，柴油即流入手油泵油腔内。然后将活塞压下，使进油阀关闭而出油阀开启，柴油经过出油阀流向喷油泵和各油道中去。使用完毕，应将手柄上的螺塞旋紧，以免柴油机工作时，空气进入供油系统中。

(4) 燃油箱

燃油箱的功用是储存柴油机工作时所需的柴油。其容量一般可供柴油机连续运转 8～10h。燃油箱通常用薄钢板冲压后焊接而成，内表面镀锌或锡，以防腐蚀生锈。

燃油箱内部通常用隔板将油箱隔成数格，防止设备工作时振动引起燃油箱内的柴油剧烈晃动而产生泡沫，影响柴油的正常供给。燃油箱上部有加油口和油箱盖，加油口内装有铜丝网，以防止颗粒较大的杂质带入燃油箱内。油箱盖上有通气孔，保持燃油箱内部与大气相通，防止工作过程中油面下降使燃油箱内出现真空度，使供油不正常。

在燃油箱下部有出油管和放油开关，出油管口应高出燃油箱底平面适当高度，以免箱底沉积的杂质由出油口进入供油系统。燃油箱底部最低处还应设置放油螺塞，以便清洗燃油箱时能将燃油箱底部的沉积物和水分清除干净。在燃油箱上还应设置油尺或油面指示装置，使工作人员能随时观察到燃油箱内存油量的多少，以便及时向燃油箱内添加柴油。

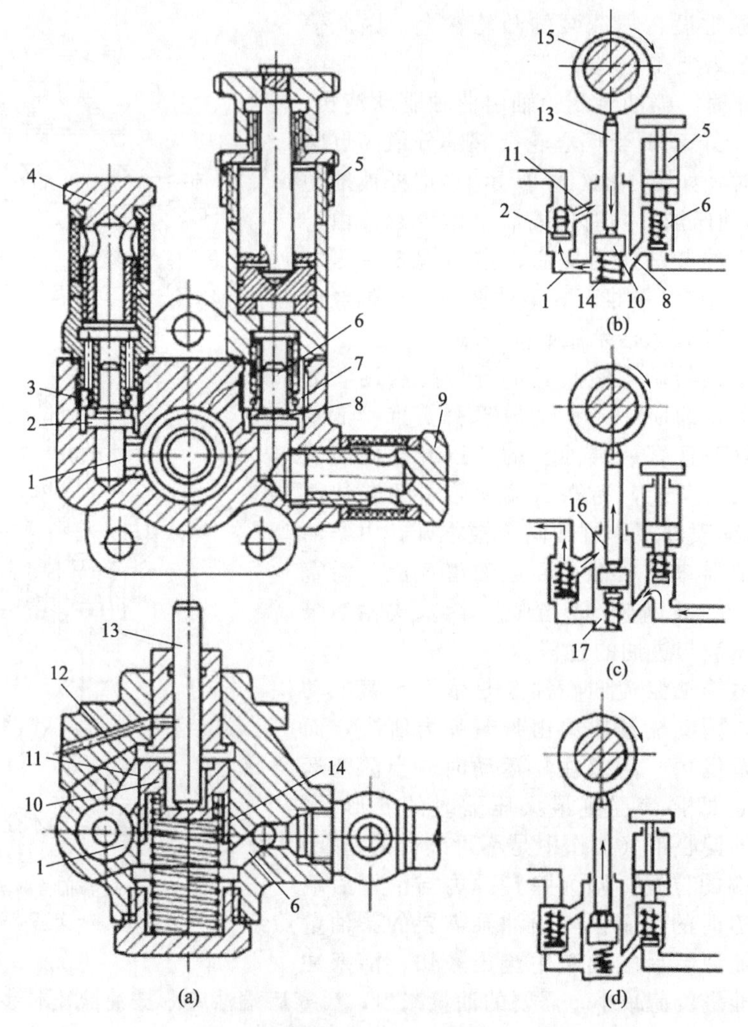

图 4-34　活塞式输油泵

1—下出油道；2—出油阀；3—出油阀弹簧；4—出油接头；5—手油泵；6—进油阀；7—进油阀弹簧；8—进油道；9—进油接头；10—活塞；11—上出油道；12—泄油道；13—推杆；14—活塞弹簧；15—偏心轮；16—后腔；17—前腔

4.2 燃油供给系统的拆装及检查

4.2.1 喷油泵和调速器的拆装及检查

喷油泵、调速器的拆装除普通工具外还需用专用工具，并保持工作场地、工作台、工具和零件的整洁。本小节主要讲述B系列和B系列强化喷油泵、调速器的拆装及检查。

喷油泵零件的分解可按图 4-35 所示进行。首先拆除固紧夹板铅封，按顺序拆下出油阀紧座及出油阀弹簧。拆卸出油阀偶件时，由于出油阀尼龙垫圈使用后变形卡紧在泵体上，必须使用专用工具才能拆出（如图 4-36 所示）。然后，再用螺丝刀撬起柱塞弹簧，即可取出弹簧下座，如图 4-37 所示。松出柱塞套定位螺钉，用细铁棒向上顶出柱塞，就可以从上面连同阻塞套一起拉出柱塞偶件，如图 4-38 所示。柱塞偶件及出油阀偶件不能碰毛，更不能拆散互换，必须成对地放在清洁的柴油中。

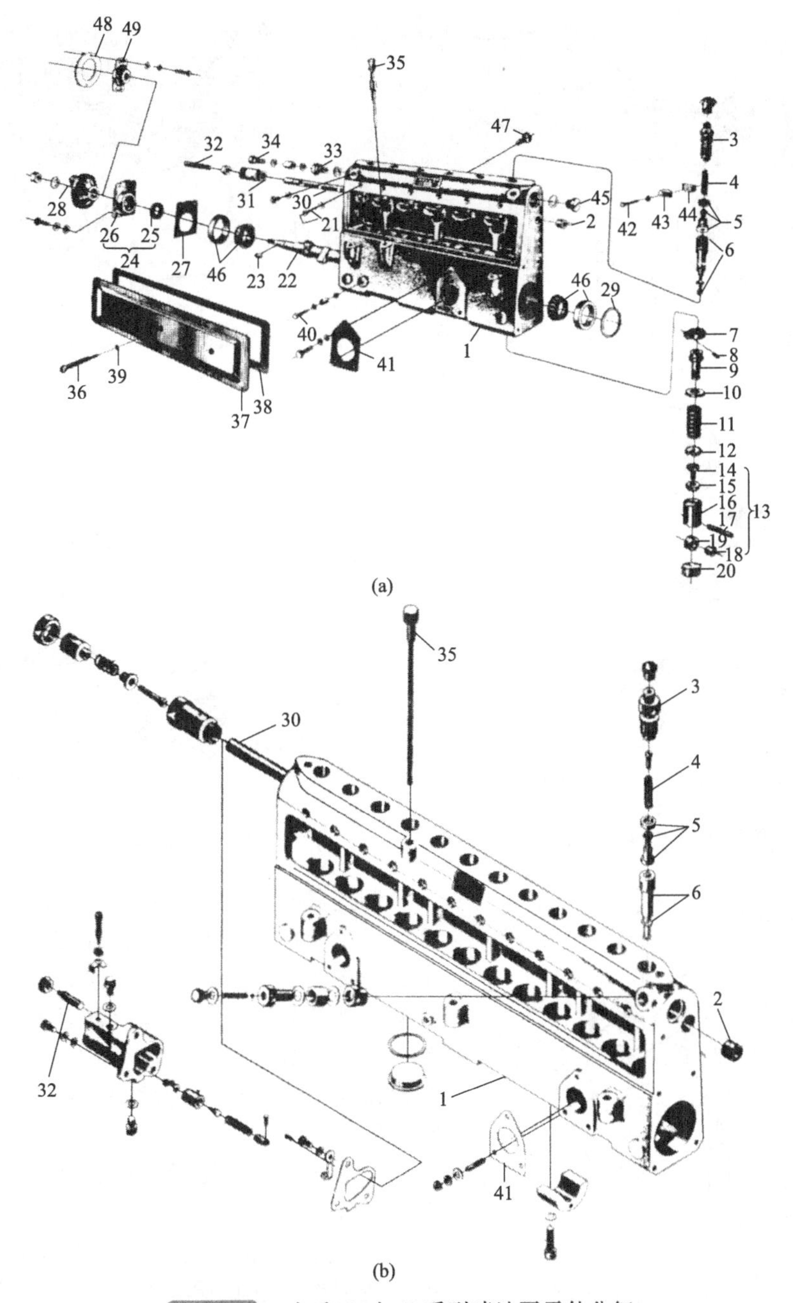

图 4-35　6 缸和 12 缸 B 系列喷油泵零件分解

1—油泵体；2—齿杆套筒；3—出油阀紧座；4—出油阀弹簧；5—出油阀偶件；6—柱塞偶件；7—调节齿轮；8—锁紧螺钉；9—油量控制套筒；10—柱塞弹簧上座；11—柱塞弹簧；12—柱塞弹簧下座；13—滚轮部件；14—定时调节螺钉；15—定时调节螺母；16—滚轮体；17—滚轮销；18—滚轮套筒；19—滚轮；20—闷头；21—套筒定位螺钉；22—凸轮轴；23—半圆键；24—轴盖板部件；25—封油圈；26—轴盖板；27—轴盖板垫片；28—接合器；29—调整垫片；30—调节齿杆；31—调节螺套；32—油量限制螺钉；33—进油管接头；34—接头螺钉；35—机油标尺；36—检验板支持螺钉；37—检验板；38—检验板垫片；39—钢丝挡圈；40—接头螺钉；41—输油泵垫片；42—头部带孔螺钉；43—固紧夹板（前）；44—固紧夹板（后）；45—油道闷头；46—单列圆锥滚子轴承；47—齿条定位钉；48—中间接盘；49—调节盘

当仅需拆卸喷油泵凸轮轴时，可以先用槽形板插在定时调节螺钉与螺母之间，架起滚轮体部件，使它和凸轮轴脱离接触，从前端就可拉出凸轮轴（如图 4-39 所示）。凸轮轴两端的滚动轴承，可用专用工具拉出和敲出，如图 4-40 所示。

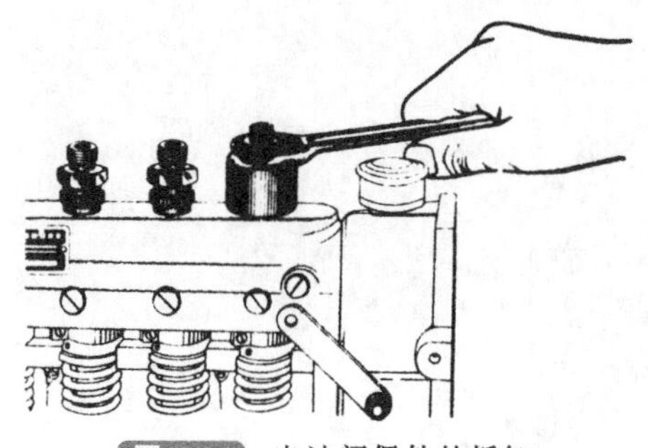

图 4-36 出油阀偶件的拆卸

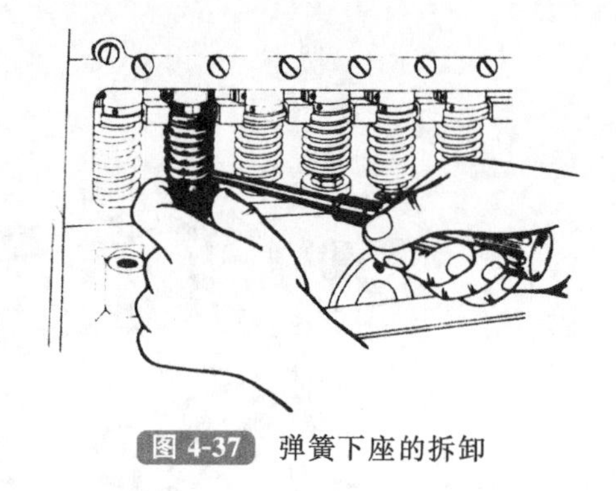

图 4-37 弹簧下座的拆卸

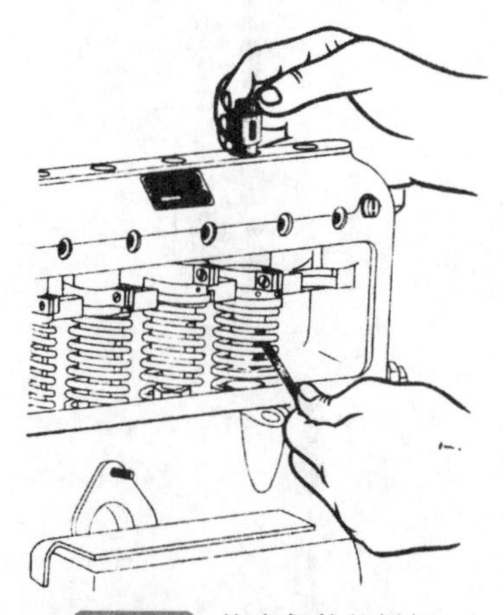

图 4-38 柱塞偶件的拆卸

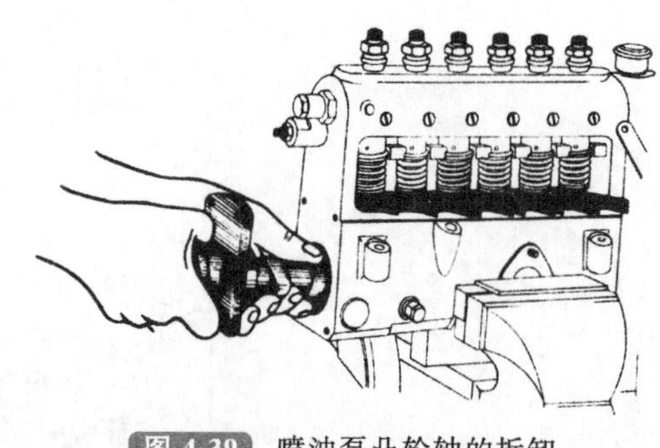

图 4-39 喷油泵凸轮轴的拆卸

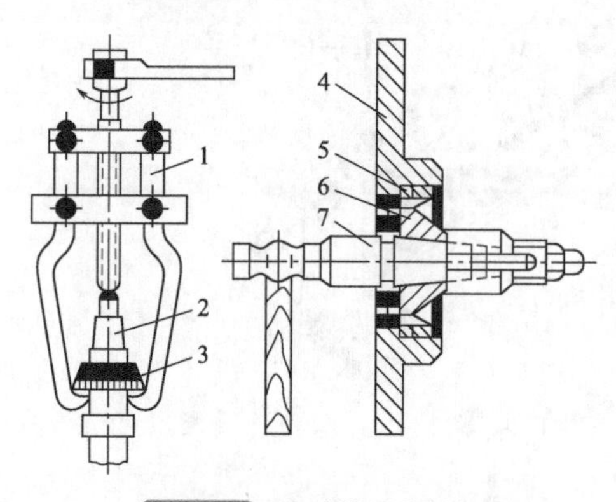

图 4-40 滚动轴承的拆卸

1，6，7—拆卸工具；2—喷油泵凸轮轴；
3—滚动轴承内圈；4—轴盖板；5—滚动轴承外圈

调速器的零件分解可按图 4-41 所示进行。先将操纵手柄放松，取出调速弹簧，松开拉杆销钉上的螺母及后壳固紧螺钉，使调速杠杆部件与拉杆螺钉部件分离，整个调速器后壳连同杠杆部件就可拆下。拆卸拉杆螺钉时应先拆掉齿杆连接销。旋出调速杠杆轴两端的螺塞，推出杠杆轴，调速杠杆即可拆下。

喷油泵和调速器拆卸后，全部零件必须清洗并进行检查，其内容及方法如下：

① 对柱塞偶件进行滑动性和径部密封性试验。所谓滑动性试验是将柱塞偶件倾斜 45°，抽出柱塞配合的圆柱面约 1/3，并将柱塞旋转一下，放手后柱塞能无阻滞地自行滑下即为合格（如图 4-42所示）。柱塞偶件径部密封性试验应在密封试验台上进行。为方便起见，用户也可用简易密封比较法，首先使柱塞斜槽使用段对准回油孔位置，再用手指堵住柱塞套大端面孔及另一只进油孔，然后慢慢地将柱塞推进，当柱塞端面到达回油孔上边缘（即盖没油孔）时观察回油孔，不应有油沫及气泡冒出（如图 4-43 所示），不符合要求为不合格。柱塞偶件长期使用后，表面有严重磨损。斜槽及直槽剥落或锈蚀时应更换。柱塞套上端面如有锈斑出现，可用氧化铬研磨膏在平板上轻轻地研磨修复。

② 检查出油阀及出油阀座密封锥面是否有伤痕、下凹及磨损，轻微者可修复，修复方

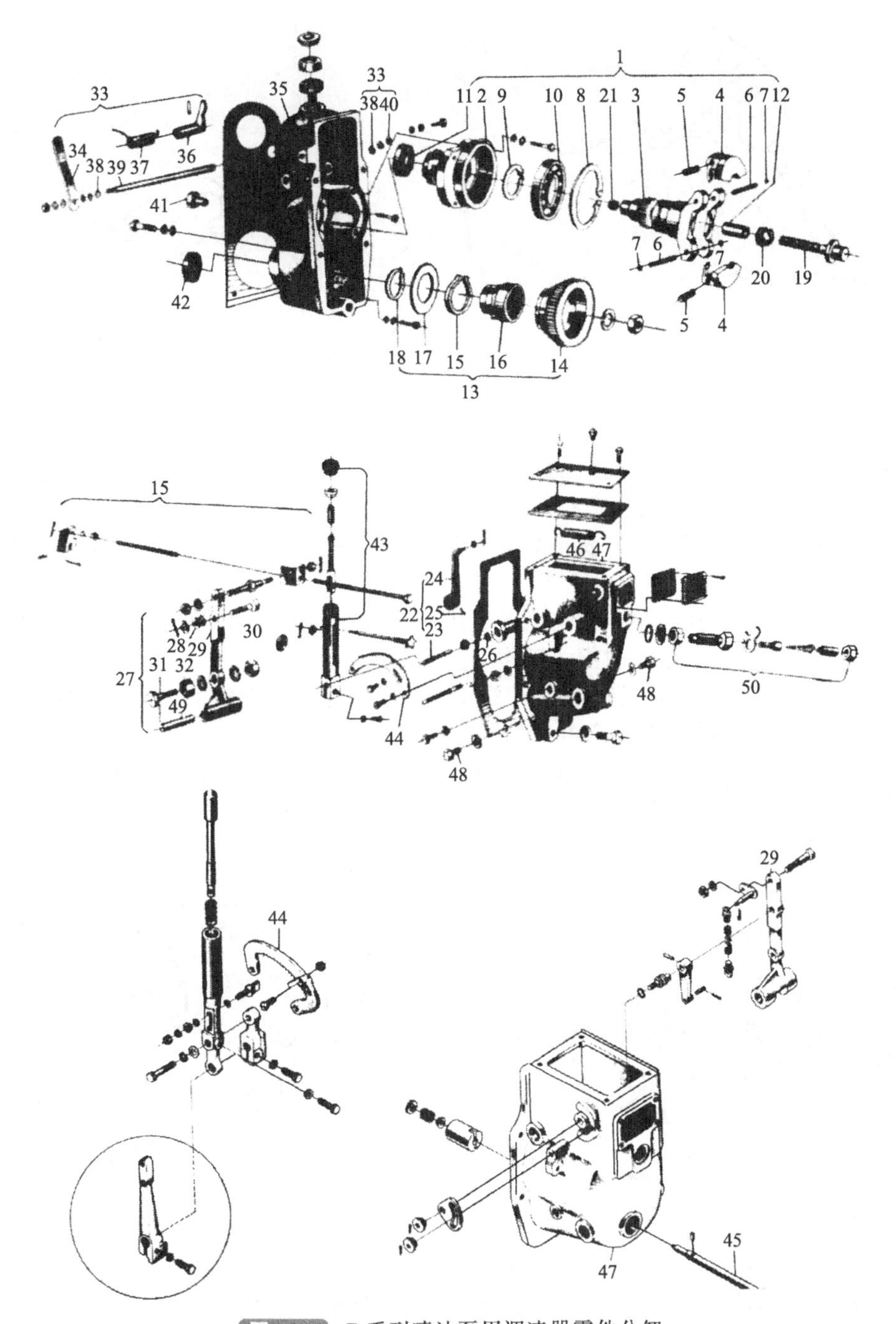

图 4-41 B系列喷油泵用调速器零件分解

1—调速转子部件；2—托架；3—飞铁座架；4—飞铁；5—飞铁衬套；6—飞铁销；7—飞铁销锁环；8—孔用弹性挡圈；9—轴用弹性挡圈；10—108 向心球轴承；11—104 向心球轴承；12—衬套；13—调速齿杆部件；14—调速齿轮；15—缓冲弹簧；16—齿轮轴套；17—挡片；18—轴用弹性挡圈；19—伸缩轴；20—单向推力球轴承；21—封油圈；22—调速操纵杆部件；23—操纵轴；24—调速弹簧摇杆；25—圆锥销；26，38，42—封油圈；27—调速杠杆部件；28—滑轮；29—调速杠杆；30—滑轮销；31—滚轮销钉；32—滚轮；33—前壳部件；34—停机手柄；35—调速器前壳；36—停车摇臂；37—扭力弹簧；39—停机轴；40—开口挡圈；41—油路导管；43—调节手柄部件；44—扇形齿板；45—拉杆螺钉部件；46—传动轴；47—转速螺套；48—调速弹簧；49—调速器后壳；50—螺塞

法如图 4-44 所示。先在锥面上涂以氧化铝研磨膏来回旋转研磨，直至达到良好的密封为止。严重者应更换。出油阀偶件尼龙垫圈严重变形时也应更换。

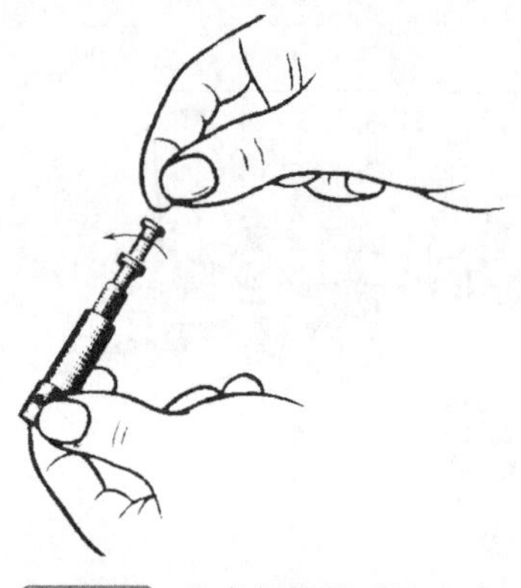

图 4-42 柱塞偶件滑动性试验

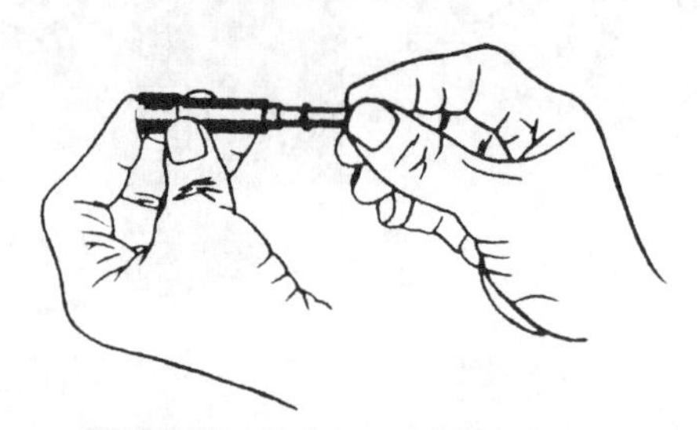

图 4-43 柱塞偶件径部密封试验

③ 检查喷油泵体安装柱塞偶件的肩胛平面是否有凹陷变形，如有不平整将会影响柱塞套安装的垂直度及肩胛贴合面的密封性，引起柱塞滑动不良和燃油渗漏。

④ 检查喷油泵体的滚轮体孔及凸轮轴凸轮的磨损情况，视严重程度决定是否继续使用或更换。

⑤ 飞铁角及飞铁销孔磨损严重应更换，更换后，两只飞铁的质量相差不应超过 1g。

⑥ 其余零件如磨损严重、缺损、断裂等应予更换。

喷油泵、调速器装配前各零部件要清洗干净，并检查柱塞偶件、出油阀偶件型号是否与喷油泵型号对应。装配过程中注意事项如下：

① 装配柱塞偶件时，柱塞的拉出和插入应小心、准确，不可碰毛，柱塞法兰凸块上的“XY”字样应朝外安装。装上柱塞套以后，将定位螺钉对准柱塞套定位螺钉拧紧，此时拉动柱塞套应能上下移动，但不可左右转动，如图 4-45 所示。

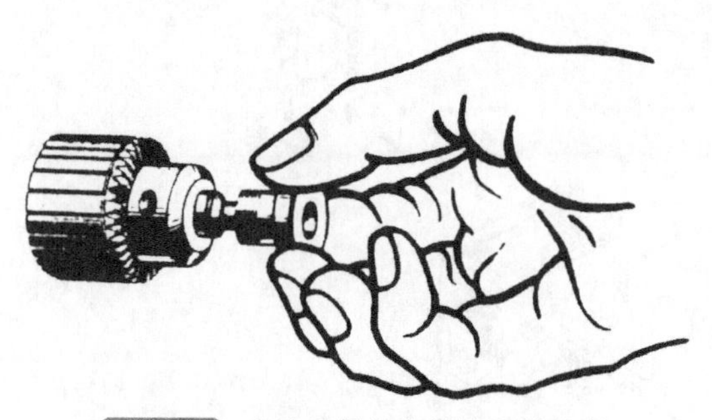

图 4-44 出油阀偶件密封锥面的修复

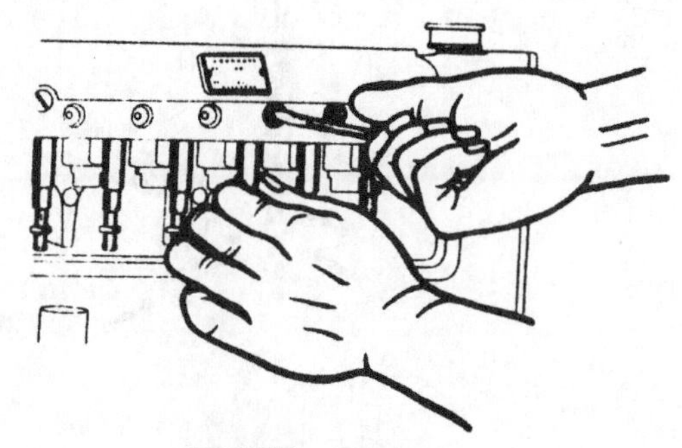

图 4-45 柱塞套的安装

② 安装出油阀紧座时，其拧紧力矩为 39～68N·m（4～7kgf·m）。过大会使柱塞套变形，柱塞偶件的滑动性受到影响，故拧紧时应拉动柱塞做上下滑动和左右转动试验，如有阻滞现象可回松出油阀紧座几次，再拧紧到滑动自如为止，如图 4-46 所示。

③ 当柱塞偶件、出油阀偶件和出油阀紧座等安装完毕后，应进行油泵体上部密封性能试验。试验方法是将各出油口堵塞，用工具板托住柱塞以免滑下。在进油口处通入压力为 3.9MPa（40kgf/cm^2）以上的柴油，保持 1min，压力表指针不得有显著下降，此时各接头螺纹处、柱塞套肩胛面及泵体表面不得有柴油渗漏。

④ 安装喷油泵凸轮轴后，应检查凸轮轴的轴向间隙，其值为 0.03～0.15mm，检查方法如图 4-47 所示。如达不到可用垫片调整，但两端加入垫片之厚度要求相等，以保证凸轮轴置于中间位置。间隙调整好后，转动凸轮轴，逐次使每缸凸轮在上止点时拉动喷油泵齿杆应活动无阻滞，如图 4-48 所示。

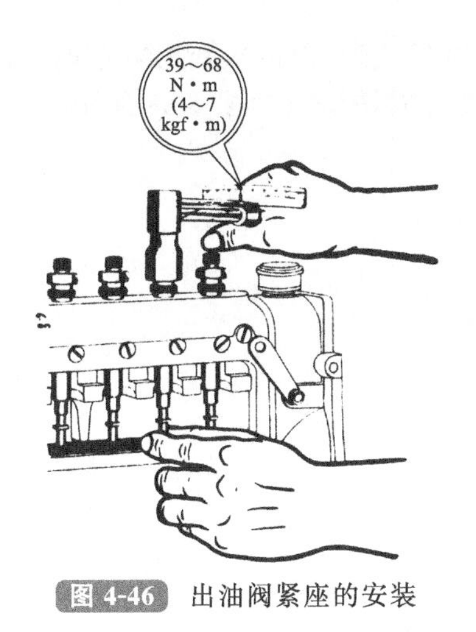

图 4-46　出油阀紧座的安装

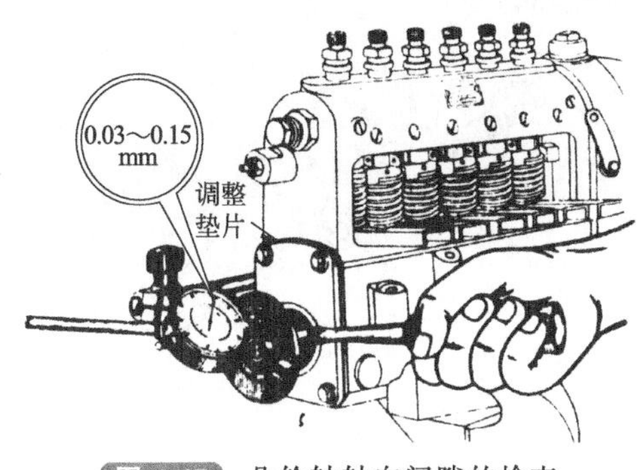

图 4-47　凸轮轴轴向间隙的检查

⑤ 装配调速器的两飞铁时，注意飞铁销两端的锁环装上后，应用鲤鱼钳夹紧一下（如图 4-49 所示），避免产生飞铁销脱落而飞出。装好后旋转时，飞铁能借其自身的离心力绕飞铁销摆动，不准有任何卡住阻滞现象。

⑥ 喷油泵和调速器总成安装好后，推动调速手柄拉伸弹簧，将调节齿杆置于最大供油位置，使拉杆螺钉与拉杆支承块之间有 0.5～1mm 的距离，如图 4-50 所示，目的是便于检查调节齿杆，使其在最大供油位置时能确保与油量限制螺钉相碰，同时也为了必要时旋出油量限制螺钉，适当增加供油量。但此距离不宜太大，否则调速器起作用的转速将增高。

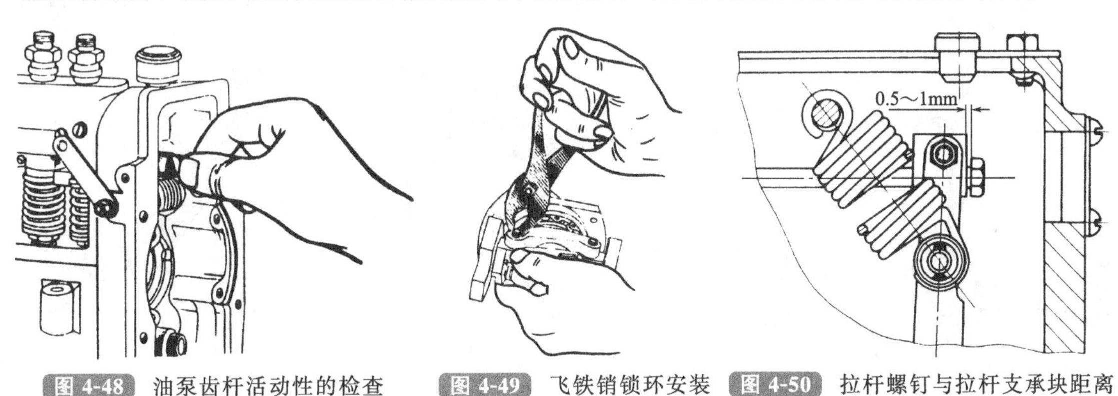

图 4-48　油泵齿杆活动性的检查　图 4-49　飞铁销锁环安装　图 4-50　拉杆螺钉与拉杆支承块距离

4.2.2　喷油器的拆装及检查

使用时间较长的喷油器，可在喷油器试验台上进行喷雾试验（详见 4.3.2 小节），如发现有下列不正常的现象应进行拆检：

① 喷油开启压力低于规定值；

② 喷出燃油不雾化，切断不明显或有滴油现象；

③ 喷孔堵塞，4 个喷孔喷出油雾束不均匀、长短不一；

④ 喷油嘴头部严重积炭。

喷油器的零件分解可按图 4-51 所示进行。先松开调压螺母，旋出调压螺钉，再将喷油器倒夹在台虎钳中，松开喷油器紧帽（如图 4-52 所示）。然后，拆出其余零件在清洁的柴油或汽油中清洗。喷油嘴头部积炭可以用铜丝刷除去（如图 4-53 所示）。如针阀咬住时，用钢丝钳衬垫软布夹住针阀尾端，稍加转动用力拉出（如图 4-54 所示）。针阀锥面污物按图 4-55

所示方向沿铜丝刷表面清除，并用相应大小的钻头或钢丝疏通喷油孔及油路（如图 4-56 和图 4-57 所示）。最后将喷油嘴偶件放在柴油中来回拉动针阀清洗（如图 4-58 所示），使针阀能自由滑动为止。

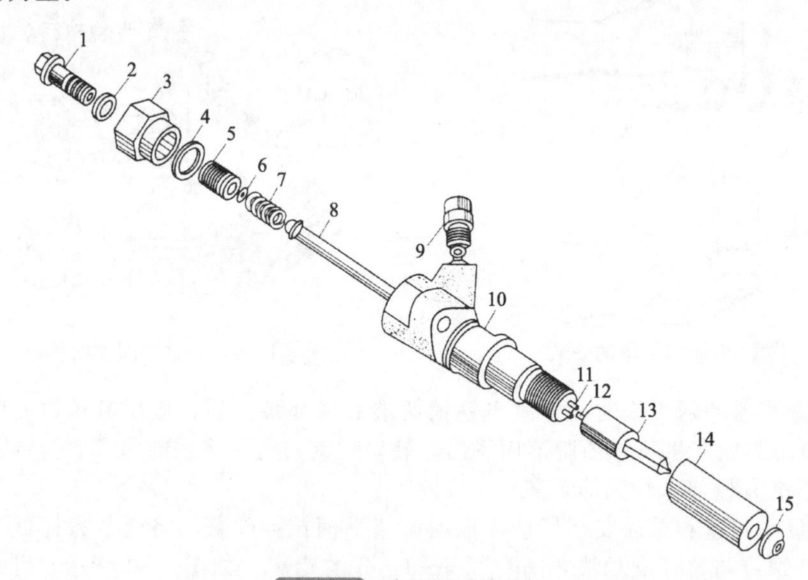

图 4-51　喷油器零件分解

1—回油管接头螺钉；2—垫片；3—调压螺钉紧固螺套；4—垫片；5—调压螺钉；6—弹簧上座；7—调压弹簧
8—顶杆；9—进油管接头；10—喷油器体；11—定位销；12—针阀；13—针阀体；14—喷油器螺母；15—锥形垫圈

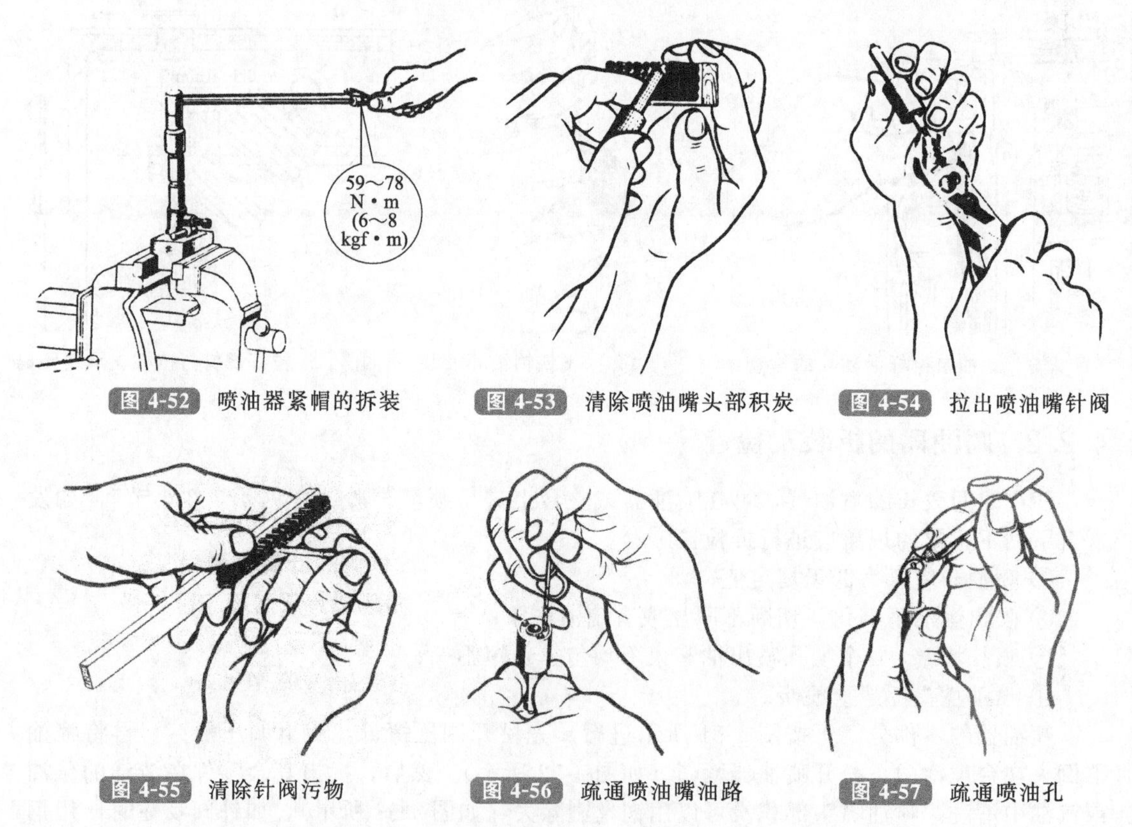

图 4-52　喷油器紧帽的拆装　　图 4-53　清除喷油嘴头部积炭　　图 4-54　拉出喷油嘴针阀

图 4-55　清除针阀污物　　图 4-56　疏通喷油嘴油路　　图 4-57　疏通喷油孔

喷油器零件清洗后如发现有下列不正常的情况应进行修理或更换：

① 与针阀体接合的喷油器体端面有较小损伤时，可在拔出两只定位销后，在研磨平板上研磨（如图 4-59 所示）。在拔定位销时注意不要碰毛端面。

② 喷油器调压弹簧表面擦伤、出现麻点或永久变形时应更换。

③ 喷油器紧帽内肩胛及孔壁积炭应彻底清除。

④ 喷油嘴偶件径部磨损、严重漏油的应更换。

⑤ 喷孔有磨损和增大等缺陷时，影响喷雾质量的应更换。

⑥ 针阀和针阀体密封座面磨损不太严重时，可用氧化铝研磨膏互研修复（如图 4-60 所示）。互研时，不要用力过猛，密封面达到研出一条均匀的不太宽的密封带即可。

图 4-58 喷油嘴偶件的清洗

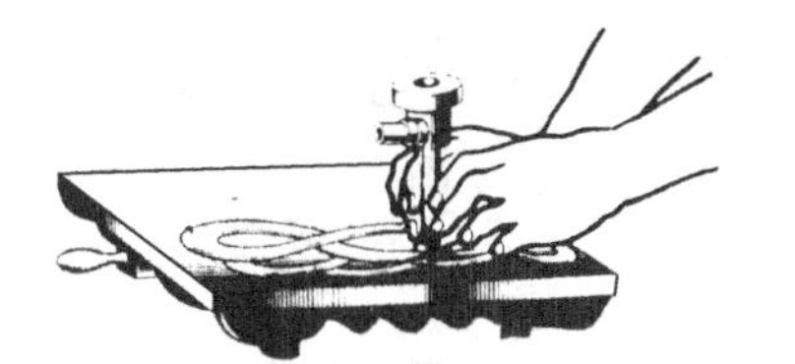

图 4-59 喷油器体接合面的研磨修复

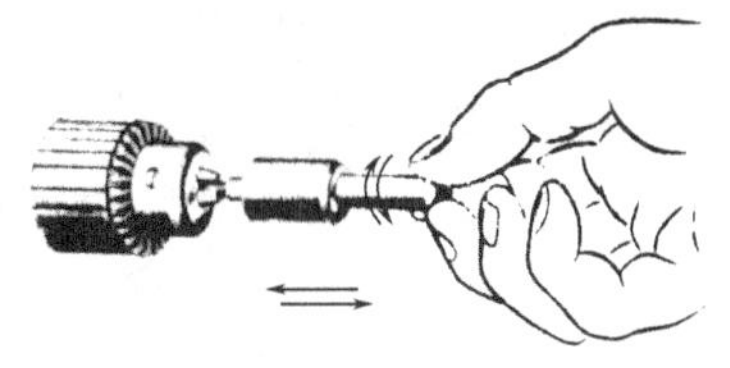

图 4-60 针阀与针阀体座面的研磨修复

⑦ 由于柴油机气缸内燃气回窜或细小杂质侵入喷油嘴中，造成针阀变黑或卡死，经清洗和互研后视情况的严重程度复用或更换。

在装配喷油器时应注意以下几点：

① 在整个装配过程中，必须保证零件清洁，特别是喷油嘴偶件本身和喷油器体端面等密封处，即使细小杂物尘埃也会造成偶件的滑动性阻滞和接触面的密封性不良。喷油器紧帽和喷油嘴接触的肩胛面要求光洁平整，不许留有积炭或毛刺，否则会影响喷油嘴偶件安装的同轴度和垂直度，从而引起喷油嘴的滑动性不良。

② 装配时，先旋进有滤芯的进油管接头，紧压铜垫圈达到密封不漏油。然后将调压弹簧和顶杆放进喷油器体中，旋入调压螺钉，直到刚接触调压弹簧为止，再旋上调节螺母。

③ 把喷油器倒夹在台虎钳上，拧紧紧帽，其拧紧力矩为 59～78N·m(6～8kgf·m)（见图 4-52）。扭矩过大会引起针阀体的变形，影响针阀的滑动性；过小又会造成漏油。

④ 装配好的喷油器总成应在试验台上进行密封和喷雾试验，并进行喷油开启压力的调整，其方法见 4.3.2 小节。

4.2.3 输油泵的拆装及检查

柴油机启动前，用输油泵上的手泵进行泵油并排出油路中的空气，它能顺利地把低于输油泵中心 1m 内的燃油在 0.5min 内吸上，泵油后须旋紧手柄螺母。135 系列柴油机的输油泵的技术规格如表 4-2 所示。

表 4-2 输油泵的技术规格

型号	输油泵结构特征	配用喷油泵	额定工况		
			转速/(r/min)	出油压力/kPa(kgf/cm²)	供量油/(mL/min)
SB2221	滚轮式	4 缸、6 缸 B 系列喷油泵	750	78.4(0.8)	>2500
SB2214 SB2215	滚轮式	12 缸 B 系列喷油泵	750	78.4(0.8)	>2500

135 系列柴油机 4 缸、6 缸 B 系列和 B 系列强化喷油泵采用滚轮式输油泵，如图 4-61 所示。输油泵的活塞与壳体的配合间隙为 0.005～0.02mm。间隙太大，供油率将下降。滚轮

式输油泵的顶杆与顶杆套也是经配对互研的偶件，间隙太大同样也存在着漏油的弊病。手泵活塞与手泵体之间有橡胶密封装置，除非手泵中的橡胶圈损坏，一般不宜拆动。

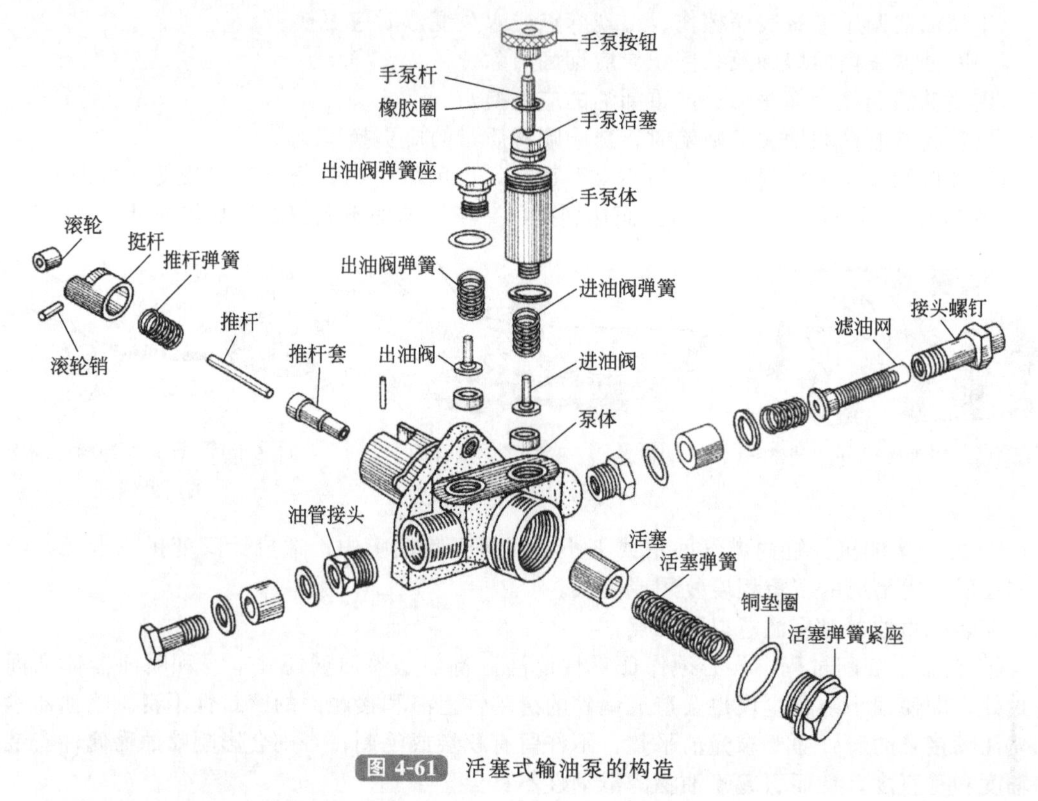

图 4-61 活塞式输油泵的构造

输油泵经长期使用后，零件应进行检查，注意事项如下：

① 单向阀平面如有磨损、凹陷、麻点等现象，应用研磨膏在平板上研磨（如图 4-62 所示），严重者应换新。

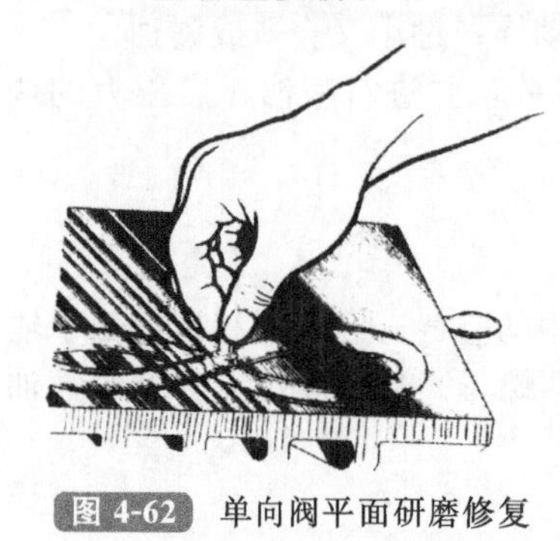

图 4-62 单向阀平面研磨修复

② 壳体上的单向阀座表面磨损严重或不平整时应更换。

③ 顶杆与顶杆套磨损严重以致间隙增大，密封性变差，柴油泄漏太甚，则须连同壳体更换，或选配加大尺寸的顶杆，但须经过互研。

④ 进油管接头内的粗滤网芯子，极容易被棉絮状杂物堵塞，影响供油，故应经常注意燃油的清洁及清除滤网芯上的污物。

⑤ 手泵活塞的橡胶圈损坏时，应及时更换。

输油泵重新装配后要求输油泵的活塞和顶杆等运动零件，在整个行程中应活动良好，不准有阻滞及卡死现象，压动手泵应轻便灵活。安装单向阀弹簧时要注意，单向阀弹簧必须准确地嵌在弹簧槽中。

4.3 燃油供给系统的试验和调整

4.3.1 喷油泵和调速器总成的试验和调整

喷油泵调速器总成的试验一般应在专用的试验台上进行。试验用的柴油为 0 号或 10 号普通柴油（GB 252—2015），并必须经过滤清或沉淀。本小节主要讲述B系列和B系列强化喷油泵与调速器总成的试验和调整。

喷油泵试验台上应使用具有相同流量特性的ZS12SJ1型标准喷油嘴，其开启压力为$17.2^{+0.98}_{0}$ MPa（175^{+10}_{0} kgf/cm^2）。

试验用的高压油管，内径为（2±0.25）mm，长度为600mm。

试验调整前，先向喷油泵和调速器内注入机油至规定油面高度（即机油平面螺钉的高度）。同时接通进、回、低压燃油管路和高压油管，松开泵体上的放气螺钉（图4-63），开动试验台，放净喷油泵内的空气后，再把放气螺钉拧紧，然后将试验台转速开到标定转速运转15min，各接头处不应有燃油渗漏现象，各运动件应运转正常。

试验调整内容及步骤如下：

（1）喷油泵供油时间的调整

① 面对接合器按表4-3上规定的凸轮轴转向，慢慢转动凸轮轴，观察与喷油泵第一缸相连接的标准喷油器的回油管孔口，当孔口的油液开始波动的瞬时即停止转动，记录下试验台刻度盘的读数。然后以第一缸为基准，用同样的方法按表4-3上的供油顺序测定其他各缸和第一缸开始供油时间相隔的角度，要求与规定角度的偏差不得超过±30′，否则应调整滚轮体的高度。调整时只要旋上或旋下滚轮体上的调节螺钉即可（如图4-64所示）。在规定范围内调整达到后固紧调节螺钉（注意：滚轮体部件高度有两种，用于不同机型）

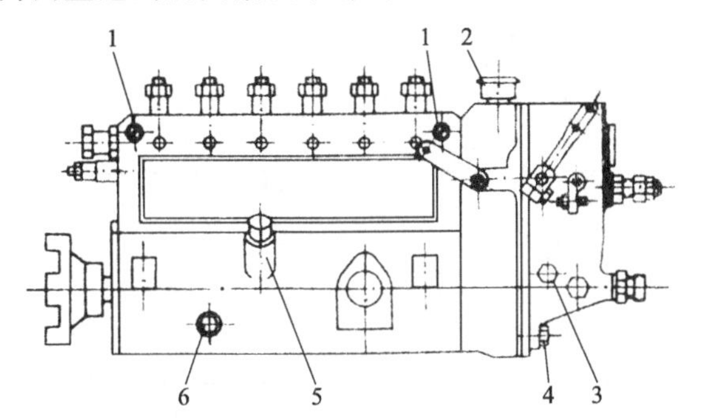

图4-63 B系列喷油泵总成的放气螺钉及放油螺钉图

1—放气螺钉；2，5—加油口；3—调速器机油平面螺钉；4—放油螺钉；6—喷油泵机油平面螺钉

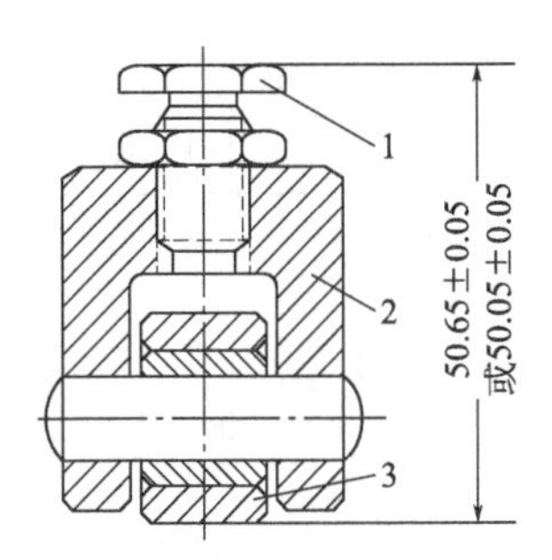

图4-64 B系列喷油泵滚轮体部件高度

1—调节螺钉；2—滚轮体；3—滚轮

表4-3 喷油泵各缸开始供油相隔角度表

喷油泵	4缸B系列泵	6缸B系列泵	12缸B系列泵(右)	12缸B系列泵(左)
分泵序号/凸轮轴旋转角度	1/0°	1/0°	1/0°	1/0°
			12/37.5°	4/22.5°
	3/90°	5/60°	9/60°	9/60°
			4/97.5°	8/82.5°
	4/180°	3/120°	5/120°	5/120°
			8/157.5°	2/142.5°
	2/270°	6/180°	11/180°	11/180°
			2/217.5°	10/202.5°
		2/240°	3/240°	3/240°
			10/277.5°	6/262.5°
		4/360°	7/300°	7/300°
			6/337.5°	12/322.5°
凸轮轴转向（从接合器端看）	顺时针	顺时针	顺时针	逆时针

② 调整后检验柱塞与出油阀顶平面的间隙，此间隙应为 0.4～1mm。检验时可用厚薄规插入滚轮体上定时调节螺钉与柱塞底平面之间进行测量。

(2) 喷油泵各缸供油量的调整

喷油泵在标定转速和怠速时的供油量，应达到表 4-4 所规定的数值，否则应按下列方法进行调整：将喷油泵调节齿杆向停止供油的方向拉出，用小起子松开调节齿轮上的锁紧螺钉，用一根细铁棒插入油量控制套筒的小孔中，轻轻敲击，改变调节齿轮与油量控制套筒的相对位置。如果分泵供油量过多，则使它向左转（接合器端）；供油量过少则向右转。调整后仍固紧锁紧螺钉。

表 4-4　135 基本型柴油机用 B 系列喷油泵供油量的调整(转速：r/min；供油量：mL/200 次)

柴油机型号	燃油系统代号				标定工况		怠速工况		调速范围	
	喷油泵	调速器	输油泵	喷油器	转速	供油量	转速	供油量	供油量开始减少转速	停止供油转速
4135G	233G	444	521	761-28F	750	21.5±0.5	250	6～8	≥760	≤800
6135G	229G	436	521	761-28F		20±0.5				
6135G-1	228C	449G	521	761-28I	900	23±0.5			≥910	≤1000
12V135	237G	440	514、515(A)	761-28F	750	20.5±0.5			≥760	≤800
4135AG	233B	444	521	761-28F		28±0.5		7～10		
6135AG	229G	436	521	761-28F		25.5±0.5				
12V135AG	252B	440	514、515(A)	761-28		26±0.5				
12V135AG-1	252C	449	514、515(A)	761-28E	900	24±0.5		6～8	≥910	≤1000
6135JZ	228G	436	521	761-28E	750	32±0.5		6～8	≥760	≤800
6135AJZ	228B	436	521	761-28I		35±0.5		7～10		
12V135JZ	252A	440	514、515(A)	761-28E		33±0.5		7～10		

(3) 调速器停止供油转速（即柴油机最高转速）的调整

将操纵手柄固定在标定转速位置上，使高速限制螺钉与操纵手柄相接触，喷油泵调节齿杆与油量限制螺钉相碰，然后慢慢提高喷油泵凸轮轴的转速到喷油泵供油量开始减少直至停止供油，此时的转速应符合表 4-4 的规定。否则应调整高速限制螺钉位置以达到要求。

(4) 调速器转速稳定性的检查和调整

① 将操纵手柄固定于标定转速位置，慢慢提高凸轮轴转速，当喷油泵供油量开始减少的瞬间（即调速器的开始作用点），立即保持凸轮轴转速不变，然后仔细观察调节齿轮和调节齿杆，不得有游动现象。

② 当凸轮轴转速为 400r/min、250r/min 或其他任意转速时，用改变操纵手柄位置的方法，使调节齿杆处于各种不同供油量的位置，此时检查调节齿轮和调节齿杆，使之不得有游动现象。

③ 当柴油机在低速不稳定时，可将低速稳定器缓慢地旋入，直至转速稳定后再固定。出厂的柴油机已调整好，非必要时，用户不要扳动，只有经拆装修理后，才需进行调整，且注意低速稳定器不能旋入太多，以免最低稳定转速过高。

4.3.2　喷油器的试验和调整

喷油器的试验应在专用的试验台上进行（如图 4-65 所示）。试验台由手压油泵、压力表、油箱和油管等组成。手压油泵的柱塞直径为 9mm，油管内径为 2mm。

试验调整内容及步骤如下：

（1）喷油开启压力的调整

用起子旋进或旋出喷油器的调节螺钉以调整弹簧的压紧力，达到各型喷油器规定的喷油开启压力，常见规格喷油器的喷油压力见表 4-5。旋进调节螺钉，喷油开启压力增高，反之则降低，调整后固紧调压螺母。

表 4-5　喷油器和喷油嘴的技术规格

喷油器图号	针阀偶件代号	针阀升程/mm	喷孔数×孔径	喷油压力/MPa(kgf/cm²)	喷射夹角	备注
761-28-000b	3127-10	0.45±0.05	4×0.35	17.2+0.98(175+10)	150°	根据柴油机的型号不同，配用不同规格的喷油器
761-28D-000	3127D-10	$0.30^{+0.05}_{-0.03}$	4×0.37	20.6+0.98(210+10)		
761-28E-000	3127D-10	$0.30^{+0.05}_{-0.03}$	4×0.37	18.6+0.98(191+10)		
761-28F-000	3127D-10	$0.30^{+0.05}_{-0.03}$	4×0.37	17.2+0.98(175+10)		
761-28G-000	3127E-10	$0.30^{+0.05}_{-0.03}$	4×0.35	17.2+0.98(175+10)		
761-28H-000	3127E-10	$0.30^{+0.05}_{-0.03}$	4×0.35	20.6+0.98(210+10)		
761-28I-000	3127E-10	$0.30^{+0.05}_{-0.03}$	4×0.35	18.6+0.98(190+10)		

（2）喷油嘴座面密封性试验

当试验台上压力表指示值比喷油器喷油开启压力低 2MPa（20kgf/cm²）时，压动手压油泵，使油压缓慢而均匀地上升。在压油过程中，仔细检查喷油嘴喷孔周围表面被燃油附着的情况。正常的情况允许有轻微湿润但不得有油液积聚的现象。否则要清理喷油嘴，或研磨密封锥面再行试验。

（3）喷油嘴喷雾试验

以每秒 1～2 次的速度压动手泵进行喷雾试验，其试验结果应符合下列要求：

① 喷出燃油应成雾状，分布均匀且细密，不应有明显的飞溅油粒、连续的油珠或局部浓稀不均匀等现象。

② 喷油开始和终了应明显，并且有特殊清脆的声音。

③ 喷孔口不许有滴油现象，但允许有湿润。

④ 雾束方向的锥角约为 15°～20°。

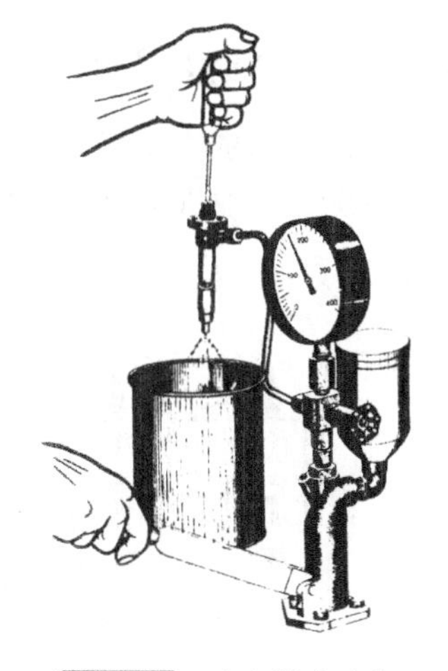

图 4-65　喷油器试验台

4.3.3　输油泵的试验

试验内容及步骤如下：

（1）密封性试验

拧紧手泵，堵住出油口，把输油泵浸在清洁的柴油中（如图 4-66 所示），以 0.3MPa（3kgf/cm²）的压缩空气通入进油口，观察进出油接头处、活塞弹簧紧座，手泵等结合面的密封情况，不许有冒气泡的现象。顶杆偶件处只允许有少量、细小的气泡溢出。

（2）性能试验

① 将输油泵装在高压油泵试验台上，接好进出油管（内径为 6～8mm）。输油泵进油孔中心高出油箱液面的距离为 1m。以每秒 2～3 次的速度上下压动手泵，在 0.5min 内柴油应从出油口处流出。

② 将手泵拧紧固定，当试验台转速为 150r/min 时，在 0.5min 内应能开始供油。标定

转速时的供油量符合表 4-4 规定的范围。

③ 将出油管路关闭，各连接密封处及输油泵外壳不允许有渗漏现象。此时，输油泵出油口压力不能低于 0.17MPa(1.7kgf/cm²)。

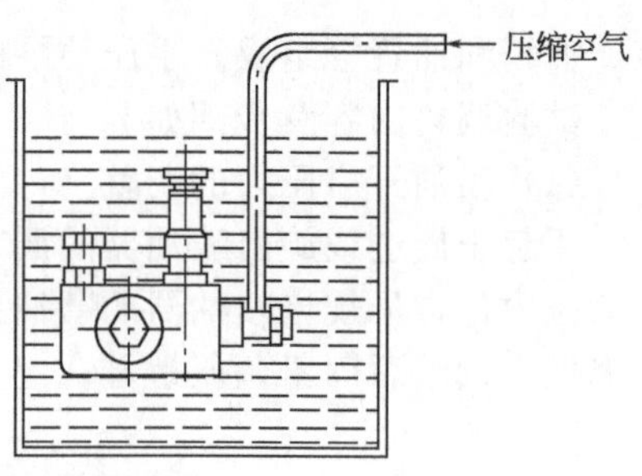

图 4-66 输油泵密封性试验

4.4 喷油泵试验台的使用与维护

柴油发动机工作性能的好坏，在很大程度上与其喷油泵的供油量和供油均匀性、调速器的工作性能有着密切的关系。由于喷油泵的柱塞偶件属于高精密零件，喷油泵工作性能好坏仅凭个人经验和人工调整是难以满足发动机正常工作要求的。通常在检修柴油发动机时，用喷油泵试验台对喷油泵进行测试和调整。喷油泵主要测试和调整的内容如下：

① 喷油泵各缸供油量和供油均匀性调整。

② 喷油泵供油起始时刻及供油间隔角度调整。

③ 喷油泵密封性检查。

④ 调速器工作性能检查与调整。

⑤ 输油泵试验。

4.4.1 喷油泵试验台的结构

柴油发动机喷油泵试验台的结构如图 4-67 所示。它主要由液压无级变速器、变速箱、燃烧系统、量油机构及动力传动系统等组成。

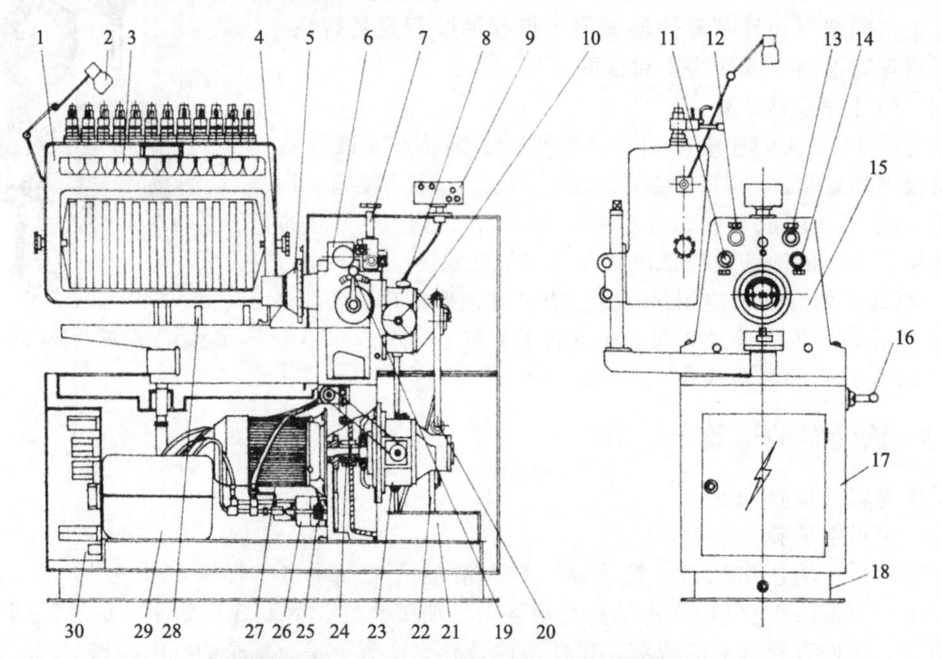

图 4-67 柴油发动机喷油泵试验台的结构示意图

1—集油箱；2—照明灯；3—标准喷油泵；4—万向节；5—刻度盘；6—变速箱；7—调压阀；8—液压马达；9—转速计数器；10—增速手轮；11—传动油油温表；12—高压压力表；13—低压压力表；14—燃油油温表；15—试验台上壳体；16—调速手柄；17—试验台下壳体；18—试验台底座；19—换挡手柄；20—传动油管；21—传动油箱；22—吸油阀；23—液压无级变速器油泵；24—联轴器；25—加温阀；26—燃油泵；27—电动机；28—垫块；29—燃油箱；30—电气箱

（1）液压无级变速器

液压无级变速器的结构如图 4-68 所示，主要由油泵、液压马达、油管、吸油阀、偏心调节螺杆等部分组成。油泵和液压马达的结构相同，都为变量叶片泵。

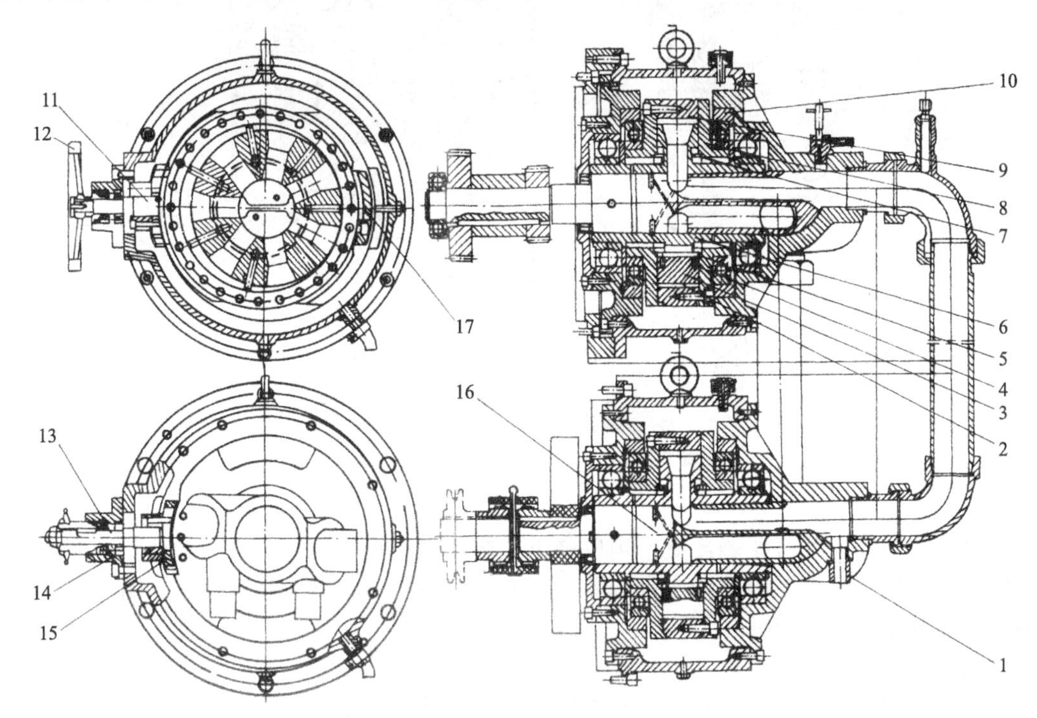

图 4-68 液压无级变速器的结构示意

1—吸油盘；2，5—外、内滑柱；3—叶片；4—叶片弹簧；6—转子；7—滑环；8—侧圈；9—中圈；10—滑动板；11—马达调速螺钉；12—手轮；13—油泵调速螺钉；14—链轮；15—前固定板；16—分配轴；17—后固定板

液压油泵在电动机的带动下，从液压油油箱和液压马达中吸入压力油，经管路、限压阀送入液压马达，驱动液压马达克服负载的阻力而工作，然后经管路流回液压油泵，油泵重新将液压油泵入液压马达，从而形成一个封闭的循环系统，如图 4-69 所示。

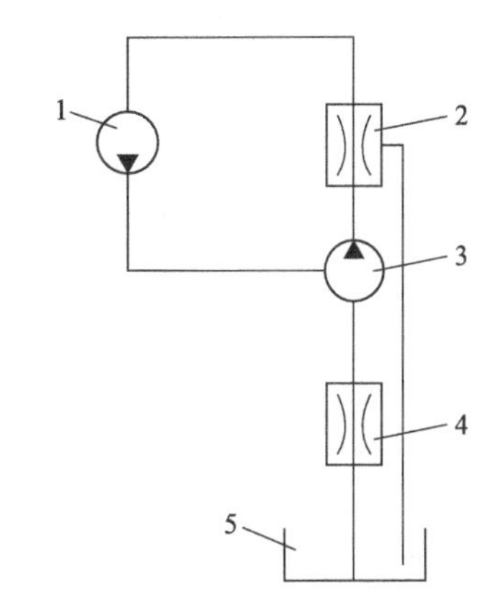

图 4-69 液压无级变速器工作原理

1—液压马达；2—限压阀；3—油泵；4—吸油阀；5—液压油油箱

在这一封闭循环系统中工作时，只有少量的液压油从油泵和液压马达的间隙处泄漏回油箱。泄漏的液压油由油泵从油箱中经吸油管、吸油阀吸入来补偿。输油管路上的限压阀起安全阀的作用，以防止系统因油压过高而遭到损坏。

（2）变速箱

变速箱与液压无级变速器的液压马达相连接，其输入轴即是液压马达的输出轴，输出轴为试验台的输出轴，其结构如图 4-70 所示。

该变速箱有低速和高速两个挡位。低速挡使输出轴转速下降而输出扭矩增大，高速挡则相反。因此实际操作时，应根据所调试喷油泵的类型来选择变速挡位。一般低速挡用于调试低速大功率发动机的喷油泵，而高速挡用于调试高速小功率发动机的喷油泵。

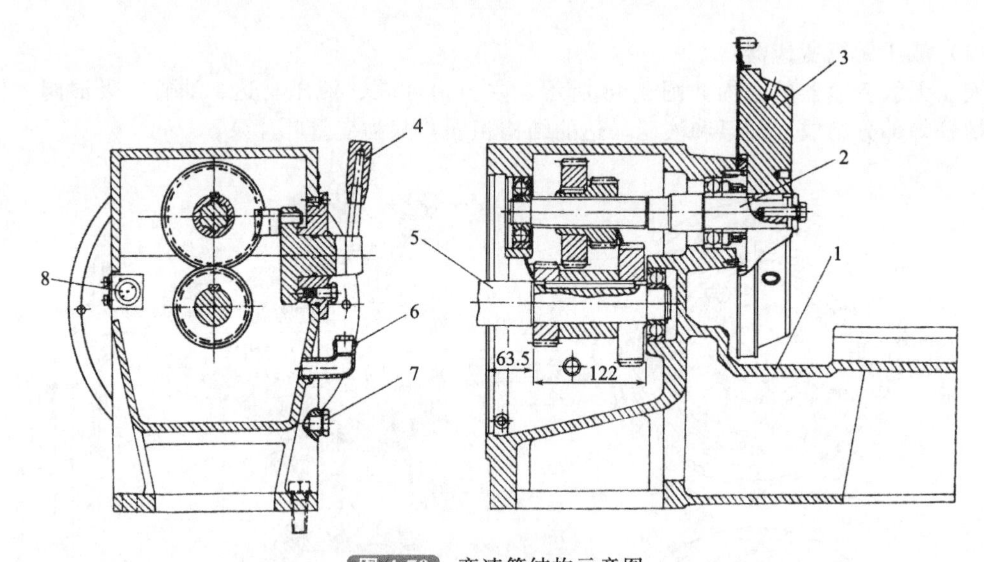

图 4-70 变速箱结构示意图

1—变速箱工作台；2—试验台输出轴；3—刻度盘；
4—换挡手柄；5—马达输出轴；6—注油弯头；7—放油螺塞；8—传感器

试验台输出轴上装有一刻度盘，用以确定和调整喷油泵喷油起始时刻和各缸喷油间隔角度，同时，利用其惯性以稳定输出轴转速。刻度盘上装有无间隙弹片联轴器，用它来连接并驱动被测试的喷油泵。

（3）燃油系统

燃油系统的作用是提供一定压力和温度的燃油。其燃油流程如图 4-71 所示。

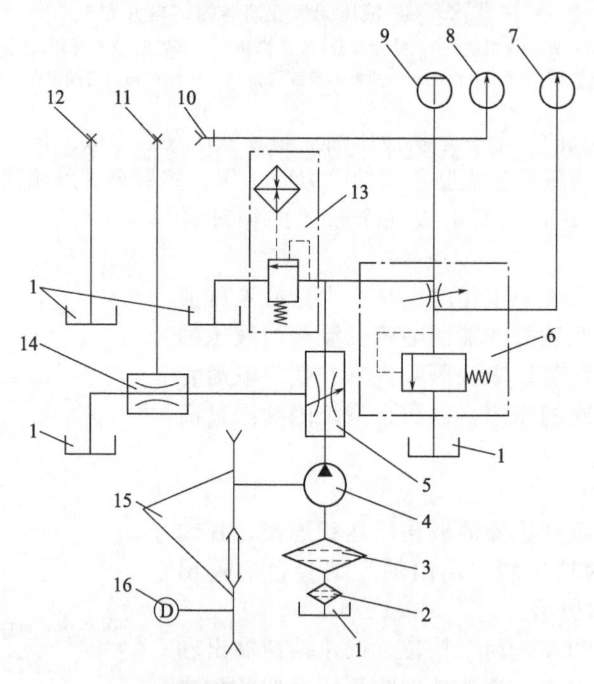

图 4-71 燃油系统流程图

1—油箱；2—粗滤清器；3—精滤清器；4—油泵；5—调压阀；
6—溢流阀；7—0～0.4MPa 压力表；8—0～4MPa 压力表；9—油温表；10—供油接头；
11—真空接头；12—吸油接头；13—燃油加热器；14—真空阀；15—皮带轮；16—电动机

燃油的工作循环如下：燃油油箱→粗滤清器→精滤清器→油泵

→① 吸油接头→燃油箱。

② 真空接头。

③ 燃油回油箱。

④ 调压阀→ a. 压力表（0～0.4MPa）。

b. 压力表（0～4MPa）。

c. 油温表（0～100℃）。

d. 溢流加热→油箱。

e. 回油至油箱。

f. 供油接头（快速接头）→附件油管→被测试的喷油泵→标准喷油器→回油至油箱。

（4）量油机构

量油机构是测量被测试喷油泵各缸供油量的机构。它由集油箱体、立柱、旋转臂、标准喷油器、量油筒板及量油筒、断油盘、电磁铁和升降螺杆等组成，其结构如图 4-72 所示。

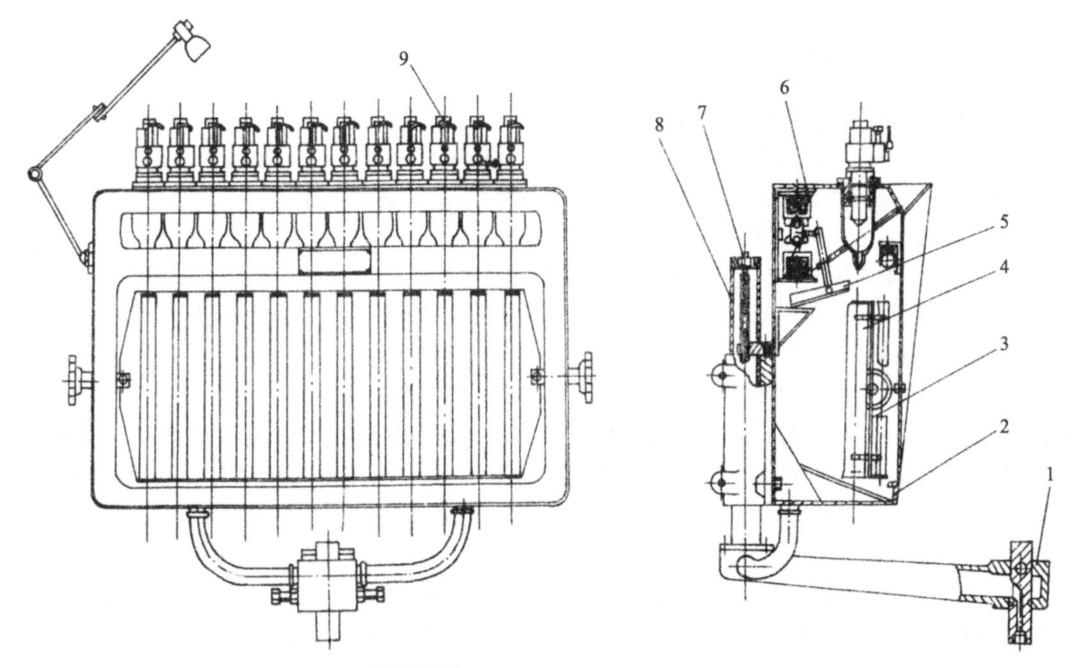

图 4-72 量油机构的结构示意图

1—旋转臂；2—集油箱体；3—量油筒板；4—量油筒；5—断油盘；6—电磁铁；7—升降螺杆；8—立柱；9—标准喷油器

（5）动力传动系统

试验台的动力传动系统的构成如图 4-73 所示。

动力传动系统的传递过程：电动机通过皮带轮带动燃油泵，使燃油系统工作。同时电动机经过联轴器带动液压无级变速器中的液压油泵转动，将液压油送入液压马达，从而使液压马达旋转。调速手柄和增速手轮分别调节油泵和液压马达的进出油量，以改变各自的转速。液压马达输出轴带动变速箱，最终使带有刻度盘的输出轴传动。通过该轴来带动被测试的喷油泵，从而对喷油泵进行检测。刻度盘后面有计数槽，通过转速传感器将转速信号送入计数器，并显示出转速。

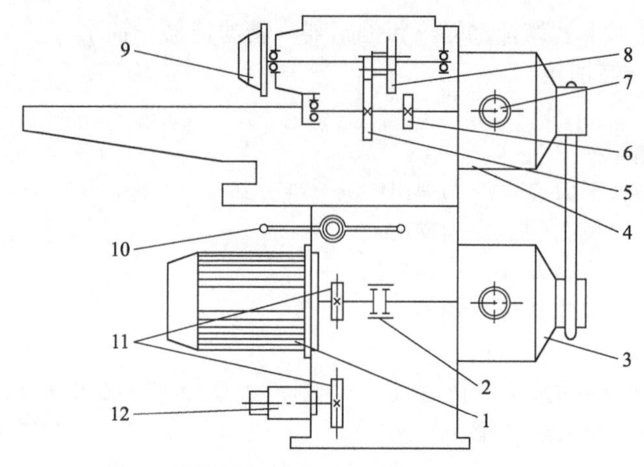

图 4-73 动力传动系统的构成

1—电动机；2—联轴器；3—液压无级变速器油泵；4—液压马达；5—高速挡主动齿轮；
6—低速挡主动齿轮；7—增速手轮；8—双联齿轮；9—刻度盘；10—调速手柄；11—皮带轮；12—燃油泵

4.4.2 喷油泵试验台的使用

(1) 喷油泵供油时间的检测与调整

① 将喷油泵安装到试验台上，封住回油口，连接进油管，将供油齿杆固定在供油位置上，拧松油泵上的放气螺钉，启动试验台，排尽空气，拧紧放气螺钉。

② 将试验台供油压力调至 2.5MPa。

③ 调整量油筒高度，连接标准喷油器的高压油管。

④ 将调速器上的操纵臂置于停油位置，拧松标准喷油器上的放气螺钉，启动试验台，此时标准喷油器的回油管应有大量的回油。

⑤ 将调速器上操纵臂置于全负荷位置，同时使第一缸柱塞处于下止点位置，用专用扳手按油泵工作旋转方向缓慢、均匀地转动刻度盘，并注意从标准喷油器回油管接口中流出的燃油流动情况。当回油管口的油刚停止流出时（此时柱塞刚好封闭进油孔），即为第一缸的供油始点，由刻度盘上可读取供油提前角。如不符合要求，可通过旋转挺杆上的调节螺钉或增减垫片厚度的方法进行调整。

⑥ 以第一缸供油始点为基准，根据发动机的气缸数和喷油泵的工作顺序，按照上述方法检查和调整各缸供油间隔角度。其要求是相邻两缸供油间隔角度偏差不大于±0.5°。

(2) 喷油泵各缸供油量检测与调整

喷油泵各缸的调整项目：额定转速供油量、怠速供油量、启动供油量。由于喷油泵各缸供油量的均匀程度与柴油机的工作平稳性有着密切关系，因此喷油泵试验时，要对各缸供油量的均匀度进行测算，其计算公式如下：

各缸供油不均匀度=[(最大供油量－最小供油量)/平均供油量]×100%

平均供油量=[(最大供油量＋最小供油量)/2]×100%

各缸平均供油量误差不得大于 5%。调整供油量前，要求调节齿杆与齿圈、齿圈与控制套筒（或调节拉杆与拨叉）的安装位置，保证其正确无误。

1) 额定转速供油量的调整

① 将喷油泵转速提高到额定转速，使油门操纵臂处于最大供油位置。

② 在转速表上预置供油次数为 200 次，量油筒口对准集油杯下口。

③ 按下转速表上计数按钮，开始供油并计数，供油停止后读取各量油筒中的油量。

④ 各缸供油不均匀度应小于3%，不符合规定时应进行调整。具体方法是：松开齿圈（或拨叉）紧固螺钉，将柱塞控制套筒相对于齿圈转动一个角度，以改变柱塞与柱塞套筒之间的相互位置，从而实现供油量的调整。对于采用拉杆拨叉式的，则改变拨叉与拉杆的距离来调整供油量。

2）怠速供油量的调整

① 调整好额定转速供油量与供油不均匀度后，使喷油泵在怠速转速下运转。

② 在转速表上预置供油次数为200次，量油筒口对准集油杯下口。

③ 缓慢向增加供油方向扳动旋转臂，当标准喷油器开始滴油时，固定旋转臂，按下计数钮，供油开始并计数，停止供油后读取各量油筒中的油量。

④ 各缸怠速供油不均匀度一般不大于20%～30%，如不符，可按前述方法进行调整。

3）启动供油量的调整

① 将试验台转速调整至180r/min。

② 将喷油泵操纵臂置于最大供油位置。

③ 按照上述的方法，测量出各缸的供油量。

④ 启动供油量一般为额定供油量的150%以上，不符合时，按前述方法调整。

注意：每次倒空量油筒中的燃油时，应停留30s以上。在调整喷油泵供油量时，应以保证额定转速供油量均匀度为主。

（3）调速器的调整

调速器的作用是控制柴油发动机因喷油泵的速度特性而产生的工作不稳或“飞车”等现象。其工作性能不良时，会导致柴油发动机熄火或工作不稳，严重时会产生“飞车”，从而发生严重的机械故障。因此在调试喷油泵时，对调速器也要进行调整。柴油发动机调速器调整的具体内容如下：

① 高速启动作用点的调试。启动试验台，使喷油泵转速由低到高逐渐接近额定转速，并将喷油泵操纵臂推至最大供油位置（推到底），然后缓慢增加喷油泵转速，同时注意观察供油调节齿杆位置的变化情况。当供油调节齿杆开始向减小供油量方向移动时的转速，即为调速器高速启动作用点的转速。为保证获得规定的额定转速，而又不致过多地超过规定值，一般是将高速启动作用点的转速调至较额定转速高出10r/min为好（指凸轮轴的转速）。调整方法是改变调速弹簧预紧力。

② 低速启动作用点的调试。启动试验台，使喷油泵在低于怠速转速下运转，然后缓慢转动操纵臂，当喷油泵刚刚开始供油时，固定操纵臂，并逐渐提高喷油泵转速，同时注意观察供油调节齿杆位置变化情况。当供油调节齿杆开始向减少供油方向移动时的转速，即为低速启动作用点的转速，其值不得高于怠速转速规定值。

③ 全负荷限位螺钉的调整。旋松全负荷限位螺钉，并使喷油泵以额定转速运转，然后将操纵臂缓慢向增加供油量的方向移动，当供油调节齿杆达到最大行程时，停止移动操纵臂，这时拧入全负荷限位螺钉，使其与操纵臂上的扇形挡块相接触即可。

④ 怠速稳定弹簧的调整。由于柴油发动机怠速运转时，调速器的飞块离心力很小，不能立刻将供油调节齿杆推向增加供油量方向。而怠速稳定弹簧的作用就是协助调整怠速的灵敏度。通常在稳定怠速工况时，怠速稳定弹簧应能够将供油调节齿杆向增加供油方向推进0.5mm。不符时，可通过调节怠速稳定弹簧的预紧力调整螺钉来达到。

⑤ 停止供油限位螺钉的调整。在怠速稳定弹簧调好后，停止喷油泵的运转，这时供油调节齿杆将向增加供油方向移动一个距离，然后转动操纵臂，使供油调节齿杆处于完全停止供油的位置，此时旋入停止供油限位螺钉，使其与操纵臂轴上的扇形挡块相接触，最后将停止供油限位螺钉的锁紧螺母拧紧。

4.4.3 喷油泵试验台的维护

(1) 试验台的安装和试车

① 试验台应安装在干燥、不与腐蚀气体接触、不易受到风沙尘土侵袭的房间里。工作台面应保证水平安置，环境温度要求在－5～40℃之间。

② 试验台所用电源为三相 380V、50Hz 的工频交流电。为了保证电动机转速稳定，输入电压不得低于 350V，且需保持电压恒定。同时电源的连接应保证喷油泵按规定的转动方向旋转，否则，喷油泵会损坏。

③ 进行试验前，要仔细清除喷油泵试验台上的防锈油，并在一切需要注油的地方注入规定的油料。

a. 燃油箱中应注满经 48h 以上沉淀的轻质 0 号柴油。

b. 在试验台传动油箱和液压无级变速器中加入经过一定时间沉淀过滤的 30 号或 46 号汽轮机油。液压无级变速器从传动油管上的油温表接头或放气螺钉处加油。加油时，变速箱挂上挡位，一边用专用扳手正、反方向来回转动刻度盘，一边注油，直到注满时止。最后将油温表接头或放气螺钉拧紧。不可将油直接加入无级变速器内，否则会使试验台损坏。喷油泵试验台若间隔较长时间再使用时，应先按照上述方法加注液压油。传动油箱内的油面应高于吸油阀体为佳。

c. 变速箱内应加注 40 号或 50 号机械油，油面不低于油弯管。

d. 为了冷却燃油，试验台必须检查各连接部位的紧固可靠性，尤其是万向节螺钉须紧固可靠，罩好防护罩。试验台高速空转时，应拆下万向节，以防出现事故。

e. 喷油泵的进油、回油口要用油管与试验台的供油、回油口连接可靠，以防漏油。

f. 喷油泵的联轴器应用万向节的 2 只拔块夹紧。夹紧螺栓的扭力为 110N·m。

g. 启动试验台时，应先将调速手柄转到一定位置，使其零位压板触及行程开关，从而使常开触点闭合，方可按下启动按钮，使电动机运转。

h. 电动机启动后，转动调速手柄，使试验台输出轴转速由低逐渐升高，并检查各部位工作情况。液压无级变速器不得有异响，各管路接头不得有渗漏现象。

i. 停车时，应将调速手柄调回到原位，在输出轴停止转动后，方可按下停止按钮。

图 4-74 所示为试验台操纵手柄及各按钮开关位置示意图。

(2) 试验台的维护

① 标准喷油器的检查与调整。为了保证喷油泵试验台的测试精度，应经常检查标准喷油器的开启压力。其开启压力应为 17.5～17.7MPa。同时检查各标准喷油器出油量的均匀性。其检查方法是：先调整开启压力，然后在试验台上用标准喷油泵的某一只柱塞副在同一个计数次数、同一转速、相同齿条位置的条件下，逐个检查其流量是否均匀。若有差异，可通过调整开启压力来校正，如果无法校正，则更换标准喷油器。

② 液压无级变速器的维护。

a. 液压无级变速器内的液压油量要经常检查，其要求和加注方法见前面所述。第一次换油在其工作 200h 后，以后每工作 1200h 更换一次。油箱要密封良好，以防其他油、水和污物渗入到液压无级变速器内。

b. 液压油泵和液压马达的限位螺钉不可随意转动，否则液压油泵和液压马达会损坏。

c. 启动电动机前，最好先用专用扳手旋转刻度盘，直到电动机、燃油泵同时转动时，再启动电动机运转。

③ 燃油系统的维护。

a. 试验用燃油每工作 400h 或调试 500 只喷油泵后应更换新油，在更换的同时用煤油清

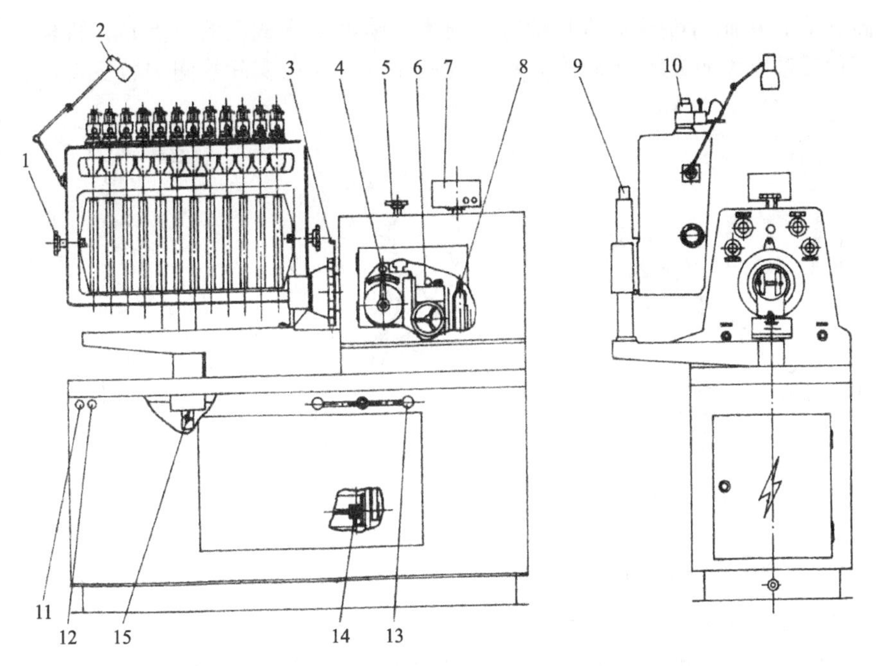

图 4-74　试验台操纵手柄及各按钮开关位置示意图

1—手轮；2—照明灯；3—刻度盘；4—换挡手柄；5—调压阀；6—增速手轮；7—转速计数器；8—放气螺塞；9—升降螺杆；10—标准喷油器；11—启动按钮；12—停止按钮；13—调速手柄；14—节流阀手轮；15—回油管

洗油箱和滤清器。

b. 调压阀和真空阀手轮不论正转、反转，拧到底后不可再用力拧，以防损坏机件。

c. 燃油泵传动皮带松紧度的调整。松开燃油泵安装板上的 2 颗螺钉，移动安装板，即可调整传动皮带的松紧度（皮带规格：B-1000）。

d. 燃油泵皮带轮的轴承每隔一年左右加注一次二硫化钼润滑脂。

④ 变速箱的维护。变速箱内的润滑油大约工作 400h 或半年左右更换一次。试验台在运转过程中严禁更换挡位，以防损坏无级变速器和变速箱齿轮。

⑤ 集油盘的维护：集油盘要经常放油清理。

4.5　喷油器测试仪的使用与维护

喷油器测试仪可用来测定和调整柴油发动机喷油器的起始喷油压力，同时还可以检查喷油器的喷雾状况是否良好及喷油器是否有滴漏现象。

4.5.1　喷油器测试仪的结构

柴油发动机喷油器测试仪有车间内使用的固定式和直接就机使用的便携式两种。

（1）固定式喷油器测试仪

固定式喷油器测试仪如图 4-75 所示。它由压力表、操纵杆、测试仪壳体、活塞、进油管、滤网、出油管、接头和油箱等组成。这种喷油器测试仪通过螺柱固定在作业台上，摇动操纵杆使燃油产生高压，进入喷油器，从而对喷油器进行检查。

（2）便携式喷油器测试仪

便携式喷油器测试仪如图 4-76 所示。它主要由压力表、测试仪壳体、接管和接头等组成。检测时，将其直接安装在喷油泵高压出油管接头上，然后利用起子使喷油泵的柱塞副工作以产生高压油，从而对喷油器进行检查。便携式喷油器测试仪的特点是：机构简单、携带使用方便，但受喷油泵性能影响较大，精确度较差，因此在实际检测中较少使用。

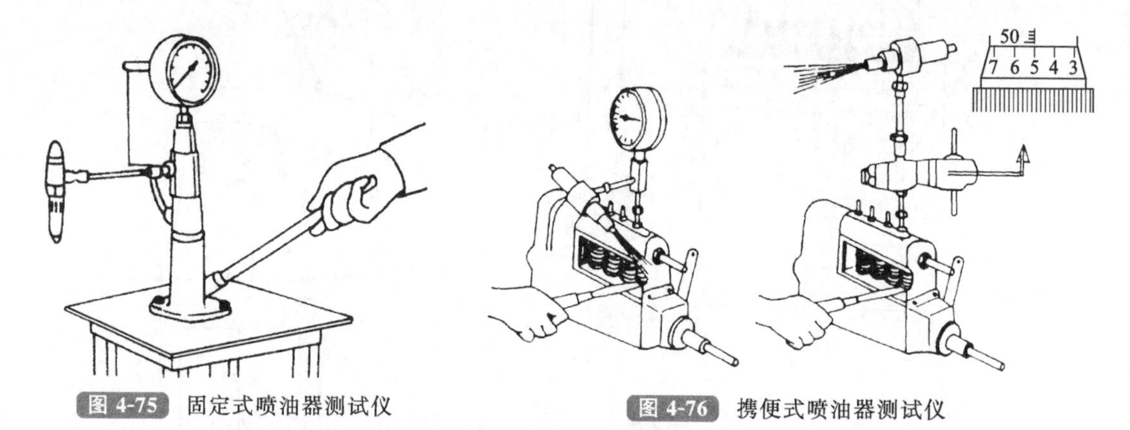

图 4-75 固定式喷油器测试仪

图 4-76 携便式喷油器测试仪

4.5.2 喷油器测试仪的使用

（1）喷油器起始喷油压力的测定和调整

① 安装（固定式）。如图 4-75 所示，将喷油器安装到测试仪上（垂直向下），接上回油管，摇动操纵杆数次，将管路内的空气排除干净。

② 测定。摇动操纵杆，待油压开始上升时，慢慢压下操纵杆，同时观察压力表和喷油器的工作状态，记下喷油器刚开始喷油瞬间的压力表数值，此压力值即为喷油器起始喷油压力。将其与原厂的标准值进行比较，如不符合要求，则应进行调整。

③ 起始喷油压力的调整。从喷油器测试仪上卸下喷油器，将其固定在台虎钳上，松开喷油器上的盖形螺母和锁止螺母，然后将喷油器装回测试仪上，通过旋转调整螺钉，将起始喷油压力调至正确值。调整完毕后，稍许拧紧锁止螺母，待喷油器从测试仪上卸下后，夹在台虎钳上再拧紧。

（2）喷雾质量的检查

将喷油器安装到测试仪上，以每分钟 60～70 次的速度摇动操纵杆，根据喷油器的喷射状态来判断喷雾质量的好坏，如图 4-77 所示。

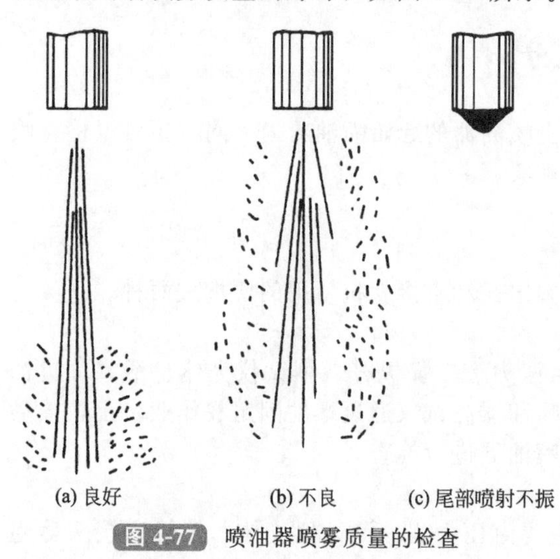

图 4-77 喷油器喷雾质量的检查

喷油器喷雾的具体要求如下：

① 喷出的燃油应呈雾状，分布细微且均匀，不应有明显的飞溅油滴和连续的油珠，不应有局部浓稀不均匀等现象。

② 喷油开始和结束应明显，且应伴有清脆的声音；喷射前后不得有滴油现象；多次喷射后，喷油口附近应保持干燥或稍有湿润。

③ 喷雾锥角：正常情况是以喷口的中心线为中心，约成 4°的圆锥喷射状。

检查方法：在距喷油器的正下方 100～200mm 处，放置一张白纸，摇动操纵杆使喷油器进行一次喷射，测出白纸上油迹的直径 D 及距喷油器口的距离 H，则喷雾锥角：

$$\alpha = 2\arctan(D/2H)$$

若不符合要求，则应清洗喷油器；若清洗后仍达不到要求，则应更换喷油器。

(3) 喷油器密封性试验

摇动操纵杆，当测试仪上的压力表的压力值比喷油器起始喷油压力低 2MPa 时，慢慢摇动操纵杆，使油压缓慢而均匀地继续上升，同时仔细观察喷油器喷口周围的表面被燃油附着的情况。喷油器密封良好时，允许有轻微湿润的燃油，但不得有油液积聚的现象，否则要清洗、研磨喷油器的出油阀，如仍不能解决，则更换喷油器。

4.5.3 喷油器测试仪的维护

① 经常保持测试仪的清洁干净。

② 油箱中的燃油应充分沉淀，并保持清洁，防止灰尘、水分、污物等进入。

③ 避免对测试仪施加过大压力或振动，以防损坏仪器。

④ 定期清理油箱中的过滤网；定期更换燃油（一般半年左右更换一次）。

4.6 燃油供给系统常见故障检修

柴油机在运行过程中，发生故障的最常见部位就是燃油供给及其调速系统。柴油机燃油供给及其调速系统主要包括喷油泵、喷油器、输油泵和调速器等。无论上述哪个部件出现故障，柴油机都不能正常工作，在外观上表现出一种或几种故障现象。

4.6.1 喷油泵的故障

(1) 喷油泵柱塞与套筒磨损

柱塞与套筒的磨损主要是柴油中杂质的作用以及高压柴油冲刷造成的。其常见的磨损部位是柱塞顶部与螺旋边的中间部分和套筒的进、出油孔附近。磨损后表面呈阴暗色。柱塞与套筒磨损的具体原因有：

① 使用的柴油既没有过滤也没有经过沉淀，以致柴油内含杂质较多。

② 柴油滤清器不起滤清作用。因此对于过脏的滤芯在无法洗净时，应更换新件。

③ 柴油牌号选用不对，如气温高时使用了黏度过小的柴油，或气温低时使用了黏度过大的柴油，使柱塞与套筒润滑不良。

④ 柱塞偶件（柱塞与套筒的组合件）在喷油泵体中安装得不垂直，也易使其磨损。造成此故障的原因多是垫片不平或柱塞套筒定位螺钉拧得过紧。

⑤ 喷油嘴或出油阀卡住在关闭位置。这样在喷油器喷油压力过高的情况下，柱塞仍继续泵油，致使把柱塞顶坏（这时喷油泵柱塞会顶得发响）。

柱塞与套筒磨损后，在压油时，套筒的油孔就关闭不严，部分柴油就会从磨损的沟槽中压回油道（漏油），使供油压力降低，供油量减少，供油开始时间延迟、切断时间过早。最终导致喷油雾化不良，柴油机常常在空载运转或低负荷时就冒烟，在怠速时容易熄火，甚至因供油压力过低而打不开喷油嘴针阀，无法启动，并且容易使喷油嘴产生积炭和胶黏现象。

由于柱塞与套筒的磨损，往回漏油，使供油量减少，特别在柴油机怠速运转时，由于漏油时间长，漏油数量大，因而柴油机转速下降，而此时喷油泵调速器的作用使油量增加，又提高了转速，此时漏油又减小，柴油机转速便更加提高，调速器便又使油量减少，柴油机转速又随之下降，漏油又增加，柴油机转速更下降，调速器便又使柴油机转速提高，如此反复结果造成柴油机转速忽高忽低的现象。

检查柱塞与套筒的磨损情况可用以下两种方法：①可将喷油器喷油压力调整到200kgf/cm^2，

与被检查的一组柱塞偶件相连，用起子撬动喷油泵弹簧座，做泵油动作，或用起动机带动柴油机，若喷油器不喷油，则说明该柱塞偶件已磨损，需更换。②对于分体式喷油泵而言，先把调速供油手柄放在供油位置，然后提手泵把泵油，若喷油泵喷出的燃油不能打在气缸盖上，说明柱塞与套筒磨损；对于组合式（整体式）喷油泵而言，先把调速供油手柄放在供油位置，然后用起子敲柱塞弹簧，查看喷油泵的出油情况即可。

（2）出油阀磨损

出油阀密封锥面的磨损是由出油阀在起减压作用时，出油阀弹簧与高压油管中高压油的残余压力，促使阀芯向阀座密封锥面撞击，同时与柴油中杂质（磨料）的作用所造成的。减压环带与座孔的磨损主要是柴油中杂质的作用所造成的。

出油阀密封锥面磨损后，会使其失去密封性，造成高压油管中不规律地往回漏油，从而使高压油管中的剩余压力降低且不稳定，使供油量减少甚至不供油，使各缸（对多缸机而言）或每缸本身工作不均匀，特别是低速时更为显著。同时还会使喷油时间滞后，这是因为下一次与上一次喷油相比，要有较多的时间，先要提高油管中降低了的剩余压力，再提高到喷油时的压力之故。

减压环带与座孔磨损后，会使两者的配合间隙加大，阀芯在供油过程的升程减小，卸载过程中减压效果降低，因而使喷油间隔内油管中的剩余压力提高，从而使建立喷油器开启压力的时间提前（即喷油时间提前）；与此同时，喷油器的供油量增加，使其断油不干脆，雾化质量下降，形成二次喷射和滴油，柴油机工作粗暴。

出油阀的密封程度可利用输油泵中的手油泵来检查：此时，须使喷油泵的柱塞位于下端位置（该气缸处于进气或排气冲程），使柱塞上方空间与进油道相通，并拆去高压油管，然后用手压动手油泵，若此时出油阀处有油溢出，则说明出油阀密封不严。如果柴油机上没有带输油泵（如 2105 柴油机），可利用柴油自流进入进油道，静等 1min 左右，观察出油阀处有无油溢出，若有，说明出油阀密封不严。

如果出油阀有污物垫起而使其密封不严，可用汽油清洗干净后装复使用。如果出油阀锥面因磨损密封不严，则可在锥面上稍涂以氧化铬和机油研磨即可。研磨后，用汽油洗净，经过研磨的表面，须无沟痕和弧线，密封应严密。磨损严重则应更换。如果减压环带磨损过度，则表面成阴暗色，仔细看（或放大）有沟槽，则应更换。

（3）喷油泵不供油

喷油泵不供油的原因主要包括以下几个方面：

① 油箱中无油或油开关未打开。

② 柴油滤清器堵塞。

③ 油路中存有大量空气。

④ 喷油泵柱塞弹簧折断。

⑤ 柱塞偶件（柱塞与柱塞套筒）过度磨损。

⑥ 柱塞卡住。

⑦ 柱塞的螺旋槽位置装错。

⑧ 出油阀磨损过度或出油阀有污物垫起。

⑨ 出油阀弹簧折断或弹力减弱。

⑩ 出油阀与柱塞套筒的平面接触不严（如有杂质），导致柴油从接触面的缝隙中泄漏掉，顶不开出油阀而造成喷油泵不供油。

⑪ 出油阀垫破裂。

如果是各缸均不供油，则柴油机根本不能工作。如果是个别缸不供油，则柴油机启动困难，就是启动了，工作也不平稳。

发现此故障后，首先检查柴油箱是否有柴油，油箱开关是否打开，油箱的通气孔是否堵塞。然后，旋开柴油滤清器和喷油泵的放气螺钉，用手油泵泵油或靠柴油的重力自流（视不同的机型而定）。如在放气螺钉处流出的柴油中夹有气泡，说明油路中已有空气漏入，应查明原因，是由于油箱内的柴油不足，还是由于油管接头松动或油管破裂及各密封垫不严密。排除故障后，继续用手油泵泵油或靠柴油的重力自流，至柴油中不夹气泡为止。然后旋紧放气螺钉及手油泵。如果在用手油泵泵油或靠柴油的重力自流时，觉得来油不畅，说明低压油路有堵塞之处，应检查柴油滤清器及低压油路是否堵塞，如果低压油路中有漏油之处也会引起来油不畅，若经检查均属良好，则故障就在输油泵内部，应拆卸检查。若输油泵也没有问题，则故障在喷油泵上。对组合式喷油泵而言，这时可将喷油泵侧盖卸下，将油门手柄放在停止供油位置，用起子撬动喷油泵柱塞弹簧座，做泵油动作，检查柱塞弹簧是否折断，柱塞是否卡住。同时，也应检查调节齿圈的螺钉是否松脱，而引起供油量改变。若经检查均属良好，这时需检查柱塞偶件的磨损程度和出油阀的密封性。

（4）喷油泵供油量过少

喷油泵供油量过少的主要原因有：

① 喷油泵内有空气或油管接头松动漏油。

② 进油压力过低：如输油泵供油量不足、喷油泵中回油阀弹簧过弱、柴油滤清器堵塞等都会造成进油压力过低。

③ 柱塞调整得供油量过小（即调节齿圈与齿条相对位置不对），或调节齿圈的锁紧螺钉松动而位移，使供油量过小。

④ 柱塞偶件磨损过度。

⑤ 出油阀密封不严：出油阀密封不严主要是由出油阀过度磨损、有杂质进入油泵内以及出油阀弹簧弹力减弱所致。

⑥ 调速器内限制齿条最大油量的调整螺钉调整过小或油门手柄限止螺钉调整过小。

供油量过少会使柴油机启动困难，功率不足。

发现此故障后，首先检查燃油系统中有无空气和油管接头有无松动漏油现象。若这些方面没有问题，再检查柴油滤清器及低压油路是否堵塞；输油泵供油情况；回油阀弹簧（此弹簧在喷油泵回油管接头处）是否过弱等。经检查，均属良好，可将喷油泵的侧盖卸下，检查调节齿圈的锁紧螺钉是否松脱而位移，或调节的供油量过小。如无此现象，再检查出油阀的密封性、柱塞的磨损程度、最大油量调整螺钉以及油门手柄限止螺钉等。

（5）喷油泵供油量过多

喷油泵供油量过多的主要原因在于：

① 喷油泵柱塞调整的供油量过大，或是调节齿圈锁紧螺钉松脱而使调节齿圈位移，导致喷油泵供油量过大。

② 调速器内限制齿条最大油量的调整螺钉调整过大或油门手柄限止螺钉调整过大。

③ 调速器中的机油过多，使供油量也会增多，并导致“飞车”。

供油量过多时，会使燃油消耗量增加，燃油燃烧不完全，柴油机排气冒黑烟，燃烧室内严重积炭，加速气缸、活塞和活塞环的磨损，甚至使柴油机出现过热和“敲缸”现象。

根据排烟情况，判断出供油量过多时，可将喷油泵侧盖打开，检查调节齿圈锁紧螺钉是否松脱而使齿圈位移，引起供油量过多。若锁紧螺钉没有松脱，应检查是否在调整时，将供油量调整过大。此时应检查调速器中机油量、限制最大油量调整螺钉及油门手柄的限止螺钉等。值得注意的是，对于组合式的喷油泵而言，调整其各缸的供油量、最大供油量、两缸间的供油间隔以及油门手柄的限止螺钉等均应在专用的喷油泵试验台上进行，不能光凭经验自行调整，否则容易导致“飞车”事故的发生。

（6）喷油泵供油量不均匀（即指喷油泵供向各缸的油量不一致）

喷油泵供油量不均匀的主要原因有：

① 各柱塞和套筒磨损不一致或个别柱塞弹簧折断。

② 个别出油阀关闭不严。

③ 个别调节齿圈安装不当或锁紧螺钉松脱而位移。

④ 各挺柱滚轮或凸轮磨损不一致，使供油不均。

⑤ 喷油泵内混入空气，使个别缸供油不足，造成柴油机工作不平稳。

供油量不均会使柴油机工作不平稳，功率下降，排气管周期地间断冒黑烟。

检查方法一般运用断缸法：对单体式喷油泵柴油机而言，把某一缸的手泵把提起，使某一缸不工作，看频率表下降的程度，看各缸不工作时，频率下降是否一致，若不一致就说明两缸喷油泵供油不均匀；对组合式喷油泵而言，比如135系列柴油机，断缸的方法是用一个大起子把某一缸的柱塞弹簧顶起即可，检查方法与单体式喷油泵是一样的，也就是说看频率表下降的程度，各缸是否一致。

（7）供油时间过早或过晚

① 供油时间过早。供油时间过早的原因：a. 联轴器的连接盘固定螺钉松动而位移（此原因会使总的供油时间过早）。b. 喷油泵挺柱上调整螺钉调整不当或走动。c. 个别出油阀关闭不严。

当供油时间过早时，气缸内发出有节奏的清脆“当、当”的金属敲缸声，启动困难，柴油机工作不柔和、功率不足、排气冒白烟并有“生油”味，低速时容易停车。

检查时可卸下第一缸高压油管，转动曲轴，注意观察喷油泵上出油阀紧座中的油面，在油面刚刚波动的瞬间，从飞轮上的供油定时刻线和飞轮壳上记号，看柴油机的喷油提前角是否符合规定。若不符合，应重新调整。有必要时再逐缸检查。

② 供油时间过晚。供油时间过晚的原因：a. 联轴器的连接盘固定螺钉松动而位移。b. 喷油泵挺柱上调整螺钉调整不当或走动。c. 喷油泵驱动齿轮、挺柱、凸轮、柱塞与套筒等磨损过大等。

喷油时间过晚时，柴油机启动困难，启动后气缸内发出低沉不清晰的敲击声，柴油机的转速不能随着油门加大而提高，机温高、功率下降、油耗增加、冒黑烟。其检查方法与检查供油时间过早的方法相同。

4.6.2 调速器的故障

（1）转速不稳

转速不稳的主要原因：①各缸供油量不一致。②喷油嘴喷孔堵塞或滴油。③调速器拉杆横销松动。④柱塞弹簧断裂。⑤出油阀弹簧断裂。⑥飞铁磨损。

（2）怠速转速不能达到

怠速转速不能达到的主要原因：①油门手柄未放到底。②飞锤轻微卡住。③弹簧座卡住。④调节齿圈和齿条轻微卡住。

（3）“游车”（调速器拉杆往复幅度大而频繁）

“游车”的主要原因：①调速弹簧久用变形。②飞锤销孔磨损松动。③油泵调节齿圈和齿条配合不当。④飞锤张开和收拢距离不一致。⑤齿条销孔和拉杆与拉杆销子配合间隙太大。⑥调速器壳支座上的滚珠轴承孔或喷油泵滚珠轴承座孔松动，使喷油泵凸轮轴游动间隙过大。

（4）飞车

飞车的主要原因：①柴油机转速过高（如改变了限制最高供油量的铅封）。②调速弹簧折断。③齿条和拉杆连接的销子脱落。④拉杆与拉杆连接的销子脱落。⑤飞锤卡住。⑥调速器壳内机油加入过多。⑦（喷油泵）齿条卡住使供油量处最大位。⑧（喷油泵）柱塞装错使供油量大。

4.6.3 喷油器的故障

（1）喷油器的磨损

喷油器（以轴针式为例）经常发生磨损的部位是：密封锥面、轴针、导向部分及起雾化作用的锥体（倒锥体）等。

密封锥面（针阀锥面与针阀体锥面）的磨损是喷油器弹簧的冲击与柴油中杂质的作用所致的。磨损后使锥面密封环带接触面加宽、锥面变形、光洁度降低，其结果造成喷油嘴滴油，喷孔附近形成积炭，甚至堵塞喷孔。滴油严重的喷油嘴，在工作中还会出现断续的敲击声，柴油机工作不均匀，排气冒黑烟等。

轴针与喷孔配合部分的磨损是高压柴油夹带的杂质冲刷所致的。磨损后使轴针磨成锥形(靠近喷孔头部磨损大些)，喷孔扩大，喷油声音变哑。其结果造成喷雾质量不好，喷油角度改变，使柴油燃烧不完全，柴油机排气冒黑烟，并在喷孔附近、活塞及燃烧室内形成大量的积炭，同时柴油机功率下降。

导向部分的磨损是柴油带入杂质的作用所致的。磨损后使导向部分磨成锥形（下端磨损大）。其结果使喷油器的回油量增多，供油量减少，喷油压力降低，喷油时间延迟。最终导致柴油机启动困难（因为启动时转速低，柱塞供油时间增长，而大大地增加了回油），不能全负荷工作（因为它得不到全负荷的油量）。由于回油，造成喷油压力降低使喷油雾化不良，滴油和招致积炭，进而造成密封锥面密封不良等后果。起雾化作用的锥体的磨损一般较慢，它的磨损是柴油（夹带杂质）的射流冲击所致的。因为射流的冲击打在锥体的中部，所以锥体的中部磨损较大，这样便使喷雾锥角增大，柴油射程缩短，而被喷到燃烧室壁上，形成油膜，不能及时完全地燃烧，造成与滴油情况相似的不良后果。

如密封锥面和针阀导向部分用眼睛能察觉出伤痕，说明零件表面已有磨损。针阀导向部分如有暗黄色的伤痕时，表明针阀过热变形而拉毛。当密封锥面仅有轻微磨损时，可研磨修复。当喷孔边缘破碎时，就必须更换。

（2）喷油嘴卡住

喷油嘴卡住的主要原因有：①喷油器与气缸盖上的喷油器安装孔间的铜垫不平，密封不严；喷油器安装歪斜，在工作中漏气，使喷油嘴局部温度过高而烧坏。为此，喷油器安装到气缸盖上去时，要注意将固定喷油器的两个螺母分2～3次成对均匀地拧紧，并拧到规定力矩，不要用力过小或过大。不使喷油器歪斜，紫铜垫圈要平整、完好，更不要漏装以防漏气。但这个密封紫铜垫圈只能安装一个，多装了就改变了喷油嘴装入的深度，使喷射的柴油与空气混合不良，冒黑烟。②喷油器没有定期保养和调整喷油压力。③喷油嘴内由于柴油带进来的杂质或积炭而使针阀卡住。④喷油嘴针阀锥面密封不严，渗漏柴油。当其端面因渗漏柴油而潮湿时，就可能引起表面燃烧。燃烧的热量直接影响喷油嘴，从而使喷油嘴烧坏。⑤柴油机的工作温度过高，也能使针阀卡住。

针阀如果在开启状态时卡住，则喷油嘴喷出的柴油就不能雾化，也不能完全燃烧。此时就会有大量冒黑烟现象发生。未燃烧的柴油还会冲到气缸壁上稀释机油，加速其他机件的磨损。如果针阀在关闭状态卡住，喷油泵的供油压力再大，也不能使针阀打开，那么这个气缸就不能工作。总之，不管针阀是在开启状态卡住，还是在关闭状态卡住，都会使柴油机工作不均匀，并使功率显著下降。

针阀在关闭状态卡住时，还会在燃烧系统中产生高压敲击声。这时可根据喷油泵发响的位置，利用停止供油的方法检查，或立即停止运转检查，以免顶坏喷油泵的机件。

喷油嘴卡住后不一定全部报废。有时用较软的物体（如木棒等）除去针阀上的积炭，并用机油进行适当的研磨后，仍可继续使用。若喷油嘴卡住后拔不出来，可将喷油嘴放入盛有柴油的容器内，并将其加热至柴油沸腾开始冒烟时为止。然后将喷油嘴取出，夹在台虎钳上用一把鲤鱼钳（钳口应包块铜皮等软物）夹住针阀用力拔，一面拔，一面旋转，反复多次即可将喷油嘴针阀拔出。

如果须更换新的喷油嘴时，应把新的喷油嘴放在80℃的柴油里煮几十分钟，等喷油嘴偶件内的防锈油溶解后，再用清洁柴油清洗。如果只清洗而不煮，就不能完全洗净喷油嘴偶件内的防锈油，工作时容易使针阀积炭、胶结甚至卡住。

(3) 喷油很少或喷不出油

喷油很少或喷不出油的原因主要在于：①由于柴油不清洁或积炭，使喷油嘴堵塞而不能喷油。这时应用粗细合适的铜丝疏通喷孔和油道，并用压缩空气吹净。②油路中有空气、燃油系统漏油严重、喷油泵工作不正常等都会引起不喷油或喷油很少。③喷油压力调得过大、针阀与针阀体配合太松、针阀卡住等都会使喷油嘴不喷油。

喷油很少或不喷油对柴油机的影响与前述供油过少或不供油相同。

检查的方法是用起动机启动一下柴油机（对可用手摇启动的柴油机而言，摇手柄转动曲轴即可)，将油门放在供油位置，将手放在高压油管上面或仔细倾听，如高压油管中有脉动或喷油嘴和高压油管内发出“光、光”的声音，表示喷油嘴有油喷出；如无脉动或响声，则证明喷油器有故障。

(4) 喷油质量不好

喷油质量不好包括：喷油嘴雾化不良，喷雾形状不对，不能迅速停止喷油（停止后仍有滴油现象）等。

① 雾化不良的原因：a. 调整喷油压力的弹簧弹力减弱或折断，使喷油压力过低。b. 喷孔磨损、积炭堵塞或烧坏。c. 针阀与针阀体密封不严。d. 有积炭将针阀卡住，或由于过热使针阀咬在打开的位置上而雾化不良。

② 喷雾形状不对的原因：a. 喷油嘴的喷孔和轴针磨损不均或喷孔处有积炭。b. 喷油压力过大或过小。

③ 不能迅速停止喷油（滴油）的原因：a. 调整喷油压力的弹簧弹力减弱或折断，使喷油压力过低。b. 针阀与针阀体不密封。c. 针阀被积炭卡在打开的位置。d. 出油阀关闭不严或出油阀减压环磨损。

喷油质量不好使混合气形成不好，燃烧不完全，致使柴油机启动困难、启动后输出功率下降、耗油量增加、转速不稳、柴油漏入曲轴箱中冲稀机油、排气冒黑烟、低速时容易使柴油机停车、有时还产生敲击声。

检查的方法是：在柴油机运转过程中，采用断缸法（用起子敲住某一缸的柱塞弹簧)，如某缸经停止供油后，机器运转无变化，但排黑烟减少，即该缸喷油质量不好。应将该缸喷油器卸下，放在喷油器实验台上进行检查，或将喷油器卸下后，在外面仍接在本柴油机喷油泵的高压油管上，将喷油泵侧盖卸下，用起子撬动柱塞弹簧座，做泵油动作，检查喷油嘴喷油情况。喷油质量不好，应将喷油器拆散检查和调整，拆散时应先放在汽油中浸润后拆散，再放在木块上磨去积炭。磨损过大的喷油嘴应更换。

(5) 喷油压力过高或过低

① 喷油压力过高的主要原因：a. 调压弹簧压力调整过大。b. 针阀粘在针阀体内。c. 喷孔堵塞。

② 喷油压力过低的原因：a. 调压弹簧压力调整过小或折断。b. 调压螺钉松动。c. 针阀

导向部分与针阀体间隙过大或针阀锥面密封不严。d. 喷油嘴与喷油器体接触面密封不严。

这时应进行相应的调整和修理。喷油器喷油压力在各机说明书中都有明确规定，不应随便调整得过高或过低，否则将造成柴油机各缸工作不均匀、功率下降甚至导致燃烧室及活塞等零件的早期磨损。一般来说，喷油压力如果调整过低将使得喷油的雾化情况大大变坏，柴油消耗量增加，不易启动。即使启动后排气管也会一直冒黑烟，喷油嘴针阀也易积炭。喷油压力调整过高也不好，此时往往易引起机器在工作时产生敲击声，并使功率下降，同时也容易使喷油泵柱塞偶件及喷油器早期磨损，有时还会把高压油管胀裂。

4.6.4 输油泵故障

输油泵故障的外在表现为供油量不足或不供油。

(1) 故障现象

输油泵供油量不足，将引起柴油机不能在带负荷状态下工作，或者只能在空载情况下运转。输油泵不供油，将导致柴油机不能启动。

(2) 故障原因

① 输油泵进、出油阀关闭不严，进、出油阀弹簧弹力不足或折断等。

② 输油泵活塞磨损过度、活塞卡住、活塞弹簧折断、活塞拉杆卡住等。

③ 进油管接头松动或油箱的油量不足。

④ 手油泵关闭不严，而使空气窜入，影响吸油效果（所以手油泵用后应将手柄旋紧）。

⑤ 吸油高度太高（油箱与输油泵的高度相差不能超过 1m）。

⑥ 输油泵进油滤网堵塞。

(3) 处理方法

如果输油泵活塞磨损过度或弹簧折断，应予更换；如有油污而卡滞，可用汽油清洗后装复使用。塑料进、出油阀磨损过甚或歪斜，与阀座密合不严时，可将进、出油阀与阀座进行研磨，恢复其密封性。若装用新进、出油阀，也应进行研磨。塑料出油阀由于吸进来的硬砂粒粘在阀的平面上而不密封时，可将其放在油石上磨平。出油阀弹簧折断，应予更换。手油泵活塞（不装橡胶密封圈的）磨损过度时，应予更换。有一种手油泵在活塞上装有橡胶密封圈，当橡胶密封圈磨损或损坏，也会引起漏气、漏油或停止供油，用手油泵泵油时，感到松动，一点抽力都没有，根本泵不上油来，这时应更换橡胶密封圈。如果密封圈只是磨损，没有损坏，在材料缺乏的情况下，可根据活塞上的槽沟宽度，用约 0.10mm 厚（根据情况选择厚度）的铜皮，剪成一圈，围在活塞槽沟内，再套上旧橡胶密封圈装复使用。

4.7 PT 燃油系统及其常见故障检修

PT 燃油系统是美国康明斯发动机公司（Cummins Engine Company）的专利产品。与一般柴油机的燃油系统相比，PT 燃油系统在组成、结构及工作原理上都有其独特之处。目前，国内的柴油发电机组、船用柴油机、中型卡车以及其他工程机械已经大量采用康明斯发动机和 PT 燃油系统。

4.7.1 PT 燃油系统的构造与工作原理

(1) PT 燃油系统的基本工作原理

PT 燃油系统通过改变燃油泵的输油压力（pressure）和喷油器的进油时间（time）来改变喷油量，因此，把它命名为“PT 燃油系统”或“压力-时间系统”。

由液压原理可知，液体流过孔道的流量与液体的压力、流通的时间及通道的截面积成正比。PT燃油系统即根据这一原理来改变喷油量。该系统的喷油器进油口处设有量孔，其尺寸经过选定后不能改变。燃油流经量孔的时间则主要与柴油发动机的转速有关，随转速升降而变化。因此，改变喷油量主要通过改变喷油器进油压力来达到。

(2) PT燃油系统的组成

PT燃油系统的组成如图4-78所示。其中齿轮式输油泵3、稳压器4、柴油滤清器5、断油阀7、节流阀14及调速器6、16等组成一体，并称此组合体为PT燃油泵。一般汽车上只装PTG两极式调速器16，而在工程机械（如发电机组）或负荷变化频繁的汽车上加装机械可变转速全程式调速器（MVS）6、可变转速全程式调速器（VS）或专用全速调速器（SVS）。当只装PTG两极调速器时，节流阀14与调速手柄（或汽车加速踏板）连接，调节调速手柄（或踩汽车加速踏板）可以使节流阀旋转，从而改变节流阀通过的截面积。若加装MVS、VS或SVS全程式调速器，则节流阀保持全开位置不动，MVS、VS或SVS调速器在PTG调速器不起作用的转速范围内起调速作用。

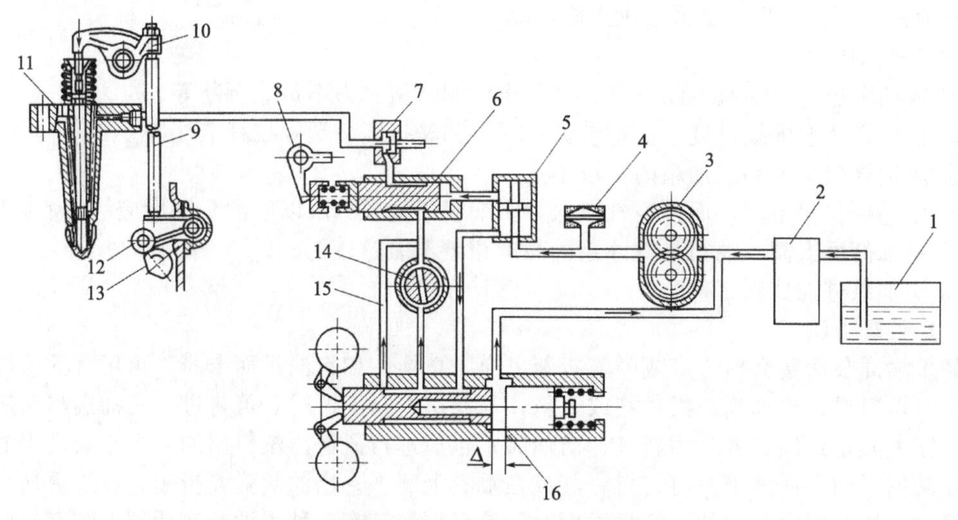

图4-78 PT燃油系统的组成

1—柴油箱；2，5—柴油滤清器；3—齿轮式输油泵；4—稳压器；6—MVS调速器；7—断油阀；8—调速手柄；9—喷油器推杆；10—喷油器摇臂；11—喷油器；12—摆臂；13—喷油凸轮；14—节流阀；15—怠速油道；16—PTG调速器

当发动机工作时，柴油被齿轮式输油泵3从柴油箱1中吸出，经柴油滤清器2滤除燃油中的杂质，再经稳压器4消除燃油压力的脉动后，送入柴油滤清器5。经过滤清的柴油分成两路，一路进入PTG两极式调速器和节流阀，另一路进入MVS（VS、SVS）全程式调速器。其压力经过调速器和节流阀调节后，经断油阀7供给喷油器11。在喷油器内柴油经计量、增压然后被定时地喷入气缸。多余的柴油经回油管流回柴油箱。喷油器的驱动机构包括喷油凸轮13、摆臂12、喷油器推杆9和喷油器摇臂10。喷油凸轮与配气机构凸轮共轴。电磁式断油阀7用来切断燃油的供给，使柴油机停转。

(3) PT燃油泵

PT燃油泵有PT（G型）和PT（H型）两种形式。后者与前者的区别是流量较大，并附有燃油控制阻尼器以控制燃油压力的周期波动。这里主要介绍PT（G型）燃油泵。

PT（G型）燃油泵主要由以下四部分组成：

① 齿轮式输油泵：从柴油箱中将油抽出并加压通过油泵滤网送往调速器。

② 调速器：调节从齿轮式输油泵流出的燃油压力，并控制柴油机的转速。

③ 节流阀：在各种工况下，自动或手动控制流入喷油器的燃油压力（量）。

④ 断油阀：切断燃油供给，使柴油机熄火。

由此可知：PT燃油泵在燃油系统中起供油、调压和调速等作用。即在适当压力下将燃油供入喷油器；在柴油机转速或负荷发生变化时及时调节供油压力，以改变供油量满足工况变化的需要；调节并稳定柴油机转速。PTG-MVS燃油泵的构造如图4-79所示。

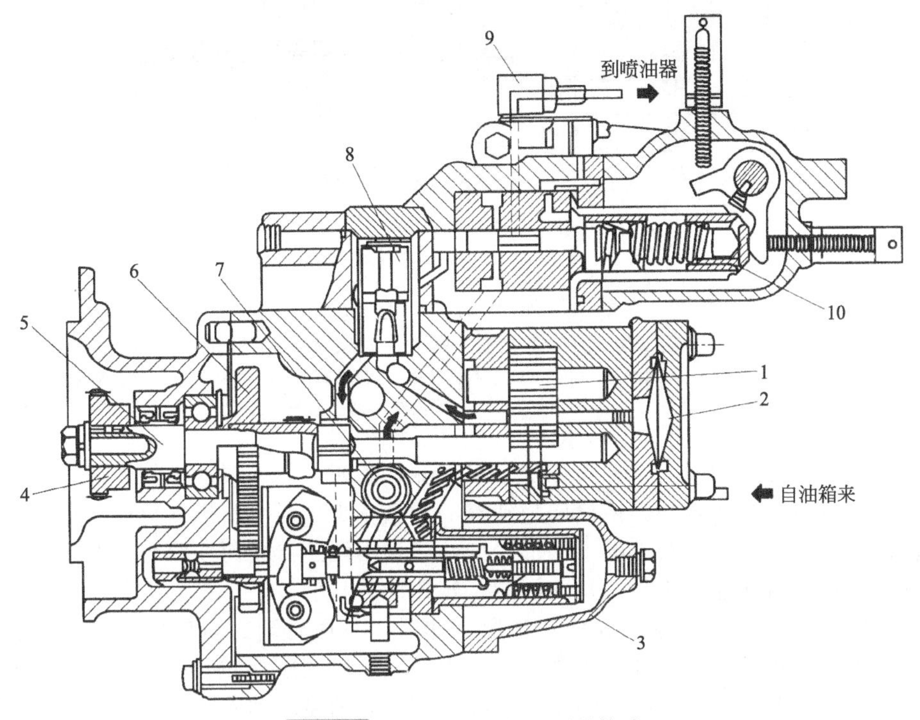

图4-79 PTG-MVS燃油泵的构造

1—输油泵；2—稳压器；3—PTG调速器；4—主轴传动齿轮；
5—主轴；6—调速器传动齿轮；7—节流阀；8—柴油滤清器；9—断油阀；10—MVS调速器

1）PTG两极式调速器

PTG两极式调速器的工作原理如图4-80所示。调速器柱塞6可在调速器套筒5内做轴向移动，也可通过驱动件和传动销使其旋转。柱塞的左端受到飞块离心力的轴向推力，右端则作用有怠速弹簧8与高速弹簧9的弹力。

调速器套筒上有三排油孔，与进油口12相通的为进油孔，中间一排孔通往节流阀，左边一排则通怠速油道15。

在调速器柱塞右端有一轴向油道，并通过径向孔与进油孔相通。柴油机工作时，进入调速器的柴油，少部分经节流阀14或怠速油道15流向喷油器。大部分则通过调速器柱塞的轴向油道推开怠速弹簧柱塞7，经旁通油道11流回齿轮泵的进油口。在飞块3的左端和右端分别设有低速扭矩控制弹簧1和高速扭矩控制弹簧4。PTG两极式调速器的工作原理如下：

① 怠速工况。怠速时，节流阀处于关闭位置（图4-80右上角），燃油只经过怠速油道流往喷油器。如果由于某种原因使转速下降，飞块离心力减小，怠速弹簧便推动调速器柱塞向左移动，使通往怠速油道的孔口截面增大，供油量增加。当转速升高时，PTG调速器柱塞右移，流通截面减小，供油量减少，以此保持怠速稳定。怠速调整螺钉10用于改变怠速的稳定转速。

② 高速工况。当柴油机转速升高时，PTG调速器的柱塞右移，怠速弹簧被压缩，这时主要由高速弹簧起作用，PTG调速器柱塞凹槽的左边切口已逐渐移至中间通往节流阀的孔

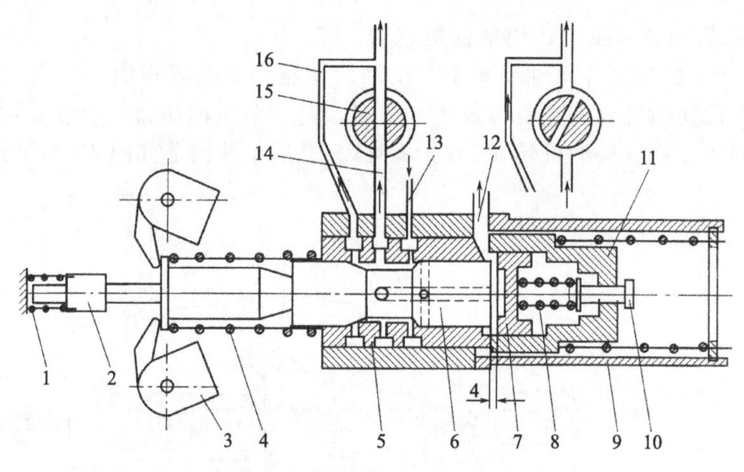

图 4-80 PTG 两极式调速器

1—低速扭矩校正弹簧；2—飞块助推柱塞；3—飞块；4—高速扭矩校正弹簧；5—调速器套筒；6—调速器柱塞；7—怠速弹簧柱塞（按钮）；8—怠速弹簧；9—高速弹簧；10—怠速调整螺钉；11—旁通油道；12—进油口；13—节流阀通道；14—节流阀；15—怠速油道；16—套筒

口处。当转速处于标定转速时，切口位于孔口左侧。此时，如果柴油机的转速增高，则柱塞继续右移，孔口流通截面减小，使流向喷油器的油量减少。当柴油机的负荷全部卸去时，则孔口的截面关至很小，柱塞右端的十字形径向孔已移出调速器套筒 5 而与旁通油道 11 相通，柴油机处于最高空转转速下工作，从而限制了转速的升高。

③ 高速扭矩校正。当柴油机在低速工况工作时，飞块右端的高速扭矩校正弹簧处于自由状态。如果发动机的转速升高，则飞块离心力增大，使调速器柱塞右移。当转速超过最大扭矩转速时，弹簧开始受到压缩，使调速器柱塞所受到的飞块轴向力减小，因而燃油压力也减小，扭矩下降。转速愈高，扭矩下降愈多，从而改善了柴油机高速时的扭矩适应性。

④ 低速扭矩校正。当柴油发动机转速低于最大扭矩点转速时，PTG 调速器的柱塞向左移动，压缩低速扭矩校正弹簧，调速器柱塞增加了一个向右的推力，使燃油压力相应增大，供油量增加，柴油机扭矩上升，从而减缓了柴油机低速时扭矩减小的倾向，提高了低速时扭矩的适应性。

2）节流阀

PT 燃油泵中的节流阀是旋转式柱塞阀，除怠速工况外，燃油从 PTG 调速器至喷油器都要流经节流阀。它用来调节除怠速和最高转速以外各转速的 PT 燃油泵的供油量。怠速和最高转速的供油量由 PTG 调速器自动调节。通过操纵手柄（或踩踏加速踏板）来转动节流阀，以改变节流阀的通过断面，达到改变供油压力和 PT 燃油泵供油量的目的。

3）MVS 及 VS 调速器

在工程机械（如发电机组、推土机用）柴油机上，其 PT 燃油系统的 PT 泵内除了 PTG 两极式调速器外，还装有 MVS 或 VS 全程式调速器。它可使柴油机在使用人员选定的任意转速下稳定运转，以适应工程机械工作时的需要。

① MVS 调速器。MVS 调速器在 PT 泵油路中的位置如图 4-78 和图 4-79 所示。图 4-81 为 MVS 调速器的结构示意图。其柱塞的左侧承受来自输油泵并经柴油滤清器柴油的压力作用，此油压随柴油机转速的变化而变化。柱塞右侧与调速器弹簧柱塞相接触而承受调速弹簧（包括怠速弹簧和调速器弹簧）的弹力。

当 PT 泵的调速手柄处于某一位置时，其下的双臂杠杆便使 MVS 调速弹簧的弹力与柱塞左侧的油压相平衡，使柴油机在该转速下稳定工作。当柴油机的负荷减小而使其转速上升时，柱塞左侧的油压随之增大，于是柱塞右移，来自节流阀的柴油通道被关小，使PT泵的输出油压下降，喷油泵的循环喷油量也随之减小，以限制柴油机转速的上升；反之，当柴油机的负荷增加而使其转速下降时，调速弹簧的弹力便大于柱塞左侧的油压，柱塞左移，来自节流阀的柴油通道被开大，使PT泵的输出油压上升，喷油泵的循环喷油量也随之增大，以限制柴油机转速的下降。改变调速手柄的位置，即改变了调速弹簧的预紧力，柴油机便在另一转速下稳定运转。

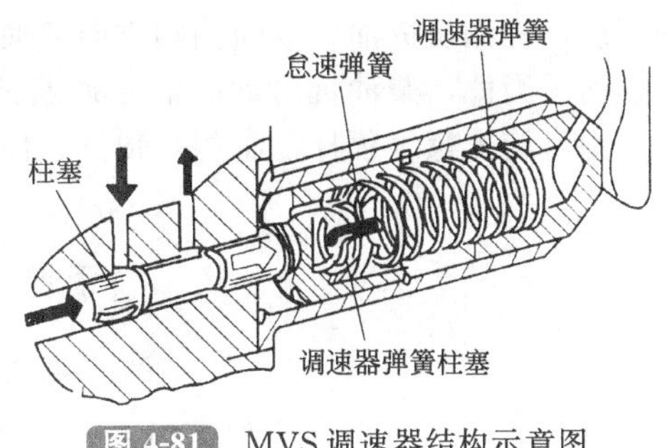

图 4-81 MVS调速器结构示意图

在怠速时，调速器弹簧呈自由状态而不起作用，仅由怠速弹簧维持怠速的稳定运转。MVS调速器设有高速和低速限制螺钉，用以限制调速手柄的极限位置。

PT泵在附加了MVS调速器后，正常工作时节流阀是用螺钉加以固定的。如需调整，则拧动节流阀以改变通过节流阀流向MVS调速器的油压，从而使循环喷油量发生变化。

② VS调速器。图4-82为PTG-VS燃油泵结构图。VS调速器也是一种全程式调速器，它利用双臂杠杆控制调速弹簧的弹力与飞锤的离心力相平衡来达到全程调速的目的。而前面所讲述的MVS调速器是利用双臂杠杆控制调速弹簧的弹力与油压的平衡来实现全程调速的。

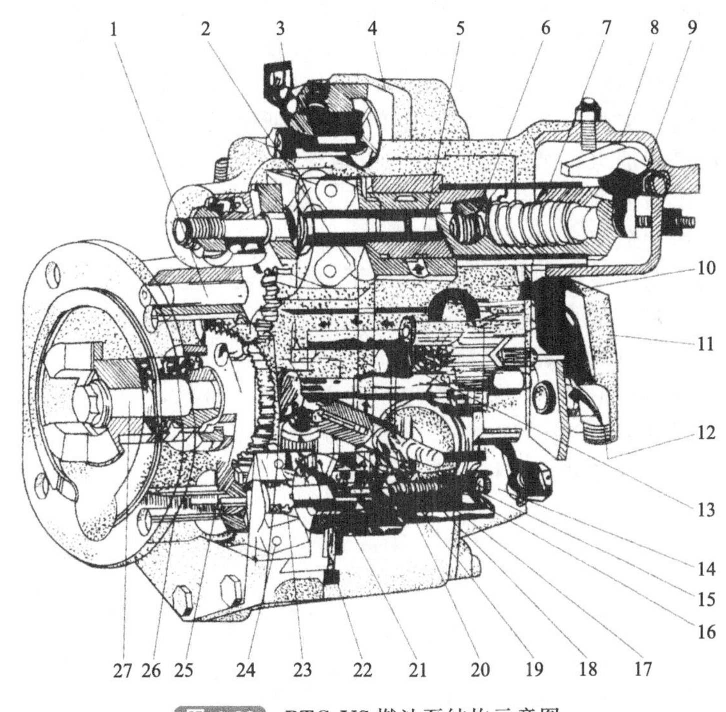

图 4-82 PTG-VS燃油泵结构示意图

1—传动齿轮及轴；2—VS调速器飞锤；3—去喷油器的燃油；4—断油阀；5—VS调速器柱塞；6—VS怠速弹簧；7—VS高速弹簧；8—VS调速器；9—VS油门轴；10—齿轮泵；11—脉冲减震器；12—自滤清器来的燃油；13—压力调节阀；14—PTG调速器；15—怠速调整螺钉；16—卡环；17—PTG高速弹簧；18—PTG怠速弹簧；19—压力控制钮；20—节流阀；21—滤清器滤网；22—PTG调速器柱塞；23—高速扭矩弹簧；24—PTG调速器飞锤；25—飞锤柱塞；26—低速扭矩弹簧；27—主轴

4）断油阀

图4-83所示为电磁式断油阀结构示意图。通电时，阀片3被电磁铁4吸向右边，断油

阀开启，燃油从进油口经断油阀供向喷油器。断电时，阀片在复位弹簧2的作用下关闭，停止供油。因此，柴油机启动时需接通断油阀电路，停机时需切断其电路。若断油阀电路失灵，则可旋入螺纹顶杆1将阀片顶开，停机时再将螺纹顶杆旋出即可。

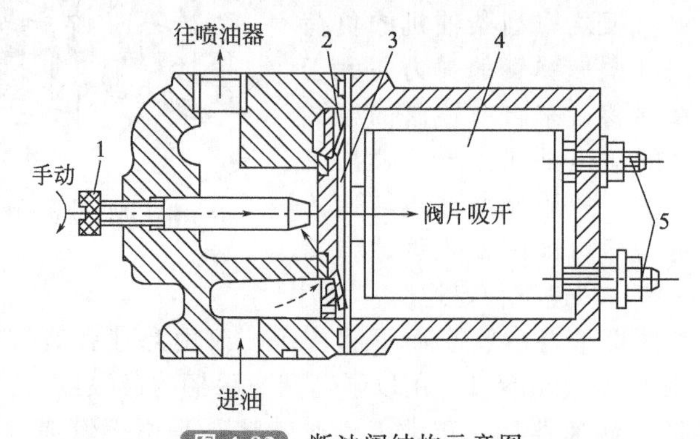

图 4-83 断油阀结构示意图

1—螺纹顶杆；2—复位弹簧；3—阀片；4—电磁铁；5—接线柱

5）空燃比控制器（AFC）

柴油机增压后，喷油泵的供油量增大，使其在低速、大负荷或加速工况时容易产生冒黑烟的现象。当其在低速、大负荷工况下运行时，废气涡轮在发动机低排气能量下工作，压气机在低效率区内运行，导致提供的空气量不足，引起排气冒黑烟。当负荷突然增加、供油量突然增多时，增压器转速不能立即升高，使进入气缸的空气量跟不上燃油量的迅速增加，导致燃烧不完全、排气冒黑烟。为此，早期生产的康明斯增压型柴油机，在PT泵上还安装了一种真空式空燃比控制器（冒烟限制器），可以随着进入气缸的空气量的多少来改变进入气缸的燃油量，并把供给喷油器的多余燃油旁通掉一部分，使其回流至燃油箱，从而很好地控制空燃比，与进气量相适应，以达到降低油耗和排放的目的。

近年来生产的康明斯增压型柴油机，采用了一种新式的空燃比控制器。它可以随时按照进入气缸内空气量的多少来合理供油，从而取代了早期使用的以燃油接通-切断、余油分流的方式来限制排烟的真空式空燃比控制器。

空燃比控制器安装在PT泵内节流阀与断油阀之间（如图4-84所示）。在PTG-AFC燃油泵中，燃油离开节流阀后先经过AFC装置再到达泵体顶部的断油阀。而在PTG燃油泵中，燃油从节流阀经过一条通道直接流向断油阀。

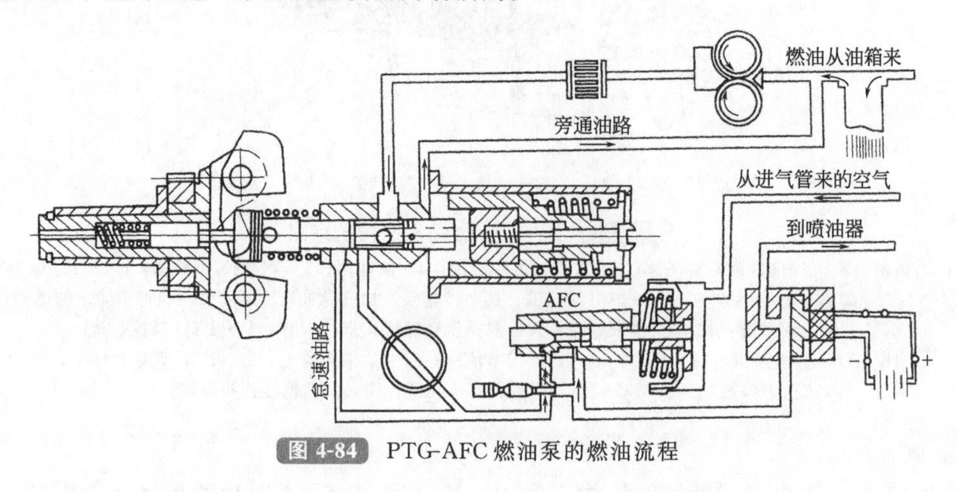

图 4-84 PTG-AFC燃油泵的燃油流程

AFC的结构及工作原理如图4-85所示。燃油在流出调速器并经过节流阀后进入AFC。当没有受到涡轮增压器供给的空气压力时，柱塞13处于上端位置，于是柱塞就关闭了主要的燃油流通回路，由无充气时调节阀6位置控制的第二条通路供给燃油，如图4-85(a)所示。无充气时调节阀直接安装在节流阀盖板里的节流阀轴的上边。

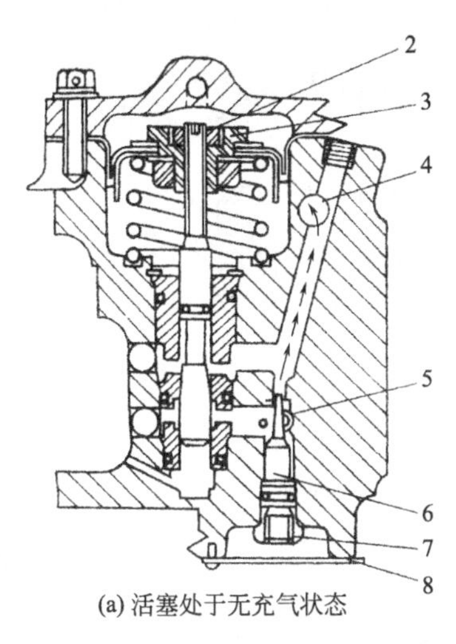

(a) 活塞处于无充气状态

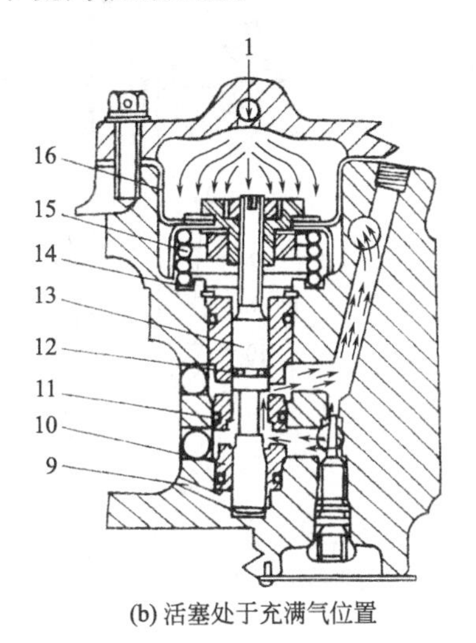

(b) 活塞处于充满气位置

图4-85 AFC内的燃油流动

1—进气歧管空气压力；2，7—锁紧螺母；3—中心螺栓；
4—到断油阀的燃油；5—从调节阀来的燃油；6—无充气时调节阀；8—节流阀盖板；
9—到泵体的通孔；10—柱塞套；11—柱塞套密封；12—柱塞密封；13—AFC柱塞；14—垫片；15—弹簧；16—膜片

当进气歧管压力增加或减小时，AFC柱塞就起作用，使其供给的燃油成比例地增加或减少。当压力增大时，柱塞下降，柱塞与柱塞之间的缝隙增大，燃油流量增加，如图4-85(b)所示。反之，压力减小则柱塞缝隙变小，燃油流量减少。这样就防止了燃油-空气的混合气变得过浓而引起排气过度冒黑烟。AFC柱塞的位置由作用于活塞和膜片的进气歧管空气压力与按比例移动的弹簧的相互作用而定。

(4) PT喷油器

PT喷油器分为法兰型和圆筒型两种。法兰型喷油器是用法兰安装在气缸盖上，每个喷油器都装有进回油管的喷油器；而圆筒型喷油器的进油与回油通道都设在气缸盖或气缸体内，且没有安装法兰，它是靠安装轮或压板压在气缸盖上的，这样既减少了由于管道损坏或泄漏引起的故障，也使柴油机外形布置简单。圆筒型喷油器又可分为PT型、PTB型、PTC型、PTD型和PT-ECON型等。其中PT-ECON型喷油器用于对排气污染要求严的柴油机上。

法兰型和圆筒型喷油器的工作原理基本相似，但在结构上有些差异。现以康明斯NH-220-CI型柴油机上的法兰型喷油器为例，说明PT喷油器的构造与工作原理。

法兰型喷油器的构造与工作原理如图4-86所示，它主要由喷油器体6、柱塞29、油嘴14、弹簧5及弹簧座3等组成。油嘴14下端有8个直径为0.20mm的喷孔（NH-220-CI型和N855型柴油机圆筒型喷油器的孔径为0.1778mm；NT-855和NTA-855型柴油机圆筒型喷油器的孔径为0.2032mm；NH-220-CI型柴油机法兰型喷油器的孔径为0.20mm）。在柴油机喷油器体上通常标有记号，如178-A8-7-17，其各符号按顺序的含义分别为：178——喷油器流量，A——80%流量，8——喷孔数，7——喷孔尺寸为0.007in（0.1778mm），17——喷油角度为17°喷雾角。喷油器体6的油道中有进油量孔28、计量量孔12和回油量孔10。

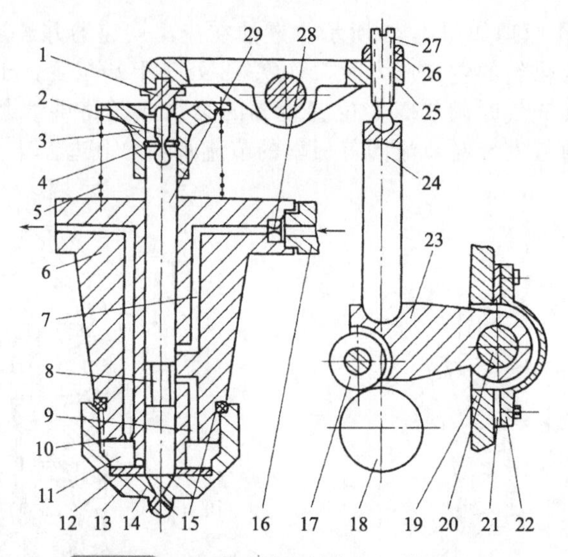

图 4-86 PT 喷油器的结构与工作原理图

1—连接块；2—连接杆；3—弹簧座；4—卡环；5—弹簧；6—喷油器体；
7—进油道；8—环状空间；9—垂直油道；10—回油量孔；11—储油室；12—计量量孔；13—垫片；
14—油嘴；15—密封圈；16—连接管；17—滚轮；18—喷油凸轮；19—发动机机体；20—滚轮架轴；21—调整垫片；
22—滚轮架盖；23—滚轮架；24—推杆；25—摇臂；26—锁紧螺母；27—调整螺钉；28—进油量孔；29—柱塞

柱塞 29 由喷油凸轮 18（在配气凸轮轴上）通过滚轮 17、滚轮架 23、推杆 24 和摇臂 25 等驱动。喷油凸轮具有特殊的形状（如图 4-87 所示），并按逆时针方向旋转（从正时齿轮端方向看），其转速是曲轴转速的一半。

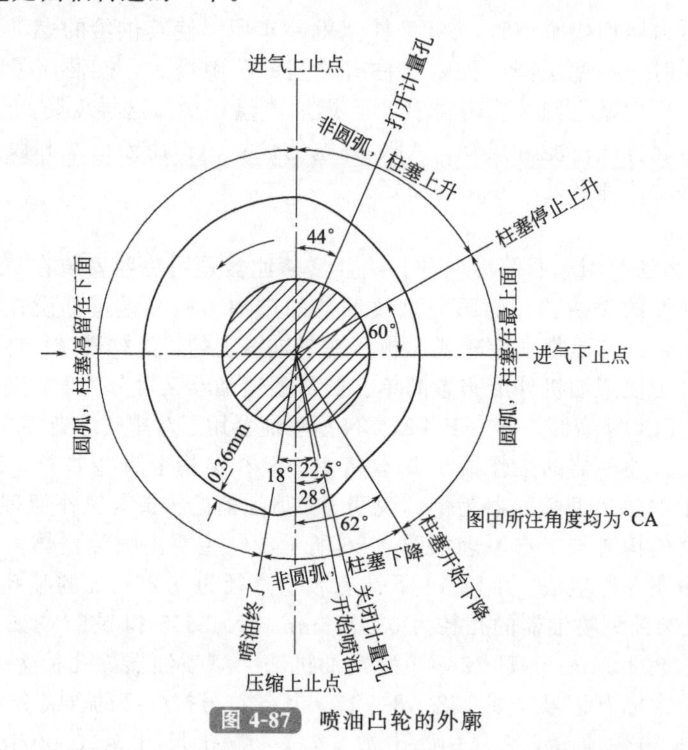

图 4-87 喷油凸轮的外廓

在进气行程中，滚轮在凸轮凹面上滚动并向下移动。当曲轴转到进气行程上止点时，针阀柱塞 29 在回位弹簧 5 的弹力作用下开始上升，针阀柱塞上的环状空间 8 将垂直油道 9 与进油道7沟通，此时计量量孔还处于关闭状态。从PT泵来的燃油经过进油量孔28、进油道7、环状空间8、垂直油道9、储油室11、回油量孔10和回油道而流回浮子油箱。燃油的回流可使PT喷油器得到冷却和润滑。

曲轴继续转到进气行程上止点后44°CA时，柱塞上升到将计量量孔12打开的位置。计量量孔打开后，燃油经计量量孔开始进入柱塞下面的锥形空间。

当曲轴转到进气冲程下止点前60°CA时，柱塞便停止上升，随后柱塞就停留在最上面的位置，直到压缩冲程上止点前62°CA时，滚轮开始沿凸轮曲线上升，柱塞开始下降。到压缩冲程上止点前28°CA时，计量量孔关闭。计量量孔的开启时间和PT泵的供油压力便确定了喷油器每循环的喷油量。

随后，柱塞继续下行，到压缩上止点前22.5°CA时开始喷油，锥形空间的燃油在柱塞的强压下以很高的压力（约98MPa）呈雾状喷入燃烧室。

柱塞下行到压缩行程上止点后18°CA时，喷油终了。此时，柱塞以强力压向油嘴的锥形底部，使燃油完全喷出。这样就可以防止喷油量改变和残留燃油形成碳化物而存积于油嘴底部，柱塞压向锥形底部的压力可用摇臂上的调整螺钉调整，调整时要防止压坏油嘴。

在柱塞下行到最低位置时，凸轮处于最高位置。其后凸轮凹下0.36mm，柱塞即保持此位置不变直到做功和排气终了。

在滚轮架盖22（图4-86）与发动机机体19之间装有调整垫片21，此垫片用以调整开始喷油的时刻。垫片加厚，则滚轮架23右移，开始喷油的时刻就提前。反之，垫片减少，滚轮架左移，喷油就滞后。

摇臂上的调整螺钉27是用来调整PT喷油器柱塞压向锥形底部的压力的。在调整过程中采用扭矩法，即用扭力扳手将螺钉的扭矩调整到规定的数值。调整时，要使所调整的缸的活塞处于压缩上止点后90°CA的位置。

（5）PT燃油系统的主要特点

与传统的柱塞式燃油系统相比，PT燃油系统具有以下优点：

① 在柱塞泵燃油系统中，柴油产生高压、定时喷射以及油量调节等均在喷油泵中进行；而在PT燃油系统中，仅油量调节在PT泵中进行，而柴油产生高压和定时喷射则由PT喷油器及其驱动机构来完成。安装PT泵时也无须调整喷油定时。

② PT泵是在较低压力下工作的，其出口压力约为0.8～1.2MPa，并取消了高压油管，不存在因柱塞泵高压系统的压力波动所产生的各种故障。这样，PT燃油系统可以实现很高的喷射压力，使喷雾质量和高速性得以改善。此外，也基本避免了高压漏油的弊病。

③ 在柱塞泵燃油系统中，从喷油泵以高压形式送到喷油器的柴油几乎全部喷射，只有微量柴油从喷油器中泄漏；而在PT燃油供给系统中，从PT喷油器喷射的柴油只占PT泵供油量的20%左右，绝大部分（80%左右）柴油经PT喷油器回流，这部分柴油可对PT喷油器进行冷却和润滑，并把可能存在于油路中的气泡带走。回流的燃油还可把喷油器中的热量直接带回浮子油箱，在气温比较低时，可起到加热油箱中燃油的作用。

④ 由于PT泵的调速器及供油量均靠油压调节，因此在磨损到一定程度内可通过减小旁通油量来自动补偿漏油量，使PT泵的供油量不致下降，从而可减少检修的次数。

⑤ 在PT燃油系统中，所有PT喷油器的供油均由一个PT泵来完成，而且PT喷油器可单独更换，因此不必像柱塞泵那样在试验台上进行供油均匀性的调整。

⑥ PT燃油系统结构紧凑，管路布置简单，整个系统中只有喷油器中有一副精密偶件，精密偶件数比柱塞泵燃油系统大为减少，这一优点在气缸数较多的柴油机上更为明显。

与传统的柱塞式燃油系统相比，PT燃油系统存在的不足之处有：

① PT燃油系统装有PTG调速器和MVS调速器（或VS调速器），增压柴油机上还装

有 AFC 控制器，故结构上仍比较复杂。

② 由于 PT 喷油器采用扭矩法调整，若调整不当可能引起燃油雾化不良、排气冒黑烟、功率下降，有时甚至出现针阀把喷油嘴头顶坏，导致喷油器油嘴脱落的现象。

③ PT 燃油泵和 PT 喷油器需在各自专用的试验台上进行调试后方可装机，而 PT 喷油器在装配时比较麻烦，在使用过程中仍感不便。

4.7.2 PT 燃油系统的拆装与调试

（1）PT 燃油系统的拆装

① 拆卸燃油泵时，可按图 4-88 所示的顺序进行，装配时则按相反顺序进行。

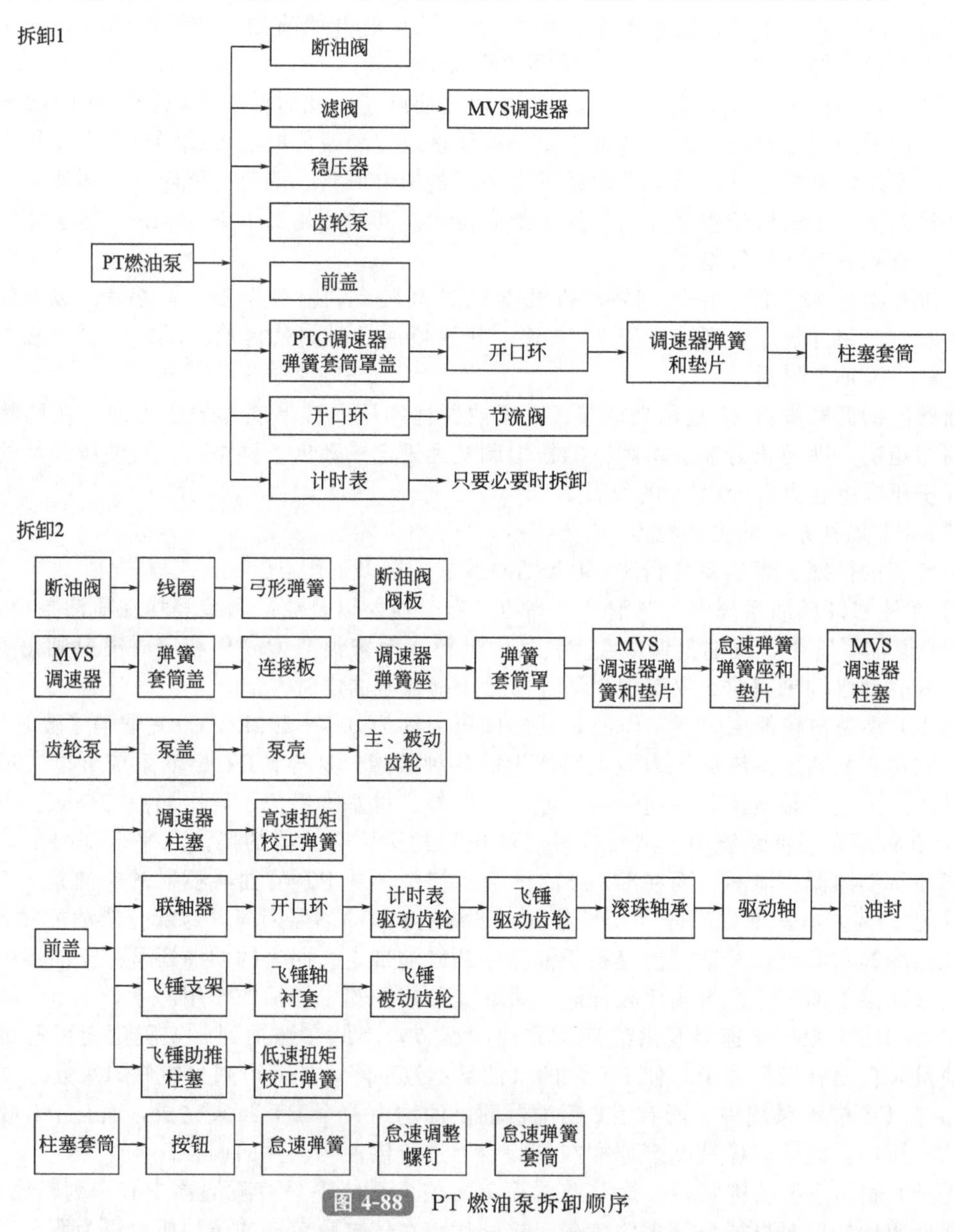

图 4-88 PT 燃油泵拆卸顺序

② PT 燃油泵拆装时，除遵守柱塞式喷油泵的基本要求外，还有以下注意事项：

a. 前盖是用定位销定位安装在泵壳上的，用塑料锤轻轻敲击前盖端部使其松脱即可卸下，不可横向敲击前盖或用力撬开，以免损坏定位销处的配合。安装前盖时需压住调速器飞锤，防止助推柱塞脱出，并使计时齿轮与驱动齿轮处于啮合状态。

b. 组装燃油泵前，应先检查飞锤助推柱塞对前盖平面的凸出量。PTG 调速器柱塞与怠速弹簧柱塞是选配的，不可随意代换或错装。断油阀的弓形弹簧不可装反。

c. 调速弹簧，高、低速扭矩校正弹簧应符合技术要求。

d. 安装稳压器时，应先将 O 形密封圈装入槽中，然后在膜片边缘两侧涂上少量机油后，再装在前盖上。

e. 安装滤网时，须将细滤网装在上方，并使有孔的一侧朝下。粗滤网装在下方，有磁铁的一面朝上，锥形弹簧小端朝下。

③ 喷油器拆装时应注意的事项包括：

a. 拆装喷油器时应使用专用扳手，不可用普通台虎钳直接来夹喷油器体。

b. 进油口的进油量孔调节螺塞一般不要拆卸。

c. 喷油器的柱塞与喷油器体是成对选配的，不可随意调换。将其清洗干净并在柴油中浸泡一定时间后，按尺寸和记号将两者组装。在自重作用下，柱塞在喷油器体孔内应能徐徐圆滑落下。筒头拧紧后，柱塞应能被拔出。

d. 所有量孔、调整垫片和密封件均应符合技术要求。

（2）PT 燃油泵的调试

为保证柴油机技术性能的正常发挥，燃油泵必须在专用试验台上，按 PT 燃油泵校准数据表（见表 4-6）进行调试。目前多采用流量计法，具体试验步骤如下：

① 将燃油泵安装到试验台上。燃油泵与驱动盘连接后，用清洁的试验油从燃油泵顶部的塞孔注满泵壳体及齿轮泵的进油孔。连接进油橡胶软管和冷却排油阀软管；检查稳压器是否稳定，以保证齿轮泵工作稳定；将各测量仪表的指针调在零位。

② 试运转。将试验台上的怠速小孔阀、节流阀、泄漏阀关闭，真空调整阀、断油阀和流量调整阀全开。燃油泵的节流阀处于全开位置，MVS 调速器的双臂杠杆与高速限制螺钉接触。启动电动机使燃油泵以 500r/min 转速试运转。如果燃油泵不吸油，应检查进油管路中的阀是否打开、有无漏气现象以及燃油泵旋转方向是否反了；试运转 5min 以上，让空气从油液中排出，油温升高到 32～38℃。

③ 检查燃油泵的密封性。在 500r/min 的转速下，在打开流量调整阀的同时，关闭真空调整阀，真空表读数应为 40kPa；将少量轻质润滑脂涂在燃油泵前盖主轴密封装置处的通气孔上，没有被吸入则说明密封良好；检查节流阀的 O 形密封圈、计时表密封圈孔、MVS 调速器双臂杠杆轴及调节螺钉、齿轮泵和壳体之间垫片等处的密封性。若流量计燃油中有气泡，则说明上述部分有空气进入燃油泵内。

④ 调节真空度。将试验台上的流量调整阀全开，燃油泵以柴油机的标定转速运转，调节真空调整阀使真空表读数为 27kPa。

⑤ 调整流量计。燃油泵以柴油机标定转速运转，调节流量调整阀使流量计的浮子调到规定的数值。

⑥ 调整调速器的断开点转速。节流阀全开，提高燃油泵的转速至燃油压力刚开始下降时为止，检查燃油泵的断开点转速是否在规定值内。若低于规定值，可在调整弹簧与卡环之间增加垫片；反之应取出垫片。装有 MVS 调速器时，则用高速限制螺钉调整。

⑦ 检查燃油压力点。增加燃油泵转速，当燃油压力下降到 276kPa 时，检查燃油泵的转速是否在规定值范围内。使燃油泵的转速继续升高，其燃油压力应能降低到零点，否则说明燃油泵内的燃油短路。

表 4-6 PT 燃油泵校准数据

序号	泵代号		GR-J053	GR-J028	GR-J012	GR-J021	GR-J048	GR-J045	GR-J069	GR-J077	GR-J036
1	发动机型号		NH-220-CI	NH-220-CI	NH-220-B	NTO-6-B	NRTO-6-B	NRTO-6-B	NTO-6-CI	NTO-6-CI	NH-220-CI
2	标定功率/[(1×735W)/(r/min)]		123/1750 125/1750	165/1800	210/2100	230/2100	230/2100	300/2100	230/2000	210/2000	189/1850
3	最大扭矩/[(1×9.8N·m)/(r/min)]		55/1200	76/1100	80/1400	90/1300	90/1500	110/1500	94/1500	85/1500	80/1100
4	真空度/[(1×133Pa)/(r/min)]		203.2/1650	203.2/1700	203.2/2000	203.2/2000	203.2/2000	203.2/2000	203.2/1900	203.2/1900	203.2/1750
5	流量计流量/[(kg/h)/(r/min)]		109/1750	168/1800	193/2100	218/2100	182/2100	218/2100	218/2000	195/2000	173/1850
6	调速器	断开点转速/(r/min)	1770～1790	1810～1840	2110～2130	2110～2130	2130～2160	2120～2150	2020～2040	2040～2060	1860～1880
		28N/cm² 时/(r/min)	1920(最大)	2060(最大)	2335(最大)	2350(最大)	2370(最大)	2350(最大)	2250(最大)	2280(最大)	2080(最大)
7	泄漏量/[(mL/min)/(r/min)]		25～70/1750	25～70/1800	35/2100	35/2100	35/2100	35/2100	25～70/2000	25～70/2000	25～70/1850
8	怠速时燃油出口压力/[(1×0.01MPa)/(r/min)]		1.41～1.48/500	1.34～1.55/500	0.70/500	0.70/500	1.05～1.12/500	1.34～1.41/500	1.34～1.41/500	2.11～2.18/500	1.05/500
9	燃油出口压力/[(1×0.01MPa)/(r/min)]		4.71/1750	7.73/1800	9.85/2100	14.76/2100	10.55/2100	12.65/2100	12.65/2000	11.81/2000	8.19/1850
10	检查点燃油出口压力/[(1×0.01MPa)/(r/min)]		2.67～3.09/1200	5.13～5.34/1100	7.56～7.97/1600	8.65～9.20/1300	6.71～7.20/1500	8.44～9.14/1500	9.56～10.12/1500	8.30～8.72/1500	5.04～5.46/1100
11	飞锤助推器	控制压力/[(1×0.01MPa)/(r/min)]	1.27～1.69/800	3.30～3.87/800	2.38～2.80/800	4.04～4.88/800	2.10～2.93/800	2.11～2.81/800	3.37～4.22/800	2.52～3.09/800	3.08～3.64/800
		凸出量/mm	21.5～22.0	23.5～24.0	21.08～21.59	21.84～22.36	21.00～21.80	20.57～21.08	21.5～22.0	21.5～22.0	22.8～23.5
		弹簧(康明斯零件号,色标)	143874,蓝	143847,蓝	143847,蓝	143847,蓝	143847,蓝	143847,蓝	143874,蓝	143874,蓝	143852,红黄
		垫片数	2	6	0	2	0	0	2	2	10
12	齿轮泵尺寸/mm		19.05	19.05	19.05	19.05	19.05	19.05	19.05	19.05	19.05
13	怠速弹簧柱塞(康明斯零件号)		141630 * 67	141632 * 32	138862 * 45	141626 * 12	140418 * 37	139618 * 52	141631 * 25	141631 * 25	140418 * 37

续表

序号	泵代号		GR-J053	GR-J028	GR-J012	GR-J021	GR-J048	GR-J045	GR-J069	GR-J077	GR-J036
14	扭矩校正弹簧	康明斯零件号		138780	139584	138782	138782	138780	139584	138780	138768
		色标		褐	蓝-褐	红-蓝	红-蓝	褐	蓝-褐	褐	红
		垫片数/mm×数量		0.51×1	0	0.51×3	0.51×3	0	0	0	0
		自由长度/mm		16.26～16.76	16.26～16.76	16.26～16.76	16.26～16.76	16.26～16.76	16.26～16.76	16.26～16.76	16.26～16.76
		弹簧钢丝直径/mm		1.12	1.30	1.19	1.19	1.12	1.30	1.12	1.12
15	调速器弹簧	康明斯零件号	143853	143254	143252	153236	153236	143252	143252	143252	143253
		色标	红-黄	红-褐	红	绿-蓝	绿-蓝	红	红	红	红-黄
		垫片数/mm×数量	0.51×6	0.51×5 0.25×1	0.51×4	0.51×6	0.51×6	0.51×9	0.51×3 0.25×2	0.51×7	0.51×4
		自由长度/mm	37.77	37.77	37.77	34.59	37.77	37.77	37.77	37.77	37.77
		弹簧钢丝直径/mm	2.03	1.83	2.03	2.18	2.18	2.03	2.03	2.63	2.03
16	调速器飞锤(康明斯零件号)		146437	146437	146437	146437	146437	146437	146437	146437	146437
17	调速器柱塞(康明斯零件号)		可选择 169660,169661,169662,169663,169664,169665,169666,169667								
18	MVS调速器	调速器弹簧(康明斯零件号)	109686	109686	0	0	0	0	109687	109687	109687
		色标	蓝	蓝	0	0	0	0	黄	黄	黄
		垫片数/mm×数量	0.51×3	0.51×3	0	0	0	0	0.51×6	0.51×6	0.51×3
19	喷油器(康明斯零件号)		BM-68974	BM-68974	BM-68974	BM-68974	BM-51475	BM-68974	BM-68974	BM-68974	BM-68974
20	喷嘴喷孔尺寸/[孔数-孔径/mm×角度/(°)]		8-0.007×17	8-0.007×17	8-0.007×17	8-0.007×17	7-0.007×21	8-0.007×17	8-0.007×17	8-0.007×17	8-0.007×17
21	喷油量/[(mL)/(次数)]		132/1000	132/1000	132/1000	132/1000	153/800	132/1000	132/1000	132/1000	132/1000

⑧ 标定转速与最大扭矩点转速时的燃油出口压力的调试。从燃油压力为零开始，降低燃油泵转速至标定转速，检查燃油出口压力是否符合规定值。未装 MVS 调速器时用增减垫片的方法调整，装用 MVS 调速器时，用转动节流阀调整螺钉的方法调整；燃油泵转速下降到最大扭矩点转速时，检查燃油出口压力是否符合规定值。可用改变助推柱塞伸出量来调整，即增加低速扭矩校正弹簧的垫片，使燃油压力上升，反之使燃油压力下降。

⑨ 飞锤助推压力的检查。使燃油泵以 800r/min 的转速运转，检查燃油出口压力是否符合规定值。调整方法也是增减低速扭矩校正弹簧的垫片。应该注意的是，垫片厚度改变后需重新进行上述第④～⑧项内容的调整。

⑩ 怠速转速及其燃油出口压力的调整。关闭 PT 泵试验台上的节流阀、泄漏阀和流量调整阀，打开怠速小孔阀，将燃油泵节流阀轴处于怠速位置，使燃油泵怠速运转，检查燃油出口压力是否符合规定值。可用怠速调整螺钉调整。

⑪ 节流阀泄漏量的检查。使 PT 燃油泵试验台上的流量调节阀和怠速小孔阀处于关闭状态，打开节流阀和泄漏阀，当节流阀处于怠速位置时使燃油流入量杯中，泄漏量应符合规定值。PTG 调速器用拧动节流阀前限位螺钉的方法来调整泄漏量，而 MVS 调速器用增减怠速弹簧座外侧的泄漏调整垫片的方法进行调整。

重复进行一次上述③～⑪项内容的检查、调整后，对 PT 燃油泵的节流阀限制螺钉、MVS 调速器的高速限制螺钉、计时表等予以铅封。

(3) 喷油器的调试

部分 PT（D 型）喷油器的油量数据见表 4-7。

表 4-7　部分 PT(D 型)喷油器的油量数据

序号	喷油器总成号	套筒与柱塞号	套筒参考件号	喷油器嘴头件号	喷嘴喷孔尺寸/[孔数-孔径/mm×角度/(°)]	1000 次行程的油量/mL	试验台喷油器座量孔/mm(in)	发动机型号
1	BM-87914	3011964	187370	208423	8-0.007×17	131～132	0.508(0.020)	NH-200
2	73502	40063	187326	178186	7-0.06×3	131～132	0.505(0.020)	V-555
3	73786	40063	187326	555021	7-0.0055×5	99～100	0.508(0.020)	V-504
4	40222	3011965	190190	215808	7-0.008×4	162～163	0.508(0.020)	VT-903
5	40253	40178	205458	206572	8-0.011×10	184～185①	0.660(0.026)	KTA-2300
6	40402	40178	205458	3001314	10-0.0085×10	184～185①	0.660(0.026)	KT-1150 KTA-2300
7	40458	40178	205458	3000908	9-0.0085×10	184～185②	0.660(0.026)	KT-1150 KTA-2300
8	3003937	3011965	190190	3003925	8-0.008×18	113～114	0.508(0.020)	NV-855
9	3003941	3011965	190190	3003925	8-0.008×18	177～178	0.508(0.020)	VTA-1710
10	3003946	3011965	190190	3003926	8-0.007×17	113～114	0.508(0.020)	VT-1710
11	3245421	3245422	187370	208423	8-0.007×17	131～132	0.508(0.020)	NH-220
12	3275275	73665	555729	3275266	7-0.006×5	144～145	0.508(0.020)	VT-555
13	3012288	300107	190190	3003925	8-0.008×18	121～122	0.508(0.020)	NTC-350
14	3003940	3011965	190190	3003925	8-0.008×18	177～178②	0.660(0.026)	NTA-855 VTA-1710

① 这些喷油器的油量是在 ST-790 试验台上以 60%行程数测量的。
② 这些喷油器的油量是在 ST-790 试验台上以 80%行程数测量的。

① 把喷油器安装在 PT 喷油器试验台上，首先检查漏油量是否符合规定。可用柱塞与

套筒相互研磨予以保证。

② 喷雾形状的检查。在 PT 喷油器试验台上用 343.4kPa 的压力将燃油从喷孔喷出，各油束喷入目标环的相应指示窗口时即表示喷雾角度良好。无专用试验台时可用目测。

③ 喷油量的检查。在 PT 喷油器试验台上检查喷油量是否符合规定值。可更换进油量孔调节塞，使喷油量符合要求。

(4) PT 燃油系统的装机调试

1) 燃油泵的调试工作

① 调试前的准备。燃油泵、喷油器已经过试验台调试，柴油机技术状况良好，并已进入热运转状态；燃油泵与驱动装置正确连接，齿轮泵注入清洁燃油；节流阀控制杆与连接杆脱开，以便能自由动作；转速表装到燃油泵计时表驱动轴的连接装置上；检查所用仪表（如压力表、转速表等）是否正常。

② 怠速调整。从 PTG 调速器弹簧组件的盖上拧下螺塞。通过旋转怠速调整螺钉调整柴油机的怠速转速（600±20）r/min。怠速调整后拧回螺塞；装有 MVS 调速器的燃油泵，怠速调整螺钉位于调速器盖上，怠速调整后应拧紧锁紧螺母，以防空气进入。

③ 高速调整。通常经试验台调试的燃油泵装机时，不需高速调整，若需要调整，则仍用增减高速弹簧垫片的方法；调速器断开点转速应比标定转速高 20～40r/min，以保证调速器在标定转速前不会起限制作用；柴油机的最高空转转速一般高出标定转速的 10%。

2) 喷油器的调试工作

① 调试前的准备。喷油器各零件符合技术要求，并经试验台调试；柴油机技术状况良好，并进入热运转状态。

② 柱塞落座压力调试。此项调试可采用扭矩法，冷车时拧入摇臂上的调整螺钉使柱塞下移，在柱塞接触到计量室锥形座后再拧约 15°，将残存在座面上的燃油挤净，然后将调整螺钉拧松一圈，再用扭力扳手拧到规定扭矩值，并拧紧锁紧螺母；热车时再按上述方法进行校正性调试。

③ 喷油正时调试。喷油正时调试是根据活塞位置与喷油器推杆位置的相互关系，采用专用的正时仪进行的。喷油正时调试的步骤是，转动带轮使 1 缸、6 缸活塞位于上止点，在活塞行程百分表测量头下面的测杆与正时仪标尺 90°刻度线对齐时，将推杆行程百分表调零；逆时针方向转动皮带轮，在 1 缸、6 缸记号转到距标尺标定点约 10mm 处时移动活塞百分表，使其测量头压缩 5mm 左右，然后将其固定；接着缓慢转动带轮，在活塞行程百分表指针转到最初顺时针转动的位置（上止点）时将百分表调零；继续逆时针转动带轮，当活塞行程百分表测量头下面的测杆与标尺 45°刻度线（相应曲轴位于上止点前 45°）对准时，顺时针转动带轮，直到活塞行程百分表至规定读数，根据测量的差值，调整摆动式挺杆销轴盖垫片的厚度使喷油正时符合要求。

4.7.3 PT 燃油系统常见故障诊断

PT 燃油系统常见故障的现象、原因及排除方法，分别见表 4-8～表 4-11。

表 4-8 燃油泵在 450r/min 时不能吸油的原因及其排除方法

序号	检查项目	原因	排除方法
1	开口孔	开口孔未正确密封	封住所有开口孔,必要时换用新的密封垫片
2	进油管路	进油接头密封不严或损坏	拧紧进油接头,如损坏则更换之
3	按钮	按钮脏	消除脏物
		按钮磨损	更换按钮

续表

序号	检查项目	原因	排除方法
4	调速器柱塞	柱塞脏	消除脏物
		柱塞磨损	更换柱塞
5	燃油通路	燃油通路堵塞	清洗燃油通路使之畅通
6	调速器组件	组件中零件有故障	检查装配是否正确，各组件是否有故障
7	燃油泵主轴	主轴旋转方向不对	检查并改变主轴旋转方向
8	流量调整阀	阀未开启	打开阀使燃油流入齿轮泵
9	断油阀	阀未开启	打开阀
10	齿轮泵	齿轮泵磨损	更换齿轮泵
11	驱动接盘	未接合上	将驱动接盘接上

表 4-9　燃油泵漏气的原因及其排除方法

序号	检查项目	原因	排除方法
1	前盖	前盖密封不严	取下前盖更换新的密封圈
2	进油接头	接头密封不严或损坏	拧紧接头，如损坏则更换
3	密封垫	主壳体和弹簧组罩密封不严	更换密封垫
4	计时表	计时表驱动装置密封不严	更换油封
5	节流阀轴	节流阀轴O形圈密封不严	更换O形圈
6	燃油泵壳体	壳体有气孔	更换壳体

表 4-10　节流阀泄漏量过大的原因及其排除方法

序号	检查项目	原因	排除方法
1	节流阀	节流阀轴刮坏或在节流阀套筒中配合不当	换用加大节流阀轴，必要时研磨到配合恰当
2	调速器柱塞	柱塞在套筒中配合不当	换用下一级加大尺寸，必要时研磨到配合恰当
3	MVS调速器柱塞	MVS调速器柱塞泄漏	换用下一级加大尺寸，必要时研磨到配合恰当

表 4-11　调速器断开点不能正确调整的原因及其排除方法

序号	检查项目	原因	排除方法
1	调速器弹簧	调速器弹簧磨损或弹簧型号不对	更换正确的弹簧
2	调速器飞锤	飞锤松或破裂、飞锤插销或支架破裂	更换新件
		飞锤型号不符	用正确型号(质量)的飞锤
3	调速器柱塞	柱塞在套筒中配合不当	重新装配，或研磨或更换
		柱塞传动销折断	更换传动销
4	调速器套筒	套筒在壳中位置不对，油路未对准	将壳体在150℃的炉中加热并取下套筒，再重新正确装配
		套筒没有用销定位好	将油路对准，再装入定位销
5	弹簧组	弹簧组卡环位置不对	卡环应放在槽中
6	密封垫	壳体和齿轮泵之间密封垫泄漏	更换密封垫

4.8 电控柴油喷射系统

近年来，人们的环保意识日益增强，对柴油机的工作性能，要求其具有高动力性的同时，还应达到低排放、低油耗的目标，这不仅要求柴油机的喷油量和喷油正时随转速及负荷的变化而发生模式较为复杂的变化，而且必须要对进气温度、压力等因素加以补偿，故传统的机械式燃油喷射系统因其存在控制自由度小、控制精度低、响应速度慢等缺点而无法满足高性能的使用要求，因而电控柴油喷射系统的应用也就成为必然的趋势。

柴油机电子控制燃油喷射系统主要由传感器、控制器和执行器三部分组成，其原理框图如图 4-89 所示。

柴油机气缸内燃烧过程极为复杂，影响因素很多，除转速和负荷外，进气温度、冷却水温、进气压力等因素对喷油量和喷油正时都有影响。普通机械控制式喷油泵只能对转速和负荷的变化作出反应，而电子控制系统则可对多种影响因素通过相应的传感器向控制器输入信号，经分析处理后向执行器发出控制指令，其控制精度大大提高。

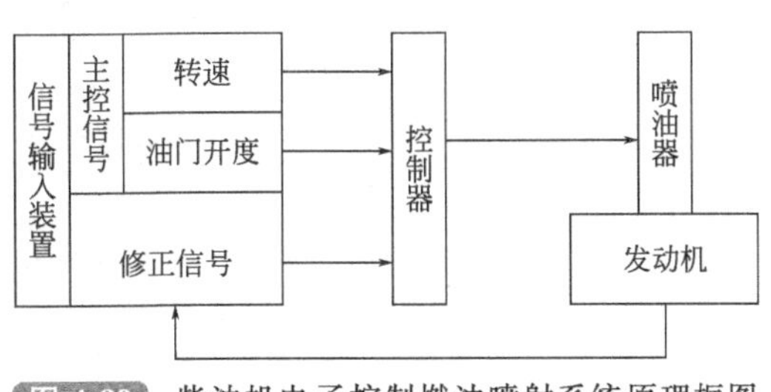

图 4-89 柴油机电子控制燃油喷射系统原理框图

现有产品化的电喷系统采用的基本控制方法大多为：以发动机转速和负荷为反映发动机实际工况的基本信号，参照由发动机试验得出的三维 MAP 来确定其基本喷油量和喷油正时，然后对其进行各种补偿，从而得到更佳的喷油量和喷油正时。

柴油机电子控制燃油喷射系统的主要功能如下：

① 喷油量控制：基本喷油量控制、怠速稳定性控制、启动时喷油量控制、加速时喷油量控制、各缸喷油量偏差补偿控制、恒定车速控制。

② 喷油正时控制：基本喷油正时控制、启动时喷油正时控制、低温时喷油正时控制。

③ 喷油压力控制：基本喷油压力控制。

④ 喷油速率控制：预喷射和可变喷油速率控制。

⑤ 附加功能：故障自诊断、数据通信、传动系统控制、废气再循环控制、进气管吸气量控制等。

随着微电子技术和新型传感器的不断发展，柴油机电控系统也得到了快速发展，先后推出了位置控制、时间控制、共轨控制＋时间控制以及泵-喷嘴电子控制系统。

4.8.1 位置控制系统

位置控制式电喷系统是一种电控喷油泵系统，传统柱塞式喷油泵中的调节齿杆、滑套和柱塞上的斜槽等控制油量的机械传动机构都原样保留，只有将原有的机械控制机构用电控元件来取代，使控制精度和响应速度得以提高。这种系统的优点是只要用电控泵及其控制部件代替原有的机械式泵就可转为电喷系统，柴油机的结构几乎无须改动，故生产继承性好，便于对现有机械进行升级改造。缺点是控制自由度小，控制精度较差，喷油速率和喷油压力难以控制。图 4-90 所示为日本电装公司 ECD-V1 系统，它是在 VE 型分配泵上进行电子控制的系统。该系统保留了 VE 型分配泵上控制喷油量的溢流环，取消了原来的机械调速机构，采用一个布置在泵上方的线性电磁铁，通过一根杠杆来控制溢流环的位置，从而实现油量的控制，并有溢流环位置传感器作为反馈信号，实现闭环控制。喷油正时控制也保留了 VE 型分配泵上原有的液压提前器，它用一个正时控制电磁阀来控制液压提前器活塞的高压室和低压室之间的压差。当电磁阀通电时，吸动铁芯，高压室与低压室形成通路，两室之间压力差消失，在回位弹簧的作用下，提前器活塞复位，带动滚轮架转动，形成喷油提前。同时系统中还设置了供油提前器活塞位置传感器，形成了喷油正时的闭环控制。

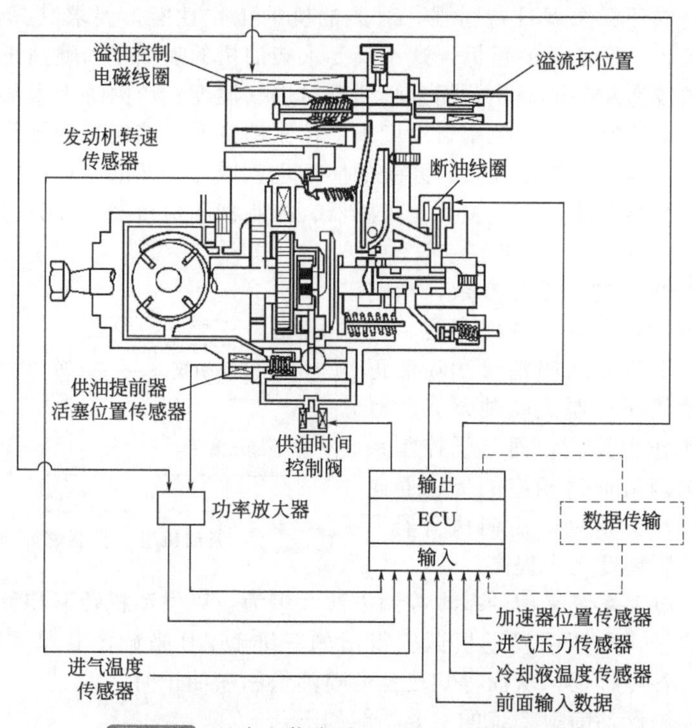

图 4-90　日本电装公司 ECD-V1 电控喷油系统

4.8.2　时间控制系统

时间控制式电喷系统将原有的机械式喷油器改用带有高速强力电磁铁的喷油器，以脉冲信号来控制电磁铁的吸合与放开，该动作又控制喷油器的开启与关闭，从而使喷油正时和喷油量的控制极为灵活，控制自由度和控制性能都比位置控制系统高得多。该系统的难点在于加快高速强力电磁铁的响应速度，其不足为喷油压力无法控制。图 4-91 为直列泵时间控制电控燃油喷射系统示意图。该系统保留了泵-管-嘴系统，但是在高压管上加一个高速电磁阀，变成了泵-管-阀-嘴系统。采用高速电磁溢流阀控制喷油量和喷油正时后，柱塞只承担供油加压功能，使喷油泵结构简化和强化，高压供油能力提高。通过凸轮和柱塞的强化设计，使主供油速率进一步提高。当高速电磁阀快速打开，高压燃油高速泄流，喷射就结束。

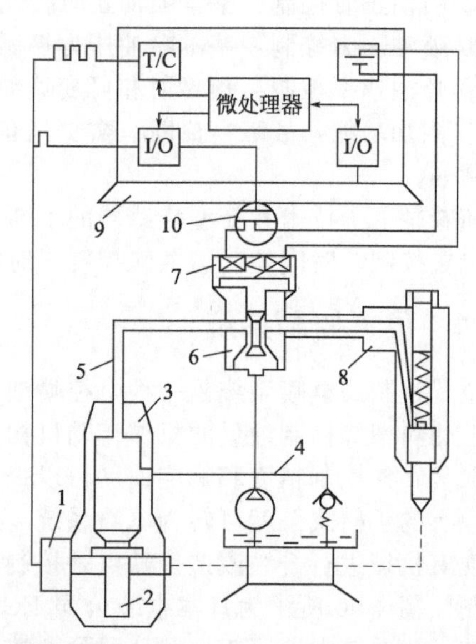

图 4-91　直列泵时间控制电喷系统示意图

1—增量式凸轮角度编码器；2—凸轮；3—简化式喷油泵；4—低压系统；5—油管；6—旁通溢流阀；7—高速电磁铁；8—喷油器；9—电子控制单元；10—功率开关电路

4.8.3 共轨+时间控制式系统

共轨式电控喷射系统是指该系统中有一条公共油管，用高压（或中压）输油泵向共轨（公共油道）中泵油，用电磁阀进行压力调节并由压力传感器反馈控制的系统。有一定压力的柴油经由共轨分别通向各缸喷油器，喷油器上的电磁阀控制喷油正时和喷油量。喷油压力或直接取决于共轨中的高压压力，或由喷油器中增压活塞对共轨来的油压予以增压。共轨式电控喷射系统的喷油压力高且可控制，还可实现喷油速率的柔性控制，以满足排放法规的要求。图 4-92 所示为美国 BKM 公司开发的 Servojet 系统示意图。该系统输油泵为一低压电动叶片泵，共轨压力轴向柱塞泵为一中压泵，输油压力为 2～10MPa。轴向柱塞泵把燃油送到共轨中，共轨压力由压力调节器根据电控单元（ECU）指令予以调节。

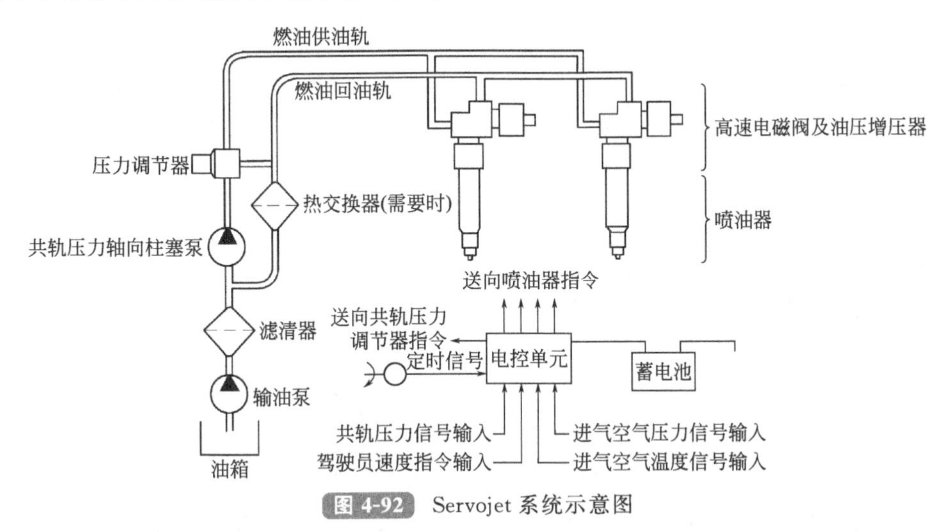

图 4-92 Servojet 系统示意图

Servojet 系统的工作原理如图 4-93 所示。当电磁阀通电时，关闭了回油道，共轨燃油进入增压活塞上方，活塞下行。增压活塞面积比增压柱塞面积大 10～16 倍，因此 10MPa 的共轨燃油在增压柱塞下方增压到 100～160MPa。高压燃油通过蓄压室单向阀进入蓄压室及喷油嘴存油槽和针阀上部，此时针阀由于针阀尾部的压力和喷油嘴弹簧的弹力不会升起喷油。当电磁阀断电时，回油通路打开，由于三通阀的联动作用，共轨燃油将不能进入增压活塞的上方，增压活塞上方的燃油通过回油管道而卸压，增压活塞和增压柱塞上行，导致增压柱塞下方和针阀尾部上的油压也降下来，蓄压室中高压燃油通过喷油嘴存油槽作用在针阀上使针阀向上抬起，实现高压喷射。喷油始点取决于电磁阀打开的时刻，而喷油量却取决于共轨中的油压。共轨中电磁压力调节阀根据运行工况要求，由 ECU 将共轨中燃油的压力升高或降低。由于增压活塞和增压柱塞面积之比对某种机型来说是一个定值，共轨中油压高，蓄压室内的油压也高，喷油开始后，随着燃油的喷出，油压不断下降，当蓄压室内的油压下降到针阀存油槽内的作用力低于喷油嘴弹簧预紧力时，针阀就关闭。针阀关闭的压力是不变的，因此共轨中的压力调节就起到了喷油量调节的作用。

4.8.4 泵-喷嘴的电子控制系统

电控泵-喷嘴（图 4-94）由喷油器 1、供油柱塞 4、电磁阀 5 等组成。在不供油状态，供油柱塞 4 在弹簧作用下，处于上部位置。泵-喷嘴内充满输油泵经进油道 2、进油口 3 供给的低压燃油。当凸轮 8 通过摇臂 9 驱动柱塞 4 向下运动时，柱塞将进油口 3 关闭，燃油经电磁阀 5 的内油道、回油道 7 流出［图 4-94(a)］。如果电控单元送出一个关闭电磁阀 5 的信号，

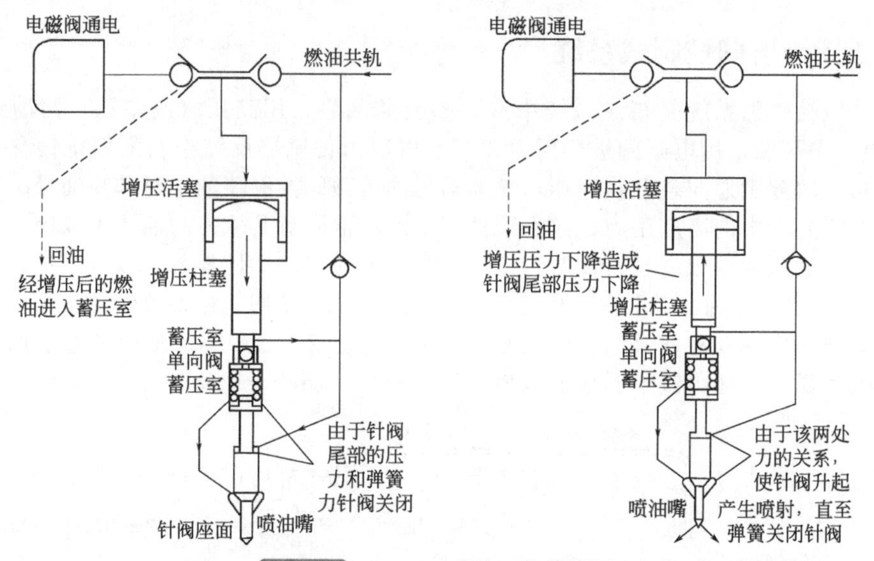

图 4-93　Servojet 系统工作原理图

电磁阀柱塞 6 向上运动，关闭通往回油道 7 的内油道。燃油在柱塞向下运动时受压，并克服喷油器上的弹簧作用力喷入气缸内［图 4-94(b)］。经过一定时间后，电磁阀开启，燃油卸压，喷油结束。从喷油器上部漏出的燃油经回油道 7 流出。

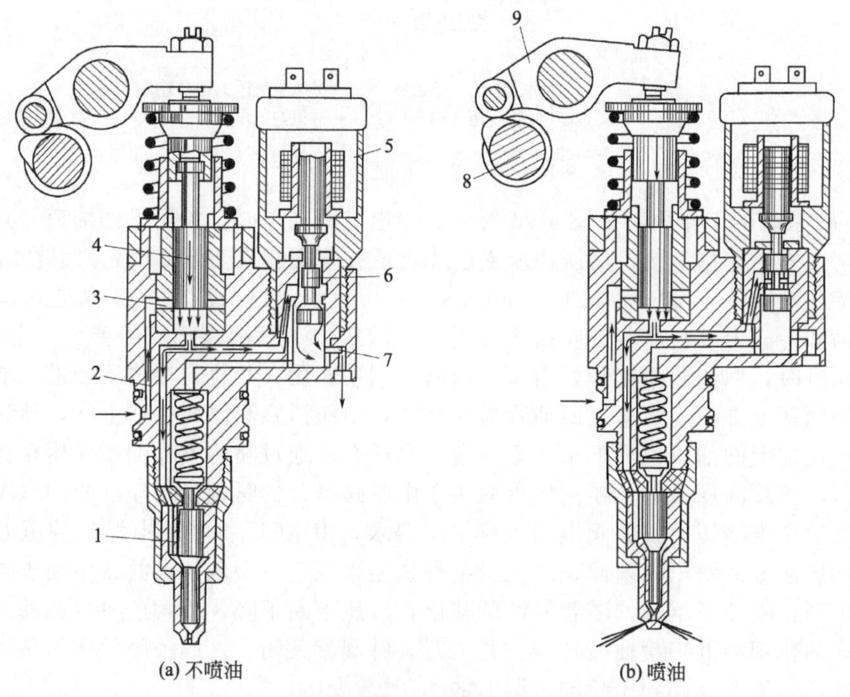

图 4-94　电控泵-喷嘴

1—喷油器；2—进油道；3—进油口；4—供油柱塞；5—电磁阀；6—电磁阀柱塞；7—回油道；8—凸轮；9—摇臂

电控泵-喷嘴的喷油时间和喷油量只取决于驱动电磁阀的信号时间长短。快速、精确、重复性好的电磁阀是电控泵-喷嘴的核心部件。高响应的电磁阀和很小的高压系统容积，不但使电控泵-喷嘴的燃油喷射压力可超过 150MPa，而且可很快结束喷射，使有足够的时间产生具有适当燃烧速率的高压燃烧气体。

习题与思考题

1. 柴油机燃油供给系统主要有几部分组成？各部分的功用是什么？

2. 叙述孔式喷油器的工作过程。

3. 简述柱塞式喷油泵的泵油过程。

4. 出油阀在喷油过程中起什么作用？出油阀上的密封锥面和减压环带磨损后分别对供油量和供油时刻会产生什么影响？

5. 调速器有何作用？试分析柴油机为什么要装调速器？

6. 试说明单制式调速器工作过程。

7. 机械离心式调速器主要由几部分组成？简单说明其工作过程。

8. 电控柴油喷射目前有几种控制方式？各有什么特点？

9. 简述B系列喷油泵出油阀偶件和柱塞偶件的拆卸方法。

10. 怎样进行B系列喷油泵柱塞偶件的滑动性和密封性试验？

11. 简述喷油器安装时的注意事项。

12. 检查输油泵的注意事项有哪些？

13. 怎样进行输油泵的密封性试验和性能试验？

14. 柴油机燃油供给系统常见的故障有哪些？如何检查与排除柴油机敲缸故障？

15. 简述柴油机飞车故障的检修步骤。

16. 简述PT燃油系统的基本构造。

17. 简述PT燃油系统的基本工作原理。

18. 简述PT燃油系统的拆装步骤。

19. 简述PT燃油系统的调试步骤。

20. 简述PT燃油系统常见故障诊断。

第5章 汽油机燃油供给系统

与柴油机燃油供给系统的功用不同，汽油机的燃油供给系统的功用是根据内燃机各种不同工况的要求，将汽油与空气按一定的比例混合形成可燃混合气，以便在气缸内点火燃烧而膨胀做功，并将燃烧后的废气排出。

汽油机燃油供给系统主要有化油器式燃油供给系统、电控燃油喷射系统及液化石油气燃油供给系统等类型。其中化油器式燃油供给系统是汽油机传统的燃油供给系统，目前在工程机械上（如汽油发电机组）仍在广泛应用，而电控燃油喷射系统在汽油机上的使用已经普及，尤其广泛应用于轿车的汽油机上。

5.1 汽油的使用性能及供给系统组成

5.1.1 汽油的使用性能

汽油主要由具有5～11个碳原子的烷烃、环烷烃和烯烃组成，其沸点在210℃以下。汽油是汽油机所使用的燃料，其性能对汽油机的工作状况和性能有很大影响。汽油的主要使用性能有抗爆性、蒸发性、氧化安定性、抗腐蚀性及清洁性等。

(1) 抗爆性

抗爆性是汽油的重要性能指标之一，它表示汽油在气缸内燃烧时抵抗爆燃的能力，用辛烷值表示。辛烷值是用对比实验的方法确定的。对比实验是在专用的试验机上进行的，将被测汽油的爆燃强度和标准混合液的爆燃强度进行比较。

在一台专用的可变压缩比的单缸试验机上，用被测定的汽油作为燃料，使汽油机在一定的条件下运转，改变试验机的压缩比，直至其产生标准强度的爆燃燃烧。然后，在同样的压缩比下，换用由一定比例的异辛烷（抗爆燃能力很强，规定辛烷值为100）和正庚烷（抗爆燃能力极弱，规定辛烷值为0）混合而成的标准燃料，在相同的条件下运转，不断改变标准燃料中异辛烷和正庚烷的体积比例，直到单缸试验机产生与被测汽油机相同强度的爆燃燃烧时为止。此时，标准燃料中所含异辛烷的百分数就是被测汽油机的辛烷值。汽油就是用辛烷值来标号的。

根据汽油辛烷值测定试验中汽油机运行工况的不同，辛烷值可分为马达法辛烷值(motor octane number，MON）和研究法辛烷值（research octane numbe，RON）两种。马达法辛烷值表示汽油机在节气门全开及高转速工况下的燃料抗爆性；研究法辛烷值表示汽油机在低、中转速工况下的燃料抗爆性。我国过去通常以马达法辛烷值最低限值来命名汽油的牌号，如70号、80号、85号汽油等。从1999年起，我国汽油新品种牌号的命名以研究法辛烷值的最低限值为准，如89号、92号、95号汽油等。所以马达法辛烷值低于研究法辛烷值。现在通常采用研究法辛烷值来确定汽油的抗爆性，而国家标准GB 17930—2016《车用汽油》中规定抗爆指数（antiknock index）是指马达法辛烷值和研究法辛烷值之和的二分之一。

为了提高汽油的抗爆性，以往的做法是在汽油中添加少量的抗爆剂。应用最广、功效最强的抗爆剂是四乙铅，但由于铅有毒，废气中的铅化物会造成大气污染。所以，我国从2000年开始已经全面停止生产、使用有铅汽油。目前，提高汽油辛烷值的主要措施是采用先进的炼制工艺和使用高辛烷值的调和剂，如醇类燃料、甲基叔丁基醚或乙基叔丁基醚，以获得较高的辛烷值而无其他不利于环保的副作用。

汽油机可以根据压缩比选择汽油的辛烷值，一般压缩比高的汽油机应选用辛烷值高的汽油，否则容易发生爆燃。

（2）蒸发性

汽油由液态转化为气态的性能叫蒸发性。在汽油机中，汽油必须先蒸发成蒸气，再与一定量的空气混合成可燃混合气后，才能在气缸中燃烧。现代汽油机形成可燃混合气的时间极短，只有百分之几秒。因此汽油蒸发性的好坏就显得极其重要。

汽油的蒸发性越强，越容易汽化，混合均匀的可燃混合气燃烧速度越快，并且燃烧越完全，因而汽油机易启动、加速及时，各工况间转换灵敏、柔和，而且能减少机件磨损、降低汽油消耗。但蒸发性过强的汽油在炎热夏季以及大气压力较低的高原和高山地区使用时，容易使汽油机的供油系统产生“气阻”，甚至发生供油中断的现象。另外在储存和运输过程中的蒸发损失也会随之增加。

蒸发性不好的汽油，则难以形成良好的可燃混合气，不仅会造成汽油机启动困难、加速缓慢，而且未汽化的悬浮颗粒还会使汽油机工作不稳，油耗上升。如果未燃尽的油粒附着在气缸壁上，还会破坏润滑油膜，甚至窜入汽油机曲轴箱稀释润滑油，从而使汽油机润滑遭受破坏，造成机件磨损增大。

汽油蒸发性一般用馏程来评定。汽油是多种碳氢化合物的混合物，没有唯一的沸点。将汽油加热蒸馏，从开始蒸发的初馏点到蒸发结束的终馏点是一个温度范围。这个温度范围就叫作汽油的馏程。汽油的蒸发性可以通过燃料蒸馏实验评定，即将汽油加热，分别测出蒸发10%、50%和90%馏分时的温度和终馏温度（分别称为10%馏出温度、50%馏出温度、90%馏出温度及终馏点）。

10%馏出温度和汽油机冷态启动性能有关。此温度越低，表明汽油中在低温时容易蒸发的轻质成分越多，在冷启动时就有较多的汽油蒸气与空气形成可燃混合气，汽油机就越容易启动。但汽油的10%馏出温度过低，高温下将使油管内由于大量的汽油蒸气堵塞而形成“气阻”，这对发动机的工作也极其不利。

50%馏出温度主要影响汽油机的加速性能和暖机时间。此温度越低，暖机时间越短，使低速运转越稳定，有利于启动后较快地进入工作状态。

90%馏出温度和终馏点用来判断汽油中难以蒸发的重质成分的含量。此温度越低，表明汽油中重馏分含量越少，越有利于可燃混合气均匀分配到各气缸中，同时也可以使汽油的燃烧更为完全。因为重馏分不容易蒸发，往往来不及燃烧，附着在进气管和气缸壁上，将增加燃油消耗、稀释气缸壁上的润滑油和加大气缸磨损。

一般汽油的初馏点为40～80℃，终馏点为180～210℃。

（3）氧化安定性

汽油抵抗氧气作用而保持其性质不发生长久性变化的能力称为氧化安定性。氧化安定性直接影响汽油的储存、运输和在汽油机上的应用。氧化安定性不好的汽油，易发生氧化、缩合和聚合反应，生成酸性物质和胶状物质，将导致燃料供应系统堵塞，气门关闭不严，气缸散热不良，增大爆燃倾向。汽油的化学组成对其氧化安定性影响很大，其中烷烃、环烷烃和芳香烃在常温液态条件下，都不易与空气中的氧气起反应，所以其氧化安定性好。而烯烃（不饱和烃）在常温液态条件下，不仅容易和空气中氧气发生反应，而且彼此之间还会发生缩合和聚合反应，所以氧化安定性差。

（4）清洁性

电子喷射式汽油机最常发生的问题是在进气系统和喷油器上产生沉淀，其主要是汽油中不稳定的化合物，例如不饱和烯烃和二烯烃以及添加剂带入的低分子量化合物等。为了保持进气系统的清洁，充分发挥汽油电子喷射的优点，可向汽油中加入汽油清洁剂。它是一种具有清净、分散、抗氧、破乳和防锈性能的多功能复合添加剂，一般是聚烯胺和聚醚胺类的化合物。清洁剂通过其抗氧化和表面活性作用，可以清除喷嘴、进气门等上面的积炭，使这些部件保持清洁，使油路保持畅通。

（5）汽油规格

各国都根据自己国家的特点、使用条件、石油炼制水平制定本国的汽油规格。我国目前车用汽油的规格见表 5-1。

表 5-1 我国车用汽油(GB 17930—2016)

项目		质量指标			试验方法
		89 号	92 号	95 号	
抗爆性	研究法辛烷值(ROM)(不小于)	89	92	95	GB/T 5487
	抗爆指数(不小于)/[(RON+MON)/2]	84	87	90	GB/T 503,GB/T 5487
铅含量①/(g/L)		不大于 0.005			GB/T 8020
馏程	10%蒸发温度/℃	不高于 70			GB/T 6536
	50%蒸发温度/℃	不高于 110			
	90%蒸发温度/℃	不高于 190			
	终馏点/℃	不高于 205			
	残留量(体积百分数)/%	不大于 2			
蒸气压②/kPa	从 11 月 1 日至翌年 4 月 30 日	不大于 45～85			GB/T 8017
	从 5 月 1 日至 10 月 31 日	不大于 40～65③			
胶质含量/(mg/100mL)	未洗胶质含量(加入清洁剂前)	不大于 30			GB/ T 8019
	溶剂洗胶质含量(加入清洁剂前)	不大于 5			
诱导期/min		不小于 480			GB/ T 8018
含硫量④/(mg/kg)		不大于 10			SH /T 0689
硫醇(博士试验)		通过			NB/SH/T 0174
铜片腐蚀(50℃,3h)/级		不大于 1			GB/T 5096
水溶性酸或碱		无			GB/T 259
机械杂质及水分		无			目测⑤
苯含量⑥(体积百分数)/%		不大于 0.8			SH/T 0713
芳烃含量⑦(体积百分数)/%		不大于 35			GB/T 30519

续表

项　目	质量指标			试验方法
	89 号	92 号	95 号	
烯烃含量⑦(体积百分数)/%	不大于 18			GB/T 30519
氧含量⑧(质量分数)/%	不大于 2.7			NB/SH/T 0663
甲醇含量①(质量分数)/%	不大于 0.3			NB/SH/T 0663
锰含量①/(g/L)	不大于 0.002			SH/T 0711
铁含量①/(g/L)	不大于 0.01			SH/T 0712
密度⑨(20℃)/(kg/m³)	720～775			GB/T 1884,GB/T 1885

① 车用汽油中不得人为加入甲醇以及含铅、含铁和含锰的添加剂。

② 也可采用 SH/T 0794 进行测定,在有异议时,以 GB/T 8017 方法为准。换季时,加油站允许有 15 天的置换期。

③ 广东、海南全年执行此项要求。

④ 也可采用 GB/T 11140、SH/T 0253、ASM D7039 进行测定,在有异议时,以 SH/T 0689 方法为准。

⑤ 将试样注入 100ml 的玻璃量筒中观察,应当透明,没有悬浮和沉降的机械杂质和水分。有异议时,以 GB/T 511 和 GB/T 260 方法为准。

⑥ 也可采用 GB/T 28768、GB/T 30519 和 SH/T 0693 进行测定,有异议时,以 SH/T 0713 方法为准。

⑦ 也可采用 GB/T 11132、GB/T 28768 进行测定,在有异议时,以 GB/T 30579 方法为准。

⑧ 也可采用 SH/T 0720 进行测定,在有异议时,以 NB/SH/T 0663 方法为准。

⑨ 也可采用 SH/T 0604 进行测定,在有异议时,以 GB/T 1884、GB/T 1885 方法为准。

(6) 汽油代用燃料

汽油的代用燃料有天然气、液化石油气、甲醇和乙醇、二甲醚，使用代用燃料后汽油机工作状况有相应的改变。

5.1.2 燃油供给系统的类型

汽油机燃油供给系统的功用是根据汽油机运转工况的需要，向汽油机供给一定数量、清洁、雾化良好的汽油，以便与一定数量的空气形成可燃混合气。通过直接或间接测量进入汽油机的空气量，并按规定的空燃比计量燃油的供给量，这一过程称为燃油配置。汽油机的燃油配置方式，根据汽油的供给方式可分为化油器式和（电控）燃油喷射式两种，如图 5-1 所示。化油器式和燃油喷射式两种装置均依据节气门开度和汽油机转速计量进气量，然后根据进气量供给适当空燃比的混合气进入气缸。

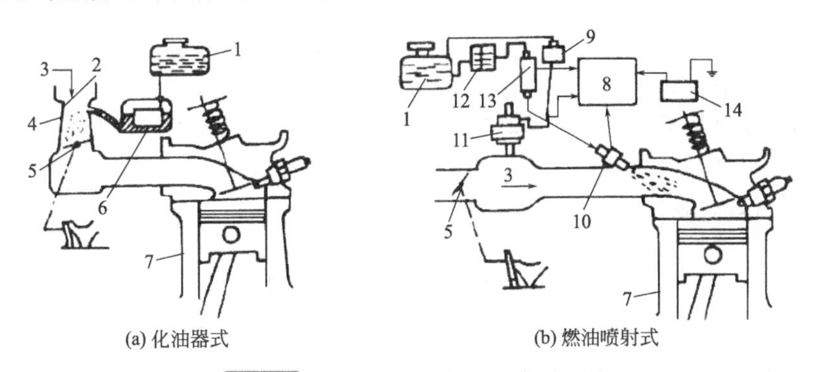

图 5-1 汽油机燃油供给系统原理图

1—汽油箱；2—喉管；3—空气；4—化油器；5—节流阀；6—浮子室；7—汽油机；
8—电控装置；9—压力调节器；10—喷油器；11—空气流量计；12—燃油滤清器；13—汽油泵；14—蓄电池

5.1.3 燃油供给系统的组成

可燃混合气配置装置是汽油机燃油供给系统的主要装置。此外，燃油系统还包括汽油箱、汽油滤清器、汽油泵、油水分离器、油管和燃油表等辅助装置。

(1) 汽油箱

汽油箱的功用是储存汽油。其数目、容量、形状及安装位置均随机型不同而各异。机组用油箱应能使机组连续工作 4～8h，汽车用油箱应能使其连续行驶 200～600km。油箱体一般由薄钢板冲压而成，内部镀锌或锡以防腐蚀，如图 5-2 所示。油箱上设有加油管，管内有可拉出的延伸管，其内部有滤网。加油管由油箱盖盖住。油箱上面装有汽油液面传感器 3 和出油开关 5。出油开关一端通过油管与汽油滤清器 1 相连，另一端与插入油箱的吸油管相连。吸油管口距箱底部有一定距离，以防止吸入箱底的杂质和积水。油箱底部有放油螺塞 6，用以排除箱底的积水和污物。箱内设有挡油板（隔板）9，以减轻车辆行驶时燃油的振荡。

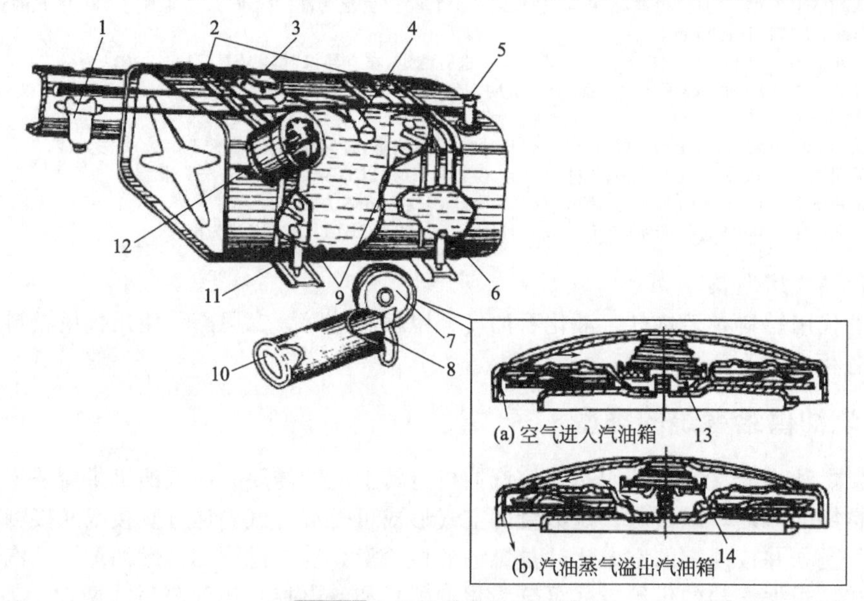

图 5-2 汽油箱及加油口盖

1—汽油滤清器；2—固定箍带；3—汽油液面传感器；4—传感器浮子；5—出油开关；6—放油螺塞；7—加油口盖；8—加油延伸管；9—挡油板；10—滤网；11—支架；12—加油口；13—空气阀；14—蒸气阀

在汽油箱加油口的上部装有弹簧压力阀，加油口盖内有空气阀 13 和蒸气阀 14。随着汽油的不断消耗，汽油箱内的油面将逐渐下降，汽油箱内将出现一定的真空度。如果真空度过大，汽油就不能被汽油泵吸出。这时，空气阀开启，使汽油箱与大气相通以消除汽油箱内真空度。如果气温很高，汽油蒸发太快，使得汽油箱内压力过大。这时蒸气阀开启，使汽油蒸气溢出，以保持汽油箱内的压力基本稳定。

(2) 汽油滤清器

汽油从汽油箱进入汽油泵之前，先经过汽油滤清器去除其中的杂质和水分，以减少汽油泵、喷油器或化油器等部件的故障，以防止油路堵塞，并减轻气缸的磨损。汽油滤清器可采用过滤式的陶瓷滤芯或纸质滤芯滤清器，其中纸质滤芯由于滤清性能良好，且制造、使用方便，得到了越来越广泛的应用。如图 5-3 和图 5-4 所示。

(3) 汽油泵

汽油泵的功用是把汽油从汽油箱吸出，加压后克服滤清器和管道的阻力，供给化油器或共轨管道。早期汽车用汽油机或发电用汽油机常用膜片式和活塞式等机械汽油泵，目前汽车则广泛使用电动汽油泵。

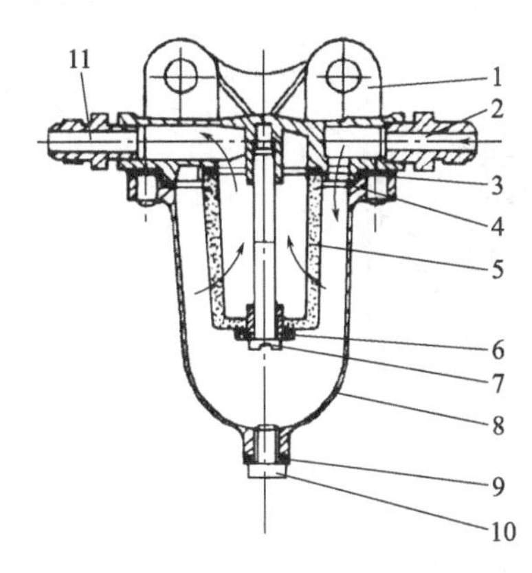

图 5-3 282 型汽油滤清器

1—滤清器盖；2—进油管接头；3，6—滤芯密封垫；4，9—沉淀杯密封垫；5—陶瓷滤芯；7—中心螺栓；8—沉淀杯；10—放油螺栓；11—出油管接头

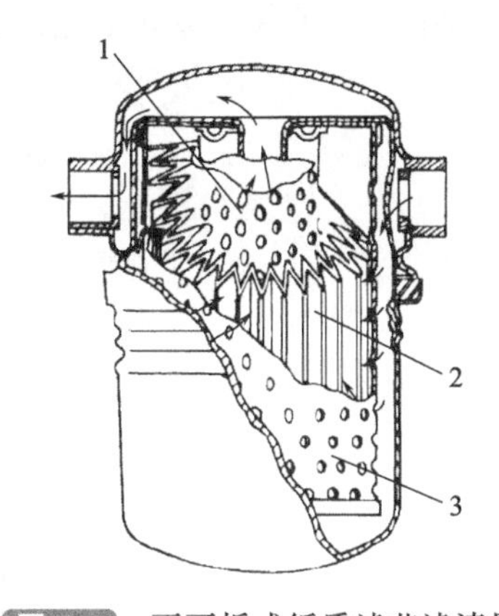

图 5-4 不可拆式纸质滤芯滤清器

1—滤芯内衬筒；2—纸质滤芯；3—滤芯外衬筒

① 机械驱动膜片式汽油泵。机械驱动膜片式汽油泵如图 5-5 所示。汽油泵壳体分为上下两个部分，上部泵体中有进油阀 13、出油阀 7、滤网 9 和滤油杯 11。进油阀 13 与进油口 12 相通，出油阀 7 与出油口 8 相通。在泵体的上、下部之间有膜片 5，膜片 5 中央利用垫圈和螺母固定着拉杆 1，拉杆 1 的另一端与连杆 19 相通。连杆 19 与内摇臂 16 松套在位于油泵下体的摇臂轴 18 上，二者在摇臂轴内侧，采用平面接触，形成单向传动关系。回位弹簧使摇臂压紧在位于配气凸轮轴上的偏心轮 15 上。膜片下面装有泵膜弹簧 3，其功用是力图使膜片向上凸起。当推压摇臂时，连杆 19 即通过拉杆 1 带动膜片 5 向下运动，当作用力取消后，膜片 5 即在泵膜弹簧 3 的作用下向上运动。

汽油机工作时，由凸轮轴上的偏心轮 15 驱动摇臂 16。当凸轮轴转动时，偏心轮 15 推压摇臂从而带动连杆 19 和拉杆 1 向下运动使膜片 5 下凹，因此在膜片上方的容积增大，形成低压，此时进油阀 13 开启，汽油经进油阀进入膜片上方空间内。当凸轮轴转到偏心轮离开摇臂时，泵膜弹簧 3 的弹力将膜片上推，于是膜片上凸，使膜片上方容积减小，压力增大，进油阀关闭，出油阀开启，汽油经出油阀、出油口流向化油器浮子室。

当浮子室油面达到规定高度时，浮子上方的针阀将浮子室进油孔关闭。油泵内的汽油不能继续泵出，形成一定油压，迫使泵膜下凹，并带动拉杆 1 和连杆 19 同时向下运动到极限位置。这时在连杆 19 和摇臂 16 的接触平面之间出现了间隙。此时虽然摇臂 16 仍在偏心轮 15 驱动下绕摇臂轴左右摆动，但连杆已不再随之运动，油泵不再泵油，摇臂只为空摆状态。

汽油机启动之前，需要先使油管及浮子室内充满汽油，为此装设了手摇臂 20。手摇臂 20 连接在摇臂 16 上，用手摆动手摇臂，带动膜片运动，即可手动泵油。

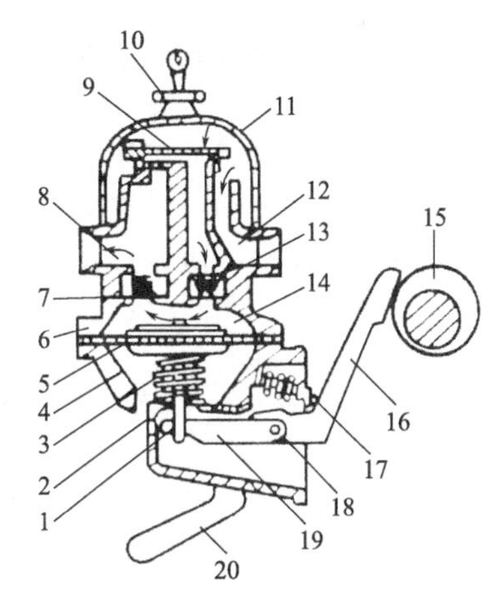

图 5-5 机械驱动膜片式汽油泵

1—泵膜拉杆；2—通气孔；3—泵膜弹簧；4—汽油泵壳；5—膜片；6—汽油泵盖；7—出油阀；8—出油口；9—滤网；10—固定螺母；11—滤油杯；12—进油口；13—进油阀；14—泵室；15—凸轮轴偏心轮；16—摇臂；17—摇臂弹簧；18—摇臂轴；19—摇臂连杆；20—手摇臂

② 电动汽油泵。电动汽油泵有柱塞式、叶片式和滚柱式三种。

柱塞式电动汽油泵在电磁线圈和永久磁铁的相互作用下，柱塞不断地往复运动，从而达到泵油的目的。B501 型柱塞式电动汽油泵如图 5-6 所示。

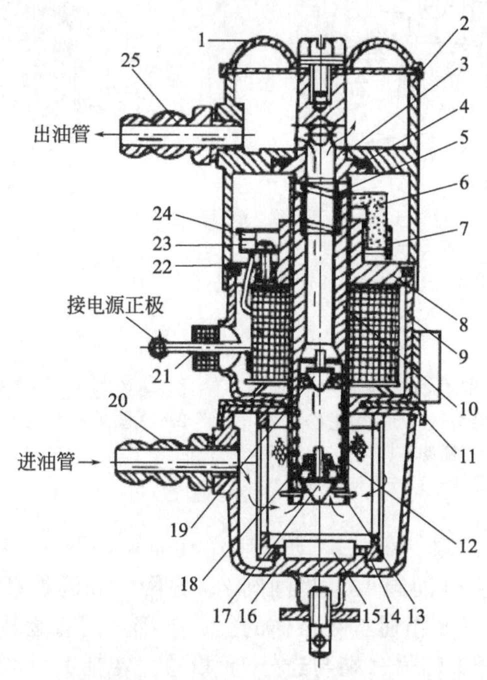

图 5-6　B501 型柱塞式电动汽油泵

1—汽油泵盖；2—上体；3—出油接合座；4—密封圈；5—缓冲弹簧；6—永久磁铁；7—触点支架；8—下极板；9—中体；10—柱塞；11—电磁线圈；12—泵筒；13—进油阀座；14—滤芯；15—磁铁；16—沉淀杯；17—进油阀；18—柱塞复位弹簧；19—出油阀；20—进油管接头；21—接线柱；22—绝缘套；23—固定触点；24—活动触点；25—出油管接头

叶片式电动汽油泵的主要工作部件叶轮是一个圆形平板，在平板圆周上加工有小槽，形成泵油叶片，如图 5-7 所示。叶轮旋转时，小槽内的汽油随同叶轮一同高速旋转。由于离心力的作用，使出口处油压增高，而在进油口处产生真空，从而使汽油从进口吸入，从出口排出。叶片式电动汽油泵一般安装在油箱内，运转噪声小，油压脉动小，泵油压力高，叶片磨损小，使用寿命长，应用广泛。

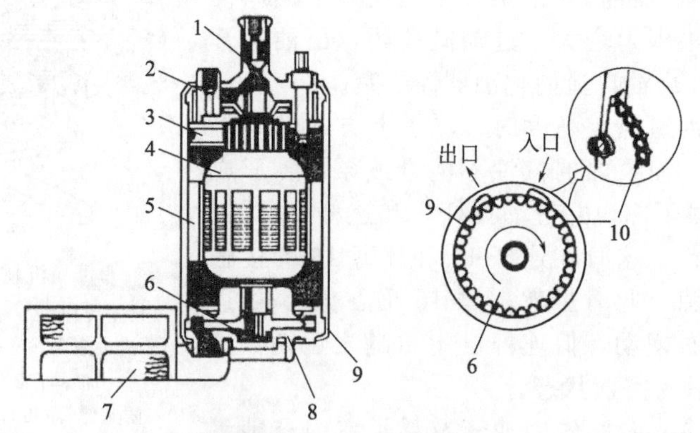

图 5-7　叶片式电动汽油泵

1—止回阀；2—溢流阀；3—电刷；4—电枢；5—磁极；6—叶轮；7—滤网；8—泵盖；9—壳体；10—叶片

滚柱式电动汽油泵由永磁电动机驱动，转子偏心地安装在泵体内，滚柱装在转子的凹槽中，如图 5-8 所示。当转子旋转时，滚柱在离心力的作用下紧压在泵体的内表面上。同时在惯性力的作用下，滚柱总是与转子凹槽的一个侧面贴紧，从而形成若干个工作腔。在汽油泵工作过程中，进油口一侧的工作腔容积增大，成为低压吸油腔，汽油经进油口被吸入工作腔内。在出油口一侧的工作腔容积减小，成为高压油腔，高压汽油从压油腔经出油口流出。滚子泵属外装泵，布置容易，但噪声大且易产生气泡形成气阻。

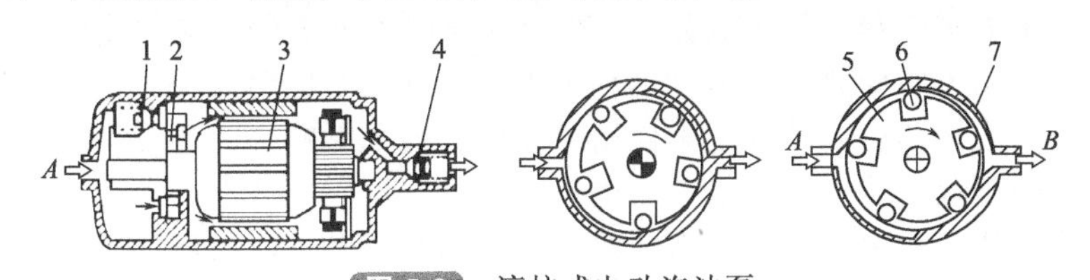

图 5-8 滚柱式电动汽油泵

1—限压阀；2—滚子泵；3—电动机；4—单向阀；5—转子；6—滚子；7—泵体

5.2 汽油机可燃混合气形成与燃烧

5.2.1 可燃混合气形成

汽油机可燃混合气形成时间很短，从进气过程开始到压缩过程结束只有 0.01～0.02s 的时间。要在这样短的时间内形成均匀可燃混合气，关键在于汽油的雾化和蒸发。所谓雾化就是将汽油分散成细小的油滴或油雾。良好的雾化可以大大增加汽油的蒸发表面积，从而提高汽油的蒸发速度。另外，混合气中汽油与空气的比例应符合汽油机运转工况的需要。因此，混合气形成过程就是汽油雾化、蒸发以及与空气配比和混合的过程。

汽油机工作时，为了使燃油能在极短时间完全燃烧，必须使燃油以极小的粒子尽量与空气均匀混合，采用的方法是让燃油充分蒸发，以蒸发的粒子与空气混合燃烧。根据汽油的特点，一般是将汽油与空气在进气道中混合后送入气缸，压缩终了时通过电火花点燃混合气完成做功。为使汽油充分蒸发可采取两种方法：一种方法是创造有利于蒸发的环境，如提高温度、降低气压、增加蒸发表面积、加快气流等，这可以通过化油器来实现；另一种方法是采用压力喷射，即用汽油喷射系统来雾化汽油，形成混合气。

混合气要在气缸迅速而完全地燃烧，除了需要汽油较好地雾化、蒸发并与空气均匀混合外，还要求其燃油与空气比例恰当，也就是混合气成分要合适。可燃混合气中空气与燃油的比例称为可燃混合气成分或可燃混合气浓度，通常用过量空气系数 α 和空燃比 R 表示。过量空气系数是指 1kg 燃油燃烧时内燃机进气系统实际提供的空气量与 1kg 燃油完全燃烧时理论上所需空气量的比值。空燃比是指混合气中空气与燃油的质量比。

按照化学反应方程式的当量关系，可求出 1kg 汽油完全燃烧所需空气的质量约为 14.8kg。显然，$\alpha=1$ 的可燃混合气为理论混合气，$\alpha<1$ 的为浓混合气，$\alpha>1$ 的为稀混合气。空燃比 $R=14.8$ 称为理论空燃比或化学计量空燃比。α 与 R 的数值对应关系如表 5-2 所示。

表 5-2 过量空气系数 α 与空燃比 R 数值对应关系

α	0.6	0.7	0.8	0.9	1.0	1.1	1.2	1.3	1.4
R	8.9	10.4	11.8	13.3	14.8	16.3	17.8	19.2	20.7

汽油机的 α 必须在 0.4～1.4 之间。α 不同时，其功率和油耗有很大差异，实验表明，α 为 0.85～0.95 时汽油机能发出最大功率，而 α 为 1.05～1.15 时汽油机具有最小燃油消耗率。

5.2.2 正常燃烧

内燃机的燃烧过程是将燃料的化学能转变为热能的过程。气缸内燃料充分燃烧的程度直接影响到热量产生的多少和废气的成分，而燃烧持续时间或燃烧对应的曲轴转角，又关系到热量的利用和气缸压力的变化。所以，燃烧过程是影响汽油机动力性、经济性和排气污染的主要因素，对噪声、振动、启动性能和使用寿命也有很大影响。

（1）正常燃烧过程

汽油机正常燃烧是指由火花塞点火开始，且火焰前锋以一定的正常速度传遍整个燃烧室的过程。研究燃烧过程的方法很多，但简单易行且经常使用的方法是测取燃烧过程的展开示功图，它反映了燃烧过程的综合效应。汽油机典型的展开示功图如图 5-9 所示。为了分析方便，按其压力变化特点，将燃烧过程分为三个阶段。

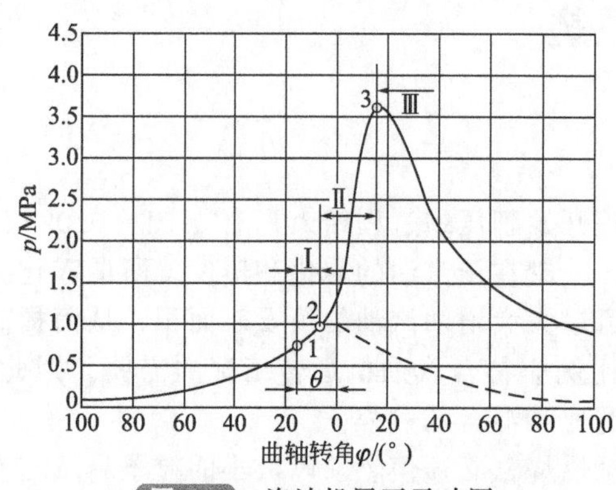

图 5-9 汽油机展开示功图

Ⅰ—着火延迟期；Ⅱ—明显燃烧期；Ⅲ—补燃期；1—开始点火；2—形成火焰中心；3—最高压力

① 着火延迟期。又称诱导期，它是指从火花塞点火到火焰核心形成的阶段，如图 5-9 中 1～2 段所示。即从火花塞点火点 1 至气缸压力明显脱离压缩线而急剧上升开始点 2 的时间或曲轴转角。火花塞放电时两极电压达 10～20kV，击穿电极间隙的混合气，电极间有电流通过。电火花能量多在 40～80mJ，局部温度可达 3000K，使电极附近的混合气立即被点燃，形成火焰中心，火焰向四周传播，气缸压力脱离压缩线开始急剧上升。着火延迟期长短与混合气成分（α 为 0.8～0.9 最短）、开始点火的缸内气体温度和压力、缸内气体流动情况、火花能量及残余废气系数等因素有关。对应每一循环都可能有变动，有时最大值可达到最小值的数倍。为了提高效率并使汽油机运转平稳，一般应尽量缩短着火延迟期并保持稳定。

② 明显燃烧期。又称速燃期或火焰传播期，如图 5-9 中 2～3 段所示，从形成火焰中心到火焰传遍整个燃烧室的阶段，在示功图上指从压力脱离压缩线开始点 2 至达到压力最高点 3。在均值混合气中，当火焰中心形成之后，火焰向四周传播，形成一个近似球面的火焰层，即火焰前锋，从火焰中心开始层层向四周未燃混合气传播，直到连续不断的火焰前锋扫过整个燃烧室。火焰前锋相对于未燃混合气向前推进的速度称为火焰速度，用 U_T 表示。U_T 的大小取决于层流火焰速度和混合气紊流状态。因为绝大部分燃料在这一阶段燃烧，此时活塞又靠近上止点，所以气缸压力会迅速上升。通常用平均压力上升速度 $\Delta p/\Delta\varphi$（MPa/℃A）表征压力表化率，其表达式为

$$\Delta p/\Delta\varphi=(p_3-p_2)/(\varphi_3-\varphi_2) \tag{5-1}$$

式中 p_2，p_3——第二阶段起点和终点的压力，MPa；

φ_2，φ_3——第二阶段起点和终点相对上止点的曲轴转角，°CA。

汽油机 $\Delta p/\Delta\varphi$ 的范围为 0.15～0.4MPa/°CA。

明显燃烧期是汽油机燃烧的主要时期。明显燃烧期愈短，愈靠近上止点，汽油机的经济性能、动力性能愈好，但可能导致 $\Delta p/\Delta\varphi$ 值过高，而使噪声、振动变大，工作粗暴，对排

污不利。一般明显燃烧期占 20°～40°曲轴转角，燃烧最高压力出现在上止点后 12°～15°曲轴转角，$\Delta p/\Delta\varphi$ 为 0.175～0.25MPa/°CA 为宜。

③ 补燃期。又称后燃期，如图 5-9 中点 3 以后，它是指压力最高点至燃料基本燃烧完全阶段，属于明显燃烧期以后的燃烧，主要有火焰前锋过后尚未燃烧的燃料再燃烧，贴附在缸壁上未燃混合气层的部分燃烧以及高温分解的燃烧产物（H_2、CO 等）重新氧化，这种燃烧已远离上止点，热功转换效率明显降低，大部分热量以增加汽油机热负荷的形式释放，为了保证较高的循环热效率和循环功，后燃期应尽量缩短。

综上所述，汽油机正常燃烧是唯一由定时的火花塞点火开始，且火焰前锋以一定的正常速度传遍整个燃烧室的过程。

(2) 燃烧速度与混合气成分

汽油机燃烧时，火焰前锋以火焰核心为中心呈球面波形式向四周扩展，习惯上称这种燃烧现象为火焰传播。混合气运动状态不同，火焰传播燃烧速率大小差别很大。燃烧速度是指单位时间的混合气量。可以表达为

$$dm/dt=U_T A_T \rho_T \tag{5-2}$$

式中 U_T——火焰速度；

A_T——火焰前锋面积；

ρ_T——可燃混合气密度。

控制燃烧速度就能控制明显燃烧期的长短及相应的曲轴转角。现代汽油机转速很高，一般在 5000～8000r/min，燃烧时间极短（仅几毫秒），这就需要有足够高的燃烧速度，并希望它变化合理。由式(5-2) 可见，影响燃烧时间的因素有以下几点。

① 火焰速度 U_T：火焰速度 U_T 是决定明显燃烧期长短的主要因素。现代汽油机的 U_T 可高达 50～80m/s。燃烧室中气体的运动状态、混合气成分、燃料特性和混合气初始温度均会对 U_T 产生影响。

按照燃烧室中气体运动强度（雷诺数 Re）差异可以把运动状态分为三种类型，层流（$Re<2300$）、一般紊流（$2300\leqslant Re\leqslant 6000$）和强紊流（$Re>6000$）。紊流运动由具有一定方向的涡流运动和无数小气团的无规则脉动运动组成，这些由气体质点所组成的气团大小不一，流动的速度、方向也不相同，但宏观流动方向一致。这种紊流运动使平整的火焰前锋表面严重扭曲，甚至分隔成许多燃烧中心，导致火焰前锋燃烧区的厚度 δ 增加，火焰速度加快，如图 5-10 所示。火焰传播速度与雷诺数 Re 之间变化规律如图 5-11 所示。显然，提高混合气的紊流程度是改善汽油机燃烧的有效手段。

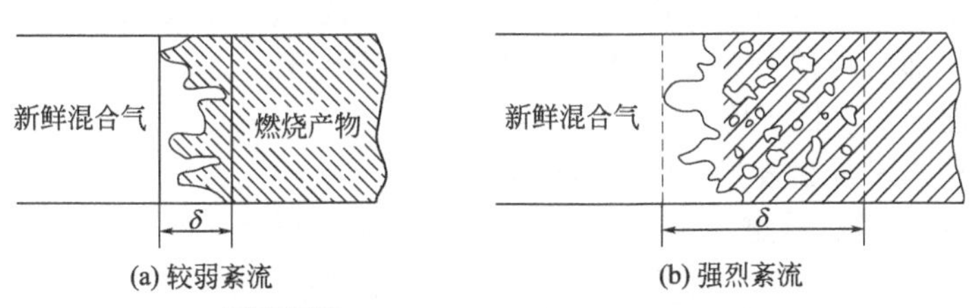

图 5-10 紊流对火焰前锋厚度的影响

混合气成分不同，火焰传播速度也表现出明显不同，图 5-12 为试验所得火焰传播速度与过量空气系数 α 的关系。

当 α 为 0.85～0.95 时，火焰速度最大，汽油机用这种混合气工作，燃烧最快，功率也最大，这种混合气称为功率混合气。

当 α 为 0.95～1.15 时，火焰速度降低不多，又因有足够的氧气而使燃烧完全，因此用这种浓度的混合气工作，汽油机经济性最好，此时混合气成为经济混合气。

当α继续增大，由于火焰传播速度下降，燃烧过程拖长，热效率和功率均降低。$\alpha>1.4$时，火焰难以传播，汽油机不能工作，此种混合比称为火焰传播下限。同样，$\alpha<0.4$时，由于严重缺氧，也使火焰不能传播，这种混合比称为火焰传播上限。实际上，为了保证汽油机可靠地工作，过量空气系数α值应为0.6～1.2，即空燃比R为9～18。

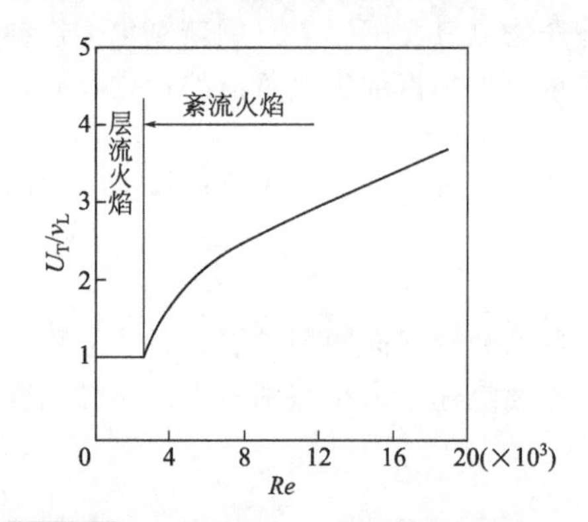

图5-11 雷诺数Re与火焰传播速度的关系

v_L—层流火焰传播速度

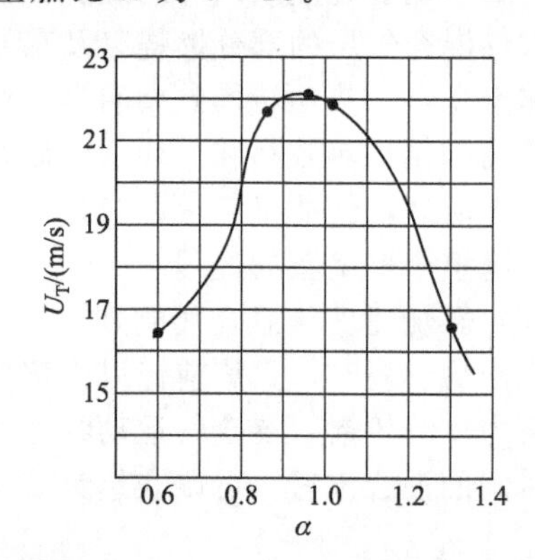

图5-12 混合气成分对火焰传播速度的影响

应注意，混合气火焰传播界限并非一个常数，它随条件而变化。如混合气温度高，点火能量大，气体紊流强等，火焰传播界限就扩大；如混合气中废气含量多，界限就变窄。

② 火焰前锋面积A_T：利用燃烧室几何形状及其与火花塞位置的配合，可以改变不同时期火焰前锋扫过的面积，以调整燃烧速度。它直接影响明显燃烧期所对应的曲轴转角及燃烧速度，与压力增长规律密切相关。

③ 可燃混合气密度ρ_T：增大可燃混合气密度，可以提高燃烧速度，因此增大压缩比和进气压力等，使燃烧加快。

(3) 不规则燃烧

汽油机不规则燃烧是指在正常稳定运转的情况下，同一缸各循环之间的燃烧变动和各气缸之间的燃烧差异。前者称为循环变动，后者称为各缸工作不均匀。

1) 循环变动

火花塞附近混合气的浓度和气体紊流性质、程度等在各循环之间均有差异，致使火焰中心形成的时间不同，由有效着火时间变动而引起缸内压力随循环而产生的变化称循环变动。循环间的燃烧变化较大，是不应忽视的。这种循环间的燃烧变动使汽油机空燃比和点火提前角调整对每一循环都不可能处于最佳状态，因而油耗上升，功率下降，不正常燃烧倾向增加，汽油机动力性、经济性下降。

影响循环变动的因素和改善措施有以下几点。

① 混合气成分：当过量空气系数α为0.8～0.9时，循环变动最小。当混合气加浓或变稀时，变动均增大。因此，为了减少排气中的CO而运用稀混合气时，即使在较高负荷也容易发生循环变动，成为稀混合气使用的障碍之一。

② 气体运动状态：加强紊流有助于减少循环变动，因此转速增加，变动会减小。

③ 负荷：在中等负荷以上变动较小，低负荷时，残余废气相对量多，变动更明显。

④ 点火质量：加大点火能量，或采用多点点火，适合的点火时刻和点火位置均可达到减少循环变动的目的。

2) 各缸工作不均匀

各缸工作不均匀是针对多缸汽油机而言的，各缸间燃烧差异称为各缸工作不均匀。汽油机主要采用预混燃烧的方式，故混合气成分对燃烧有很大影响。由于缸外混合气在汽油机进气管内存在着空气、燃料蒸汽、各种比例的混合气、大小不一的雾化油粒以及沉积在进气管壁上薄厚不同的油膜，情况非常复杂，要想让它们均匀分配到各个气缸是很困难的。另外，各缸进气歧管的差别，各缸间进气重叠引起的干涉等现象，导致进气量、进气速度以及气流的紊流状态等不能完全一致。因此，在多缸汽油机上，各缸混合气成分存在差异。以化油器供油的汽油机，这种现象尤为明显。

各缸混合气成分不同，使得各缸不可能都在最佳调整状态下工作，即各缸不可能都处于相同的经济混合气或功率混合气浓度，从而使整个汽油机功率下降，燃油消耗率上升，排放性能恶化。影响混合气分配不均匀的因素很多，总的来说，与进气系统所有零部件的设计和安装位置都有关系，任何不对称和流动阻力不同的情况都会破坏混合气的均匀分配，其中影响最大的是进气管的设计。

3）燃烧室壁面的熄火作用

在火焰传播过程中，燃烧室壁对火焰具有熄火作用，即紧靠壁面附近的火焰不能传播。这样，在熄火区内存在大量未燃尽的烃，它是汽油机排气中 HC 的主要来源之一。一般解释缸壁熄火是由链反应中断和冷缸壁使接近缸壁的一层气体冷却所造成的。根据实验观察所知，当 α 值在 1 左右时，熄火层厚度最小，混合气加浓或变稀，此厚度均增加；负荷减小时，熄火厚度显著增加；燃烧室温度、压力提高，气缸紊流加强，熄火层厚度均减小。根据熄火层厚度可以推算熄火范围的容积，从而可以判定排气中 HC 的浓度。应尽量减小熄火层厚度及燃烧室的面积与容积之比，以降低汽油机 HC 的排放量。

5.2.3 非正常燃烧

汽油机的非正常燃烧是指当设计或控制不当，汽油机偏离正常点火时间和地点，由此引起的燃烧速率急剧上升、压力急剧增大等异常现象。提高汽油机压缩比是提高其热效率的有效途径，但压缩比超过一定范围会引起不正常燃烧。提高压缩比和防止不正常燃烧是汽油机发展过程中两个相互制约的因素。由于电控汽油喷射技术及多气门汽油机的应用，大多数车用汽油机的压缩比为 8.5～10.5。

汽油机不正常燃烧可分为爆震燃烧和表面点火两类。

（1）爆震燃烧

汽油机发生爆震燃烧（简称爆燃）时的外部特征是气缸内发出尖锐的金属敲击声，常称其为敲缸。轻微敲缸时，汽油机功率上升，油耗下降；严重时，会使冷却系统过热，机件损毁，功率下降，燃油消耗率上升，成为一种极其有害的不正常燃烧。

爆燃产生的原因是在正常火焰传播的过程中，处在后燃烧位置上的那部分未燃混合气（常称为末端混合气），进一步受到压缩和辐射热的作用，加速了着火前的理化反应。如果在火焰前锋尚未到达之前，末端混合气已经自燃，则这部分混合气由于有了充分的先期准备，燃烧速度极高，火焰速度可达每秒百米甚至数百米（正常火焰传播速度为 30～70m/s）以上，使局部压力、温度异常升高，并伴随有压力冲击波，如图 5-13(c) 所示。

汽油机发生爆燃会给汽油机带来很多危害。发生爆燃时，最高燃烧压力和压力升高率都急剧增大，因而相关零部件所受应力大幅度增加，机械负荷增大；爆燃时压力波冲击缸壁破坏了润滑油膜层，导致活塞磨损加剧；爆燃时剧烈无序的放热还使气缸内温度明显升高，热负荷及散热损失增加；这种不正常燃烧还使汽油机的动力性和经济性恶化。因此汽油机不允许在爆燃情况下工作。

根据末端混合气是否易于自燃来分析，影响爆燃的因素有以下几点。

① 燃料性质：辛烷值高的汽油，抗爆燃能力强。

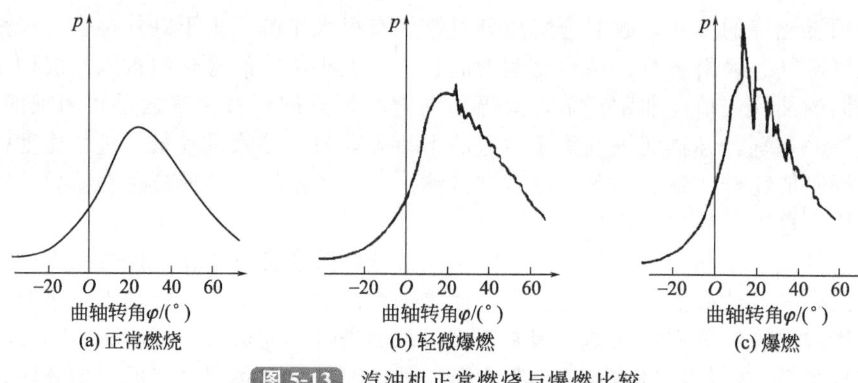

图 5-13 汽油机正常燃烧与爆燃比较

② 末端混合气的压力和温度：如果汽油机末端混合气的压力和温度增高，则爆燃倾向增大。例如，提高压缩比，则气缸内压力、温度升高，爆燃容易发生；又如，气缸盖、活塞的材料使用轻金属，由于其导热性好，末端混合气压力、温度低，爆燃倾向小，可提高压缩比 0.4～0.7 个单位。

③ 火焰前锋传播到末端混合气的时间：提高火焰传播速度、缩短火焰传播距离都会缩短火焰前锋传播到末端混合气的时间，这有利于避免爆燃。如气缸直径大时，火焰传播距离增加，爆燃倾向增大，因此汽油机极少采用大缸径设计。

（2）表面点火

在汽油机中，凡是不靠电火花点火而由燃烧室内积热表面（如排气门头部、火花塞绝缘体或零件表面炽热的沉积物）点燃混合气的现象，统称为表面点火。其点火时刻是不可控制的，多发生在压缩比为 9 以上的强化汽油机上。

如果炽热表面点火发生在火花塞点火之前，则称为早燃。由于提前点火且炽热表面比火花大，使燃烧速度加快，气缸压力、温度增高，汽油机工作粗暴。并且由于压缩功增加，向气缸壁传热增加，致使功率下降，火花塞、活塞等零件过热。早燃会诱发爆燃，爆燃又会让更多的炽热表面温度升高，促使更剧烈的表面点火，两者相互促进，危害可能更大。与爆燃不同，表面点火一般是在正常火焰烧到之前由炽热物点燃混合气所致，没有压力冲击波，敲缸声比较沉闷，主要由活塞、连杆、曲轴等运动件受到冲击负荷产生振动而造成。各种燃烧示功图的对比如图 5-14 所示。凡是能促使燃烧室温度和压力升高以及促使积炭等炽热点形成的一切条件，都能促成表面点火。

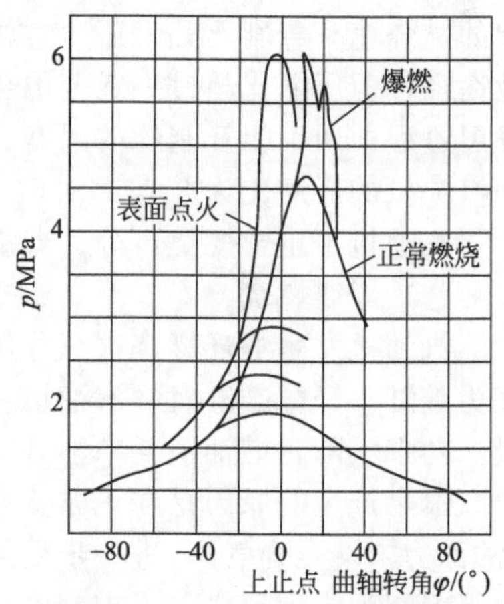

图 5-14 各种燃烧示功图对比

5.2.4 工况对混合气成分的要求

对一般汽油机来说，各种运转工况对混合气成分的要求如下：

（1）冷启动

汽油机在冷启动时，因温度低，汽油不容易蒸发汽化，再加上启动时转速低（50～100r/min），空气流过进气通道的速度很低，汽油雾化不良，致使进入气缸的混合气中汽油蒸发太少，混合气过稀，不能着火燃烧。为使汽油机能够顺利启动，要求供给 α 为 0.2～0.6 的浓混合气，以使气缸的混合气在火焰传播界限之内。

（2）怠速

怠速是指汽油机对外无功率输出的工况。这时可燃混合气燃烧后对活塞所做的功全部用来克服汽油机内部的阻力，使汽油机以低转速稳定运转。目前，汽油机的怠速转速为700～900r/min。在怠速工况，节气门接近关闭，吸入气缸内的混合气数量很少。在此情况下，气缸内的残余废气量相对增多，混合气被废气严重稀释，使燃烧速度降低甚至熄火。为此，要求供给过量空气系数 α 为0.6～0.8的浓混合气，以补偿废气的稀释作用。

（3）小负荷

小负荷工况时，节气门开度在25%以内。随着进入气缸内的混合气数量的增多，汽油雾化和蒸发的条件有所改善，残余废气对混合气的稀释作用相对减弱。因此，应该供给过量空气系数 α 为0.7～0.9的混合气。虽然，比怠速工况的混合气稍稀，但仍为浓混合气，这是为了保证汽油机小负荷工况的稳定性，如图5-15中曲线3的小负荷段所示。

（4）中等负荷

中等负荷工况节气门的开度在25%～85%范围内。汽油机大部分时间在中等负荷下工作，因此应该供给过量空气系数 α 为0.95～1.15的经济混合气，以保证汽油机有较好的燃油经济性。从小负荷到中等负荷，随着负荷的增加，节气门逐渐开大，混合气逐渐变稀，如图5-15曲线3的中负荷段所示。

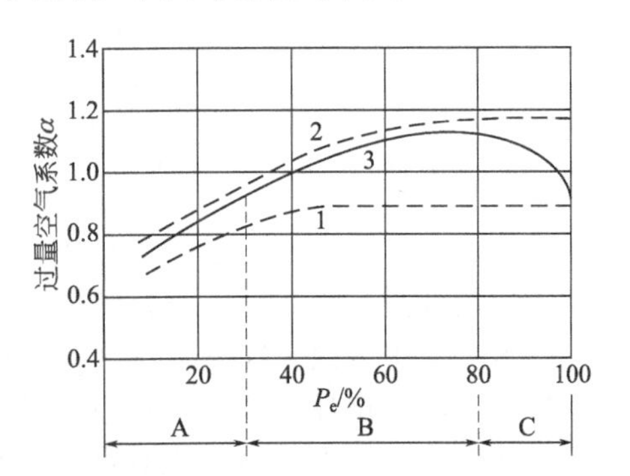

图5-15 汽油机不同负荷所需的混合气

A—小负荷；B—中等负荷；C—大负荷；

1—功率混合气；2—经济混合气；3—理论混合气

（5）大负荷和全负荷

汽油机在大负荷或全负荷工作时，节气门接近或达到全开位置。这时需要汽油机发出最大功率以克服较大的外界阻力或加速行驶。为此应该供给过量空气系数 α 为0.85～0.95的功率混合气。从中等负荷转入大负荷时，混合气由经济混合比加浓到功率混合比，如图5-15中曲线3的大负荷段所示。

（6）加速

汽车在行驶过程中，有时需要在短时间内迅速提高其车速。此时，驾驶员要猛踩加速踏板，使节气门突然开大，以期迅速增加汽油机功率。这时虽然空气流量迅速增加，但是由于汽油的密度比空气密度大得多，即汽油的流动惯性远大于空气的流动惯性，致使汽油流量的增加比空气流量的增加滞后一段时间。另外，节气门开大，进气歧管的压力增加，不利于汽油的蒸发汽化。因此，在节气门突然开大时，将会出现混合气瞬时变稀的现象。这不仅不能使汽油机功率增加、汽车加速，反而有可能造成汽油机熄火。为了避免发生此种现象，保证汽车有良好的加速性能，在节气门突然开大、空气流量迅速增加的同时，由供油系统中附设的特殊装置瞬时加速地供给一定数量的汽油，使变稀的混合气得到重新加浓。

综上所述，对于经常在中等负荷下工作的汽油机，为了保持其正常运转，从小负荷到中等负荷要求供油系统能随着负荷的增加，供给由浓逐渐变稀的混合气，直到供给经济混合气，以保证汽油机工作的经济性。从大负荷到全负荷阶段，又要求混合气由稀变浓，最后加浓到功率混合气，以保证汽油机发出最大功率。

5.2.5 影响燃烧过程的使用因素

（1）点火提前角

点火提前角是指火花塞放电时刻曲柄中心线与气缸中心线的夹角。其理想数值应视燃料性质、汽油机转速、负荷、过量空气系数等很多因素而定。

当汽油机保持节气门开度、转速以及混合气浓度一定时，汽油机功率和燃油消耗率随点火提前角改变而变化的关系称为点火提前角调整特性（图 5-16）

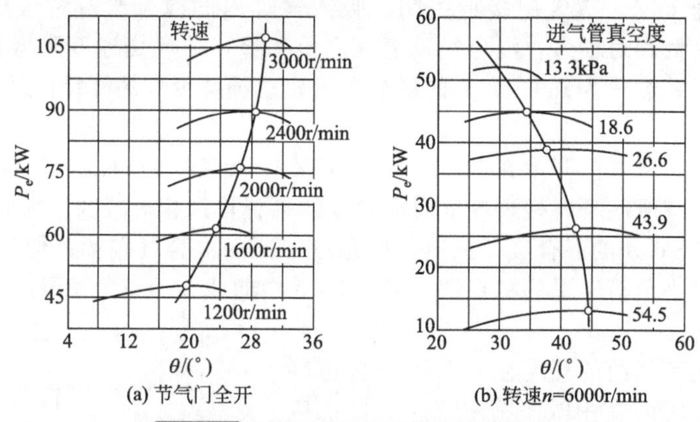

图 5-16 汽油机点火提前角调整特性

对于每一工况都存在一个最佳点火提前角，分别对应汽油机最大功率或最低燃油消耗率。点火提前角过大，则大部分混合气在压缩过程中燃烧，活塞所消耗的压缩功增加，且最高压力升高，末端混合气燃烧前的温度及压力较高，爆燃倾向加大。点火过迟，则燃烧延长到膨胀过程，燃烧最高压力和温度下降，传热损失增多，排气温度升高，功率、热效率降低，但爆震燃烧倾向减小，NO_X 排放量降低。不同点火提前角的 p-φ（气缸压力与曲轴转角）曲线如图 5-17 所示。

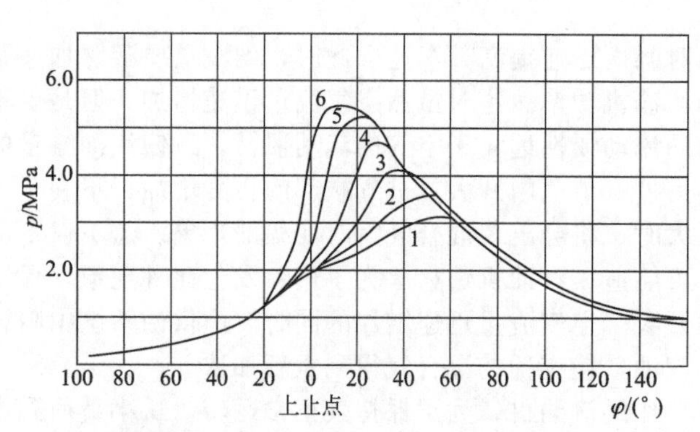

图 5-17 点火提前角对气缸压力变化的影响

（图中曲线 1～6 点火提前角依次增大）

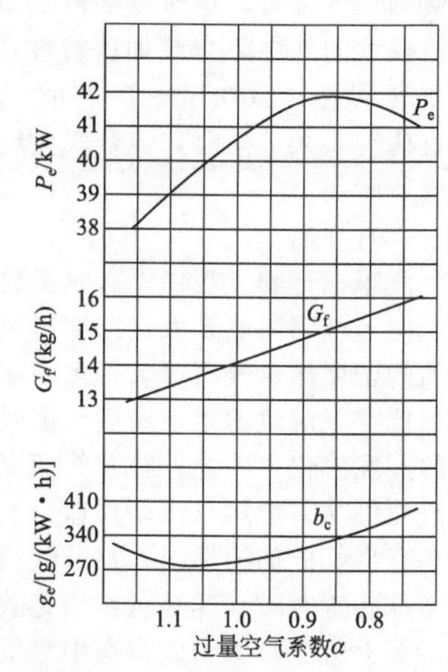

图 5-18 混合气浓度对汽油机动力性、经济性的影响（节气门、转速保持不变）

(2) 混合气浓度

混合气浓度对汽油机动力性、经济性的影响如图 5-18 所示。

当 α 为 0.8～0.9 时，燃烧温度高，火焰传播速度最大，因此 $\Delta p/\Delta\varphi$、P_e 均达最高值，且爆震燃烧倾向增大。当 α 为 1.0～1.1 时，由于燃烧完全，燃油消耗率 g_e 最低。但此时缸内温度最高且有富裕空气，NO_X 排放量最大。

使用 $\alpha<1$ 的浓混合气工作，由于必然会产生不完全燃烧，所以 CO 排放量明显上升。当 $\alpha<0.8$ 或 $\alpha>1.2$ 时，火焰速度缓慢，部分燃料可能来不及完全燃烧，因而经济性差，HC 排放量增多且工作不稳定。由此可见，在均质混合气燃烧过程中，混合气浓度对燃烧效果的影响极大，必须严格加以控制。

(3) 转速

汽油机转速增加时，气缸中的紊流亦增强，火焰速度一般与转速成正比，因而燃烧过程缩短，但由于循环时间亦缩短，一般与燃烧过程相应的曲轴转角增加，需要相应加大点火提前角。转速增加时，火焰速度亦增加，爆燃倾向减小。

(4) 负荷

由于汽油机负荷调节是混合气量调节，当负荷减小时，进入气缸的混合气数量减少，而残余废气量基本不变，故残余废气所占比例相对增加，使混合气变稀程度变大，着火界限变窄，火焰传播速度下降，燃烧恶化。为此需要供给较浓的混合气，怠速时 α 可到 0.6（空燃比 $R\approx9$）左右。由于进气节流而使泵气损失加大，冷却水散热损失也相对增加，因此经济性显著降低。为使燃烧过程有效地进行，需要增大点火提前角。负荷减小时，气缸的温度、压力降低，爆燃倾向减小。

(5) 大气状况

大气压力低，气缸充气量减少，则混合气变浓。另外，压缩压力低，着火延迟期长和火焰传播速度慢，致使经济性和动力性下降，但爆燃倾向减小。大气温度高，同样气缸充气量下降，经济性、动力性变差，而且容易发生爆燃和气阻。气阻是由于燃油蒸发而在供油系统的管路中形成气泡，出现减少甚至中断供油的现象。因此，在炎热地区行车时，应加强冷却系统散热能力，用排量大的冷却水泵；反之，在寒冷地区行车时，要加强进气系统的预热，增强火花能量，以保证燃油良好雾化、混合气可靠点火及汽油机顺利启动。

5.3 化油器式汽油供给系统

5.3.1 简单化油器的构造与工作原理

由于汽油的蒸发性好，自燃点高，黏度小，流动性好，因此将汽油在气缸外通过化油器初步雾化，并与空气按一定比例混合，再经过进气管中的蒸发、扩散工序，最后在气缸中形成可燃混合气。

简单化油器的结构如图 5-19 所示。它主要由浮子 3、浮子室 9、针阀 2、量孔 8、主喷管 4、喉管 5 以及节气门 6 等组成。喉管以上部分称为空气室，喉管以下部分称为混合室。

汽油从浮子室 9 上方的进油管进入浮子室，浮子可随油面升高带着针阀 2 一同上升。当油面上升到一定高度时，针阀将进油口关闭，停止进油。汽油机工作时，浮子室内的汽油经量孔 8 从主喷管 4 喷出，浮子室油面下降，浮子与针阀亦随之下降，将进油口打开，补充消耗的汽油。浮子室与大气相通，作用在浮子室油面上的为大气压力。

内孔尺寸经过精确加工的量孔 8 安装在浮子室的底部，量孔孔径确定之后，通过量孔的汽油量主要取决于量孔两端的压力差。压差越大，流过量孔的油量越多。化油器的喷油量调节就是靠量孔两端的压力差来控制的。

主喷管 4 倾斜安装在浮子室 9 和喉管 5 之间，其较低一端位于量孔 8 的出口端，较高一端位于喉管 5 的喉口处。汽油机不工作时，主喷管内油面与浮子室油面等高，位于喉口的主喷管出油口比浮子室液面高出 2～5mm，以防止汽油溢出。

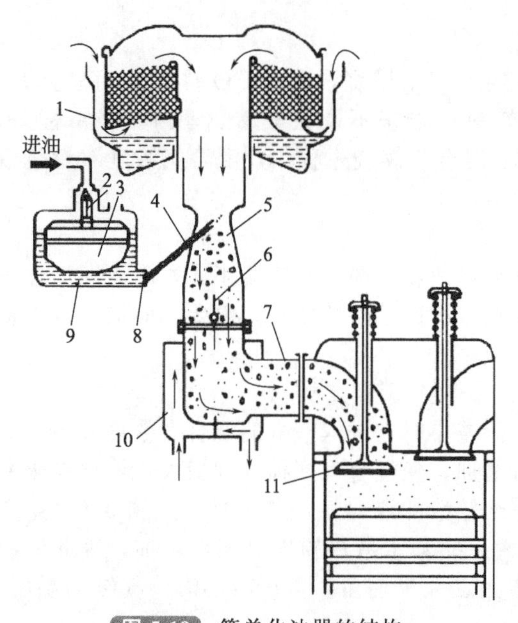

图 5-19 简单化油器的结构

1—空气滤清器；2—针阀；3—浮子；4—主喷管；5—喉管；6—节气门；7—进气歧管；8—量孔；9—浮子室；10—进气预热套；11—进气门

喉管 5 是一段截面积沿着轴向变化的空气通道，截面积最小处称为喉口。当空气流经喉管时，随着截面积变小，流速将增高，压力将变小。在喉口处空气具有最高的流速和最低的气压（高真空度）。

进气过程中，进气门 11 开启，空气经空气滤清器 1、化油器和进气歧管 7 进入气缸。当空气流经化油器的喉管时，流速增加，气压下降，在量孔的两端形成压力差，在压力差的作用下，汽油从浮子室经主喷管流出喉口，在高速气流撞击下形成雾化颗粒而与空气混合。由于雾状汽油颗粒与空气的接触面积大，在随空气的流动中，很容易蒸发为汽油蒸气，并与空气形成可燃混合气。因此进入气缸中的是相对均匀的可燃混合气。

5.3.2 实用化油器的辅助装置

在实用化油器上，除了上述基本结构外，为了满足汽油机各种工况对混合气成分的不同要求，还设有一系列自动调配混合气浓度的装置，其中主要包括主供油装置、大负荷加浓装置、启动装置、怠速装置和加速装置等。

（1）主供油装置

主供油装置的功用是使化油器在节气门逐渐开大时供给逐渐变稀的混合气，以满足中等负荷时供给经济混合气（α 为 0.95～1.15）的要求。这种装置的基本原理是随节气门的开大，使影响油量的喉管处真空度相应降低，从而使混合气逐渐变稀，其原理如图 5-20 所示。

在喷管与主量孔之间增设一个油室，油室上端装有一个空气量孔 2，油室中装有沿轴向开有几排小孔的泡沫管 3，泡沫管上小孔的总面积小于空气量孔的面积。

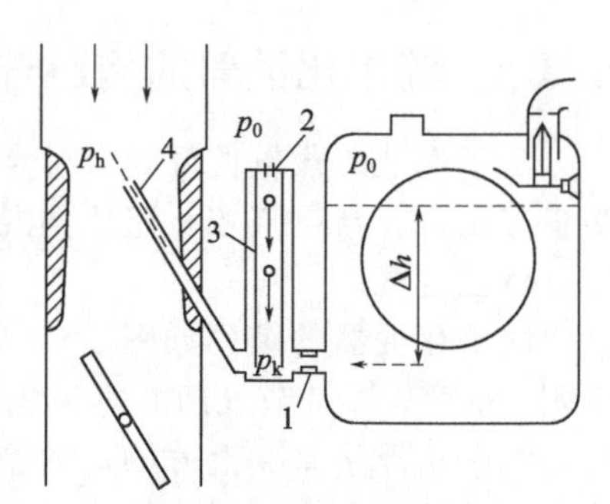

图 5-20 主供油装置

1—主量孔；2—空气量孔；3—泡沫管；4—主喷管

当汽油机不工作时，油室、泡沫管与浮子室的油面等高，泡沫孔都在油面以下。当汽油机工作后，如节气门开度不大，喉管真空度较小，喉管喷出的汽油完全由主量孔 1 供给，泡沫孔仍处在油面以下，这时的工作情况与简单化油器一样。随着节气门开度不断加大，喉管压力 p_h 降低。当喉管真空度 Δp_h 增大到 $\Delta h\rho$（Δh 为喷管口与第一排泡沫孔的高度差，ρ 为汽油密度）后，第一排泡沫孔开始露出油面，空气经空气量孔、第一排泡沫孔进入油室与汽油混合，形成泡沫状燃油。随着节气门的不断开大，下面各排的泡沫孔依次露出油面，进入油室的空气量愈来愈多。随着进入油室空气量的增加，油室底部主量孔处真空度与喉管处真空度的差值愈来愈大。即随着节气门的不断开大，主量孔处真空度的增大比喉管处真空度的增大程度要小。因此汽油的流量增加率比空气的流量增加率要小，混合气逐渐变稀。如果各部分尺寸选择合适，可使 α 值随节气门开度的变化接近汽油机所需的理想混合气。

(2) 大负荷加浓装置

当汽油机由中等负荷转入大负荷或全负荷工作时，通过加浓系统额外供给部分燃油，使混合气由经济混合气加浓到功率混合气（α 为 0.85～0.95），以保证汽油机发出最大功率，满足汽油机动力性需要。因为有了这套装置，主供油装置才能怎么经济就怎么设计，所以也将大负荷加浓装置称作省油器。

大负荷加浓装置的基本原理是在大负荷时增大主量孔的通道面积，进而加浓混合气。加浓系统按其控制方法的不同分为机械式和真空式两种，如图 5-21 所示。

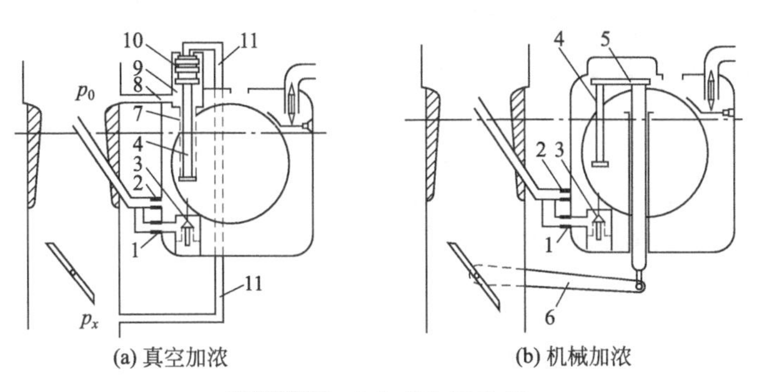

图 5-21 大负荷加浓装置

1—加浓量孔；2—主量孔；3—加浓阀（单向阀）；4—推杆；5—拉杆；6—摇臂；7—弹簧；8—空气道；9—空气缸；10—活塞；11—真空气道

化油器浮子室底部除有主量孔 2 通主喷管以外，另有一油道通主喷管，该油道上设有单向加浓阀 3 和加浓量孔 1。真空式大负荷加浓装置的单向阀开闭由推杆 4、弹簧 7、空气缸 9、活塞 10 和气道 8、11 构成的机构利用节气门后的真空度来控制。在中等负荷，节气门开度不大时，节气门后的真空度较大，喉管前的压力接近于大气压，在此压力差作用下，活塞克服弹簧的作用力而被吸到空气缸的上部，加浓单向阀关闭。在大负荷时，节气门开度加大，节气门后的真空度降低，活塞两端的压力差减小。当压力差减小到某值时，活塞 10 便在弹簧的作用下向下运动顶开加浓阀 3，使混合气变浓。

机械式大负荷加浓装置的主喷管、主量孔、加浓量孔、单向阀的构造和真空式大负荷加浓装置基本相同。但单向阀的开闭由与节气门联动的摇臂 6、拉杆 5 和推杆 4 控制。随着节气门的开大，摇臂 6 带动拉杆 5 和推杆 4 向下运动，到节气门接近全开位置时，推杆 4 将单向阀 3 顶开。汽油通过单向阀 3 经加浓量孔 1 流向主喷管，因此喷管中的汽油流量加大，使混合气变浓。

上述两种大负荷加浓装置在大负荷时都可加浓混合气，不过真空式大负荷加浓装置设计在 50%～80%负荷时开始起作用，比机械式加浓装置早，这样可使中等负荷过渡到大负荷比较圆滑。此外，真空式大负荷加浓装置在低速小负荷时，节气门后的真空度也很低，因此真空式省油器也可加浓混合气，改善汽油雾化差、废气冲淡严重的情况，提高工作稳定性。现代化油器上，这两种省油器都有被采用的，有的化油器上还同时装有这两种省油器。

(3) 启动装置

启动装置的功用是在汽油机冷启动时，供应极浓混合气（α 为 0.2～0.6），实现汽油机顺利启动。最常用的启动装置是在化油器入口处设阻风门，如图 5-22 所示。

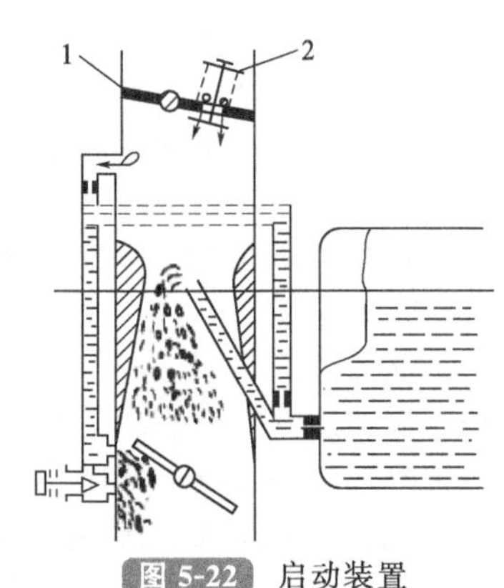

图 5-22 启动装置

1—阻风门；2—自动阀

启动时，将阻风门关闭，并使节气门处于小开度位置。当汽油机被电启动机带动旋转时，在阻风门后方产生极大的真空度，使主供油装置和怠速装置同时供油，这时通过阻风门边缘的缝隙流入的空气量很少，致使混合气极浓。

汽油机启动后转速迅速升高，汽油机开始升温，这时阻风门应该逐渐开启；否则，阻风门后方的真空度迅速增大，汽油机将由于混合气过浓而熄火。过早地打开阻风门将由于混合气浓度不够使汽油机不能启动。为了避免因操作不协调而造成启动失败，大多数汽油机在手动式阻风门上设有自动阀。当阻风门后方的真空度增大到一定程度时，克服弹簧作用力自动阀开启，进入部分空气，使阻风门后的真空度降低，以避免混合气过浓。在非启动工况，阻风门保持全开。

(4) 怠速装置

汽油机怠速工作时，节气门几乎全关，空气流量很小，喉管真空度很低，主供油装置提供的混合气极稀甚至不供油。而汽油机这时需要 α 为 0.6～0.8 的浓混合气。因此，化油器上需装怠速装置，怠速装置利用节气门后的真空度来供油，如图 5-23 所示。

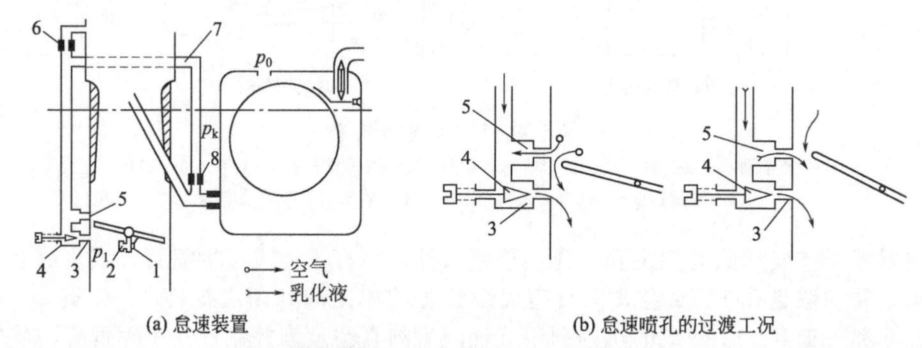

(a) 怠速装置　　(b) 怠速喷孔的过渡工况

图 5-23　怠速装置结构及工作过程

1—挡块；2—限位螺钉；3—怠速喷孔；4—调整螺钉；5—过渡喷孔；6—空气量孔；7—油道；8—怠速量孔

当汽油机怠速时，由怠速喷孔 3 喷油，但当节气门稍许开大向小负荷过渡时，怠速喷孔 3 处真空度降低，喷出的汽油量减少，进入气缸的空气量却已增加，而喉管处的真空度尚不足以使主喷管喷油，结果使混合气变稀，甚至导致熄火。为此，在怠速喷孔 3 前方、节气门关闭位置的前部设置一怠速过渡喷孔 5。在节气门最小开度、汽油机怠速时，汽油从怠速喷孔 3 喷出，过渡喷孔 5 可渗入空气，如图 5-23(b) 所示，其作用与空气量孔 6 相同。当节气门稍开大时，怠速喷孔 3 喷油减少，但过渡喷孔 5 处的真空度变大，因此过渡喷孔 5 与怠速喷孔同时喷油，避免混合气过稀。当节气门进一步开大时，喉管真空度加大，主供油装置开始参与供油，怠速喷孔 3 和怠速过渡喷孔 5 的喷油量逐渐减少。由此可见，怠速过渡喷孔可使怠速到小负荷圆滑过渡。

怠速时，汽油机要求的混合气成分与其内部摩擦阻力和点火系统调整等有关，每台汽油机的情况均不一样。因此，在化油器怠速喷孔处设置怠速调整螺钉 4，节气门处设置最小开度限位螺钉 2，适当调节上述两个螺钉，可使汽油机在尽可能低的转速下稳定运转。

(5) 加速装置

加速装置的作用是在节气门快速开大时，额外地供给一些汽油，在短时间内将其混合气加浓，以适应汽油机加速的需要。化油器利用加速泵在节气门快速开大时往喉管中多喷注一股汽油来加浓混合气。如图 5-24 所示为目前常用的机械式加速装置。

汽油机的加速要求延续一段时间，因此连接板 8 与活塞 2 之间通过弹簧 4 连接。节气门迅速开大时，连接板 8 迅速下移，压缩弹簧 4，但活塞 2 由于加速量孔 7 的节流作用下移较慢，因此喷油时间可延续1～3s。此外，弹簧4还可以起缓冲作用，避免节气门突然开大时损坏传动机构。汽油机高速工作时，加速喷孔处的真空度很大，加速油道中的汽油有可能被吸出而不适当地加浓混合气。因此在加速油道中开有连接浮子室大气的通气孔6，用以降低加速油道中的真空度。

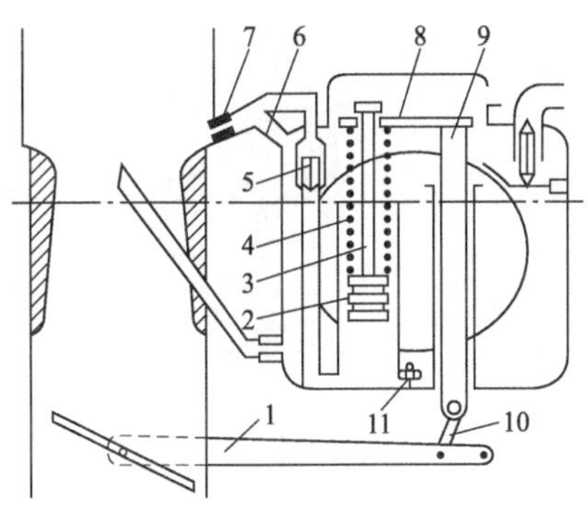

图5-24 机械式加速装置

1—摇臂；2—活塞；3—活塞杆；4—弹簧；5—出油阀；6—通气孔；7—加速量孔；8—连接板；9—拉杆；10—连杆；11—进油阀

5.3.3 化油器的类型与操纵机构

(1) 化油器的类型

为满足各种使用要求和在汽油机上布置的需要，化油器有多种类型。

① 按喉管处空气流动的方向分类。可分为上吸式、下吸式和平吸式三种，如图5-25所示。

下吸式化油器进气阻力小，调整、保养方便，因而使用广泛，但未蒸发的汽油容易流入气缸而稀释机油；平吸式化油器气流阻力最小，但在车用汽油机上不易合理布置，因而多用于摩托车上；上吸式化油器可以降低汽油机高度，但因调整、维护困难，很少采用。

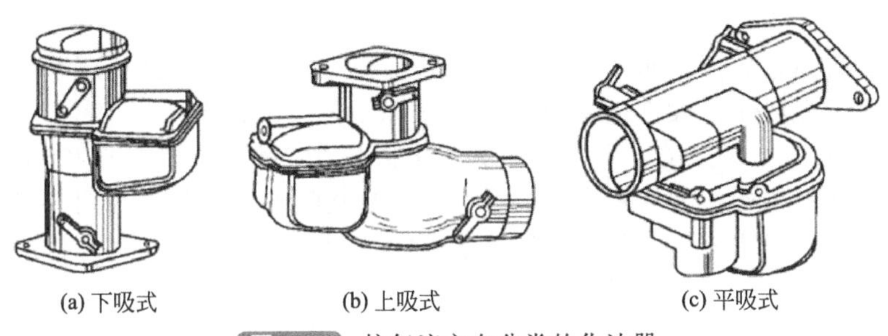

图5-25 按气流方向分类的化油器

② 按喉管重叠数分类。化油器可分为单重喉管式、双重喉管式和三重喉管式三种（如图5-26所示）。

由于现代发动机转速范围不断扩大，单一喉管若满足最大充气量要求，就不能满足流速大、雾化好的要求。充气量和流速及雾化效果是相互矛盾的，为了提高气流速度，改善雾化条件，而同时又使气流阻力较小，加大充气量，现代发动机通常采用双重喉管式或三重喉管式化油器。

③ 按混合室的数目及各混合室的工作方式分类。可分为单腔式、双腔式和四腔式等类型，如图5-27所示。

单腔化油器只有一个进气道，包括一组喉管、一个混合室、一个节气门，是化油器的基本结构形式。多缸（4缸以上）汽油机工作时，在同一时刻可能有几个气缸同时进气，如采用单腔化油器，由于各缸到化油器距离不等，因而会造成各缸内混合气的数量和浓度不一样，导致汽油机性能下降。由此4缸以上汽油机大多采用多腔化油器。多腔化油器主要有双腔化油器和四腔化油器两种。

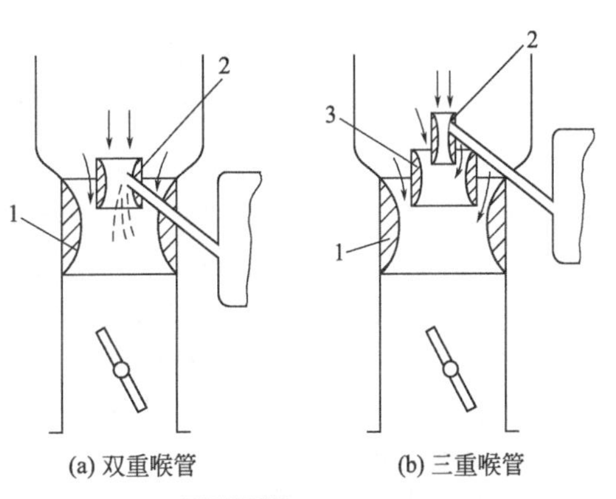

图5-26 多重喉管

1—大喉管；2—小喉管；3—中喉管

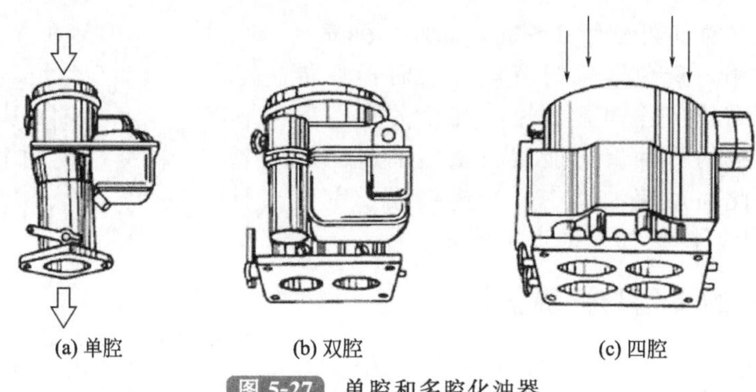
(a) 单腔　(b) 双腔　(c) 四腔

图 5-27　单腔和多腔化油器

双腔化油器有两组喉管、两个混合室和两个节气门。在低速中、小负荷工况时，副腔的节气门关闭，只有主腔工作。在主腔内装设有全部的主、辅供油器装置，它相当于一个单腔化油器的工作情况。主腔中的喉管直径比较小，有利于低速小负荷工况下汽油的雾化。当汽油机的转速和负荷上升到一定程度时，副腔开始投入工作，使空气的流通面积增加，以保证输出大功率。全负荷工作时，主、副腔的节气门均为全开。主、副腔节气门启闭的协调由一套专门的机构来保证。由于副腔只有在高速大负荷时才参加工作，所以其内经常只装设主供油装置和怠速装置。

四腔化油器有四组喉管、四个混合室和四个节气门。实际上是两个双腔分动式化油器合并在一起，多用于高转速、大排量的 V 形 8 缸机以上的发动机上。

④ 按浮子室通气方式分类。可分为不平衡式和平衡式两类，如图 5-28 所示。

不平衡式浮子室直接与大气相通，以便与喉管建立喷油压力差［如图 5-28(a)所示］。但化油器进气口上有空气滤清器，若滤清器滤芯因污染而阻塞时，进气阻力将增大，使喉管处附加了一个变化的真空度，导致混合气变浓。

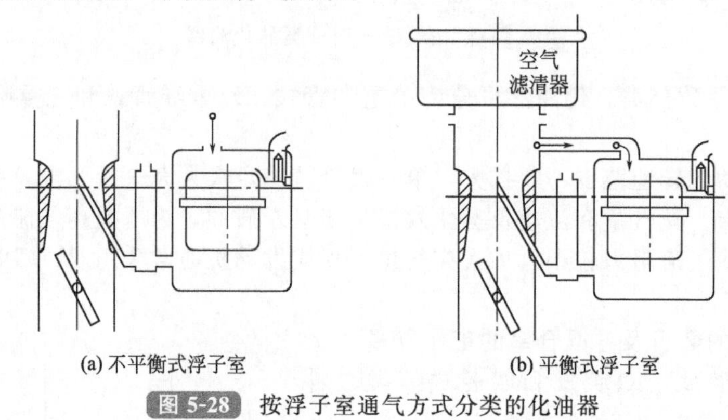

(a) 不平衡式浮子室　(b) 平衡式浮子室

图 5-28　按浮子室通气方式分类的化油器

为此，多在化油器空气管内制有与浮子室相通的平衡管，使浮子室的压力与空气管内的压力相等，此所谓平衡式浮子室［如图 5-28(b)所示］。它将空气滤清器所产生的附加真空度同时附加在喉管和浮子室液面上，从而使上述两处的压力差不受空气滤清器污染程度的影响，消除了因滤清器滤芯污染而阻塞时，进气阻力增大，导致混合气变浓的弊病。

平衡管（或平衡孔）的位置和方向对化油器的平衡效果有一定影响，平衡管大多采用伸入空气管中央、切口朝上的全压式平衡管。因其切口对着进气流，可以感受到进气的全部压力，包括动压和静压。

(2) 化油器的操纵机构

化油器的操纵机构用来控制节气门的开度，根据需要来改变混合气进入气缸的量，以改变发动机的转速和功率。混合气质的调节由化油器自动完成。

对于车用化油器，操纵机构利用拉杆机构或软钢丝连接加速踏板和节气门，共同特点是双套驱动、单向传动、加速踏板踩到底，节气门全开，实现全程控制。

① 加速踏板踩下时，节气门开度增大；松开时，开度减小；怠速时踏板回到最高位置，这一位置的保持由复位弹簧来保证。

② 手操纵阻风门拉钮和节气门拉钮。拉出阻风门拉钮则使阻风门关闭，推回则使阻风门开启，并利用软钢丝与护套间的摩擦力将阻风门保持在任何开启位置。图 5-29 属于凸轮顶开式快怠速联动机构，节气门和阻风门通过快怠速联动杆 5 连接在一起，当阻风门全关时（转动 70°），使节气门微开（约 10°），处于快怠速状态，能实现发动机启动时"三孔喷油"(即主供油装置和怠速装置同时供油)，加浓混合气。

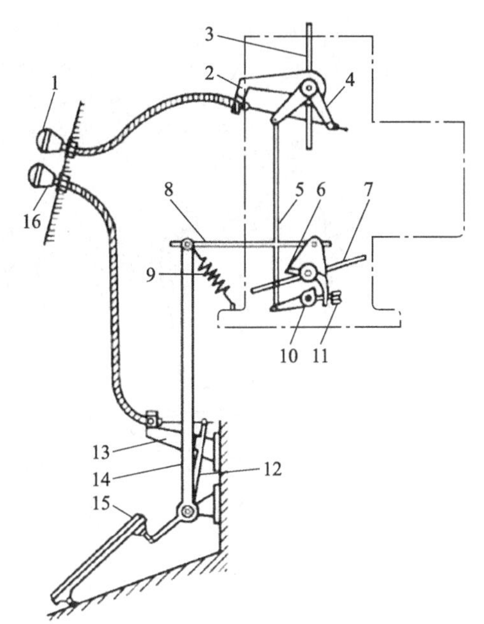

图 5-29 化油器的操纵机构

1—阻风门拉钮；2—固定板；3—阻风门；4—连动板；5—快怠速联动杆；6—节气门操纵臂；7—节气门；8—拉杆；9—复位弹簧；10—快怠速凸轮；11—节气门开度调整螺钉；12—节气门联动杆；13—支座；14—摆杆；15—加速踏板；16—节气门拉钮

拉出节气门拉钮使节气门开度增大，推回开度减小，并利用与护套的摩擦定位。摆杆 14 的转动是依靠节气门联动杆上的凸沿推动来完成的，并使加速踏板随动，是单向传动关系，但踩下加速踏板时，节气门不动，目的是防止相互干涉。

对于发电用汽油机的化油器，其阻风门（节气门）直接通过连接臂与调速器相连，以达到稳定汽油机转速的目的。

5.3.4 典型化油器构造实例

现代化油器多由三大部件组成，分别为上体、中体和下体，三个部件之间有密封用的纸垫。上体和中体多用锌合金或铝合金压铸，下体多用刚度大的铸铁制成。

上体是化油器的空气出口，与空气滤清器连接。阻风门、平衡管、进油针阀等及其他附件多安装在上体上。中体主要用于安装浮子机构、喉管和各种装置的量孔、阀门、油道及其他附件。下体是化油器的出口，与进气管连接。节气门、油道、气道、调节螺钉、联动件等多安装在下体的内外。

(1) H101 型单腔化油器

H101 型单腔化油器大多用于排量为 2.2～5.5L 汽油机上。它是国产化油器系列的主体，分有多种型号，相应型号的若干零部件可以通用。

BSH101 型化油器为三重喉管的下吸式单腔化油器，其结构如图 5-30 所示。

BSH101 型化油器的浮子室采用了透明油面观察窗和体外油面调节机构，浮子支架 29 的高低可由螺钉 26 调节。正确的油面以观察窗上的标线为准。在浮子臂的下方有浮子减振弹簧 31，上方有带减振弹簧的针阀 25，浮子位于两个弹性体之间，可以减少由于车辆振动所造成的"呛油"现象。在浮子室盖上装有全压式平衡管 16 和蒸气放出阀 22，当节气门处于怠速位置时，蒸气放出阀被机械式加浓装置上的联动板顶开，放出浮子室内的燃油蒸气。

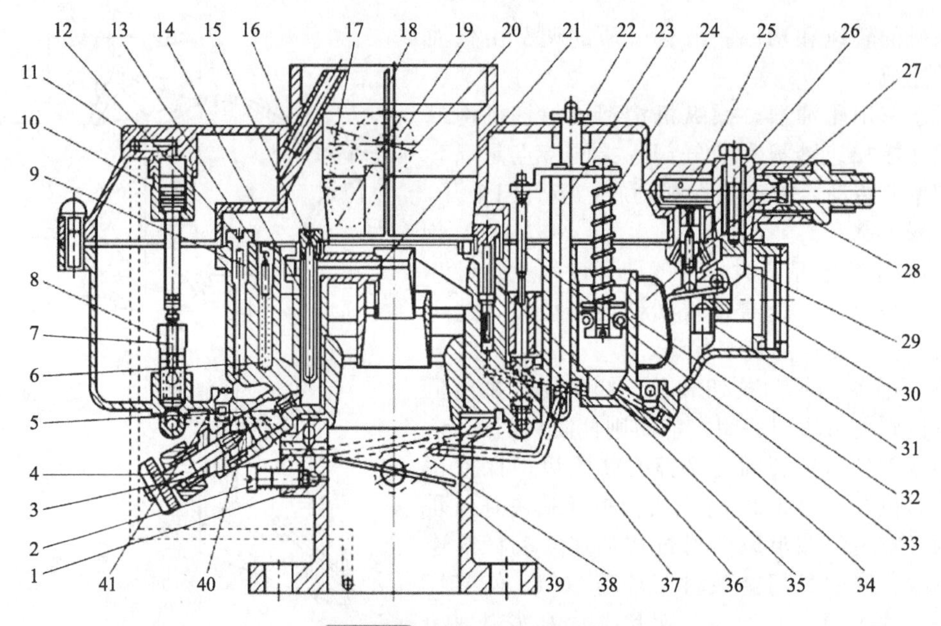

图 5-30 BSH101 型化油器

1—怠速喷口；2—怠速调节螺钉；3—怠速过渡喷口；4—主量孔调节针；5—功率量孔；6—第一级怠速油量孔；7—真空加浓推杆；8—真空加浓阀；9—第二级怠速油量孔；10—真空加浓活塞；11—真空通道；12—第二怠速空气量孔；13—第一怠速空气量孔；14—泡沫管；15—主空气量孔；16—浮子室平衡管；17—阻风门拉簧；18—阻风门；19—阻风门摇臂；20—阻风门操纵臂；21—主喷口；22—蒸气放出阀；23—拉杆；24—加速泵弹簧；25—进油针阀组；26—油面调节螺钉；27—浮子；28—进油滤网；29—浮子支架；30—油面观察室；31—浮子弹簧；32—加速泵活塞；33—机械加浓推杆；34—加速泵进油阀；35—加速泵喷嘴；36—机械加浓阀；37—加速泵出油阀；38—节气门摇臂；39—节气门；40—可调主量孔；41—固定主量孔

BSH101 型化油器采用了可拆式三重喉管，中小喉管压铸为一体，用螺钉固定在中体上，其间有密封纸垫。主喷口 21 正好位于小喉管的喉口处。

BSH101 型化油器主供油装置的主量孔 40 斜装在中体底部，其流通截面可由调节针 4 调节，旋出调节针流量增大，反之减小。最经济的调节针开度应为将调节针旋到底后再退后 3.75～4 圈。主量孔后面是可拆式功率量孔 5，功率量孔孔径比主量孔大得多，且功率加浓的燃油绕过主量孔流入功率量孔，对功率混合气成分没有影响。燃油经主量孔进入空气室（油井）中，油井中有直立内吹式泡沫管 14，形成泡沫后从主喷口 21 喷出。

BSH101 型化油器的加浓装置是由机械式和真空式两种组成的，加浓油道在主量孔和功率量孔之间，加浓装置的燃油计量由功率量孔单独控制。机械式加浓装置的推杆 33 的上端有三道槽，用来改变推杆下端和加浓阀之间的距离，以调节加浓装置开始起作用的时刻，一般在节气门全开前 10°开始起作用。节气门全开时，推杆将加浓阀打开 2～2.5mm。真空加浓装置由真空加浓活塞 10 和带量孔的加浓阀 8 等零件组成。在加浓活塞杆上有三道卡槽，可以调节弹簧的预紧力，从而调节真空加浓装置开始起作用的时刻。

BSH101 型化油器的怠速装置有两个特点：一是淹没式怠速油量孔和低油位取油管，怠速取油及时；二是两级怠速油气量孔，两次泡沫和两次计量，雾化条件好且计量准确。

BSH101 型化油器的加速装置采用机械活塞式加速泵，其进油阀 34 不在泵筒的底部，而在浮子室的底部，主要是为了维护方便。勺形加速喷油嘴 35 的口朝上，能承受气流的动压力，防止抽油作用。

（2）231A_2G 型化油器

231A_2G 型化油器如图 5-31 所示。

$231A_2G$ 型化油器属于下吸单腔双喉管式，由上体、中体和下体组成，相互之间用螺钉连接。上体和中体用锌合金精密铸造，下体用铸铁制成。上体和中体之间有一层纸质密封衬垫，将浮子室密封。中体和下体之间有一石棉衬垫，作为隔热和密封之用，以减少进气管传给中体的热量，避免浮子室受热引起的汽油蒸发损耗。

$231A_2G$ 型化油器的浮子室与上体铸成一体，有平衡孔与空气室相通，按浮子室通气方式分类，属于平衡式浮子室。

$231A_2G$ 型化油器采用双重喉管，大喉管 8 可以拆卸，小喉管 3 的出口位于大喉管的喉口处，小喉管内壁的环形喷口就是主喷管的出口。

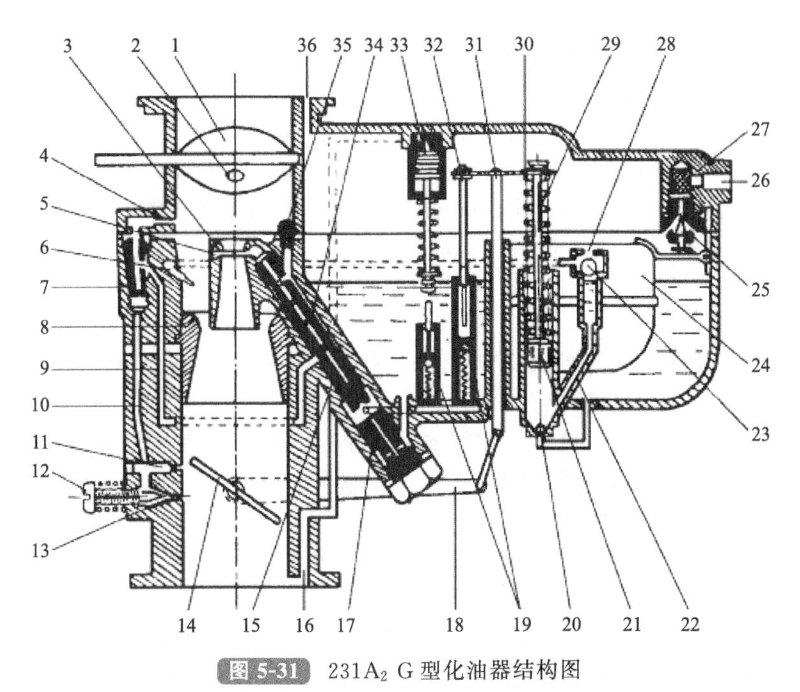

图 5-31　$231A_2G$ 型化油器结构图

1—阻风门；2—进气管；3—小喉管；4—空气孔；5—小喉管环形喷口；6—加速喷口；7—怠速量孔；8—大喉管；9，10—怠速油道；11—怠速过渡喷口；12—怠速调整螺钉；13—怠速喷口；14—节气门；15—主喷管；16—真空加浓气道；17—主量孔；18—节气门摇臂；19—加浓活门；20—加速泵进油活门；21—加速泵柱塞；22—加速油道；23—出油活门；24—浮子；25—针阀；26—进油管接头；27—滤网；28—空气孔；29—加速泵柱塞；30—弹簧；31—拉杆；32—推杆；33—真空加浓活塞；34—渗气室；35—空气量孔；36—平衡孔

$231A_2G$ 型化油器的主供油装置采用渗气法，渗气孔布置在由黄铜制成的主喷管 15 上。主喷管 15 用螺纹固定在倾斜布置的渗气室中。由黄铜精制的主量孔固定在主量孔阀体上，位于主喷管 15 的尾端。

$231A_2G$ 型化油器采用了机械式和真空式两套加浓（省油）装置，所供给的汽油都由加浓油道进入主喷管 15 中。$231A_2G$ 型化油器采用了机械加速装置，与机械省油装置共用一个拉杆并由节气门驱动。

$231A_2G$ 型化油器怠速装置的怠速喷口和过渡喷口设在下体上。怠速喷口上装有调节螺钉，用以调节怠速时的供油量。

$231A_2G$ 型化油器的启动装置是喉管前方的阻风门。阻风门上有一直径适当的小孔代替自动阀。启动时，通过小孔流入的空气可防止混合气过浓。

5.4 电控燃油喷射系统

5.4.1 喷射系统的类型及其组成

(1) 汽油喷射系统的特点

汽油喷射式燃油供给装置简称汽油喷射系统，它是在恒定压力下，利用喷油器将一定数量的汽油直接喷入气缸或进气管道内的燃油供给系统。与传统的化油器式供给系统相比，电子控制汽油喷射系统以燃油喷射装置取代化油器。通过微电子技术对系统实行多参数控制，可使汽油机的功率提高10%；在耗油量相同的情况下，扭矩可增大20%，从0到100km/h的加速时间减少7%；耗油降低10%；废气排放量可降低34%～50%，如果系统采用闭环控制并加装三元催化转化器，有害气体排放量可下降73%。

与化油器式供给系统相比，汽油喷射系统主要具有下列特点。

① 可对混合气空燃比进行精确控制，使汽油机在任何工况下都处于最佳工作状态，特别是对过渡工况的动态控制，更是传统化油器式汽油机无法做到的。

② 由于进气系统不需要喉管，减少了进气阻力，加上不需要对进气管加热来促进燃油的蒸发，所以充气效率高。

③ 由于进气温度低，使得爆燃得到了有效控制，使得提高压缩比成为可能，有利于提高汽油机的热效率。

④ 保证各缸混合气的均匀性问题比较容易解决，汽油机可使用辛烷值低的燃料。

⑤ 汽油机冷启动性能和加速性能良好，过渡圆滑。

(2) 汽油喷射系统的类型

汽油喷射系统按不同方法可以分为多种类型。

1) 按喷射位置分类

根据汽油的喷射位置，汽油喷射系统可分为缸内喷射和进气管喷射两大类，进气管喷射又可进一步分为单点喷射和多点喷射。

① 缸内喷射：缸内喷射是将喷油器安装于缸盖上直接向气缸内喷油的喷射方式，因此需要较高的喷油压力（3.0～5.0MPa)，故对供油系统的要求较高，成本也相应增加。

② 进气管喷射：进气管喷射又分为单点喷射和多点喷射。单点喷射系统把喷油器安装在化油器所在的节气门体上，用一个或两个喷油器将燃油喷入进气管，形成混合气进入进气歧管，再分配到各缸中。多点喷射系统是在每缸进气口处各装有一个喷油器，由电控单元（ECU）控制进行顺序喷射或分组喷射，汽油直接喷射到各缸的进气门前方，再与空气一起进入气缸形成混合气的喷射系统。多点喷射系统是目前最普遍的喷射系统。

2) 按喷射控制装置分类

按喷射控制装置的形成，汽油喷射系统分为机械式（机电式）和电控式两种。机械式燃油的计量是通过机械传动与液压传动实现的，电控式燃料的计量是由电控单元（ECU）与电磁喷油器实现的。

3) 按喷射方式分类

汽油喷射系统可分为连续喷射和间歇喷射两种。

连续喷射是指在汽油机整个工作过程中连续喷射燃油到进气道内的喷射方式。无须考虑各缸工作顺序，故系统结构较为简单，一般多应用于机械式或机电结合式燃油喷射系统中。

间歇喷射又称为脉冲喷射。间歇喷射的每缸每次喷射都有一个限定的持续时间，其中同期喷射喷油频率与汽油机转速同步，非同期喷射喷油频率与汽油机转速不同步。且喷油量只取决于喷油器的开启时间（喷油脉冲宽度）。所以电控单元（ECU）可以根据各传感器所获得的汽油机运行参数动态变化的情况，精确计量汽油机所需喷油量，再通过控制喷油脉冲宽度来控制汽油机各种工况下的可燃混合气的空燃比。由于间歇喷射方式的控制精度较高，故被现代汽油机广泛采用。

间歇喷射按喷油时序又可细分为同时喷射、分组喷射和顺序喷射三种形式。同时喷射是指电控单元（ECU）发出同一个指令控制各缸喷油器同时喷油。分组喷射是指各缸喷油器分成两组，每一组喷油器共用一根导线与电控单元连接，电控单元在不同时刻先后发出两个喷油指令，分别控制两组喷油器交替喷射。顺序喷射则是指喷油器按汽油机各缸的工作顺序进行喷射。电控单元（ECU）根据曲轴位置传感器信号，辨别各缸的进气行程，适时发出各缸喷油指令以实现顺序喷射。

4）按空气流量测量方法分类

汽油喷射系统可以分为三种：第一种是直接测量空气质量流量的方式，称为质量流量控制的汽油喷射系统（亦称为L型电控汽油喷射系统，“L”是德文“空气”的第一个字母）；第二种是根据进气管压力和汽油机转速来推算吸入的空气量，并计算燃油流量的速度密度方式，称为速度密度控制的汽油喷射系统（亦称为D型电控汽油喷射系统，“D”是德文“压力”的第一个字母）；第三种是根据节气门开度和汽油机转速来推算吸入的空气量并计算燃油流量的节流速度方式，称为节流速度控制的汽油喷射系统（亦称Mono型电控汽油喷射系统）。

（3）电控汽油喷射系统的组成

电控汽油喷射系统（EFI系统）以电控单元（ECU）为控制中心，并利用安装在汽油机上的各种传感器测出汽油机的各种运行参数，再按照计算机预存的控制程序精确地控制喷油器的喷油量，使汽油机在各种工况下都能获得最佳空燃比的可燃混合气。

目前，德国博世公司设计生产的L型电控汽油喷射系统（质量流量控制）应用广泛（如图5-32所示）。各类汽车上所采用的电控汽油喷射系统在结构上往往有较大差别，主要

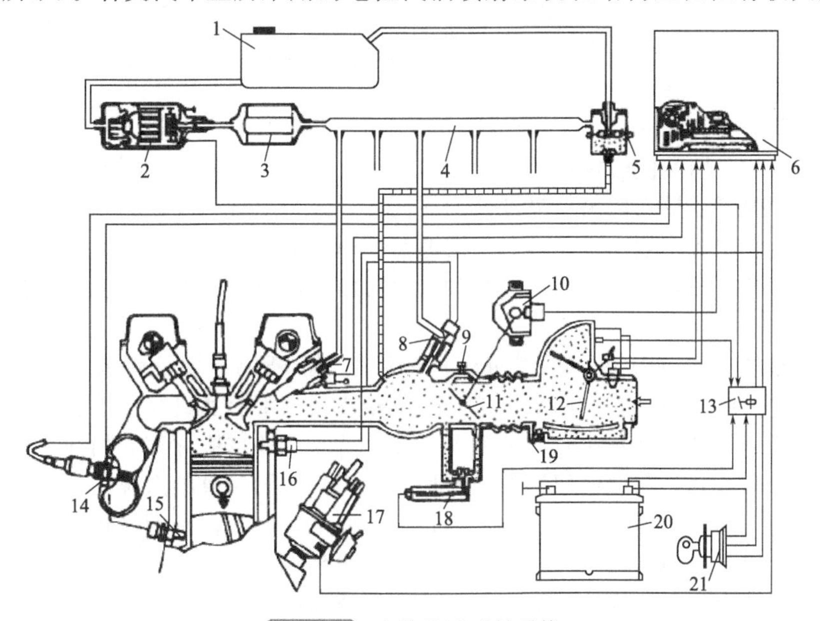

图5-32 电控汽油喷射系统

1—汽油箱；2—电动汽油泵；3—汽油滤清器；4—燃油分配管；5—油压调节器；6—电控单元；7—喷油器；8—冷启动阀；9—怠速调节螺钉；10—节气门位置传感器；11—节气门；12—空气流量计；13—继电器组；14—氧传感器；15—温度传感器；16—温度定时开关；17—分电器；18—补充空气阀；19—怠速混合器调节螺钉；20—蓄电池；21—点火开关

是电控单元的控制方式、控制范围和控制程序不尽相同，所用传感器和执行元件的构造也有所差别。各类电子控制汽油喷射系统均可视为由汽油喷射装置、空气装置和控制装置三部分组成。本节以最有代表性的、典型的电控汽油喷射系统为例分别介绍这三部分中各组件的构造和工作原理。

5.4.2 喷射装置的构成与工作原理

汽油喷射系统主要由燃油箱、电动汽油泵、汽油滤清器、燃油分配管、油压调节器、油压脉动缓冲器、电磁喷油器、冷启动喷嘴等组成。其中燃油箱、电动汽油泵、汽油滤清器在前面已经详细介绍过，下面主要介绍燃油分配管、油压调节器、油压脉动缓冲器、电磁喷油器以及冷启动喷嘴等五个部件。

(1) 燃油分配管

燃油分配管（如图 5-33 所示）也被称作“共轨”，其功用是将汽油均匀、等压地输送给各缸喷油器。由于其容积较大，故有储油蓄压、减缓油压脉冲的作用。

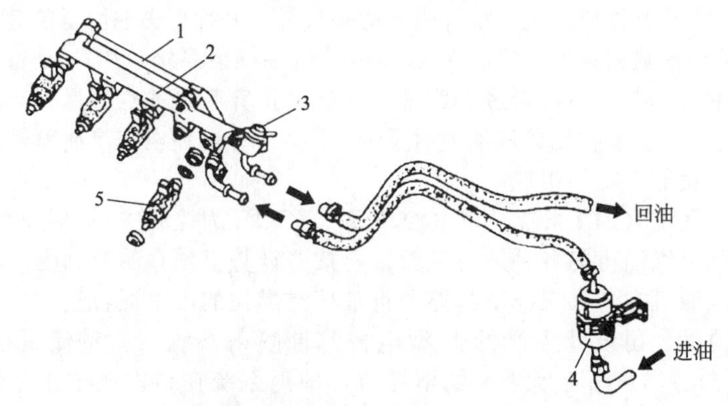

图 5-33 燃油分配管及其相邻部件

1—进油管；2—燃油分配管；3—油压调节器；4—汽油滤清器；5—喷油器

(2) 油压调节器

油压调节器的功用是使燃油供给的压力与进气管压力之差即喷油压力保持恒定。

因为喷油器的喷油量除取决于喷油持续时间外，还与喷油压力有关。在相同的喷油持续时间内，喷油压力越大，喷油量越多；反之亦然。所以只有保持喷油压力恒定不变，才能使喷油量在各种负荷下都只唯一地取决于喷油持续时间或电脉冲宽度，以实现电控单元对喷油量的精确控制。

油压调节器的基本构造如图 5-34 所示。膜片 4 将油压调节器分隔成上、下两个腔。上腔由进油口 1 连接燃油分配管，回油口 2 与汽油箱连通。下腔通过真空接管 6 与节气门后的进气管相连。当进气管压力减小时，油压调节器中的膜片 4 克服弹簧 5 的弹力向下弯曲，平面阀 7 将回油管口开启，汽油经回油口 2 流回汽油箱，使燃油供给系统的压力下降，但两者的压差保持不变。相反，当进气管压力增大，膜片向上弯曲时，平面阀将回油管口关闭，回油终止，燃油供给系统的压力增大，使两者的压差仍然保持不变，如图 5-35 所示。

燃油供给的压力与进气管口压力之差由油压调节器中的弹簧 5 的弹力限定，调节弹簧预紧力即可改变两者的压力差，也就是改变喷油压力。

(3) 油压脉动缓冲器

当汽油泵泵油、喷油器喷射及油压调节器的回油平面阀开闭时，都将引起燃油管路中油压的脉动和脉动噪声。燃油压力脉动太大可能导致油压调节器工作失常。

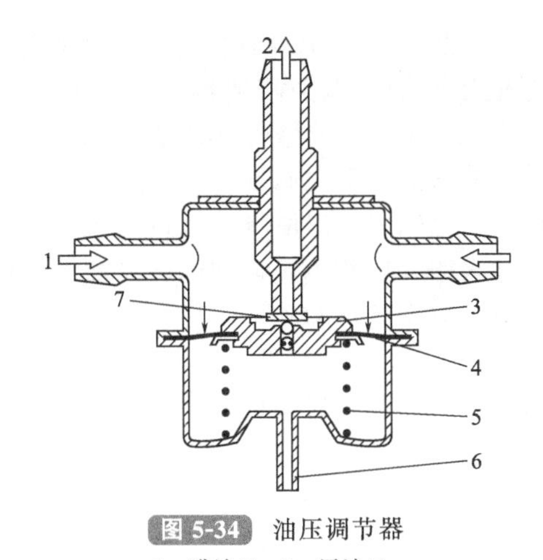

图 5-34　油压调节器

1—进油口；2—回油口；
3—阀座；4—膜片；5—弹簧；
6—真空接管（接进气管）；7—平面阀

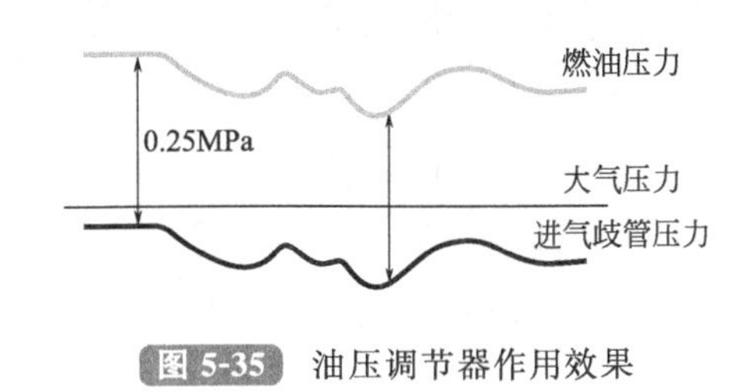

图 5-35　油压调节器作用效果

油压脉动缓冲器的作用就是减小燃油管路中的油压脉动和脉动噪声，并能在汽油机停机后保持油路中有一定的压力，以利于汽油机重新启动。

油压脉冲缓冲器的结构如图 5-36 所示，膜片 3 将缓冲器分成空气室 6 和燃油室 7 两个部分。当汽油机工作时，燃油从进油口 1 流进燃油室，由出油口 8 流出。压力脉动的燃油使弹簧 4 或张或弛，燃油室的容积则或增或减，从而消减了油压的脉动。汽油机停机后，膜片弹簧推动膜片向上，将燃油挤出燃油室，以保持管路中有一定的油压。

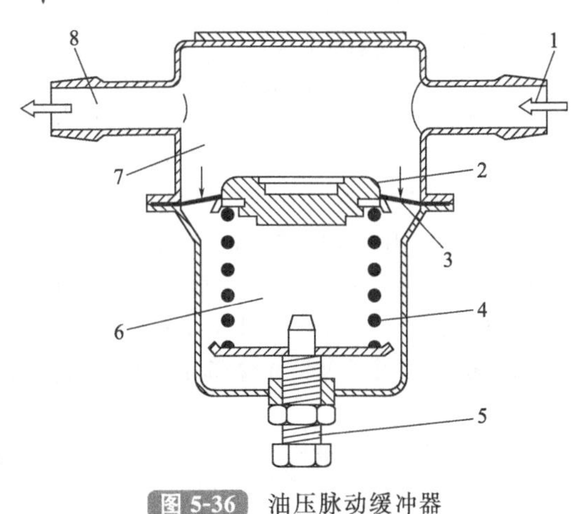

图 5-36　油压脉动缓冲器

1—进油口；2—膜片座；3—膜片；4—弹簧；
5—调整螺钉；6—空气室；7—燃油室；8—出油口

（4）电磁喷油器

电磁喷油器的功用是按照电控单元的指令将一定数量的汽油适时地喷入进气道或进气管内，并与其中的空气混合形成可燃混合气。

电磁喷油器的构造如图 5-37 所示。电磁喷油器由电磁线圈、衔铁、针阀、复位弹簧及电磁喷油器体等主要零件构成。通电时电磁线圈 3 产生电磁力，将衔铁 5 及针阀 6 吸起，电磁喷油器开启，汽油经喷油孔喷入进气道或进气管。断电时电磁线圈 3 的电磁力消失，衔铁 5 及针阀 6 在复位弹簧 4 的作用下将喷孔关闭，电磁喷油器停止喷油。电磁喷油器可以有 1 个、2 个或 3 个喷孔，分别用于两气门、四气门和五气门汽油机。

电磁喷油器的通电、断电由电控单元控制。电控单元以电脉冲的形式向电磁喷油器输出控制电流，当电脉冲从零升起时，电磁喷油器因通电而开启；电脉冲从升起到回落所持续的时间称为脉冲宽度。若电控单元输出的脉冲宽度短，则喷油持续时间短，喷油量少；若电控单元输出的脉冲宽度长，则喷油持续时间长，喷油量多。一般电磁喷油器针阀升程大约为 0.1mm，而喷油持续时间为 2～10ms。电磁喷油器按其电磁线圈的驱动方式不同可分为电压驱动式和电流驱动式两种。电压驱动式电磁喷油器喷油的电脉冲的电压是恒定的。这种电磁喷油器有低阻型和高阻型之分。低阻型电压驱动式电磁喷油器用 5～6V 电压驱动，其电

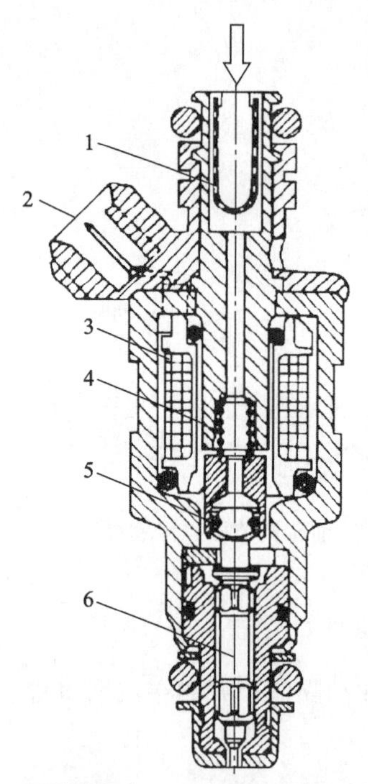

图 5-37 电磁喷油器的构造

1—滤网；2—电接头；3—电磁线圈；4—复位弹簧；5—衔铁；6—针阀

磁线圈的电阻为 3～4Ω，不能与 12V 电源直接连接，否则会烧坏其电磁线圈。高阻型电压驱动式电磁喷油器用 12V 电压驱动，其电磁线圈的电阻为 12～16Ω，检修时可直接与 12V 电源连接。电流驱动式电磁喷油器的驱动电脉冲开始时用较大的电流，使电磁线圈产生较大的电磁力，以便将针阀迅速吸起，随后再用较小的电流保持针阀的开启状态。这种电磁喷油器为低阻型，其电磁线圈的电阻一般为 2～3Ω。

（5）冷启动喷嘴

冷启动喷嘴是为改善汽油机低温启动性能而设置的，在汽油机冷状态启动时，提供较浓的混合气，以利启动汽油机，其构造如图 5-38 所示。

它由电磁线圈 2、电插座 1、衔铁阀门 4、回位弹簧 3 及紊流喷孔 5 组成。衔铁阀门 4 在回位弹簧 3 的作用下紧贴在阀门上，使阀门闭合。当电磁线圈 2 通电时，电磁吸力克服回位弹簧预紧力将衔铁阀门向上移动，阀门被打开，汽油经入口流入至紊流喷孔，在紊流喷孔处靠两个切线入口管道引起旋流，汽油便以极细的雾状喷出。

冷启动喷嘴不受 ECU 的控制，它由热时间开关控制，当汽油机温度低于 35℃时，冷启动喷嘴才打开喷油。热时间开关感应汽油机冷却水温度，是控制冷启动喷嘴工作的电热式开关，如图 5-39 所示。它由电插座 1、双金属片 3、触点 5 及绕在双金属片上的加热电阻线圈 4 组成。当汽油机启动、冷却水温度低于 35℃时，热时间开关触点 5 闭合，电流由电源经冷启动喷嘴的电磁线圈 2（图 5-38）、双金属片 3、触点 5、搭铁构成回路，冷启动喷嘴的电磁线圈 2（图 5-38）通电产生吸力，吸动衔铁阀门 4，喷出雾状汽油。当冷却水温度高于 35℃或启动时间超过 15s 时，热时间开关内的双金属片受热弯曲，触点 5 打开，冷启动喷嘴则停止喷油。汽油机正常工作时，双金属片 3 受热而使触点 5 保持断开状态，以防冷启动喷嘴工作。

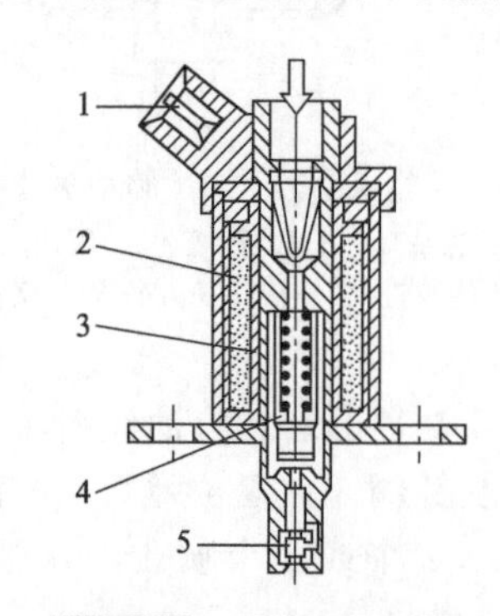

图 5-38 冷启动喷嘴结构

1—电插座；2—电磁线圈；3—回位弹簧；4—衔铁阀门；5—喷孔

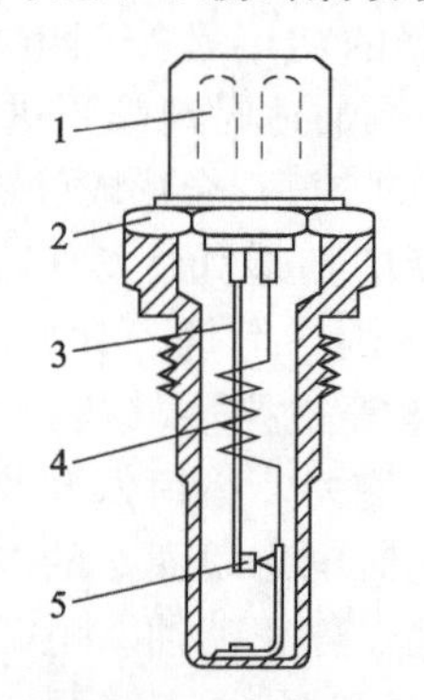

图 5-39 热时间开关

1—电插座；2—壳体；3—双金属片；4—线圈；5—触点

5.4.3 空气装置的构成与工作原理

电控汽油喷射系统的空气装置主要包括空气流量计、补充空气阀、怠速控制阀、节气门及空气滤清器等。

(1) 空气流量计

空气流量计的功用是测量进入汽油机的空气流量，并将测量结果转换为电信号传输给电控单元。空气流量计有多种形式，如翼片式、热线式、热隔膜式和涡衔式等。

① 翼片式空气流量计。其结构与工作原理如图 5-40 所示。流量计的主流道内装有与销轴一起转动的翼片、缓冲片和电位计。在没有空气流过的情况下，回位弹簧总是使翼片处于关闭主流道的位置。当有空气进入时，气流推动翼片转动一个角度，空气流量大，翼片转角也大。在转轴的带动下，电位计将翼片转动的角度转换为电信号，输出电压，电位计的电压输出变化就反映了进气管空气流量变化。

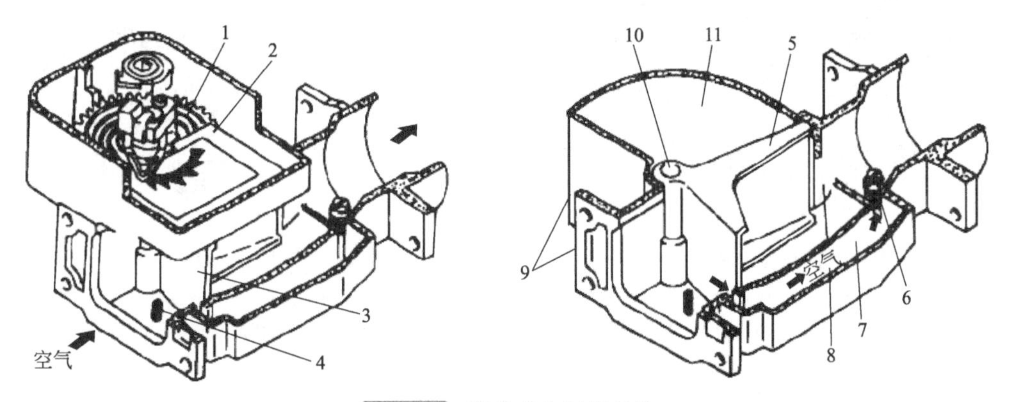

图 5-40 翼片式空气流量计

1—卷簧；2—电位计；3—翼片；4—进气温度传感器；5—缓冲器；
6—旁通空气调节螺钉；7—旁通空气道；8—主流道；9—空气流量计壳体；10—销轴；11—缓冲室

在汽油机怠速时，空气流量很小，空气主要从旁通道进入气缸，翼片的转动量很小，输出的信号使喷油量与怠速工况要求的混合气浓度相适应。旁通道流量可以通过旋转旁通调整螺钉改变，怠速工况相应改变。

② 热线式空气流量计。图 5-41 所示是常用的热线式空气流量计结构图。将铂电热丝 3 装在进气通路中，当吸入的空气流经过电热丝时，空气将电热丝产生的热量带走，其带走的热量取决于空气温度及流量。另一方面，电热丝的温度可通过调节流经电热丝的电流大小使其保持恒定，从而根据流经电热丝电流数值的大小，便可测定进入气缸的空气流量。这种空气流量计的特点是可直接测得进气空气的质量流量，无需大气压力修正，无运动零件，进气阻力小，响应特性好，可正确测出急剧减速时的进气量。但在流速分布不均匀的情况下，测量误差较大，造价较高。

为了清除使用中电热丝上附着的胶质和积炭对测量精度的影响，启动时可由控制器控制输入电热丝较大的电流，将积炭烧净。

③ 热隔膜式空气流量计。如图 5-42 所示为热隔膜式空气流量计结构图。热隔膜式空气流量计与热线式空气流量计的结构和工作原理基本相同。但它不使用铂丝，而用热隔膜代替。热隔膜将发热金属铂固定在薄树脂膜上，这种结构可使发热体不直接承受空气流所产生的作用力，提高了发热体强度，同时其分析电路比热线式简单，目前应用较广。

④ 卡门漩涡空气流量计。在进气通道中设置一个锥形或三角形的漩涡发生器，当空气通过时，漩涡发生器的后面产生两列不对称却十分规则的漩涡，此漩涡被称为卡门漩涡。单位时间内流过漩涡发生器下游某点处漩涡的数量与空气流速成正比。通过测量单位时间内流过的漩涡数量便可以计算出空气的流速和流量。

测量漩涡数量的方法有两种。一种是超声波测量法，如图 5-43 所示。即通过向漩涡的垂直方向发射超声波，接收器接收到频率随气流漩涡而变化的超声波，经滤波、整形后形成与漩涡数量对应的矩形脉冲信号。另一种是光学测量法，如图 5-44 所示。用导压孔将漩涡发生器的压力振动引向用薄金属片制成的反光镜表面，使反光镜产生振动。反光镜将发光管投射的光反射给光电管，反光镜产生振动时，光电管便产生与漩涡频率相对应的电信号。

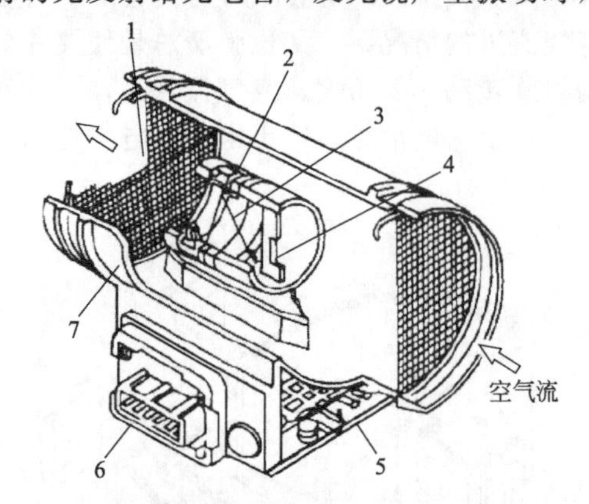

图 5-41 热线式空气流量计

1—金属防护网；2—取样管；3—铂电热丝；4—温度传感器；5—控制电路板；6—电源插座；7—壳体

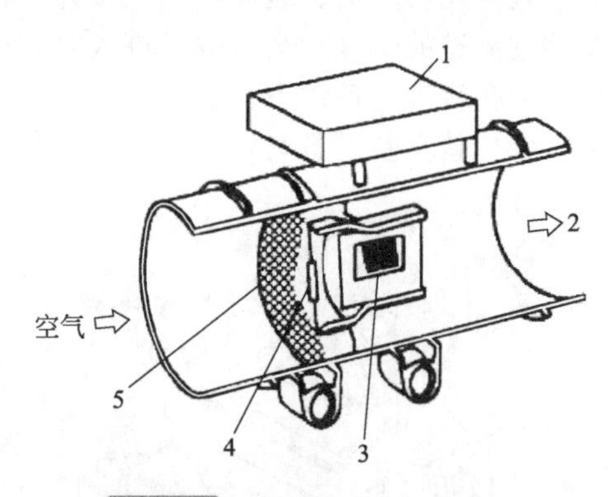

图 5-42 热隔膜式空气流量计

1—控制电路盒；2—至汽油机；3—热隔膜；4—温度传感器；5—金属防护网

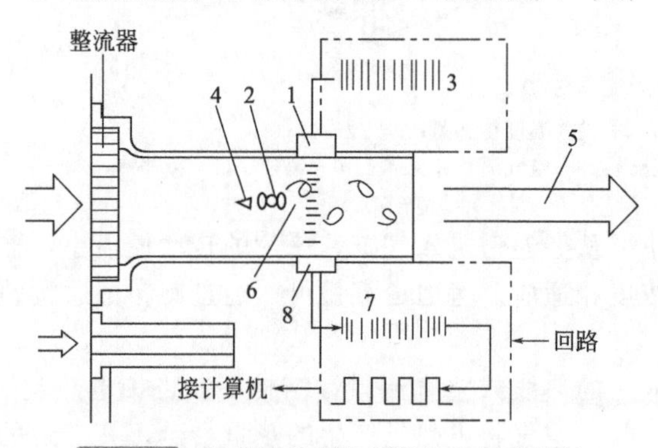

图 5-43 超声波检测卡门漩涡空气流量计

1—超声波信号发射器；2—漩涡稳定板；3—超声波发生器；4—漩涡发生器；5—流向汽油机；6—卡门漩涡；7—受漩涡；8—超声波信号接收器

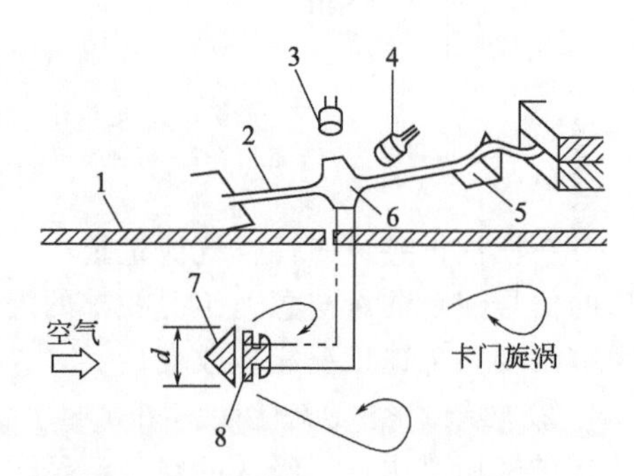

图 5-44 光电检测卡门漩涡空气流量计

1—进气歧管；2—压力感应板；3—发光二极管；4—光敏晶体管；5—板簧；6—反光镜；7—漩涡发生器；8—导压孔

卡门漩涡空气流量计信号反应灵敏，测量精度较高。

(2) 补充空气阀

补充空气阀是提高汽油机怠速的装置。当汽油机冷启动时，部分空气经补充空气阀进入汽油机，使汽油机的进气量增加。由于这部分空气是经过空气流量计计量过的，因此喷油量将相应地有所增加，从而提高了怠速转速，缩短了暖车时间。

补充空气阀主要有双金属片式、蜡式、电磁式和步进电机式等形式。现代汽油喷射系统多采用蜡式补充空气阀，如图 5-45 所示。

(3) 怠速控制阀

在节气门体汽油喷射系统中，节气门体上装有步进电机式怠速控制阀（图 5-46）。其功用是自动调节汽油机的怠速转速，使汽油机在设定的怠速转速下稳定运转。在使用空调器或转向助力器的汽车上，电控单元通过怠速控制阀自动提高怠速转速，以防止汽油机因负荷加大而熄火。采用怠速控制阀的汽油喷射系统通常不再设置补充空气阀，而由怠速控制阀来实现冷车怠速及热车后正常怠速的自动控制。

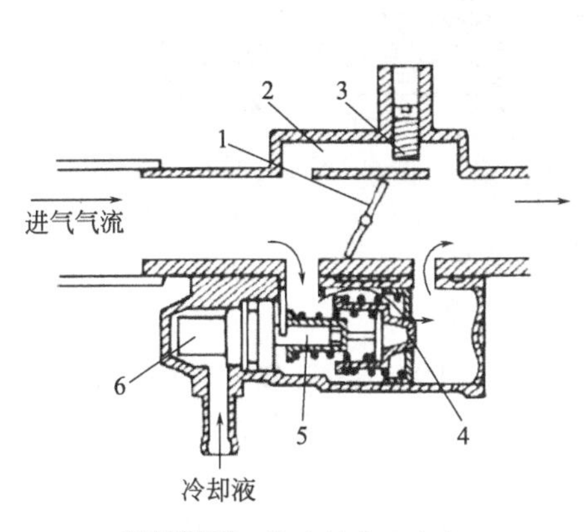

图 5-45 蜡式补充空气阀

1—节气门；2—旁通气道；
3—怠速调整螺钉；4—锥阀；
5—推杆；6—蜡盒

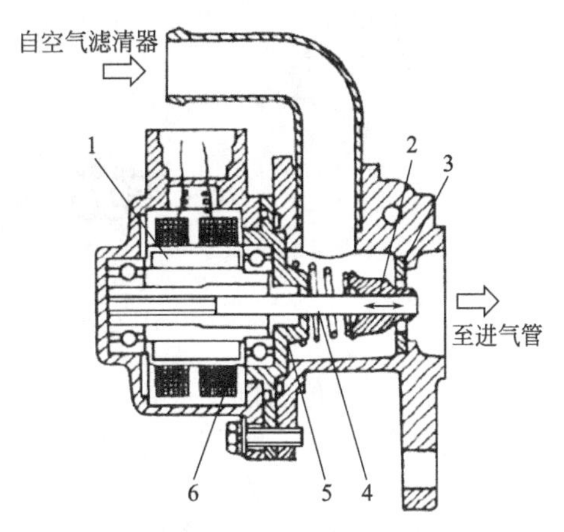

图 5-46 步进电机式怠速控制阀

1—步进电机转子；2—锥面控制阀；
3—阀座；4—螺杆；
5—挡板；6—励磁线圈

5.4.4 控制装置的构成与工作原理

电控汽油喷射系统中的控制装置由电控单元、各种传感器、执行器以及连接它们的控制电路所组成。不同类型的控制装置的控制功能、控制方式和控制电路的布置不完全一样，但基本原理相似，如图 5-47 所示。

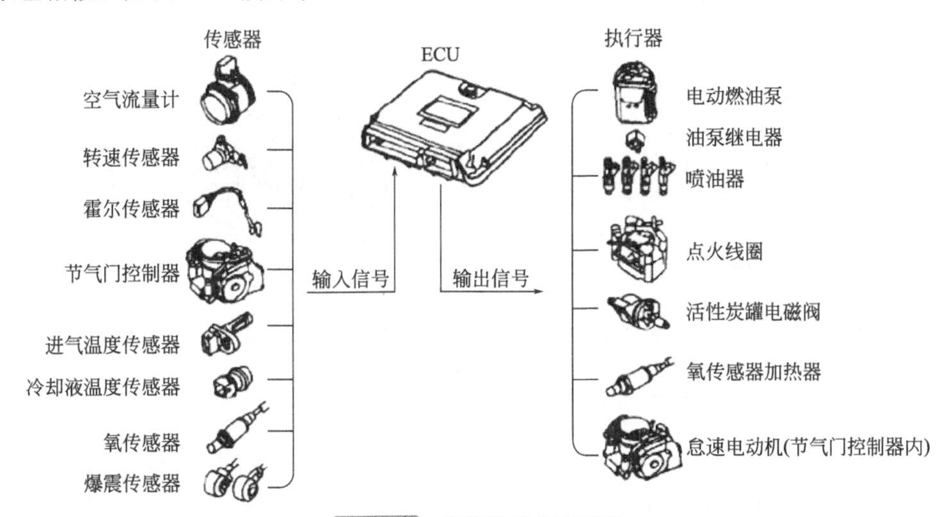

图 5-47 控制装置主要零件

（1）传感器

①温度传感器。为掌握汽油机的热状态、计算进气量及进行排气净化处理，需要有能够连续、精确地测量冷却水温度、进气温度与排气温度的传感器。温度传感器种类很多，如热敏电阻式、半导体二极管式、热电偶式等。目前，汽油机常用热敏电阻传感器作为温度传感器，其利用对温度敏感的电阻，阻值随温度变化的原理而工作，如图 5-48 所示。热敏电阻式温度传感器的测量电路比较简单，只要把传感器与一个精密电阻串联连接到一个稳定的电源上，就可利用串联电阻上的分压值反映温度的变化。

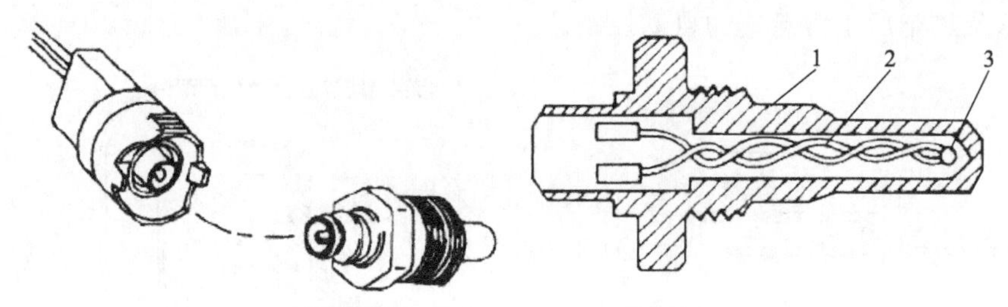

图 5-48 热敏电阻式温度传感器

1—传感器外壳；2—导线；3—热敏电阻

② 节气门位置传感器。节气门位置传感器安装在节气门轴上，与节气门联动。其功用是将节气门的位置或开度转换成电信号传输给电控单元（ECU），作为电控单元（ECU）判定汽油机运行工况的依据。

节气门位置传感器有开关型和线性输出型两种。开关型节气门位置传感器的内部有两个触点，分别为怠速触点和全负荷触点。与节气门同轴的接触凸轮控制两个触点的闭合或断开。当汽油机在怠速时，节气门接近关闭，怠速触点闭合，这时电控单元将指令电磁喷油器增加喷油量以加浓混合气，如图 5-49 所示。全负荷时，节气门全开，使全负荷触点闭合，这时电控单元将输出脉冲宽度最长的电脉冲，以实现全负荷加浓。线性输出型节气门位置传感器是一个线性电位计，由节气门轴带动电位计的滑动触点，如图 5-50 所示。当节气门的开度不同时，电位计输出的电压也不同，从而将节气门由全闭到全开的各种开度转换为大小不等的电压信号传输给电控单元，使其精确地判定汽油机的运行工况。

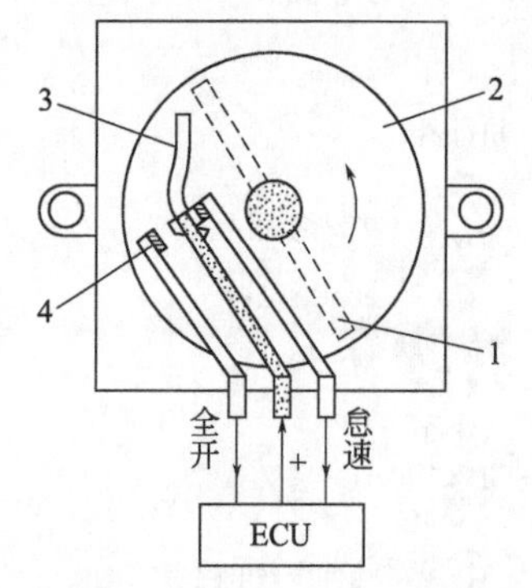

图 5-49 开关型节气门位置传感器

1—节气门；2—绝缘转盘；3—导槽；4—触点（怠速触点和全负荷触点）

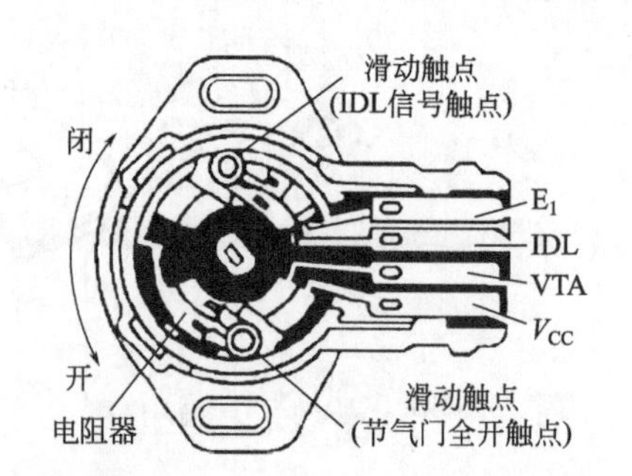

图 5-50 线性输出型节气门位置传感器

③ 曲轴位置传感器。曲轴位置传感器通常安装在分电器内，用来检测汽油机转速、曲轴转角以及作为控制点火和喷射信号源的第一缸和各缸压缩行程上止点信号。按照信号产生原理有光电式曲轴位置传感器、磁脉冲式曲轴位置传感器和霍尔效应式曲轴位置传感器。

④ 氧传感器。氧传感器安装在排气管内。因排气中氧的浓度可以反映混合气空燃比的情况，所以在电控燃油喷射系统中可用于空燃比校正的反馈信号。目前，常用二氧化钛（TiO_2）和二氧化锆（ZrO_2）两种材料，二氧化锆氧传感器的结构如图 5-51 所示。

二氧化锆氧传感器的基本元件是专用陶瓷体，即二氧化锆固体电解质管，亦称锆管。锆管固定在带有安装螺纹的固定套内，锆管内表面与大气相通，外表面与排气相通，其内外表面都覆盖着一层多孔性的薄膜作为电极。氧传感器安装在排气管 3 上，为了防止排气管内废气中的杂质腐蚀铂膜，在锆管外表的铂膜上覆盖一层多孔的陶瓷层，并加有带槽口的防护套

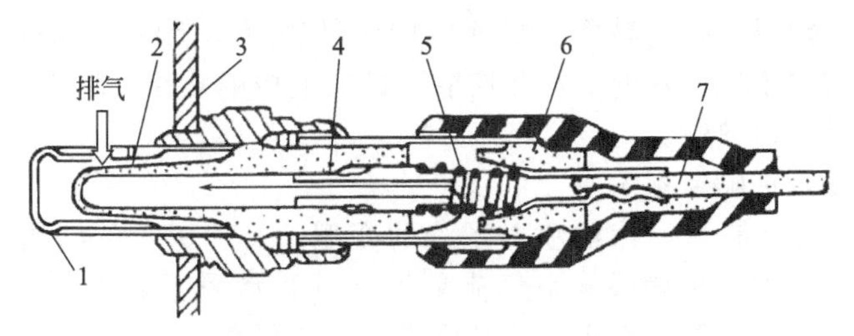

图 5-51 二氧化锆氧传感器

1—导气排气孔罩；2—锆管；3—排气管；4—电极；5—弹簧；6—绝缘套；7—导线

管。在其接线端有一个金属护套上开有一孔，使锆管内表面与大气相通。当锆管接触氧气时，氧气透过多孔铂膜电极，吸附于二氧化锆，并经电子交换成为负离子。由于锆管内表面通大气，外表面通排气，其内、外表面的氧分子分压不同，则负离子浓度也不同，从而形成负离子由高浓度侧向低浓度侧的扩散。当扩散处于平衡状态时，两电极间便形成电动势，所以二氧化锆氧传感器的本质是化学电池，亦称氧浓差电池。其输出特性是，在过量空气系数 $\alpha=1$ 时突变，$\alpha>1$ 时输出几乎为零，$\alpha<1$ 时输出电压接近 1V。

⑤ 爆震传感器。爆震传感器用于检测汽油机有无爆震发生，它是汽油机集中控制系统中的重要部件。爆震检测可以有三种途径，一是检测气缸压力，二是检测汽油机振动，三是检测燃烧噪声。目前较为常用的为振动检测。例如，磁致伸缩式爆震传感器主要用于振动检测，它是一种电感式传感器。当传感器的固有振荡频率与汽油机爆震时的振动频率相同时，传感器输出最大信号。

（2）电控单元

电控单元是电子控制单元（electronic control unit，ECU）的简称。电控单元的功能是根据其内存和数据对空气流量计及各种传感器输入的信息进行运算、处理、判断，然后输出指令，向电磁喷油器提供一定宽度的电脉冲信号以控制喷油量。电控单元由微型计算机、输入电路、输出电路及控制电路等组成，如图 5-52 所示。随着电子技术和数控技术的发展，电子控制系统的功能不断扩展，从单一的汽油喷射控制发展为对汽油喷射、点火定时、怠速及排气等进行综合控制的汽油机电控系统。

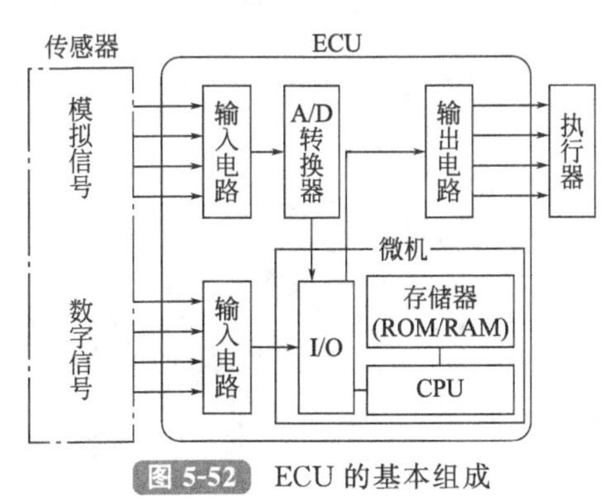

图 5-52 ECU 的基本组成

5.4.5 典型电控燃油喷射系统

（1）博世 D 型汽油喷射系统

D 型汽油喷射系统是最早应用在汽油机上的电控多点间歇式汽油喷射系统，其基本特点是以进气管压力和汽油机转速作为基本控制参数，计算出相应喷油量，通过控制喷油持续时间来控制电磁喷油器的基本喷油量。这种系统结构简单、工作可靠，但控制精度稍差，当大气状态变化较大时，汽车加速反应不良。现代汽车所用的 D 型汽油喷射系统都是经过改进的，如采用运算速度快、内存容量大的微机，完善控制功能等。

（2）博世 L 型汽油喷射系统

L 型汽油喷射系统是在 D 型汽油喷射系统的基础上，在 20 世纪 70 年代发展起来的多点间歇式汽油喷射系统。其构造和工作原理与 D 型基本相同，只是 L 型汽油喷射系统采用翼片式空气流量计直接测量汽油机的进气量，并以汽油机的进气量和汽油机转速作为基本控制参数，从而提高了喷油量的控制精度。目前应用于某些汽车上的L型汽油喷射系统大都进行了若干改进，如完善主要组件的结构和性能，扩展电控单元的控制功能等，以期提高汽油机的经济性、动力性和排放性。

(3) 博世LH型汽油喷射系统

LH型汽油喷射系统是L型汽油喷射系统的变型产品，两者的结构与工作原理基本相同，不同之处在于LH型采用热线式空气流量计，而L型采用翼片式空气流量计。热线式空气流量计无运动部件，进气阻力小，信号反应快，测量精度高。另外，LH型汽油喷射系统的电控装置采用大规模数字集成电路，运算速度快，控制范围广，功能更加完善。

(4) 博世M型汽油喷射系统

M型汽油喷射系统将L型汽油喷射系统与电子点火系统结合起来，用一个由大规模集成电路组成的数字式微型计算机同时对这两个系统进行控制，从而实现了汽油喷射与点火的最佳配合，进一步改善了汽油机的启动性、怠速稳定性、加速性、经济性和排放性。M型汽油喷射系统的组成如图5-53所示。

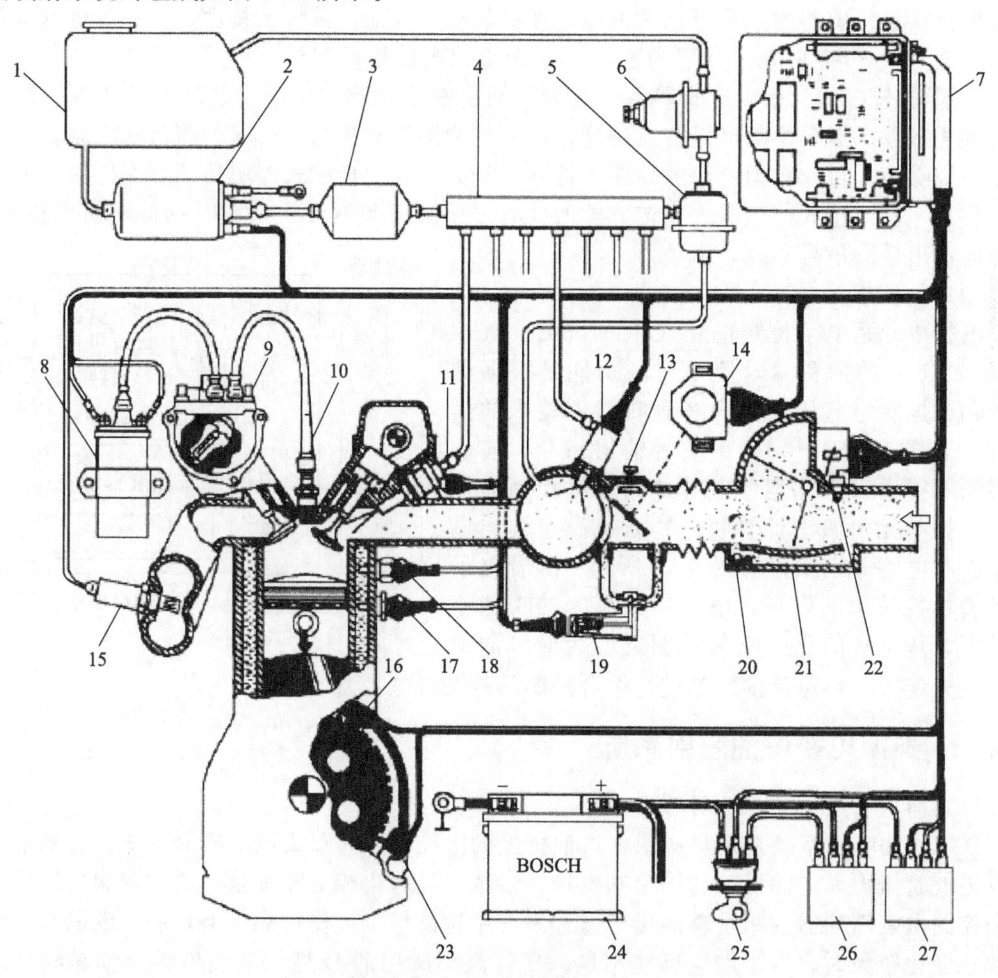

图5-53 M型汽油喷射系统

1—汽油箱；2—电动汽油泵；3—汽油滤清器；4—燃油分配管；5—油压调节器；6—油压脉动缓冲器；7—电控单元；8—点火线圈；9—分电器；10—火花塞；11—电磁喷油器；12—冷启动喷嘴；13—怠速调节螺钉；14—节气门及节气门位置传感器；15—氧传感器；16—曲轴位置传感器；17—汽油机温度传感器；18—热时间开关；19—补充空气阀；20—怠速混合气调节螺钉；21—空气流量计；22—进气温度传感器；23—汽油机转速传感器；24—蓄电池；25—点火开关；26—主继电器；27—电动汽油泵继电器

5.5 汽油机燃油供给系统常见故障检修

汽油机对燃油的要求是使用辛烷值为90～98的汽油，并尽量使用无铅汽油。燃油供给系统的作用就是保证给汽油机提供适宜的可燃混合气。对该系统的要求是：既要保证汽油机的动力性，又要使其达到一定的经济性，以及良好的启动性能和工作的可靠性。若该系统发生故障，会使汽油机功率降低、耗油率增大、启动性能变坏，甚至不能启动。因此燃油供给系统的故障必须及时、准确地予以排除。要想准确迅速地查找故障，必须做到从故障现象入手，分析故障产生的原因，掌握排除故障的方法。汽油机燃油供给系统的常见故障有不来油、混合气过稀或过浓和怠速不良等。

5.5.1 不来油

这里所指的不来油是气缸不进油，造成不能启动，或在发动机运行过程中熄火。

(1) 故障现象

① 汽油机无法着火启动，没有启动的征兆及反应。

② 刚启动时，汽油机尚能着火启动，当运行一段时间后，转速下降；将阻风门关小或关闭后稍有好转。但运转不久，汽油机熄火，再也启动不了。

③ 当向气缸加入少量汽油后，发动机虽不能启动，但有爆发声。

(2) 故障原因

① 油箱无油或油开关未打开。

② 化油器进油口被堵塞，汽油进不了浮子室。

③ 化油器三角油针被卡在关闭状态，无法上、下运动，将油通道堵塞。

④ 化油器进油口滤网堵塞。

⑤ 油路中存积有水。

⑥ 进气管或化油器连接部位封闭不严，严重漏气。

⑦ 油箱盖通气孔堵塞，与大气不相通。

(3) 检查与排除方法

当汽油机不能启动，并确认是供油系统的故障时，首先检查油箱的存油量是否足够，油箱的开关是否打开以及油箱盖通气孔是否堵塞。然后拆下化油器进油管接口或直接从浮子室盖上取下油管，打开油开关。对于油箱高于化油器浮子室的重力式供油方式的汽油发动机而言，可直接观察出油情况。对于含有汽油泵的汽油机供油系统而言，则要用手泵把泵油。如出油畅通，则故障在内油路，必须检查化油器。如不出油或出油不畅，则故障在外油路，应检查从化油器进油管接口至油箱之间的油路。

1) 检查外油路

① 首先检查油管是否完好，有无严重凹瘪、破裂。

② 如管路严重破裂、油管接头松动，打开油开关即可发现有渗漏现象。

③ 若出油不畅时，对于油箱高于化油器浮子室的重力式供油方式的汽油机而言，从化油器进油口处向油箱方向打气（或用口吹气，吹气时注意汽油不要流入口中），当油箱内没有“泡泡”的气泡声时，说明油路存在堵塞现象，应查找具体部件，加以清洗、疏通，以防暂时导通，稍有间隔，堵塞物又使油路堵塞的现象发生。

对于含有汽油泵的汽油机供油系统而言，首先查看汽油泵玻璃杯中有没有汽油，如果有油，先拆开汽油泵出油口，再用手泵把泵油，如果有油泵出，则汽油泵至化油器进油口之间的油管堵塞；如果没有油泵出，则为汽油泵出油阀堵塞或损坏。如果汽油泵玻璃杯中没有汽油，先拆开汽油泵进油口，如果有油流出，则汽油泵进油阀堵塞或损坏；如果没有油流出，则汽油泵至油箱之间的油路堵塞，排除即可。

④ 对于较长时间没有使用的汽油机，又未按规定放净汽油而形成的结胶，应将开关及油箱用专用溶液认真清洗，特别是开关前段的油管。

2）检查内油路

① 首先查看化油器浮子室油面是否正常：拧下化油器浮子室油面螺栓，当拧下时，浮子室油面与螺栓口下平面平齐即为正常；如果浮子室油面过低或没有油，一般为化油器进油三角油针卡住、化油器进油口滤网太脏或堵塞，导致进入浮子室的汽油太少；如果浮子室油面过高（拧下化油器浮子室油面螺栓，油外泄比较多），则可能是化油器进油三角油针磨损、三角油针没有安装正确或其型号不对。

② 如果化油器浮子室油面正常，则故障多为浮子室通往主喷管（口）的油道堵塞。

3）检查水分

当汽油机的内、外油路均正常但仍不能启动时，应检查汽油中是否渗有水分，若有水分，应更换全部汽油并拆下火花塞擦干，再行启动。

4）检查化油器与气缸

检查化油器与气缸间是否漏气。

以上检查与排除方法，应根据具体机型和故障特点，灵活应用。

5.5.2 混合气过稀

（1）故障现象

① 汽油机不易启动。

② 运转不稳。

③ 当节气门开度突然开大时，化油器有回火现象甚至熄火；关小节气门情况好转。

④ 工作温度高，排气温度高。

（2）故障原因

① 油箱至化油器之间的油路局部堵塞或有漏油现象。

② 化油器浮子室油平面低。

③ 化油器的主油针旋进过多。空转时，空气调节螺钉旋出过多。

④ 主量孔及主喷管或内部油路部分堵塞。

⑤ 化油器与气缸结合处漏气。

⑥ 化油器进油口滤网过脏，进油困难。

（3）检查与排除方法

应本着先易后难，由外到里的原则，先调整，后检查，再拆卸。

① 首先关小阻风门，观察汽油机工作是否好转。

② 检查主油针旋进是否过多，或空气调节螺钉旋出是否过多。若过多应予调整。

③ 检查化油器与气缸结合处是否漏气。

④ 停机后，卸下化油器进油口处接头，打开油开关观察油流状况，如畅通，应为油柱式流出；否则可判断为油接头、滤清器油箱开关部分堵塞，逐一疏通即可。

⑤ 启动汽油机，若混合气过稀的现象仍然存在，即可进行下述检查与排除：

a. 检查化油器浮子室油面高度，如过低，可根据油面低的程度，调整浮子高度或三角油针阀座垫片，浮子往上弯曲而使油面升高，且要仔细调试；若三角油针阀座处有垫片结构，减少垫片即可调高油面，且减少的垫片厚度即为油面升高的高度。

b. 如油面正常，应排除主量孔、主喷嘴、怠速喷嘴部分的阻塞现象。经过上述检查及处理汽油机应能迅速启动，正常运转。

5.5.3 混合气过浓

（1）故障现象

① 汽油机启动困难。

② 启动后排气管冒黑烟，有时可能放炮，废气常有刺鼻的臭味，排气不均匀。

③ 汽油机在低转速时，工作不稳定，高速则功率下降，耗油量增加，机温高。

④ 卸下火花塞可看到电极周围积炭较厚，并有明显湿润现象。

（2）故障原因

① 空气滤清器的滤芯太脏或滤芯含机油过多。

② 阻风门未完全打开。

③ 浮子室油面过高。

④ 主油针与主喷管、主量孔磨损严重，使喷油量过大。

⑤ 化油器的主油针旋出过多；空转时空气调整螺钉旋入过多。

⑥ 主喷管安装不紧。

⑦ 气道或空气补偿量孔堵塞。

（3）检查与排除方法

① 卸下空气滤清器，观察阻风门是否在全开位置。如卸下空气滤清器后，汽油机运转正常，说明空气滤清器滤芯堵塞或滤芯含机油过多，应予清洗和处理，或换新滤芯，不允许无空气滤清器使汽油机工作。

② 检查化油器通气孔有无汽油溢出，如有汽油溢出，可能是主油针卡死在开通状态或关闭不严，还有可能是浮子高度调整不当（浮子往下弯曲则油面降低）或浮子破损，失去控制作用，如有上述情况应进行修复或更换。

③ 调节主油针使其在正常位置或调节空气调整螺钉，其一般调整方法是，先将其拧到底，然后将其旋出 3/2 圈左右即可。

④ 检查空气补偿量孔及气道是否堵塞，若堵塞，要用压缩空气将其疏通。

⑤ 检查主量孔是否松动，并拧紧。

⑥ 以上检查内容完成并排除故障后，汽油机仍存在混合气过浓现象，则多为主量孔及主喷管磨损，应更换新件。

5.5.4 怠速不良

怠速运行状态对汽油机的正常工作不起主要作用，但在启动、暖机慢转时，要求怠速状态良好，因此，对其故障也不可忽视。

（1）故障现象

① 怠速运转不稳定。

② 转速过高，不能将其降低。

③ 怠速不能持久运行，转动几圈，汽油机便熄火。

（2）故障原因

① 进气管与缸体平面结合处衬垫漏气。

② 节气门关闭不严或节气门轴磨损，配合间隙过大，造成漏气。

③ 怠速油道空气调整螺钉调整不当使混合气过浓或过稀。

④ 节气门固定螺钉调整不当。

⑤ 怠速油道堵塞，燃油流不进或流动不畅通。

⑥ 主喷管的周边油孔堵塞（如燃油过滤不净时，此处最易堵塞）。

⑦ 怠速量孔堵塞。

（3）检查与排除方法

① 检查有无漏气的声音，当汽油机运转时，如有漏气现象，将手掌放到进气管与缸体平面结合处能感受到明显吸力，如漏气应拧紧其固定螺钉或更换衬垫。

② 调整怠速：汽油机运转后开大阻风门，先调整节气门低速限制螺钉，手控在最低转速位置（保持不熄火），再根据运转特点旋进或旋出怠速调整螺钉，直到汽油机转速最高且运转平稳；如若此时转速仍很高，再调整节气门处低速限制螺钉，仍同前与调整怠速螺钉配合直到怠速满意为止。

③ 检查节气门能否关小，有无卡死现象，有故障时应根据具体情况予以修复。

④ 如上述调整无效，则可判断为化油器内部油路有部分堵塞现象。应拆下化油器，将其清洗，用高压空气吹通即可。

经过检查并排除故障后，启动汽油机，当汽油机由高速突然关闭节气门时，汽油机不熄火，怠速运转平稳即为怠速良好。

习题与思考题

1. 汽油的使用性能主要包括哪几个方面？各有何作用？
2. 汽油机燃油供给系统的组成分为哪几个部分？各部分的功用是什么？
3. 简述膜片式汽油泵工作过程。与膜片式汽油泵相比，电动式汽油泵有何优点？
4. 经济混合气、功率混合气、着火上下限的混合气浓度各是多少？
5. 简单化油器由哪几个部分组成？各部件的作用是什么？
6. 画图说明简单化油器的工作过程。
7. 汽油机各种工况对可燃混合气浓度有何要求？为什么有这样的要求？
8. 主供油装置的作用是什么？它是如何工作的？
9. 怠速装置的作用是什么？它由哪些部分组成？它是如何工作的？
10. 启动装置的作用是什么？它由哪些部分组成？它是如何工作的？
11. 加浓装置的作用是什么？它由哪些部分组成？它是如何工作的？
12. 加速装置（加速泵）的作用是什么？它由哪些部分组成？它是如何工作的？
13. 电控燃油（汽油）喷射系统有哪些类型？
14. 电控燃油喷射系统为什么要设置冷启动喷嘴和热时间开关？
15. 油压调节器的作用是什么？它是如何工作的？
16. 汽油机燃油供给系统的常见故障有哪些？简述各自产生的原因及其检修方法。

第6章 汽油机点火系统

汽油发动机工作时，吸入气缸中的可燃混合气在压缩行程终了靠电火花点燃，使混合气燃烧产生强大的动力，推动活塞向下运动使发动机做功。点火系统的任务就是按气缸工作顺序，在适当的时刻点火，保证在各种特殊条件下产生足够的点燃混合气的电火花能量。

在火花塞的两个电极之间加上直流电压时，电极之间的气体便发生电离现象。随着两电极间的电压升高，气体电离的程度不断增强。当电压增长到一定值时，火花塞两电极间的间隙被击穿而产生电火花。使火花塞两电极间隙击穿所需要的电压，称为击穿电压。击穿电压的数值与电极间的距离（火花塞间隙）、气缸内的气体压力和温度有关。电极间隙越大、缸内压力越高、温度越低，则击穿电压越高。为了使发动机在各种工况下均能可靠电火，作用在火花塞间隙的电压应能达到 9～20kV。

能够按时在火花塞两电极之间产生电火花的全部装置，称为发动机点火系统。为了适应发动机的工作，要求点火系统能在规定的时刻，按发动机的点火次序供给火花塞足够能量的高电压，使其两电极间产生电火花，点燃混合气，使发动机做功。

根据点火系统的组成和产生高压电的方法不同，可将点火系统分为蓄电池点火系统、磁电机点火系统、晶体管点火系统和微机控制点火系统。

6.1 蓄电池点火系统

6.1.1 蓄电池点火系统的组成

蓄电池点火系统的组成如图 6-1 所示，主要由蓄电池 3、发电机 4、点火开关 1、点火线圈 11、断电器 9、配电器 10、电容器 8、火花塞 7、高压导线 5、附加电阻 12 等组成。

点火系统电路的主要组成如图 6-2 所示，主要由一次绕组（初级绕组）10、二次绕组（次级绕组）8 和铁芯 11 等组成。它相当于自耦变压器，用来将 12V、24V 或 6V 的低压直流电转变为 15～20kV 的高压直流电，以满足击穿火花塞间隙，产生电火花的需要。

分电器由断电器、配电器、电容器和点火提前装置等组成，它用来在发动机工作时接通与切断点火系统的一次电路，使点火线圈的二次绕组中产生高压电，并按发动机要求的点火时刻与点火顺序，将点火线圈产生的高压电分配到相应气缸的火花塞上。

断电器主要由断电器凸轮、断电器触点臂和断电器触点等组成。断电器凸轮由发动机配气凸轮驱动，并以同样的转速旋转，即曲轴每转两圈断电器凸轮转一圈。为了保证曲轴每转两转各缸轮流点火一次，断电器凸轮的凸角数一般等于发动机的气缸数。断电器的触点串联

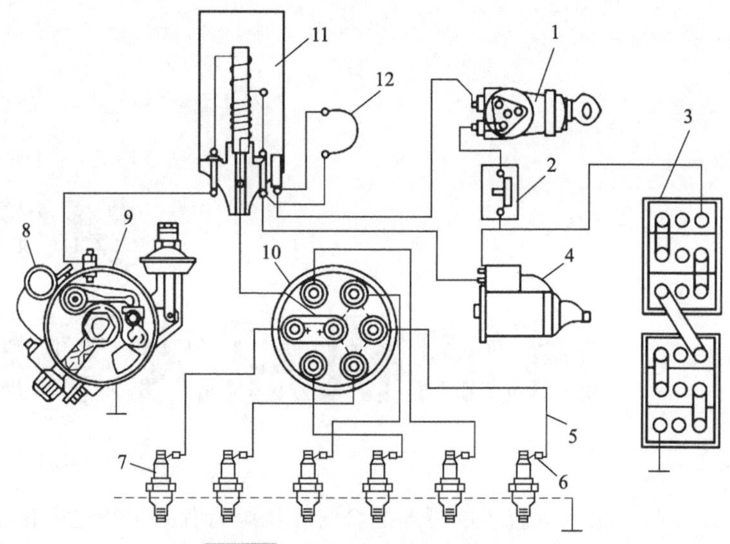

图 6-1　蓄电池点火系统的组成

1—点火开关；2—电流表；3—蓄电池；4—发电机；5—高压导线；
6—高压阻尼电阻；7—火花塞；8—电容器；9—断电器；10—配电器；11—点火线圈；12—附加电阻

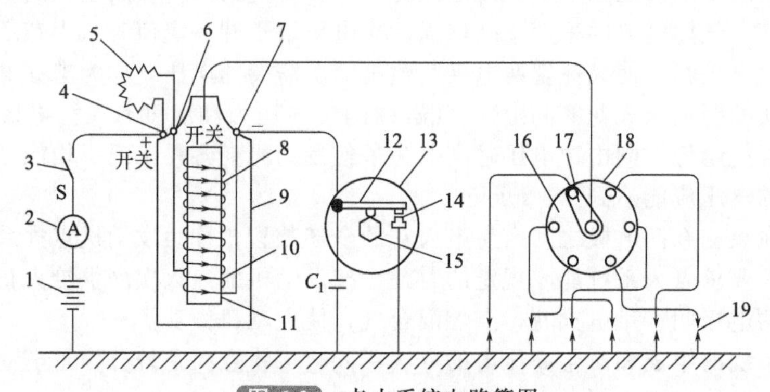

图 6-2　点火系统电路简图

1—蓄电池；2—电流表；3—点火开关；4—点火线圈接点火开关接线柱；5—附加电阻；6—点火线圈接起动机接线柱；7—点火线圈接分电器接线柱；8—二次绕组；9—点火线圈；10—一次绕组；11—铁芯；12—断电器触点臂；13—断电器；14—断电器触点；15—断电器凸轮；16—分电器盖；17—分火头；18—配电器；19—火花塞

在点火线圈的一次电路中，用来接通或切断点火线圈的一次绕组的电路。因此，断电器相当于一个由凸轮控制的开关。

配电器由分电器盖和分火头组成。分火头安装在分电器的凸轮轴上，与分电器轴一起旋转。分电器盖上有中央高压线插孔（中央电极）和若干个分高压线插孔，分高压线插孔也称为旁电极，其数目与发动机气缸数相等。点火线圈产生的高压电经分电器盖的中央电极、分火头、旁电极、高压导线分配到各缸火花塞。

电容器安装在分电器壳上，与断电器触点并联，用来减小断电器触点分开瞬间在触点之间产生的火花。

点火提前装置是由安装在断电器底板下方的离心点火提前调节装置和安装在分电器壳上的真空点火提前调节装置组成的，用来在发动机工况变化时，自动调节点火提前角。

火花塞的作用是将点火线圈产生的高压电引入燃烧室，并产生电火花点燃混合气。它由中心电极和侧电极组成，安装在发动机的燃烧室中。

点火系统工作时所需的电能由蓄电池供给，其电压为 12V、24V 或 6V。

6.1.2 蓄电池点火系统的工作原理

如图 6-3 所示是蓄电池点火系统的工作示意图。点火线圈 2 一次绕组的一端经点火开关 3 与蓄电池 4 相连，另一端经分电器壳上的接线柱接断电器 5 的活动触点臂，固定触点通过分电器壳体接地。电容器 6 并联在断电器 5 的两触点之间。其工作过程如下：

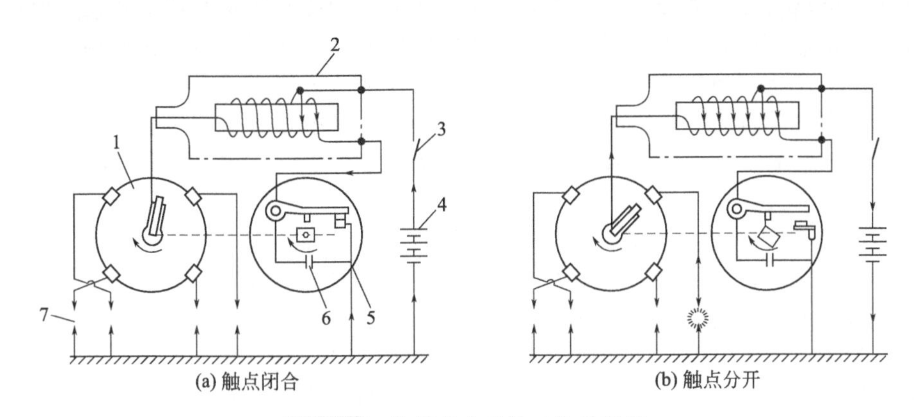

图 6-3 传统点火系统工作示意图

1—配电器；2—点火线圈；3—点火开关；4—蓄电池；5—断电器；6—电容器；7—火花塞

接通点火开关 3，当断电器 5 的触点闭合时，蓄电池 4 的电流从蓄电池的正极出发，经点火开关 3、点火线圈 2 的一次绕组（200～300 匝的粗导线）、断电器活动触点臂、触点和分电器壳体接地，流回蓄电池负极［图 6-3(a)］。由于回路中流过的是低压电流，所以称这条电路为低压电路或一次电路。当电流通过点火线圈的一次绕组时，在一次绕组的周围产生磁场，并由于铁芯的作用而加强。当断电凸轮顶开触点时，一次电路被切断，一次电流迅速下降到零，铁芯中的磁场随之迅速衰减以至消失，因此在匝数多（15000～23000 匝）、导线细的二次绕组中感应出很高的电压。二次绕组中产生的高压电，作用在火花塞 7 的中心电极和侧电极之间，当高压电的电压超过火花塞间隙的击穿电压时，火花塞的间隙被击穿，产生电火花，点燃混合气。一次绕组中电流下降的速率越高，铁芯中磁通的变化率越大，二次绕组中产生的电压就越高。

点火线圈二次绕组中的感应电压称为二次电压，通过的电流称为二次电流，二次电流所通过的电路，称为二次电路或高压电路。

当断电器触点被顶开时，二次电路中分火头恰好对准分电器盖上的旁电极，如图 6-3(b) 所示。二次电流从点火线圈的二次绕组，经点火开关、蓄电池、机体（搭铁）、火花塞的侧电极、中心电极、高压导线、配电器流回点火线圈的二次绕组。

在断电器触点分开的瞬间，点火线圈铁芯中的磁通迅速变化，由于互感作用在二次绕组中产生高压电，同时在一次绕组中还产生自感电压和电流。在触点分开、一次电流迅速下降的瞬间，自感电流与原一次电流的方向相同，作用于触点之间，其电压高达 200～300V。它将击穿触点的间隙，在触点间产生强烈的火花。触点间的火花不仅使触点迅速氧化、烧蚀，影响断电器正常工作，而且使一次电流不能迅速下降到零，二次绕组中感应的电压降低，火花塞间隙中的火花变弱，以致难以点燃混合气。

为了消除自感电压和电流的不利影响，在断电器触点间并联电容器。当断电器触点分开瞬间，自感电流向电容器充电，可以减小触点间的火花，加速一次电流和磁通的衰减，从而提高了二次电压。

发动机工作时，点火线圈产生的二次电压的大小与断电器触点分开时一次电流的大小有关。一次电流越大，铁芯中产生的磁场越强，当触点分开时磁通的变化率越大，因此感应的二次电压也越高。为此，应尽可能增大流过一次绕组的电流。但是，在断电器触点闭合、一次电流增长的过程中，一次绕组中也有自感电流产生，其方向与一次电流相反，阻碍一次电流的增长，使一次电流的增长速度减慢。因此，在断电器触点闭合后，一次电流是按指数规律由零开始逐渐增长的，需要经过一段时间后，才能达到按欧姆定律得出的最大稳定值。实际上，发动机正常工作时，由于断电器凸轮的转速很高，点火周期短，触点每次闭合的时间常常少于一次电流达到稳定值需要的时间。所以，在触点分开时的一次电流也小于其最大稳定值。特别是在发动机高速运转时，由于点火周期缩短时触点闭合时间短，一次电路断开时的电流减小，感应的二次电压下降；反之，发动机转速降低时，点火周期延长使触点闭合时间长，一次电流增大，二次电压升高。

从上述分析可见，传统点火系统在发动机低速运转时，一次电流大，二次电压高，点火可靠；发动机高速运转时，一次电流小，二次电压低，点火不可靠。所以，在点火线圈的一次电路中串联一个附加电阻，以改善点火系统的高速性能。

附加电阻是一个电阻值随温度变化而变化的热敏电阻，当温度升高时其电阻值增大。附加电阻的工作原理如下：当发动机高速运行时，由于断电器触点闭合时间缩短，一次电流减小，点火线圈一次绕组和附加电阻的温度降低，附加电阻的电阻值减小，使一次电流适当增大，二次电压提高，改善了传统点火系统的高速性能；发动机低速运转时，由于断电器触点闭合时间长，一次电流大，点火线圈和附加电阻的温度升高，附加电阻的电阻值增大，使一次电流适当减小，可以防止点火线圈过热。当发动机启动时，流过起动机的电流极大，使蓄电池的端电压急剧下降。此时，为了保证一次电流的必要强度，可将附加电阻短路，如图 6-4 所示。当点火开关 9 处于接通位置且断电器触点闭合时，一次电流经附加电阻 2 进入一次绕组。启动发动机时，将点火开关 9 转向到启动位置，启动继电器的触点 8 吸合，起动机电磁开关的线圈通电，在起动机的主电路接通之前，电磁开关接触盘 7 将接线柱 6 与蓄电池 4 接通，于是附加电阻 2 被短路，由蓄电池直接向点火线圈一次绕组（不经点火开关）供电，使一次电流增大，二次电压升高，改善了启动性能。

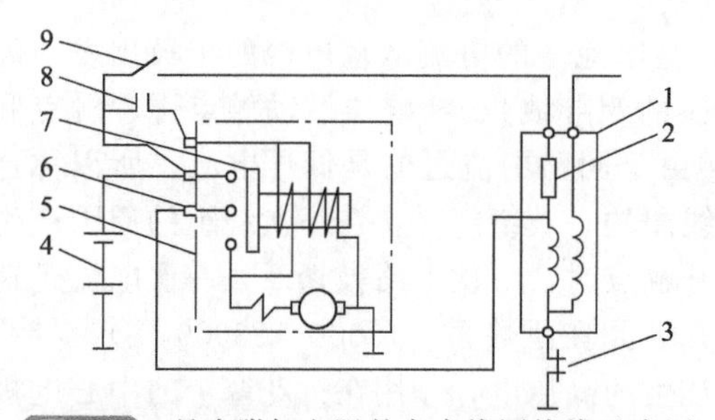

图 6-4 具有附加电阻的点火线圈接线示意图

1—点火线圈；2—附加电阻；3—断电器触点；4—蓄电池；5—起动机；6—附加电阻短路接线柱；7—电磁开关接触盘；8—启动继电器触点；9—点火开关

点火时刻对发动机的性能有很大影响。由于混合气燃烧有一定的速度，即火花塞间隙出现火花，到燃烧室中的混合气大部分燃烧完毕，气缸内的压力升到最高值，需要一定的时间。虽然这段时间很短（大约千分之几秒），但是，由于发动机的转速高，在这样短的时间内曲轴却转过很大的角度。若恰好在活塞到达上止点时点火，则混合气开始燃烧时活塞已开始向下运动，使气缸容积增大，燃烧压力降低，发动机功率下降，如图 6-5(a) 所示。

如果点火过早，则活塞正在向上止点运动过程中，气缸内气体压力迅速升高，可是气体压力作用的方向与活塞运动的方向相反，因此，在示功图上将出现套环，如图 6-5(b) 所示。此时，发动机有效功减小，功率也将下降。

所以，应当在活塞到达压缩行程上止点之前点火，使气体压力在活塞达到上止点后 10°～15°时达到最高值，这样混合气燃烧产生的热能在做功行程中得到充分利用，可以提高发动机的功率，如图 6-5(c) 所示。

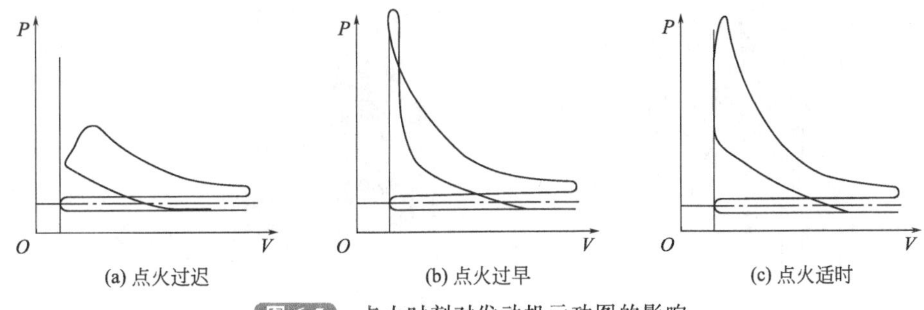

图 6-5 点火时刻对发动机示功图的影响

提前点火的角度，称点火提前角。即火花塞间隙跳火时曲轴的曲拐所在的位置与压缩行程终了活塞到达上止点时曲拐位置的夹角。

发动机工作时最佳点火提前角不是固定值，它随很多因素而改变。影响点火提前角的主要因素是发动机的转速和混合气的燃烧速度。混合气的燃烧速度又与混合气的成分、发动机的结构（如燃烧室的形状、压缩比等）及其他一些因素有关。

因此，当发动机的转速一定时，随着节气门的开度加大，发动机负荷增大，吸入气缸中的可燃混合气数量增多，压缩行程终了时气缸内的温度和压力增高，同时残余废气在气缸内混合气中占的比例减小，混合气燃烧的速度加快，点火提前角应适当减小；反之，发动机负荷减小时，点火提前角应适当加大。

对汽车发动机而言，在运行过程中其负荷和转速经常变化，为了使发动机在各种工况下都能适时点火，在发动机点火系统中，一般都装设有两套自动调节点火提前角的装置。其中，一套是真空点火提前调节装置，它随发动机负荷变化自动调节点火提前角；另一套是离心点火提前调节装置，它随发动机转速变化自动地调节点火提前角。

此外，发动机的最佳点火提前角还与所用汽油的抗爆性能有关。使用辛烷值较高即抗爆性好的汽油时，许用的点火提前角较大。因此，发动机换用不同牌号汽油时，点火提前角也必须做适当的调整。为此，要求点火系统的结构还应当能在必要时适当地进行点火提前角的手动调节，例如有些机型在点火系统中设置了辛烷值选择器，可以在进行手动调节时指示出调节的角度。

6.1.3 蓄电池点火系统的主要元件

（1）点火线圈

点火线圈是用来将电源的低压电转变成高压电的基本元件，它由一次绕组、二次绕组和铁芯等组成。常用的电火线圈可分为开磁路点火线圈和闭磁路点火线圈两种形式。

① 开磁路点火线圈。开磁路点火线圈的结构如图 6-6 所示。点火线圈的铁芯由若干片涂有绝缘漆的硅钢片叠成，二次绕组和一次绕组都套在柱形铁芯上。

点火线圈的二次绕组用直径为 0.06～0.10mm 的漆包线，在绝缘纸上绕 11000～23000 匝；一次绕组用直径为 0.5～1mm 的漆包线，在二次绕组绝缘层的外侧绕 240～370 匝。由于一次绕组中流过的电流较大，导致其发热量也大，故绕在二次绕组之外，以利于散热。两个绕组的外面都包有绝缘纸层，在一次绕组之外还套装一个导磁钢套，以减小磁路的磁阻，并使一次绕组的热量易于散出。

两个绕组连同铁芯浸渍石蜡和松香的混合物后装入外壳中，并支承在磁质绝缘座上。二次绕组的一端与一次绕组的一端焊接在一起，焊点在点火线圈内部；二次绕组的另一端接在胶木盖中央的高压线接头上。一次绕组的两端分别与低压接线柱相接。在外壳内充填防潮的胶状绝缘物或变压器油之后，用胶木盖盖好，并加以密封。

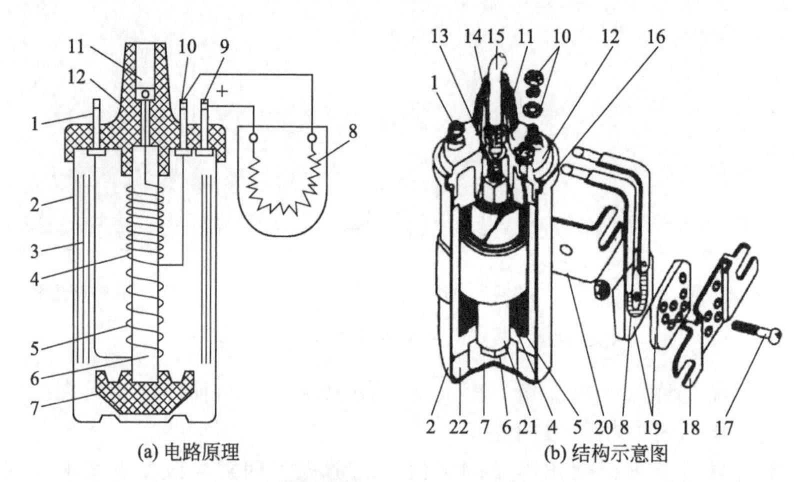

图 6-6 开磁路点火线圈

1—“−”接线柱；2—外壳；3—导磁钢套；4—二次绕组；5—一次绕组；
6—铁芯；7—绝缘座；8—附加电阻；9—“+”接线柱；10—“+”开关接线柱（接起动机的接线柱）；
11—高压线接头；12—胶木盖；13—弹簧；14—橡胶罩；15—高压阻尼线；16—橡胶密封圈；
17—螺钉；18—附加电阻盖；19—附加电阻瓷质绝缘体；20—附加电阻固定架；21—绝缘纸；22—沥青填料

附加电阻 8 接在两个低压接线柱 9 和 10 之间。在有些机型上使用的点火线圈不带附加电阻 8，没有接线柱 9，接线柱 10 直接经点火开关接电源；还有些机型使用的点火线圈上虽然没有附加电阻，但接线柱 10 通过一根专用的附加电阻线接电源，在接线柱 10 上还接有一根导线，导线的另一端接在起动机的附加电阻短路接线柱上，以便在启动发动机时将附加电阻短路，改善启动时的点火性能。

② 闭磁路点火线圈。开磁路点火线圈采用柱形铁芯，一次绕组在铁芯中产生的磁通，通过导磁钢套形成磁回路，而铁芯上部和下部的磁力线从空气中穿过，磁路的磁阻大，泄漏的磁通量多，磁路损失大，转化率低。闭磁路点火线圈，将一次绕组和二次绕组都绕在口字形或日字形铁芯上，如图 6-7 所示。初级绕组在铁芯中产生的磁通，通过铁芯形成闭合磁路，因此泄漏的磁通量和磁路损失大大减小，点火线圈的转换效率高。

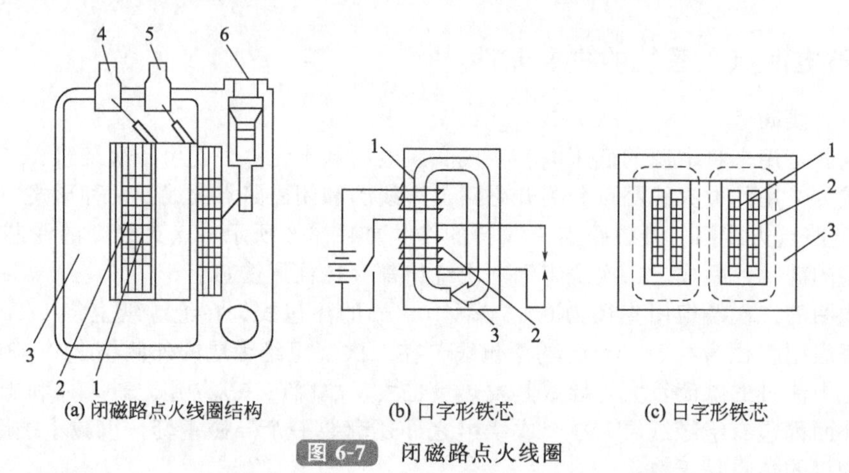

图 6-7 闭磁路点火线圈

1—一次绕组；2—二次绕组；3—铁芯；4—“+”接线柱；5—“−”接线柱；6—高压线插孔

（2）火花塞

火花塞的功用是将点火线圈的脉冲高压电引入燃烧室，在火花塞的两个电极间产生电火花，引燃混合气。

火花塞要承受15～20kV的高压、高的机械应力和热应力，还要承受燃烧气体的化学腐蚀。一般压缩比为9，转速为4500r/min的四冲程汽油机，燃烧时最高温度达3273K，最大爆发压力达4MPa。

火花塞如图6-8所示，它由中心电极、侧电极、绝缘体等组成。

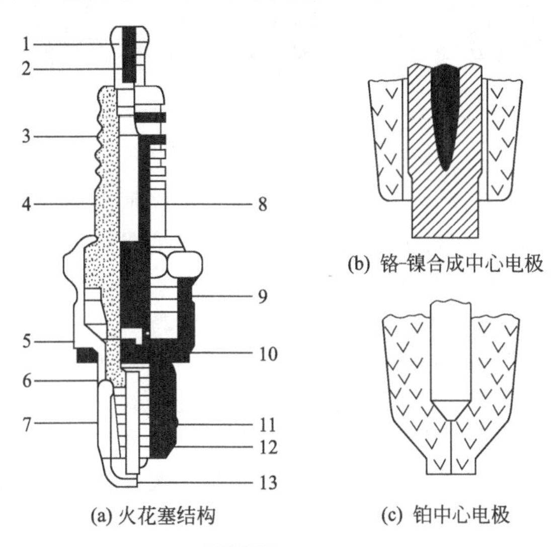

图6-8 火花塞

1—接线螺母；2—连接螺柱；3—防电流泄漏凹槽；4—绝缘体；5—填充物；6—内密封垫；7—自洁区；8—金属杆；9—壳体；10—密封垫；11—绝缘体裙部；12—中心电极；13—侧电极

中心电极12通过导电玻璃瓷釉的填充物，与金属杆8相连。填充物起导电、密封和抑制电磁干扰的作用。中心电极有耐热、耐蚀的镍基合金电极，芯部由导热的铜组成的铬-镍合成电极［图6-8(b)］和直径0.3mm的铂电极［图6-3(c)］等多种形式。绝缘体为优质Al_2O_3陶瓷。为防止溅落在绝缘体上面的污物积垢对绝缘体的影响，绝缘体外表面制成防电流泄漏的凹槽，以削弱高压电在中心电极12与绝缘体4间的跨越能力，有利于电极间的正常跳火。钢制壳体用在约1173K温度下挤压收缩和翻边的方法包在绝缘体4上。侧电极13焊在壳体上。火花塞靠壳体上的螺纹拧入气缸盖上的火花塞专用螺纹孔上，并靠密封垫密封。

汽油机工作时，火花塞绝缘体下端（裙部）的温度应保持在773～1023K的范围内，这样可使黏附在裙部的燃油完全烧掉，不致积炭，这个温度称为火花塞的自洁温度。如裙部温度低于自洁温度，易使裙部积炭，造成两个电极因短路而断火。裙部温度过高容易产生炽热点火，从而导致早燃，甚至在进气冲程中着火燃烧，发生化油器回火。同时，火花塞电极在高温下，易受到燃油中硫的腐蚀而损坏。

火花塞的重要性能是热特性，它是保持火花塞自洁温度和承受热负荷能力的标志，它主要取决于绝缘体裙部的长度。

火花塞可分为热型、冷型和中型，如图6-9所示。

火花塞绝缘体裙部越长，伸入燃烧室内越深，受热面积越大，散热越困难，这种火花塞称为热型火花塞。它适用于低压缩比、低转速、低功率的汽油机。反之，裙部短的火花塞，称为冷型火花塞。它用于高压缩比、高转速、大功率汽油机上。介于热型和冷型间的火花塞称为中型火花塞。

国际上标定火花塞特性的方法有两种。一种是美国SAE的方法，在0.288L单缸专用试验机上用使火花塞产生炽热点火时，所达到的最大平均指示压力来表示。最大平均指示压力

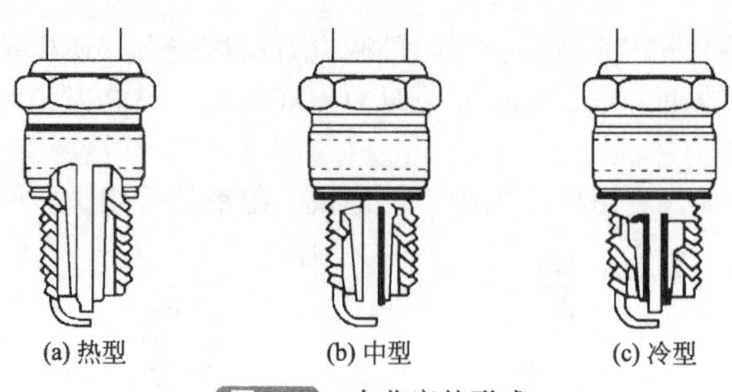

图 6-9　火花塞的形式

越大，火花塞能承受的热负荷越大，火花塞为冷型，反之则为热型。另一种是德国 Bosch 公司采用的方法，用在爆震性测定机上测量火花塞开始产生炽热点火所经历的时间（单位：s）来表示。时间长，火花塞能承受的热负荷越大，为冷型，反之则为热型。

我国则以火花塞裙部绝缘体长度来标定火花塞的热特性。

用热导率较高材料制造中心电极，可使热值相同的火花塞绝缘体裙部显著加长，从而提高火花塞在自洁温度到最大允许温度间的工作范围，使汽油机在低负荷范围内也能很好工作。不至于像普通的火花塞在低温下达不到自洁温度，使火花塞自洁区内的污物无法烧掉而出现断火或缺火的危险，避免未燃烧的碳氢化合物排入大气。这种火花塞还可以改善低负荷时的燃油经济性。

火花塞电极间隙大，有利于在极间与更多的混合气接触而迅速点燃，从而提高汽油机的性能和怠速时的可靠性和稳定性，但它受点火电压和点火能量的制约。过大的电极间隙，使汽油机不易启动，在高速时易缺火。对蓄电池点火系统而言，在正常的混合气条件下，电极间隙一般为 0.7～0.9mm；对稀薄混合气电极间隙为 1.0～1.2mm；小型汽油机用的磁电机点火系统，其电极间隙一般在 0.5mm；高能点火系统的电极间隙可超过 1mm。

蓄电池点火系统具有点火能量大、火花形成迅速、结构简单、易于调整等优点，但也存在着如下问题：

① 由于采用感应线圈作为储能和升压元件，感应线圈的电感使点火系统的次级电压随汽油机转速增高而下降，不能保证高速、多缸汽油机的可靠点火。

② 断电器触点限制过大的初级电流（一般不大于 5V），进而限制了次级电压的提高。在触点分开时，在触点处产生的火花使触点烧蚀，缩短了使用寿命。

③ 火花塞的积炭和污染会造成次级电压下降。

④ 点火电压与能量很难进一步提高，不能满足点稀薄混合气的要求。

（3）分电器

各种分电器的结构基本相同。它由断电器、配电器、电容器和点火提前自动调节装置等组成，如图 6-10 所示。它是点火系统的一个独立部件，完成下列功能：

• 分配。按汽油机气缸工作顺序将点火脉冲分配到各气缸的火花塞上。

• 触发。由初级绕组回路中的断电器触点或脉冲等信号发生器触发点火控制器。

• 调整。按汽油机的使用工况，通过附加的点火提前装置调整点火提前角。

① 断电器。如图 6-11 所示，断电器是由固定在托板上的固定触点和固定在触点臂上的活动触点组成的。托板的一端有一轴孔，套在销钉上。另一端有一槽，槽内拧入偏心调整螺钉。转动偏心调节螺钉，可使托板及固定触点绕销钉摆动，从而改变固定触点与活动触点的距离。调整后，用固定螺钉将托板与触点固定在固定盘上，活动触点臂的中部有一夹布胶木的顶块。片簧将活动触点臂上的顶块压向凸轮，并力图使两触点接触。

当凸轮旋转且其棱边离开活动触点臂上的顶块时，活动触点在片簧的作用下，与固定触

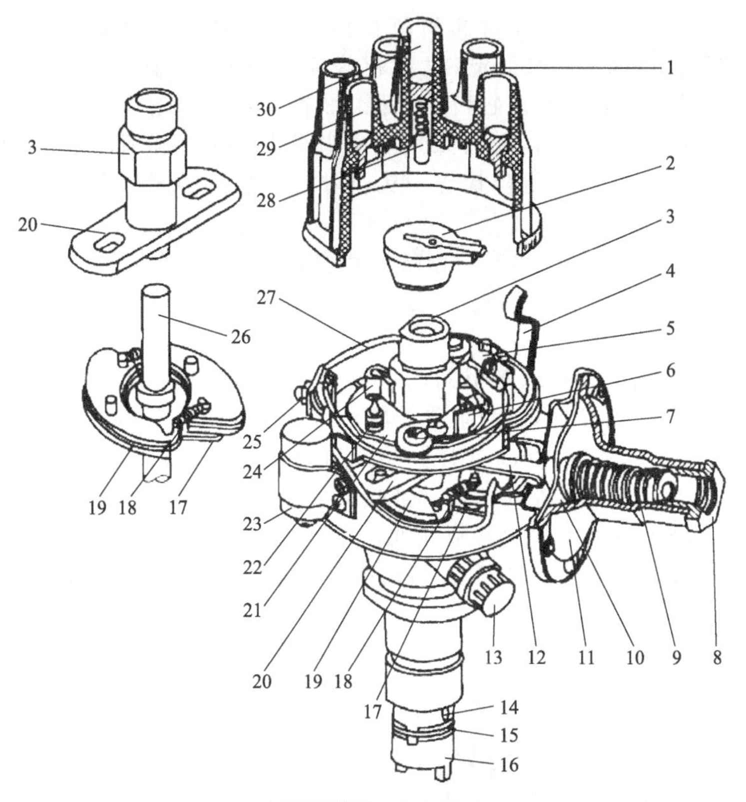

图 6-10 分电器

1—分电器盖；2—分火头；3—断电器凸轮；4—分电器盖弹簧夹；5—断电器活动触点臂弹簧及固定夹；6—活动触点及支架；7—固定触点；8—接头；9—弹簧；10—真空调节器膜片；11—真空调节器外壳；12—拉杆；13—油杯；14—固定销及联轴器；15—联轴器钢丝；16—扁尾联轴器；17—离心调节器底板；18—重块弹簧；19—离心调节器重块；20—横板；21—断电器底板；22—真空调节器拉杆销及弹簧；23—电容器；24—油毡；25—断电器接线柱；26—分电器轴；27—分电器外壳；28—中心触头；29—侧接线柱插孔；30—中心接线插孔

点闭合，初级绕组的电流流过并储存电能。当凸轮的棱边顶起活动触点臂上的顶块时，活动触点与固定触点分开，初级电流切断，次级绕组感应出高电动势。

断电器凸轮的凸轮棱边数等于气缸数。四冲程汽油机凸轮转速为曲轴转速的1/2，以实现汽油机曲轴每转两圈，各气缸按工作顺序点火一次。连在分电器轴上的断电器凸轮由配气凸轮轴上的螺旋齿轮通过分电器轴上的螺旋齿轮驱动。

断电器触点处于频繁的断开、闭合工作状态。如前所述，闭合时间的长短直接影响次级绕组感应电动势的大小。闭合时间常用闭合角表示，闭合角就是在触点闭合时间内，分电器轴转过的角度。间隙过小，闭合角大，触点断开时电弧过强，会烧坏触点，或不易分开使发动机启动困难，怠速不稳；间隙过大，闭合角小，初级电流减小，点火电压降低，发动机在高速时可能断

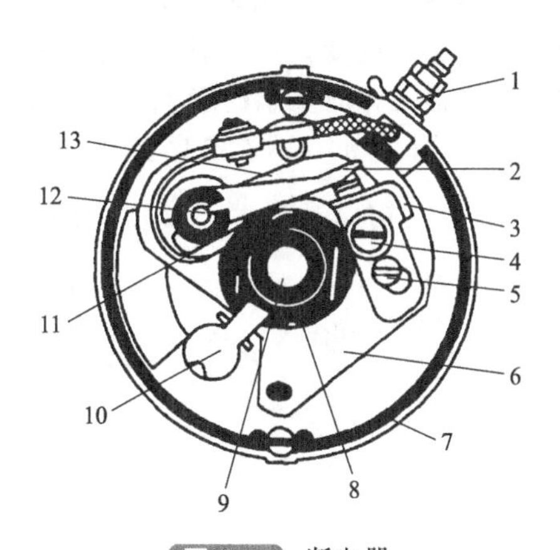

图 6-11 断电器

1—接线柱；2—活动触点及活动触点臂；3—固定触点及支架；4—固定螺钉；5—偏心调整螺钉；6—断电器活动地板；7—分电器壳；8—断电器凸轮；9—断电器凸轮延长轴；10—油毡；11—胶木顶块；12—轴销；13—触点臂弹簧片

火。断电器触点在最大分开位置时的间隙在传统的蓄电池点火系统上，一般为0.4～0.5mm。触点的闭合角视气缸数而定。4缸机为50°～54°，6缸机为34°～36°，8缸机为27°～34°分电器凸轮轴转角。在多缸机上，如V8汽油机，为解决一对触点闭合角小不能产生足够高的次级电压的问题，有时采用两对并联的触点，它们之间相差一定的角度。一对即将分开时另一对尚处于闭合状态，从而增大了触点的闭合角，或是采用更高能量的点火系统。

触点的材料常采用耐烧蚀的钨或铂。在使用过程中，由于触点烧蚀、污渍和触点臂上的顶块磨损等因素，可能使触点间隙改变、接触不良、闭合不平或火花不规则等，应及时用砂纸打磨触点并调整触点间隙。

② 电容器。汽油机点火系统使用的电容器通常是纸质的（如图6-12所示）。其极片是两条狭长的金属铝箔2。用同样两条狭长的很薄的绝缘纸1与极片交错重叠，卷成圆柱形，在真空中除去层间空气，浸以电容器油或石蜡绝缘介质，再装封在圆筒形的金属外壳4中。其中一张铝箔与金属外壳在内部连接，安装在分电器外壳或断电器固定板上后搭铁，使其与搭铁的断电器上的固定触点相通。另一张铝箔用导线5引到与金属外壳绝缘的中心接线片上，再接到断电器接线上，与初级绕组的电路相连，构成与断电器触点的并联回路。

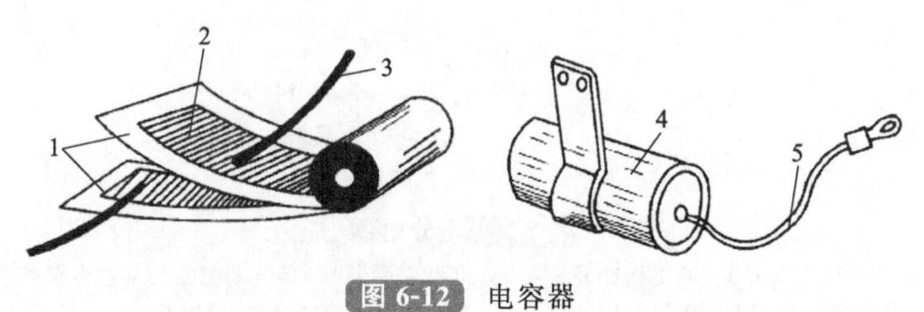

图6-12 电容器

1—纸带；2—箔带；3—软导线；4—外壳；5—导线

电容器的作用有二：a. 保护断电器触点分开时，不被初级绕组的自感电动势（200～300V）和电流产生的火花烧坏；b. 促使初级电流和磁通的衰减（如图6-13所示），增大初级电流和磁通的变化率，避免次级电压下降。

电容器工作时要承受触点断开时的自感电动势。为保证可靠工作，电容器应在600V交流电压下历时1min不被击穿。

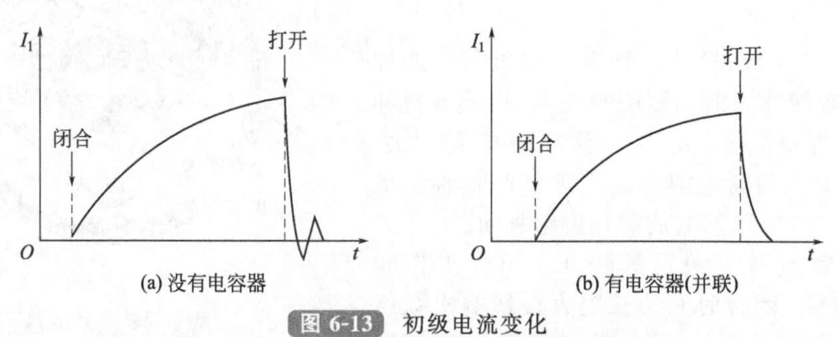

图6-13 初级电流变化

电容器的电容量对点火有很大影响。容量过大，触点断开时，电容器放电慢，初级电流和磁通消失得慢，次级电压低；触点闭合时，电容器充电慢，初级电流增长慢，次级电压低，汽油机在高速时易缺火。如容量过小，不利于消除或减弱触点间火花，触点易烧损。电容器的电容量一般为0.17～0.35μF。

目前，金属膜电容器由于体积小、成本低而得到广泛应用。

③ 配电器。配电器将点火线圈产生的高压，按气缸工作顺序送到各缸火花塞上。配电器安装在断电器上方，由胶木分电器盖和分火头组成（如图 6-10 所示）。分电器盖中央有带一中心触点的中心接线插孔。中心触点与套在断电器凸轮端部的分火头上的铜极片相连。中心接线插孔与点火线圈次级绕组的高压端相接。在分电器盖四周有与气缸数一样多的带触点的侧接线插孔。侧接线插孔按气缸工作顺序与各气缸盖上的火花塞相连。分火头转动时，点火线圈来的高压电经中心触点、分火头上的铜极片、侧接线插孔到相应的火花塞，点燃混合气。

④ 点火提前角及其自动调节装置。配电器不仅按气缸工作顺序依次配电，而且要在适当时刻点火。理论上，点火应当在压缩上止点，但由于从点火到气缸内压力升高有一个延迟，它经历着从点火、形成火焰核心、火焰传播等一系列物理与化学过程，需要一定的时间。这段时间虽然不足 1ms，但高速汽油机已经转过了相当的角度，混合气只能在上止点后燃烧室容积已增大的空间内燃烧，使汽油机的性能变坏。所以点火应在压缩上止点前的适当角度才合适。

如图 6-14 所示是不同点火角对燃烧室压力的影响。曲线 1 是合适的点火提前角；曲线 3 表明点火过迟，汽油机功率严重下降；曲线 2 则是点火过早，导致燃烧室内燃气压力增长过快，甚至出现爆震燃烧现象，可能使火花塞、活塞等部件损坏。

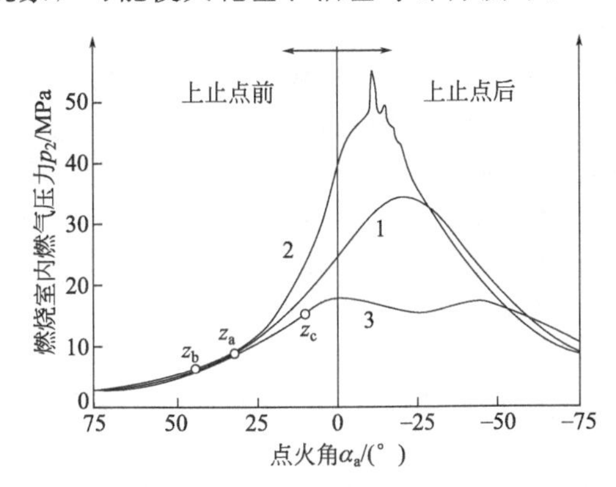

图 6-14 点火提前角对燃烧室压力的影响

1—合适的提前角；2—点火过早；3—点火过迟；z_a—点火正时；z_b—点火过早；z_c—点火过迟

点火提前角的大小还直接影响汽油机有害气体的排放。减小点火提前角，可降低气缸内燃气的最高温度，可有效地抑制 NO_X 的生成量，但这样是以牺牲发动机功率和燃油经济性为代价的。合适的点火提前角需要全面权衡，满足主要，兼顾次要。

合适的点火提前角不应是固定的，应随汽油机的转速、负荷而自动调节，并随所用的汽油辛烷值不同，调节其初始点提前角。

混合气从点火到燃烧需要一定的时间，且基本不变。汽油机在全负荷时，转速增加，以角度设置的点火提前角，若以时间计算就变短了。所以，随着转速增加，需要加大点火提前角。为保证与分电器轴的转速同步，在分电器上附加了点火提前自动调节装置。

点火提前的调节方法有两种：一种方法是使断电器触点不动，将断电器的凸轮相对于分电器轴顺着分火头旋转方向转过一个角度，改变触点与凸轮间的相对位置，即可使点火提前角增大，如图 6-15(b) 所示；另一种方法是保持断电器凸轮不动，将断电器的底板连同触点，相对于断电器凸轮及分电器轴，逆着分火头旋转方向转过一个角度，改变触点与凸轮间的相对位置，也可使点火提前角增大，如图 6-15(c) 所示。

⑤ 离心式点火提前调节装置。离心式点火提前调节装置是广泛采用的一种点火提前角

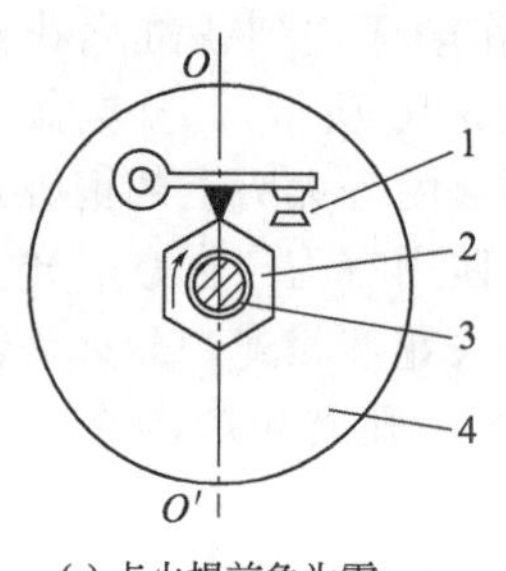

(a) 点火提前角为零

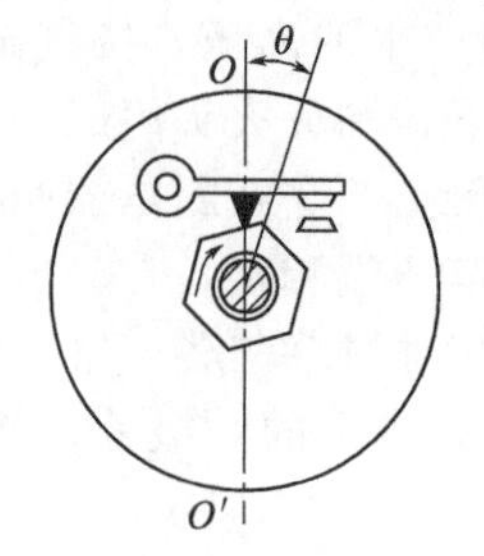

(b) 转动凸轮使点火提前角增大

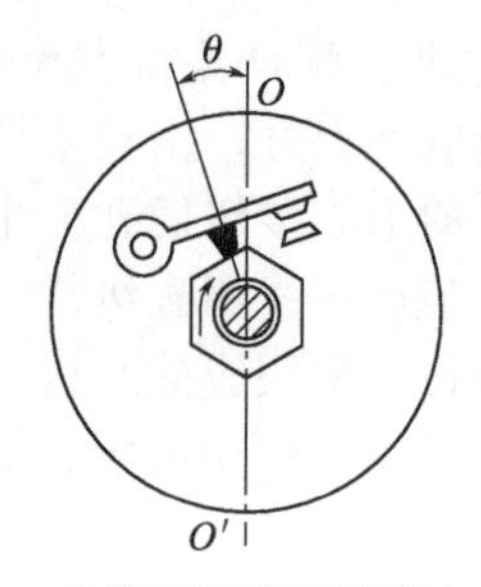

(c) 转动断电器底板连同触点使点火提前角增大

图 6-15 点火提前角的调节

1—触点；2—凸轮；3—凸轮轴；4—断电器底板；θ—点火提前角

随转速而自动调节的装置，如图 6-16 所示。在分电器轴上固定着支承盘。在支承盘上有两个销轴，其上分别装着离心块，重块可在销轴上摆动。回位弹簧一端钩在支承盘的轴销上，另一端钩住离心块的小端，使重块保持在最里位置（图中虚线）。传动板焊在带凸轮的中空轴上，其两端有两个直的或斜的长方形孔。传动板与凸轮的中空轴松套在分电器上，并使两离心重块上的销钉插入长方形孔。分电器轴经支承盘和重块，并通过重块上的销钉和传动板上的长方形孔带动凸轮旋转。

当汽油机转速上升时，由配气凸轮轴驱动的分电器轴的转速也随之升高。当达到一定转速，离心重块在离心力作用下，克服弹簧预紧力，绕销轴向外甩开，并通过重块上的销钉带动传动板，使凸轮顺着分电器轴的旋转方向多转过一定的角度，使由凸轮控制的断电器活动触点提早打开。转速越高，离心力越大，重块飞得越开，凸轮相对分电器轴的转动角度越大，即提前角越大。但当销钉处于长方形孔的最外缘时，离心重块不再继续往外张开，点火提前角也就保持不变。转速下降，重块的离心力减小，弹簧将重块拉回，提前角自动减小。

离心式点火提前装置的自动调节特性取决于并联的两个弹簧的总刚度、离心块的形状和质量以及矩形孔的形状等。

⑥ 真空式点火提前调节装。当转速不变，汽油机负荷减小（化油器式汽油机节气门开度减小）时，燃烧室内的燃气温度低，且残余废气的相对量多，混合气燃烧速度降低。在部分负荷时，混合气处于最经济的空燃比范围内，混合气不太浓，不如较浓混合气点燃迅速。所以在同样的转速下，汽油机负荷小，点火时间应该长一点，点火提前角必须进一步加大。

真空式点火提前调节装置如图 6-17 所示。它装在分电器外壳侧面，由调节装置外壳、膜片、固定在膜片上的拉杆、弹簧等组成。膜片将调节器的外壳分成两个空腔，左腔与大气相通，右腔为真空室，借真空连接管接到化油器下体节气门旁的专用通气孔（在怠速时正好在节气门上边缘）上。

发动机小负荷工作时，节气门开度小，其后方的真空度大。通气孔在节气门的后方［如图 6-18(a)所示］，进气管的真空度经连接管作用于真空室，克服弹簧的张力，使膜片向右拱曲，并带动拉杆向右移动。与此同时，断电器底板连同触点，逆着凸轮旋转方向转过一个角度，使点火提前角加大。当发动机转速一定时，节气门后方的真空度只取决于节气门开度。节气门开度越小（发动机负荷越小），其后方通气孔处的真空度越大，点火提前角也越大。

发动机全负荷工作时，节气门全开，化油器通气孔处的真空度不大，真空点火提前调节装置不起作用。弹簧的张力使膜片向左拱曲，并通过拉杆顺着凸轮旋转方向转动断电器底板及触点，使真空点火提前角调节量很小，如图 6-18(b) 所示。

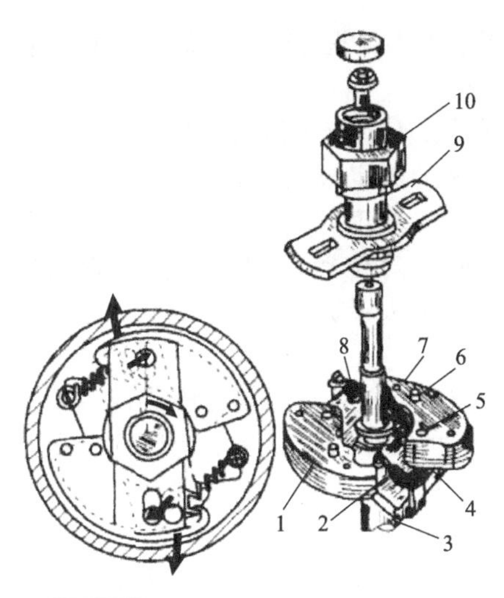

图 6-16 离心式点火提前调节装置

1，7—离心重块；2，8—回位弹簧；3—分电器轴；4—支承盘；5—轴销；6—销钉；9—传动板；10—凸轮

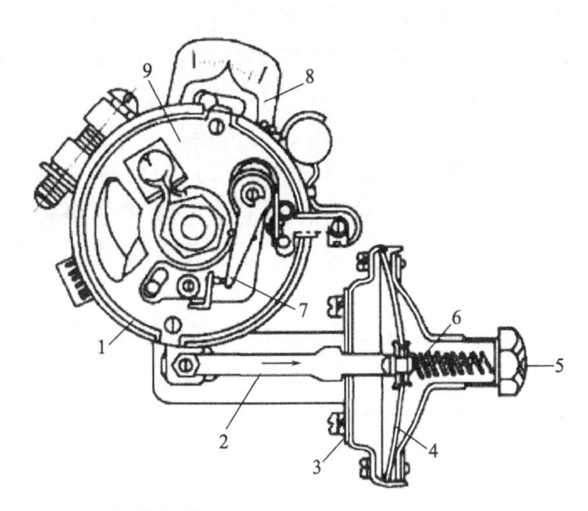

图 6-17 真空式点火提前调节装置

1—断电器外壳；2—拉杆；3—调节装置外壳；4—膜片；5—孔；6—弹簧；7—断电器触点副；8—辛烷值校正器；9—断电器固定盘

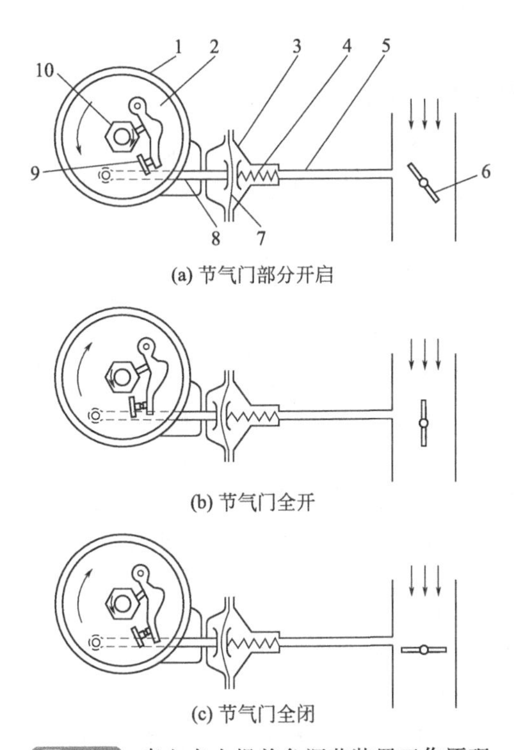

图 6-18 真空点火提前角调节装置工作原理

1—分电器壳；2—断电器底板；3—真空点火提前调节装置外壳；4—弹簧；5—真空连接管；6—化油器节气门；7—膜片；8—拉杆；9—断电器触点；10—断电器凸轮

当发动机的负荷为零，即怠速运行时，节气门几乎关闭，化油器通气孔处于节气门的前方，其真空度几乎为零，如图 6-18(c) 所示。弹簧张力使膜片拱曲到最左端位置，并通过拉杆顺凸轮旋转方向转动断电器的底板及触点，使真空点火提前角调节量最小或为零。

⑦ 辛烷值校正器。汽油的辛烷值越高，抗爆震燃烧性能越好，反之抗爆性能差。辛烷

值低的汽油，应当减小点火提前角；辛烷值高的汽油应当增大点火提前角。辛烷值校正器就是根据所用汽油辛烷值的差别调整初始点火提前角的。

辛烷值校正器（图 6-17 中 8）是由一个固定在分电器外壳上的指示箭头和带刻度的固定板组成的，两者都套装在分电器外壳下部的轴头上。带刻度的固定板固定在汽油机机体上，转动指示箭头（即转动分电盘）相对固定板（即机体）上的刻度位置，使分电盘外壳及固定在上面的带触点的固定盘与扁尾连接轴（即凸轮）的相对位置跟着变化。逆着凸轮旋转方向转动指示箭头，点火提前角增大，反之则减小，增大或减小的值可由固定板上的刻度读出。

有的辛烷值校正器类似螺旋百分表的转动旋盘，它装在真空式点火提前器螺旋的调节拉杆上。转动旋盘，拉动固定在真空式点火提前器膜片上拉杆的初始位置，从而改变固定在真空式点火提前器膜片上的初始位置以及断电器固定板上的触点与凸轮的相对位置，以改变点火初始提前角。这种辛烷值校正器转一圈，初始提前角改变约 4°。

应当指出，选用的汽油辛烷值主要取决于汽油机压缩比、燃烧室结构、火花塞型号和位置等因素，对于同一汽油机应按要求选用规定牌号的汽油。在理论上辛烷值校正器可在较大范围内调整点火初始提前角，但实际上不允许进行较大范围的调整。

6.2 磁电机点火系统

6.2.1 磁电机点火系统的组成及特点

磁电机点火系统按其点火线圈初级绕组的电路控制方式不同，可分为以下两种类型：有触点磁电机点火系统（定子底盘上装有断电器、电容器）和无触点磁电机点火系统（定子底盘上装有触发线圈）。

磁电机点火系统多用于在高速满负荷下工作（发电用和赛车）的汽油机、某些不带蓄电池的摩托车汽油机和大功率发动机的启动汽油机等小型汽油机上。

磁电机点火系统以磁电机为电源，主要由磁电机、点火开关、断电器或传感器、点火线圈和火花塞等组成（如图 6-19 所示）。磁电机内的永久磁铁和电磁线圈相互作用产生 10～15kV 的高压电，通过高压线传送到火花塞，点燃汽缸中的可燃混合气体。

磁电机主要由转子和定子两部分组成，转子即指飞轮，一般将永久磁铁固定在飞轮壳 6 上。定子又称为底板总成，包括底板 8、点火电源线圈 5、断电器 12、电容器 9 等。

与蓄电池点火系统相比，磁电机点火系统有如下的特点。

① 不需要专门的蓄电池供电。蓄电池点火系统需要蓄电池为点火系统提供电源，而磁电机点火系统的电源由磁电机提供。

② 在汽油机中、高速范围内，产生的点火电压高，工作可靠，但在汽油机低速时点火电压较低，对汽油机的启动不利。

③ 体积小，结构简单，使用寿命长，保养维护方便。

④ 磁电机点火系统的可调节性较差。蓄电池点火系统的可调节性是比较完善的，可根据汽油机的任何工作情况进行点火时刻的调节；而磁电机点火系统却不然，只能用一些有限的方法进行小范围调整。

6.2.2 有触点磁电机点火系统

有触点磁电机点火系统如图 6-19 所示，点火电源线圈 5、断电器 12、电容器 9 固定在磁电机的定子底板上，采用并联连接，点火开关 3 也与之相并接。当点火开关闭合时，点火

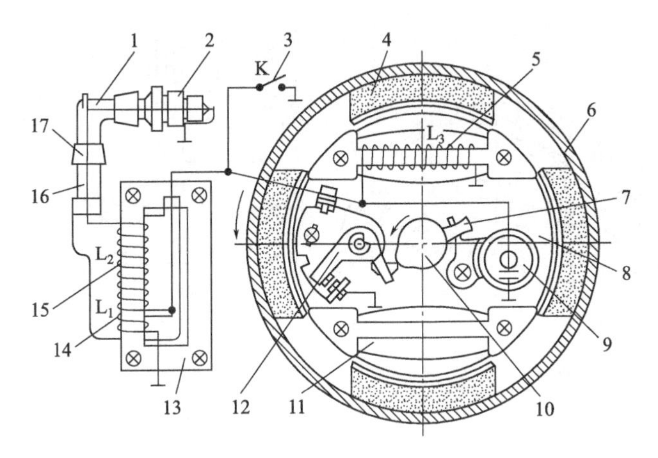

图 6-19 有触点磁电机点火系统示意图

1—火花塞帽；2—火花塞；3—点火开关；4—永久磁铁；
5—点火电源线圈；6—飞轮壳；7—毡刷；8—磁电机底板；9—电容器；10—凸轮；11—信号、照明线；
12—断电器；13—点火线圈铁芯；14—点火线圈初级绕组；15—点火线圈次级绕组；16—高压线；17—护套

电源线圈提供的点火电流被短路，点火系统停止工作；当点火开关断开时，点火系统恢复工作状态。磁电机点火系统中的点火线圈的构造与蓄电池点火系统中的点火线圈的构造完全相同，其余元件的作用与蓄电池点火系统相同。

当内装永久磁铁的飞轮随汽油机曲轴旋转时，点火电源线圈中就产生一个低压交变电动势，随汽油机曲轴旋转的凸轮控制着断电器触点的闭合与断开。当触点闭合时，点火电源线圈初级绕组产生的感应电流通过触点构成回路；当点火电源线圈初级绕组的感应电流达到最大值时，凸轮及时将触点打开，迫使初级绕组中的感应电流迅速消失，于是在次级线圈中便感应出 10kV 以上的高电压，通过高压导线送至火花塞跳火，以达到点燃气缸内的可燃混合气体，使汽油机运转做功的目的。

6.2.3 无触点磁电机点火系统

无触点磁电机点火系统（pointless electronic ignition，PEI）是通过触发线圈（传感器）获取触发电流的，通过控制晶体管或可控硅来控制点火线圈初级电流的通断，使次级线圈产生高电压。无触点磁电机点火系统又称为磁电机半导体点火系统。无触点磁电机点火系统无须保养，成本不高，技术上也不复杂，所以应用较广。现在的小型汽油机几乎全部都使用这种无触点磁电机点火系统。

无触点磁电机点火系统按照点火能量储存方式的不同，可分为电感式和电容式两种。目前，在小型汽油机（摩托车和汽油发电机组）上广泛使用的是电容式。电容式点火系统(capacitance discharge ignition，CDI）是以磁电机为电源，将点火能量储存在电容器中的点火系统。根据触发线圈结构形式的不同，CDI 又分为带触发线圈的 CDI 和不带触发线圈的 CDI。下面以带触发线圈的 CDI 为例讲解无触点磁电机点火系统的工作原理。

电容放电无触点磁电机点火系统如图 6-20 所示，它主要由磁电机、电子点火器、点火线圈和火花塞等组成。

（1）磁电机

磁电机是永磁交流发电机的简称，它是点火系统和其他用电设备的电源。磁电机是借永久磁铁转子绕定子旋转时，使固定在定子上的线圈切割磁力线而发电的。根据转子和定子的相互位置，磁电机可分为如下两种类型：内转子式磁电机［如图 6-21(a)所示］和外转子式磁电机［如图 6-21(b)所示］。

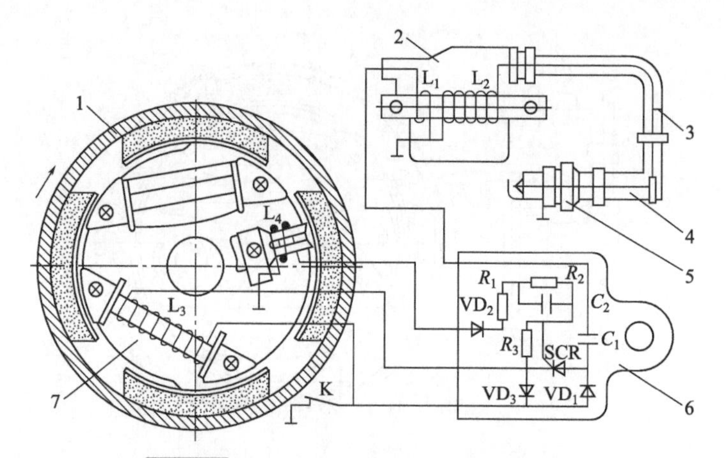

图 6-20 电容放电无触点磁电机点火系统

1—磁电机飞轮；2—点火线圈；3—高压线；4—火花塞帽；5—火花塞；6—电子点火器；7—磁电机底板

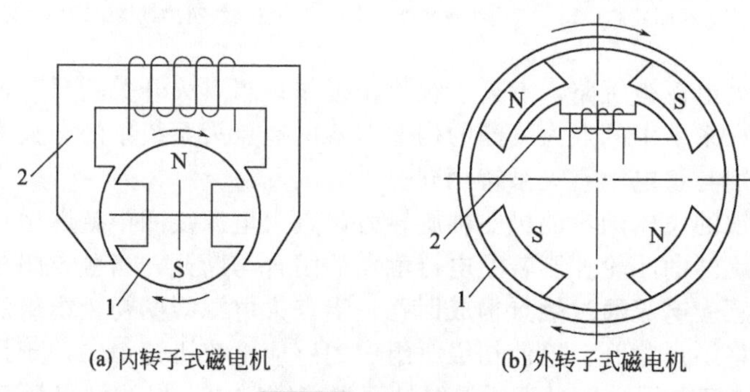

图 6-21 磁电机形式

1—转子（飞轮）；2—定子

摩托车和机组等用的磁电机转子常与飞轮做成一体。常用的四极外转子装在飞轮内，如图 6-22(a) 所示，在飞轮上固定四块尺寸、形状相同，用铁氧体材料制成的磁铁，并沿径向充磁，相邻磁铁的极性相反。飞轮体为导磁良好的低碳钢，是磁路的组成部分。

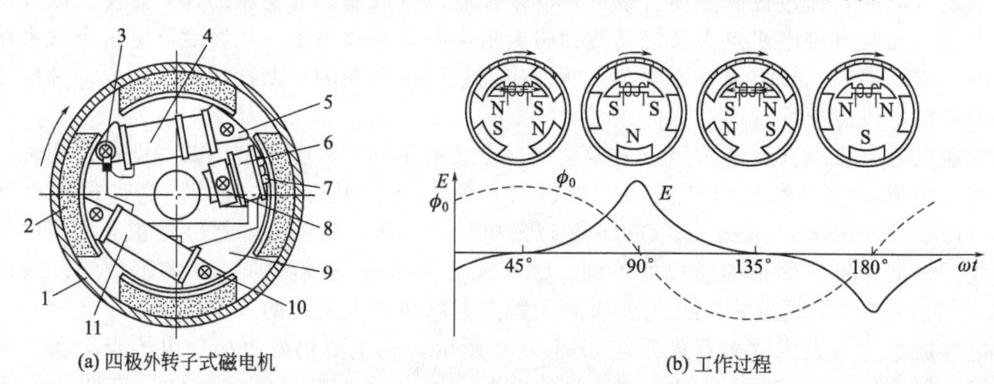

图 6-22 四极外转子式磁电机及工作过程

1—飞轮体；2—飞轮磁铁；3—接地片；4—信号、照明线圈；5—信号、照明线圈铁芯；6—触发线圈；7—触发线圈铁芯；8—触发线圈接地片；9—底板；10—充电线圈铁芯；11—充电线圈

在作为定子的底板上固定着充电线圈，触发线圈和信号、照明线圈等。充电线圈向点火系统电子点火器中储能电容器充电。触发线圈输出触发脉冲送出点火信号。信号、照明线圈

分别向摩托车信号系统和照明系统供电。

四极外转子磁电机，转子旋转 180°，穿过定子线圈铁芯的磁通 ϕ_0 和产生的感应电动势 E 变化一个周期。也就是说，转子每转一周，线圈上的磁通 ϕ_0 和感应电动势变化两个周期[如图 6-22(b)所示]。

(2) 电子点火器

电子点火器的全部电子元件通常都封装在一起。其工作过程可分三个阶段：充电、触发和放电。

① 充电。如图 6-23 所示。充电线圈 L_3 的感应电动势是正、负交变的。当其电动势在图示的上端为正时，经二极管 VD_1 向储能电容器 C_1 充电到所需的点火电能。在充电回路中，点火线圈的匝数少，电感不大，它对电容器充电没有明显的影响。

磁电机在低速段，随着转速的升高，充电线圈 L_3 的电动势增大，电容器 C_1 上的端电压迅速上升。在高速段，虽充电线圈 L_3 电动势继续增大，但由于充电时间缩短和充电线圈中的自感电动势增加，电容器上的端电压反而下降，这对点火系统的高速性能不利。

采用小容量的电容器可提高点火系统的高速性能。因为电容器的充电时间常数与电容器的容量成正比。减小电容量，可以减小充电时间常数，加快电容器的充电，电容器端电压得以提升。如电容器容量 $C=1.0\mu F$，在工作转速范围内，电容器端电压 $U_C \geqslant 300V$，这时电容器储存的电能 W 约为 45mJ。

点火开关与充电线圈 L_3 并联。当点火开关闭合时，则充电线圈搭铁，电容器 C_1 不能充电，点火系统停止工作。

② 触发。如图 6-24 所示。来自触发线圈 L_4 上的电子点火器的触发信号通过由触发线圈电动势的正端→二极管 VD_2→限流电阻 R_1→R_2、C_2 组成的高通滤波器（使触发电流更陡一些）→可控硅 SCR 控制极（和 R_3）→触发线圈电动势的负端的触发电流，使可控硅 SCR 导通。限流电阻 R_1 的作用是限止触发电流，使其不超过可控硅的允许值。分流电阻 R_3 用以调整并稳定触发电流。二极管 VD_2 阻止触发线圈 L_4 的负脉冲加于可控硅 SCR 控制极上。为满足汽油机在启动等低速时的点火要求，触发线圈 L_4 的匝数较多。

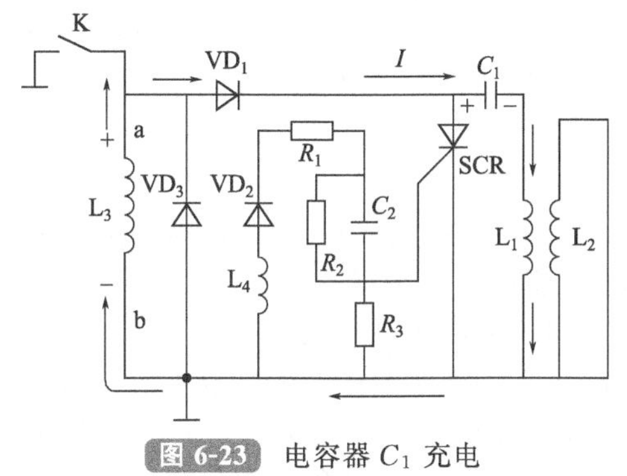

图 6-23 电容器 C_1 充电

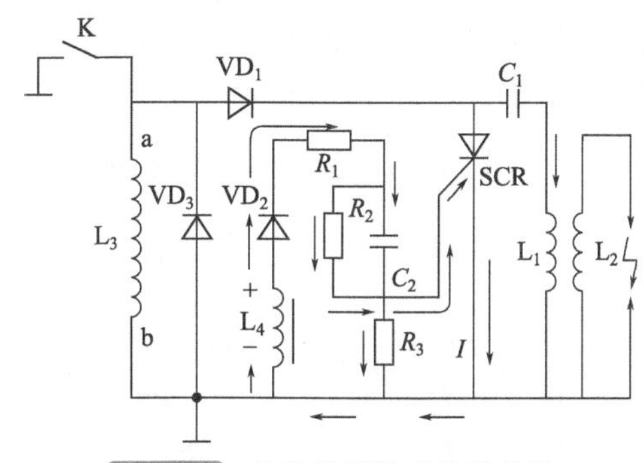

图 6-24 触发及可控硅导通导通

③ 放电。如图 6-25 所示。可控硅 SCR 触发导通时，电容器上的电能经可控硅 SCR 阳极、阴极向点火线圈初级绕组 L_1 迅速放电，点火线圈铁芯磁通迅速变化，在次级绕组上感应出使火花塞产生电火花的高压。

点火提前角由飞轮、曲轴及充电线圈、触发线圈的相互安装位置决定。对四极外转子式磁电机而言，飞轮旋转一周，充电线圈、触发线圈产生两次正脉冲，电容完成充、放电两个循环，可控硅导通两次，火花塞跳火两次。对于二冲程汽油机来说，有一次是多余的，但没有坏处，因为它发生在排气冲程。但对四冲程汽油机来说，则产生四次点火，有三次是多余

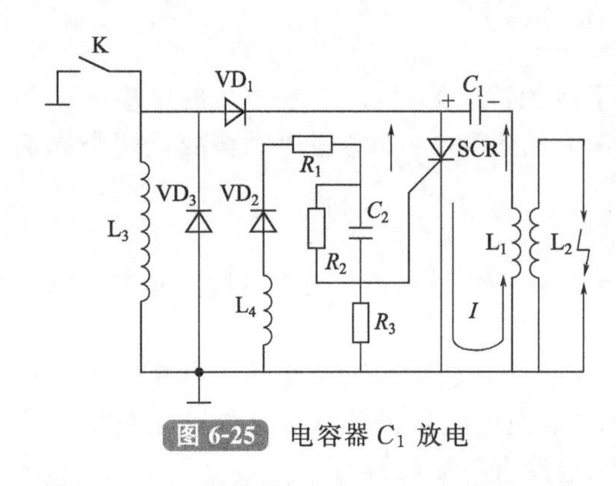

图 6-25 电容器 C_1 放电

的，这些多余的跳火会影响汽油机的正常工作。为此，常在飞轮外边缘安装单独的触发线圈的磁铁，使触发线圈在飞轮旋转一圈中产生一个脉冲，火花塞只跳火一次。

电容放电式点火系统能产生快速上升的高电压；能有效地抑制高压点火电路中诸如火花塞积炭污染出现的电气故障；在高转速，触发脉冲电压升高，可控硅控制极触发电压提前到达，可控硅提前导通，点火可自动提前，这使电容放电式点火系统在高速范围能产生一个稳定的能量；低速时则没有过多的能量损失；可以很方便地通过提高电容端电压提高电容器的储能量，增大点火电压和点火能量。其主要缺点是电压上升快，产生过大的无线电干扰；放电时间短，火花持续仅 0.1～0.3ms，不能保证混合气特别是稀混合气的完全燃烧，不但增加了有害气体的排放量，而且恶化了燃油经济性，所以其使用范围受到较大限制。

6.3 晶体管点火系统

传统点火系统存在以下缺点：断电器触点分开时，在触点之间产生火花，使触点逐渐氧化、烧蚀，因而断电器触点的使用寿命短；在火花塞积炭时，因火花塞漏电而二次电压上不去不能可靠地点火；点火线圈产生的高压电随发动机转速的升高和气缸数的增多而下降，因此在高速时容易出现缺火现象。近几年，汽车向多缸、高速方向发展，同时人们力图通过改善混合气的燃烧状况来减少排气污染，以及燃烧稀混合气以达到节约燃油的目的。这些都要求点火装置能够提供足够的二次电压、火花塞能量和最佳的点火时刻。传统的点火装置已不能满足这一要求。

晶体管点火系统可改善发动机的高速性能；在火花塞积炭时仍有较强的跳火能力；可减小触点点火，延长触点的使用寿命，还可取消触点进一步改善点火性能。因此，采用晶体管点火系统可以提高发动机的动力性、经济性，并减少排气污染，在国内、外汽车上已广泛应用。目前晶体管点火系统，可分为触点式晶体管点火系统和无触点晶体管点火系统两种。

6.3.1 触点式晶体管点火系统

传统的点火装置靠断电器的触点控制点火线圈一次电路的通、断。当断电器的触点闭合时，点火线圈一次绕组中通过 3～5A 的电流；当断电器的触点分开时，点火线圈一次电路被切断，一次电流和铁芯中的磁通迅速消失，在二次绕组中产生高压电。

断电器触点分开，二次绕组中产生高压电的同时，在一次绕组中产生的自感电压作用在触点之间，击穿触点间隙产生火花，将会使触点氧化、烧蚀。火花的强弱受一次电流的影响较大，因此传统点火系统的一次电流不能过大，从而限制了二次电压的提高。

触点式晶体管点火系统利用晶体三极管的开关作用，代替断电器的触点控制点火线圈一次电路的通、断，减小了触点电流，可以减小触点火花，延长触点寿命；配用高匝数比的点火线圈，还可以增大一次电流，提高二次电压，改善点火性能。

如图 6-26 所示是触点式晶体管点火系统的工作原理图。触点式晶体管点火系统将一支晶体三极管串联在点火线圈的一次电路中，控制一次电路的通断。断电器的触点串联在三极管的基本电路中，用触点开闭时产生的点火信号控制三极管的导通与截止，从而控制点火系统的工作。其工作过程如下：接通点火开关 S，当断电器触点闭合时，接通了三极管的基极电路，使三极管饱和导通，并接通点火线圈的一次电路。其路径为：三极管的基极电流从蓄电池正极→点火开关S→一次绕组 N_1→点火线圈的附加电阻 R_f→三极管VT的发射极e、集电极c→搭铁流回蓄电池负极，使点火线圈的铁芯中积蓄了磁场能。

当断电器触点分开时，三极管的基极电路被切断，于是三极管VT截止，切断点火线圈一次绕组的电路，一次电流迅速下降到零，在点火线圈的二次绕组中产生高压电，在火花塞间跳火，使混合气点燃。

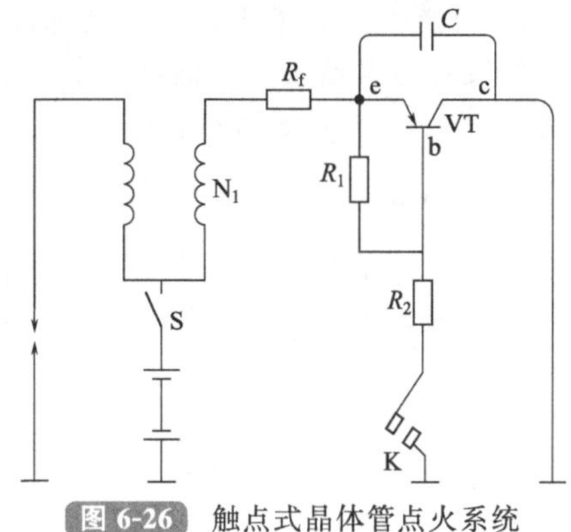

图6-26 触点式晶体管点火系统

图中 R_1、R_2 是三极管的偏置电阻，用来控制三极管的基极电流。

电容器 C 的作用是使触点分开瞬间一次绕组中产生的自感电压旁路，防止三极管VT在截止时被自感电压损坏。

触点式晶体管点火系统工作时，流过触点的电流是三极管的基极电流，它是一次电流的1/10～1/5，可以减小触点火花，延长使用寿命。但是，这种点火系统还利用触点开闭的作用产生点火信号，控制点火系统的工作，因此它克服不了触点式点火装置固有的缺点。例如，高速时触点臂振动，触点分开后不能及时闭合；顶推触点臂的凸齿或顶块磨损时，会改变点火时刻；触点污染时不能可靠点火等，所以，这种触点式晶体管点火系统已很少使用。

6.3.2 无触点晶体管点火系统

无触点晶体管点火系统，简称无触点点火系统。它利用各种类型的传感器代替断电器的触点，产生点火信号，控制点火系统工作。因此，在点火系统工作时，与触点有关的故障都不可能发生。

无触点点火系统一般由传感器、点火线圈、配电器、火花塞等组成。国内、外汽油机上使用的无触点点火系统，按其使用传感器的形式不同，可分为磁脉冲式、霍尔效应式、光电式等多种形式。

(1) 磁脉冲式无触点点火系统

如图6-27所示是磁脉冲式无触点点火系统的电路原理图。磁脉冲式无触点点火系统由安装在分电器内的传感器、点火控制器、点火线圈等组成。

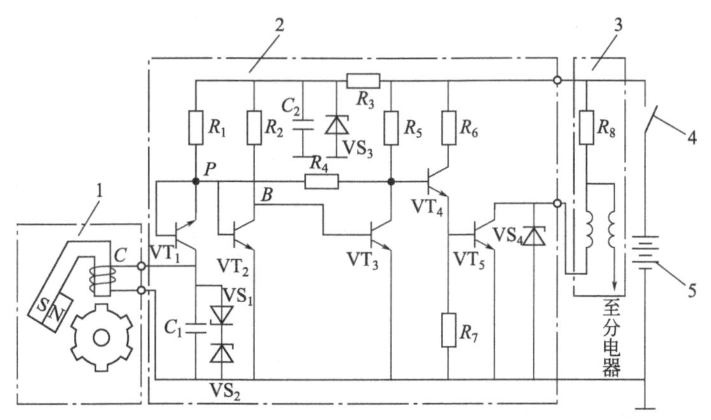

图6-27 磁脉冲式无触点点火系统电路原理

1—传感器；2—点火控制器；3—点火线圈；4—点火开关；5—蓄电池

① 传感器。传感器是一个磁脉冲式点火信号发生器，用来在发动机工作时产生信号。它由安装在分电器轴上的信号转子、安装在分电器底板上的永久磁铁和绕在铁芯上的传感线圈等组成，如图 6-28 所示。

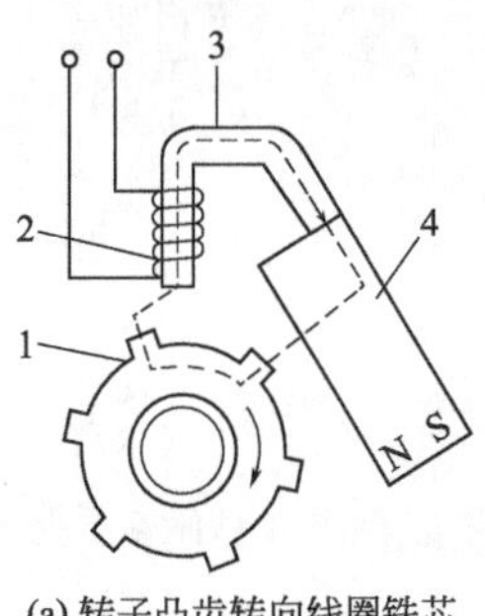

(a) 转子凸齿转向线圈铁芯

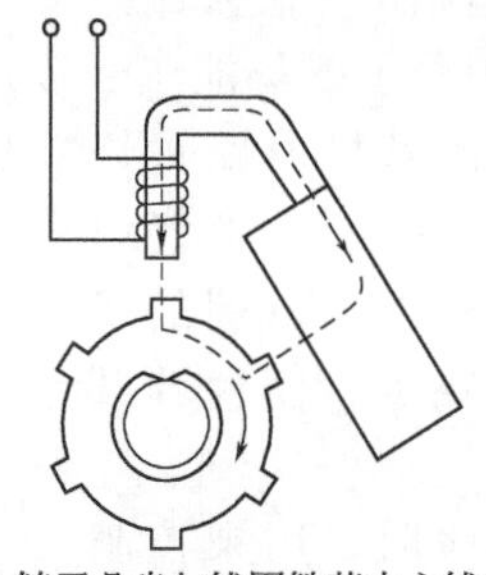

(b) 转子凸齿与线圈铁芯中心线对齐

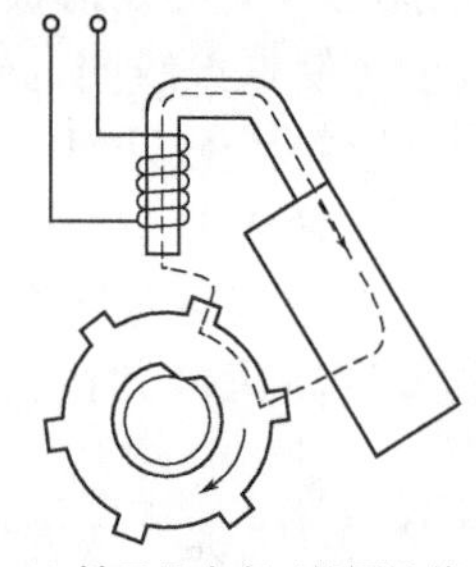

(c) 转子凸齿离开线圈铁芯

图 6-28 传感器

1—信号转子；2—传感线圈；3—铁芯；4—永久磁铁

信号转子的外缘有凸齿，凸齿数与发动机气缸数相等。它由分电器轴带动，其转速与分电器轴的转速相等。永久磁铁的磁通经转子的凸齿、传感线圈（以下简称线圈）的铁芯、永久磁铁构成磁路。当转子转动时，其凸齿交替地在铁芯旁扫过。转子凸齿与线圈铁芯间隙不断变化，穿过线圈铁芯中的磁通量也不断变化。根据电磁感应原理，当穿过线圈铁芯的磁通量发生变化时，线圈中产生感应电动势，感应电动势的大小与磁通的变化速率成正比，其方向则是阻碍磁通的变化。

当转子处于图 6-28(a) 所示位置时，转子的凸齿逐渐转向线圈铁芯，与铁芯之间的间隙逐渐减小，穿过线圈铁芯的磁通量则逐渐增多。如图 6-29 所示，在磁通变化曲线的 a 点时，磁通的变化率最大，线圈中产生的感应电动势达到最大值。随着转子转动，线圈铁芯中磁通量增加得速度减慢，线圈中产生的感应电动势减小。当转子转到图 6-28(b) 所示位置时，转子的凸齿刚好与线圈的铁芯对齐，转子凸齿与铁芯之间的空气间隙最小，穿过线圈铁芯的磁通量最多，但磁通的变化率为零，所以感应的电动势减小到零。转子继续转动，凸齿渐渐离开线圈铁芯，转子凸齿与线圈铁芯间的空气间隙逐渐加大，穿过线圈铁芯中的磁通量逐渐减小，线圈中产生的感应电动势增大，但方向与磁通增加时相反。当转子转到图 6-28(c) 所示位置时，磁通量减少的速率最大，线圈中的感应电动势反向达到最大值。这样，随着转子不断旋转，在传感线圈中产生大小和方向不断变化的脉冲信号，如图 6-29 所示。

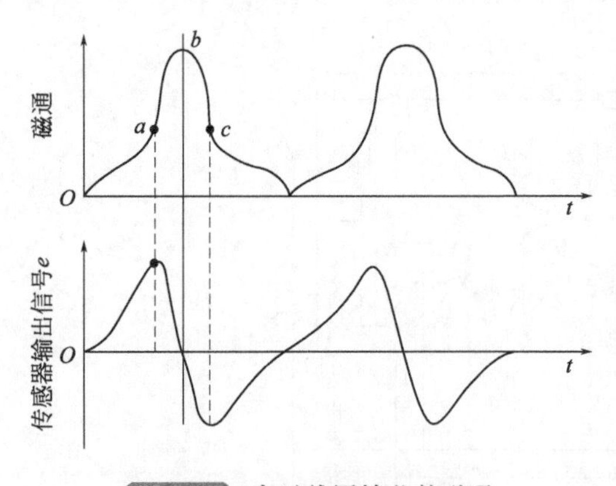

图 6-29 穿过线圈铁芯的磁通和线圈中的电压信号

② 点火控制器。点火控制器将传感器输入的脉冲信号整形、放大，转变为点火控制信号，经开关型大功率晶体三极管，控制点火线圈一次电路的通、断和点火系统的工作。其工作过程如下：

接通点火开关 4（如图 6-27 所示），蓄电池 5 向点火线圈 3 和控制电路供电。当三极管 VT_2 导通时，B 点的电位降低，三极管 VT_3 截止，其集电极电位升高，使三极管 VT_4、VT_5 导通，于是点火线圈 3 的一次电路被接通。一次电流从蓄电池 5 的正极出发，经点火开关 4、点火线圈 3 的一次绕组、三极管 VT_5、搭铁流回蓄电池 5 的负极。当三极管

VT_2 截止时，B 点的电位升高，三极管 VT_3 导通，其集电极电位降低，使三极管 VT_4、VT_5 截止，点火线圈一次电路被切断，在二次绕组中产生高压电，击穿火花塞间隙，点燃混合气。

三极管 VT_2 是导通还是截止取决于 P 点的电位。P 点的直流电位是一定的，且略高于三极管 VT_2 的工作电位。三极管 VT_1 的发射极与基极相连，在电路中相当于发射极为正、集电极为负的二极管，起温度补偿作用。当传感器输出的交变信号电压 C 点的电位高于 P 点的直流电位时，三极管 VT_1 因承受反向电压而截止。这时，P 点的电位高于三极管 VT_2 的工作电位，所以，三极管 VT_2 导通，VT_4、VT_5 也导通。当传感器输出的交变信号电压使 C 点的电位低于 P 点的电位时，三极管 VT_1 导通，使 P 点的电位降低。当 P 点的电位低于三极管 VT_2 的工作电位时，三极管 VT_2 截止，从而 VT_4、VT_5 也截止，使一次电流中断，在点火线圈的二次绕组中产生高压电。由此可见，在发动机工作期间，传感器输出的交流电压信号是点火控制信号，它通过使三极管 VT_1 截止或导通，控制三极管 VT_5 的导通或截止，从而控制了点火线圈一次电路通、断和点火系统工作。

在该电路中，使用了 4 个稳压管 VS，其作用如下：

稳压管 VS_1 和 VS_2 用来限制传感器输出信号电压的幅度，以保护晶体三极管 VT_1、VT_2 不被损坏。稳压管 VS_3 和电容 C_2、电阻 R_2 组成稳压电路，用来稳定三极管 VT_1、VT_2 的电源电压。稳压管 VS_4 使晶体三极管 VT_5 免受自感电动势，以保护其不被损坏。

应用于国内、外汽油机上的无触点点火系统有多种形式，其组成和结构有很大差异，但其工作原理十分相似。

图 6-30 是磁脉冲式无触点点火系统。

磁脉冲式传感器安装在分电器内，其组成如图 6-31 所示。爪形定子、塑性永磁体和导磁板铆接成一体，套装在分电器底板的轴套上，由真空提前调节器的拉杆限位，使转子与定子的爪极间保持正确的相对位置。转子和定子的爪极数与发动机气缸数相等，传感线圈安装在转子与定子之间，其工作原理与上述磁脉冲式传感器相同。

点火控制器是专用的点火集成电路芯片、电阻、电容、稳压管、达林顿管等组成的混合集成电路点火控制器，安装在点火线圈上。

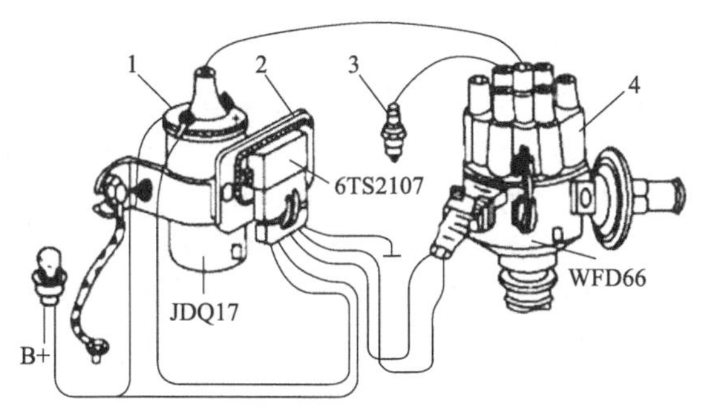

图 6-30 CA1092 型汽车无触点点火系统

1—点火线圈；2—点火控制器；
3—火花塞；4—装有磁脉冲式传感器的分电器

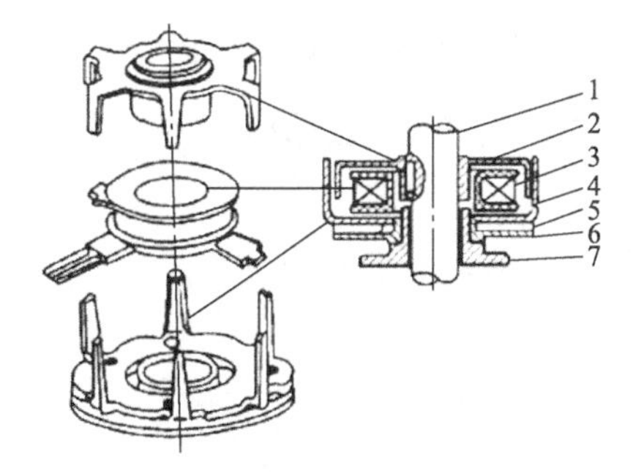

图 6-31 传感器的组成

1—分电器轴；2—爪形转子；
3—传感线圈；4—爪形定子；
5—塑性永磁体；6—导磁板；7—底板

（2）霍尔效应式无触点点火系统

霍尔效应式无触点点火系统，利用霍尔元件的霍尔效应制成传感器，产生发动机的点火信号，控制点火系统的工作。它主要由内装霍尔传感器的分电器、点火控制器、点火线圈等组成。如图 6-32 所示是霍尔效应式无触点点火系统的组成示意图。

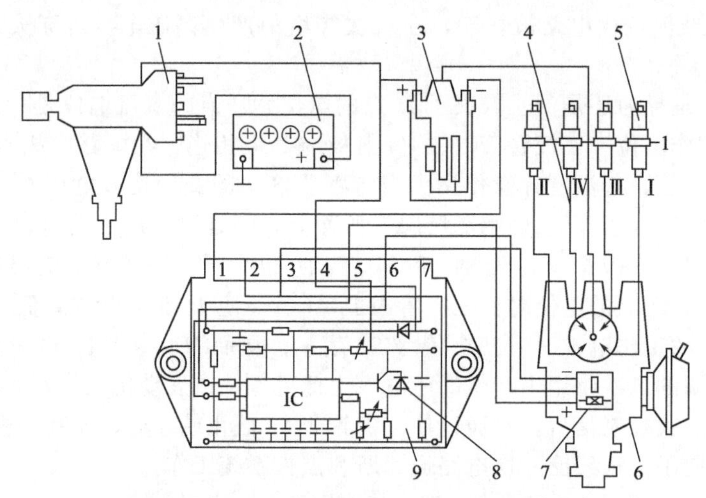

图 6-32 霍尔效应式无触点点火系统的组成示意图

1—点火开关；2—蓄电池；3—点火线圈；4—高压阻尼线；
5—火花塞；6—霍尔分电器；7—霍尔传感器；8—达林顿管；9—点火控制器

① 霍尔传感器。霍尔传感器安装在分电器内，用来在发动机工作时产生点火信号。霍尔传感器由霍尔触发器、永久磁铁和带缺口的转子组成，如图 6-33 所示。

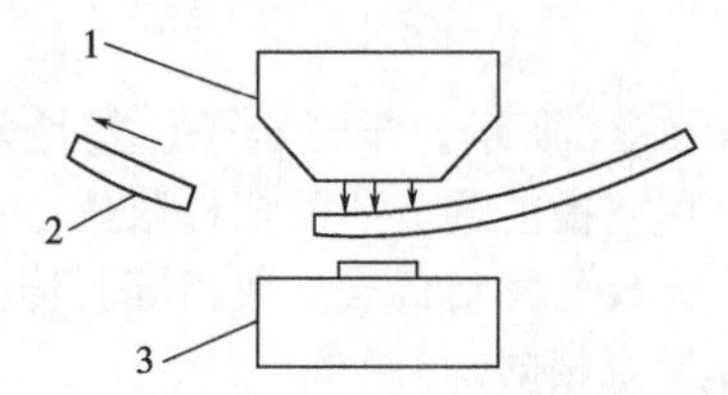

(a) 转子叶片处于永久磁铁和霍尔触发器之间

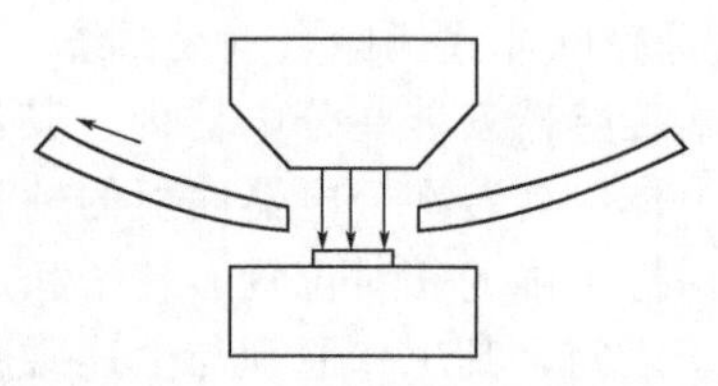

(b) 转子缺口处于永久磁铁和霍尔触发器之间

图 6-33 霍尔传感器工作示意图

1—永久磁铁；2—带缺口的转子；3—霍尔触发器

霍尔触发器（也称霍尔元件）是一个带集成电路的半导体基片。当外加电压作用在触发器两端时，便有电流 I 在其中通过。如果在垂直于电流的方向上同时有外加磁场的作用，则在垂直于电流和磁场的方向上产生电压 U_H，称该电压为霍尔电压，这种现象为霍尔效应。如图 6-34 所示为霍尔效应示意图。

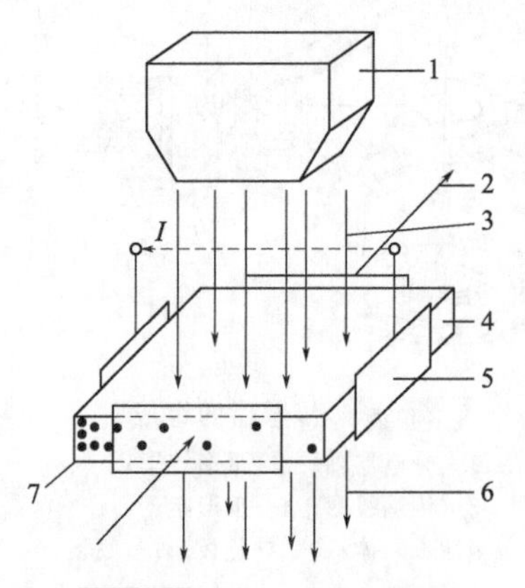

图 6-34 霍尔效应示意图

1—永久磁铁；2—外加电压；
3—霍尔电压；4—霍尔触发器；
5—接触面；6—磁力线；7—剩余电子

霍尔电压的大小与通过的电流 I 和外加磁场的磁感应强度 B 成正比，与基片的厚度成反比，可用下式表示

$$U_H = R_H IB/d$$

式中 R_H——霍尔系数；

I——电流；

B——外加磁场的磁感应强度；

d——基片厚度。

霍尔传感器利用霍尔元件的霍尔效应产生点火信号，其工作过程如下：

如图 6-33 所示，当转子的叶片进入永久磁铁与霍尔触发器之间时，永久磁铁的磁力线被转子的叶片旁路，不能作用到霍尔触发器上，不产生霍尔电压；当转子的缺口部分进入永久磁铁与霍尔触发器之间时，磁力线穿过缺口作用于霍尔触发器，在外加电压和磁场的共同作用下，霍尔电压升高。发动机工作时，转子不断旋转，转子的缺口交替在永久磁铁与霍尔触发器之间穿过，使霍尔触发器中产生变化的电压信号，并经内部的集成电路整形为规则的方波信号，输入点火控制电路，控制点火系统的工作。

② 点火控制器。点火控制器由专用的点火集成电路 IC、达林顿管及其他辅助电路组成（如图 6-32 所示）。它用来将霍尔传感器输入的点火信号整形、放大，并转变为点火控制信号，通过达林顿管控制点火线圈一次电路的接通或断开，在点火线圈二次绕组中产生高压电。有些机型的点火系统，将作为点火控制器功率输出级的达林顿管安装在点火线圈上，以利于散热。

③ 霍尔分电器。装有霍尔传感器的分电器，称为霍尔分电器，其结构如图 6-35 所示。霍尔效应式传感器输出的电压的幅度，不受发动机转速的影响，且结构简单、工作可靠、抗干扰能力强，已广泛应用在国产汽油机的点火系统。

（3）集成电路晶体管点火系统

集成电路晶体管点火系统如图 6-36 所示，它将磁脉冲式传感器的点火线圈与点火控制器制成一体，成为专用的点火组件，安装在分电器；或将传感器的线圈与点火控制器的一部分制成一体，安装在分电器内，点火控制器的另一部分，即功率放大部分（也称为功率输出级），安装在点火线圈上，以利于散热。

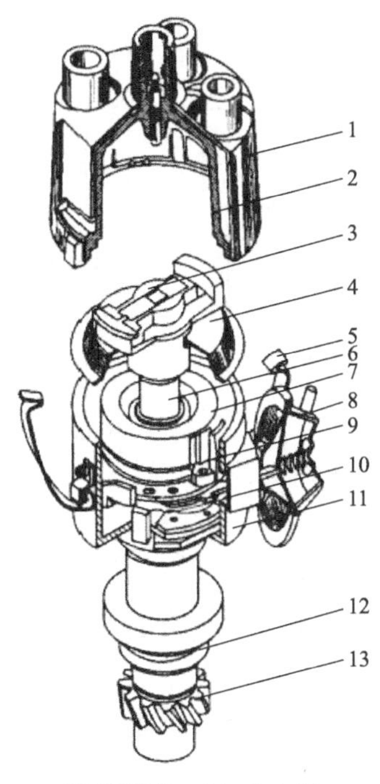

图 6-35　霍尔分电器

1—抗干扰屏蔽罩；2—分电器盖；3—分火头；4—防尘罩；5—分电器盖弹簧夹；6—分电器轴；7—缺口转子；8—真空点火提前调节装置；9—霍尔传感器及托架总成；10—离心点火提前调节装置；11—分电器外壳；12—密封；13—斜齿轮

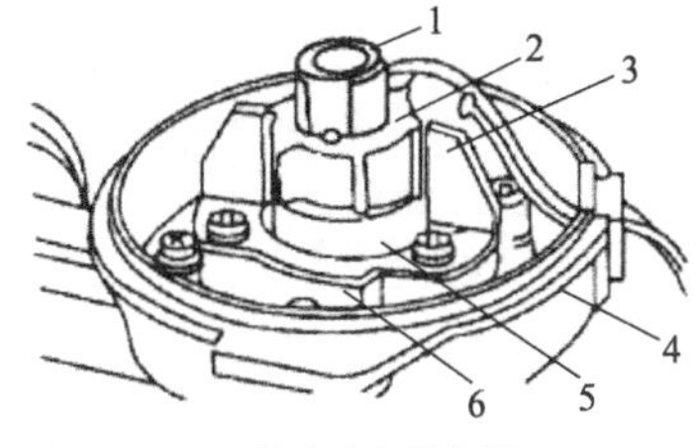

(a) 组成及安装位置

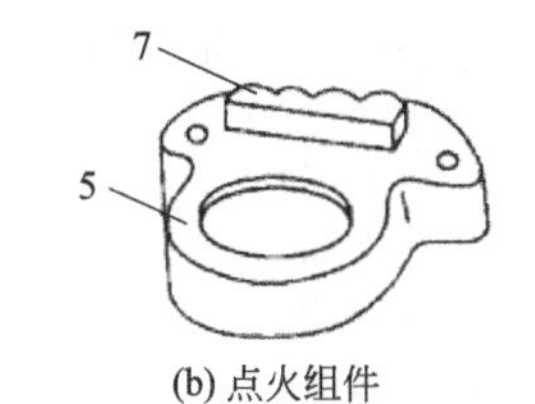

(b) 点火组件

图 6-36　集成电路晶体管点火系统

1—分电器轴；2—信号转子；3—定子；4—分电器壳；5—传感器线圈与集成电路点火组件；6—永久磁铁；7—接线端

6.4 微机控制点火系统

晶体管点火系统，在提高二次电压和点火能量，延长触点使用寿命等方面都是卓有成效的。但是，它对点火时间的调节，与传统点火系统一样，仍靠离心提前和真空提前两套机械式点火提前调节装置来完成。由于机械的滞后、磨损以及装置本身的局限性等许多因素的影响，它不能保证发动机的点火时刻总为最佳值。同时，点火线圈一次电路的导通时间受凸齿形状的限制，发动机低速时触点闭合时间长，一次电流大，点火线圈容易发热；高速时，触点闭合时间短，一次电流减小，二次电压降低，点火不可靠。

汽油发动机采用微机控制点火系统（microcomputer control lgnition，MCI）能将点火提前角控制在最佳点火提前角，使可燃混合气燃烧后产生的温度和压力达到最大值，从而在提高发动机动力性能的同时，降低燃油消耗量和有害气体的排放量。微机控制的点火系统，取消了机械式点火提前调节装置，由微机控制点火系统随发动机工况的变化自动地调节点火提前角，使发动机在任何工况下均在最佳的点火时刻点火。此外，它还能自动地调节一次电路的导通时间，使高速时一次电路的导通时间延长，增大一次电流，提高二次电压；低速时一次电路导通时间适当缩短，限制一次电流的幅值，以防止点火线圈发热。

微机控制点火系统一般由传感器、微机控制器和点火控制器、点火线圈等组成。如图 6-37所示是微机控制点火系统的组成框图。用于不同机型的微机控制点火系统其组成部分各不相同，但它们的工作原理是相似的。

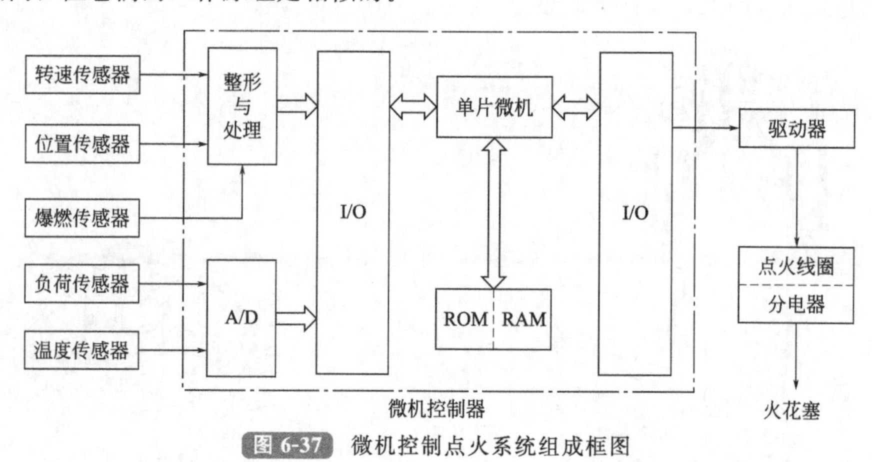

图 6-37 微机控制点火系统组成框图

6.4.1 有分电器微机控制点火系统

下面以某轿车为例，阐述有分电器微机控制点火系统的组成及工作过程。该轿车采用 5 缸废气涡轮增压式发动机，采用机械式（K 型）燃油喷射系统，如图 6-38 所示是其微机控制点火系统的组成。

（1）传感器

微机控制点火系统中的传感器，在发动机工作时不断地检测反映发动机工作状况的信息，并输入控制器，作为控制系统进行运算和控制的依据或基准。

① 发动机转速传感器。转速传感器是由绕在铁芯上的传感线圈和永久磁铁构成的磁脉冲式信号发生器，安装在飞轮的侧面，传感器的铁芯与飞轮上的 135 个凸齿相对应。飞轮旋转时，在传感线圈中产生交变的电信号（以下简称脉冲信号）。曲轴每转 1 圈，产生 135 个脉冲信号，输入控制器，用于计算发动机转速和点火时刻。如图 6-39 所示是发动机转速传

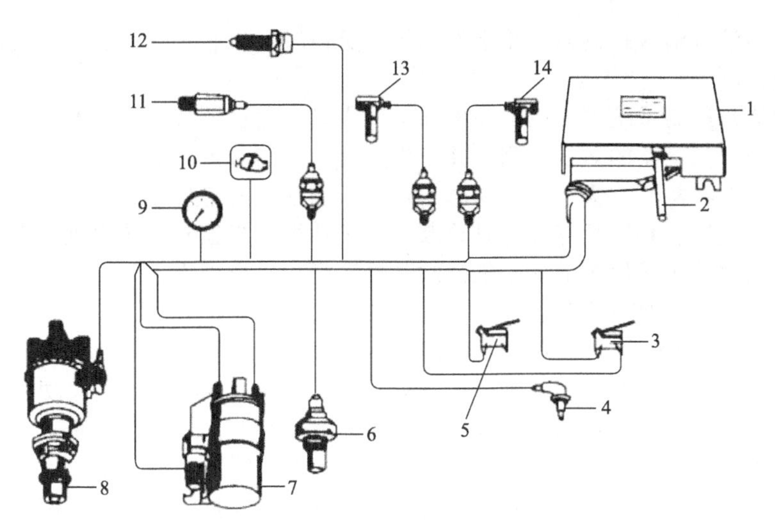

图 6-38 某轿车微机控制点火系统的组成

1—微机控制器；2—增压传感器连接管；3—全负荷开关；4—进气温度传感器；
5—怠速及超速燃油阻断开关；6—冷却液温度传感器；7—点火线圈；8—霍尔分电器；9—速度表；
10—故障灯；11—爆燃传感器；12—制动灯开关；13—发动机转速传感器；14—点火基准传感器

感器的外形。

② 点火基准传感器。点火基准传感器的结构与转速传感器相同，也安装在飞轮的侧面，与固定在飞轮上的一个圆柱销相对应，发动机曲轴每转 1 圈产生 1 个脉冲信号。在安装传感器时，应保证当第一缸活塞到达压缩行程上止点 62°时产生信号，以此信号作为点火控制的基准信号。

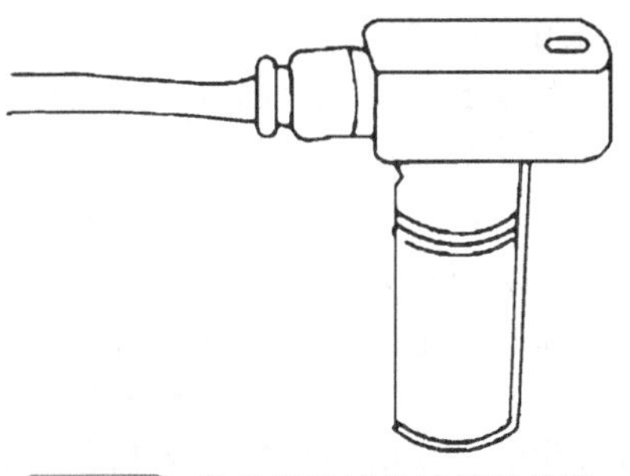

图 6-39 发动机转速传感器的外形

③ 霍尔传感器。安装在分电器内，其转子安装在分电器轴上，转子的外缘有一个缺口，分电器轴每转 1 圈产生一个脉冲信号，信号宽度为 35°，安装传感器时应使该信号出现在一缸压缩行程上止点 80°。霍尔信号输入控制器，并使来自点火基准传感器的第二个信号被抵消，从而曲轴每转两圈得到一个第一缸压缩行程时，活塞到达上止点前 62°的信号。

④ 增压传感器。增压传感器是一个压电式传感器，安装在微机控制器内，通过胶管接到发动机的进气系统，将进气管内的压力转变为电压信号输入控制器，作为点火控制的主要依据。

⑤ 冷却水温度传感器。冷却水温度传感器是一个热敏电阻式温度传感器，安装在发动机冷却水道上，检测冷却水的温度并输入控制器，作为根据冷却水温度修正点火提前角的依据。

⑥ 爆燃传感器。发动机工作时的最佳点火提前角与发动机的爆燃曲线极其接近，所以发动机工作时可能发生爆燃。爆燃传感器可以检测到这一信号，并输入控制器，以便在发动机发生爆燃时达到推迟点火提前角的目的。

⑦ 怠速及超速燃油阻断开关。怠速及超速燃油阻断开关安装在节气门总成底部，它将怠速时节气门关闭的电压信号输入控制器，作为调整怠速点火时刻和怠速转速的依据，也作为发动机怠速状态超速运转时切断燃油供给的依据。

⑧ 全负荷节气门开关。全负荷节气门开关安装在节气门总成的顶部，将发动机全负荷

时节气门全开的信号输入控制器，用于发动机全负荷时点火时刻控制和混合气加浓控制。

（2）微机控制器

微机控制器是控制系统的中枢。在发动机工作时，它根据各传感器输入的信号，计算最佳点火提前角和一次电路的导通时间，并产生点火控制信号控制点火系统工作。微机控制装置的功能很强，它在实行点火控制的同时，还可对发动机的空燃比、怠速转速、废气再循环等多项参数进行控制。它还具有故障自诊断和保护功能，当控制系统出现故障时，能自动记录故障代码并采取相应的保护措施，维持发动机运行，直至维修。

微机控制器简称控制器或电子控制单元，常用英文名称的缩写 ECU（electronic control unit）表示。它由微处理器（CPU）、存储器（ROM、RAM）、输入/输出接口（I/O）、模/数转换器（A/D）以及整形、驱动等大规模集成电路组成；或将具有上述功能的各元件制作在同一基片上，形成汽车专用的大规模集成电路芯片——车用单片微型机，简称单片机。

在控制器中，微处理器是控制的核心部分，它具有运算与控制功能。发动机运转时，它采集各传感器输入的信号，进行运算，并将运算结果转变为控制信号，控制被控制对象的工作，它还对存储器、输入/输出接口和其他外部电路实行控制。存储器用来存放实现过程控制的全部程序，还存放通过大量试验获得的数据，例如，发动机在各种转速和负荷下的最佳点火提前角、一次电路通电时间及其他有关数据以及运算的中间结果。I/O 接口用来协调微处理器与外部电路间的工作。A/D 转换器将传感器输入的称为模拟信号的电流或电压信号，转变为计算机能接受的数字信号。整形电路可将传感器输入的信号转变为理想的波形。驱动电路则将计算机发出的控制信号加以放大，以便驱动点火控制器等执行机构的工作。

有分电器微机控制点火系统的工作过程如下：发动机工作期间，各传感器分别将每一瞬间的发动机转速、负荷、冷却水的温度、节气门的状态以及是否发生爆炸等与发动机工况有关的信号，经接口电路输入控制器。控制器根据发动机转速和负荷信号，按存储器中存放的程序以及与点火提前角和一次电路导通时间有关的数据，计算出与该工况对应的最佳点火提前角和一次电路导通时间，并根据冷却水的温度加以修正。最后根据计算结果和点火基准信号，在最佳的时刻向点火控制电路和点火线圈发出控制信号，接通点火线圈的一次电路。经过最佳的一次电路导通时间后，再发出控制信号切断点火线圈的一次电路，使一次电流迅速下降到零，在点火线圈的二次绕组中产生高压电，并经配电器送往火花塞，点燃混合气。在发动机工作期间，如果发生爆燃，爆燃传感器输出的电压信号输入控制器，控制器将点火时刻推迟，爆燃消除后再将点火点逐渐移回到最佳点，实现了点火提前角的闭环控制。

采用微机控制点火系统，对于提高发动机的动力性、经济性，减少污染等都是十分有效的。因此，微机控制点火系统在现代汽油机上已得到比较广泛的应用。

6.4.2 无分电器微机控制点火系统

上述微机控制点火系统取消了分电器中的离心点火提前和真空点火提前调节装置，简化了分电器结构。若将发动机的转速和位置传感器都安置在曲轴端，则分电器的作用就只剩下对高压电的分配。因此，在微机控制点火系统中，点火线圈产生的高压电也由微机系统直接进行分配，则点火系统可进一步取消分电器，成为无分电器微机控制点火系统。在无分电器微机控制点火系统中，点火线圈产生的高压电直接分配到各缸火花塞，因此，其也被称为直接点火系统。

无分电器微机控制点火系统一般采用闭磁路双点火线圈，即每个点火线圈二次绕组的两端均作为高压输出端，分别接两个气缸的火花塞，使两个气缸的火花塞串联工作。例如，图 6-40 所示是奥迪 V6 发动机的无分电器微机控制点火系统，就是将 3 个双点火线圈装成一体，成为点火线圈组件，每个点火线圈有两个高压引出端，它们按顺序分别接 1 号、6 号、

2 号、4 号、3 号、5 号缸的火花塞。

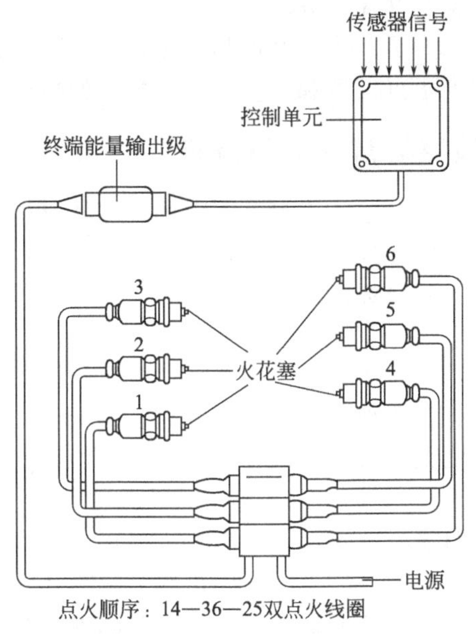

图 6-40 无分电器微机控制点火系统

发动机工作时，当第一缸活塞处于压缩行程上止点时，第六缸活塞则处于排气行程上止点，在第一缸火花塞跳火瞬间，第六缸火花塞间隙也跳火，即两缸火花塞同时跳火。但第六缸火花塞处于排气接近终了位置，气缸内的压力接近大气压，火花塞的间隙容易被高压电击穿产生电火花，但不能点燃混合气。因此，处于排气行程的气缸中产生的电火花不会起作用，称为废火。处于排气行程的火花塞跳火时，只需 1kV 左右的高压电，而且火花塞间隙击穿后阻力大大减小，绝大部分高压电作用在处于压缩行程的火花塞上，所以废火的存在对点火能量和发动机的工作并无影响。

无分电器微机控制点火系统在发动机工作时，由微机控制系统通过终端能量输出级控制各个点火线圈的工作，如图 6-41 所示是无分电器微机控制点火系统电路原理示意图。

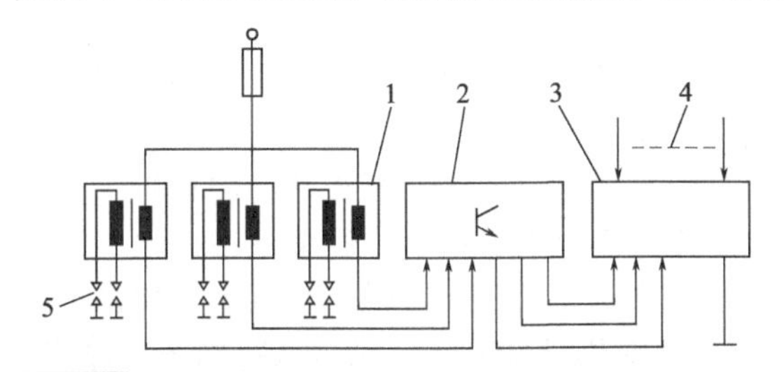

图 6-41 无分电器微机控制点火系统电路原理示意图

1—点火线圈；2—终端能量输出级；3—微机控制器；4—传感器输入信号；5—火花塞

6.5 点火系统常见故障检修

汽油机是用高压电在火花塞电极间放电产生电火花来点燃可燃混合气而工作的，因此点火的时机和火花的强度，对汽油机能否正常工作均产生直接影响。而现代汽油发电机组大都采用电感式无触点点火装置，即 TCI 点火装置。由于电子式提前角装置在点火装置内部，不能人工进行点火时间的调整。为了对点火不良程度进行故障诊断，首先应对火花塞进行火花检测，才能判断出故障。TCI在受到强烈碰撞时可能会产生故障，因此平时在操作机组时应十分注意，同时应掌握检验其好坏的方法。

在分析点火系统故障前，为了准确迅速地判断和排除故障，必须首先掌握两个容易出故障的点火系统主要部件——电子点火器和火花塞工作情况的检查及故障判断方法。

6.5.1 电子点火器的检查与常见故障检修

在正常使用过程中，汽油机的电子点火器不需调整，具有一定的工作可靠性和工作稳定性。要求电子点火器与外电路的连接应正确无误，接触良好，否则不仅影响点火系统的正常工作，还容易使电子点火器本身损坏。

(1) 初级线圈开路

当测量初级线圈的阻值明显大于正常值（初级线圈正常阻值为1.0Ω左右）时，表明初级线圈引线接触不良或线圈有开路现象。当其开路部位在外部引线插头时，可重新连（焊）接好，如果在其内部电路，则无法修复，应予以更换。

(2) 次级线圈击穿损坏

当测量次级线圈的阻值明显小于正常值（次级线圈正常阻值为10kΩ左右）时，表明次级线圈击穿短路。引起次级线圈击穿的主要原因是次级线圈高压绝缘介电强度降低和工作电压过高。而造成次级线圈高压绝缘介电强度降低的主要原因是次级线圈受潮、次级线圈过热和绝缘材料老化等；造成次级线圈工作电压过高的主要原因是火花塞电极间隙过大和高压电路的连接有松动现象等。次级线圈击穿短路一般在层间，只能更换新件。

(3) 表面放电

表面放电是指在点火线圈外表面出现了放电现象。引起点火线圈表面放电的主要原因是其表面有污物或受潮。表面放电常发生在高压引出螺钉附近，因此此处均配有护套。当出现表面放电现象时，往往可在放电部位见到烧伤痕迹。当烧伤较轻微时，可清除烧伤物并做好绝缘处理；当其放电严重，影响机组正常运行时，则应更换点火线圈。

6.5.2 火花塞常见故障检修

火花塞的常见故障有严重积炭、电极跨连、过热及漏气等。

(1) 火花塞严重积炭

汽油机在工作过程中，火花塞的积炭是不能绝对避免的，但在短时间内（例如工作50h以内）严重油污或积炭则是不正常的。

当火花塞绝缘体裙部呈深黑色时，表明其严重油污和积炭。造成这种现象的主要原因是可燃混合气过浓和火花塞工作温度过低。同时二行程汽油机比四行程汽油机严重，因为二行程汽油机通常没有专门的润滑系统，需要在可燃混合气中添加机油。

① 可燃混合气过浓。若汽油机可燃混合气过浓（特别是二冲程发动机），则其燃料不能充分燃烧，油污和游离碳会在绝缘体裙部大量沉积，造成火花塞严重油污和积炭。

② 火花塞工作温度过低。如果火花塞绝缘体裙部的温度过低，将难以消除油污和积炭。火花塞工作温度过低的主要原因是火花塞的热特性偏冷，因此，当火花塞出现故障需要更换时，一定要更换合适规格的火花塞，使其热特性与汽油机的工况相适应。

(2) 电极跨连

当积炭和沉渣在火花塞电极间隙处大量堆积时，会使两电极被燃油（特别是机油）跨连短路而不能产生电火花，一般采取清除与烘干的办法，即可使其正常工作。

(3) 火花塞过热

温度正常的火花塞，其绝缘体裙部呈棕褐色。当其裙部呈灰白色时，表明过热。当其裙部出现金属状熔珠时，表明严重过热。引起过热的主要原因有：

① 火花塞没有紧固到位，致使散热不良。

② 火花塞与气缸盖密封不良，被外泄的高温气体加热。

③ 汽油机过热（机组超负荷或其他系统出现故障）。

④ 火花塞的热特性偏热。

⑤ 未按规定安装火花塞密封垫圈（同时易使火花塞漏气），致使火花塞旋入过长，其绝缘体裙部伸入燃烧室过长过多。

6.5.3 点火系统常见综合故障检修

（1）故障现象

① 无火：无火时将使汽油机突然熄火或无法启动。

② 火弱断火：火弱或断火会造成汽油机启动困难，发动后工作不稳定，运转不均匀。严重时排气管放炮或化油器回火，汽油机突然熄火。

③ 点火时间过早或过晚。

（2）故障原因

① 点火开关短路，导线接头接触不良，短路或开路。

② 电子点火系统（TCI）失效，点火线圈、充电线圈、触发线圈短路或开路。

③ 因火花塞电极太脏、太潮湿或电极旁路，致使火花塞工作不良或不工作。

④ 高压线脱落或接头接触不良。

⑤ 飞轮磁铁严重失磁。

⑥ 键槽损坏。

（3）检查与排除方法

1）无火、火弱的检查与排除

当怀疑点火系统发生故障时，应首先从容易检查故障的地方入手，逐步顺序检查，直到找出故障的原因。其检查步骤如下：

① 在检查点火系统故障时，应先检查电路的连接是否有开路、短路等现象。

② 检查火花塞的跳火：取出高压线与火花塞的接头端，使高压线端部与缸体保持 3～5mm 的距离，或将高压线端部与火花塞接头端离开 5mm 左右间隙，打开点火开关，启动汽油机，查看高压线端是否有火花跳出。

如果有火花跳出，说明高压线以前的各个部分正常。此时可卸下火花塞进行检查。检查时将火花塞横放在气缸上，接上高压线端，启动汽油机，看火花塞的电极间是否有火花。当有火花时，说明火花塞工作正常，不跳火则表明火花塞有故障。对于火花塞的故障，应先把火花塞清洗干净，除去积炭，洗净油污，烘干，然后将其电极间隙调整到正常范围内（国产 3kW 机组一般为 0.6～0.8mm，进口机组一般要小一些，各机组的具体数值请参看机组使用说明书）。如果火花塞瓷质绝缘破裂，则应更换。

2）点火时间过早或过晚

晶体管式无触点磁电机点火系统没有机械式的触点开关，使用中不存在机械磨损，在点火系统主要零部件没有损坏的情况下，其点火提前角是稳定不变的。也就是说 TCI 点火系统的点火提前角在外部是不可调整的或电路内部自行调整。

当飞轮键槽和键损坏、触发线圈、TCI 装置松动及内部点火自动正时电路的元器件损坏时，则造成汽油机点火不正时的故障。当点火过早时，启动汽油机有反转现象，发动后，加大油门，能听到严重的敲击声，严重时会有化油器回火现象；当点火过晚时，汽油机运行时发闷，工作无力，温度容易升高，高速运转不均匀，严重时会有排气管放炮现象。

当汽油机（组）出现点火时间过早或过晚现象时，一般的机组使用维护人员不可盲目乱动，应请专业维修人员维护与修理。

习题与思考题

1. 汽油机点火系统分为哪几类？各自的特点是什么？

2. 蓄电池点火系统（传统点火系统）是由哪几个部分组成的？各组成部分的作用是什么？

3. 蓄电池点火系统的工作原理是如何的？试画出点火原理图。

4. 为什么蓄电池点火系统要在点火线圈初级绕组的电路中串联一个附加电阻？

5. 为什么蓄电池点火系统要在触点之间并联一个电容器？

6. 汽油机点火时刻为什么要提前？什么是点火提前角？其影响因素有哪些？

7. 点火提前角自动调节装置有几种？离心式点火提前调节装置是如何工作的？

8. 真空式点火提前调节装置和辛烷值校正器是如何工作的？

9. 分电器的功用是什么？断电器的触点间隙一般为多少？其值过大过小有何危害？

10. 火花塞的作用是什么？其热特性是什么？简述火花塞常见故障及其检修方法。

11. 什么是火花塞的自洁温度？若火花塞的工作温度不正常会有什么影响？

12. 火花塞间隙一般为多少？间隙过大过小有何危害？

13. 叙述有触点半导体点火系统的工作原理。

14. 简述磁脉冲式无触点点火系统的工作原理。

15. 叙述霍尔式无触点半导体点火系统的工作原理。

16. 简述微机控制点火系统的优点。它由哪几部分组成？简述其工作原理。

17. 简述电子点火器常见故障及其检修方法。

18. 简述蓄电池点火系统常见故障及其检修方法。

第7章 润滑系统

润滑系统的任务是将洁净的、温度适当的润滑油（机油）以一定的压力送至各摩擦表面进行润滑，使两个摩擦表面之间形成一定的油膜层以避免干摩擦，减小摩擦阻力，减轻机械磨损，降低功率消耗，从而提高内燃机工作的可靠性和耐久性。润滑系统的五大作用是：

① 减磨：使两零件间形成液体摩擦以降低摩擦系数，减少摩擦功，提高机械效率；减少零件磨损，延长使用寿命。

② 冷却：通过润滑油带走零件所吸收的部分热量，使零件温度不致过高。

③ 清洁：利用循环润滑油冲洗零件表面，带走因零件磨损形成的金属屑等脏物。

④ 密封：利用润滑油膜，提高气缸的密封性。

⑤ 防锈：润滑油附着于零件表面，可防止零件表面与水分、空气及燃气接触而发生氧化和锈蚀，以减少腐蚀性磨损。

此外，润滑油膜还有减轻轴与轴承间和其他零件间冲击负荷的作用。

内燃机按机油输送到运动零件摩擦表面的方式不同，其主要有三种润滑方式：激溅式润滑、压力式润滑和油雾润滑。

只有小缸径单缸内燃机采用激溅式润滑而不用机油泵（压力式润滑）。它利用固定在连杆大头盖上特制的油勺，在每次旋转中伸入到油底壳油面下，将机油飞溅起来，以润滑发动机各摩擦表面。其优点是结构简单、消耗功率小、成本低。缺点是润滑不够可靠，机油易起泡，消耗量大。

现代多缸内燃机大多采用以压力循环润滑为主、飞溅润滑和油雾润滑为辅的复合润滑方式。复合润滑方式工作可靠，并可使整个润滑系统结构简化。对于承受负荷较大，相对运动速度较高的摩擦表面，如主轴承、连杆轴承、凸轮轴轴承等机件采用压力润滑。它利用机油泵的压力，把机油从油底壳经油道和油管送到各运动零件的摩擦表面进行润滑。这种润滑方式润滑可靠、效果好，并具有很高的清洗和冷却作用。对于用压力送油难以达到、承受负荷不大和相对运动速度较小的摩擦表面，如气缸壁、正时齿轮和凸轮表面等处，则用经轴承间隙处激溅出来的油滴进行润滑。对于气门调整螺钉球头、气门杆顶端与摇臂等处，则利用油雾附着于摩擦表面周围，积多后渗入摩擦部位进行润滑。

内燃机的某些辅助装置（如风扇、水泵、起动机和充电机等），只需定期地向相关部位加注润滑脂即可。

7.1 基本构造

现以 135 系列柴油机润滑系统（如图 7-1 所示）为例具体说明润滑系统的组成。该机采用湿式油底壳（油底壳中存储润滑油）复合润滑方式。主要运动零部件摩擦副如主轴承、连杆轴承、凸轮轴轴承及正时齿轮等处用强制的压力油润滑；另一部分零部件如活塞、活塞环与气缸壁之间，齿轮系、喷油泵凸轮及调速器等靠飞溅润滑。喷油泵与调速器需要单独加润滑油。另外，水泵、风扇及前支承等处用润滑脂润滑。其润滑系统主要包括油底壳、机油泵、粗滤器、精滤器、冷却器、主油道、喷油阀、安全阀和调压阀等。

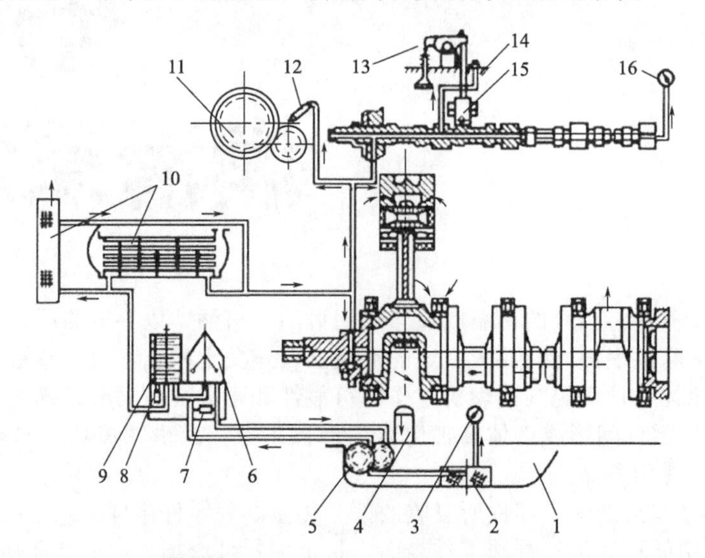

图 7-1　135 系列柴油机润滑系统示意图

1—油底壳；2—机油滤清器；3—油温表；4—加油口；5—机油泵；6—离心式机油细滤器；7—调压阀；8—旁通阀；9—机油粗滤器；10—机油散热器；11—齿轮系；12—喷嘴；13—气门摇臂；14—气缸盖；15—气门挺柱；16—油压表

机油由机体侧面（或气缸罩上）的加油口加入到柴油机油底壳内。机油经滤油网吸入机油泵，泵的出油口与机体的进油管路相通。机油经进油管路首先到粗滤器底座，由此分成两路，一部分机油到精滤器，再次过滤以提高其清洁度，然后流回油底壳内。而大部分机油经机油冷却器冷却后进入主油道，然后分成几路：

① 经喷油阀向各缸活塞顶内腔喷油，冷却活塞并润滑活塞销、活塞销座孔及连杆小头衬套，同时润滑活塞、活塞环与气缸套等处；

② 机油进入主轴承、连杆轴承和凸轮轴轴承，润滑各轴颈后回到油底壳内；

③ 由主油道经机体垂直油道到气缸盖，润滑气门摇臂机构后经气缸盖上推杆孔流回到发动机油底壳内；

④ 经齿轮室喷油阀喷向齿轮系 11，然后流回油底壳。

机油泵上装有限压阀，用来控制机油泵的出口压力。机体前端的发电机支架上装有安全阀，以便柴油机启动时及时向主油道供给机油，当冷却器堵塞时可确保主油道供油。机体右侧主油道上装有一个调压阀，以控制主油道的油压，使柴油机能正常工作。机油冷却器上还装有机油压力及机油温度传感器。在整个柴油机润滑系统中，油底壳作为机油储存和收集的容器，用两只机油泵来实现机油的循环。

上述湿式油底壳润滑系统，由于设备和布置简单，因此为一般柴油机所采用。另外还有一种干式油底壳（油底壳中润滑油很少）润滑系统，其特点是由专门的机油箱储油，并有两只甚至三只机油泵。其中吸油泵把积存在油底壳中的机油送到机油箱中；压油泵把机油箱中的油泵入各润滑部件中去。干式油底壳可使机油的搅拌和激溅减少，机油不易变质，并能降低柴油机高度，适用于纵横倾斜度要求大和柴油机高度要求特别低的场合（如坦克、飞机和某些工程机械柴油机等）。

7.1.1 机油泵

机油泵的作用是供给润滑系统循环油路中具有一定压力和流量的机油，使柴油机得到可靠的润滑。目前柴油机上广泛采用齿轮式和转子式机油泵。

如图 7-2 所示为柴油机齿轮式机油泵，机油泵通常由高强度铸铁制成，泵体内装有一对外啮合齿轮，齿轮两侧靠前后盖板密封。泵体、泵盖和齿轮组成了密封的工作腔。为保证机油泵和润滑系统各零部件能安全可靠地工作，在机油泵上设置了限压阀，在柴油机出厂时，阀的压力已调定（一般为 0.88～0.98MPa），当机油压力超过了调定值时，打开旁通孔，部分机油流回到油底壳内。这种机油泵的优点是结构简单，工作可靠，制造容易。

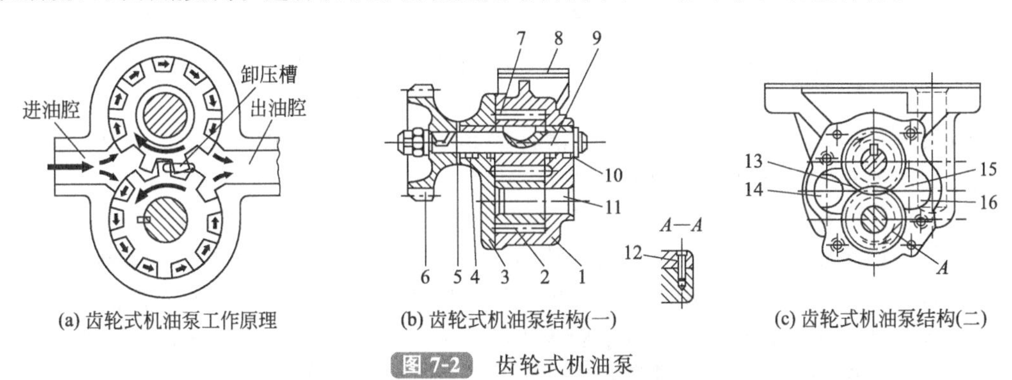

图 7-2 齿轮式机油泵

1—泵体；2—从动齿轮；3—前盖板；4—前轴承；5—轴承；6—传动齿轮；7—主动齿轮；8—调整垫片；9—主动轴；10—后轴承；11—从动轴；12—定位销；13—低压油腔；14—进油口；15—高压油腔；16—出油口

转子式机油泵的结构如图 7-3 所示，它主要由两个偏心内啮合的转子 7、8 及壳体 9 等组成。内转子用半月键固装在主动轴 10 上。外转子松套在壳体中，由内转子带动旋转。内外转子均由粉末冶金压制而成。泵体与盖之间用两个定位销定位。盖板与壳体间有耐油纸制的调整垫片，以保证内外转子与壳体之间的端面间隙。主动轴前端用半月键固装着驱动齿轮，由从动轴经中间齿轮驱动。当转子转动时，致使内外转子下方空间容积逐渐增大而吸油，上方空间容积逐渐减小而压油。

转子式机油泵的优点是体积小、重量轻，结构简单紧凑，可高速运转，且运转平稳、噪声小、寿命长，在中小型柴油机上的应用越来越广。其缺点是齿数少时压力脉动较大。

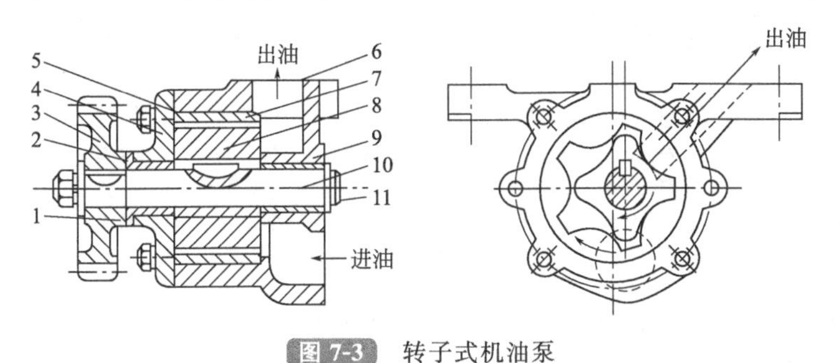

图 7-3 转子式机油泵

1—止推轴承；2，11—轴套；3—传动齿轮；4—盖板；5，6—调整垫片；7—外转子；8—内转子；9—外壳；10—主动轴

在一些功率较大的柴油机上，为了在柴油机启动前，就将机油送到各摩擦表面以减少干摩擦，特装有预供机油泵。预供机油泵有电动式和手动式两类。电动式通常用齿轮泵，手动式有蝶门式和柱塞式两种，此处不详述。

7.1.2 机油滤清器

机油滤清器用来清除机油中的磨屑、尘土等机械杂质和胶状沉淀物，以减少机械零件的磨损，延长机油使用期，防止油路堵塞和烧轴瓦等严重事故。机油滤清器的性能好坏直接影响到内燃机的大修期限和使用寿命。

对机油滤清器的基本要求是滤清效果好，通过阻力小，而这两者是相互矛盾的。为使机油既能得到较好的滤清效果又不致使通过阻力过大，一般柴油机润滑系统中装有几只滤清器，分别与主油道串联（柴油机全部循环机油都流过它，这种滤清器称为全流式）和并联（这种滤清器称为分流式）。

机油滤清器按滤清方式又可分为过滤式和离心式两类。此外还有采用磁芯吸附金属磨屑作为辅助滤清措施的机油滤清器。过滤式按其滤清能力的不同可分为精滤器（亦称细滤器，可除去直径为 5～10μm 的颗粒）、粗滤器（可除去直径为 20～30μm 的颗粒）、集滤器（只能滤掉较大颗粒的杂质）。过滤式机油滤清器按其结构形式的不同又可分为网式、刮片式、线绕式、锯末滤芯式、纸滤芯式及复合式等。

图 7-4 所示为 6135 系列柴油机所采用的机油滤清器，包括粗滤器和精滤器两部分。图中左部组件为粗滤器，机油由机体油道经滤清器座上的切向矩形油道进入粗滤器体 17 的锥形腔内高速旋转，在离心力作用下，较大的杂质、脏物以及一小部分机油沿锥形腔壁挤向粗滤器座下端油路进入精滤器，而在锥形腔体中心部分的大部分清洁机油沿滤清器座的中间油孔进入主油道。这种粗滤器不需滤芯，因而结构简单、维护方便。

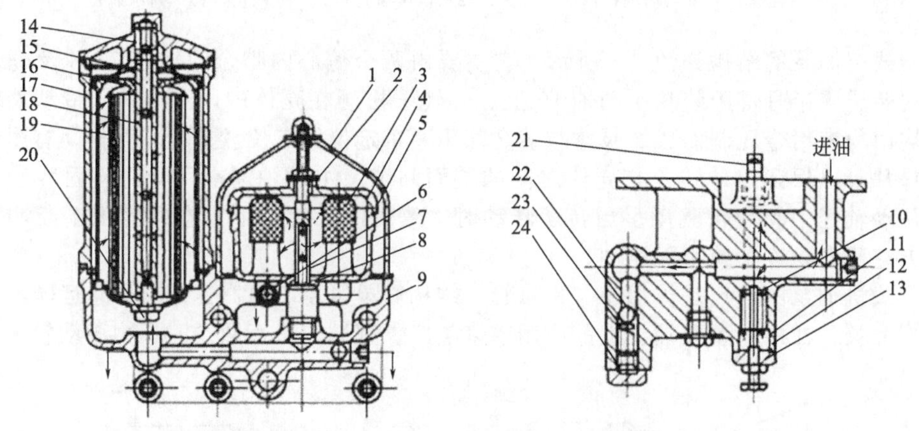

图 7-4 6135 系列柴油机机油滤清器（粗滤器为绕线式）

1—转子外壳；2—转子上轴承；3—滤油网；4—转子盖；5—转子体；6—喷嘴；7—转子轴；8—转子下轴承；9—底座；10—减压阀；11—调整弹簧；12—调压螺钉；13—调压阀外体；14—粗滤器盖；15，16—密封圈；17—粗滤器体；18—粗滤器轴；19—粗滤器芯；20—螺钉；21—回油管；22—旁通阀钢球；23—旁通阀弹簧；24—旁通阀紧固螺母

精滤器由转子外壳 1、转子体 5、转子轴 7 和滤清器底座 9 等组成。由粗滤器分离出来的带有杂质的机油进入转子，转子上有两个方向相反的喷孔，当柴油机工作时，机油在压力作用下从两个喷孔中喷出，由于喷出机油的反作用力推动转子高速（一般情况下，在 5000r/min 以上）旋转，在离心力作用下，转子内腔中的机械杂质被分离出来，并被抛向壁面，而干净机油则从喷孔中喷出，然后流回到油底壳。

7.1.3 机油散热装置

为了保持机油在适宜的温度范围内工作，柴油机润滑油路一般都装有机油散热装置，用来对机油进行强制冷却。机油散热装置可分为两类：以空气为冷却介质的机油散热器和以水为冷却介质的机油冷却器。

机油散热器一般为管片式（结构与冷却系水散热器相似），通常装在水散热器的前面或后面。其特点是结构简单，没有冷却水渗入机油中的可能。适合于行驶式柴油机，可利用行驶中的冷风对机油进行有效的冷却。管与片常用导热性好的黄铜制成。

机油冷却器有管式和板翅式两种形式。如图 7-5 所示为 6135 系列柴油机用管式机油冷却器。散热器芯由带散热片的铜管组成，两端与散热器前后的水管连通。当柴油发电机组工作时，冷却水在管内流动，机油在管外受隔片限制，而成弯曲路线流向出油口，机油中的热量通过散热片传给冷却水带走。

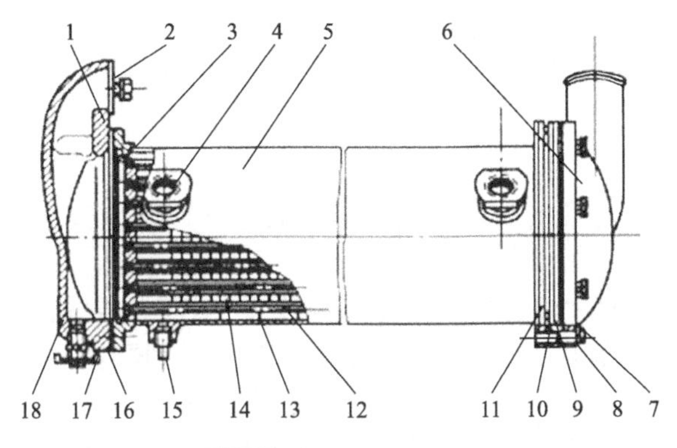

图 7-5 管式机油冷却器

1—封油圈；2，10，16—垫片；3—滤芯底板；4—接头；5—外壳；6—散热器前盖；7—垫圈；8—螺钉；9—散热器芯法兰；11—外壳法兰；12—散热管；13—隔片；14—散热片；15—方头螺栓；17—放水阀；18—散热器后盖

6135 系列柴油机的机油散热装置装在冷却水路中，当机油温度较高时靠冷却水降温，当柴油机启动暖车时，机温较低，则从冷却水中吸热使机油温度得以提高。

7.1.4 机油压力测量装置

机油压力测量装置是用来监测柴油机主油道中机油压力的设备。它有膜片式、管状弹簧式和电热式等几种。前两种是直接作用式，测压灵敏度高，但监测不方便。电热式机油压力测量装置是非电量测试、电量传递和机械显示的仪表。它由机油压力传感器、机油压力表和信息传递的导线组成。机油压力传感器装在气缸体上与主油道相通，机油压力表装在仪表盘上。电热式机油压力测量装置测量灵敏度不高，但监测方便，测量的压力值能达到要求。因此，电热式机油压力测量装置在动力机械上被广泛采用。

电热式机油压力测量装置的构造及作用原理如图 7-6 所示。闭合电源开关 20，传感器中的加热线圈 17 将双金属片 16 加热，双金属片受热后向外弯曲，触点副 23 跳开，切断机油压力表的电路，加热线圈 17 中断对双金属片 16 的加热。双金属片受冷后复原，触点副又闭合，机油压力表的电路又被接通，此后电路时通时断。当机油压力表电路接通时，压力表中的加热线圈 2 加热双金属片 4，双金属片 4 受热后弯曲，其头部钩着指针 1 的下端边框，使指针摆动指示柴油机润滑系统中的机油压力。

当发动机尚未运转，闭合开关 20 时，传感器中的触点副虽然时开时闭，但由于其闭合

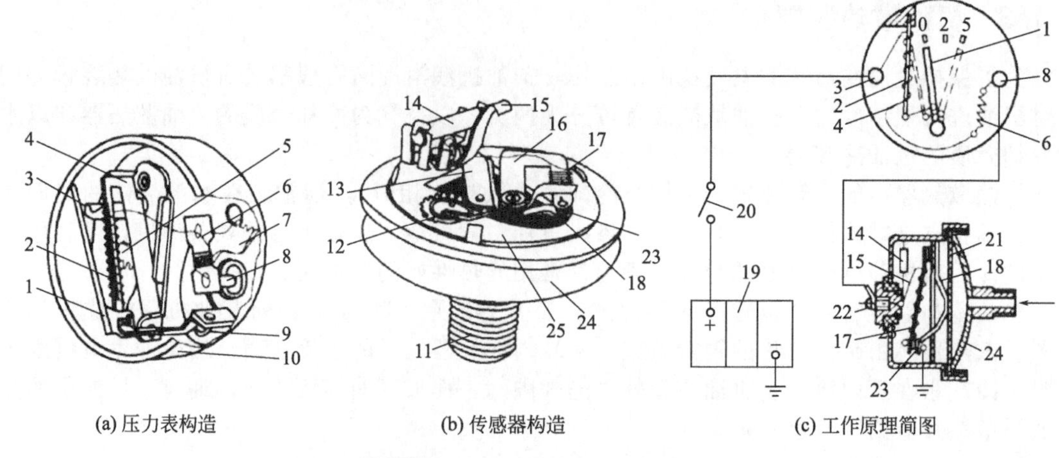

图 7-6　电热式机油压力测量装置

1—指针；2，17—加热线圈；3，8，22—接线柱；4，16—双金属片；5，7—调节臂；
6—倍流器；9—框钉片；10—表壳；11—螺栓接头；12—调节齿轮；13—压力片；14—炭质电阻；
15—导电铜片；18—弹簧片；19—蓄电池；20—开关；21—平面膜片；23—触点副；24—传感器外壳；25—底板

时间短，流过压力表的电流量微小，加热量小，双金属片变形量也很小，不能拉着指针摆动。此时，指针指向零。

当发动机工作后，来自主油道的油压经螺栓接头 11 传入传感器油腔内，压着平面膜片 21 拱起，平面油膜顶着弹簧片 18 弯曲，触点副上升，双金属片受机械力而弯曲。因此，加热线圈 17 对双金属片 16 加热较长的时间才能使触点副 23 张开断电。由于触点副闭合的时间较长，压力表中的加热线圈 2 对双金属片 4 加热的时间相应增长，弯曲程度也较大。这时，双金属片的头部钩着指针 1 的下边框沿，使机油压力表的指针摆动。由于触点副时开时闭，使机油压力表的指针指示某一机油压力位置。

环境温度为 (20±5)℃，电压为 14V，机油压力在 0.2MPa 时，误差不超过 0.04MPa；机油压力在 0.5MPa 时，误差不超过 0.1MPa。触点副用银镉合金制成，使用寿命为 1200～1500h，所以不观察机油压力表时，应将电路关掉。调节齿轮 12 用于调整触点副的压力，调节臂 5 和 7 用于调整指针和表盘的相对位置。

在使用过程中应注意：机油传感器和压力表应配套使用。如 308 型电热式机油压力表与 303 型机油压力传感器配套使用。在安装机油压力表时，应使外壳的箭头向上，不能偏过垂直位置 30°以上。

7.1.5　机油温度测量装置

机油温度测量装置用于观测柴油机的机油温度，它有热电式和电阻式。热电式机油温度测量装置广泛应用在动力机械的柴油机上。

热电式机油温度测量装置由温度传感器、温度表和传递导线等组成，其构造和作用原理如图 7-7 所示。闭合电源开关，温度传感器中的加热线圈 4 加热双金属片 3，双金属片受热到一定温度时向外弯曲，使上触点 2 和下触点 1 分开，切断机油温度表的电路，当双金属片受冷后又复原，电路又被接通。此后电路时通时断。当电路接通时，温度表中的加热线圈 13 加热双金属片 10，双金属片弯曲后带动指针摆动。

当发动机的机油温度过低时，加热线圈 4 通电时间长，双金属片调整臂 11 弯曲大，指针 12 摆动角度大，指针指向低油温的位置。

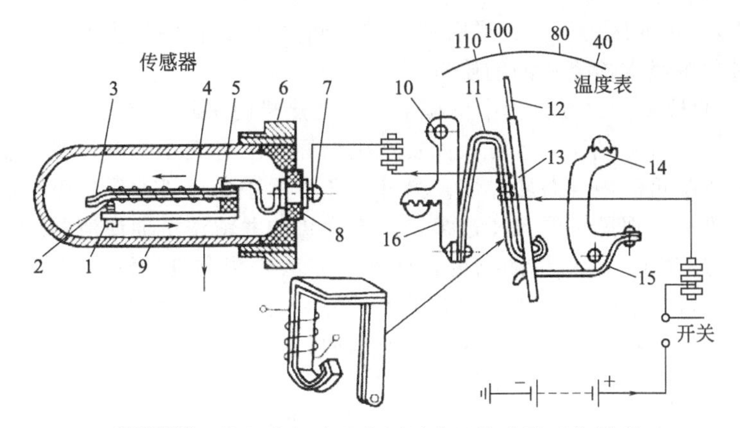

图 7-7　热电式机油温度测量装置构造及工作原理

1—下触点；2—上触点；3，10—双金属片；4，13—加热线圈；5—导电铜片；
6—螺纹接头；7—接线柱；8—绝缘体；9—壳体；11，16—调整臂；12—指针；14—轴；15—弹簧片

当发动机的机油温度过高时，机油通过传感器的壳体 9 将双金属片 3 加热到与机油相同的温度，而加热线圈 4 再加热双金属片 3 使触点 1 和 2 张开，而后电路时通时断。结果，减少了机油温度表通电的时间，加热线圈 13 加热时间相应缩短，使双金属片调整臂 11 的弯曲量小，指针摆动角度也小。此时指针 12 指在高油温的位置。当机油温度超过 110℃时，触点副处于常开位置，机油温度表电路处于断电状态，指针指在 110℃。

调整臂 16 和轴 14 分别调整指针和表盘。在使用时应注意机油温度传感器和机油温度表的配套使用。例如 302 机油温度表应与 306 机油温度传感器配合使用。

7.2　维护保养

7.2.1　润滑系统的维护

（1）选择合适的机油

一般而言，每种内燃机说明书上都规定了机器的润滑油使用种类。我们在使用过程中应注意这一点，如果在使用过程中，没有说明书上规定的润滑油，可选择相近牌号的润滑油使用。切忌不同牌号的机油混合使用。

（2）机油量要合适

每次开机前均应检查机油油面，保证机油油面高度在规定范围内。

① 油面过低：磨损大，容易烧瓦、拉缸。

② 油面过高：机油窜入气缸；燃烧室积炭；活塞环黏结；排气冒蓝烟。

因此，当曲轴箱机油不足时，应添加至规定的油平面，并找出其缺油原因；当油面过高时，应检查机油中是否有水和燃油漏入，找出原因，加以排除并更换机油。

在添加机油时，要使用带有滤网的清洁漏斗，以防止杂质进入曲轴箱内，影响发电机组的正常工作。

（3）机油压力调整得当

每种内燃机都有各自规定的机油压力，比如 4105 和 4135 型柴油发电机组，其机油压力均为 1.5～3kgf/cm^2。

当我们开机至额定转速或中等转速时，1min 内，机油压力应上升至规定值。否则，应查明原因，使机油压力调整至规定值范围内。4105、4135 等发电机组都有调压螺钉，逆时

针旋转（向外旋），机油压力下降；顺时针旋转（向里旋），机油压力上升。

（4）使用过程中经常检查机油的质量

① 机械杂质的检查。检查机油中机械杂质应在热机时进行（此时杂质浮在机油中）。检查时，抽出机油标尺对着光亮处查看，如发现机油标尺上有细小的微粒或不能看清机油标尺上的刻线时，则说明机油内含杂质过多。另外，还可用手捻搓机油看是否有颗粒，来确定机油是否能用。若机油呈现黑色或杂质过多，应更换机油并清洗机油滤清器。

② 机油黏度的检查。检查机油黏度，准确的方法是用黏度计测定。但我们平时更常用的方法是：将机油放在手指上捻搓，如有黏性感觉，并有拉长丝现象，说明机油黏度合适，否则，表示机油黏度不够，应查明原因并更换机油。

（5）定期清洗润滑系统和更换机油

① 清洗时机。机油滤清器定期清洗；机油盆、油道一般在更换机油时进行。

② 清洗方法。

a. 在热机时放出机油盆中的机油（此时机油黏度小，杂质漂浮在机油中），以便尽可能地将机油盆、油道、机油滤清器中的杂质清除。

b. 在机油盆中加入混合油（在机油中掺入15%～20%的煤油，或按柴油机∶机油＝9∶1的比例混合），其数量为润滑系统容量的60%～70%为宜。

c. 使柴油机低速运转5～8min，机油压力应在0.5kgf/cm^2以上。

d. 停机，放出混合油。

e. 清洗机油滤清器、滤网、机油散热器及曲轴箱，加入新机油。

7.2.2 润滑系统的保养

下面，我们以135系列柴油机为例，讲述润滑系统及其保养方法。

（1）机油滤清器

135系列柴油机，根据机型配用两种形式的机油滤清器。两种形式的滤清器，粗滤器分别采用绕线式和刮片式，所用精滤器相同。通过粗滤器的机油经冷却后直接进入主油道润滑；精滤器为分流式，精滤后的机油直接回归油底壳。

滤清性能的好坏，直接影响柴油机的使用性能和寿命。因此，在使用时对机油滤清器的滤清效果应多加注意。基本型柴油机所用机油滤清器的规格如表7-1所示。

表7-1 机油滤清器的规格

用于柴油机型号		4、6缸直列型	12缸V形
机油粗滤器：	形式	刮片式或绕线式	刮片式
	过滤间隙/mm	0.06～0.10	≤0.10
	过滤量/(L/min)	＞45	＞45
	进油压力/kPa(kgf/cm^2)	294(3)	294(3)
机油精滤器：	形式	反作用离心式	
	转子转速/(r/min)	≥5500	
	进油压力/kPa(kgf/cm^2)	≥294(3)	
	过滤量/(L/min)	＜10	
增压器机油滤清器：	形式	网格式(仅用于增压柴油机)	
	铜丝网规格/(目/in)	300	

注：表中数据的实验条件：①油温85℃；②CD15W-40润滑油。

① 绕线式机油滤清器。绕线式机油滤清器的结构如图 7-4 所示。滤芯上有两层用铜丝绕成的过滤网，其过滤间隙≤0.09mm。柴油机每运转 200h 后，应拆洗滤芯。拆洗时，先松开盖子上的 4 个螺母，连盖子一起取出滤芯，再松开底面轴上的螺钉，拿下滤芯放在煤油或柴油内清洗（如图 7-8 所示），然后用压缩空气吹净。重装时，内外滤芯两端面须平整，以保证密封，粗滤器轴旋入盖中螺孔应拧到底。

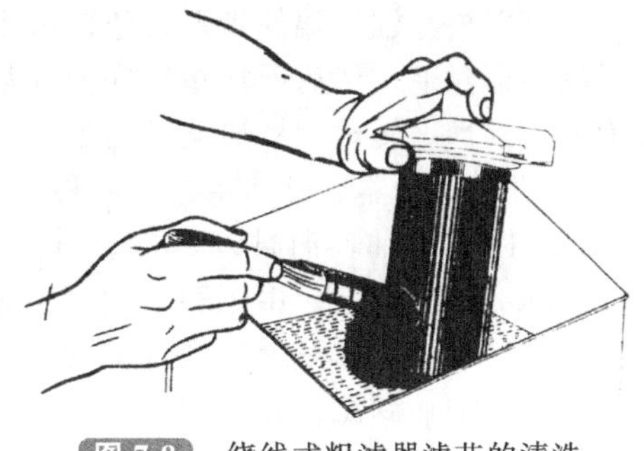

图 7-8 绕线式粗滤器滤芯的清洗

② 刮片式机油滤清器。刮片式机油滤清器的结构如图 7-9 所示。滤芯由薄钢片冲制的滤片装配而成，滤片之间的过滤间隙为 0.06～0.10mm。

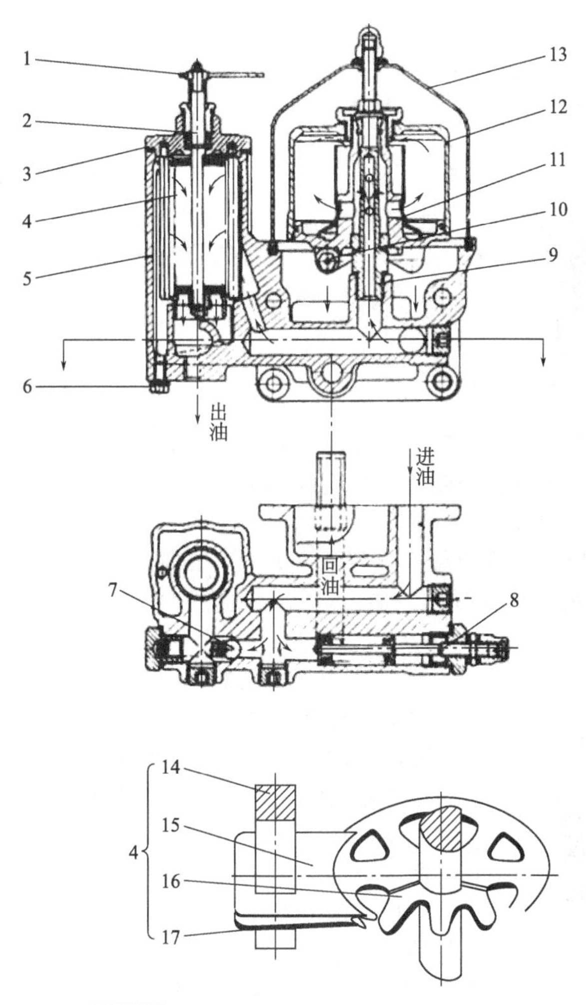

图 7-9 机油滤清器（粗滤器为刮片式）

1—手柄；2—转轴；3—粗滤器盖；4—刮片式滤芯；5—底座；6—放油螺钉；7—旁通阀；8—调压阀；9—转子轴；10—喷嘴；11—转子座；12—转子体；13—转子罩壳；14—定位轴；15—刮片；16—滤片垫；17—滤片

当柴油机启动前或连续工作 4h 后，应顺着滤清器盖上箭头所指的方向转动手柄 2～3 圈。此时由于滤芯的转动，装于定位轴上的刮片即刮下滤片外表面的污垢。在柴油机每工作 200h 后，应拆洗滤芯，将滤芯放在柴油中，转动手柄刮下污垢（如图 7-10 所示）。如积垢过多，可以松开轴下端的螺母，依次拆出滤片，浸入柴油中逐片清洗，但必须小心，保持滤片平整不得碰毛，然后严格按次序及片数装配，否则会影响滤清效果。装好后要注意滤芯两端面的密封性，转动手柄应旋转自如。

③ 机油精滤器。机油精滤器亦称离心式机油滤清器，结构如图 7-4 和图 7-9 所示。当采用 HCA-11 润滑油，油温为 85℃、进油压力为 294kPa（3kgf/cm^2）时，精滤器转子的转速应在 5500r/min 以上。由于转子的高速旋转，使机油中的细小杂质因离心力的作用而分离，并汇集到转子体的内壁上，经过滤清的机油通过回油孔直接流回油底壳，以此重复循环对整个系统的机油达到滤清的目的。

柴油机每运转 200h 后，应拆洗精滤器。先松开转子罩壳上的螺母，取下罩壳，然后卸去转子上端的螺母，取出转子。拆下转子体之后，将所拆零件浸在柴油或煤油中用毛刷即可清除转子内的污物（如图 7-11 所示）。两个喷嘴如无必要清洗时则不要随意拆卸。

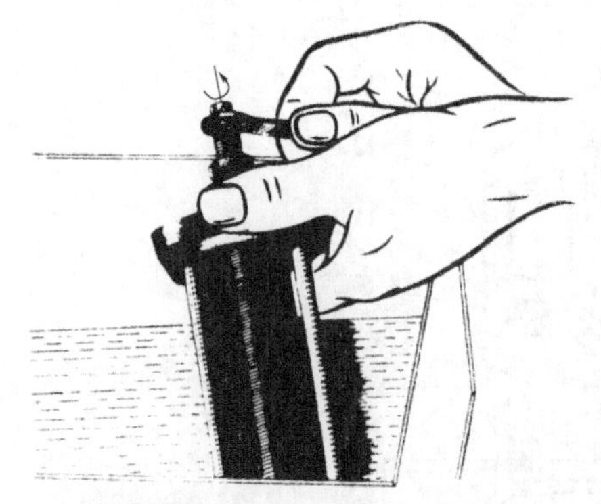

图 7-10 刮片式粗滤器的清洗

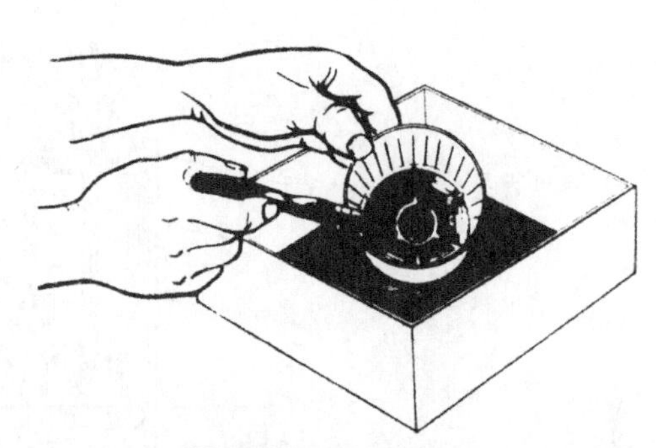

图 7-11 转子的清洗

精滤器的装配按拆卸的相反程序进行，但需注意以下几点：

a. 各种零件应清洗干净，喷嘴中的喷孔应畅通。

b. 转子上、下两个轴承的配合间隙为 0.045～0.094mm，必要时应进行测量。

c. 转子体与转子座应对准定位企口装配（如图 7-12 所示）。

d. 拧紧螺母时，用力必须缓慢、均匀。密封圈要放平整。装好后，转子体在转子轴上应旋转灵活。

④ 增压器用的机油滤清器。增压型柴油机的涡轮增压器是处在高转速下工作的部件，对其润滑精度要求较高。因此，在机油冷却器后加接了一只网格式滤清器，单独为增压器润滑油进行滤清。机油通过的网格为每英寸 300 目的铜丝布，可进一步滤清机油中的杂质，以保证涡轮增压器转子轴承等零件的可靠润滑。柴油机每工作 200h 后，应松开滤清器壳底的紧固螺母，放掉污油和沉淀物，拆下外壳和滤芯，放在柴油或煤油中进行清洗，然后用压缩空气吹净。在滤清器的盖上标有进出油管连接的箭头标记。

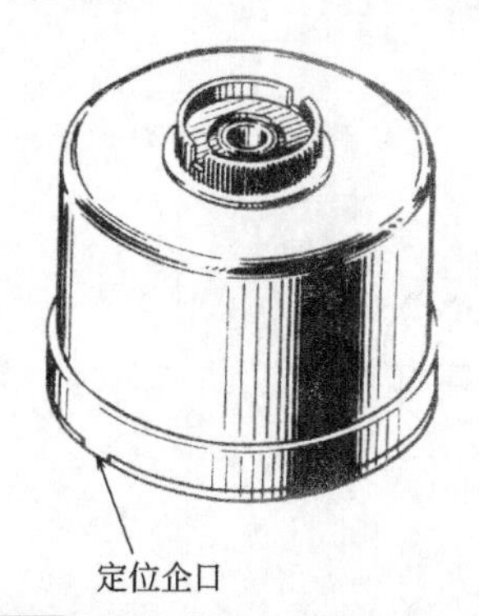

图 7-12 转子体与转子座的定位企口

⑤ 调压阀和旁通阀。在机油滤清器底座上均装有调压阀和旁通阀。调压阀的作用是调整机油压力，防止柴油机工作时的机油压力过高或过低。柴油发动机出厂时，机油压力按规定的数据已调整好。如果调压阀经过拆装，则柴油机开车后应立即进行调整。

旁通阀的作用是当机油粗滤器一旦发生阻塞时，机油可不经滤清直接由旁通阀门流至主油道，以保证柴油机仍能工作，此阀不需做任何调整。

调压阀和旁通阀一般不需拆洗。如污物过多而必须拆洗时，应检查调压阀座面接触是否良好，否则由于泄漏机油增加而引起油压下降。如座面接触不良，则应予以研磨修理。

（2）机油散热装置

135 系列柴油机的机油散热装置，有水冷式和风冷式两种，按柴油机用途的不同可分别选用。

① 水冷式机油冷却器。水冷式机油冷却器为圆筒形，内部有黄铜管、散热片和隔片组成的芯子。水在芯子的管内流动；油在芯子与外壳的夹层间流动。水冷式机油冷却器的基本结构如图 7-5 所示。135 系列基本型柴油机所用水冷式机油冷却器现有 5 种不同规格，其主要差别见表 7-2。

表 7-2 水冷式机油冷却器主要技术规格

柴油机型号	4135G 4135AG	6135G，6135AG 6135G-1	6135JZ 6135AZG	12V135	12V135AG 12V135JZ，12V135AG-1
形式	管片式				
芯子外径/mm	126		126	154	
冷却管数	120		220	190	
芯子长度/mm	380		470	390	520
隔片数	21		9	11	15
散热片数	无	26	无	36	48
总散热面积/m^2	1.3	1.62		2.29	3.03

根据机型和功率不同，配用不同规格的水冷式机油冷却器，我们在购买配件时应注意与使用机型相配。

机油冷却器应定期清洗，在重装时，应使封油圈保持平整和位置正确。老化或发黏了的封油圈应换新，否则会造成油水混合，导致柴油机故障。保养时还要检查冷却器芯子是否脱焊、烂穿，必要时可进行焊补或把个别管子两端孔口闷死再继续使用。如果冷却铜管损坏较多，则应更换整个芯子。

在寒冷地区或冬季使用柴油机时，应注意停车后及时放掉其中的冷却水或采用防冻冷却液，以防止冷却器冻裂。

② 风冷式机油散热器。风冷式机油散热器采用铜制的管片式，其结构如图 7-13 所示。它限用于带风扇冷却的柴油机上，安装在冷却水的水散热器后面。柴油机工作时，机油流经铜管将热量传给管壁和散热片，最后借风扇鼓风将热量带走。其维护保养方法同“水散热器”。

用于 4 缸、6 缸直列型柴油机的风冷式机油散热器，有两种规格（见表 7-3）。12 缸 V 形柴油机无风冷式机油散热器。

表 7-3 风冷式机油散热器

柴油机型号	4 缸直列型	6 缸直列型
形式	管片式	管片式
总散热面积/m^2	5.51	7.78
机油容量/L	1.41	1.82

（3）油底壳

135 系列柴油机均采用湿式油底壳作储存机油用。在 4 缸、6 缸、12 缸基本型柴油机的

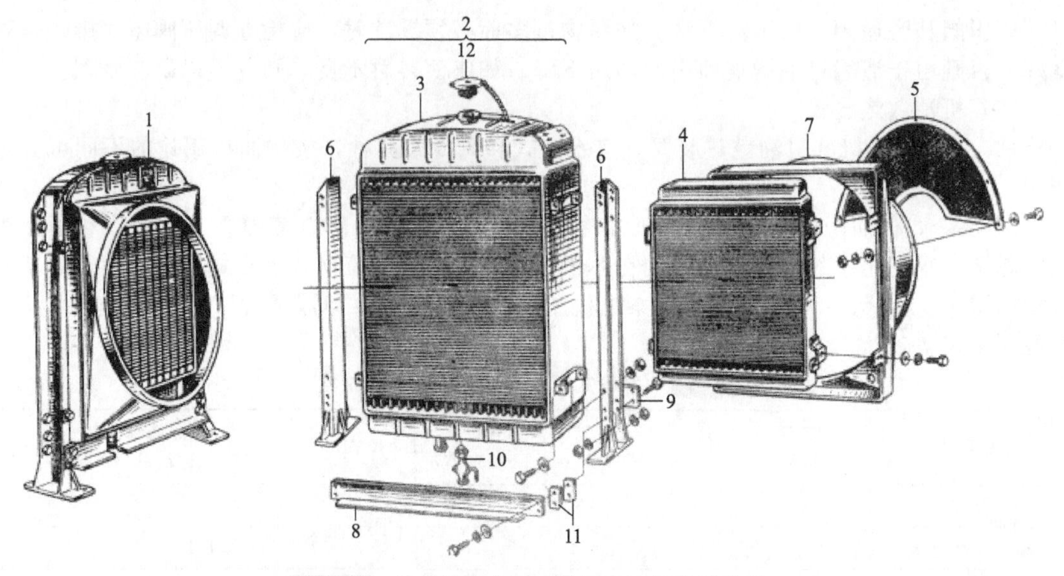

图 7-13 散热器结合组（带风冷式机油散热器）

1—散热器总成；2—水散热器；3—水散热器芯子；4—风冷式机油散热器；
5—风扇防护罩；6—支架；7—导风罩；8—前横档；9—后横档；10—放水阀；11—垫板；12—压力盖

油底壳内，均设有油池和挡油板，可满足柴油机在纵倾≤15°时正常工作。油底壳的基本结构如图 7-14 所示。

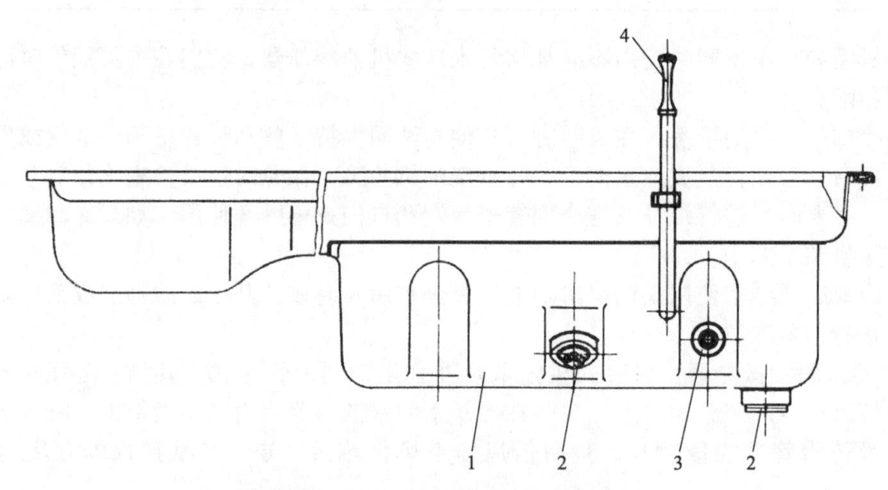

图 7-14 6 缸基本型柴油机油底壳结合组

1—油底壳；2—放油塞；3—油温表接头；4—机油标尺

柴油机工作时，润滑系统工作状况分别用油温表、压力表及机油标尺等进行监视。为此，在油底壳上装有油温表接头和指示机油平面位置图的机油标尺。在油底壳的侧面或底部还装有放油螺塞，以便放去污油。

由于油底壳形状及要求储存机油容量不同，因此各种油底壳所采用的机油标尺也不相同。在柴油机基本保持水平状态下，标尺上的刻线“静满”表示柴油机启动前应有的机油平面；“动满”表示柴油机运转时应保持的机油平面；“险”表示柴油机应立即添加机油的最低位置。因此，在柴油机工作时，应经常用机油标尺检查油底壳内的机油平面位置，以防油面过低或过高，致使发动机产生故障。

7.3 机油泵检修技能

7.3.1 机油泵的检验与修理

润滑系统是否能保证内燃机工作时有良好的润滑条件，虽然与油道是否畅通，滤清器是否发挥作用等因素有关，但最主要的、起决定作用的还是机油泵的性能是否良好。因此，在内燃机维修时，应对机油泵进行检验与修理。135 系列直列型 4135、6135 柴油机的机油泵结构如图 7-15 所示。

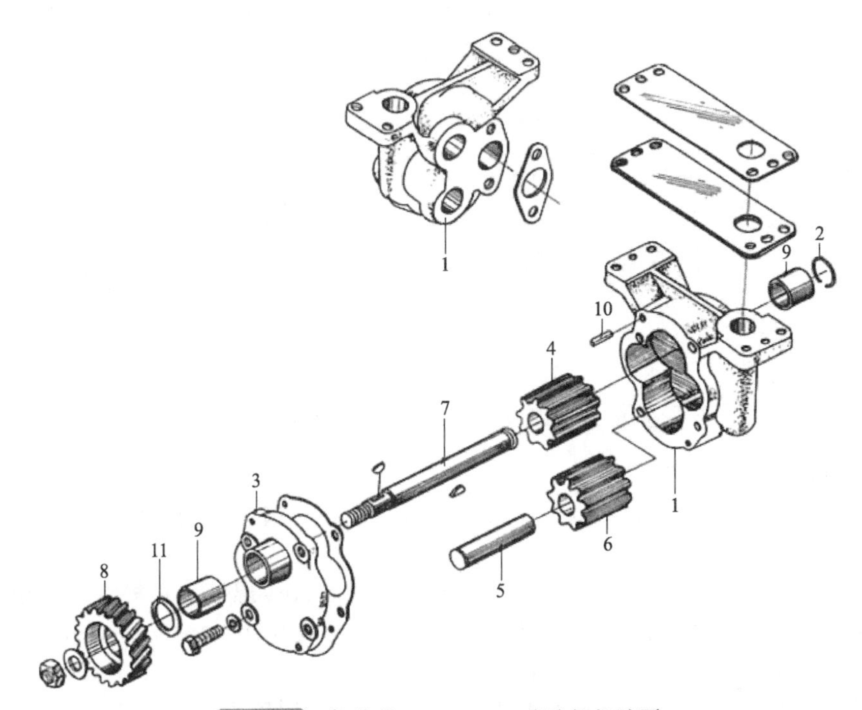

图 7-15 直列型 4135、6135 柴油机机油泵

1—机油泵体；2—钢丝挡圈；3—机油泵盖；4—主动齿轮；5—从动轴；6—从动齿轮（被动齿轮）；7—主动轴；8—传动齿轮；9—衬套；10—圆柱销；11—推力轴承

（1）机油泵的常见故障

机油泵的常见故障有三种：

① 主被动齿轮齿面、齿轮轴以及泵体和泵盖的磨损；

② 齿面疲劳剥落，轮齿裂纹、折断；

③ 限压阀弹簧折断，球阀磨损。

（2）主被动齿轮啮合间隙的检验

齿轮啮合间隙的增大，是由机油泵齿轮牙齿相互摩擦造成的。

其检查方法是：取下泵盖，用厚薄规在主被动齿轮啮合互成 120°处分三点进行测量检查两齿之间的间隙。如图 7-16 所示。

机油泵主动齿轮与被动齿轮的啮合间隙正常值一般为 0.15～0.35mm，各机型均有明确规定，例如：4135 柴油机为 0.03～0.082mm，最大不超过 0.15mm，2105 柴油机为 0.10～0.20mm，最大不超过 0.30mm。如果齿轮啮合间隙超过最大允许限度应成对更换新齿轮。

图 7-16 主被动齿轮啮合间隙的检查

1—机油泵壳；2—厚薄规

（3）机油泵泵盖工作面的检验与修理

机油泵泵盖工作面经磨损后会产生凹陷，此凹陷不能超过 0.05mm，其检查方法是：用厚薄规与钢板尺配合测量，如图 7-17(a) 所示。把钢板尺侧立于泵盖工作面上，然后用厚薄规测量泵盖工作面与钢板尺之间的间隙。若超过规定值，将机油泵泵盖放在玻璃板或平板上用气门砂磨平即可。

（4）齿轮端面间隙的检验与修理

机油泵主被动齿轮端面与泵盖的间隙为端面间隙。端面间隙增大主要是因为齿轮在轴向方向上与泵盖产生了摩擦。

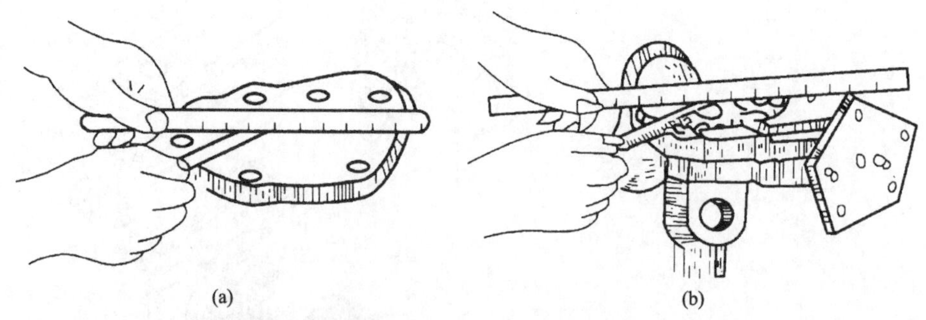

图 7-17 机油泵泵盖工作面及齿轮端面间隙的检验

其检查方法有两种：

① 用厚薄规与钢板尺配合测量，如图 7-17(b) 所示。齿轮端面间隙＝泵盖凹陷量＋齿轮端面到泵体结合面的间隙。

② 熔丝法。将熔丝放在齿轮面上，装上泵盖，旋紧泵盖螺钉后再松开，取出被压扁的熔丝，测量其厚度，此厚度值即为端面间隙。此间隙一般为 0.10～0.15mm，如 4135 柴油机为 0.05～0.11mm；2105 柴油机为 0.05～0.15mm。

如果端面间隙超过了规定值，其修理方法有两种：①用较薄的垫片进行调整；②研磨泵体结合面和泵盖平面。

（5）齿顶间隙的检验

机油泵齿轮顶端与泵壳内壁的间隙称为齿顶间隙。齿顶间隙增大的原因有二：①机油泵轴与轴套的间隙过大；②被动齿轮中心孔与轴销间隙过大，致使齿轮顶端与泵盖内壁发生摩擦而造成齿顶间隙过大。

其检验方法是：用厚薄规插在齿轮顶面与泵壳内壁之间进行测量，如图 7-18 所示。齿顶间隙一般为 0.05～0.15mm，最大不超过 0.50mm，如 4135 柴油机为 0.15～0.27mm；2105 柴油机为 0.03～0.15mm。

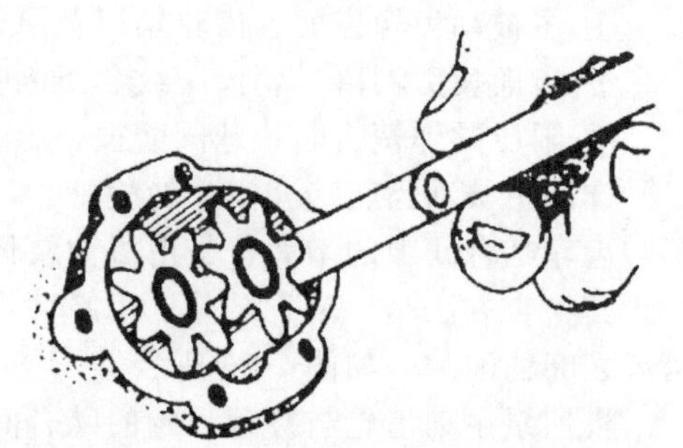

图 7-18 齿顶与泵壳内壁间隙的检查

若超过规定允许值，应更换齿轮或泵体。

（6）主动轴与衬套之间间隙的检验与修理

其检验方法是：将泵壳固定，用千分表的触点靠近主动轴测量。一般正常间隙为 0.03～0.15mm，如 4135 柴油机为 0.039～0.078mm，最大不得超过 0.15mm。如果超过允许值，应进行修理，其修理方法有两种：

① 衬套与轴的间隙过大，更换衬套，按轴的尺寸铰孔。

② 轴的磨损，其失圆度及锥形度>0.02mm 时，应电镀加粗，而后磨至标准尺寸，重新配制衬套。

(7) 限压装置的检验与修理

其常见故障有球阀与座磨损、弹簧折断或失去弹性。

球阀与座磨损后，通常是更换新球阀，新球阀装入后再用铜棒轻击数次，使之与座紧密配合。若弹簧折断或失去弹性，则应更换新件。

7.3.2 机油泵的装配与试验

(1) 机油泵的装配

① 在泵轴上涂以适量机油，将主动齿轮装在泵轴上，然后再装被动齿轮。主被动齿轮装好后，转动泵轴时，它们应能灵活地啮合旋转。

② 装泵盖时，必须注意调整其间隙，若泵盖已经过研磨，则更要重视垫片厚度的调整，保证其间隙适当。

③ 将传动齿轮装在轴上后，一定要将横销铆好。

④ 装好后，应检查各种螺钉是否上紧，并将限压阀装好。

(2) 机油泵的试验

其试验方法是：将进、出油孔都浸入机油盆中，待灌满机油后，用拇指堵住出油孔，另一手转动齿轮，以拇指感到有一定压力为好。否则，应查明原因，重新修配。

(3) 装入机体

机油泵装入机体时，应注意以下几点：

① 装机前，将机油泵灌满机油，以防泵内有空气，使机油泵不泵油而烧瓦。

② 油泵与机体间的垫片应垫好，以防漏油。

③ 汽油机机油泵与分电器有传动关系时，应正常啮合，以免点火时间错乱。

④ 进行压力试验及调整。

7.4 常见故障检修

润滑系统的常见故障有机油压力过低、机油压力过高、机油消耗量过大、机油油面增高以及机油泵噪声等。下面我们分别加以讲述。

7.4.1 机油压力过低

(1) 现象

① 机油表无指示或指示低于规定值。一般发电机组机油压力的正常范围为 0.15～0.4MPa (1.5～4kgf/cm^2)。

② 刚启动机器时机油压力表指示正常，然后下降，甚至为零。

(2) 原因

① 机油量不足。

② 机油黏度过小（牌号低、温度高、混入燃油或水）。

③ 限压阀调整不当，弹簧变软。

④ 机油压力表与感压塞失效。

⑤ 机油集滤器滤网及机油管路等处堵塞。

⑥ 润滑油道有漏油处。

⑦ 机油泵泵油能力差：机油泵主、被动齿轮磨损使二者之间的间隙过大，或齿轮与泵盖间隙过大。

⑧ 各轴承（曲轴、连杆和凸轮轴等处的轴承）间隙过大。

(3) 排除方法

① 检查机油的数量与质量。发现机油压力过低时，应首先停止内燃机工作，等待3～5min后，抽出机油量尺检查机油的数量与质量。

油量不足应添加与机油盆中的机油牌号相同的机油。若机油黏度小，油平面升高，有生油味，则为机油中混入了燃油；若机油颜色呈乳白色，则为机油中渗入了水分，应检查排除漏油或漏水的故障，并按规定更换机油。

由于季节的变化，没有及时更换相应牌号的机油，或添加的机油牌号与机油盆中的机油牌号不一致时，亦会使柴油机的机油压力降低。

在使用过程中，如果内燃机过热，则应考虑机油压力降低可能是机油温度过高致使机油变稀引起的。在这种情况下，排除致使内燃机温度过高的故障，等机油冷却后再启动发电机组，机油压力便可正常。

② 调整限压阀，查看限压阀弹簧。首先调整限压阀，若能调整至正常压力，则为限压阀调整不当；若调整限压阀无效，则查看限压阀弹簧的弹性是否减弱。

③ 检查机油压力表与感压塞。检查机油压力表可用新旧对比法，将原来的机油压力表拆下，装上一只新机油压力表进行对比判断。

检查感压塞的方法是：将感压塞从缸体上拆下，用破布堵住塞孔，短暂地发动机器，若机油从油道中喷出很足，并没有气泡，则说明感压塞失效；若机油从油道中喷出不足，并有气泡产生，则说明机油压力过低可能是机油管道不畅引起的。

④ 检查机油集滤器、机油泵及各油道。拆下机油滤清器，转动曲轴，观察机油泵出油孔道，出油不多或不出油，则可能是机油泵不泵油或集滤器堵塞，应检查修理机油泵或清洗集滤器。

拆下油底壳，检查机油集滤器是否有油污堵塞，或者机油泵是否磨损过甚而使泵油压力不足。如果从油道中喷出来的润滑油夹有气泡，则说明机油泵及油泵进油连接管接头破裂或者接头松动等。

⑤ 检查各轴承间隙。若曲轴、连杆和凸轮轴等处的轴承间隙过大，在刚开始发动机器时，由于机油的黏度较大，机油不易流失，机油压力尚可达到正常值。但是，当机器走热后，机油黏度变稀，机油从轴瓦两侧被挤走，从而使机油压力降低。

7.4.2 机油压力过高

(1) 现象

机油压力表指示超过规定值，发动机功率下降。

(2) 原因

① 机油黏度过大。

② 限压阀调整不当或弹簧太硬。

③ 机油滤清器堵塞而旁通阀顶不开。

④ 各轴承间隙过小。

⑤ 机油压力表以后的机油管道堵塞。

(3) 排除方法

① 检查机油的黏度。将机油标尺从曲轴箱中取出，滴几滴机油在手指上，用手指捻揉

感觉机油的黏度。当黏度过大时，可能是机油的牌号不对，应更换适当牌号的机油。

② 检查限压阀弹簧和旁通阀弹簧。看是否压得过紧，或弹力过强顶不开。对此应及时调整、清洗或更换。

③ 检查各轴承间隙及缸体内各机油管道。对于新维修的发动机，则应检查各轴承是否装配得过紧，缸体内通向曲轴轴承的油道是否堵塞。若堵塞，最容易导致烧瓦事故。

7.4.3 机油消耗量过大

机油在正常使用中，为保证活塞、活塞环与气缸壁间有良好的润滑，采用喷溅法使气缸壁上黏附一层机油。由于活塞环刮油有限，残留在气缸壁上的机油在高温燃气作用下，有的被燃烧，有的随废气一并排出或在缸内机件上形成积炭。当发动机工作温度过高时，还有部分机油蒸发汽化而被排到曲轴箱外或被吸入气缸。当发动机技术状况良好时，这些正常的消耗是比较少的，但是当发动机的技术状况随使用时间的延长而变差时，其机油消耗量随之增加。机油消耗增加量越大，标志着发动机的性能下降得越严重。

（1）现象

① 机油面每天有显著下降。

② 排气冒蓝烟。

（2）原因

① 有漏油之处：如曲轴后轴承油封漏油、正时齿轮盖油封损坏或装置不当而漏油、凸轮轴后端盖密封不严以及其他衬垫损坏或油管接头松动破裂而漏油等。

② 废气涡轮增压器的压气机叶轮轴密封圈失效。

③ 气门导管密封帽损坏，或进气门杆部与导管配合间隙过大。

④ 活塞、活塞环与气缸壁磨损过甚，使其相互间的配合间隙增大，导致机油窜入燃烧室参与燃烧。

⑤ 活塞环安装不正确：活塞环对口或卡死在环槽内使其失去弹性；扭曲环或锥形环装反使其向燃烧室泵油。

（3）排除方法

① 查看漏机油处：若有机油从飞轮边缘或油底壳后端向外滴油，则为曲轴后油封漏油；若机油从凸轮轴后端盖处顺缸体向外流油，则说明凸轮轴后端盖处密封不严而漏油；若机油从曲轴皮带轮甩出，则说明正时齿轮盖垫片损坏或装置不当而漏油；若其他各衬垫或油管接头松动破裂而漏油时，从外表可以看出有漏油的痕迹，应检查各连接螺钉或油管接头是否松动及衬垫是否破裂等。

② 若排气冒蓝烟，说明机油被吸入气缸燃烧后排出。应首先检查进气管中有无机油，若有机油则说明废气涡轮增压器的压气机叶轮轴密封圈失效，机油顺轴流入进气道，应更换密封圈；若进气管内干燥、无机油，应检查气门导管密封帽是否完好，进气门杆部与导管配合间隙是否过大，并给予更换检修。

若以上情况均良好，再拆下缸盖和油底壳，对气缸、活塞、活塞环进行全面的检查与测量，查看活塞、活塞环与气缸壁的磨损及其装配间隙是否过大以及活塞环安装是否正确，达到排除故障的目的。

7.4.4 机油油面增高

（1）现象

① 排气冒蓝烟。

② 溅油声音大。

③ 柴油机运转无力。

(2) 原因

① 燃油漏入机油盆：柴油机喷油泵柱塞副磨损过大、喷油器针阀关闭不严或针阀卡死在开启位置；活塞、活塞环与气缸之间的配合间隙过大，使燃油沿缸壁下漏到油底壳。

② 水渗入机油盆：气缸垫冲坏；与水套相通的气缸壁产生裂纹；湿式缸套与缸体间的橡胶密封圈未安装正确或损坏。

(3) 排除方法

首先抽出机油标尺检查机油是否过稀。若发现机油油面增高并且很稀时，应进一步查找原因，看是否有水或燃油漏入而冲淡机油，引起过稀。其检查方法是：

抽出机油标尺，滴几滴机油在纸上观察机油颜色并闻气味。如机油呈黄乳色，且无其他气味，说明是水进入了曲轴箱，应检查气缸垫是否冲坏、缸体水道是否有裂纹、湿式缸套与缸体间的橡胶密封圈是否安装正确或损坏。

如果闻道机油中有燃油味，应启动发动机观察其是否运转良好，启起动柴油机后排气管冒黑烟，则应检查喷油器的针阀是否正常关闭，若有滴漏，应予维修。若发动机在正常工作温度下动力不足，则应检查喷油泵柱塞副是否下漏柴油（对汽油机而言，则应检查汽油泵泵皮是否破裂），活塞、活塞环与气缸之间的配合间隙是否过大，并进行更换或检修。

以上检查维修完毕后，必须将旧机油放出，并清洗润滑系统，再重新加入规定量的合适牌号的新机油。

7.4.5 机油泵噪声

(1) 现象

内燃机运转时，机油泵装置处有噪声传出。

(2) 原因

机油泵主动齿轮和被动齿轮磨损过甚或间隙不当。

(3) 排除方法

机油泵如有噪声，应在内燃机运转到达正常温度后进行检查。用起子头触在机油泵的附近，木柄贴在耳边，反复变换内燃机转速。若听到特别异响并振动很大，就说明机油泵有噪声。若响声不大且均匀时，则属正常。机油泵经长期使用，齿轮磨损过大，不但有噪声，同时从机油表的读数中可以观察出来，一般而言，这时机油压力表的读数偏低。

习题与思考题

1. 简述润滑系统的功用。
2. 内燃机常用的润滑方式包括哪几种？举例说明。
3. 内燃机润滑系统一般包括哪些部件？各部分的作用是什么？
4. 采用双机油滤清器时，在油路中如何连接？为什么？
5. 简述齿轮式机油泵的工作原理。
6. 简述转子式机油泵的工作原理。
7. 机油滤清器有哪几种类型？其作用分别是什么？
8. 机油散热器和机油冷却器的作用是什么？
9. 用框图说明 6135ZG 柴油机的润滑系统工作过程。
10. 为什么要进行曲轴箱通风？
11. 润滑系统的日常维护包括哪些内容？

12. 如何检查机油泵齿轮端面与泵盖、齿轮顶端与泵壳内壁、齿轮与齿轮间的间隙？这些间隙的一般要求各是多少？

13. 怎样进行机油泵的试验？

14. 机油压力过高的原因有哪些？如何排除？

15. 机油盆的机油面有时为什么会增高？

16. 机油泵产生噪声的原因是什么？怎样检查与排除？

第8章 冷却系统

内燃机工作时，高温燃气及摩擦生成的热会使气缸（盖）、活塞和气门等零部件的温度升高。如不采取适当的冷却措施，将会使这些零件的温度过高。受热零件的机械强度和刚度会显著降低，相互间的正常配合间隙会被破坏。润滑油也会因温度升高而变稀，失去应有的润滑作用，加剧零件的磨损和变形，严重时配合件可能会卡死或损坏。内燃机过热，会导致充气系数降低，燃烧不正常，功率下降，耗油量增加等。如内燃机温度过低，则混合气形成不良，造成工作粗暴、散热损失大、功率下降、油耗增加、机油黏度大、零件磨损加剧等，导致内燃机使用寿命缩短。实践表明，内燃机经常在冷却水温为40～50℃条件下使用时，其零件磨损要比正常温度下运转时大好几倍。因此内燃机也不应冷却过度。内燃机冷却系统的作用是保证发动机在最适宜的温度范围内工作。对于水冷式内燃机，缸壁水套中适宜的温度为80～90℃，对于风冷式内燃机，缸壁适宜温度为160～200℃。

8.1 基本构造

根据冷却介质的不同，冷却系统可分为水冷式和风冷式两种。

8.1.1 水冷式冷却系统构造

水冷却方式用水作为冷却介质，将内燃机受热零件的热量传递出去。这种冷却方式具有可使内燃机稳定在最有利的水温下工作、运转时噪声小等优点，所以目前绝大多数内燃机采用的是水冷式冷却系统。根据冷却水在内燃机中进行循环的方法不同，可分为自然循环冷却和强制循环冷却两类。

自然循环冷却利用了水的密度随温度变化的特性，以产生自然对流，使冷却水在冷却系统中循环流动。其优点是结构简单，维护方便；缺点是水循环缓慢，冷却不均匀，内燃机下部水温低，上部水温高，局部地方由于冷却水循环强度不够而可能产生过热现象。并且自然循环冷却系统要求水箱容量较大，故只在小型内燃机上采用。自然循环冷却可分为蒸发式、冷凝器式和热流式三种。

而强制循环冷却则利用水泵使水在内燃机中循环流动。强制循环冷却系统可分为开式和闭式两种。在开式强制循环冷却系统中，冷却介质直接与大气相通，冷却系统内的蒸汽压力总保持为外界大气压，其消耗水量比较多。而在闭式强制循环冷却系统中，水箱盖上安装了一个空气-蒸汽阀，冷却介质与外界大气不直接相通，水在密闭系统内循环，冷却系统的蒸汽压力稍高于大气压力，水的沸点可以提高到100℃以上。其优点是可提高内燃机的进、出水口水温，使冷却水温差小，能稳定内燃机工作温度和提高其经济性；与此同时，还能提高散热器的平均温度，从而缩小散热面积，减少水的消耗量，并可缩短机油预热时间。其缺点是冷却系统零部件的耐压要求较高。这种冷却方式目前应用最为广泛。

图 8-1 为 135 系列柴油发动机闭式强制循环水冷却系统示意图。柴油发动机的气缸体和气缸盖中都铸造有水套。冷却液经水泵 5 加压后，经分水管 10 进入机体水套 9 内，冷却液在流动的同时吸收气缸壁的热量并使自身的温度升高，然后流入气缸盖水套 7，在此吸热升温后经节温器 6 及散热器进水管进入散热器 2 中。与此同时，由于风扇 4 的旋转抽吸，空气从散热器芯吹过，流经散热器芯的冷却液热量不断地散发到大气中去，使水温降低。冷却后的水流到散热器 2 底部后，又经水泵 5 加压后再一次流入缸体水套中，如此不断地循环，柴油机就不断地得到冷却。当水温高于节温器的开启温度时，回水进入散热水箱进行冷却，完成水循环，这种循环通常称为大循环；当水温低于节温器开启温度时，回水便直接流入水泵进行循环，这种循环通常称为小循环。

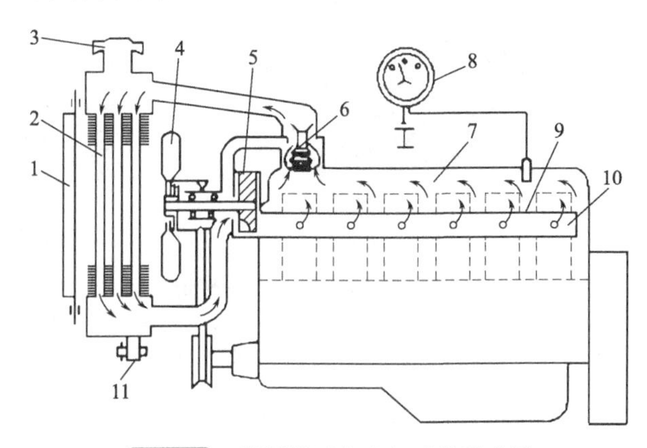

图 8-1　强制循环水冷却系统示意图

1—百叶窗；2—散热器；3—散热器盖（水箱盖）；4—风扇；5—水泵；6—节温器；7—气缸盖水套；8—水温表；9—机体水套；10—分水管；11—放水阀

柴油发动机转速升高，水泵和风扇的转速也随之升高，则冷却液的循环加快，扇风量加大，散热能力就增强。为了使多缸机前后各缸冷却均匀，一般柴油机在缸体水套中设置有分水管或铸出配水室。分水管是一根金属管，沿纵向开有若干个出水孔，离水泵愈远处，出水孔愈大，这样就可以使前后各缸的冷却强度相近，整机冷却均匀。

水冷系统还设置有水温传感器和水温表 8。水温传感器一般安装在气缸盖出水管处，将出水管处的水温传给水温表。操作人员可借助水温表随时了解冷却系统的工作情况。

为了防止和减轻冷却水中的杂质对发动机的腐蚀作用，某些柴油机（如康明斯 N855 型和卡特彼勒 3400 系列柴油机）在冷却系统中还设有防腐装置。在防腐装置的外壳中装有用镁板夹紧着包有离子交换树脂的零件。其作用是由金属镁作为化学反应的金属离子的来源，当冷却水流经防腐装置的内腔时，水中的碳酸根离子便和金属离子形成碳酸镁沉淀，在该装置中被滤去，从而减小了冷却水对发动机水套及冷却系统各部件的腐蚀。

（1）散热器

散热器的作用是将冷却水所携带的热量散入大气以降低冷却水的温度。散热器必须有足够的散热面积，并用导热性好的材料制造，其构造如图 8-2(a) 所示，它由上水箱（有的带有空气-蒸汽阀）、芯部和下水箱三部分组成。上、下水箱用来存放冷却水，上水箱顶部开有注入冷却水的加水口，用水箱盖封闭。柴油机水套中的热水从气缸盖上的出水口流进上水箱，经散热器芯部冷却后流到下水箱，再经下水箱的出水管被吸入水泵。

散热器芯部构造常用的有管片式和管带式两种。管片式的芯部构造如图 8-2(b) 所示，它由许多扁形水管焊在多层散热片上而构成。其芯部的散热面积大、对气流的阻力小、结构刚度好、承压能力强、不易破裂，所以目前被广泛采用。其缺点是制造工艺比较复杂。管带式芯部的构造如图 8-2(c) 所示，它由波纹状散热带 8 与扁形水管 9 相间排列组合而成。带上开有缝槽 10，可以破坏气流附面层以增加传热效果。该型芯部的刚度不如管片式好，但制造工艺简单，便于大量生产，其应用有逐渐增多之势。

散热器芯部多用黄铜制造。黄铜具有较好的导热和耐腐蚀性能，易于成型，有足够的强度且便于焊修。为了节约铜，近年来，铝合金散热器也有一定发展。

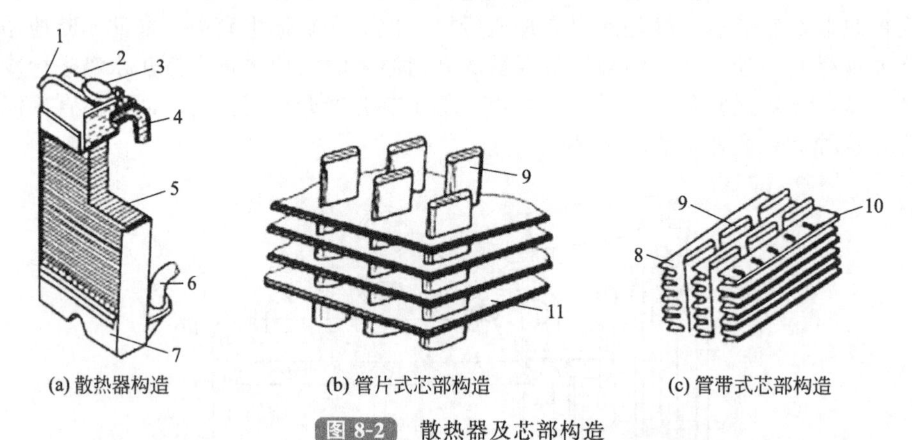

(a) 散热器构造　　(b) 管片式芯部构造　　(c) 管带式芯部构造

图 8-2　散热器及芯部构造

1—溢水管；2—上水箱；3—水箱盖；4—进水管；5—散热器芯；6—出水管；7—下水箱；8—散热带；9—冷却扁管；10—缝槽；11—散热片

闭式强制循环冷却系统是一个封闭系统，提高系统的蒸汽压力后，可以提高冷却水的沸点。由于冷却水温和外界气温温差加大，因而也就提高了整个冷却系统的散热能力。但如果冷却系统内蒸汽压力过大，就可能使散热器芯的焊缝或水管破裂。当冷却系统中的水蒸气凝结时，会使系统中的蒸汽压力低于外界大气压力，如果此压力过低，散热器芯就可能被外界大气压压坏。因此闭式冷却系统的水箱盖上装有空气-蒸汽阀，其结构及工作原理如图 8-3 所示。当冷却系统内蒸汽压力低于大气压力 0.01～0.02MPa 时，在压差作用下，空气阀 3

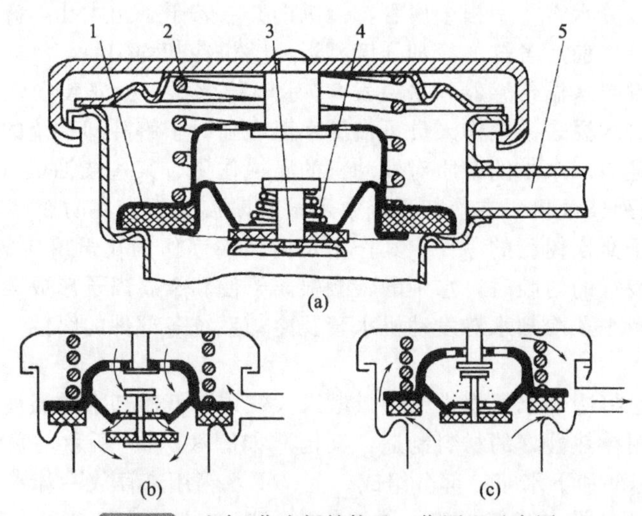

图 8-3　空气-蒸汽阀结构及工作原理示意图

1—蒸汽阀；2—蒸汽阀弹簧；3—空气阀；4—空气阀弹簧；5—蒸汽引出管

便克服弹簧预紧力而开启，如图 8-3(b) 所示。空气从蒸汽引出管 5 经空气阀进入上水箱，使冷却系统压力升高。当冷却系统内蒸汽压力超过大气压 0.02～0.03MPa 时，蒸汽阀弹簧 2 被压缩，蒸汽阀 1 便开启，如图 8-3(c) 所示，此时将从蒸汽引出管 5 中放出一部分蒸汽，使冷却系统压力下降。此时，冷却水的沸点可提高到 108℃左右，减少了冷却水的消耗。

空气-蒸汽阀一般安装在散热器盖上，有的柴油机则安装在散热器上储水箱的侧面。当柴油发动机过热时，如须打开闭式强制循环冷却系统的散热器盖，应将其慢慢旋开，使冷却系统内的压力逐渐降低，以免蒸汽和热水喷出伤人。如果要旋松放水开关放出冷却水时，也须先打开散热器盖，才能将水放尽。

(2) 风扇

风扇的功用是增大流经散热器芯部空气的流速，提高散热器的散热能力。水冷系统的风扇要求足够的风量，适度的风压，功率消耗少，效率高，噪声低以及工艺简单。在水冷系统中常用的是轴流式风扇，这种形式的风扇结构简单，布置方便，低压头时风量大，效率高。它一般装在散热器芯部后面，利用吸风来冷却芯部。

风扇的构造如图 8-4 所示。在固定于皮带轮 7 上的风扇支架上，铆着用薄钢板冲制成的风扇叶片。风扇的扇风量主要与风扇直径、转速、叶片形状、叶片安装角及叶片数目有关。

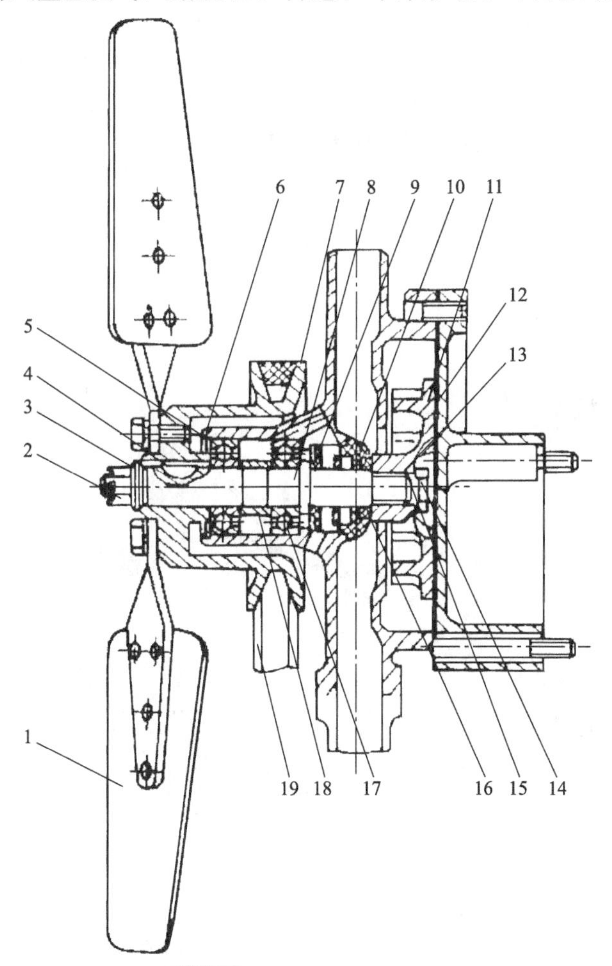

图 8-4 风扇和水泵的构造

1—风扇叶片；2—六角槽形螺母；3—弹簧垫圈；4，13—半圆键；5—孔用弹性挡圈；6—水泵体；7—皮带轮；8—水泵轴；9—甩水圈；10—机械水封；11—水泵叶轮；12—水泵座；14—铜螺母；15—耐磨垫圈；16—调整垫圈；17—单列向心球轴承；18—定位套；19—三角皮带

叶片大多用薄钢板冲压制成，断面形状多为弧形。但也可用塑料或铝合金铸成翼形断面的整体式风扇，虽然制造工艺较复杂，但效率高，功率消耗小。在有些发动机上，冷却风扇的冲压叶片端部弯曲，以增加扇风量。叶片应安装得与风扇旋转平面成30°～60°倾斜角。叶片数目通常为4片或6片。有的将叶片间夹角做成不等，以减小旋转时产生的振动和噪声。风扇外围装设护风圈，可适当提高风扇的工作效率。

(3) 水泵

水泵的作用是提高冷却水压力，使水在冷却系统内加速循环。柴油机上广泛采用离心式水泵，工作原理如图8-5所示。水泵叶轮由曲轴驱动旋转时，带动水泵中的水一起转动，由于离心力的作用，水被抛向叶轮边缘并产生一定的压力，经出水管被压入缸体水套中，在叶轮中心处，由于水被甩向外缘而压力降低，水箱中的水经进水管被吸入泵中，再被叶轮甩出。水泵叶轮一般有6～8个轮叶，轮叶形状有径向直叶片的，其构造简单；有曲线形叶片的，其泵水效率高。离心式水泵的主要特点是结构简单、外形尺寸小、工作可靠、制造容易以及当水泵由于故障而停止转动时，冷却水仍可进行自然循环。

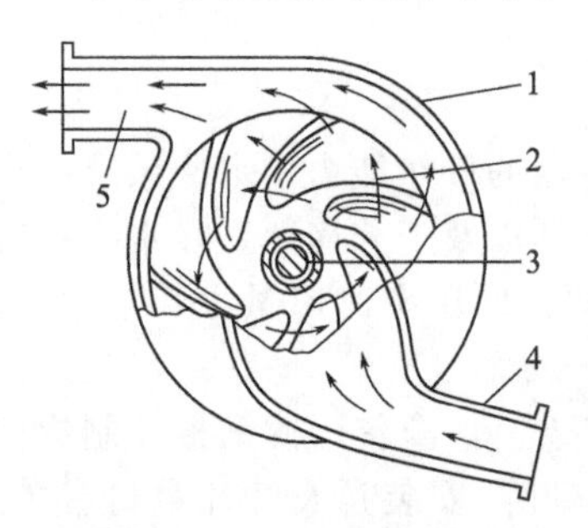

图8-5 离心式水泵工作原理

1—水泵体；2—叶轮；3—水泵轴；4—进水管；5—出水管

图8-6所示为4135、6135型柴油机水泵结构。水泵轴支承在两个滚珠轴承上，一端装驱动皮带轮，另一端装水泵叶轮。泵轴和水道用水封进行密封。

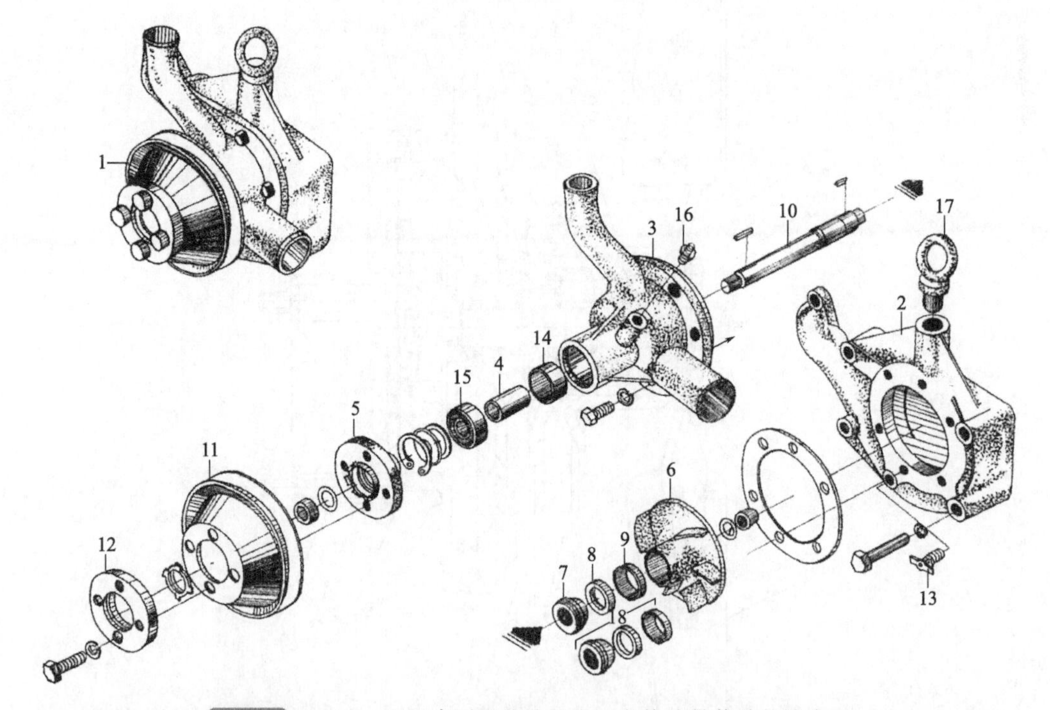

图8-6 4135、6135直列型柴油机由三角橡胶带传动的淡水泵

1—淡水泵总成；2—涡流壳；3—水泵体；4—轴套；5—接盘；6—叶轮；7—水封体；8—O形陶瓷杯；9—O形衬圈；10—水泵轴；11—皮带盘；12—风扇接盘；13—放水阀；14—160504单列向心球轴承；15—160304单列向心球轴承；16—直通式压注油杯；17—吊环螺钉；18—水封圈装配部件

(4) 冷却强度调节装置

冷却系统的散热能力是按照发动机常用工况和气温较高的情况下能保证可靠冷却而设计

的。但使用条件（如转速、负荷和气温等）变化时，必须改变散热器的散热能力，使需要从冷却系统散走的热量与冷却系统的散热能力相协调。

可通过改变流经散热器芯部冷却水的循环流量或冷却空气流量的方法来调节其冷却强度，以保证发动机在最佳温度状况下工作。

① 改变流经散热器芯部冷却水的循环流量。冷却水将高温零件的热量带走后，并在流经散热器时，将热量散入大气。若减少流经散热器的水量，则会使散热量减少，整个冷却系统的温度将会提高。流经散热器的水量，由装在气缸盖出水口附近水道中的节温器来调节。节温器有膨胀筒式和蜡式两种。

双阀膨胀筒式节温器的构造及工作情况如图 8-7 所示。弹性折叠式的密闭圆筒用黄铜制成，是温度感应件，筒内装有低沸点的易挥发液体（通常是由 1/3 的乙醇和 2/3 的水溶液混合而成的），其蒸汽压力随温度而变。温度高时，其蒸汽压力大，弹性膨胀圆筒伸长得多。圆筒伸长时，焊在它上面的旁通阀门和主阀门也随之上移，使旁通孔逐渐关小，顶部通道逐渐开大，当旁通孔全部关闭时，主阀开度达到最大［如图 8-7(b)所示］。主阀关闭时，旁通孔全部开启［如图 8-7(a)所示］。

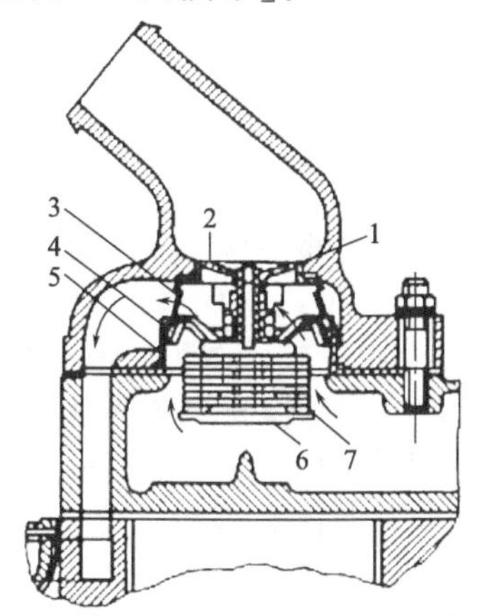

(a) 小循环(主阀门关闭，旁通阀门开启)

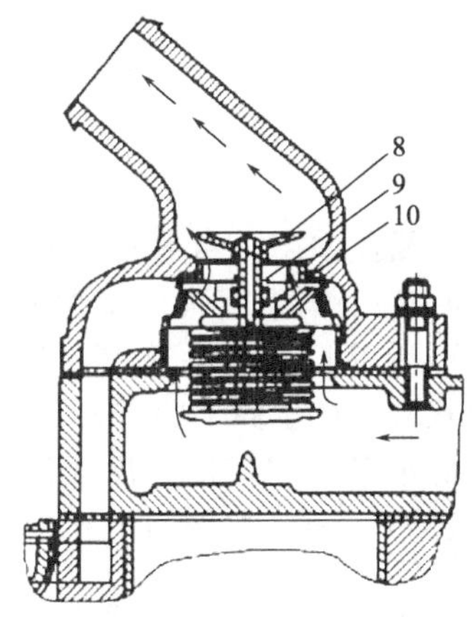

(b) 大循环(主阀门开启，旁通阀门关闭)

图 8-7　双阀膨胀筒式节温器

1—阀座；2—通气孔；3—旁通孔；4—旁通阀门；5—外壳；6—支架；7—膨胀筒；8—主阀门；9—导向支架；10—阀杆

当冷却水温度低于 70℃时［如图 8-7(a)所示］，节温器主阀关闭，旁通孔开启。冷却水不能流入散热器，只能经节温器旁通孔进入回水管流回水泵，再由水泵压入分水管流到水套中去。这种冷却水在水泵和水套之间的循环称为小循环。由于冷却水不流经散热器，而防止了柴油机过冷，同时也可使冷态的柴油机很快被加热。

当水温超过 70℃后［如图 8-7(b)所示］，弹性膨胀筒内的蒸气压力使筒伸长，主阀逐渐开启，侧孔逐渐关闭。一部分冷却水经主阀注入散热器散走热量，另一部分冷却水进行小循环。当水温超过 80℃后，侧孔全部关闭，冷却水全部流经散热器，然后进入水泵，由水泵压入水套冷却高温零件。冷却水流经散热器后进入水泵的循环称为大循环。此时高温零件的热量被冷却水带走并通过散热器散出，柴油机不会过热。

主阀门顶上有一小圆孔，称为通气孔，用来将阀门上面的出水管内腔与发动机水套相连通，使在加注冷却水时，水套内的空气可以通过小孔排出，以保证水能充满水套中。

由于膨胀筒式节温器阀门的开启靠的是筒中易挥发液体形成的蒸气压力的作用，故对冷却系统中的工作压力较敏感，工作可靠性差，使用寿命短，制造工艺也较复杂，故现在逐渐被对冷却系统的压力不敏感、工作可靠、寿命长的蜡式节温器所取代。

图 8-8 所示为蜡式双阀节温器工作原理示意图。上支架 4 与阀座 3、下支架 1 铆成一体。反推杆 5 固定于支架的中心处，并插于橡胶套 7 的中心孔中。橡胶套与感温器外壳 9 之间形成的腔体内装有石蜡。为防止石蜡流出，感温器外壳上端向内卷边，并通过上盖与密封垫将橡胶套压紧在外壳的台肩面上。

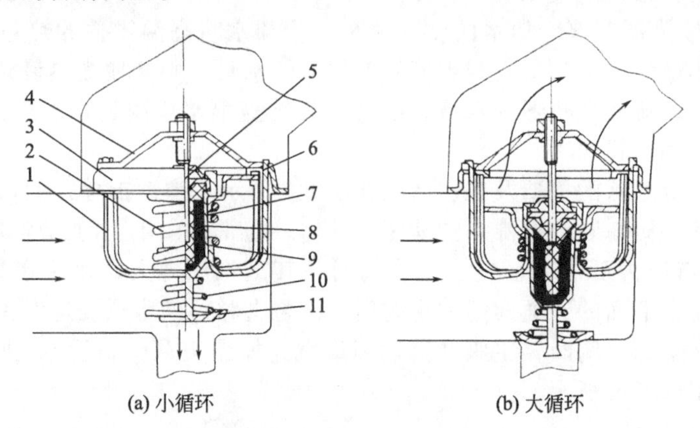

(a) 小循环　　(b) 大循环

图 8-8　蜡式双阀节温器

1—下支架；2，10—弹簧；3—阀座；4—上支架；5—反推杆；6—主阀门；7—橡胶套；8—石蜡；9—感温器外壳；11—副阀门

在常温时，石蜡呈固态，当水温低于 76℃时，弹簧 2 将主阀门 6 压紧在阀座 3 上，主阀门完全关闭，同时将副阀门 11 向上带动离开副阀门座，使副阀门开启，此时冷却水进行小循环［如图 8-8(a)所示］。当水温升高时，石蜡逐渐变成液态，体积膨胀，迫使橡胶套收缩，而对反推杆 5 锥状端头产生向上的举力，固定的反推杆就对橡胶套和感温器外壳产生一个下推力。当发动机的水温达 76℃时，反推杆对感温器外壳的下推力克服弹簧张力使主阀门开始打开。水温超过 86℃时，主阀门全开，而副阀门完全关闭，冷却水进行大循环［如图 8-8 (b) 所示］。

② 改变流经散热器芯部的冷却空气流量。可在散热器前安装百叶窗或挡风帘以部分或全部遮蔽散热器芯子。百叶窗可由操作人员用手柄来操纵，也可由调温器自动控制百叶窗的开度。

近年来在风扇驱动中常安装自动离合器，通过感温元件，根据发动机的水温来自动调节风扇转速，改变风量，从而自动调节冷却强度。这样，既控制了发动机的工作温度，减少了风扇的功率消耗，又降低了发动机的噪声。

8.1.2　风冷式冷却系统构造

风冷式冷却系统采用空气作为冷却介质，故又称空气冷却，由风扇产生的高速运动的空气直接将高温零件的热量带走，使内燃机在最适宜的温度下工作。在气缸和气缸盖外壁都布置了散热片，用以增加散热面积，还布置了导风罩、导流板，用以合理地分配冷却空气和提高空气利用率，使冷却效果更有效和均匀。风冷系统主要由散热片、风扇、导风罩和导流板等组成。与水冷系统相比，风冷系统具有零件少、结构简单、整机重量较轻、使用维修比较方便和对地区环境变化（如缺水、严寒和酷热等）适应性好等优点；但风冷系统也有噪声较大、热负荷较高、风扇消耗功率较大和充气系数较低等缺点。

(1) 风冷系统的布置

根据内燃机气缸的排列、风扇类型和安装位置，风冷系统的布置常有以下几种：

① 采用离心式风扇的单缸内燃机。如图 8-9 所示为其冷却系统布置示意图。单缸内燃

机的离心式风扇 2 往往与飞轮 3 铸在一起，布置在内燃机后端，由曲轴直接驱动。空气由进气口 1 轴向吸入，从风扇蜗壳 7 流出的气流由导风罩 4 引向气缸 5 和气缸盖 6 进行冷却。这种布置结构简单、紧凑，没有专门的风扇驱动机构，冷却气流转弯少，流动阻力较小。小型风冷内燃机多采用这种布置形式。

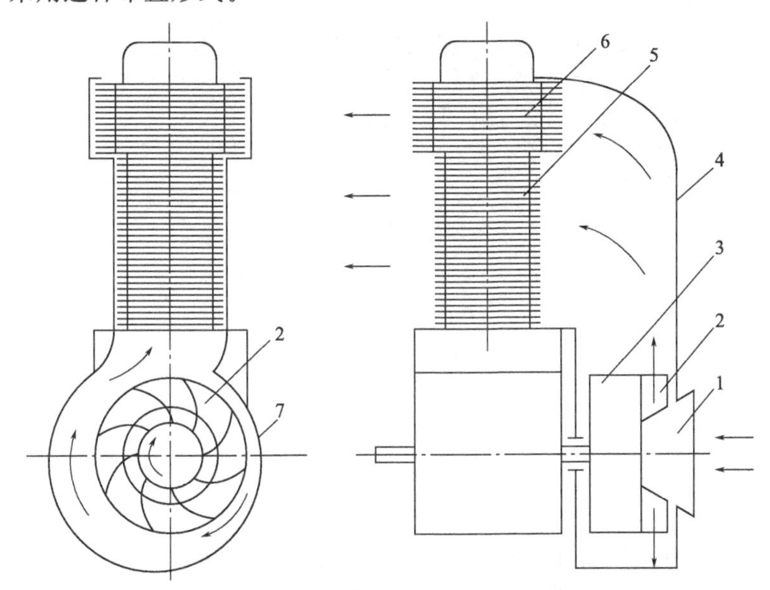

图 8-9 采用离心式风扇的风冷单缸机冷却系统示意图

1—进风口；2—离心式风扇；3—飞轮；4—导风罩；5—气缸；6—气缸盖；7—风扇蜗壳

② 采用轴流式风扇的直列式多缸内燃机。图 8-10 所示为其冷却系统布置示意图。轴流式风扇 1 通过三角皮带 6 由曲轴驱动，风扇布置在内燃机前端。空气轴向流动，由风扇吸入并压进由导风罩 2 组成的风室中，分别冷却各个气缸后经分流板 5 流出。设置风流板是为了合理地组织空气流动的路线，以达到提高冷却效果和使各缸冷却较均匀的目的。

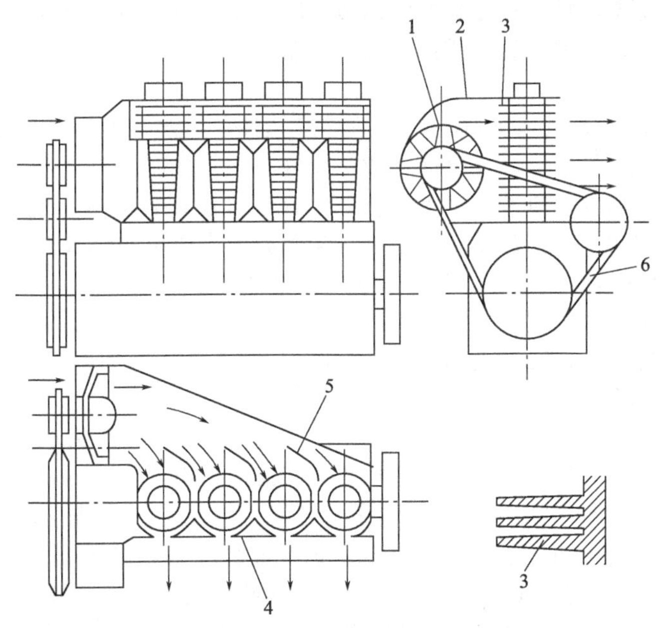

图 8-10 采用轴流式风扇的直列 4 缸风冷发动机冷却系统示意图

1—轴流式风扇；2—导风罩；3—散热片；4—气缸导风罩；5—分流板；6—三角皮带

③ 采用轴流式风扇的V形内燃机。如图8-11所示为其冷却系统布置示意图。轴流式风扇3布置在发动机前端的两排气缸夹角中间，通过三角皮带由曲轴驱动。冷却后的空气分别由两排气缸的下侧排出。

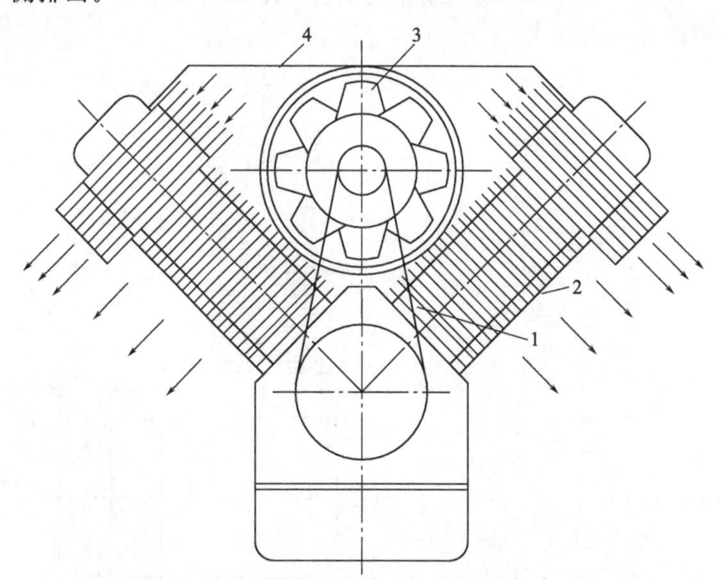

图8-11 采用轴流式风扇的V形风冷发动机冷却系统示意图

1—三角皮带；2—挡风板；3—轴流式风扇；4—导风罩

(2) 风冷系统冷却强度的调节

风冷柴油发动机的冷却强度取决于流经其散热片的空气流速。改变冷却空气的流速，便可改变冷却强度。调节冷却强度常用的方法有：

① 改变风扇转速。风扇的转速提高，扇风量增加，其冷却效果加强；反之，其冷却效果减弱。在热负荷低时，减小风扇的转速，既能降低冷却强度，又能降低风扇噪声，而且还节省了风扇消耗的功率，是一种比较好的调节方法。一般采用液力偶合器传动来实现风扇的无级调速。通常利用装在排气管或排风口处的感温元件，控制进入液力耦合器的油量，实现风扇的转速调节。

② 节流控制。通过在风扇进口处设置的感温元件，控制可变百叶窗或者节流阀开度的大小，即可改变冷却空气进口、流通通道或出口的面积，从而改变流经散热片空气的流速和流量，以达到控制柴油发动机冷却强度的目的。这种方法比较简单，但由于风扇转速不变，不能减少风扇消耗的功率，使流动阻力增大，从而影响内燃机的经济性。

(3) 道依茨(Deutz) BF8L413F风冷柴油机冷却系统

虽然现代柴油机以水冷式为主，但风冷式在小功率柴油机上使用较广泛，工程机械(如发电用)上应用较大功率的风冷柴油机也有应用实例。比如我国引进生产的道依茨BF8L413F风冷柴油机就是一例。

该机为V形8缸涡轮增压的四冲程柴油机，2500r/min时最大输出功率为235.4kW。增压后的空气经过中间冷却。由于热负荷较高，润滑油也由机油散热器进行冷却。

轴流式风扇布置在柴油机前端的V形夹角之间，由曲轴功率输出端通过齿轮系统、弹性联轴器及液力偶合器驱动，道依茨BF8L413F柴油机冷却系统如图8-12所示。轴流式风扇的动叶轮8将空气压入导流罩组成的风室4中，一部分空气流经气缸和气缸盖上的散热片，冷却左、右两排气缸，另一部分空气流经中冷器2、机油散热器1和液力变扭器油散热器3，以冷却从增压器出来的空气以及柴油机润滑系统的润滑油和传动系统中的液力变扭器油。

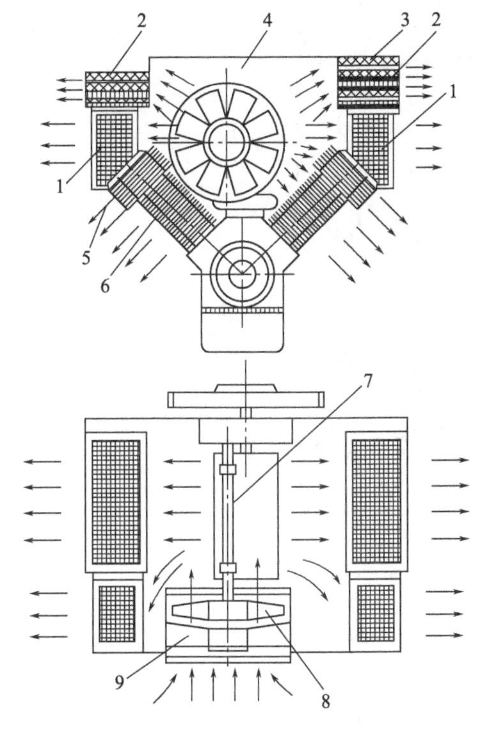

图 8-12 道依茨 BF8L413F 柴油机冷却系统

1—机油散热器；2—中冷器；3—液力变扭器油散热器；
4—风室；5—气缸盖；6—气缸；7—风扇驱动轴；8—动叶轮；9—静叶轮

该机冷却风扇的结构如图 8-13 所示。在动叶轮 9 前设置了导流用的静叶轮 1，动叶轮有 8 个叶片，静叶轮有 21 个叶片，静叶轮叶片与风扇外圈 8 压配。静叶轮的轮毂内安装有液力偶合器，液力偶合器的传动介质是柴油机的润滑油。在泵轮 3 前端，安装有离心式机油滤清器外壳 5，从主油道引出的润滑油由进油管 4 进入壳内，油在壳中被带着旋转，其中的杂质在离心力的作用下积附在外壳壁上，清洁的润滑油从泵轮上的六个进油孔 6 进入液力偶合器中。涡轮和风扇动叶轮安装在从动轴 7 上，泵轮由风扇驱动轴 12 驱动时，风扇叶轮便由涡轮带动，使其同向旋转。流到液力偶合器外面的油，经回油孔 2 返回油底壳中。

柴油机在标定工况 2500r/min、235.4kW 工作时，风扇的转速为 5000～5500r/min，压风量约为 14500m^3/min，每小时消耗的功率为 15kW 左右。

该机的冷却强度是通过改变风扇的转速来调节的。改变从进油管 4 进入的油量便可改变风扇（涡轮）的转速。利用装在排气管中的节温器油阀来控制进入液力偶合器的油量。节温器油阀的构造如图 8-14 所示。在阀体 2 中装有膨胀系数较大的纯铜芯杆 1，芯杆受热后伸长，顶开上部的单向阀 5，使从主油道来的润滑油进入进油口 6，从出油口 3 流出进入液力偶合器中。排气温度越高，球阀被芯杆顶开的开度越大，流入液力偶合器中的润滑油也越多，风扇的转速也就越高，从而使柴油机的冷却效果加强。芯杆中部开有冷却用的纵向直槽，风室中的空气由进气孔 9 引入，通过纵向槽冷却芯杆，冷却后的空气从出气孔 10 流出。冷却芯杆的目的是提高节温器油阀的灵敏度，使其在排气温度下降后能够很快地收缩，及时地降低柴油机的冷却强度。在吹风冷却芯杆后，排气温度每上升 100℃，芯杆伸长量增加 0.07mm。

为了保证在启动和怠速运转时柴油机也可以得到适当冷却，在出油口 3 和球阀上部的油腔间，开有旁通油路 4，以保证在排气温度不足以使球阀开启时，也有少量的润滑油进入液

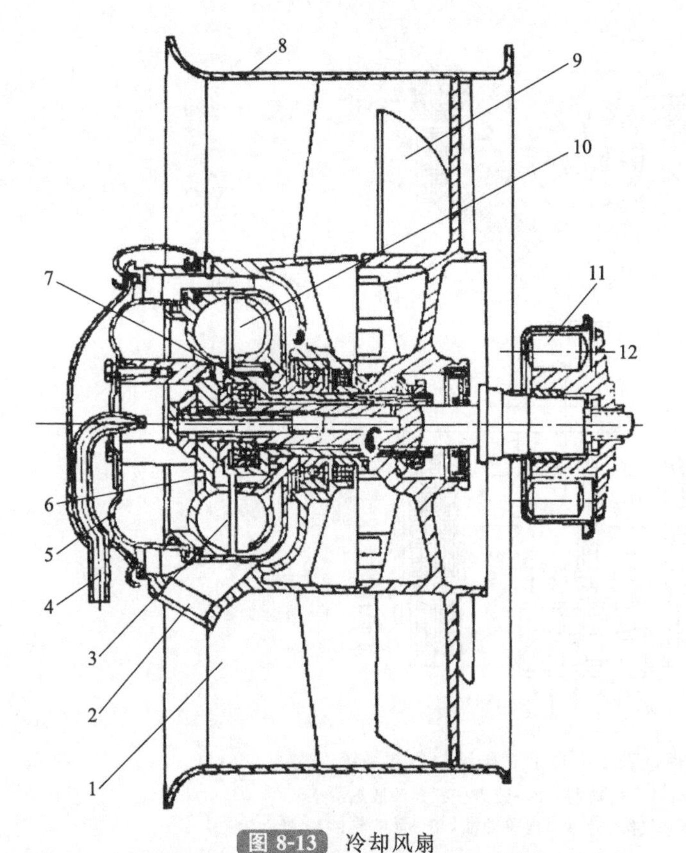

图 8-13　冷却风扇

1—静叶轮；2—回油孔；3—泵轮；
4—进油管；5—机油滤清器外壳；6—进油孔；
7—从动轴；8—风扇外圈；9—风扇动叶轮；
10—涡轮；11—弹性联轴器；12—风扇驱动轴

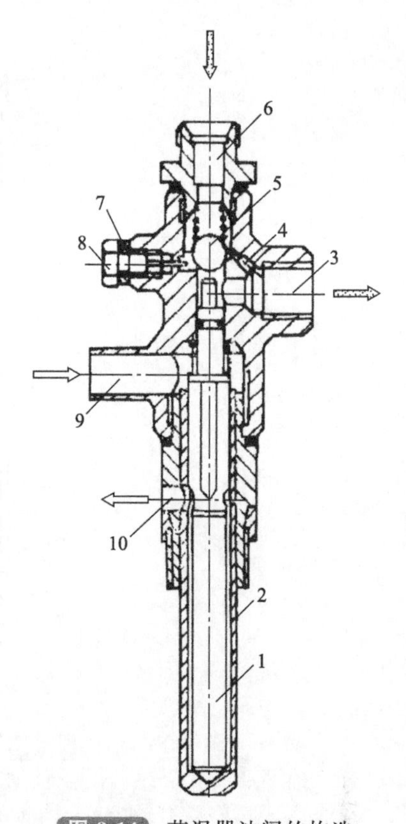

图 8-14　节温器油阀的构造

1—纯铜芯杆；2—阀体；
3—至液力耦合器出油口；4—旁通油路；
5—单向阀；6—进油口；7—调整垫片；
8—调节螺钉；9—进气孔；10—出气孔

力偶合器，维持风扇以较低的转速旋转。

当柴油发动机在固定工况下工作，不需要自动调节冷却强度时，可以减薄或取消调整垫片 7，拧进调节螺钉 8，使球阀固定在某一开度，风扇的转速可基本保持不变。

在气缸盖进风侧，装有温度报警传感器，当此处温度超过 210℃时，发出报警信号，表示柴油机过热，此时应降低柴油机负荷，以免发生故障。

8.2　维护保养

8.2.1　冷却水与防冻液的添加

内燃机工作时，散热器内的水面高度会因其中的水分不断蒸发而逐渐降低，因此我们在开机前和开机时间较长时均应检查散热器内的水面高度，如果低于泄水管较多时，应补充清洁的软水。如果是硬水就应进行软化处理。

内燃机在低于 0℃环境条件使用时，应严防冷却水结冰，致使有关零件冻裂。因此，当内燃机结束运行后，应将冷却水放尽。对采用闭式循环冷却系统的机型可根据当地最低环境温度来配用适当凝点的防冻冷却液，常用的冷却液有乙二醇加水和酒精、甘油加水两种。各自的配方如表 8-1 所示，供大家需要使用时参考。

表 8-1　防冻冷却液的配方

名称	成分/%					凝点（≤）/℃
	乙二醇	酒精	甘油	水	成分比的单位	
乙二醇防冻液	60 55 50 40			40 45 50 60	容积之比	−55 −40 −32 −22
酒精甘油防冻液		30 40 42	10 15 15	60 45 43	质量之比	−18 −26 −32

在配用易燃的防冻冷却液时，因乙二醇、酒精（乙醇）和甘油等都是易燃品，应注意防火安全。内燃机在使用防冻冷却液以前，对其冷却系统内的污物应进行清洗，防止产生新的化学沉淀物，以免影响冷却效果。凡使用防冻冷却液的内燃机，就不必每次停车后放出冷却液，但须定期补充和检查其成分。

注意：千万不能使用100%的防冻液作为冷却液。

如果内燃机冷却系统内的水垢和污物过多，可以用清洗液进行清洗。清洗液可由水、苏打（Na_2CO_3）和水玻璃（Na_2SiO_3）配制而成，即在每升水中加入40g苏打和10g水玻璃。清洗时，把清洗液灌入内燃机冷却水腔，开车运转到出水温度大于60℃，继续运转2h左右停车，然后放出清洗液。待内燃机冷却后，用清洁的淡水冲洗两次，排尽后再灌入冷却水开车运转，使出水温度达到75℃以上，停车放掉污水，最后灌入新的冷却水。

8.2.2　硬水的软化

用于内燃机的冷却水，应当是清洁的软水。软水是指含矿物质很少的水，如雨水、雪水等。但是我们平常用的往往是河水、湖水、井水和自来水等，这些水在没有经过软化处理之前，除了含有泥沙和其他杂质外，还含有大量的矿物质，这种水通常叫作硬水。硬水在气缸中受热后，矿物质就会在水套壁上结成水垢。水垢的传热能力很差，其热导率仅为黄铜的1/150，铸铁的1/30。因此，气缸和气缸盖的热量就不能顺利传给冷却水，这样就容易使机器过热，甚至烧掉润滑油，加速气缸和活塞连杆组等机件的磨损，从而降低内燃机的功率。另外，水垢过多，还能阻塞水管和气缸水道，使冷却水循环困难。因此，河水、湖水、井水和自来水等最好进行软化处理后再使用。

常见的硬水软化方法有以下几种：

(1) 蒸馏法

蒸馏法就是将硬水煮沸的方法，但在燃料缺乏的地区实施起来有一定的困难。

(2) 草木灰软化法

原理：草木灰中的碳酸钾与硬水中的碳酸氢钙起化学反应，产生不溶于水的碳酸氢钾和碳酸钙，而使硬水软化。

$$K_2CO_3+Ca(HCO_3)_2 \longrightarrow 2KHCO_3\downarrow+CaCO_3\downarrow$$

① 灰袋法。将过筛的草木灰装入布袋中，通常，放入冷却水池或水箱中的草木灰的数量为：1L水用4g草木灰。

② 草木灰浸出液法。在木桶中加入一份质量的草木灰和九份质量的水，搅拌数次，每隔20min搅拌一次，然后沉淀15h即可使用，在硬水软化时，浸出液的用量为：100L硬水用4L浸出液。

(3) 硝酸铵软化法

原理：硝酸铵和硬水中的碳酸氢钙起化学反应，生成溶于水的碳酸氢铵和硝酸钙，而使硬水软化。

$$2NH_4NO_3+Ca(HCO_3)_2 \longrightarrow 2NH_4HCO_3+Ca(NO_3)_2$$

用硝酸铵软化硬水，不仅可以防止水垢，而且能溶解已形成的水垢。

使用方法：将硝酸铵晶体溶解成硝酸铵溶液，然后加入到冷却水中，每千克的硬水加入3～4g硝酸铵。一般发动机每工作4～5天，需更换同样处理的新冷却水。

(4) 烧碱软化法

原理：烧碱与硬水中的碳酸氢钙起化学反应，生成溶于水的碳酸钠和不溶于水的碳酸钙而使硬水软化。大约每10L水加6.6g烧碱（苛性钠）。

$$2NaOH+2Ca(HCO_3)_2 \longrightarrow Na_2CO_3+3H_2O+CO_2\uparrow+2CaCO_3\downarrow$$

(5) 离子交换法

离子交换法通常用的是离子交换树脂。离子交换树脂是一种不溶性的高分子化合物，它是由交换剂本体和交换基团两部分组成的。交换剂本体是由高分子化合物和交联剂组成的高分子共聚物。交联剂的作用是使高分子化合物组成网状的固体。交换基团是连接在交换剂本体上的原子团。其中含有起交换作用的阴离子和阳离子。如果交换基团中含有可交换的阴离子，则称为阴离子交换树脂，简称阴树脂；如果交换基团中含有可交换的阳离子，则称之为阳离子交换树脂，简称阳树脂。

常用的阳离子交换树脂是苯乙烯系离子交换树脂。如国产732号苯乙烯磺酸基阳离子交换树脂。它的本体由苯乙烯高分子聚合物和交联剂二乙烯苯组成，用R-表示；它的交换基团是磺酸基（$—SO_3H$），其中H^+是能与其他阳离子发生交换的离子，其结构简式为：$R—SO_3H$。

常用的阴离子交换树脂也以苯乙烯作骨架。例如：国产的711号苯乙烯季胺阴离子交换树脂，它的交换剂本体也是用苯乙烯和交联剂二乙烯苯聚合而成的。它的交换基团是季胺基（$\equiv NCl$），用碱处理后成为氢氧型阴树脂（$\equiv NOH$），其中OH^-是能与其他阴离子发生交换的离子。其结构简式为：$R\equiv NOH$。

假设硬水中含有Ca^{2+}、K^+、SO_4^{2-}、NO_3^-；当其通过阳树脂时发生的交换反应为：

$$2R—SO_3H+Ca^{2+} \longrightarrow (R—SO_3)_2Ca+2H^+$$

$$R—SO_3H+K^+ \longrightarrow R—SO_3K+H^+$$

当其通过阴树脂时，发生的交换反应为：

$$2R\equiv NOH+SO_4^{2-} \longrightarrow (R\equiv N)_2SO_4+2OH^-$$

$$R\equiv NOH+NO_3^- \longrightarrow R\equiv NNO_3+OH^-$$

被交换下来的H^+和OH^-结合生成H_2O

$$H^++OH^- \longrightarrow H_2O$$

由于发生了上述交换反应，则流出树脂的水是软水。

注意：绝不允许采用海水直接冷却内燃机。

8.2.3 水垢的清除

如果冷却系统中已经形成水垢，将严重影响内燃机的冷却效果，应及时地进行清除。其清洗方法有两种：

(1) 用酸碱清洗剂清除

清洗剂的配制与使用方法如表8-2所示。对于铝合金气缸盖的发动机，不能用酸碱性较大的清洗剂，仅可用表8-2中的第四种清洗剂。

表 8-2　清洗剂成分及使用方法

类别	溶液成分		使用方法
1	苛性钠（烧碱） 煤油 水	750g 150g 10L	将溶液过滤后加入冷却系统中，停留 10～12h 后，发动机器，怠速运转 10～20min，直到溶液有沸腾现象为止，然后放出溶液，用清水冲洗
2	碳酸钠 煤油 水	1000g 500g 10L	
3	2%～5%盐酸溶液		加入后怠速运转 1h，然后放出。先用碱水冲洗，后用清水冲洗
4	水玻璃 液态肥皂 水	15g 2g 10L	加入后，发动机器至正常温度，保持 1h 后放出，再用清水冲洗

（2）用压力水冲洗

在缺少酸碱清洗剂的情况下，亦可使用有压力的清水来冲洗，但冲水压力不能超过 $3kgf/cm^2$。其步骤如下：

① 放出冷却水箱的冷却水，拆下散热器进、出水管，气缸盖出水管，节温器，然后装回气缸盖出水管。

② 用压力不超过 $3kgf/cm^2$ 的清水从气缸盖出水管灌进，冲洗水套，将积垢排除，直至水泵流出水不混浊为止。

③ 从散热器出水管处将水冲入，排除水垢，直至加水口流出不混浊水为止。

8.2.4　风扇皮带松紧度的检查与调整

水冷却系统的风扇和水泵经常装在同一轴上，由曲轴皮带轮通过三角皮带驱动，利用发电机皮带轮作为张紧轮。当内燃机工作时，三角橡胶带应保持一定的张紧程度。正常情况下，在三角橡胶带中段加 29～49N（3～5kgf）的压力，胶带应能按下 10～20mm 距离。过紧将引起充电发电机、风扇和水泵上的轴承磨损加剧；太松则会使所驱动的附件达不到需要的转速，导致充电发电机电压下降，风扇风量和水泵流量降低，从而影响内燃机的正常运转，故应定期对三角橡胶带张紧力进行检查和调整。

135 系列 4、6 缸直列基本型柴油机三角橡胶带的张紧力可凭借改变充电发电机的支架位置进行调整（如图 8-15 所示）。若不符合要求，可旋松充电发电机支架上的固定螺钉，向外移动发电机，皮带变紧，反之则变松。调好后，将固定螺钉旋紧，再复查一遍，如不符合要求，应重新调整，直至完全合格为止。

135 系列 12 缸 V 形柴油机三角橡胶带张紧力是利用风扇架上的调节螺钉改变风扇轴在座架上的位置进行调整的，如图 8-16 所示。

正确使用和张紧三角橡胶带，对延长三角橡胶带的使用寿命有利，一般使用期限不少于 3500h。当三角橡胶带出现剥离分层和因伸长量过大无法达到规定的张紧度时应立即更换新的三角橡胶带。在购买和调换三角橡胶带时，应注意新带的型号和长度与原用的三角橡胶带一样。如一组采用相同两根以上的三角橡胶带，还应挑选实际长度相差不多的为一组，否则会因每根三角橡胶带的张紧力不均而容易损坏。

8.2.5　轴承润滑油脂的添加

在发动机中修、大修及水泵、风扇等处轴承润滑油脂不足时，应及时向水泵、风扇等处轴承注入润滑油脂（黄油），以减少轴承的磨损。

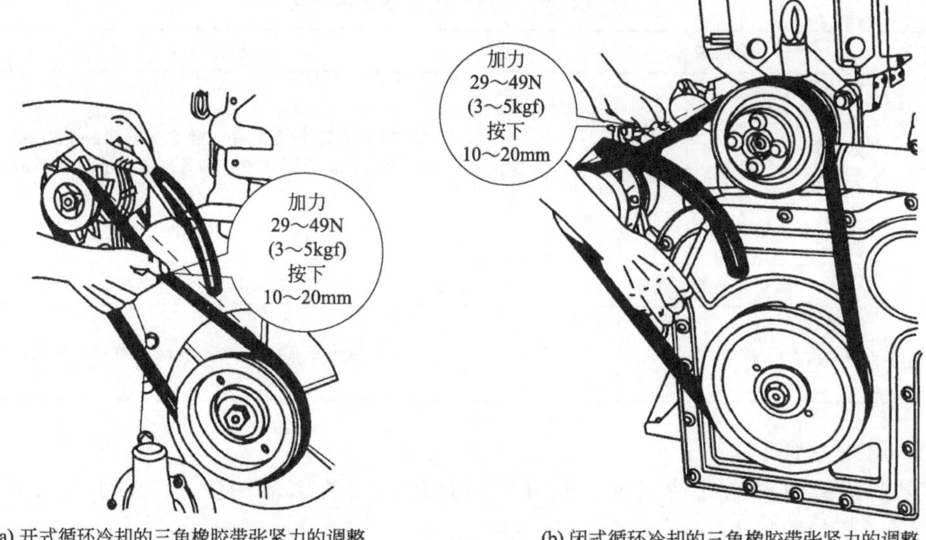

(a) 开式循环冷却的三角橡胶带张紧力的调整　　(b) 闭式循环冷却的三角橡胶带张紧力的调整

图 8-15　直列型柴油机三角橡胶带张紧力的调整

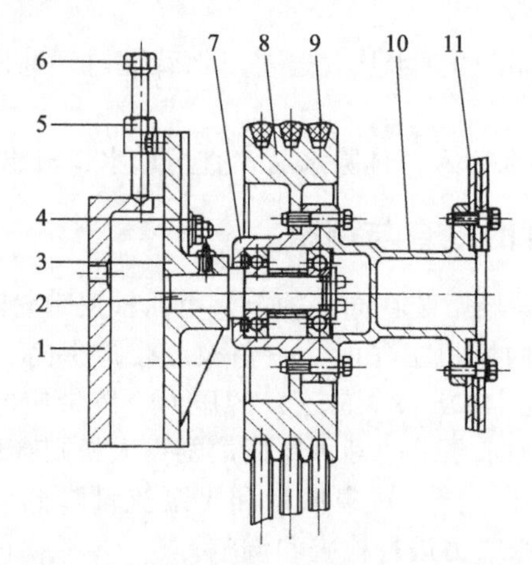

图 8-16　12 缸 V 形柴油机闭式循环冷却的三角橡胶带张紧力调整装置

1—座架；2—风扇轴；3—调节支架；4—调节支架锁紧螺母；5—拧紧螺母；
6—调节螺钉；7—前轴套；8—皮带盘；9—三角橡胶带；10—后轴套；11—风扇

8.3　主要机件的检验与修理

水冷式冷却系统的主要机件包括水泵、风扇、散热器及节温器等，下面我们分别讲解它们的检验与修理方法。

8.3.1　水泵的检验与修理

水泵的常见失效形式有叶轮轴向松旷、轴与轴承磨损、水封漏水以及泵壳和叶轮破裂等。

（1）水泵的拆卸与清洗

水泵的拆卸清洗大致分为以下几步：

① 拆下风扇固定螺栓，取下风扇。

② 拆下风扇皮带轮毂固定螺栓，然后用拉钳或压床将风扇和皮带轮毂自水泵轴上取下。图 8-6 是 4135、6135 直列型柴油机由三角橡胶带传动的淡水泵结构示意图。

③ 拆下叶轮固定螺栓及轴承锁环，再朝叶轮中心向前压出水泵轴，取下叶轮（如果没有压床，也可以用一个比水泵轴外径小的铜棒或铁棒垫上软质金属垫圈用手锤打出。但这时候要注意用力适当）。

④ 从叶轮上将水封锁环、胶木垫、橡胶套和弹簧等零件取下。

⑤ 按照清洗要求与方法清洗干净各零件。

（2）水泵的检验与修理

水泵的检验与修理的内容包括以下六个方面：

① 检查泵壳与叶轮。泵壳不能有严重裂纹，其裂纹长度不能超过 30mm，而且不能延伸到轴承座孔的边缘。若符合上述条件，可用黄铜合金焊条焊修。焊修前还要对泵壳进行预热，以防焊接后变形。若不符合上述条件，就应更换泵壳。叶轮只允许损坏一片，损坏两片以上的也必须更换。

② 检查水泵轴与叶轮孔的配合情况。水泵轴与叶轮孔是过盈配合，若叶轮与轴配合松旷，应进行修理，其修理工艺一般是用挂锡的方法加大轴的尺寸。其具体技术要求是：叶轮装在轴上后，叶轮端面应高出水泵轴 0.1～0.5mm。

③ 查看水泵皮带盘运转时的情况。柴油发动机运转时，水泵皮带盘不能有严重的摇摆现象。如果有上述现象存在，原因可能有两个：一是轴承松旷，二是皮带盘和锥形套、半圆键磨损。水泵轴与轴承磨损，轴向移动不能超过 0.30mm，径向移动不能超过 0.05mm，否则应更换新轴承。如果皮带轮的锥形套和半圆键磨损，应更换。

④ 检查水泵壳内的胶木圈座。检查水泵壳内的胶木圈座有没有斑点或磨痕，如果有，可以用锉刀锉光或用车床车光。

⑤ 检查轴承磨损情况。其径向间隙不能超过 0.10mm，轴向间隙不能超过 0.30mm，否则应更换新轴承。

⑥ 检查水封。如胶木垫磨损起槽、弹簧弹力过软、橡胶套胀大破损等均应更换新件。如胶木垫磨损不严重，可以调面或磨平后再用。

（3）水泵的总装与修复后的质量检查

总装与拆卸的步骤刚好相反。装配时，一定要旋紧皮带盘与水泵轴的紧固螺母，其扭矩一般为 5～10kgf·m。装配好后，水泵应转动灵活，而且应没有任何渗漏现象。

8.3.2 风扇的检验与修理

对于一般使用维护人员来讲，主要注意三个方面的问题：

① 查看风扇梗部有无裂纹，如果有裂纹，应更换或焊修。焊修时应注意，要切实焊修牢固。

② 查看叶片有无松动现象，若有可用重铆叶片的方法修复。

③ 检查风扇叶片的倾斜角，一般而言，风扇叶片的倾斜角为 40°～45°，而且，每扇叶片的倾斜度应相等。否则，应进行冷压校正。

风扇修理后，为保证风扇运转平稳，必须进行静平衡试验。其方法是：将叶轮（叶片和架）固定在专用轴上，放在刀形铁上进行检验（如图 8-17 所示）。检查时，用手轻轻拨动叶片，使带轴的叶轮在刀形铁上转动，待自动停止后，将位于最下面的叶轮做上记号。这样重复几次，如果每次居于下部位置的是同一叶片，则

图 8-17 风扇与皮带轮毂的静平衡检查

说明该叶片与其他叶片相比要重一些，可用砂轮将其端面或后侧金属磨去少许，使之达到静平衡。风扇叶片的质量差，一般不超过5～10g，带轴的叶轮在刀形铁上转动时，每次停止位于下部位置的叶片为任意一片，则说明风扇叶片达到了静平衡要求。

8.3.3 散热器的检验与修理

散热器的主要失效形式是漏水。

其主要原因在于：在工作中，风扇叶片折断或倾斜，打坏散热器水管；散热器在支架上固定不牢，工作中受较大震动，使散热器受到损伤；在冬季，散热器水管内因有存水而冻裂；冷却水中的杂质在散热器水管中形成水垢，使管壁遭到腐蚀而破裂等。

(1) 漏水的检查

一般来说，散热器经过清洗后，再进行漏水检查。检查时，可采用下面两种方法：

① 将散热器进、出水口堵塞，在溢水管或放水塞部分安装一个接头，打入0.15～0.30kgf/cm^{2}的压缩空气，将散热器放入水池中。若有冒气泡的地方，即为破漏之处。

② 用灌水的方法检查。检查时，把散热器的进、出水口堵塞，从加水口灌满水后，观察是否漏水，为了便于发现细小裂缝，可以向散热器内施加一定压力或使散热器稍加振动，然后仔细观察，破漏处便有水渗出。

(2) 焊修散热器

散热器的焊修通常采用锡焊的方法。施焊前先将焊处的油污擦净，再用刮刀刮出新的金属层，然后适当加热，烙铁烧热后在氧化锌溶液中浸一下，再粘以焊锡。粘好后再把焊缝修平，用热水将焊缝周围的氧化锌洗净，防止腐蚀。

① 上、下水室的焊修。上、下水室破漏不大时，可以直接用焊锡修，如破漏较大时，用紫铜皮焊补。焊补时将铜皮的一面及破漏处先涂上一层焊锡，把铜皮放在漏水处，再用烙铁于外部加热，使焊锡熔化，将其周围焊牢。

② 散热器水管的焊修。若散热器外层水管破裂且破口不大时，可将水管附近的散热片用尖嘴钳撕去少许，直接用焊锡补焊。如果破口很大或者中层水管漏水时，则应根据具体情况，分别采用卡管、堵管、补管和换管的方法灵活处理。但是卡管和堵管的数量不得超过总管数的10%，以免影响散热器的散热效果。

a. 卡管：当散热器的外层水管破口较大，或者破漏在水管背面时，可用卡管的方法焊修。其方法是：将破漏水管附近的散热片撕去，剪去一段破漏水管，再将下端水管的断口处和上端水管靠近上水室的位置焊死。

b. 补管：外水管的破口较大，用焊锡填焊不能修复时，则用补管焊修。补管时，将选好的薄铜皮一面和破漏处分别镀一层薄焊锡，把薄铜皮紧贴在破漏处，用加热的烙铁将其边缘焊牢。

c. 换管：使上、下水室及破裂水管两端脱焊，并将内部整形，用一根铜质扁条（其截面稍小于水管孔径而稍长于水管），加热至暗红色插入破水管内，使水管与散热片脱焊，用平口钳夹住水管端部和铜条，顺着散热片翻口的方向抽出，然后再将铜条插入新水管，将水管装回散热器中，抽出铜条，并用焊锡分别将新水管两端及上、下水室焊牢。

如散热器的中层水管破漏时，则需将上、下水室用喷灯火焰加热脱焊后拆除，将破漏水管两端焊好后，再将上、下水室焊复。

8.3.4 节温器的检验与修理

机器在长期工作中，由于冷却水对节温器的腐蚀作用，或者因为其他原因，会使节温器产生故障而失灵，不能自动控制进入散热器的冷却水量，造成机温过高。一般来说，节温器在10min内不能将水温控制到规定的数值的话，就说明节温器已经损坏。下面，我们就介绍一下检验节温器的方法。

其检验方法如图8-18所示，将节温器清洗干净放入盛有水的杯中，此时，要注意的是不能把节温器放入杯底。在烧杯中再放一支温度计，逐渐加温。用温度计测量水在阀门开始开启时的温度以及节温器完全开放时的温度。好的节温器，阀门在68～72℃时开始开启；在80～83℃时应完全开启，而且主阀门开启的高度不应低于规定值。如果不符合上述要求，则说明节温器失效，应查明原因，予以更换或修复。

各机型使用的节温器主阀门的初开温度与全开温度出厂时均有规定，虽然数值不完全相等，但一般来说是相差不多的。节温器的主阀门初开、全开规定温度若查不到时，可根据测量时的初开温度来确定全开温度数值。例如某机器节温器主阀门初开温度为65.5℃，那么，其全开温度应为78.5～82.5℃。因主阀门全开与初开温度之差值一般是13～17℃。若节温器主阀门初开或全开温度较规定值高或低时，均应更换新品。

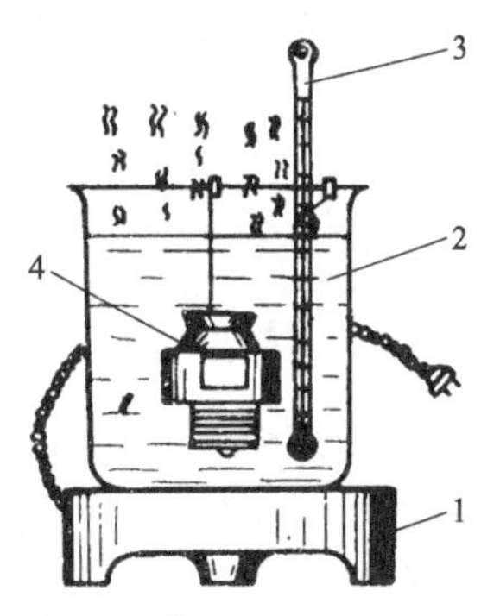

图8-18 节温器的检验
1—电炉；2—烧杯；3—温度计；4—节温器

节温器的衬垫如有损坏，应更换新品。节温器的折叠式膨胀筒如破裂或腐蚀破漏，一般应更换。但在没有配件的情况下，可对碰撞、裂缝而渗漏的节温器进行修复。其修复方法是：先将渗漏处用锡焊修补好，然后在膨胀筒上方用注射器注入酒精或乙醚20cm^3，再将节温器放入热水中，待酒精膨胀后排除空气，接着用焊锡将注射处焊牢封闭，施焊时动作要快，以防酒精蒸发。

8.4 常见故障检修

内燃机在工作中，冷却系统常发生的故障有三种：机体温度过高，异常响声和漏水。

8.4.1 内燃机温度过高

（1）现象

① 水温表指示超过规定值（内燃机正常水温≤90℃）；

② 散热器内的冷却水很烫，甚至沸腾；

③ 内燃机功率下降；

④ 内燃机不易熄火。

（2）原因

内燃机温度过高的原因很多，涉及很多系统，其原因主要有：

① 漏水或冷却水太少；

② 风扇皮带过松；

③ 风扇叶片角度安装不正确或风扇叶片损坏；

④ 水泵磨损、漏水或其泵水能力降低；

⑤ 内燃机在低速超负荷下长期运转；

⑥ 喷油时间过晚；

⑦ 节温器失灵（主阀打不开）；

⑧ 分水管堵塞；

⑨ 水套内沉积水垢太多，散热不良。

（3）排除方法

① 首先检查内燃机是否有漏水之处和水箱是否缺水，然后检查其风扇皮带的松紧度，

如果风扇皮带不松，则检查风扇叶片角度安装是否正确、风扇叶片是否损坏以及水泵的磨损情况及泵水能力。

② 检查内燃机是否在低速超负荷下长期运转，其喷油时间（或点火时间）是否过晚。内燃机的喷油时间（或点火时间）过晚的突出特点是：排气声音大，尾气冒黑烟，机器运转无力，功率明显下降。

③ 检查内燃机节温器是否失灵。节温器失灵的特点是：内燃机内部的冷却水温度高，而散热器内的水温低。这时可将节温器从内燃机中取出，然后启动发动机，若内燃机水温正常，可判定为节温器失效。若水箱管道有部分堵塞，也会使内燃机水温上升过快。

④ 如果散热器冷却水套内水垢沉积太多或分水管不起分水作用，用手摸气缸体则有冷热不均的现象。

8.4.2 异常响声

(1) 现象

内燃机工作时，水泵、风扇等处有异常响声。

(2) 原因

① 风扇叶片碰击散热器；

② 风扇固定螺栓松动；

③ 风扇皮带轮毂或叶轮与水泵轴配合松旷；

④ 水泵轴与水泵壳轴承座配合松旷。

(3) 排除方法

① 检查散热器风扇窗与风扇的间隙是否一致，不一致时，松开散热器固定螺栓进行调整。如因风扇叶片变形等原因碰擦其他地方，应查明原因后再排除。

② 若响声发生在水泵内，则应拆下水泵，查明原因进行修复。

8.4.3 机体或散热器漏水

(1) 现象

① 散热器或内燃机下部有水滴漏；

② 机器工作时风扇向四周甩水；

③ 散热器内水面迅速下降，机温升高较快。

(2) 原因

① 散热器破漏；

② 散热器进出水管的橡胶管破裂或夹子螺栓松动；

③ 放水开关关闭不严；

④ 水封损坏、泵壳破裂或与缸体间的垫片损坏。

(3) 排除方法

一般而言，内燃机的漏水故障可通过眼睛观察发现故障所产生的部位。若水从橡胶管接头处流出，则一定是橡胶管破裂或接头夹子未上紧，这时，可用起子将橡胶管接头夹子螺栓拧紧，如果接头夹子损坏，则需更换。如果没有夹子，可暂时用铁丝或粗铜丝绑紧使用。橡胶管损坏，则应更换，也可临时用胶布把破裂之处包扎起来使用。在更换橡胶管的时候，为了便于插入，可在橡胶管口内涂少量黄油。

如果水从水泵下部流出，一般是水泵的水封损坏或放水开关关闭不严，应根据各种机器的结构特点，灵活处理。

习题与思考题

1. 冷却系统的主要功用是什么？冷却系统中水温过高或水温过低有什么危害？

2. 冷却系统按照冷却介质不同可以分为哪两种形式？各有何特点？

3. 内燃机对冷却液有什么要求？

4. 什么叫小循环、大循环？各自在什么温度下起作用？用框图表示进行大循环时水冷却系统中水流的流动路线。

5. 冷却风扇的作用是什么？如何调整风扇皮带松紧度？

6. 离心式水泵由哪些构件组成？它是如何工作的？

7. 散热器的作用是什么？它是如何工作的？

8. 冷却强度调节装置有哪两种？分别是如何进行调节的？

9. 简述蜡式节温器的工作过程。

10. 内燃机冷却系统中为什么要加入软水？怎样进行硬水的软化处理？

11. 怎样清除冷却系统中的水垢？

12. 风扇皮带过紧或过松有什么坏处？怎样检查其松紧度？

13. 简述水泵的拆卸与装配步骤。

14. 简述散热器漏水的检验方法。

15. 怎样检验节温器的技术状况？

16. 内燃机过热的原因有哪些？怎样进行排除？

第9章 启动系统

内燃发动机借助于外力由静止状态转入工作状态的全过程称为内燃机的启动过程。完成启动过程所需要的一系列装置称为启动系统或启动装置。它的作用是提供启动能量，驱使曲轴旋转，可靠地实现内燃机启动。

内燃机启动系统的工作性能主要是指能否迅速、方便、可靠地启动；低温条件下能否顺利启动；启动后能否很快过渡到正常运转；启动磨损占内燃机总磨损量的百分数以及启动所消耗的功率等。这些性能对内燃机工作的可靠性、使用方便性、耐久性和燃料经济性等有很大影响。在启动系统中，动力驱动装置用于克服内燃机的启动阻力，启动辅助装置是为了使内燃机启动轻便、迅速和可靠。

内燃机启动时，启动动力装置所产生的启动力矩必须能克服启动阻力矩（包括各运动件的摩擦力矩、驱动附件所需力矩和压缩气缸内气体的阻力矩等）。启动阻力矩主要与内燃机结构尺寸、温度状态及润滑油的黏度等有关。内燃机的气缸工作容积大、压缩比高时，阻力矩大；机油黏度大，阻力矩也大。

为保证内燃机顺利启动的最低转速称为启动转速。启动时，启动动力装置还必须将曲轴加速到启动转速。启动转速的大小随内燃机形式的不同而不同。对于内燃发动机，为了保证柴油雾化良好和压缩终了时的空气温度高于柴油的自燃温度，要求有较高的启动转速，一般为 150～300r/min。

柴油发电机组的启动方法通常有以下四种：

（1）人力启动

小功率内燃机广泛采用人力启动，这是最简单的启动方法。常用的人力启动装置有拉绳启动和手摇启动。

小型移动式内燃机（1～3kW）广泛采用拉绳启动。启动绳轮装在飞轮端，或在飞轮上设有绳索槽，绳轮的边缘开有斜口。启动时，将绳索的一头打成结勾在绳轮边缘的斜口上，并在绳轮上按曲轴工作时的旋转方向绕 2～3 圈，拉动后，绳索自动脱离启动绳轮。

手摇启动一般用于 3～12kW 的小型内燃发动机。手摇启动装置利用手摇把直接转动曲轴，使内燃机启动。这种方法比较可靠，但劳动强度大，且操作不便。手摇启动的小型内燃发动机通常设有减压机构，以减小开始摇转曲轴时的阻力，减压可以用顶起进气门、排气门或在气缸顶上设一个减压阀的方法来达到。功率大于 12kW 的内燃发动机，难以用手摇启动的方法启动，所以也没有手摇装置。

（2）电动机启动

直流电动机启动广泛应用于各种车用发动机和中小功率的内燃发电机组。这种启动方法用铅酸蓄电池组供给直流电源，由专用的直流启动电动机拖动内燃机曲轴旋转，将内燃机发动。这种启动系统具有结构紧凑、操作方便，并可远距离操作等优点。其主要缺点是启动时要求供给的启动电流较大，铅酸蓄电池组容量受限，使用寿命比较短，重量大，耐震性差，环境温度低时放电能力会急剧下降，致使电动机输出功率减小等。GB/T 1147.2—2017《中小功率内燃机　第2部分：试验方法》中规定，启动电机每次连续工作时间不应超过15s，每次启动的间隔时间不少于2min，否则有可能将直流启动电机烧坏。

(3) 压缩空气启动

缸径超过150mm的大、中型内燃机常用压缩空气启动。目前主要采用将高压空气经启动控制阀通向凸轮轴控制的空气分配器，再由空气分配器按内燃机工作顺序，在做功冲程中将高压空气供给到各缸的启动阀，使启动阀开启，压缩空气流入气缸，推动活塞、转动曲轴达到一定转速后，停止供气，操纵喷油泵供油，内燃机就被启动。储气瓶输出空气压力对低速内燃机为2～3MPa，对高速内燃机为2.5～10MPa。此启动方法的优点是启动力矩大，可在低温下保证迅速、顺利地启动内燃机，缺点是结构复杂、成本高。康明斯KTA-2300C型柴油机采用另一种压缩空气启动方法，它利用高压空气驱动叶片转子式马达，通过惯性传动装置带动柴油机飞轮旋转。

(4) 用小型汽油机启动

某些经常在野外、严寒等困难条件下工作的大、中型工程机械及拖拉机内燃机，有时采用专门设计的小型汽油机作为启动电机。先用人力启动汽油机，再用汽油机通过传动机构启动内燃机。启动电机的冷却系统与主机相通，启动电机发动后，可对主机冷却水进行预热；启动电机的排气管接到主机进气管中，可对主机进气进行预热。此法可保证内燃机在较低环境温度下可靠地启动，且启动的时间和次数不受限制，有足够的启动功率，适用于条件恶劣的环境下工作。但其传动机构较复杂，操作不方便，内燃机总重及体积也增大，机动性差。

对于不同类型的内燃机，GB/T 1147.1—2017《中小功率内燃机　第1部分：通用技术条件》中规定，不采取特殊措施，内燃机能顺利启动的最低温度为：电启动及压缩空气启动的应急发电机组及固定用柴油机不低于0℃；人力启动的柴油机不低于5℃。

以上四种常用的启动方法，在柴油发电机组中应用最为普遍的是电动机启动系统。本章着重介绍启动系统。

内燃机的启动系统主要由启动电机、蓄电池（组）、充电发电机、调节器、照明设备、各种仪表和信号装置等组成。本章主要介绍直流电动机、蓄电池（组）、充电发电机、调节器及内燃机的指示仪表。如图9-1所示为12V 135G型柴油机启动系统图。

当电钥匙（电锁）JK拨向“右”位并按下启动按钮KC时，启动电机D的电磁铁线圈接通，电磁开关吸合，蓄电池组B_1的正极通过启动电机D的定子和转子绕组与蓄电池组B_2的负极构成回路。在电磁开关吸合时，启动电机的齿轮即被推出与柴油机启动齿圈啮合，带动曲轴旋转而使柴油机启动。柴油机启动后，应立即将电钥匙拨向“左”位，切断启动控制回路的电源，与此同时，硅整流充电发电机L的正极通过电流表A，一路通过电钥匙JK和硅整流发电机的调节器P，经硅整流发电机L的磁场回到硅整流发电机L的负极；另一路经蓄电池组B_1的正极，再通过蓄电池组B_2和启动电机的负极，回到硅整流充电发电机L的负极，构成充电回路。当柴油机达到1000r/min以上时，硅整流充电发电机L与调节器P配合工作开始向蓄电池组B_1和B_2充电，并由电流表A显示出充电电流的大小。柴油机停车后，由于硅整流发电机调节器内无截流装置，应将电路钥匙拨到中间位置，这样能切断蓄电池组与硅整流发电机励磁绕组的回路，防止蓄电池组的电流倒流至硅整流发电机的励磁绕组。

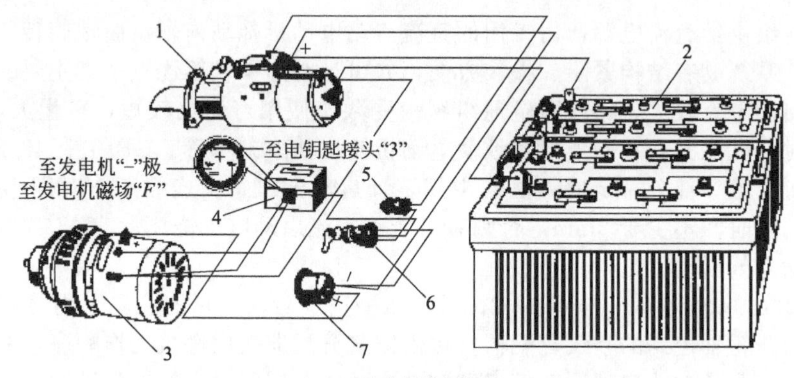

(a) 实物组件连接图

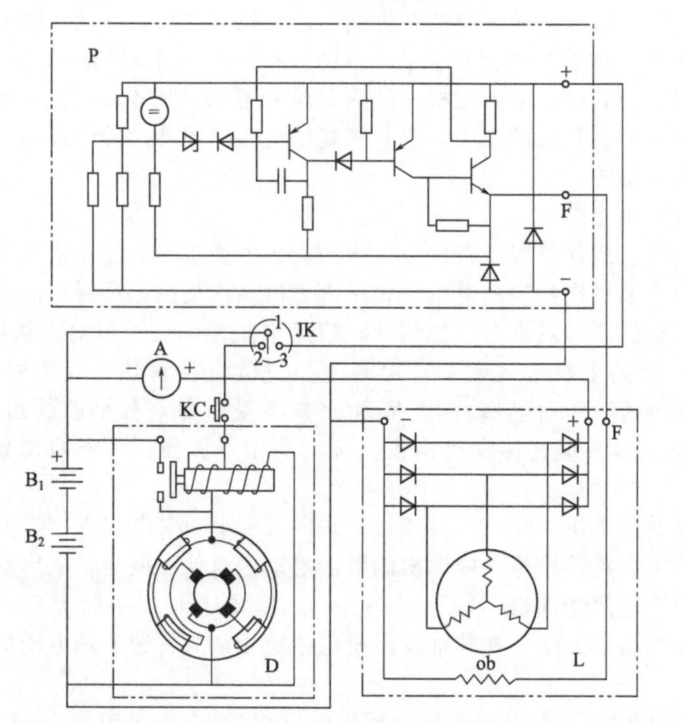

(b) 接线原理图(电路电压为24V双线制，即启动电源的正负极均与机壳绝缘)

图 9-1　12V 135G 型柴油机启动充电系统的实物组件和接线原理图

1—启动电机 D；2—蓄电池组 B；3—硅整流发电机 L；

4—调节器 P；5—启动按钮 KC；6—电钥匙 JC（电锁）；7—充电电流表 A

9.1 启动电机

启动电机的功率一般为 0.6～10kW，选配启动电机时，要根据内燃机的功率等级、启动扭矩等因素选用相应功率等级的启动电机，内燃发动机说明书中均规定了应选用的启动电机型号。要求启动用的蓄电池组电压一般为 12V 或 24V，一定要按照启动电机的要求配备相应等级电压和一定容量的蓄电池组。

9.1.1 基本构造

当操作人员按下电启动系统的启动按钮时，电磁开关通电吸合，控制启动电机和齿轮啮入飞轮齿圈带动内燃机启动。启动电机轴上的啮合齿轮只有在启动时才与内燃机曲轴上的飞轮齿圈相啮合，而当内燃机达到启动转速运行后，启动电机应立即与曲轴分离。否则当内燃机转速升高，会使启动电机大大超速旋转，产生很大的离心力而损坏。因此，启动电机必须安装离合机构。启动电机由直流电动机、离合机构及控制开关等组成。

(1) 直流电动机

直流电动机是输出扭矩的原动力，其结构多数采用四极串励电动机。这种电动机在低速时输出扭矩大，过载能力强。

如图 9-2 所示为 ST614 型直流电动机和电磁开关的结构图。它由串励式直流电动机作启动电机，其功率为 5.3kW，电压为 24V，此外，还有电磁开关和离合机构等部件。

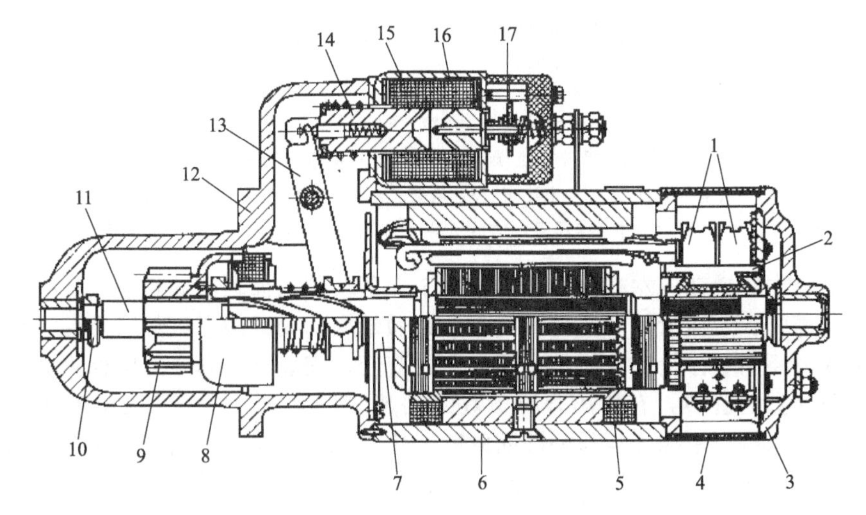

图 9-2 ST614 型直流电动机和电磁开关的结构图

1—炭刷；2—换向片；3—前端盖；4—换向器罩；5—磁极线圈；
6—机壳；7—啮合器滑套止盖；8—摩擦片啮合机构；9—啮合齿轮；10—螺母；11—启动电机轴；
12—后端盖；13—驱动杠杆；14—牵引铁芯；15—牵引继电器线圈；16—保持线圈；17—启动开关接触盘

如图 9-3 所示为电磁操纵机构启动电机电气接线图。启动时，打开电路锁钥（即电路开关），然后按下启动按钮 4，电路接通，于是电流通入牵引电磁铁的两个线圈：即牵引电磁铁线圈和保持线圈，两个线圈产生同一方向的磁场吸力，吸引铁芯左移，并带动驱动杠杆 8 摆动，使启动电机的齿轮与飞轮齿圈进行啮合。铁芯 1 继续向左移，于是，启动开关 5 触点闭合，启动直流电动机电路接通，直流电动机开始运转工作，同时启动开关使与之并联的牵引继电器线圈短路，牵引继电器由保持线圈所产生的磁场吸力保持铁芯位置不动。

启动后，应及时松开启动按钮，使其回到断开位置，并转动电路锁钥，切断电源，以防启动按钮卡住，电路切不断，牵引继电器继续通电。此时，由于电路已切断，保持线圈磁场消失，在复位弹簧的作用下，铁芯右移复原位，直流电动机断电停转。同时，齿轮驱动杠杆也在复位弹簧的作用下，使齿轮退出啮合。

(2) 离合机构

离合机构的作用是将电枢的扭矩通过启动齿轮传到飞轮齿圈上，电动机的动力能传递给曲轴，以启动内燃机。启动后，电动机与内燃机自动分离，以保护启动电机不致损坏。离合机构主要有弹簧式和摩擦片式两种。中小功率内燃机的启动电机离合机构大多采用弹簧式，大功率内燃机的启动电机大多采用摩擦片式离合机构。

① 弹簧式离合机构。目前 4135 和 6135 型柴油机配用的 ST614 型启动电机采用弹簧式离合机构。弹簧式离合机构较简单，套装在启动电机电枢轴上，其结构如图 9-4 所示。驱动

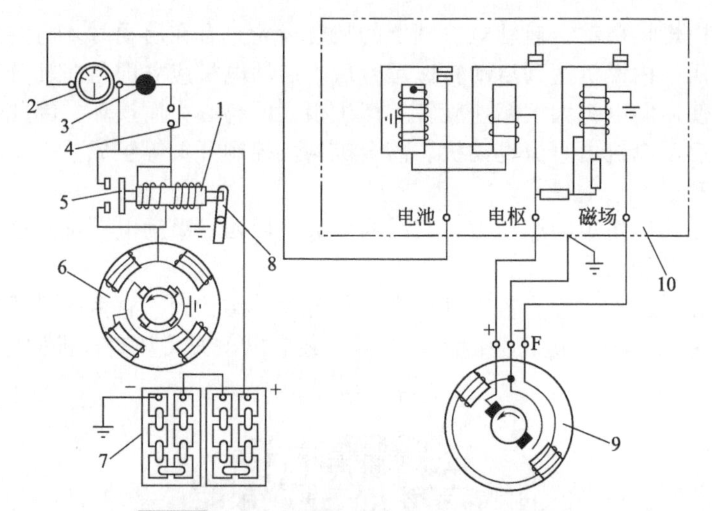

图 9-3 电磁操纵机构启动电机电气连接图

1—牵引继电器铁芯；2—电流表；3—电路锁钥；4—启动按钮；5—启动开关；
6—启动电机；7—蓄电池组；8—驱动杠杆；9—发电机；10—发电机调节器

齿轮的右端活套在花键套筒左端的外圆上，两个扇形块装入齿轮右端相应缺口中并伸入花键套筒左端的环槽内，这样齿轮和花键套筒可一起做轴向移动，两者可相对滑转。离合弹簧在自由状态下的内径小于齿轮和套筒相应外圆面的直径，安装时紧套在外圆面上，启动时，启动电机带动花键套筒旋转，有使离合弹簧收缩的趋势，由于离合弹簧被紧箍在相应外圆面上，于是，启动电机扭矩靠弹簧与外圆面的摩擦传给驱动齿轮，从而带动飞轮齿圈转动。当柴油机启动后，齿轮有比套筒转速快的趋势，弹簧胀开，离合齿轮在套筒上滑动，从而使齿轮与飞轮齿圈脱开。

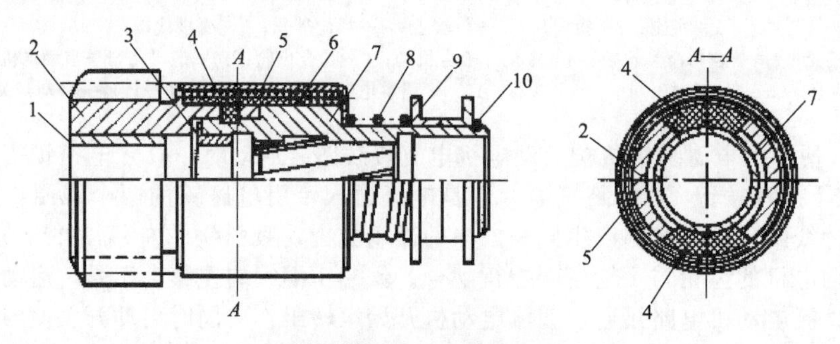

图 9-4 弹簧式离合机构

1—衬套；2—启动电机驱动齿轮；3—限位套；4—扇形块；
5—离合弹簧；6—护套；7—花键套筒；8—弹簧；9—滑套；10—卡环

② 摩擦片式离合机构。摩擦片式离合机构的结构如图 9-5 所示。这种离合机构的内花键毂 9 装在具有右旋外花键套的上面，主动片 8 套在内花键毂 9 的导槽中，而从动片 6 与主动片 8 相间排列，旋装在花键套 10 上的螺母 2 与摩擦片之间，并且装有弹性垫圈 3、压环 4 和调整垫片 5。驱动齿轮右端的鼓形部分有一个导槽，从动片齿形凸缘装入此导槽之中，最后装卡环 7，以防止启动电机驱动齿轮 1 与从动片松脱。离合机构装好后摩擦片之间无压紧力。

启动时，花键套 10 按顺时针方向转动，靠内花键毂 9 与花键套 10 之间的右旋花键使内花键壳在花键套上向左移动将摩擦片压紧，从而使离合机构处于接合状态，启动电机的扭矩

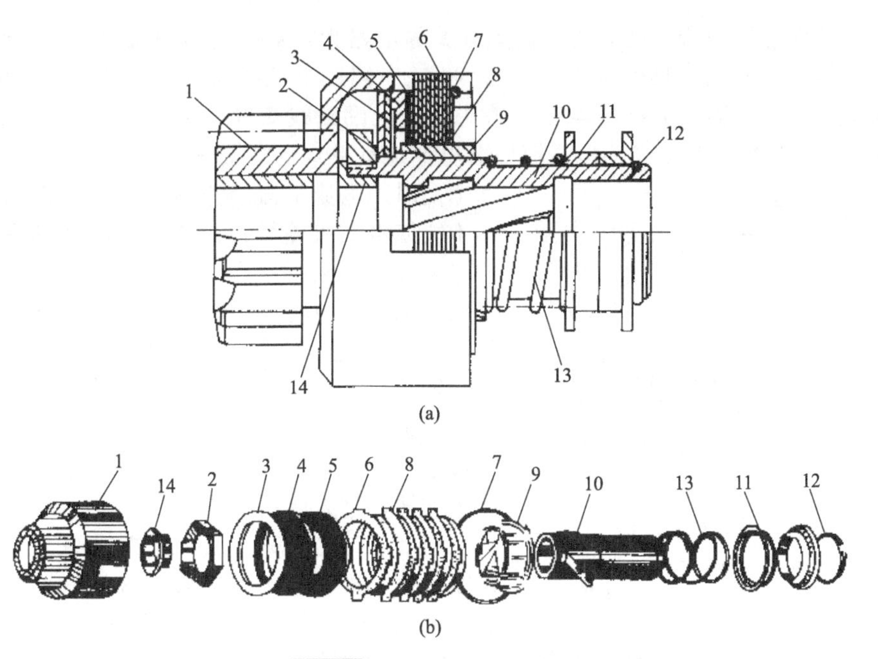

图 9-5 摩擦片式离合机构

1—启动电机驱动齿轮；2—螺母；3—弹性垫圈；4—压环；5—调整垫片；6—从动片；
7，12—卡环；8—主动片；9—内花键毂；10—花键套；11—滑套；13—弹簧；14—限位套

靠摩擦片之间的摩擦传给驱动齿轮，带动飞轮齿圈转动。发动机启动后，驱动齿轮相对于花键套转速加快，内花键壳在花键套上右移，于是摩擦片便松开，离合机构处于分离状态。

该离合机构摩擦力矩的调整依靠调整垫片 5，以改变内花键壳端部与弹性垫圈之间的间隙，控制弹性垫圈的变形量，从而调整离合机构所能传递的最大摩擦力矩。

（3）电磁式启动开关

电启动系统主要有电磁式和机械式两种控制开关。其中电磁开关是利用电磁的吸力带动拨叉进行启动的，其构造与线路连接如图 9-6 所示。

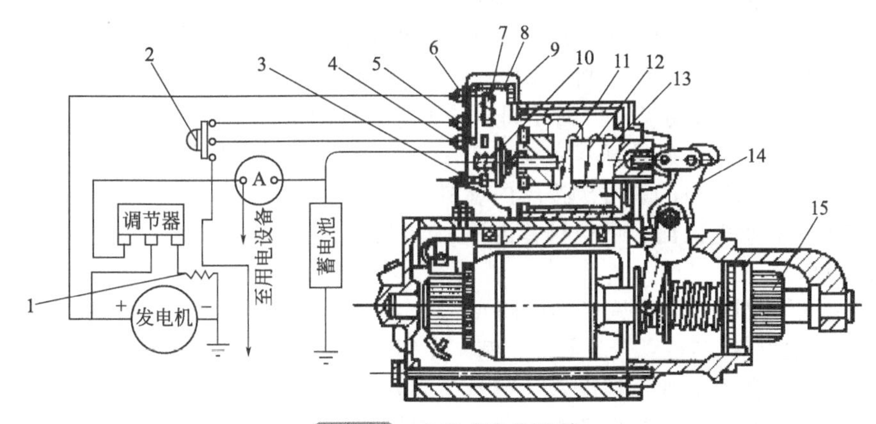

图 9-6 电磁式启动开关

1—发电机励磁线圈；2—开关；3～6—接线柱；7—吸铁线圈；8—动触点；9—静触点；
10—复位弹簧；11—吸引线圈（粗线圈）；12—保持线圈（细线圈）；13—活动铁芯；14—拨叉；15—启动齿轮

启动内燃机时，按下开关 2，此时电路为：蓄电池组→开关 2→接线柱 5→吸铁线圈 7→接线柱 6→发电机→搭铁→蓄电池组。流经吸铁线圈 7 的电流使铁芯磁化产生吸力，将动触

点 8 吸下与静触点 9 闭合。此时流经启动开关的电路为：蓄电池组→接线柱 4→动触点 8→静触点 9→保持线圈 12；吸引线圈 11→接线柱 3→启动电机线路（见图 9-7，启动电机的线路为：接通开关后，蓄电池组的电流如箭头所示经励磁线圈 6、炭刷 3、整流子 2、电枢线圈 1、整流子 2 和炭刷架 4 经接地线流回蓄电池组负极）→搭铁→蓄电池组。

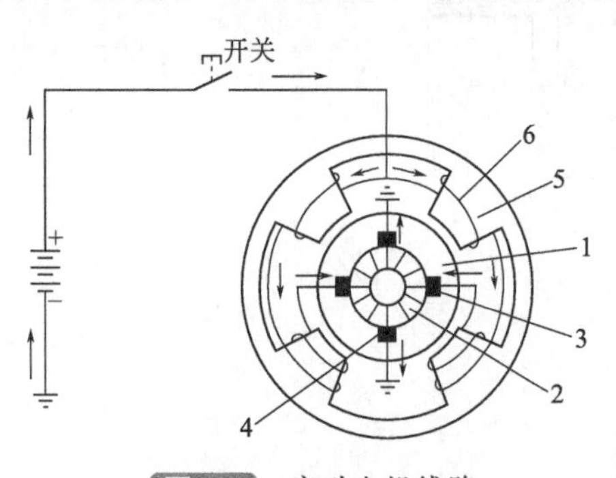

图 9-7 启动电机线路

1—电枢线圈；2—整流子；3—炭刷；4—炭刷架；5—磁极；6—励磁线圈

此时，电流虽流经直流电动机，但由于电流很小不能使电动机旋转；而流过吸引线圈和保持线圈的电流方向一致，所产生的磁通方向也一致，因而合成较强的磁力将活动铁芯 13 吸向左方，并带动拨叉 14 使启动齿轮 15 与飞轮齿圈啮合。与此同时，推动铜片向左压缩复位弹簧 10。当活动铁芯移到左边极端位置时，铜片将接线柱 3 和接线柱 4 间的电路接通。此时，大量电流流入直流电动机线路，电动机旋转，进入启动状态。

启动后，松开开关 2，吸铁线圈 7 中的电流被切断，铁芯推动吸力，动触点 8 跳开，切断经动触点 8 和静触点 9 流过保持线圈和吸引线圈的电流。此时开关中的电路：蓄电池组→接线柱 4→铜片→接线柱 3→吸引线圈 11→保持线圈 12→搭铁→蓄电池组。

由于吸引线圈和保持线圈中的电流方向相反，它们所产生的磁通方向也相反，磁力互相抵消，对活动铁芯产生吸力，活动铁芯在复位弹簧作用下带动启动齿轮回到原位，将接线柱 3 和接线柱 4 间的电路切断，电动机停止工作。

9.1.2 使用与维护

（1）使用注意事项

① 内燃机每次启动连续工作时间不应超过 10s，两次启动之间的间隔时间应在 2min 以上，防止电枢线圈过热而烧坏。如三次不能启动成功，则应查明原因后再启动。

② 当听到驱动齿轮高速旋转且不能与齿圈啮合时，应迅速松开启动按钮，待启动电机停止工作后，再进行第二次启动，防止驱动齿轮和飞轮齿圈互相撞击而损坏。

③ 在寒冷地区使用柴油发电机组供电时，应换用防冻机油；启动时，还应用一字长柄螺丝刀在飞轮检视孔处扳动飞轮齿圈几周后，再进行启动。

④ 机组启动后，应迅速松开其启动按钮，使驱动齿轮退回到原来位置。

⑤ 机组在正常工作中严禁再次按压内燃机启动按钮。

⑥ 应定期在启动电机前、后盖衬套内添加润滑脂，防止发生干摩擦损坏轴与衬套。

（2）拆卸步骤

柴油发电机组配用的最常见启动电机型号为 ST614，其实物外形及相关零部件名称如图 9-8所示。下面以 ST614 型启动电机为例，介绍其拆卸步骤：

① 将启动电机外部的油污擦净，用螺丝刀和开口扳手拆下后端盖上的防尘罩。

② 拆卸连接励磁线圈与炭刷架铜条的固定螺钉并取出全部炭刷。

③ 拆卸连接启动电机前、后端盖的两根长螺栓，并取下后端盖。

④ 用梅花扳手拆卸启动电机壳体上与电磁开关的连接铜条，然后将前端盖连同电枢一起从壳体内取出。

⑤ 从前端盖上拆下固定中间支承板上的两个固定螺钉，然后拆下拨叉在前端的偏心螺钉，再从前端盖中取出电枢和驱动机构。

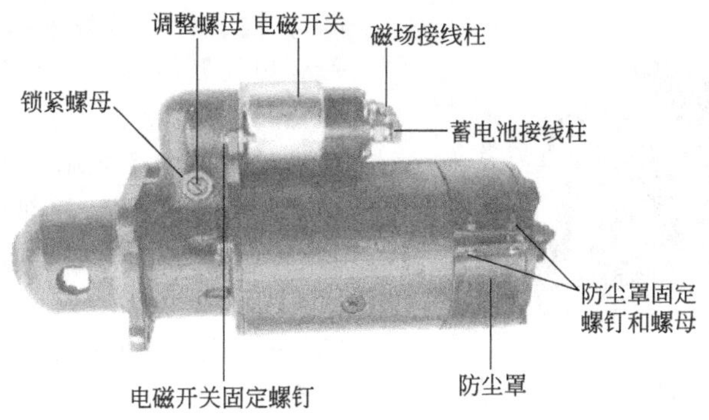

图 9-8　ST614 型启动电机实物外形及相关零部件名称

⑥ 拆下电枢轴前端盖上的止推螺母，取下驱动齿轮总成。

⑦ 用梅花扳手或开口扳手拆下固定电磁开关的两个螺钉并取下电磁开关。

（3） 主要部件的检验

1） 炭刷和炭刷架的检验

炭刷高度一般为 20mm 左右。若磨损量超过原高度的 1/2，则应更换同型号新炭刷，更换新炭刷后，要保证炭刷工作面与整流子的接触面积达到 75%以上，而且在炭刷架内不允许有卡滞现象。若接触面不符合技术要求，可用 0 号细砂纸垫在整流子表面对炭刷工作面进行研磨，磨成圆弧状接触面。炭刷导线的固定螺钉要拧紧，不允许有松动现象。炭刷弹簧的压力应为 $(1.3\pm0.25)\text{kgf/cm}^2$；否则，应更换或调整炭刷弹簧。炭刷架在后端盖上要安装固定好，不允许有松动现象。

2） 电枢的检验

① 电枢线圈及其相关部件实物外形如图 9-9 所示。电枢线圈若出现短路、断路和搭铁现象时，可用万用表电阻挡进行检测。

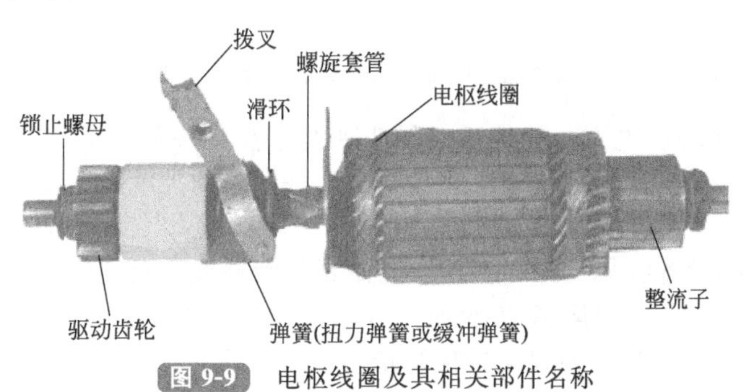

图 9-9　电枢线圈及其相关部件名称

② 整流子表面应无烧损、划伤、凹坑和云母片凸起等缺陷。对整流子表面上的污物应用柴油或汽油将其清洗干净，对于松脱的接头要用锡焊重新焊牢。若整流子表面出现较严重的烧损、磨损和划伤，并造成表面不光滑或失圆时，可根据具体情况修复或更换。

③ 电枢两端轴颈与轴承衬套的配合间隙应控制在 0.04～0.15mm 范围内。若测量出的间隙值超过 0.15mm 时，则应更换新衬套。

3） 磁场线圈的检验

① 磁场线圈实物图如图 9-10 所示。磁场线圈若出现短路、断路和搭铁现象时，可用万用表电阻挡进行检测。

② 若磁极铁芯、线圈出现松动或因其他原因造成损坏后，只要将旧绝缘稍加处理，用布带重新包好，再进行绝缘处理即可。

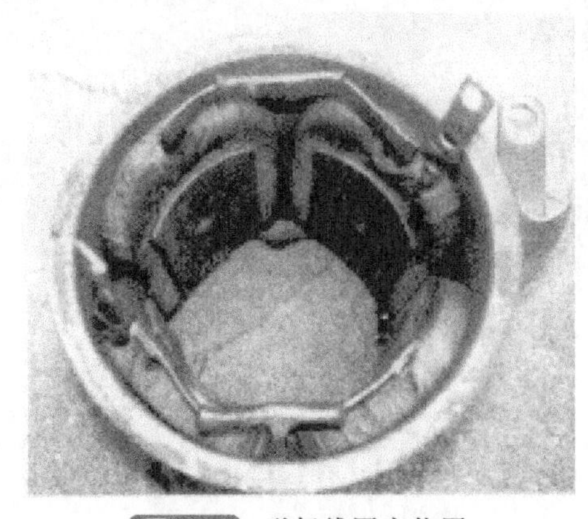
图 9-10 磁场线圈实物图

③ 在检查中，若发现有断路或短路线圈时，则一般要更换新线圈或重新绕制。

4）后端盖的检验

在后端盖的 4 个炭刷架中有两个与盖体绝缘，另外两个与盖体搭铁，相邻两个炭刷架之间的绝缘值应大于 0.5MΩ。若绝缘值过小，则应查明原因。

5）驱动机构的检验

驱动机构的相关部件参见图 9-9。驱动机构一般应检查拨叉是否损坏，扭力弹簧是否存在折断、裂纹和弹力下降，驱动齿轮的齿牙是否损坏及在轴上转动是否灵活等。

6）电磁开关（或磁力开关）的检验

① 电磁开关的拆卸。用一把 20W 左右的电烙铁焊开电磁开关的两个焊点，拧下固定螺钉，取出活动触头（电磁开关及其相关部件名称如图 9-11 所示）。

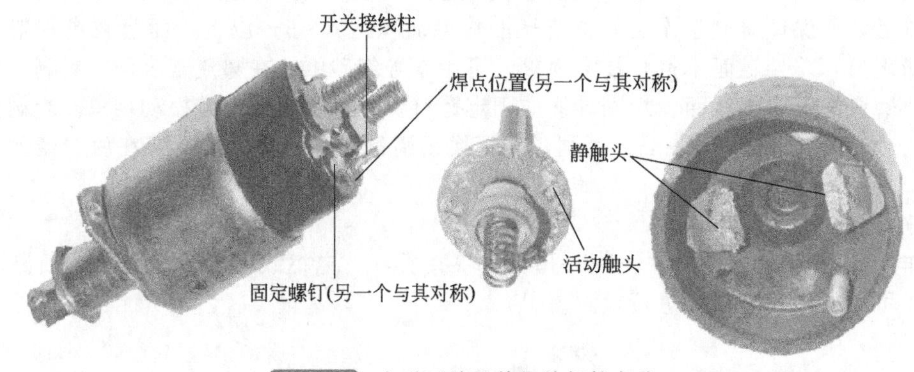

图 9-11 电磁开关及其相关部件名称

② 电磁开关的检验。电磁开关的活动触头和两个静触头的表面应光滑平整，应无烧损现象，若有烧损和不平时，可用细砂纸磨平。两个静触头的高度要一致，防止出现接触不良现象。

用万用表电阻挡检查吸拉线圈和保持线圈是否有断路或短路现象，在正常情况下，吸拉线圈（外层较粗的导线）的电阻值应在 0.6～0.8Ω 之间，保持线圈（内层较细的导线）的电阻值应在 0.8～1.0Ω 之间。若测量的电阻值过大或过小，则应查明原因。

（4）装配注意事项及其试验方法

1）启动电机的装配

启动电机的装配步骤要按拆卸时相反的顺序进行，注意事项如下：

① 各衬套、电枢轴颈、键槽等摩擦部位要涂少量润滑脂。各种垫片不要遗漏，并按顺序装配好。

② 外壳与前、后端盖结合时，要找准定位孔后再装配两根长螺栓并拧紧。

③ 在装配电磁开关时，一定要按技术要求装配衔铁，装配衔铁后，要用手拉动，以确定是否装牢。衔铁拉杆与拨叉安装正确无误后，再安装电磁开关并拧紧两个固定螺钉。

④ 带有绝缘套的炭刷，要按技术要求安装在绝缘炭刷架内。

⑤ 启动电机装复后，用螺丝刀拨动驱动齿轮时，应转动灵活，无卡滞现象。若电枢的轴向间隙过小或过大，可用改变轴的前、后端盖垫片厚度的方法进行调整。

⑥ 启动电机装配完毕后，还应检查和调整启动电机齿轮与锁紧螺母的间隙。检查时，将衔铁推到底，这时驱动齿轮与锁紧螺母之间的间隙应该在 1.5～2.5mm 的范围内，当其间隙值过大时，则会导致驱动齿轮不能完全与飞轮齿圈结合；当其间隙值过小时，则会损坏启动电机端盖。若间隙值不符合技术要求，可通过调整启动电机上的调整螺钉来达到要求，调整后要拧紧锁紧螺母（如图 9-8 所示）。

2）启动电机的试验

启动电机装配完毕后，一般应在内燃机上进行试验。试验时，要用电量充足的蓄电池组，试验合格的启动电机应满足下列条件：

① 内燃机启动时，启动电机的动力应很足，而且无异常杂声。

② 炭刷与整流子处应无强烈的火花。

③ 启动时，不允许驱动齿轮出现高速旋转和齿轮撞击飞轮齿圈的金属响声。

9.1.3 常见故障检修

（1）启动电机不转动的故障

按照内燃机的启动步骤合上接地开关，打开电启动钥匙，按压启动按钮，启动电机不转动的故障一般有两种情况：一种是能听到电磁开关吸合的动作响声，但启动电机不转动；另一种就是电磁开关不吸合，启动电机不转动。前者产生的原因可能是蓄电池组电量不足、启动线路接触不良或启动电机本身故障。后者除了上述因素以外，可能还与启动开关电路、电磁开关或直流电动机的故障有关。其检查判断方法如下：

① 检查蓄电池组接线柱、启动线路、直流电动机炭刷部位和电磁开关等部件，在启动内燃机时有无冒烟、异常发热和不正常响声等现象。若有异常现象，则应重点检查该部件的工作情况。

② 检查启动熔丝有无熔断。

③ 检查启动线路的各个接头部位是否紧固，如蓄电池组接线柱、电磁开关接线柱和启动开关接线柱等。

④ 用万用表直流电压挡检查蓄电池组在启动内燃机前和启动内燃机过程中的电压降。若在启动前测得的电压小于 12.5V，则说明蓄电池组的电量不足；若测得的电压大于 12.5V，而在启动时的电压下降在 1.5V 以上时，则说明蓄电池组存电不足。

⑤ 检查启动电路是否存在故障。其检查方法是用中号螺丝刀将电磁开关的蓄电池组接线柱和开关接线柱短路（如图 9-12 所示），若短路后电磁开关吸合且启动电机运转正常，则说明在电磁开关以外的启动线路有故障，如启动钥匙开关或启动按钮接触不良、线路接头接触不良等。若短路后电磁开关仍不吸合，则说明电磁开关或启动电机内部可能有断路故障。

⑥ 用螺丝刀再将蓄电池组接线柱和磁场接线柱短路（如图 9-13 所示），若启动电机正常运转，则说明电磁开关内部有故障，应拆下电磁开关检查电磁开关内部的活动触头和两个静触头的烧损情况及磁力线圈是否烧损等。如果启动电机仍不运转且在短路时无火花出现，则说明启动电机内部出现断路故障。若有火花出现，则说明启动电机内部出现短路现象，应将启动电机拆下后进行修理。

（2）启动电机运转无力的故障

内燃机启动时，曲轴时转时不转或转动较慢，使内燃机不能进入到自行运转状态。造成这种故障主要是由于蓄电池组电量不足、启动阻力过大或电磁开关内部活动触头和静触头烧损后出现接触不良等。其检查方法如下：

① 检查蓄电池组的电量是否充足。

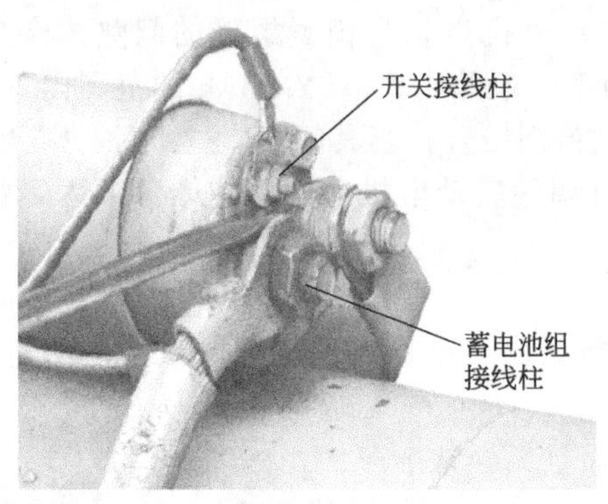

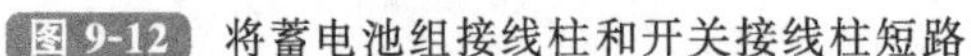
图 9-12 将蓄电池组接线柱和开关接线柱短路

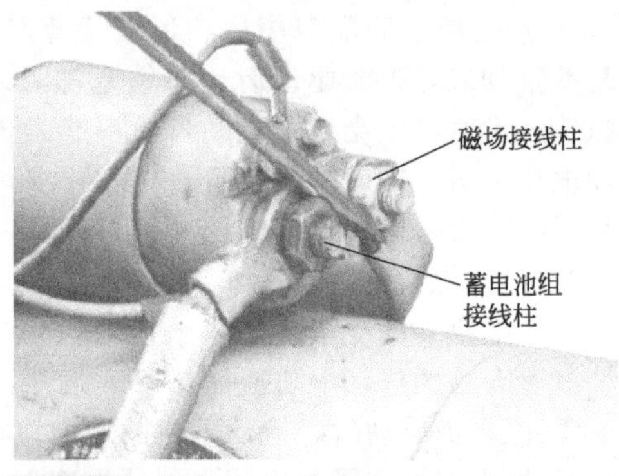

图 9-13 将蓄电池组接线柱和磁场接线柱短路

② 检查炭刷与整流子（或换向器）的接触情况。在正常情况下，炭刷底部表面与换向器的接触面应在85%以上。若不符合技术要求，则应更换新炭刷。

③ 检查整流子（或换向器）是否有烧损、划伤、凹坑等现象。若整流子表面污物比较多，则用柴油或汽油清洗干净。若有严重烧损、磨损和划伤，造成表面不光滑或失圆时，可视情修理或更换。修理时，可用车床车削加工整流子，并用细砂布抛光。

④ 检查电磁开关内部的活动触头和两个静触头的工作表面，若活动触头和静触头有烧损现象而导致启动电机运转无力时，可用细砂纸将活动触头和静触头磨平。

（3）启动电机驱动齿轮高速旋转且不能与飞轮齿圈啮合

内燃机在启动时，能听到电磁开关吸合的动作响声和驱动齿轮的高速旋转声，但内燃机飞轮不转动。这种故障一般是由驱动齿轮和飞轮齿圈没有啮合或启动电机驱动齿轮打滑所造成的。其检修方法如下：

① 若遇到这种故障，应再进行第二次甚至第三次启动。若不能排除故障，则应用平口螺丝刀调整启动电机电磁开关左下端的调整螺钉，使驱动齿轮与飞轮齿圈相啮合。若经过上述调整，故障仍未被排除，则应拆卸启动电机，对飞轮齿圈、启动电机内部的驱动齿轮等零件进行检查。

② 若经过检查，启动电机的驱动齿轮和飞轮齿圈质量完好，而且在启动时两者不能够啮合在一起，启动电机仍然出现空转且有一种金属碰撞响声，则应对启动电机进行分解。若分解后发现拨叉两凸块之间的距离过大而导致驱动机构无法拨动到位时，则应用手按压以减小两凸块之间的距离。若凸块磨损严重或一边的凸块损坏时，则可用焊修的方法进行处理。

③ 若拨叉距离适当，驱动齿轮又能与飞轮齿圈相互啮合，但启动电机仍然出现高速空转时，则应用一只手握住电枢，用另一只手转动驱动齿轮，参见图 9-9。若顺时针能够转动而逆时针不能转动时，则说明驱动机构工作良好；若顺时针和逆时针均能转动时，则说明驱动机构损坏，应更换新件。

（4）松开启动按钮后，驱动齿轮无法从飞轮齿圈上脱开

内燃机启动后，松开启动按钮，启动电机内部的驱动齿轮不能与飞轮齿圈脱开的原因是启动电路失去控制，如内燃机启动后，虽然松开启动按钮，但启动电路并没有断开，导致电流仍然通过启动电机。另一种情况是内燃机启动后，启动电路已断开，但驱动齿轮不能从飞轮齿圈上退出来而被齿圈带着高速旋转。使用维护人员遇到这种情况时，应迅速停止内燃机运转并断开内燃机接地开关。

① 启动电路故障与排除。启动电路失去控制一般是指各种开关失去控制，如启动电锁损坏或电磁开关内部的活动触头和两个静触头由于启动时间过长而烧结在一起等。

若怀疑是启动电锁损坏，则可用万用表电阻 $R\times1$ 挡进行检查。其方法是：用万用表测

量电锁两个接头之间的电阻值。若用钥匙打开和关闭电锁时，两个接头的电阻值不变且很小，则说明启动电锁损坏。

若启动按钮工作正常，则用万用表的电阻 $R\times1$ 挡测量电磁开关的蓄电池组接线柱和磁场接线柱的阻值。若测得的电阻值很小，则说明电磁开关内部的活动触头与两个静触头烧结在一起，应按如图 9-11 所示的方法拆卸电磁开关，然后用细砂纸将活动触头和静触头磨平，装配后，故障即被排除。

② 启动电机机械故障与排除。启动电机内部的驱动齿轮不能与飞轮齿圈脱开的机械故障有：a. 启动电机装配不正确，如拨叉安装在移动衬套外围，使驱动齿轮与飞轮齿圈的间隙过小。b. 驱动机构的回位弹簧折断或弹力过小。其检验方法是用一字螺丝刀撬动驱动齿轮向前端移动，迅速拔出螺丝刀，驱动齿轮应能自动回位。若回位较慢或不能回位，则应更换回位弹簧。

9.2 硅整流发电机及其调节器

蓄电池组充电发电机有直流发电机和硅整流发电机两种，目前内燃机上应用较广泛的是硅整流发电机。当内燃机工作时，硅整流发电机经 6 支硅二极管三相全波整流后，与配套的充电发电机调节器配合使用给蓄电池组充电。

9.2.1 硅整流发电机的构造与工作原理

（1）硅整流发电机的构造

硅整流发电机与并励直流发电机相比具有体积小、重量轻、结构简单、维修方便、使用寿命长、内燃机低速时充电性能好、相匹配的调节器结构简单等优点。硅整流发电机主要由定子、转子、外壳及硅整流器等四部分组成，如图 9-14 所示。

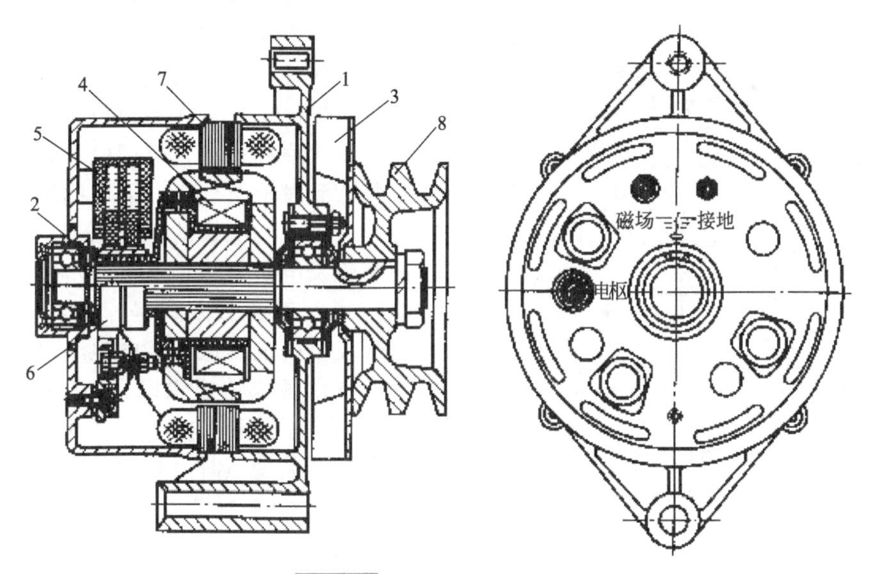

图 9-14 硅整流发电机构造

1—前端盖；2—后端盖；3—风扇；4—励磁线圈；5—炭刷架；6—滑环；7—定子；8—皮带轮

① 转子。转子是发电机的磁场部分，它由励磁线圈、磁极和集电环组成。磁极形状像爪子，故称为爪极。每一爪极上沿圆周均布数个（4～7 个）鸟嘴形极爪。爪极用低碳钢板冲制而成，或精密铸造铸成。每台发电机有两个爪极，它们相互嵌入，如图 9-15 所示。爪

极中间放入励磁线圈，然后压装在转子轴上，当线圈通电后爪极即成为磁极。

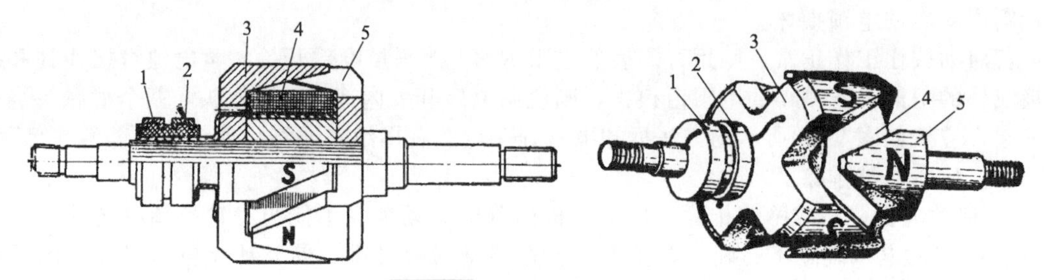

图 9-15 转子断面与形状

1，2—集电环；3，5—磁极；4—励磁线圈

转子上的集电环（滑环）是由两个彼此绝缘且与轴绝缘的铜环组成的。励磁线圈的两个端头分别接在两个集电环上，两个集电环与装在刷架（与壳体绝缘）上的两个炭刷相接触，以便将发电机输出的经整流后的电流部分引入励磁线圈中。

② 定子。定子由冲有凹槽的硅钢片叠成，定子槽内嵌入三相绕组，各相线圈一端连在一起，另一端分别与元件板上的硅二极管和端盖上的硅二极管相连在一起，从而使他们之间的连接方式为星形连接（如图 9-16 所示）。

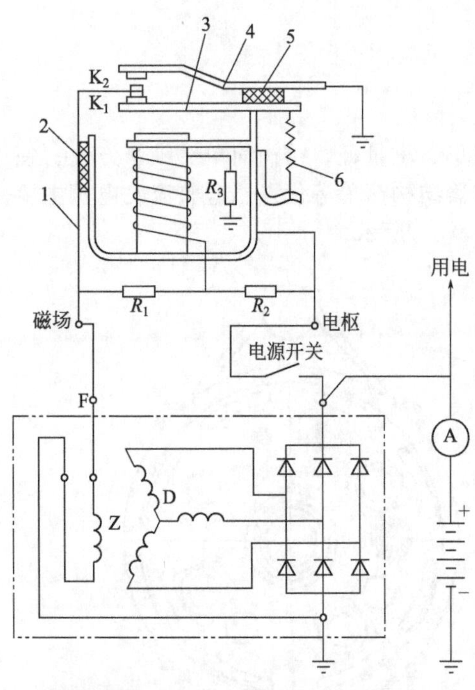

图 9-16 硅整流发电机与调节器线路

1—固定触点支架；2—绝缘板；3—下触点臂；4—上触动点臂；5—绝缘板；6—弹簧

③ 前后端盖。前后端盖均用铝合金铸成以防漏磁，两端盖轴承座处镶有钢套，以增加其耐磨性，轴承座孔中装有滚动轴承。

④ 整流装置。整流装置通常是由六支硅整流二极管组成的三相桥式全波整流电路。其中三支外壳为负极的二极管装在后端盖上，三支外壳为正极的二极管则装在一块整体的元件板上。元件板也用铝合金压铸而成，与后端盖绝缘。从元件板引一接线柱（电枢接线柱）至发电机外部作为正极，而发电机外壳作为负极。直流电流从发电机的电枢接线柱输出，经用电设备后至内燃机机体，然后到发电机外壳，形成回路。

（2）硅整流发电机的工作原理

硅整流发电机是三相交流同步发电机，其磁极为旋转式。其励磁方式是：在启动和低转速时，由于发电机电压低于蓄电池组电压，发电机是他励的（由蓄电池组供电）；高转速时，发电机电压高于蓄电池组充电电压，发电机是自励的。

当电源开关接通时（如图 9-16 所示），蓄电池组电流通过上方调节器流向发电机的励磁线圈，励磁线圈周围便产生磁通，大部分磁通通过磁轭 1（如图 9-17 所示）和爪形磁极 3 形成 N 极，再穿过转子与定子之间的空气隙，经过定子的齿部和轭部，然后再穿过空气隙，进入另一爪形磁极 4 形成 S 极，最后回到磁轭，形成磁回路。另有少部分磁通在定子旁边的空气隙中及 N 极与 S 极之间通过，这部分称为漏磁通。

当转子磁极在定子内旋转时，转子的 N 极和 S 极在定子内交替通过，使定子绕组切割磁力线而产生交流感应电动势。三相绕组所产生的交流电动势相位差为120°，所发出的三相交流电经六支二极管三相全波整流后，即可在发电机正负接线柱之间获得直流电。

(3) 硅整流发电机的输出特性（负载特性）

当保持硅整流发电机的输出电压一定时（对12V发电机规定为14V，对24V发电机规定为28V），调整其输出电流与转速，就可得到输出特性曲线，当转速 n 达到一定值后，发电机的输出电流 I 不再继续上升，而趋于某一固定值，此值称为限流值或最大输出电流值。所以硅整流发电机有一种自身限制电流的性能。这是硅整流发电机最重要的特性。

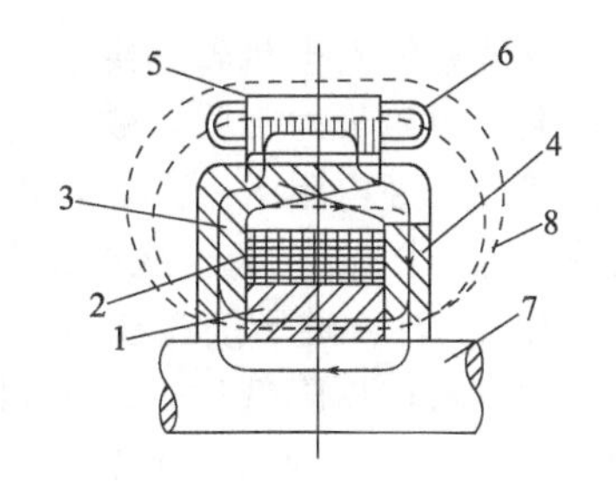

图 9-17 硅整流发电机磁路系统

1—磁轭；2—励磁绕组；3，4—爪形磁极；5—定子；6—定子三相绕组；7—轴；8—漏磁

9.2.2 硅整流发电机调节器工作原理

硅整流发电机由内燃发动机带动，其转速随内燃机的转速在一个很大的范围内变动。发电机的转速高，其发出的电压高；转速低，其发出的电压也低，为了保持发电机的端电压的基本稳定，必须设置电压调节器。

硅整流发电机电压调节器可分为电磁振动触点式电压调节器、晶体管电压调节器和集成电路电压调节器三种。其中，电磁振动触点式调节器按触点对数分，有一对触点振动工作的单级式和两对触点交替振动工作的双级式两种。目前，双级电磁振动式电压调节器和晶体管电压调节器应用最为广泛。

(1) 双级电磁振动式电压调节器

图9-16所示的上部为双级电磁振动式电压调节器。它具有两对触点，中间触点是固定的，下动触点 K_1 常闭，称为低速触点，上动触点 K_2 常开，称为高速触点。调节器设有三个电阻：附加电阻 R_1、助振电阻 R_2 和温度补偿电阻 R_3。

电压调节器的固定触点通过支架1和磁场接栈柱与发电机转子中的励磁线圈相连。下动触点臂3则通过支架1和电枢接线柱及发电机正极接线柱相通。绕在铁芯上的线圈一端搭铁，另一端则通过电阻与电枢接线柱相连。现按照发电机不同情况说明其工作原理。

闭合电源开关，当发电机转速较低，其电压低于蓄电池组电压时，蓄电池组的电流同时流经电压调节器线圈和励磁线圈。流经电压调节器线圈的电路为：蓄电池组正极→电流表→电源开关→电压调节器电枢接线柱→R_2→电压调节器线圈→R_3→搭铁→蓄电池组负极。

电流流入电压调节器线圈产生一定的电磁吸力，但不能克服弹簧张力，故低速触点 K_1 仍闭合。这时流经励磁线圈电流的电路为：蓄电池组正极→电流表→电源开关→调节器电枢接线柱→框架→下动触点 K_1→固定触点支架1→电压调节器磁场接线柱→发电机F接线柱→炭刷和滑环→励磁线圈→滑环和炭刷→发电机负极→搭铁→蓄电池组负极。

当硅整流发电机转速升高，发电机电压高于蓄电池组电压时，发电机向用电设备和蓄电池组供电。同时向励磁线圈和调节器线圈供电，其电路有三条：

① 发电机定子线圈→硅二极管及元件板→电源开关→电压调节器电枢接线柱→下动触点 K_1 及支架1→电压调节器磁场接线柱→发电机F接线柱→炭刷和滑环→励磁线圈→滑环和炭刷→整流端盖和硅二极管→定子线圈。

② 发电机定子线圈→硅二极管及元件板→电源开关→电压调节器电枢接线柱→电阻 R_2→电压调节器线圈和电阻 R_3→搭铁→整流端盖和硅二极管→定子线圈。

③ 充电电路和用电设备电路：定子线圈→硅二极管与元件板→“＋”接线柱→用电设备或电流表与蓄电池组（充电）→搭铁→整流端盖和硅二极管→定子线圈。

当硅整流发电机转速继续升高，发电机电压达到额定值时，调节器线圈的电压增高，电流增大，电磁吸力加强，铁芯的磁力将下动触点 K_1吸下，使触点 K_2断开，磁场线圈电路不经框架，而经电阻 R_2与 R_1，由于电路中串入 R_2和 R_1，使励磁电流减小，磁场减弱，发电机输出电压随之下降。这时的励磁线路为：发电机正极→电源开关→电枢接线柱→电阻 R_2→电阻 R_3→磁场接线柱→励磁线圈→发电机负极。

发电机电压降低后，通过调压器线圈的电流减小，铁芯吸力减弱，触点 K_1在弹簧 6 作用下重新闭合。励磁电流增加，电压又升高，使触点 K_1再次打开。如此反复开闭，从而使发电机的电压维持在规定范围内。

发电机转速再增高使电压超过允许值时，由于铁芯吸力继续增大，将下动触点臂吸得更低，并带动上动触点臂 4 下移与固定触点相碰，触点 K_2闭合，这时励磁电路被短路，励磁电流直接通过触点 K_2和上动触点臂而搭铁，励磁线圈中电流剧降，发电机靠剩磁发电。因此电压也迅速下降。同时由于电压下降，铁芯吸力随之减小，触点 K_2又分开，电压又回升，如此不断反复，高速触点 K_2振动，使发电机电压保持稳定。

由于触点式电压调节器在触点分开时触点之间会产生电火花，以及其机械装置的固有缺点，因此目前已逐渐被晶体管电压调节器所代替。

(2) 晶体管电压调节器

晶体管电压调节器的工作原理主要是利用晶体管的开关特性，并用稳压管使三极管导通和截止，即利用晶体管的开关电路来控制充电发电机的励磁电流，以达到稳定充电发电机的输出电压的目的。图 9-18 是 12V135 型柴油机上使用的与 JF1000N 型交流发电机相匹配的 JFT207A 型晶体管电压调节器的电路原理图。其工作过程如下：

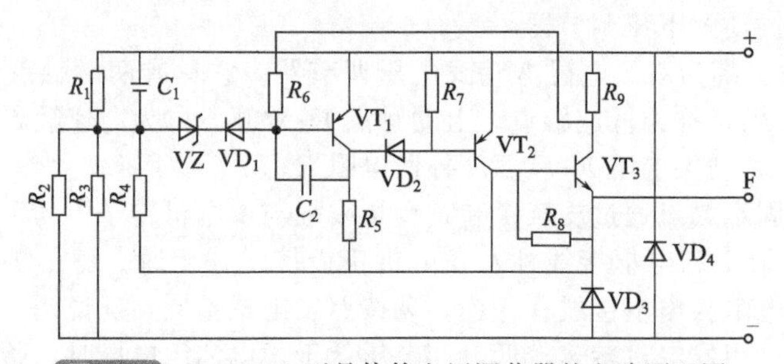

图 9-18 JFT207A 型晶体管电压调节器的电路原理图

当发电机因转速升高其输出电压超过规定值时，电压敏感电路中的稳压管 VZ 击穿，开关电路前级晶体管 VT_1导通而将后级复合而成的晶体管 VT_2、VT_3截止，隔断了作为 VT_3负载的发电机磁场电流，使发电机输出电压随之下降。输出电压下降又使已处于击穿状态的 VZ 截止，同时 VT_1也会因失去基极电流而截止，VT_2、VT_3重新导通，接通发电机的磁场电流，使发电机的输出电压再次上升。如此反复使调节器起到控制和稳定发电机输出电压的作用。电路中的其他元件分别起稳定、补偿和保护的作用，以提高调节器性能与可靠性。

电压调节器一般作为内燃机的随机附件由用户自行安装，安装时必须垂直，其接线柱向下，以达到防滴作用。使用时应注意，要与相应型号的充电发电机配合使用。接线应正确可靠，绝缘应完好，否则将导致电压调节器烧坏。一般情况下，不要随便打开调节器盖，如有故障应由专业人员检查和修理。

9.2.3 硅整流发电机的维修

(1) 使用维护注意事项

① 硅整流发电机必须与专用的调节器配合使用，其搭铁极性要与蓄电池组的搭铁极性

一致。否则，会损坏硅二极管。

② 硅整流发电机在使用中严禁将电枢和磁场接线柱短路。否则，将损坏硅二极管和调节器，严重时，还会损坏充电电流表。

③ 不允许采用将电枢接线柱和外壳搭铁试火的方法检查发电机是否发电。否则，会损坏硅二极管。

④ 硅整流发电机工作 500h 后，应更换轴承润滑脂。

⑤ 经常保持硅整流发电机干燥、清洁，并紧固各个导线接头。

(2) 拆卸步骤

① 用螺丝刀拆卸炭刷护盖（铭牌处）的固定螺钉以及炭刷架固定螺钉，取出炭刷及附属部件，如图 9-19 所示。

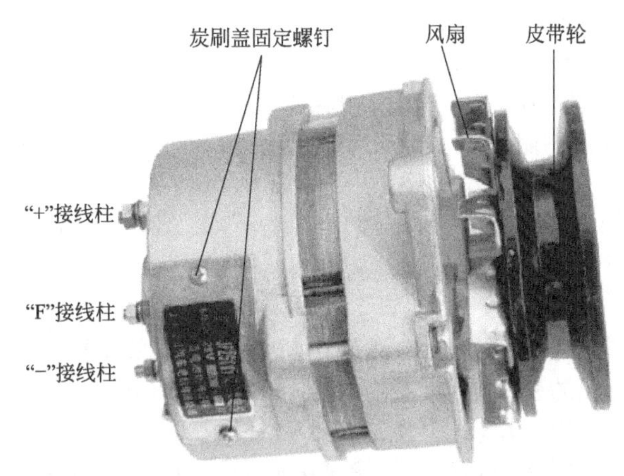

图 9-19 硅整流发电机实物外形及其相关零部件名称

② 将硅整流发电机固定在台虎钳上，用套筒扳手拧下皮带轮的紧固螺母，取下皮带轮、风扇和半圆键。

③ 用套筒扳手拆卸前端盖与后端盖的三只连接螺钉。

④ 用木棒敲击前端盖边缘，取下前端盖和转子。

⑤ 用钳子或套筒扳手拆卸定子三相绕组引出线与三对二极管连接线头的三个固定螺钉，使定子与后端盖分离，如图 9-20 所示。

⑥ 从后端盖内拆下整流元件板，如图 9-21 所示。

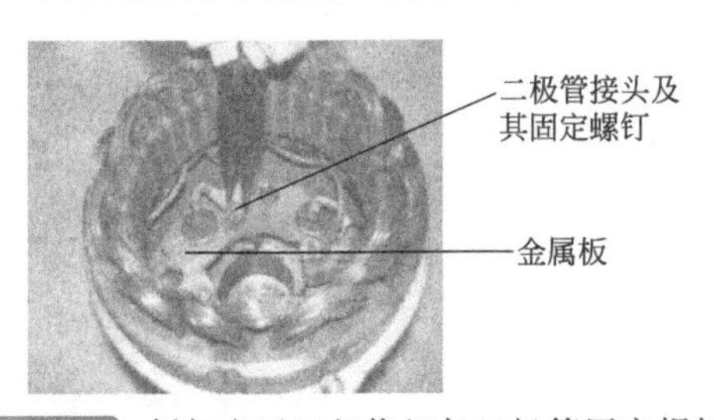

图 9-20 拆卸定子三相绕组与二极管固定螺钉

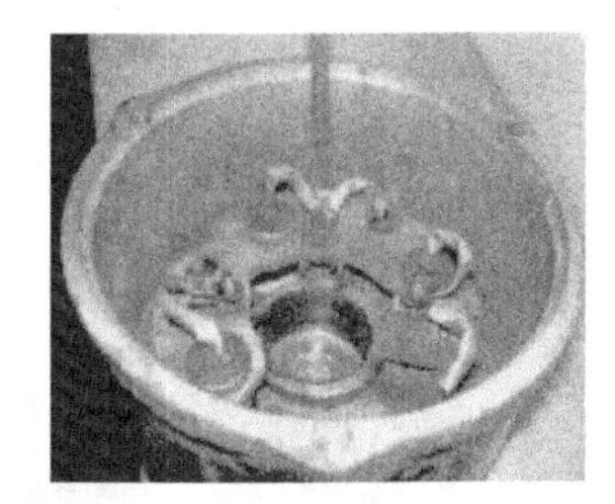

图 9-21 从后端盖内拆下整流元件板

(3) 装配注意事项

装配时按分解的相反顺序进行。其注意事项如下：

① 装配定子绕组引出的三个接头与硅二极管的三个接头时，螺钉要固紧，而且在装配过程中不要碰坏定子绝缘层。

② 装配前后端盖时，要按原来的定位记号进行装配。装配后，若转子有"扫膛"或卡

滞现象，应拆松三根固定螺钉，然后边转动转子边用橡胶锤敲击端盖边缘，直到转子与定子不再摩擦为止，再用套筒扳手均匀地拧紧固定螺钉。

③ 装配炭刷及附属零件时，要保证炭刷与整流子的接触面，在装配过程中，要轻拿轻放，防止把炭刷及附属零件弄坏。

④ 硅整流发电机装配完毕后，应用万用表测量各极柱间的阻值。正常情况下，“F”与“+”之间的阻值一般在 50～70Ω 之间，“F”与“−”之间的阻值在 20Ω 左右，“+”与“−”之间的阻值在 40～50Ω 之间（万用表的黑表笔接前者，红表笔接后者）；反向测量的阻值一般在 1kΩ 以上（万用表的红表笔接前者，黑表笔接后者）。

（4）主要部件的检验与修理

① 定子的检验与修理。检验时，应用万用表测量定子线圈各线头间的阻值。三个线头间的阻值应相等，线圈与铁芯之间的阻值应为无穷大。若定子线圈内部有短路、断路或搭铁现象时，应重新绕制或更换定子总成。

② 转子的检验与修理。检验时，用万用表测量两滑环间的阻值，如图 9-22 所示。其阻值应在 20Ω 左右。若测得的阻值过大或过小，均说明转子线圈内部有故障。应拆卸后修复或直接更换转子总成。两个滑环间应清洁，滑环的表面应光滑，无烧蚀和磨损不均等现象。表面的污物可用棉纱蘸少量汽油或酒精擦洗干净。若有轻度烧蚀或磨损时，可用细砂布磨平，表面有较严重的烧蚀现象时，可用车削的方法进行修复，然后用细砂布磨光即可。

③ 硅整流元件的检验与修理。硅整流发电机使用的硅二极管有两种，有红色标记的引线是正极线，有黑色标记的引线是负极线。在判断二极管好坏之前，一般要用电烙铁焊开正极一端或负极一端，然后用万用表进行检验。

其检验方法是：将万用表的转换开关拨至电阻 $R\times 1\Omega$ 挡（数字式万用表应拨至二极管挡），测量时，用黑表笔搭在有红色标记引线的二极管上，红表笔搭在金属面板上（参见图 9-20），用普通万用表测试时，表针的指示应为几十欧；用数字式万用表测试时，万用表会发出蜂鸣声。然后将红表笔搭在有红色标记引线的二极管上，黑表笔搭在金属面板，普通万用表和数字万用表的指示值在 10kΩ 以上时，说明硅二极管工作正常。若测得的正、反向电阻值都较大，则说明二极管内部开路。如果测得正、反向电阻值都很小，则可判断二极管内部短路。无论二极管内部发生短路或开路都应更换新的二极管。

④ 炭刷装置部件的修理。炭刷架应无变形和破裂之处，炭刷弹簧的压力要符合技术要求，炭刷与整流子的接触面积应在 85%以上。炭刷装置部件的实物外形如图 9-23 所示。

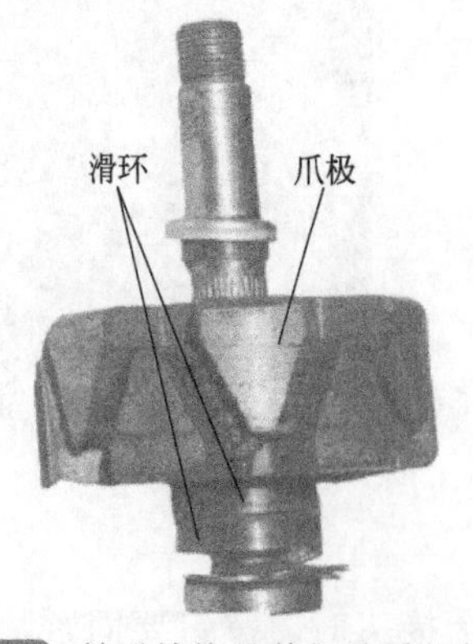

图 9-22 转子结构及其相关零部件名称

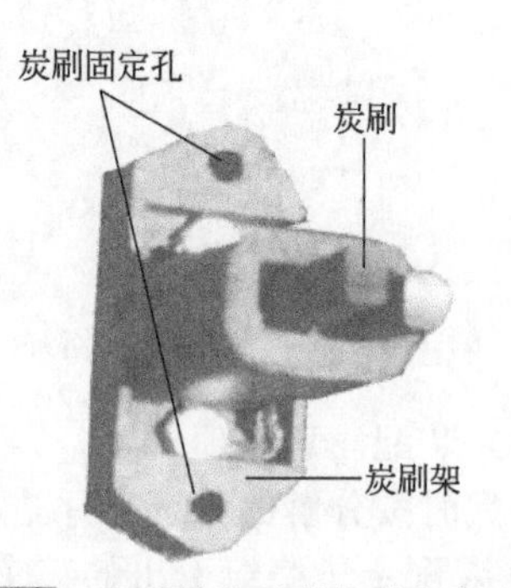

图 9-23 炭刷结构及其相关部件名称

(5) 常见故障检修

1) 不发电或充电电流过小

硅整流交流发电机不发电的故障一般是由励磁线圈开路或短路、二极管击穿短路、发电机磁场接线柱与调节器之间的连接线出现接线错误或线路接触不良所致的。充电电流太小一般是由于调节器弹簧调整不当、个别二极管引线脱焊断开使电枢线圈一相或两相开路、炭刷与滑环接触不良等。其检查方法如下：

① 检查硅整流发电机的外部接线柱与调节器各接线柱间的连线是否有接错现象。如果有，则应纠正。若接线正确，则检查调节器附加电阻和内部线包是否损坏，附加电阻和内部线包在调节器中的位置如图 9-24 和图 9-25 所示。

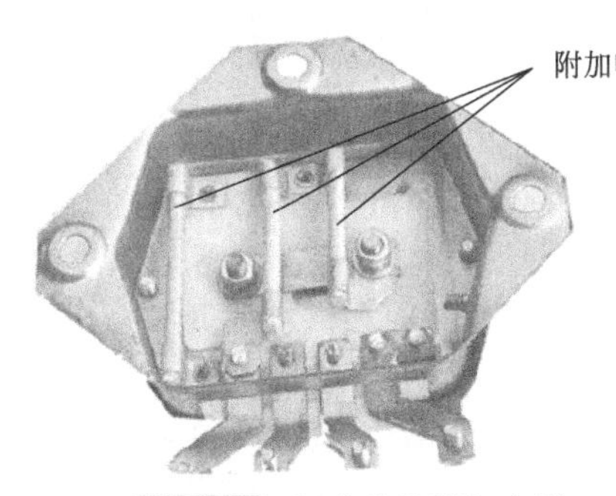

图 9-24 调节器的附加电阻

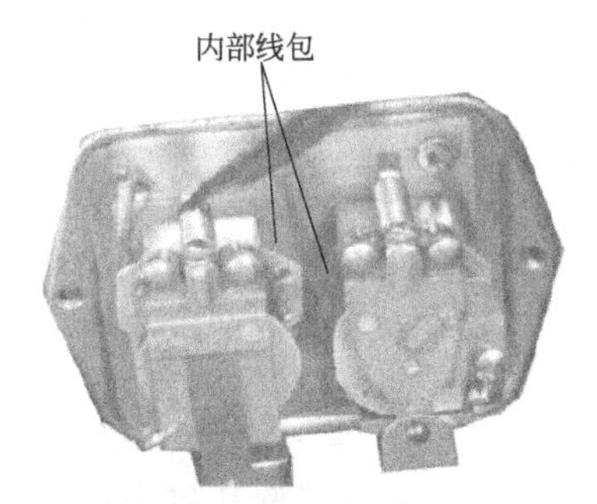

图 9-25 调节器的内部线包

② 用万用表电阻挡测量发电机各接线柱间的阻值，以此来判断发电机内部线路是否有开路或短路等故障。其测量方法是：先把发电机各个接线柱上的接线拆下来，再用万用表分别测量“F”与“－”两个接线柱之间的阻值和“＋”与“－”、“＋”与“F”之间的正、反向阻值（各接线柱位置参见图 9-19）。根据测量结果判断发电机内部工作情况。

a. 用万用表的表笔分别搭接“F”接线柱与“－”接线柱。对于 JF-350W 28V 硅整流发电机的电阻值应在 60 ～100Ω 范围内。若测得的电阻值大于 100Ω，则说明炭刷与滑环接触不良或开路。在正常情况下，碳刷与滑环的接触面积应在 85％以上，而且弹簧要有一定压力。若阻值过小，则可能为励磁线圈内部有短路或“F”接线柱搭铁。在这种情况下，应先检查“F”接线柱确无搭铁现象后，再检查励磁线圈是否损坏。

b. 测量“＋”与“－”两接线柱之间的正向阻值。其方法是：用黑表笔搭接“＋”接线柱，用红表笔搭接“－”接线柱。然后用黑表笔搭接“－”接线柱，红表笔搭接“＋”接线柱，以测量其反向阻值。若测得正、反向阻值都较小时，则可能为硅二极管击穿或短路、电枢线圈与铁芯或端盖发生短路等。反之，若测得正、反向的阻值都很大时，则可能是硅二极管或发电机电枢线圈开路。如果测得的阻值接近正常值，但发电机发出的电流仍较小时，则可能是个别硅二极管开路或接触不良。如 JF-350W 28V 的正向阻值为 1.5MΩ 左右，反向阻值应大于 50MΩ。

c. 测量“＋”接线柱与“F”接线柱之间正向阻值的方法：用万用表黑表笔搭接“＋”接线柱，红表笔搭接“F”接线柱。而后用万用表黑表笔搭接“F”接线柱，用红表笔搭接“＋”接线柱，以测量其反向阻值。若测量出的正向阻值较小，反向阻值很大，则说明发电机内部工作良好。若测量出的正、反向电阻值都很小，则说明二极管击穿或“＋”接线柱与“F”接线柱之间有短路之处。例如，JF-350W 28V 硅整流发电机的正向电阻值在 1.5MΩ 左右，反向电阻值应大于 50MΩ。

d. 拆卸硅整流发电机，用观察法检查电枢绕组、定子绕组或硅二极管是否有明显的烧损或脱焊现象。若有，则应更换绕组或重新焊接脱焊处。

2）充电电流不稳

硅整流交流发电机充电电流不稳的故障一般是由充电线路接触不良、发电机炭刷与滑环接触不良或硅二极管的接点有脱焊现象造成的。其检查方法如下：

先检查发电机上部各接线柱是否牢固。若松动或接触不良时，应固紧。当各接线柱紧固后，充电电流仍不稳定时，应拆下“F”接线柱上的接线，然后用万用表直流电压挡测量“+”极与发电机壳体之间的空载电压。

若在测量过程中发现指针式万用表的指针来回摆动（数字式万用表的测量数据来回跳动），则可能是硅整流发电机炭刷与滑环之间接触不良，在这种情况下，应首先检查炭刷上部弹簧的压力、炭刷架是否松动、炭刷与滑环的接触面积或滑环是否过脏等。若在检查中未发现这部分存在故障隐患，则应拆卸硅整流发电机，对硅二极管的接点、转子绕组及定子绕组进行检查，直到排除故障为止。

3）充电电流过大

充电电流过大是指超过硅整流发电机的额定电流值。产生这种故障的原因一般是发电机“F”接线柱与“+”接线柱间出现短路、“+”接线柱搭铁、蓄电池组严重亏电、电压调节器弹簧过紧、发电机内部出现短路等。遇到这类故障应迅速断开内燃机接地开关，以免损坏发电机和蓄电池组。断开接地开关后，再依次检查“F”接线柱与“+”接线柱间是否短路、“+”接线柱是否搭铁、蓄电池组是否严重亏电、电压调节器弹簧是否过紧、发电机内部是否短路，直到排除故障为止。

9.2.4 硅整流发电机调节器的维修

（1）调节器的维护保养

调节器在使用过程中，一般不允许拆卸护盖，正常情况是每工作 500h 左右，进行一次全面检查和维护。其内容如下：

① 拆下护壳，检查触点表面有无污物和烧损。若有污物，则可用较干净的纸擦拭触点表面。若触点出现烧蚀或平面不平而导致接触不良时，可用 00 号砂纸或砂条磨平，最后再用干净的纸擦净。

② 检查各接头的牢固程度；测量固定电阻和各线圈的阻值；若有损坏，应及时修复或更换新件。

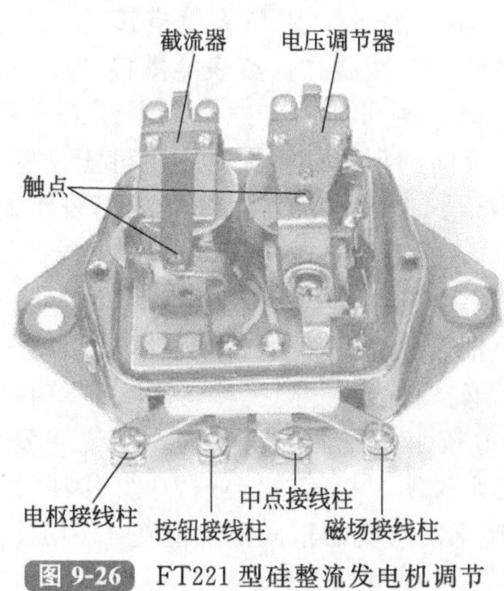

图 9-26 FT221 型硅整流发电机调节器实物及其相关零部件名称

③ 检查各触点间隙和气隙（FT221 型硅整流发电机调节器实物图和相关触点的间隙如图 9-26 和图 9-27 所示），若不符合要求，应进行调整。

④ 调节器经维护保养后，在启动内燃机时，要注意观察充电电流表指针的指示情况。当内燃机在中等转速以上运转时，电流表的指针仍指向“－”的一边，则说明截流器的触点未断开，应迅速断开接地开关；否则，会损坏蓄电池组、调节器和充电发电机等。若内燃机启动至额定转速后，电流表的指针仍指向“0”处，则说明在调整时未严格按照技术要求进行调整，应重新进行检查与调整。

（2）调节器常见故障检修

调节器在使用过程中的常见故障有触点烧损、电阻烧断、线圈接头脱焊和线圈短路或断路等。

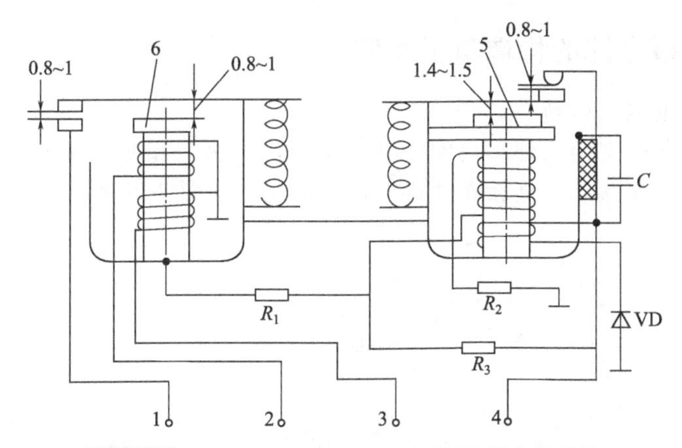

图 9-27 FT221 型硅整流发电机调节器内部结构

1—电枢接线柱；2—按钮接线柱；3—中点接线柱；4—磁场接线柱；5—电压调节器；6—截流器

① 触点烧损的检修方法。触点烧损不严重时，可用细锉、白金砂条及 00 号砂纸修磨。使用锉刀修磨时，锉刀要压平，防止将触点锉斜。使用砂条或砂纸修磨时，要将其插入两触点结合面处，在动触点上稍加一点压力，然后抽出砂条或砂纸，这样重复抽出多次，触点就可磨平。磨平后的触点要用 00 号砂纸按上述方法进行拉磨，然后再用干净的纸片擦净即可。若触点烧损严重或有深坑时，应更换触点或直接更换调节器。

② 固定电阻和线圈损坏的检修方法。调节器背面的固定电阻（参见图 9-24）开路或短路损坏后，在一般情况下，要更换同规格、同功率的新电阻；条件许可时，也可从旧调节器上拆卸。

线圈接头出现脱焊现象时，可用电烙铁重新焊牢。若线圈内部出现烧损时，则可按同规格、同直径的导线按拆卸的匝数进行绕制，或从同型号的旧调节器上进行拆卸，然后用电烙铁把接头焊牢即可。

9.3 蓄电池（组）

蓄电池组是启动电动机运行的电力供应设备，内燃机启动时，要求蓄电池组能在短时间内向启动电机供给低压大电流（200～600A）。内燃机工作后，发电机可向用电设备供电，并同时向蓄电池组充电。内燃机在低速或停车时，发电机输出电压不足或停止工作，蓄电池组又可向内燃机的电气设备供给所需电流。

内燃机常用蓄电池组的电压有 6V、12V 和 24V 三种。6V、12V 蓄电池组用于小型内燃机的启动及其照明设备的用电。多缸内燃机通常采用 24V 蓄电池组，有的直接装 24V 蓄电池组，有的将两只 12V 蓄电池组串联起来使用。

普通铅蓄电池具有价格低廉、供电可靠和电压稳定等优点，因此，广泛应用于通信、交通和工农业生产等部门。但是普通铅蓄电池在使用过程中，需要经常添加电解液，而且还会产生腐蚀性气体，污染环境，损伤人体和设备。

阀控式铅蓄电池具有密封性好、无泄漏和无污染等特点，能够保证人体和各种电气设备的安全，在使用过程中不需添加电解液，其使用越来越普遍。

本节着重讲述普通铅蓄电池的构造与工作原理、蓄电池的电压与电容量、铅蓄电池的型号、阀控式密封铅蓄电池的结构以及蓄电池的日常维护与检查。

9.3.1 普通铅蓄电池的构造与工作原理

(1) 普通铅蓄电池的构造

普通铅（酸）蓄电池与其他蓄电池一样，主要由电极（正负极板）、电解液、隔板、电池槽和其他一些零件如端子、连接条及排气栓等组成。如图 9-28 所示。

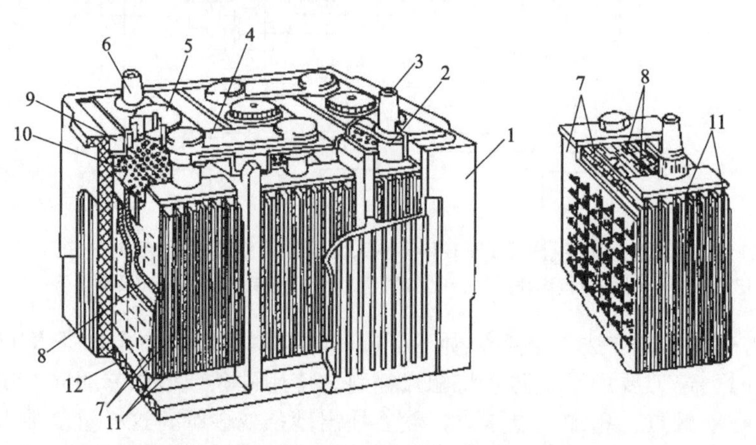

图 9-28 铅蓄电池的构造（外部连接方式）

1—蓄电池外壳；2—电极衬套；3—正极柱；4—连接条；5—加液孔螺塞；6—负极柱；7—负极板；8—隔板；9—封料；10—护板；11—正极板；12—肋条

1）电极

电极又称极板，极板有正极板和负极板之分，由活性物质和板栅两部分构成。正、负极的活性物质分别是棕褐色的二氧化铅（PbO_2）和灰色的海绵状铅（Pb）。极板依其结构可分为涂膏式、管式和化成式（又称化成式极板或普兰特式极板）。

极板在蓄电池中的作用有两个：一是发生电化学反应，实现化学能与电能之间的相互转换；二是传导电流。

板栅在极板中的作用也有两个：一是作活性物质的载体，因为活性物质呈粉末状，必须有板栅作载体才能成型；二是实现极板传导电流的作用，即依靠其栅格将电极上产生的电流传送到外电路，或将外加电源传入的电流传递给极板上的活性物质。为了有效地保持住活性物质，常常将板栅造成具有截面积大小不同的横、竖筋条的栅栏状，使活性物质固定在栅栏中，并具有较大的接触面积，如图 9-29 所示。

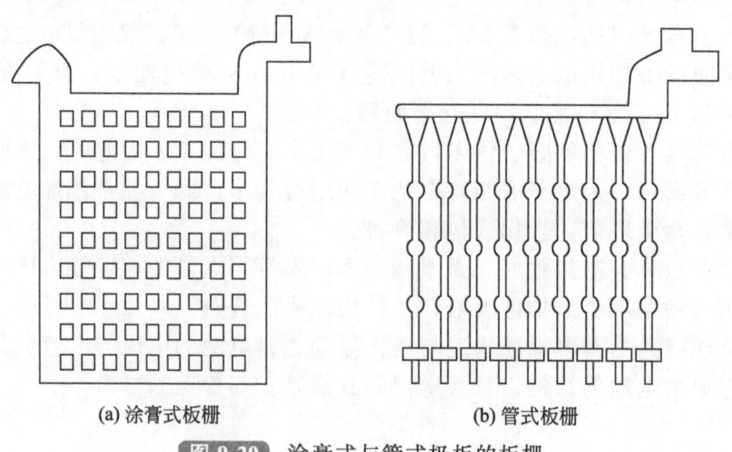

(a) 涂膏式板栅　　(b) 管式板栅

图 9-29 涂膏式与管式极板的板栅

常用的板栅材料有铅锑合金、铅锑砷合金、铅锑砷锡合金、铅钙合金、铅钙锡合金、铅锶合金、铅锑镉合金、铅锑砷铜锡硫（硒）合金和镀铅铜等。普通铅蓄电池采用铅锑系列合金作板栅，其电池的自放电比较严重；阀控式密封铅蓄电池采用无锑或低锑合金板栅，其目的是减少电池的自放电，以减少电池内水分的损失。

将若干片正极板或负极板在极耳部焊接成正极板组或负极板组，以增大电池的容量，极板片数越多，电池容量越大。通常负极板组的极板片数比正极板组的要多一片。组装时，正负极板交错排列，使每片正极板都夹在两片负极板之间，目的是使正极板两面都均匀地起电化学反应，产生相同的膨胀和收缩，减少极板弯曲的机会，以延长电池的寿命。如图 9-30 所示。

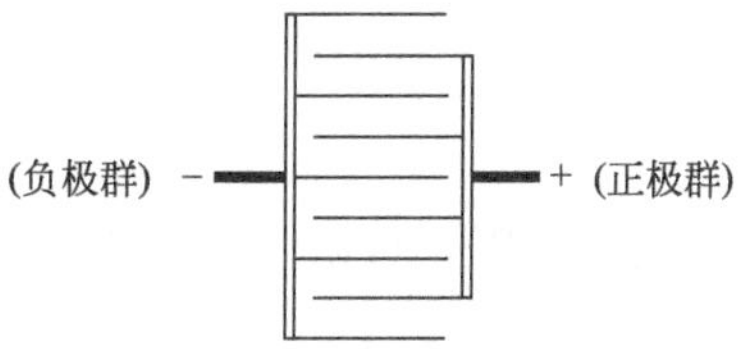

(负极群) − + (正极群)

图 9-30 正负极板交错排列

2）电解液

电解液在电池中的作用有三：一是与电极活性物质表面形成界面双电层，建立起相应的电极电位；二是参与电极上的电化学反应；三是起离子导电的作用。

铅蓄电池的电解液是用纯度在化学纯以上的浓硫酸和纯水配制而成的稀硫酸溶液，其浓度用 15℃时的密度来表示。铅蓄电池的电解液密度范围的选择，不仅与电池的结构和用途有关，而且与硫酸溶液的凝固点、电阻率等性质有关。

① 硫酸溶液的特性。纯的浓硫酸是无色透的油状液体，15℃时的密度是 1.8384kg/L，它能以任意比例溶于水中，与水混合时释放出大量的热，具有极强的吸水性和脱水性。铅蓄电池的电解液就是用纯的浓硫酸与纯水配制成的稀硫酸溶液。

a. 硫酸溶液的凝固点。硫酸溶液的凝固点随其浓度的不同而不同，如果将 15℃时密度各不相同的硫酸溶液冷却，可测得其凝固温度，并绘制成凝固点曲线，如图 9-31 所示。由图可见，密度为 1.29kg/L(15℃）的稀硫酸具有最低的凝固点，约为−72℃。启动用铅蓄电池在充足电时的电解液密度为 1.28～1.30kg/L(15℃)，可以保证电解液即使在野外严寒气候下使用也不凝固。但是，当蓄电池放完电后，其电解液密度可低于 1.15kg/L(15℃)，所以放完电的电池应避免在−10℃以下的低温中放置，并应立即对电池充电，以免电解液冻结。

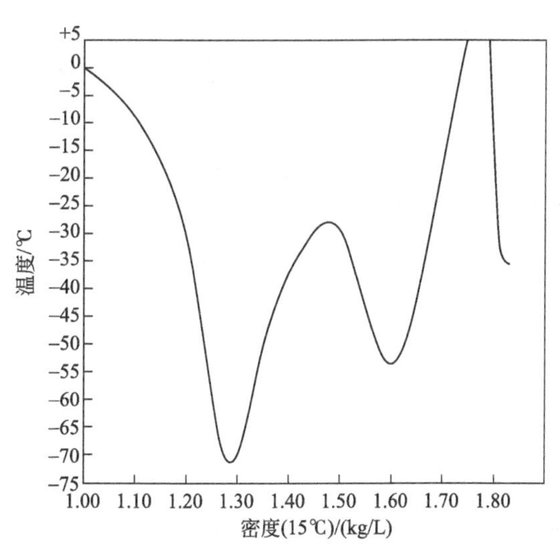

图 9-31 硫酸溶液的凝固特性

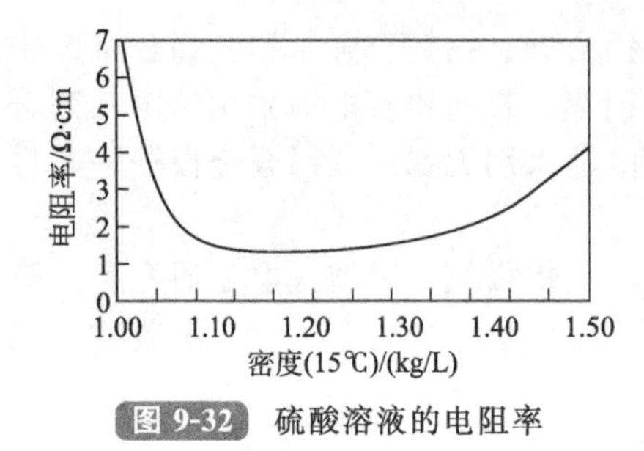

图 9-32 硫酸溶液的电阻率

b. 硫酸溶液的电阻率。作为铅蓄电池的电解液，应具有良好的导电性能，使蓄电池的内阻较小。硫酸溶液的导电特性，可用电阻率来衡量，而其电阻率的大小，随温度和密度的不同而有所不同，如表 9-1 和图 9-32 所示。由图可见，当硫酸溶液的密度在 1.15～1.30kg/L(15℃) 之间时，电阻较小，其导电性能良好，所以，铅蓄电池都采用此密度范围内的电解液。当其密度为 1.20kg/L(15℃) 时，电阻率最小。由于固定用防酸隔爆式铅蓄电池的电解液量较多，为了减小电池的内阻，可采用密度接近于 1.20kg/L 的电解液，所以选用密度为 1.20～1.22kg/L(15℃) 的电解液。

表 9-1 各种密度的硫酸溶液的电阻率

密度(15℃)/(kg/L)	电阻率/Ω·cm	温度系数/(Ω·cm/℃)	密度(15℃)/(kg/L)	电阻率/Ω·cm	温度系数/(Ω·cm/℃)
1.10	1.90	0.0136	1.50	2.64	0.021
1.15	1.50	0.0146	1.55	3.30	0.023
1.20	1.36	0.0158	1.60	4.24	0.025
1.25	1.38	0.0168	1.65	5.58	0.027
1.30	1.46	0.0177	1.70	7.64	0.030
1.35	1.61	0.0186	1.75	9.78	0.036
1.40	1.85	0.0194	1.80	9.96	0.065
1.45	2.18	0.0202			

c. 硫酸溶液的收缩性。浓硫酸与水配制成稀硫酸时，配成的稀硫酸的体积比原浓硫酸和水的体积之和要小。这是由于硫酸分子和水分子的体积相差很大的缘故。其收缩量随配制的稀硫酸的密度大小而异，当稀硫酸的密度小于 1.60kg/L(15℃) 时，收缩量随密度的增加而增加；当稀硫酸的密度高于 1.60kg/L(15℃) 时，收缩量随密度的增加反而减小。如表 9-2 所示。

表 9-2 硫酸的收缩量

稀硫酸密度(15℃)/(kg/L)	收缩量/(mL/kg)	体积收缩百分数/%	稀硫酸密度(15℃)/(kg/L)	收缩量/(mL/kg)	体积收缩百分数/%
1.00	0	0	1.40	57	8.0
1.10	25	2.75	1.50	60	9.0
1.20	42	5.0	1.60	62	9.9
1.25	46.5	5.75	1.70	60	10.2
1.30	51	6.6	1.80	48	8.64

d. 硫酸溶液的黏度。硫酸溶液的黏度与温度和浓度有关，温度越低、浓度越高，则其黏度越大。浓度较高的硫酸溶液，虽然可以提供较多的离子，但由于黏度的增加，反而影响

离子的扩散，所以铅蓄电池的电解液浓度并非越高越好，过高反而降低电池容量。同样，温度太低，电解液的黏度太大，影响电解液向活性物质微孔内扩散，使放电容量降低。硫酸溶液在各种温度和浓度下的黏度如表 9-3 所示。

表 9-3　硫酸溶液的黏度随温度和浓度的变化

温度/℃	百分比浓度				
	10%	20%	30%	40%	50%
30	0.976	1.225	1.596	2.16	3.07
25	1.091	1.371	1.784	2.41	3.40
20	1.228	1.545	2.006	2.70	3.79
10	1.595	2.01	2.60	3.48	4.86
0	2.16	2.71	3.52	4.70	6.52
−10	—	3.82	4.95	6.60	9.15
−20	—	—	7.49	9.89	13.60
−30	—	—	12.20	16.00	21.70
−40	—	—	—	28.80	—
−50	—	—	—	59.50	—

② 电解液的纯度与浓度。

a. 电解液的纯度。普通铅蓄电池在启用时，都必须由使用者配制合适浓度（用密度表示）的电解液。阀控式密封铅蓄电池的电解液在生产过程中已经加入电池当中，使用者购回电池后可直接将其投入使用，而不必灌注电解液和初次充电。

普通铅蓄电池用的硫酸电解液，必须使用规定纯度的浓硫酸和纯水来配制。因为使用含有杂质的电解液，不但会引起自放电，而且会引起极板腐蚀，使电池的放电容量下降，并缩短其使用寿命。

化学试剂的纯度按其所含杂质量的多少，分为工业纯、化学纯、分析纯和光谱纯等。工业纯的硫酸杂质含量较高，从外观看呈现一定的颜色，不能用于配制铅蓄电池的电解液。用于配制铅蓄电池电解液的浓硫酸的纯度，至少应达到化学纯。分析纯和光谱纯的浓硫酸的纯度更高，但其价格也相应增加。

配制电解液用的水必须用蒸馏水或纯水。在实际工作中常用其电阻率来表示纯度，铅蓄电池用水的电阻率要求＞100kΩ・cm（即体积为 $1cm^3$ 的水的电阻值应大于 100kΩ）。

b. 电解液的浓度。铅蓄电池电解液的密度通常用 15℃时的值来表示。对于不同用途的蓄电池，电解液的密度也各不相同。对于防酸隔爆式铅蓄电池来说，其体积和重量无严格限制，可以容纳较多的电解液，使放电时密度变化较小，因此可以采用较稀而且电阻率最低的电解液。对于柴油发电机组和汽车等启动用蓄电池来说，体积和重量都有限制，必须采用较浓的电解液，以防止放电结束时电解液密度过低使低温时电解液发生凝固。对于阀控式密封铅蓄电池来说，由于采用贫液式结构，必须采用较高浓度的电解液。不同用途的铅蓄电池所用电解液的密度（充足电后应达到的密度）范围列于表 9-4 中。

表 9-4　铅蓄电池电解液密度

铅蓄电池用途		电解液密度(15℃)/(kg/L)	铅蓄电池用途	电解液密度(15℃)/(kg/L)
固定用	防酸隔爆式	1.20～1.22	蓄电池车用	1.23～1.28
	阀控密封式	1.29～1.30		
启动用(寒带)		1.28～1.30	航空用	1.275～1.285
启动用(热带)		1.220～1.240	携带用	1.235～1.245

3）隔板（膜）

隔板（膜）的作用是防止正、负极因直接接触而短路，同时要允许电解液中的离子顺利通过。组装时将隔板（膜）置于正负极板之间。

用作隔板（膜）的材料必须满足以下要求：

① 化学性能稳定。隔板（膜）材料必须有良好的耐酸性和抗氧化性，因为隔板（膜）始终浸泡在具有相当浓度的硫酸溶液中，与正极相接触的一侧，还要受到正极活性物质以及充电时产生的氧气的氧化。

② 具有一定的机械强度。极板活性物质因电化学反应会在铅和二氧化铅与硫酸铅之间发生变化，而硫酸铅的体积大于铅和二氧化铅，所以在充放电过程中极板的体积有所变化，若维护不好，极板会发生变形。由于隔板（膜）处于正负极板之间，而且与极板紧密接触，所以必须有一定的机械强度才不会因为破损而导致电池短路。

③ 不含有对极板和电解液有害的杂质。隔板（膜）中有害的杂质可能会引起电池的自放电，提高隔板（膜）的质量是减少电池自放电的重要环节之一。

④ 微孔多而均匀。隔板（膜）的微孔主要是保证硫酸电离出的 H^+ 和 SO_4^{2-} 能顺利地通过隔板（膜），并到达正负极与极板上的活性物质起电化学反应。隔板（膜）的微孔大小应能阻止脱落的活性物质通过，以免引起电池短路。

⑤ 电阻小。隔板（膜）的电阻是构成电池内阻的一部分，为了减小电池的内阻，隔板（膜）的电阻必须要小。

具有以上性能的材料就可以用于制作隔板（膜）。早期采用的木隔板具有多孔性和成本低的优点，但其机械强度低且耐酸性差，现已被淘汰；20 世纪 70 年代至 90 年代初期，主要采用微孔橡胶隔板；之后相继出现了 PP（聚丙烯）隔板、PE（聚乙烯）隔板和超细玻璃纤维隔板及其它们的复合隔板。

4）电池槽及盖

电池槽的作用是用来盛装电解液、极板、隔板（膜）和附件等。

用于电池槽的材料必须具有耐腐蚀、耐振动和耐高低温等性能。用作电池槽的材料有多种，根据材料的不同可分为玻璃槽、衬铅木槽、硬橡胶槽和塑料槽等。早期的启动用铅蓄电池主要用硬橡胶槽，中小容量的固定用铅蓄电池多用玻璃槽，大容量的则用衬铅木槽。20 世纪 60 年代以后，塑料工业发展迅速，启动用电池的电池槽逐渐用 PP（聚丙烯）、PE（聚乙烯）、PPE（聚丙烯和聚乙烯共聚物）代替，固定用电池则用改性聚苯乙烯（AS）代替。阀控式密封铅蓄电池的电池槽材料采用的是强度大而不易发生变形的合成树脂材料，以前曾用过 SAN，目前主要采用 ABS、PP 和 PVC 等材料。

电池槽的结构也根据电池的用途和特性而有所不同。比如普通铅蓄电池的电池槽结构有只装一只电池的单一槽和装多只电池的复合槽两种，前者用于单体电池（如固定用防酸隔爆式铅蓄电池），后者用于串联电池组（如启动用铅蓄电池）。

电池盖上有正负极柱、排气装置、注液孔等。如启动用铅蓄电池的排气装置就设置在注液孔盖上；防酸隔爆式铅蓄电池的排气装置为防酸隔爆帽；阀控式密封铅蓄电池的排气装置是一单向排气阀。

5）附件

① 支撑物：普通铅蓄电池内的铅弹簧或塑料弹簧等支撑物，起着防止极板在使用过程中发生弯曲变形的作用。

② 连接物：连接物又称连接条，是用来将同一蓄电池内的同极性极板连接成极板组，或者将同型号电池连接成电池组的金属铅条，起连接和导电的作用。单体蓄电池间的连接条可以在蓄电池盖上面（如图 9-28 所示），也可以采用穿壁内连接方式连接电池（如图 9-33 所示），后者可使蓄电池外观整洁、美观。

③ 绝缘物：在安装固定用铅蓄电池组的时候，为了防止电池漏电，在蓄电池和木架之间，以及木架和地面之间要放置绝缘物，一般为玻璃或瓷质（表面上釉）的绝缘垫脚。为使电池平稳，还需加软橡胶垫圈。这些绝缘物应经常清洗，保持清洁，不让酸液及灰尘附着，以免引起蓄电池漏电。

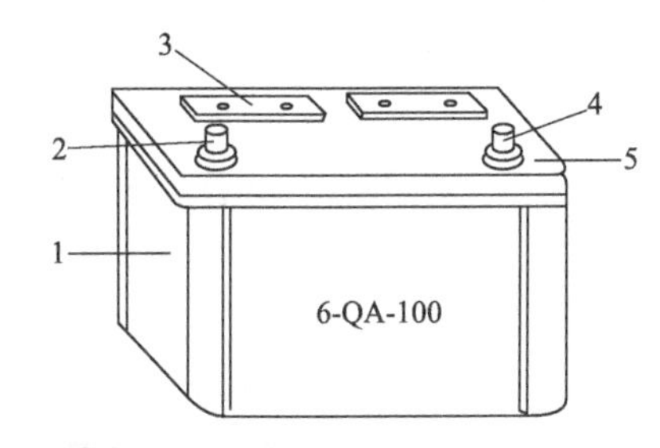

图 9-33 铅蓄电池结构（穿壁内连接方式）

1—电池槽；2—负极柱；3—防酸片；4—正极柱；5—电池盖

（2）普通铅蓄电池的工作原理

经长期的实践证明，双极硫酸盐化理论是最能说明铅蓄电池工作原理的学说。该理论可以描述为：铅蓄电池在放电时，正负极的活性物质均变成硫酸铅（$PbSO_4$），充电后又恢复到原来的状态，即正极转变成二氧化铅（PbO_2），负极转变成海绵状铅（Pb）。

1）放电过程

当铅蓄电池接上负载时，外电路便有电流通过。图 9-34 表明了放电过程中两极发生的电化学反应。有关的电化学反应为：

① 负极反应。

$$Pb - 2e + SO_4^{2-} \longrightarrow PbSO_4$$

② 正极反应。

$$PbO_2 + 2e + 4H^+ + SO_4^{2-} \longrightarrow PbSO_4 + 2H_2O$$

③ 电池反应。

$$Pb + 4H^+ + 2SO_4^{2-} + PbO_2^- \longrightarrow 2PbSO_4 + 2H_2O$$

$$\text{或：} \underset{\text{负极}}{Pb} + \underset{\text{电解液}}{2H_2SO_4} + \underset{\text{正极}}{PbO_2} \longrightarrow \underset{\text{负极}}{PbSO_4} + \underset{\text{电解液}}{2H_2O} + \underset{\text{正极}}{PbSO_4}$$

从上述电池反应可以看出，铅蓄电池在放电过程中两极都生成了硫酸铅，随着放电的不断进行，硫酸逐渐被消耗，同时生成水，使电解液的浓度（密度）降低。因此，电解液密度的高低反映了铅蓄电池放电的程度。对富液式铅蓄电池来说，密度可以作为电池放电终了的标志之一。通常，当电解液密度下降到 1.15～1.17kg/L 左右时，应停止放电，否则蓄电池会因过量放电而遭到损坏。

2）充电过程

当铅蓄电池接上充电器时，外电路便有充电电流通过。图 9-35 表明了充电过程中两极发生的电化学反应。有关的电极反应为：

① 负极反应。

$$PbSO_4 + 2e \longrightarrow Pb + SO_4^{2-}$$

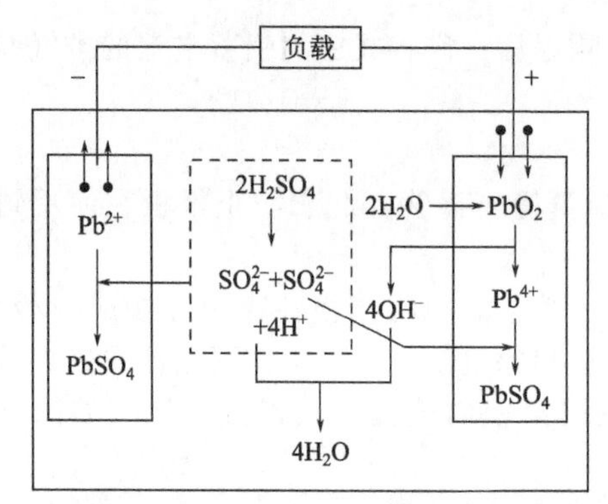

图 9-34 放电过程中的电化学反应示意图

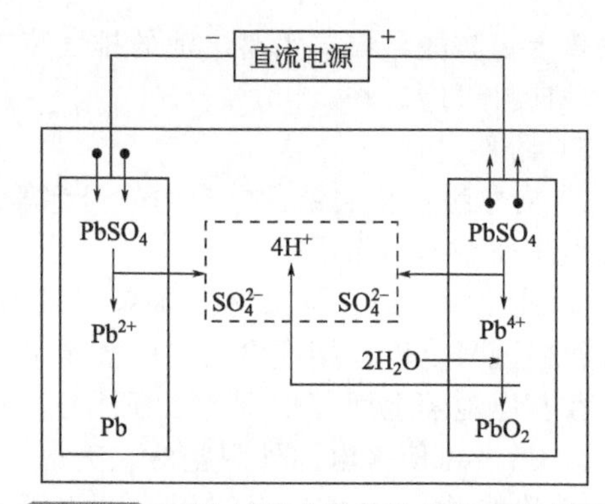

图 9-35 充电过程中的电化学反应示意图

② 正极反应。

$$PbSO_4-2e+2H_2O \longrightarrow PbO_2+4H^+ +SO_4^{2-}$$

③ 电池反应。

$$2PbSO_4+2H_2O \longrightarrow Pb+4H^+ +2SO_4^{2-}+PbO_2$$

或：$PbSO_4+2H_2O+PbSO_4 \longrightarrow Pb+2H_2SO_4+PbO_2$

负极　　电解液　正极　　　负极 电解液　　正极

从电极反应和电池反应可以看出，铅蓄电池的充电反应恰好是其放电反应的逆反应，即充电后极板上的活性物质和电解液的密度都恢复到原来的状态。所以，在充电过程中，电解液的密度会逐渐升高。对富液式铅蓄电池来说，可以通过电解液密度的大小来判断电池的荷电程度，也可以用其密度值作为充电终了的标志，例如启动用铅蓄电池充电终了的密度 $d_{15}=1.28\sim1.30g/mm^3$，固定用防酸隔爆式铅蓄电池充电终了的密度 $d_{15}=1.20\sim1.22g/mm^3$。

④ 充电后期分解水的反应。铅蓄电池在充电过程中还伴随有电解水反应，其化学反应式如下：

负　极　　$2H^+ +2e=H_2\uparrow$

正　极　　$H_2O-2e=2H^+ +1/2O_2\uparrow$

总反应　　$H_2O=H_2\uparrow+1/2O_2\uparrow$

这种反应在铅蓄电池充电初期是很微弱的，但当单体电池的端电压达到 2.3V/只时，水的电解开始逐渐成为主要反应。这是因为端电压达 2.3V/只时，正负极板上的活性物质已大部分恢复，硫酸铅的量逐渐减少，使充电电流用于活性物质恢复的部分越来越少，而用于电解水的部分越来越多。对于富液式铅蓄电池来说，此时可观察到有大量气泡逸出，并且冒气越来越激烈，因此可用充电末期电池冒气的程度作为充电终了的标志之一。但对于阀控式密封铅蓄电池来说，因其是密封结构，充电后期为恒压充电（恒定电压在 2.3V/只左右），充电电流很小，而且正极析出的氧气能在负极被吸收，所以不能观察到冒气现象。

9.3.2 蓄电池的电压和容量

（1）电压

蓄电池每单格的名义电压通常为 2V，而实际电压随充电和放电情况而定。随着放电过程的进行，电压将缓慢下降。当电压降到 1.7V 时，不应再继续放电，否则电压将急剧下降，影响蓄电池的使用寿命。

（2）容量

蓄电池的容量表示其输出电量的能力，单位为 A・h。蓄电池额定容量是指电解液温度为 (30±2)℃时，在允许放电范围内，以一定值的电流连续放电 10h，单格电压降到 1.7V 时所输

出的电量。以 Q 表示容量（单位为 A·h），I 表示放电电流值，T 表示放电时间，则

$$Q=IT$$

如 3-Q-126 型蓄电池组的额定电容量为 126A·h，它在电解液平均温度为 30℃时，可以 12.6A 的电流供电，能连续放电 10h。

在实际使用中，蓄电池的容量不是一个定值。影响放电容量的因素很多，除了与蓄电池的结构、极板的数量和面积、隔板的材料等有关外，还与放电及充电电流的大小、电解液的浓度和温度等因素有关。如放电电流过大，化学反应只在极板的表面进行而不能深入内部，电压便迅速下降，使容量减少。当温度降低时，会导致电解液的黏度和电阻增加，蓄电池的容量减少。这就是在冬季蓄电池容量不足的重要原因。因此，在冬季和较严寒地区对蓄电池必须采取保温措施，否则难以启动内燃机。

9.3.3 铅蓄电池的型号

（1）铅蓄电池的型号规定

根据 JB/T 2599—2012《铅酸蓄电池名称、型号编制与命名办法》部颁标准，铅酸蓄电池型号由三部分组成（如图 9-36 所示）。

串联的单体电池数 — 电池的类型与特征 — 额定容量

图 9-36 铅蓄电池型号的组成部分

第一部分：串联的单体电池数，用阿拉伯数字表示。当串联的电池数为 1 时，称为单体电池，可以省略此部分。

第二部分：电池的类型与特征，用关键字的汉语拼音的第一个字母表示。表示铅蓄电池类型与特征的关键字及其含义如表 9-5 所示。

表 9-5 铅蓄电池类型与特征的关键字及其含义

类型			特征		
关键字	字母	含义	关键字	字母	含义
起	Q	启动用	干	A	干荷电式
固	G	固定用	防	F	防酸式
电	D	电池车用	阀、密	FM	阀控密封式
内	N	内燃机车用	无	W	无需维护
铁	T	铁路客车用	胶	J	胶体电液
摩	M	摩托车用	带	D	带液式
矿、酸	KS	矿灯酸性	激	J	激活式
舰船	JC	舰船用	气	Q	气密式
标	B	航标灯用	湿	H	湿荷电式
坦克	TK	坦克用	半	B	半密闭式
闪	S	闪光灯用	液	Y	液密式

表 9-5 中电池的类型是按产品的用途进行分类的，这是电池型号中必须加以表示的部分。而电池的特征是型号的附加部分，只有当同类型用途的电池产品中具有某种特征而型号又必须加以区别时采用。这是因为同一用途的蓄电池可以采用不同结构的极板，或者出厂时电池极板的荷电状态不同，或者电池的密封方式不同等，所以有必要加以区别。

第三部分：电池的额定容量。

(2) 铅蓄电池的型号举例

① GF-100：表示固定用防酸隔爆式铅蓄电池，额定容量为100A·h。

② 6-Q-150：表示6只单体电池串联（12V）的启动用铅蓄电池组，额定容量为150A·h。

③ 3-QA-120：表示3只单体电池串联（6V）的启动用干荷电式铅蓄电池组，额定容量为120A·h。

④ GFM-1000：表示固定用阀控式密封铅蓄电池，额定容量为1000A·h。

⑤ 2-N-360：表示2只单体电池串联（4V）的内燃机车用铅蓄电池组，额定容量为360A·h。

⑥ T-450：表示铁路客车用铅蓄电池，额定容量为450A·h。

⑦ D-360：表示电池车用（牵引用）铅蓄电池，额定容量为360A·h。

⑧ 3-M-120：表示3只单体电池串联（6V）的摩托车用铅蓄电池组，额定容量为120A·h。

9.3.4 阀控式密封铅蓄电池的结构

阀控式密封铅蓄电池与其他蓄电池一样，其主要部件有正负极板、电解液、隔板、电池槽和其他一些零件如端子、连接条及排气栓等。由于这类电池要达到密封的要求，即充电过程中不能有大量的气体产生，只允许有极少量的内部消耗不完的气体排出，所以其结构与一般的（富液式或排气式）的铅蓄电池的结构有很大的不同，如表9-6所示。

表 9-6 阀控式密封铅蓄电池与普通富液式铅蓄电池的结构比较

电池种类 组成部分	富液式铅蓄电池	阀控式密封铅蓄电池
电极	铅锑合金板栅	无锑或低锑合金板栅
电解液	富液式	贫液式或胶体式
隔膜	微孔橡胶、PP、PE	超细玻璃纤维隔膜
容器	无机或有机玻璃、塑料、硬橡胶等	SAN、ABS、PP和PVC
排气栓	排气式或防酸隔爆帽	安全阀

(1) 电极

阀控式密封铅蓄电池采用无锑或低锑合金作板栅，其目的是减少电池的自放电，以减少电池内水分的损失。常用的板栅材料有铅钙合金、铅钙锡合金、铅锶合金、铅锑镉合金、铅锑砷铜锡硫（硒）合金和镀铅铜等，这些板栅材料中不含或只含极少量的锑，使阀控式密封铅蓄电池的自放电远低于普通铅蓄电池。

(2) 电解液

在阀控式密封铅蓄电池中，电解液处于不流动的状态，即电解液全部被极板上的活性物质和隔膜所吸附，其电解液的饱和程度为60%～90%。低于60%的饱和度，说明阀控式密封铅蓄电池失水严重，极板上的活性物质不能与电解液充分接触；高于90%的饱和度，则电池正极氧气的扩散通道被电解液堵塞，不利于氧气向负极扩散。

由于阀控式密封铅蓄电池是贫电解液结构，因此其电解液密度比普通铅蓄电池的密度要高，其密度范围是1.29～1.30kg/L，而普通蓄电池的密度范围在1.20～1.30kg/L之间。

(3) 隔膜

阀控式密封铅蓄电池的隔膜除了满足作为隔膜材料的一般要求外，还必须有很强的储液能力才能使电解液处于不流动的状态。目前采用的超细玻璃纤维隔膜具有储液能力强和孔隙率高（>90%）的优点。它一方面能储存大量的电解液，另一方面有利于透过氧气。这种隔膜中存在着两种结构的孔，一种是平行于隔膜平面的小孔，能吸储电解液；另一种是垂直于隔膜平面的大孔，是氧气对流的通道。

（4）电池槽

① 电池槽的材料。对于阀控式密封铅蓄电池来说，电池槽的材料除了具有耐腐蚀、耐振动和耐高低温等性能以外，还必须具有强度高和不易变形的特点，并采用特殊的结构。这是因为电池的贫电解液结构要求用紧装配方式来组装电池，以利于极板和电解液的充分接触，而紧装配方式会给电池槽带来较大的压力，所以电池的容量越大，电池槽承受的压力也就越大；此外电池的密封结构所带来的内压力在使用过程中会发生较大的变化，使电池处于加压或减压状态。

阀控式密封铅蓄电池的电池槽采用的是强度大而不易发生变形的合成树脂材料，以前曾用过 SAN，目前主要采用 ABS、PP 和 PVC 等材料。

SAN：由聚苯乙烯-丙烯腈聚合而成的树脂。这种材料的缺点是水保持和氧气保持性能都很差，即电池的水蒸气泄漏和氧气渗漏都很严重。

ABS：丙烯腈、丁乙烯、苯乙烯的共聚物。具有硬度大、热变形温度高和电阻率大等优点。但水蒸气泄漏严重，仅稍好于 SAN 材料，而且氧气渗漏比 SAN 还严重。

PP：聚丙烯。它是塑料中耐温最高的一种，温度高达 150℃也不变形，低温脆化温度为－10～－25℃。其熔点为 164～170℃，击穿电压高，介电常数高达 2.6×10^6 V/m，水蒸气的保持性能优于 SAN、ABS 及 PVC 材料。但氧气保持能力最差、硬度小。

PVC：聚氯乙烯烧结物。优点有绝缘性能好、硬度大于 PP 材料、吸水性比较小、氧气保持能力优于上述三种材料及水保持能力较好（仅次于 PP 材料）等。但其硬度较差、热变形温度较低。

② 电池槽的结构。对于阀控式密封铅蓄电池来说，由于其紧装配方式和内压力的原因，电池槽采用加厚的槽壁，并在短侧面上安装加强筋，以此来对抗极板面上的压力。此外电池内壁安装的筋条还可形成氧气在极群外部的绕行通道，提高氧气扩散到负极的能力，起到改善电池内部氧循环性能的作用。

固定用阀控式密封铅蓄电池有单一槽和复合槽两种结构。小容量电池采用的是单一槽结构，而大容量电池则采用复合槽结构（如图 9-37 所示），如容量为 1000A·h 的电池分成两格［如图 9-37(a)所示］，容量为 2000 ～3000A·h 的电池分为四格［如图 9-37(b)所示］。因大容量电池的电池槽壁须加厚才能承受紧装配方式和内压力所带来的压力，但槽壁太厚不利于电池散热，所以须采用多格的复合槽结构。大容量电池有高型和矮型之分，但由于矮型结构的电解液分层现象不明显，且具有优良的氧复合性能，所以采用等宽等深的矮型槽。若单体电池采用复合槽结构，则其串联组合方式如图 9-38 所示。

（5）安全阀

阀控式密封铅蓄电池的安全阀又称节流阀，其作用有二：一是当电池中积聚的气体压力达到安全阀的开启压力时，阀门打开以排出电池内的多余气体，减小电池内压；二是单向排气，即不允许空气中的气体进入电池内部，以免引起电池的自放电。

安全阀主要有帽式、伞式和柱式三种结构形式，如图 9-39 所示。安全阀帽罩的材料采用的是耐酸、耐臭氧的橡胶，如丁苯橡胶、异乙烯乙二烯共聚物和氯丁橡胶等。这三种安全阀的可靠性是：柱式大于伞式和帽式，而伞式大于帽式。

安全阀开闭动作是在规定的压力条件下进行的，该规定的安全阀开启和关闭的压力分别称为开阀压和闭阀压。开阀压的大小必须适中，开阀压太高易使电池内部积聚的气体压力过大，而过高的内压力会导致电池外壳膨胀或破裂，影响电池的安全运行；若开阀压太低，安全阀开启频繁，使电池内水分损失严重，并因失水而失效。闭阀压的作用是让安全阀及时关闭，以防止空气中的氧气进入电池，以免引起电池负极的自放电。生产厂家不同，阀控式密封铅蓄电池的开阀压与闭阀压也不同，各生产厂家在产品出厂时已设定。

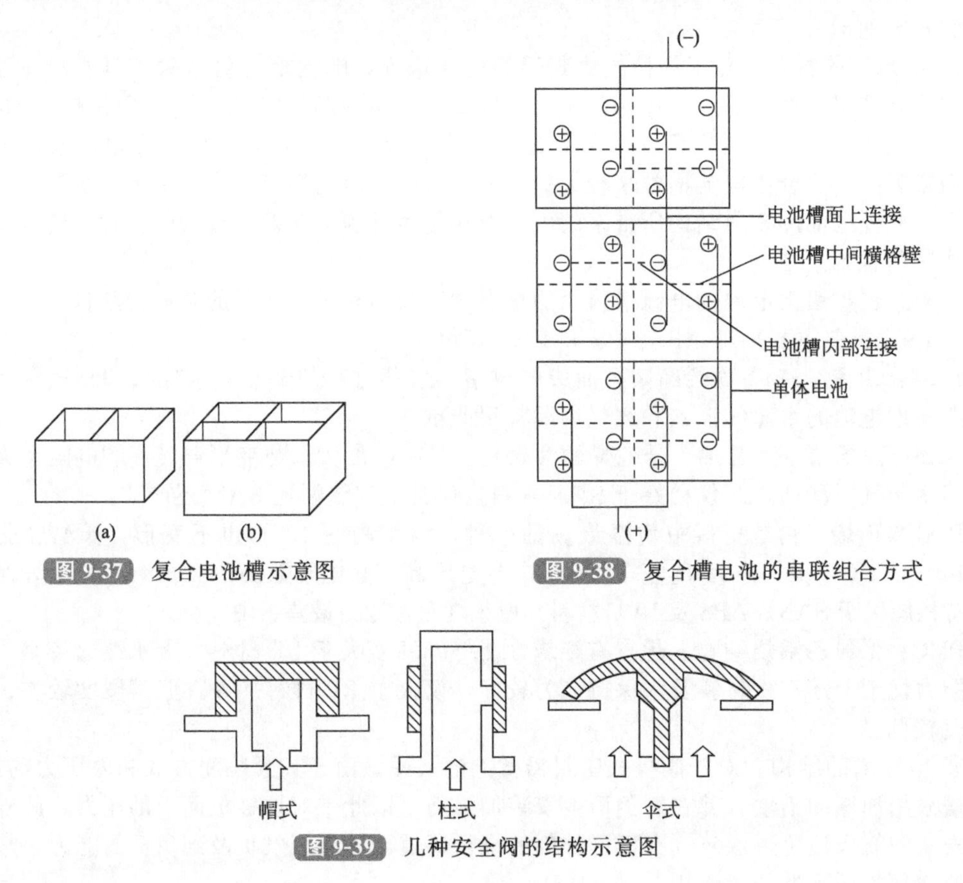

图 9-37 复合电池槽示意图

图 9-38 复合槽电池的串联组合方式

图 9-39 几种安全阀的结构示意图

（6）紧装配方式

阀控式密封铅蓄电池的电解液处于贫液状态，即大部分电解液被吸附在超细玻璃纤维隔膜中，其余的被极板所吸收。为了保证氧气能顺利扩散到负极，要求隔膜和极板活性物质不能被电解液所饱和，否则会阻碍氧气经过隔膜的通道，影响氧气在负极上的还原。为了使电化学反应能正常进行，必须使极板上的活性物质与电解液充分接触，而贫电解液结构的电池只有采取紧装配的组装方式，才能达到此目的。

采用紧装配的组装方式有三个优点：一是使隔膜与极板紧密接触，有利于活性物质与电解液的充分接触；二是保持住极板上的活性物质，特别是减少正极活性物质的脱落；三是防止正极在充电后期析出的氧气沿着极板表面上窜到电池顶部，使氧气充分地扩散到负极被吸收，以减少水分的损失。

小容量阀控式密封铅蓄电池通常制成电池组，为内连接方式，安全阀上面有一盖子通过几个点与电池壳相连，留下的缝隙为气体逸出通道。所以在阀控式密封铅蓄电池盖上没有连接条和安全阀，只有正负极柱。

9.3.5 蓄电池的日常维护与检查

（1）蓄电池的维护

① 蓄电池在使用时，应安装牢固，接线卡子与蓄电池接线柱要接触良好。为避免接线

柱发生氧化现象，接线卡子与蓄电池接线柱紧固后，一般要在其外表涂一薄层黄油。

蓄电池接线柱经过长期的磨损、烧损后，会使接线柱变细变小，导致卡子与接线柱接触不良等故障现象。接线柱的修理方法：首先做一个与接线柱大小相当的模型放在接线柱上，然后将铅块化成铅水倒入模型内，过 2min 后取下模型即可。

② 蓄电池的接线柱一般都标有“+”或“-”，若没有标记时，可用万用表测量蓄电池的极性。其方法是：将万用表的转换开关拨到直流电压 50V 挡，然后用两根表笔分别与蓄电池的两个接线柱接触，如果普通指针式万用表指针顺时针转动，则红表笔接触的接线柱为正极；如果指针反时针转动，则红表笔接触的接线柱为负极。若用数字式万用表测量的电压值为正数，则说明红表笔接触的接线柱为正极，黑表笔接触的接线柱为负极。

③ 内燃机一次启动的时间一般不超过 10s，两次启动的间隔时间要控制在 2min 以上，因为蓄电池大电流连续放电时间过长会使极板因过热而变形，造成短路或活性物质脱落而使蓄电池的容量降低。

④ 检查密封盖上的排气孔，必须使其随时保持畅通，防止堵塞造成蓄电池爆裂。

⑤ 要经常保持蓄电池外部表面清洁，若有灰尘或酸液时，则应用蒸馏水或纯净水及时擦洗干净。

⑥ 蓄电池因长时间使用而使内部电解液缺少时，应及时向电池内部补加蒸馏水，防止极板露出液面而氧化，影响蓄电池的容量，切勿补加电解液或硫酸。

⑦ 内燃机在工作中由硅整流发电机及其调节器给蓄电池充电，但当内燃机长时间不工作时，应定期开动内燃机给蓄电池充电或者用专门的充电机给蓄电池充电，新蓄电池应对其进行初充电，以保证蓄电池处于良好的技术状态。

蓄电池在充电时，应将密封盖拧下。再将充电机的正、负极分别与蓄电池的正、负极相接。蓄电池的充电方式一般有定流充电和定压充电两种。具体应根据本单位使用充电机的技术性能和充电蓄电池的数量进行选择。

a. 初充电。初充电是指蓄电池在使用之前的首次充电。初充电的电流和时间应严格按制造厂说明书中的规定执行。在一般情况下，初充电的电流不宜过大。电流过大，会使电解液的温度上升过高，损害极板与隔板，并影响活性物质的形成过程。当环境温度过高时，充电电流应适当减小。

b. 普通充电。普通充电是指蓄电池使用后的再次充电。在充电前应全面检查单格蓄电池的电压和电解液密度，液面低于规定标准时，应及时添加蒸馏水后再进行充电。

普通充电的电流要分两个阶段进行：第一阶段的充电电流应为蓄电池容量的 1/10，历时 10～12h，当电解液冒出大量气泡，并且充到单格电池的电压为 2.3～2.4V 时，再按第二阶段的充电电流继续充电；第二阶段的充电电流应为第一阶段充电电流的 1/2，历时 4～6h，当各个单格电池的电压达到 2.6～2.7V，并且在 2h 内电解液的密度和电压不再变化，并有大量的气泡冒出时，说明蓄电池已充足电。

(2) 蓄电池的检查

① 电解液高度的检查。要定期检查蓄电池内部电解液的高度。其检查方法是，用清洁竹片或木棍插入单格电池内并与多孔极板接触，然后取出竹片或木棍，观察电解液的高度。在正常情况下，电解液的液面高度应高出极板 10～15mm。

② 电解液密度的检查。电解液密度的检查方法：首先将密度计橡胶管插入蓄电池中，然后用手压缩橡胶球，放松后，电解液被吸入玻璃管中，密度计刚刚浮起而上端又不被顶住时，密度计上与液面对齐的刻度所指示的数据就是电解液的密度。

③ 蓄电池端电压的检查。检查蓄电池整体性能状态，一般用高率放电计来测量蓄电池在大电流放电状态下的端电压。检查时，将带有红色胶皮的触针紧压在蓄电池的正极接线柱

上，另一端的触针紧压在负极接线柱上。在 3s 内保持稳定不变的电压值就是被测蓄电池的充、放电程度。

正常充足电的 12V 蓄电池组，用高率放电计测得的电压应能稳定在 10.5V 以上，每个单格电池的电压应能稳定在 1.75～1.85V。若测得的某个单格电压小于这个数值，则说明该单格的放电程度减弱。若 3s 内该单格的电压快速下降或某一单格电压比其他单格低 0.2V 以上时，则说明该单格已损坏。

④ 电解液密度的调整。电解液的密度应根据不同季节，适当作一些调整。冬季环境温度较低，为了防止蓄电池冻坏，应适当提高电解液密度，夏季的环境温度较高，为了减少电解液对极板和隔板的腐蚀程度，又要适当降低电解液密度。在冬季，蓄电池电解液的密度一般调在 1.270kg/L 或 1.280kg/L；在夏季，蓄电池电解液的密度一般要调在 1.240kg/L。其调整步骤如下：

a. 按正常充电方法进行充电。

b. 电解液的调整。夏季使用时，应向蓄电池内部加入蒸馏水，使电解液的密度下降。在冬季，应向蓄电池内部加入一定密度的电解液，使蓄电池内部的电解液密度升高。

电解液的配制应在耐酸的玻璃、瓷质或硬橡胶容器内进行。根据不同的季节和室外的环境温度所要求的密度确定硫酸和蒸馏水的质量。配制时，必须将蒸馏水倒入容器内，然后将硫酸缓慢注入蒸馏水中，并用玻璃棒不停地进行搅拌。在配制过程中，一定要做好个人防护，并要注意操作方法，绝对不能将蒸馏水倒入硫酸中，以免硫酸飞溅伤人。

c. 蓄电池充电完毕后，应测量电解液的密度。若不符合要求，应调整至合格为止。

9.4 启动系统辅助装置

3～12kW 手摇启动的小型内燃机通常设有减压机构，以减小开始摇转曲轴时的阻力；环境温度较低时，内燃机较难启动，通常在其辅助燃烧室中装设电预热装置，以便柴油在燃烧室内容易雾化形成可燃混合气；为了指示蓄电池放电或充电电流的大小，并观察发电机和调节器是否有故障，通常在启动系统中设置有电流表。

9.4.1 减压机构

内燃机减压机构的作用是使气门不受凸轮和气门弹簧的控制而进行启动，气缸内的压力不会因压缩而升高，从而减小启动时气缸内的压缩阻力。

内燃机的减压机构用凸轮将配气机构推杆顶起，使进气门处于开启状态，如图 9-40 所示。此机构在进气门挺柱的上部有一个切槽，切槽内装有一个切边圆柱体的减压轴，对四缸机而言，减压轴形状，第一、二缸为单面切边，第三、四缸为两面切边，通过减压轴臂可操纵减压轴位置转换。当切边平面朝上时，挺柱处于正常工作位置，减压轴不起作用；当减压轴圆柱面转到上面时，圆柱面将挺柱抬起，使进气门打开，与进气凸轮表面脱离开，气缸内不再产生压缩，从而达到减压目的，实现减压启动。

9.4.2 预热装置

众所周知，内燃机是靠高温高压使柴油自燃的，因此，内燃机启动时，气缸内温度的高低，对启动内燃机影响很大，尤其在环境温度低的情况下，影响更大。所以用直流电动机启动的内燃机，通常在辅助燃烧室中装设电预热装置，以便柴油在燃烧室内容易雾化形成可燃混合气。电热塞的结构和电路如图 9-41 所示。

一般在采用涡流式或预燃式燃烧室的内燃机中装有电热塞，以便在启动时对燃烧室内的

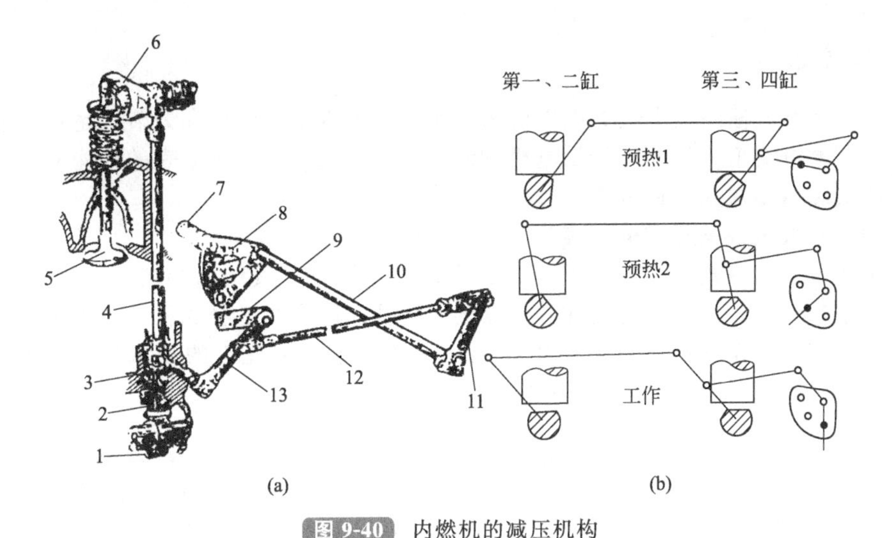

图 9-40 内燃机的减压机构

1—凸轮；2—挺柱；3—减压轴；4—推杆；5—进气门；
6—摇臂；7—手柄；8—扇形板；9—联动杆；10—小轴；11，13—臂；12—拉杆

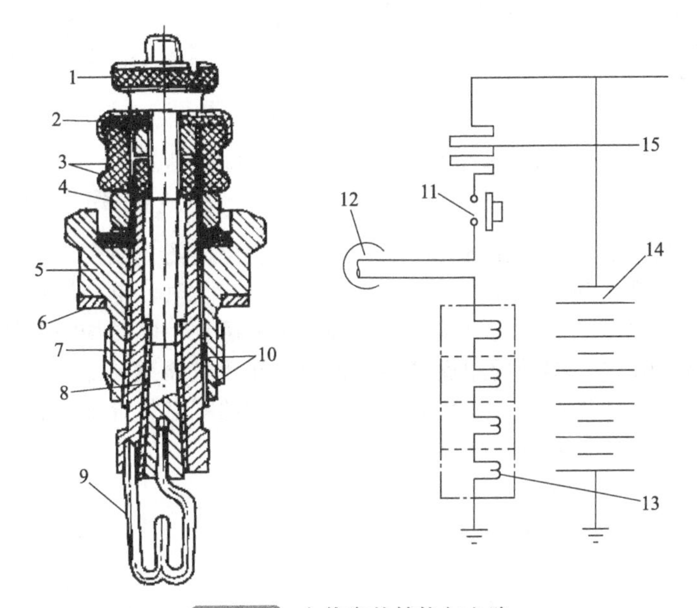

图 9-41 电热塞的结构与电路

1—压紧螺母；2—中心杆接触片；3—绝缘套；4—套杆压紧螺母；5—壳体；6—垫片；7—套杆；
8—中心杆；9—电热丝；10—绝缘材料；11—按钮；12—指示塞；13—电热塞；14—蓄电池组；15—附加电阻

空气进行预热。螺旋形的电阻丝一端焊于中心螺杆上，另一端焊在耐高温不锈钢制造的发热缸套底部，在钢套内装有具有一定绝缘性能、导热好和耐高温的氧化铝填充剂。各电热塞中心螺杆用导线并联，并连接到蓄电池组上。在内燃机启动以前，先用专用的开关接通电热塞电路，很快发热的钢套使气缸内的空气温度升高，从而提高了压缩终了时的空气温度，使喷入气缸内的柴油着火容易。

内燃发动机启动时，按下加热按钮（图 9-41 中的 11），蓄电池组通过附加电阻给电热塞供电，使气缸内的空气温度升高。在加热时，通过指示塞显示。

9.4.3 电流表

电流表指示蓄电池组放电或充电电流的大小，并可观察发电机和调节器是否有故障。电流表的一端接蓄电池组，另一端接发电机的调节器及用电设备。电流表的结构形式有固定永久磁铁电磁式和活动永久磁铁电磁式等。

(1) 固定永久磁铁电磁式电流表

固定永久磁铁电磁式电流表用于 30A 以下的电流测量，其结构如图 9-42 所示。黄铜导电板 1 用两个螺钉（兼作蓄电池组和调节器的接线柱）固定在绝缘底板上。永久磁铁 4 装在黄铜导电板的底部，在它们之间装有磁分路片 3。轴 8 装在底座 5 的轴承 7 中，铝质的指针 2、软钢片的衔铁 6 和轴固成一体，可在轴承中摆动。

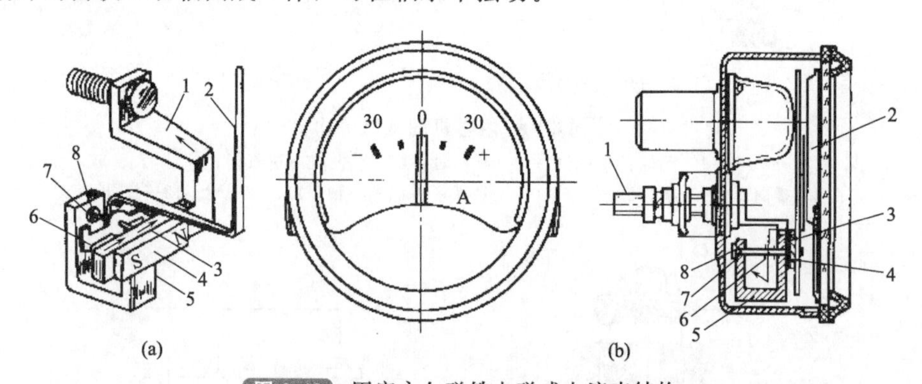

图 9-42 固定永久磁铁电磁式电流表结构

1—黄铜导电板；2—指针；3—磁分路片；4—永久磁铁；5—底座；6—衔铁；7—轴承；8—轴

黄铜导电板有电流通过时，在黄铜导电板周围产生电磁场，使衔铁转动，永久磁铁 4 也产生一个磁场阻止衔铁转动。当流过黄铜导电板的电流变化时，电磁场强度也产生变化，而永久磁铁产生的磁场强度不变。流过黄铜导电板的电流越大，电磁场强度越强，衔铁带动指针摆动的角度越大。反之，摆动的角度越小。没有电流流过黄铜导电板时，衔铁在永久磁铁磁场力的作用下，与永久磁铁成直线位置，指针处于初始零点位置不动。如果流过黄铜导电板的电流方向相反，则指针转动方向即相反。

(2) 活动永久磁铁电磁式电流表

活动永久磁铁电磁式电流表用于大功率电动机启动系统的内燃机装置上。电流表的工作原理如图 9-43 所示，来自蓄电池组的电流 I 分成两路：一路是分流器 3 中的电流 I_2；一路是电流表线圈 2 中的电流 I_1。永久磁铁 4 安装在固定不动的电流表线圈 2 的内部，永久磁铁 4 和指针 1 固定在轴上，组成了绕轴旋转的部件。电流表线圈产生的磁力和永久磁铁产生的磁力作用相反，推动永久磁铁和指针旋转，指针的转角与电流成正比。

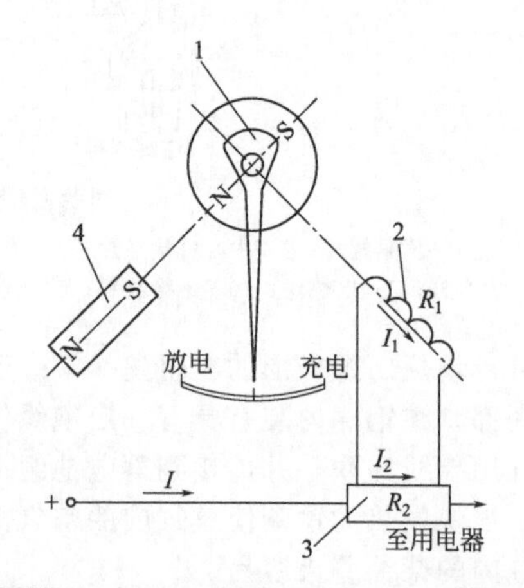

图 9-43 活动永久磁铁电磁式电流表工作原理图

I_1、R_1—电流表线圈电流、电阻；I_2，R_2—分流器电流、电阻；1—指针；2—电流表线圈；3—分流器；4—永久磁铁

习题与思考题

1. 简述启动电机的基本构造。
2. 使用启动电机时有什么具体要求？
3. 怎样维护启动电机？
4. 启动电机不转动是什么原因？如何排除故障？
5. 启动电机运转无力是什么原因？如何排除故障？
6. 简述硅整流发电机的基本构造与工作原理。
7. 简述硅整流发电机调节器的工作原理。
8. 怎样使用和维护硅整流发电机？
9. 简述硅整流发电机的分解和装配步骤。
10 硅整流发电机有什么常见故障？应怎样排除故障？
11. 调节器的使用与维护有什么具体要求？怎样检验和调整调节器？
12. 调节器有什么常见故障？应怎样排除故障？
13. 简述普通铅蓄电池的基本构造与工作原理。
14. 简述阀控式密封铅蓄电池的基本构造。
15. 蓄电池的使用和维护有什么具体要求？
16. 怎样检验蓄电池的质量？

第10章 内燃机的拆装与调试

无论内燃机的性能如何优良，使用一定时间后，都会出现这样或那样的故障，有的需要进行小修，有的还需要中修或大修。内燃机拆装、清洗和检验技能是其维修的基础，内燃机维修后还要对其进行调试与试验，以期内燃机恢复其原有的性能。

10.1 内燃机的拆卸

拆卸是修理工作的第一步，拆卸工作做得好就能为以后的工作创造良好的条件。内燃机的拆卸看起来似乎很简单，但是，如果我们思想上不重视，粗枝大叶，不注意零件的拆卸方法，不留心各零件间的连接关系，将会造成机件的损伤或其他事故，影响修理工件的正常进行。因此，在拆卸内燃机时，必须按照正常的拆卸步骤进行。

10.1.1 准备工作

为了保证拆卸修理工作的正常进行，在拆卸前，应做好以下准备工作。

（1）拆卸前的检查

① 拆卸前检查的目的。拆卸前检查的目的在于：了解内燃机的结构特点、磨损零件及故障部位，初步确定内燃机是否需要修理及修理范围，做到心中有数，克服修理工作的盲目性，增加修理人员的主动性。以便事前安排备料，做出修理计划，使机器在修理过程中不因等待材料和配件而造成停工，以致影响修理工作的正常进行。

② 检查的内容。检查的主要内容包括：

a. 零件是否齐全；

b. 结构特点；

c. 故障情况：是不能启动、转速不稳冒黑烟、功率不足，还是敲缸等都得观察清楚；

d. 使用多长时间：使用时间短，则磨损部件少，相反使用时间长，则磨损部件多，就应全面检查；

e. 开机试验：检查机器有什么故障，以便对症下药。

（2）准备好各种工具

常用的修理工具有活动扳手、开口扳手、梅花扳手、套筒及公斤扳手、平口起子、十字起子、手钳、手锤和专用拉钳等。

（3）现场布置

布置好工作场所及工作台，以便放置工具和拆卸零件。

（4）准备好清洗设备、器具及清洗剂

通常准备的清洗设备是油盆和刷子，清洗剂通常是汽油或柴油，但建议使用柴油，因为使用汽油稍不注意就容易引起火灾。

（5）其他准备工作

准备好维修配件及各种垫片。

10.1.2 一般原则

首先，要放净燃油（柴油或汽油）、机油及冷却水；其次，要坚持先外部后内部，先附件后主体，先拆连接部位后拆零件，先拆总成后拆组合件、合件及零件的原则。

10.1.3 注意事项

① 必须在设备完全冷却的情况下进行。否则由于热应力的影响，会使气缸体、气缸盖等机件产生永久性变形，致使影响内燃机的各种性能。

② 在拆卸气缸盖、连杆轴承盖、主轴承盖等零部件时，其螺栓或螺母的松开，必须按一定次序对称均匀地分 2～3 次拆卸。绝不允许松完一边再松另一边的螺母或螺栓，否则，由于零件受力不均匀而使零件产生变形，有的甚至产生裂纹而损坏。

③ 认真做好核对记号工作。对正时齿轮、活塞、连杆、轴瓦、气门以及有关调整垫片等零件，有记号的记下来，没有记号的应做上记号。记号应打在易于看到的非工作面上，不要损伤装配基准面，以便尽量保持设备原有的装配关系。有些零件，如内燃机启动线路各导线的接头等，可用油漆、刻痕和挂牌子等方法进行标号。

④ 拆卸时不能猛敲猛打，正确使用各种工具，特别是专用工具。比如：拆卸活塞环时应尽量使用活塞环装卸钳，拆卸火花塞应用火花塞套筒，且用力不能过猛，否则容易使自己的手受伤，并且容易损坏火花塞。

在拆卸螺纹连接件时，必须正确使用各种扳手和起子，因为往往由于扳手和起子使用不正确而将螺母和螺栓损坏。例如扳手开口宽度较螺母大时，易使螺母的棱角搓圆；起子头的厚薄和螺栓的凹槽不符，易使凹槽边弄坏；使用扳手和起子时未将工具妥善放在螺母或凹槽中就开始旋转，也会产生上述毛病。由于螺钉锈死或拧得太紧不易拆卸时，采用了过长的加力杆会造成螺钉折断，由于对螺钉或螺帽的正反扣不了解或拆卸时不熟练，方向拧反了也会造成螺栓或螺母的折断。

无论是柴油机还是汽油机，尽管两者在构造上有一定的差异，但其拆卸方法基本相似。下面以 4135 柴油机为例，介绍内燃机的拆卸方法与步骤。

10.1.4 拆卸步骤

（1）拆卸外部大型附件

1）放出燃油、机油及冷却水

① 放出油箱内的柴油。

② 放出油底壳和机油冷却器内的机油。

③ 打开机体、水箱和机油冷却器的放水开关，将机体内的水放干净。

④ 在放出燃油、机油及冷却水时，要保持维修场地的清洁。

2）拆下空气滤清器、消声器、进气管和排气管

如果是 4135 柴油发电机组，还要进行以下拆卸步骤：分别拆下配电盘与发电机和柴油机的各连线，并做好相应的记号，从柴油机上拆下油、水温及机油压力传感器；拆下配电盘的固定螺钉，把配电盘从机架上抬下；拆下同步发电机与柴油机的连接固定螺钉，采用起吊

装置，将两者脱开。在脱开时要注意发电机底座下面的垫片不能丢失，更不能随意调换，否则，发电机组装配完毕后，发电机与柴油机的中心线将可能不在一条直线上，将造成发电机组的振动，甚至造成严重事故。与此同时，在起吊过程中要注意人身安全。

(2) 拆卸供油系统

① 关上油开关，拆卸各种油管，抬走油箱。

② 拆下高压油管、高压油泵（喷油泵）及喷油器。

拆卸喷油器时要注意把各种垫片保存好，不得丢失和损坏，否则气缸会从喷油器周围漏气，使柴油机不能正常工作。

③ 旋下柴油滤清器的固定螺栓，取下滤清器。

(3) 拆卸冷却、润滑、启动和充电系统

① 旋下上水管夹紧螺栓，拔下胶皮水管，再松开水箱与水泵连接水管的夹紧螺栓，最后松开水箱的固定螺栓，将水箱抬下。

② 旋松皮带调整螺栓，将充电机向机器方向推，使皮带离开皮带轮，旋下充电机固定螺栓，取下充电机，再松开风扇及水泵固定螺栓，取下风扇与水泵以及风扇皮带。注意：在拆卸充电机时，应将各导线做上记号，以免安装时装错。

③ 拆下机油滤清器、机油冷却器、机油泵和启动机。拆卸启动机时也要注意其各连接线的连线方法，以避免安装时连接错误。

(4) 配气机构、飞轮及齿轮箱盖板的拆卸

① 打开发动机气门室罩壳，先把机油管和气缸盖上的回油螺栓拆下，取下摇臂组、推杆及顶杆。

② 拆卸飞轮。拆卸时要注意飞轮壳上的减震装置不能丢失，并正确使用拉钳。

③ 取下齿轮箱盖板（注意检查各啮合齿轮记号，如没有记号，应打好记号后再拆下各齿轮）。

④ 取出凸轮轴。

(5) 气缸盖的拆卸

松开缸盖螺母，拿下气缸盖，取出气缸垫。在拆卸气缸盖螺母时，要注意先外后内，按对角分 2～3 次用扭力扳手（公斤扳手）对称均匀地进行。在放置气缸盖时，要将其侧放，不要将其工作表面与桌面（或地面）接触，以防损伤气缸盖工作面。

(6) 拆卸活塞连杆组及曲轴

① 清除气缸套上部的积炭。

② 拆下曲轴箱侧盖板。

③ 转动曲轴，将要拆的活塞连杆组的连杆大头置于机体侧盖板处，拆下连杆螺栓的锁紧铁丝，然后用套筒加扭力扳手分 2～3 次对称均匀地取下连杆螺栓。用手扳动（或用小锤轻轻敲击）连杆大头盖，将其取下。

如果两个连杆螺栓都取下后，连杆大头盖不易取下，则可将套筒扳手的长接杆插入连杆大头的螺栓孔中，然后上下摇动接杆。如果还不能取下，则可用手锤轻轻敲击接杆，一般即可取下。在取下过程中，要用手托住连杆大头盖，以免掉入机油壳内和碰伤轴瓦。

取下连杆大头盖后，慢慢转动曲轴，使活塞位于上止点处。然后用手推开连杆大头，使其与曲轴的轴颈脱开，再慢慢转动曲轴。当曲轴与连杆大头隔开 10cm 左右的间隙时，插入木棒，最后以轴颈为支点，撬动木棒，将活塞连杆组从气缸套中顶出。在取出过程中，防止连杆大头碰伤气缸内壁。

活塞连杆组取出后，将拆下的轴瓦、垫片、轴瓦盖以及螺栓等，按原来位置（记号）装好，以免丢失或弄错缸序。

④ 将活塞与连杆分开，首先将活塞销卡簧取下，然后用活塞销铳子将活塞销打出来。如果是铝制活塞，需加温后再铳出。

⑤ 取下曲轴。取曲轴时，可在曲轴一端垫上铜块或木块，用手锤打出。

（7）拆卸气缸套

在有条件的情况下拆卸气缸套，要尽量使用专用工具。在迫不得已的情况下，才把机油壳拆下，再从下面用木棒将气缸套打出。

10.2 内燃机的清洗与检验

在维修过程中搞好清洗是做好维修工作的重要一环。清洗方法和清洗质量对鉴定零件的准确性、维修质量、维修成本和使用寿命等均产生重要影响。内燃机零件的清洗包括清除油污、水垢、积炭、锈层和旧漆层等。

根据零件的材质、精密程度、污物性质和各工序对清洁程度的不同要求，必须采用不同的清除方法，选择适宜的设备、工具、工艺和清洗介质，以便获得良好的清洗效果。

10.2.1 拆卸前的清洗

拆卸前的清洗主要是指拆卸前的外部清洗。其外部清洗的目的是除去机械设备外部积存的大量尘土、油污、泥沙等赃物，以便于拆卸和避免将尘土、油泥等赃物带入修理场所。外部清洗一般采用自来水冲洗，即用软管将自来水接到清洗部位，用水流冲洗油污，并用刮刀和刷子配合进行；高压水冲刷，即采用 1～10MPa 压力的高压水流进行冲刷。对于密度较大的厚层污物，可加入适量的化学清洗剂并提高喷射压力和水的温度。

常见的外部清洗设备有：①单枪射流清洗机，它是靠高压连续射流或汽水射流的冲刷作用或射流与清洗剂的化学作用相配合来清除污物的。②多喷嘴射流清洗机，有门框移动式和隧道固定式两种。喷嘴安装位置和数量，根据设备的用途不同而异。

10.2.2 拆卸后的清洗

（1）清除油污

凡是和各种油料接触的零件在解体后都要进行清除油污的工作。油可分为两类：可皂化的油，就是能与强碱起作用生成肥皂的油，如动物油、植物油，即高分子有机酸盐；还有一类是不可皂化的油，它不能与强碱起作用，如各种矿物油、润滑油、凡士林和石蜡等，它们都不溶于水，但可溶于有机溶剂。去除这些油类，主要是用化学方法和电化学方法。常用的清洗液有有机溶剂、碱性溶液和化学清洗液等。清洗方式则可选择人工和机械。

1）清洗液

① 有机溶剂：常见的有煤油、轻柴油、汽油、酒精和三氯乙烯等。有机溶剂除油以溶解污物为基础，它对金属无损伤，可溶解各类油脂，不需加热、使用简便，清洗效果也比较好。但有机溶剂多数为易燃物，成本高，主要适用于规模小的单位和分散的维修工作。

② 碱性溶液：它是碱或碱性盐的水溶液。利用碱性溶液和零件表面上的可皂化的油起化学反应，生成易溶于水的肥皂和不易浮在零件表面上的甘油，然后用热水冲洗，很容易除油。对不可皂化的油和可皂化的油不容易去掉的情况，应在清洗溶液中加入乳化剂，使油垢乳化后与零件表面分开。常用的乳化剂有肥皂、水玻璃（硅酸钠）、树胶等。清洗不同材料的零件应采用不同的清洗液。碱性溶液对于金属有不同程度的腐蚀作用，尤其对铝的腐蚀较强。表 10-1 和表 10-2 分别列出清洗钢铁零件和铝合金零件的配方，供使用时参考。

用碱性溶液清洗时，一般需将溶液加热到 80～90℃。除油后用热水冲洗，去掉表面残留碱液，防止零件被腐蚀。碱性溶液清洗应用较广。

表 10-1 清洗钢铁零件的配方 单位:g

成分	配方 1	配方 2	配方 3	配方 4
苛性钠	7.5	20	—	—
碳酸钠	50	—	5	—
磷酸钠	10	50	—	—
硅酸钠	—	30	2.5	—
软肥皂	1.5	—	5	3.6
磷酸三钠	—	—	1.25	9
磷酸氢二钠	—	—	1.25	—
偏硅酸钠	—	—	—	4.5
重铬酸钾	—	—	—	0.9
水	1000	1000	1000	450

表 10-2 清洗铝合金零件的配方 单位：g

成分	配方 1	配方 2	配方 3
碳酸钠	1.0	0.4	1.5～2.0
重铬酸钾	0.05	—	0.05
硅酸钠	—	—	0.5～1.0
肥皂	—	—	0.2
水	100	100	100

③ 化学清洗液：是一种化学合成水基金属清洗剂，以表面活性剂为主。由于其表面活性物质降低界面张力而产生湿润、渗透、乳化和分散等作用，具有很强的去污能力。它还具有无毒、无腐蚀、不燃烧、不爆炸、无公害、有一定防锈能力、成本较低等优点。

2）清洗方法

① 擦洗：将零件放入装有柴油、煤油或其他清洗液的容器中，用棉纱擦洗或用毛刷刷洗。这种方法操作简便，设备简单，但效率低，用于单件小批量生产的中小型零件。一般情况下不宜用汽油，因其有溶脂性，会损害人的身体且易造成火灾。

② 煮洗：将配制好的溶液和被清洗的零部件一起放入用钢板焊制适当尺寸的清洗池中。在池的下部设有加温用的炉灶，将零件加温到 80～90℃煮洗。

③ 喷洗：将具有一定压力和温度的清洗液喷射到零件表面，以清除油污。此方法清洗效果好，效率高，但设备复杂。适用于零件形状不太复杂、表面有严重油垢的清洗。

④ 振动清洗：它将被清洗的零部件放在振动清洗机的清洗篮或清洗架上，浸没在清洗液中，通过清洗机产生振动来模拟人工漂刷动作，并与清洗液的化学作用相配合，达到去除油污的目的。

⑤ 超声清洗：它靠清洗液的化学作用与引入清洗液中的超声波的振荡作用相配合达到除去零件油污的目的。

（2）清除水垢

机械设备的冷却系统经长期使用硬水或含杂质较多的水后，在冷却器及管道内壁上沉积一层黄白色的水垢。其主要成分是碳酸盐、硫酸盐，有的还含有二氧化硅等。水垢使水管截面缩小，热导率降低，冷却效果下降，严重影响冷却系统的正常工作，需定期清除。

水垢的清除方法可用化学去除法，有以下几种。

① 磷酸盐清除水垢：注入 3%～5%的磷酸三钠溶液并保持 10～12h 后，使水垢生成易溶于水的盐类，而后用清水冲洗干净。

② 碱溶液清除水垢：对铸铁材料发动机气缸盖和水套可用苛性钠 750g、煤油 150g 加水 10L 的比例配成溶液，将其过滤后加入冷却系统中停留 10～12h 后，然后启动发动机使其以全速运转 15～20min，直到溶液开始有沸腾现象时放出溶液，再用清水清洗。

对铝制气缸盖和水套可用硅酸钠 15g、液态肥皂 2g 加水 1L 的比例配成溶液，将其注入冷却系统中，启动发动机到正常工作温度；再运转 1h 后放出清洗液，用水清洗干净。对于钢制零件，溶液浓度可大些，约有 10%～15%的苛性钠；对有色金属零件浓度应低些，约 2%～3%的苛性钠即可。

③ 酸洗液清除水垢：常用的酸洗液有磷酸、盐酸或铬酸等。用含有 2.5%的盐酸溶液清洗，主要使之生成易溶于水的盐类，如 $CaCl_2$，$MgCl_2$ 等。将盐酸溶液加入冷却系统中，然后使发动机以全速运转 1h 后，放出溶液。再以超过冷却系统容量三倍的清水冲洗干净。用磷酸时，取密度为 1.71g/mm^3 的磷酸（H_3PO_4）100mL、铬酐（CrO_3）50g、水 900mL，加热至 30℃，浸泡 30～60min，洗后再用 0.3%的重铬酸盐清洗，去除残留磷酸，防止腐蚀。清除铝合金零部件的水垢，可用 5%浓度的硝酸溶液，或 10%～15%浓度的醋酸溶液。

清除水垢的化学清除液应根据水垢成分与零件材料选用。

（3）清除积炭

在维修过程中，经常遇到清除积炭的问题，如发动机中的积炭大部分积聚在气门、活塞和气缸盖上。积炭的成分与发动机的结构、零件的部位、燃油、润滑油的种类、工作条件以及工作时间等有很大的关系。积炭是由于燃料和润滑油在燃烧过程中不能完全燃烧，并在高温作用下形成的一种由胶质、沥青质、油焦质、润滑油和碳质等组成的复杂混合物。这些积炭影响发动机某些零件散热效果，恶化传热条件，影响其燃烧性，甚至会导致零件过热，形成裂纹。目前，经常使用机械清除法、化学法和电化学法等清除积炭。

① 机械清除法：它是用金属丝刷与刮刀去除积炭的方法。为了提高生产效率，在用金属丝刷时可由电钻经软轴带动其转动。此方法简单，对于规模较小的维修单位经常采用，但效率低，容易损伤零件表面，积炭不易清除干净。

也可用喷射核屑法清除积炭。由于核屑比金属软，冲击零件时，本身会变形，所以零件表面不会产生刮伤或擦伤，生产效率也高。这种方法用压缩空气吹送干燥且碾碎的桃、李、杏的核及核桃的硬壳冲击有积炭的零件表面，破坏积炭层而达到清除目的。

② 化学法：对于某些精加工的零部件表面，不能采用机械清除的方法，则可用化学法。将零件浸入苛性钠、碳酸钠等清稀溶液中，温度为 80～95℃，使油脂溶解或乳化，积炭变软，约 2～3h 后取出，再用毛刷刷去积炭，加入 0.1%～0.3%的重铬酸钾热水清洗，最后用压缩空气吹干。

③ 电化学法：将碱溶液作为电解液，工件接于阴极，使其在化学反应和氢气的剥离共同作用下去除积炭。这种方法有较高的效率，但要掌握好清除积炭的规范。例如，气门电化学法清除积炭的规范大致为电压 6V，电流密度为 6A/dm^2，电解液温度 135～145℃，电解时间为 5～10min。

（4）除锈

锈是金属表面与空气中氧、水分以及酸类物质接触而生成的氧化物，如 FeO、Fe_3O_4、Fe_2O_3 等，通常称为铁锈。去锈的主要方法有机械法、化学酸洗法和电化学酸蚀法。

① 机械法：它是利用机械零部件间的摩擦、切削等作用清除零件表面锈层。常用的方

法有刷、磨、抛光和喷砂等。单件小批维修靠人工用钢丝刷、刮刀、砂布等刷、刮或打磨锈蚀层。成批的零部件或有条件的单位，可用电动机或风动机等作动力，带动各种除锈工具进行除锈，如电动磨光、抛光、滚光等。喷砂除锈是利用压缩空气，把一定粒度的砂子通过喷枪喷在零件的锈蚀表面上。它不仅除锈快，还可为油漆、喷涂、电镀等工艺做好准备。经喷砂后的表面干净，并有一定的粗糙度，能提高覆盖层与零件的结合力。机械法除锈只能用在不重要的机械零部件表面。

② 化学酸洗法：这是一种利用化学反应把金属表面的锈蚀产物溶解掉的酸洗法。其原理是：酸对金属的溶解以及化学反应中生成的氢对锈层的机械作用而使锈层脱落。常用的酸包括盐酸、硫酸、磷酸等。由于金属的材质不同，使用的溶解锈蚀产物的化学药品也有所不同。选择除锈的化学药品和其使用操作条件主要根据金属的种类、化学组成、表面状况和零件尺寸精度及表面质量等因素来确定。

③ 电化学酸蚀法：就是把零部件放置在电解液中通以直流电，通过化学反应达到除锈目的。这种方法比化学酸洗法快，能更好地保存基体金属，酸的消耗量少。此方法一般分为两类：一类是把被除锈的零部件作为阳极；另一类是把被除锈的零件作阴极。阳极除锈是由于通电后金属溶解以及在阳极的氧气对锈层的撕裂作用而使锈层分离的。阴极除锈的原理是通电后在阴极上产生的氢气，使氧化铁还原和氢对锈层的撕裂作用使锈蚀物从零件表面脱落。上述两类方法，前者主要缺点是当电流密度过高时，易腐蚀过度，破坏零件表面，故适用于外形简单的零件。而后者虽无过蚀问题，但氢易进入金属中，产生氢脆，降低零件塑性。因此，需根据锈蚀零件的具体情况确定合适的除锈方法。

此外，在生产实践中还可用由多种材料配制的除锈液，把除油、除锈和钝化三者合一进行处理。除锌、镁等金属外，大部分金属之间不论大小均可采用，且喷洗、刷洗、浸洗等方法都能使用。

（5）清除漆层

零件表面的保护漆层需根据其损坏程度和保护涂层的要求进行全部或部分清除。清除后要冲洗干净，准备再喷刷新漆。

油漆层的清除方法一般是用手工工具，如刮刀、砂纸、钢丝刷或手提式电动、风动工具进行刮、磨、刷等。有条件的也可用各种配制好的有机溶剂、碱性溶液等作退漆剂，涂刷在零件的漆层上，使之溶解软化，再借助手工工具去除漆层。

为了完成各道清洗工序，可使用一整套各种用途的清洗设备，包括喷淋清洗机、浸浴清洗机、喷枪机、综合清洗机、环流清洗机、专用清洗机等。究竟采用哪一种设备，要考虑其用途和生产场所。

10.2.3 零部件的检验

维修过程中的检验工作包含的内容很广，在很大程度上，它是制订维修工艺措施的主要依据。它决定零部件的弃取，决定装配质量，影响维修成本，是一项重要的工作。

10.2.3.1 检验的原则

① 在保证质量的前提下，尽量缩短维修时间，节约原材料、配件、工时，提高利用率与降低成本。

② 严格掌握技术规范、修理规范，正确区分能用、需修、报废的界限，从技术条件和经济效果综合考虑。既不让不合格的零件继续使用，也不让不必维修或不应报废的零件进行修理或报废。

③ 努力提高检验水平，尽可能消除或减少误差，建立健全合理的规章制度。按照检验对象的要求，特别是精度要求选用检验工具或设备，采用正确的检验方法。

10.2.3.2 检验的内容

(1) 检验分类

① 修前检验：它是在机械设备拆卸后进行的。对已确定需要修复的零部件，可根据损坏情况及生产条件选择适当的修复工艺，并提出技术要求；对报废的零部件，要提出需补充的备件型号、规格和数量；不属备件的需要提出零件蓝图或测绘草图。

② 修后检验：指机械设备零件经加工或修理后，检验其质量是否达到了规定的技术标准，确定成品、废品或返修。

③ 装配检验：指检验待装零件质量是否合格、能否满足要求；在装配中，对每道工序都要进行检验，以免中间工序不合格，影响装配质量或造成返工；组装后，检验累积误差是否超过技术要求；总装后要进行调整，工作精度、几何精度及其他性能检验、试运转等，确保维修质量。

(2) 检验的主要内容

① 零件的几何精度：包括零件的尺寸、形状和表面相互位置精度。平时经常检验的是尺寸、圆柱度、圆度、平面度、直线度、同轴度、平行度、垂直度、跳动等项目。根据维修特点，有时不是追求单个零件的几何尺寸，而是要求相对配合精度。

② 零件表面质量：包括零件表面粗糙度以及零件表面有无擦伤、腐蚀、裂纹、剥落、烧损和拉毛等缺陷。

③ 零件的物理力学性能：除零件硬度、硬化层深度外，对零件制造和修复过程中形成的性能，如应力状态、平衡状况、弹性、刚度、振动等也需根据情况适当进行检测。

④ 零件的隐蔽缺陷：包括制造过程中的内部夹渣、气孔、疏松、空洞、焊缝等缺陷，还有使用过程中产生的微观裂纹。

⑤ 零部件的质量和静动平衡：如活塞、连杆组之间的质量差；曲轴、风扇、传动轴、飞轮等高速转动的零部件进行静动平衡。

⑥ 零件的材料性质：如零件合金成分、渗碳层含碳量、各部分材料的均匀性、铸铁中石墨的析出、橡胶材料的老化变质程度等。

⑦ 零件表层材料与基体的结合强度：如电镀层、喷涂层、堆焊层等与基体金属的结合强度，机械固定联结件的联结强度、轴承合金和轴承座的结合强度等。

⑧ 组件的配合情况：如组件的同轴度、平行度、啮合情况与配合的严密性等。

⑨ 零件的磨损程度：正确识别摩擦磨损零件的可行性，由磨损极限确定是否能继续使用。

⑩ 密封性：如内燃机缸体、缸盖需进行密封试验，检查有无泄漏。

10.2.3.3 检验的方法

(1) 感觉检验法

不用量具和仪器，仅凭检验人员的直观感觉和经验来鉴别零件的技术状况，统称感觉检验法。这种方法精度不高，只适用于分辨缺陷明显或精度要求不高的零件，要求检验人员有丰富的经验和技术。具体方法有：

① 目测：用眼睛或借助放大镜对零件进行观察和宏观检验，如对倒角、圆角、裂纹、断裂、疲劳剥落、磨损、刮伤、蚀损、变形、老化等作出可靠的判断。

② 耳听：根据机械设备运转时发出的声音，或敲击零件时的响声判断技术状态。零件无缺陷时声响清脆，内部有缩孔时声音相对低沉，若内部出现裂纹，则声音嘶哑。

③ 触觉：用手与被检验的零件接触，可判断工作时温度的高低和表面状况；将配合件进行相对运动，可判断配合间隙的大小。

(2) 测量工具和仪器检验法

这种方法由于能达到检验精度要求，所以应用最广。

① 用各种测量工具（如卡钳、钢板尺、游标卡尺、千分尺或百分表、厚薄规、量块、齿轮规等）和仪器检验零件的尺寸、几何形状、相互位置精度。

② 用专用仪器、设备对零件的应力、强度、硬度、冲击性、伸长率等力学性能进行检验。

③ 用静动平衡试验机对高速运转的零件做静动平衡检验。

④ 用弹簧检验仪或弹簧秤对各种弹簧的弹力和刚度进行检验。

⑤ 对承受内部介质压力并须防止泄漏的零部件，需在专用设备上进行密封性能检验。

⑥ 用金相显微镜检验金属组织、晶粒形状及尺寸、显微缺陷，分析化学成分。

（3）物理检验法

它利用电、磁、光、声、热等物理量，通过零部件引起的变化来测定技术状况、发现内部缺陷。这种方法通常和仪器、工具检测相结合，它不会使零部件受伤、分离或损坏。目前，普遍称这种方法为无损检测。

对维修而言，这种监测主要是对零部件进行定期检查、维修检查、运转中检查，通过检查发现其缺陷，根据缺陷的种类、形状、大小、产生部位、应力水平、应力方向等，预测缺陷发展的程度，确定采取修补或报废。目前，在生产实践中得到广泛应用的有磁力法、渗透法、超声波法和射线法等。

1）磁力法。

磁力法是利用磁力线通过铁磁性材料时所表现出来的情况来判断零件内部有无裂纹、空洞、组织不均匀等缺陷的方法，又称磁力探伤。这种方法的原理是用强大的直流电感应出磁场，将零件磁化。当磁场通过导磁物质时，磁力线将按最短的直线通过。如果零件内部组织均匀一致，则磁力线通过零件的方向是一致的。若零件的内部有缺陷时，在缺陷部分就会形成较大的磁阻，磁力线便会改变方向，绕过缺陷，聚结在缺陷周围，并露出零件表面形成与缺陷相似的漏磁场。在零件的表面均匀地撒上铁粉时，铁粉即被吸附在缺陷的边缘，从而显露出缺陷的位置和大小，如图 10-1 所示。

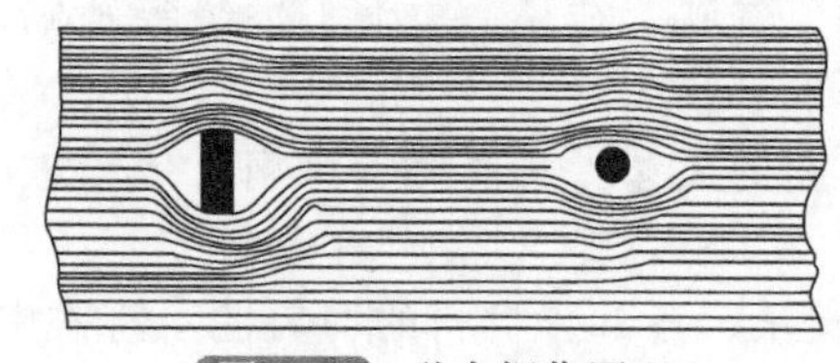
图 10-1 磁力探伤原理

这种方法的特点是灵敏度高、操作简单迅速，但只能适用于易被磁化的零件，且在零件的表面处。若缺陷在较深处则不易查出。磁力探伤在生产单位中应用十分广泛。通用的探伤设备有机床式和手提式两种。

在进行磁力探伤前，应将零件表面清洗干净，将可能流入磁粉的地方堵住。探伤时首先将零件磁化。探伤后应进行退磁处理，其目的是消除零件中的剩磁，以免影响零部件安装后的正常工作性能。

2）渗透法

渗透法是在清洗过的零件表面上施加具有高度渗透能力的渗透剂进行检验的方法。由于湿润作用，使之渗入缺陷中，然后将表面上的多余渗透剂除去，再均匀涂上一层薄显像剂（常用 MgO_2、SiO_2白色粉末）。在显像剂的毛细作用下而将缺陷中的残存渗透剂吸到表面上来，从而显示出缺陷。

渗透法分为着色法和荧光法两种。着色法是在渗透液中加入显示性能强的红色染料，显像剂由白垩粉调制，使渗透液被吸出后，在白色显像剂中能明显地显示出来；荧光法则是在渗透液中加入黄绿色荧光物质，显像剂则要专门配制，当渗透剂被吸出后，再用近紫外线照射，便能发出鲜明的荧光，由此显示缺陷的位置和形状。

着色法所用的渗透剂由苏丹、硝基苯、苯和煤油等组成；荧光渗透剂由荧光质（即拜尔荧光黄和塑料增白剂）和溶剂（即二甲苯、石油醚、邻苯二甲酸二丁酯）组成。显像剂由锌白、火棉胶、苯、丙酮、二甲苯、无水酒精等配制而成。

着色法用以检验零件表面裂纹和磁力探伤及荧光法难以检验的零件；荧光法本身不受材料磁性还是非磁性的限制，主要用于非磁性材料的表面缺陷检验。

渗透法所用设备简单，操作方便，不受材料和零件形状限制，与其他方法相比具有明显的优点，在维修中检测零件表面裂纹由来已久，至今仍不失为一种通用的方法。

3）超声波法

超声波法是利用超声波通过两种不同介质的界面产生折射和反射的现象来探测零件隐蔽缺陷内部的方法。这种方法又分为以下几种：

第一种：脉冲反射法，如图 10-2 所示。把脉冲振荡器发射的电压加到探头的晶片上使之振动后产生超声波，以一定的速度通过工件传播，当遇到工件缺陷和底面产生反射时，被探头接收，通过高频放大、检波、视频放大后在示波器荧光屏上显示出来。荧光屏的横坐标表示距离，纵坐标代表反射波声压强度。从图中可以看出缺陷波（F）比地面反射波（B）先返回探头，这样就可以根据反射波的有无、强弱和缺陷，反射波与发射脉冲之间的时间间隙，知道缺陷是否存在，以及缺陷的位置和大小等。

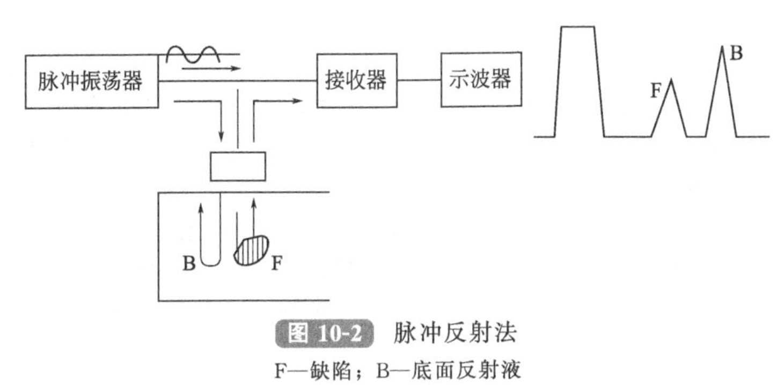

图 10-2 脉冲反射法

F—缺陷；B—底面反射液

第二种：穿透法，如图 10-3 所示。穿透法又称声影法。从图中看到高频振荡器与发射探头 A 连接，探头 A 发射超声波由工件一面传入内部。若工件完整无缺陷，则超声波可以顺利通过工件而被探头 B 接收，通过放大器放大并在指示器显示出来。如途中遇到缺陷，则部分声波被挡住而在其后形成一“声影”，此时接收到的超声波能量将大大降低，指示器做出相应的指示，从而表示发现了缺陷。

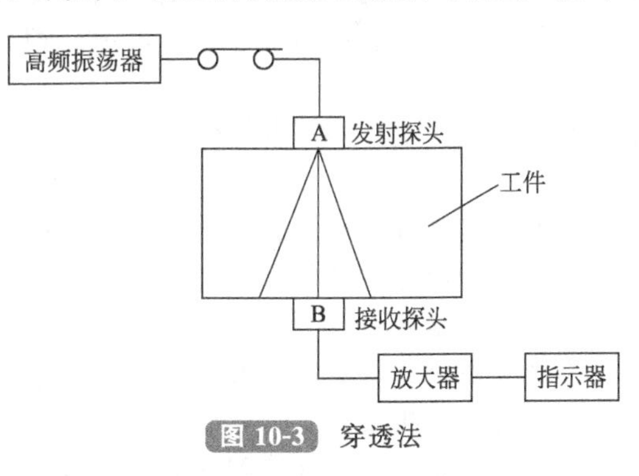

图 10-3 穿透法

第三种：共振法。以频率可调的超声波射入到具有两面平行的工件时，由底面反射回来的超声波同入射波在一直线上沿相反方向彼此相遇，若工件厚度等于超声波的半个波长或半波长的整数倍便叠加而成驻波，即此时入射波同反射波发生了共振。根据共振频率的测定就能确定工件厚度或检验存在的缺陷。工件完整无缺陷时是对应整个工件厚度产生共振；若具有同工件表面平行的缺陷时，是对应着缺陷深度产生共振，共振频率不同。至于形状不规则的缺陷，因为不可能造成相反方向的两个波，所以不论怎样改变超声波频率都得不到共振，据此断定缺陷的存在。

以上三种方法各应用在不同场合。脉冲反射法灵敏度高，可检查出较小的缺陷，能准确地知道缺陷的位置和大小，但不宜探测太薄的工件或靠近表面的缺陷，此方法使用方便，是目前超声波探伤中最常用的方法。穿透法要求工件两面必须平行，灵敏度较低，对两探头的相对位置要求高，常用于板类夹层和非金属材料的检查，如橡胶、塑料。共振法可准确测定工件厚度，特别适用于检查板件、管件、容器壁、金属胶接结构等薄壁件的内部缺陷，对工件表面粗糙度要求高。

总之，超声波探伤主要与被探测零件材料的组织结构、超声波频率、探头结构、接触条件、工件表面质量和几何形状、灵敏度的调节等因素有关。它能探测工件深处的缺陷以及多种不同类型的缺陷，不受材质限制，设备轻便，可在现场就地检验，成本较低，易于实现探测的自动化。但对形状复杂工件探测有困难。

4）射线法

射线的种类很多，其中易于穿透物体的主要有X射线、γ射线和中子射线三种。X射线和γ射线的区别只是发生的方法不同，都是波长很短的电磁波，两者本质相同。中子和质子是构成原子核的粒子，发生核反应时，中子飞出核外形成中子射线。

这三种射线在穿透物体的过程中受到吸收和散射，因此其穿透物体后的强度衰减，而衰减程度由物体的厚度、材料品种及射线种类确定。当厚度相同的板材含有气孔时，这部分不吸收射线，容易透过。相反，若混进容易吸收射线的异物时，这些地方射线就难以透过。因此，根据射线穿透的强弱程度来判断物体有无缺陷。

① X射线：射线穿透物体强度的差异通过射线检定器得到反映。按其采用的检定器不同，X射线分为：X射线照相法，检定器为照相软片；X射线荧光屏观察法，检定器为荧光屏；X射线电视观察法，其基本原理与普通工业用闭路电视系统一样。上述方法，目前在生产中应用最广泛的还是X射线照相法。

② γ射线：放射性同位素产生的γ射线与X射线的本质及基本特性是一样的，因此探伤原理相同，反射线的来源不同。常用的γ射线照相，它同X射线照相法相比具有许多突出的优点，如穿透能力更大、设备轻便、透射效率更高，一次可检验许多工件，可长时间不间断工作，不用电，适宜野外现场使用。

③ 中子射线：中子射线不同于上述两种射线，主要用于照相探伤。它常用于检查由氢、锂、硼物质和重金属组成的物体，对陶瓷、固体火箭燃料、子弹、反应堆等进行试验研究工作。

此外，还有涡流探伤、激光全息照相检测、声阻法探伤、红外无损检测、声发射检测等方法，限于篇幅，这里不多介绍，可参阅相关书籍。

10.3 内燃机的装配

内燃机的零件经检验后可分为三类：堪用、修理和报废。堪用的零件可直接使用；需修理的零件采用前述各章的适当方法修理，经再次检验合格后即可投入使用；经检验确定报废的零部件，需从备件库中申领，或直接在市场上购买相同规格的产品，检验合格后方可使用。修理零部件和购买新件要同时进行，以缩短维修工期，尽快进行内燃机的装配。

装配是内燃机修理工作的后段工序，也是其修理过程中很重要的一环。因为内燃机的装配，不仅仅是将各个零件装配成总成就行了，同时还要对加工或换新的零件、原零件做一次是否能保证质量的最后鉴定。因此，每一部分装配质量的好坏，都直接影响着整个内燃机修理质量的优劣。如果工作中马虎从事，将导致一系列返工，甚至造成事故，确有“一着不慎，满盘皆输”的可能。所以在装配过程中，一定要一丝不苟，认真做好每一步。

10.3.1 准备工作

首先，把安装工具、量具准备齐全，摆放整齐。操作间、工作台应打扫干净；其次，准备好适量的垫料、涂料和填料以及适量的机油、黄油、汽油和柴油；最后，按规定配齐全部衬垫、螺栓、螺母、开口销和锁丝等。

10.3.2 主要要求

① 保证各配合件的松紧度、接触面积及配合间隙；

② 保证各装配记号或配合关系不混乱；

③ 保证零件的紧固要求；

④ 保证不损伤零件；

⑤ 保证不出现“三漏”（漏油、漏水和漏气）现象；

⑥ 保证各调整参数正确（供油时间准确，喷油压力、机油压力正确，气门和减压间隙适当，供油量和各缸供油不均度、风扇皮带的阻力要符合规定要求等）。

10.3.3 注意事项

① 待装配的机体、零件、合件要清洗干净，尤其是润滑系统各油道应彻底清洗干净与吹通。

② 在装配有相对运动而互相摩擦的零件或合件（如气缸套与活塞连杆组、轴与轴承等）之前，应涂以清洁的机油。在装机油泵、机油滤清器时，要加满机油。

对于手摇启动的内燃机来说，在装机油泵、机油滤清器时，可以先不加满机油，等整机装完后，在试机以前，用手摇动曲轴，拧开它们上面可以放气的地方，一会儿就有机油冒出来，就说明已充满机油了。而对于其他机型，比如手不易摇动的，机油泵在油底壳里面不外露的等，就应事先加满机油。

③ 要正确选用工具，不允许用钢质手锤乱敲零件表面，如必须敲击时，应该垫以软金属或使用木质、橡胶质手锤敲击，以免损坏零件表面。

④ 凡有一定方向和记号的机件应按要求装配。比如：活塞、连杆、有倒角的活塞环、主轴瓦、连杆瓦和气门等。

⑤ 各种垫片要完好，并涂以一定量的黄油。

⑥ 主轴瓦、连杆瓦、气缸盖和飞轮等零部件的螺钉，分 2～3 次对称均匀地拧紧，并具有规定的力矩，有保险装置的应装上。

比如说，旋紧缸盖螺母时，应与拆下时相反，由中间到两端对角交叉上紧。一般是分三次上到规定扭力数（一是上紧，二是上到规定扭力的一半，三是全部上到规定扭力）。

⑦ 活动部件装好后应试运转，以便观察其运转和松紧情况。全部装完后，应转动曲轴检查各活动、转动机件有无卡滞现象，并检查有无漏气、漏油和漏水之处，若有应排除。

10.3.4 基本原则

在前面我们谈到过拆卸内燃机的原则是：由外到内、先附件后主体、先拆连接部位后拆零件。内燃机的装配原则刚好与拆卸原则相反。即：由内到外、先主体后附件、先装零件后装连接部位、边装配边检查调整。

10.3.5 装配步骤

内燃机由于各机种、机型不同，装配步骤略有差异，但总的来说是相似的，只要我们熟悉了内燃机的构造及工作原理，装配也不是一件很难的事情。下面，我们以 4135 柴油机为例介绍内燃机的装配步骤。

4135 柴油机的装配步骤与其拆卸步骤大致相反，主要有以下几步：

（1）安装曲轴

① 将曲轴滚珠轴承外圈装到轴承孔内，并装好轴承两端的锁簧。注意：安装曲轴滚珠

轴承外圈时，应先用软金属棒垫好，再用铁锤敲打，而且四周用力要均衡。

② 将已安装好的曲轴总成从机体后端孔装进。注意：安装曲轴时应使曲轴保持水平（或竖直），并对准轴承孔，然后逐渐推进，防止连杆轴颈与主轴承外圈碰撞。

（2）安装传动机构盖板

① 安装前端与后端推力轴承。

② 安装盖板上部的机油喷油嘴和左上方的内六角螺塞。

③ 安装两只惰齿轮并固定好螺母，锁好保险片。

④ 将装配好零件的盖板总成装入座内，并旋紧其四周的螺钉。

⑤ 安装前轴推力板，放好曲轴齿轮键，装进曲轴齿轮和甩油圈，拧紧固定螺母，锁好保险片。

⑥ 检查曲轴轴向间隙，同时用手转动曲轴，应灵活无阻滞现象。

（3）装配喷油泵（高压油泵）传动轴

① 将两只滚动轴承安装在传动轴上。

② 将传动轴装在轴承座内，并装好锁环。

③ 安装好护油盖垫片、护油盖（含油封）及传动轴接盘等。

④ 将传动轴承座及传动轴一起装入机体传动轴座孔内（注意：轴承座上的两个油孔必须朝上，以便接受飞溅的机油润滑滚动轴承），并用螺钉紧固。

⑤ 将半圆键装在传动轴承上面，再将喷油泵传动齿轮装上（有记号的一面朝外），放好保险片后拧紧螺母。

（4）安装凸轮轴

① 将凸轮轴衬套压入机体孔内（油孔必须对准机体上的油孔），然后将凸轮轴装进座孔内。

② 放好隔圈、推力轴承（轴承油孔必须对准机体油孔，两只圆柱形销钉应插进隔圈孔内），拧紧推力轴承的固定螺钉。

③ 检查推力面轴向间隙是否保持在 0.195～0.545mm 内。

④ 用手转动凸轮轴，应转动灵活。

⑤ 安装所有传动齿轮。4135 柴油机齿轮传动机构的装配如图 10-4 所示。它们间的相互装配记号是：定时惰齿轮上有三处记号，其“0”对准曲轴齿轮上的“0”，“1”对准凸轮上的齿轮的“1”，“2”对准高压油泵传动齿轮上的“2”，然后拧紧各传动齿轮固定螺钉。并检查各齿轮之间齿隙是否符合要求。

（5）安装飞轮壳及飞轮

① 将飞轮壳垫片用油脂粘贴于机体后端面上，然后安装飞轮壳。

② 用厚薄规检查飞轮壳孔与曲轴法兰的径向间隙，一般应为 0.4～0.6mm，四周间隙要力求均匀，最小处不应小于 0.2mm。

③ 吊起飞轮，将飞轮上的定位销孔与曲轴上的定位销孔对准，用两根长螺栓对称穿过飞轮固定螺栓孔与曲轴法兰连接后，放下飞轮，用手将飞轮推靠向法兰。

④ 拆下两根长螺栓，放上保险片，然后拧上飞轮固定螺栓，并按要求拧紧。拧紧螺栓时用力要均匀对称，分 2～3 次上紧，力矩为 18～22kgf·m。

⑤ 用百分表检查飞轮端面跳动量，不超过 0.10mm，检验合格后锁好保险片。

（6）安装气缸套

① 将气缸套清洗干净后，把紫铜垫圈用油脂粘贴于缸套凸缘的支承面上。

② 装气缸套外面的两只橡胶水封圈时，要放置均匀，不能扭转（为了便于安装，可将橡胶水封圈预先泡在热水里）。水封圈装好后，还要检查水封圈凸出缸套配合带外圈表面的

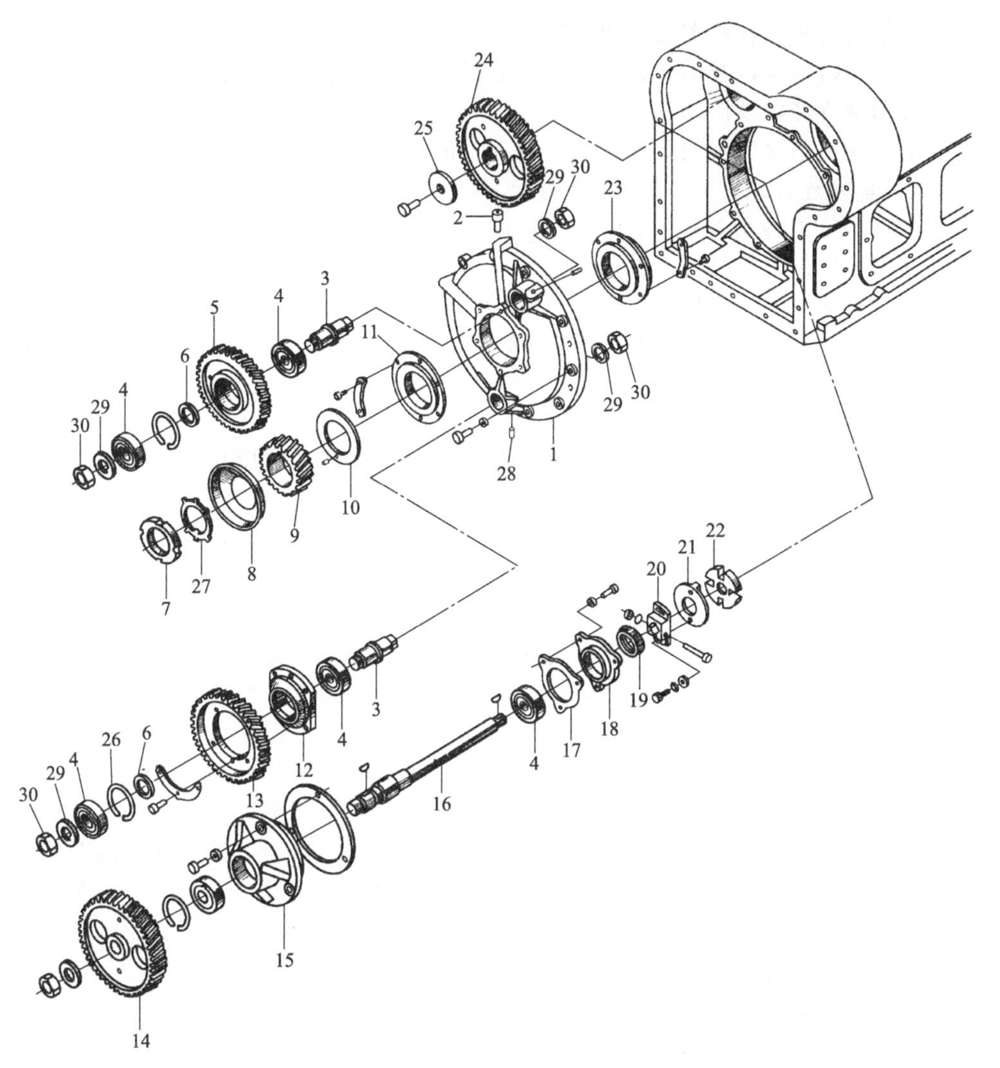

图 10-4　4135系列4缸、6缸直列型柴油发电机组齿轮传动机构结构

1—传动机构盖板；2—喷油塞；3—惰性齿轮；4—206单列向心球轴承；
5—定时惰齿轮；6—隔圈；7—圆螺母；8—甩油圈；9—主动齿轮；10—推力板；11—前推力轴承；
12—惰齿轮轴承座；13—传动惰齿轮；14—喷油泵传动齿轮；15—喷油泵传动轴承座；16—喷油泵传动轴；
17—护油盖垫片；18—护油盖；19—骨架式橡胶油封；20—接合器接盘；21—传动轴接头；22—连接片；23—后推力轴承；
24—凸轮轴传动齿轮；25—压板；26—孔用弹性挡圈；27—圆螺母用止推垫圈；28—圆柱销；29—止推垫圈；30—锁紧螺母

高度，一般应为0.30～0.70mm。

③ 缸套装入机体前，在缸体与气缸套水封接触的地方，涂以黄油（肥皂水、滑石粉），然后将气缸套压入气缸套座孔内。安装气缸套时，尽量使用专用工具，两手要端平，一边旋转一边用力向下压。防止水封圈和紫铜垫片卷边。气缸套压入缸体后，要用量缸表检查气缸套水封圈处的圆度是否超差。

④ 按上述方法，装好其余各个气缸套。

⑤ 为了检查装配质量，应对水封圈是否漏水进行水压试验。

(7) 安装机体前盖板及油底壳

① 装好机油泵惰齿轮和机油泵总成（注意装机油泵时，泵内应注满机油，固定座上有垫片不要丢失），拧紧固定螺钉，锁好保险片。并在传动齿轮处注一些机油。

② 将曲轴前油封装在前盖板孔内。

③ 将前盖板衬垫涂以黄油放正，装上前盖板，并均匀地拧紧盖板所有的螺钉。

④ 装好曲轴皮带盘及启动爪。

⑤ 将油底壳衬垫涂以黄油，并在油底壳上放正，装上油底壳，拧紧所有的固定螺钉。

(8) 安装活塞连杆组

1) 活塞连杆组总成的装配

① 将活塞连杆组总成的各零件用柴油或汽油清洗干净并吹干。

② 将清洗好的活塞放在机油中加热至100℃左右后取出活塞，及时地把活塞销放入活塞销座孔和连杆小头孔中。在装配过程中应特别注意：应牢记活塞顶凹陷处与连杆大头切口的相对位置，如果忘记其相对位置，可查看其他柴油机或查找其他相关资料。

③ 装配好活塞与连杆后，不要忘记装活塞销卡簧。

④ 活塞冷却后，再用活塞环钳把活塞环依次装好。注意：若原机的第一道活塞环是镀铬环，安装时也应按要求安装镀铬环。

⑤ 将连杆轴瓦装入连杆大头孔内。注意：新的连杆轴瓦可以互换，使用过的连杆轴瓦各缸不能互换。

2) 活塞连杆组的安装

① 将活塞连杆组总成清洗后吹干，在连杆大头盖和下瓦上涂上机油，然后使相邻的两道活塞环开口相互错开120°～180°，各环的开口位置与活塞销成45°以上的夹角。

② 在气缸套和活塞连杆组上涂少许机油，用安装活塞的专用工具谨慎地将活塞装入气缸内（为便于安装连杆盖，该缸连杆轴颈最好处于上止点后90°左右的位置)。

③ 按配对记号装好连杆轴承盖，分2～3次对称均匀地拧紧连杆螺栓，其力矩为26～28kgf·m，装配好后转动曲轴应无阻滞现象，连杆大头与曲轴连杆轴颈之间的配合间隙为0.195～0.495mm。若其间隙过小或无间隙，则可能是装配不当造成的，应查明原因。最后锁好连杆螺栓保险铁丝（如果原机有的话)。

④ 按上述要求装好其余各缸活塞连杆组。

⑤ 检查、清洁曲轴箱内部，装上曲轴箱侧盖板。

(9) 安装气缸盖

1) 气缸盖组件的装配

① 将要装配的零件用柴油或汽油清洗干净并吹干。

② 将气缸盖侧立，在气门杆上擦少量机油后将气门装入各自的气门导管内，是第几缸的就装入第几缸，绝不能将缸序颠倒。在拆卸的时候就应做上记号，以免装配时弄错。

③ 将气缸盖平放在木板或专用工作台上，把气门锁簧安装好，然后把气门弹簧依次放好，用专用工具按压弹簧上座，装上气门锁夹后拆下专用工具并仔细检查锁夹是否装好。

④ 安装喷油器。首先在喷油器垫片上涂少量的机油或黄油，然后把垫片慢慢放入喷油孔内。注意：在紧固喷油器固定螺母时要交错均匀地用力，螺母不要拧得过紧，一般所用力矩为2.5kgf·m左右。喷油器装好后，用直钢尺量一下喷油嘴喷孔中心至气缸盖底平面的距离，普通柴油机为1.5～2.0mm，增压机为2.5～3.0mm。

2) 气缸盖总成的安装

① 放好气缸垫（反边的一面朝上)。

② 把气缸盖放在气缸垫上，放好各缸螺母垫圈和前后两块支架。值得注意的是：气缸盖与支架之间、两个气缸盖之间的垫圈均是球面阴阳垫片，凹凸面应对在一起，凹陷的垫片应放在下面。

③ 用扭力扳手，按由里向外、对角交叉的顺序分2～3次拧紧气缸盖的紧固螺母，其扭

矩为 25～27kgf·m。注意：两个气缸盖之间的螺母和气缸盖与支撑板的螺母，应在两缸其余螺母旋紧后再按对角拧紧到规定力矩。

(10) 安装配气机构控制机件

① 将各缸气门挺杆套筒装进套筒孔内，并装好侧盖板。

② 安装气门推杆，推杆脚一定要放入套筒底孔内。

③ 安装摇臂座和摇臂，拧紧固定螺钉。

④ 装上 U 形机油管（注意防止油管扭断）。

⑤ 调整好气门间隙。

⑥ 装好气缸盖罩。

(11) 安装外部附件

① 安装出水管（水管衬垫应与水管口同样大，衬垫应涂黄油）。

② 安装进、排气管垫片和进、排气歧管以及空气滤清器。

③ 安装水泵总成、皮带盘及风扇、充电发电机，并套上风扇皮带，调整好皮带的紧度（用 3～5kgf 的力，压下风扇与充电机之间的皮带，当压下 10～20mm 时即为合适）。

④ 安装水箱，水温调节器及上、下水管，拧紧水管夹箍。

⑤ 装好机油散热器及其油管、水管。

⑥ 安装好启动机。

⑦ 装上机油滤清器垫及座，在滤清器内注满机油后，拧紧滤清器盖螺钉。

⑧ 校正供油时间，安装好调速器总成。

⑨ 装好各缸高压油管、回油管。

⑩ 装上柴油输油泵，并装好油路各连接处的输油管及接头。

此外，如果由 4135 柴油机与交流同步发电机组成柴油发电机组，则还要安装交流同步发电机与配电箱。其步骤如下：

① 装好减震座，安装交流同步发电机，拧紧固定螺钉。

② 安装配电箱，固定好支架底脚螺钉。

③ 按原记号（或照接线图）连接所有导线。

④ 装好机油压力表管接头及水温表、油温表传感器（注意防止仪表细铜管折断）。

⑤ 装好直流发电机、调节器、蓄电池，并连接其导线。

10.4 内燃机的磨合与调试

新装或大修后的内燃机在投入正常运行前，由于发动机零件是新的或是经过修理加工继续使用的，零件表面不光滑。如果把这些零件装合后，立即在高温、高压、高速和满负荷条件下工作，则其动配合部分将迅速发生磨料磨损，从而使内燃机的使用寿命缩短。因此，新装或大修后的内燃机必须进行磨合与调试。

10.4.1 磨合规范

通过磨合，以消除零件机械加工时所形成的粗糙表面，降低磨损零件表面单位压力，使相配合的零件表面能更好地接触；同时，由于零件表面的局部磨损，也消除了零件在机械加工时所产生的几何偏差。因此，经过磨合，增强了发动机零件的耐磨性和抗腐蚀性。通过调试，可以检查发动机（修理后）的质量、工作状况和对某些零件进行必需的调整。因此，磨合与调试是内燃机安装和大修过程中不可缺少的步骤。

内燃机的磨合分为冷磨合和热磨合两种。所谓冷磨合，是指内燃机在试验台上由电动机或其他动力来带动曲轴进行运转，达到对曲轴连杆机构、配气机构和其他动配合零件进行磨合的目的。所谓热磨合，是指将内燃机安装完毕，并且经过详细检查后，将机器发动起来，通过无负荷与有负荷试验，进一步检查与调整发动机，使其具有良好的动力性和经济性。

冷磨合一般由生产厂家或条件较好的内燃机大修单位进行，对于一般用户而言，主要掌握内燃机的热磨合试验即可。热磨合分为无负荷试验和有负荷试验两种。

(1) 无负荷试验

无负荷试验的目的在于检查内燃机工作时是否有故障。具体地讲，有以下几点：

① 检查机器零件的装配情况及配合件之间的间隙是否适当。

② 检查有无三漏（漏油、漏水和漏气）现象。

③ 发动机运转是否均匀。

④ 活塞、活塞销、曲轴主轴承和连杆轴承等有无特殊响声。

⑤ 排气声音与颜色是否正常。

⑥ 机油压力与冷却水温是否正常。

⑦ 气门间隙是否适当。

⑧ 柴油机的输油泵、喷油泵（高压油泵）和喷油器，汽油机的输油泵、化油器、分电器和火花塞等工作是否正常。

热磨合前，应装复内燃机的全部总成、附件及仪表，加足燃油、机油和冷却水；调试一切必须调整的内容，如气门间隙、风扇皮带松紧度、机油压力，柴油机的喷油压力、供油时间、供油量、各缸供油不均度以及汽油机的浮子室高度、点火时间、白金间隙等，使发动机处于良好的工作状态。

我们以额定转速为1500r/min的柴油机为例，其无负荷试验规范见表10-3。其他额定转速的柴油机进行无负荷试验的阶段和时间是相同的，只是各阶段的转速不同而已。

表10-3 柴油机无负荷试验规范

阶段	时间/min	转速/(r/min)
1(低速)	30	800
2(中速)	30	1200
3(高速)	60	1500

(2) 有负荷试验

有负荷试验的目的在于测定新装发动机或发动机大修后的质量，检查是否达到规定的技术标准。

我们仍以额定转速为1500r/min的柴油机为例：其有负荷试验规范见表10-4。其他额定转速的柴油机进行有负荷试验的阶段、负荷和时间是相同的，只是转速不同而已。

注意：热磨合试验后必须重新调整气门间隙，重新紧固主轴承、连杆和气缸盖等处的螺栓螺母，及时更换机油。

当内燃机进行磨合试验时，如果为了排除故障而更换了活塞、活塞销、活塞环、气缸套和连杆轴承等，均应重新进行磨合试验。

表10-4 柴油机有负荷试验规范

阶段	负荷/%	时间/min	转速
1	25	30	空载：电压400V，频率51Hz
2	50	40	加载：电压380V，频率50Hz左右
3	75	60	即转速应在1500r/min左右

续表

阶段	负荷/%	时间/min	转速
4 5 6	100 110 100	90 5 10	空载：电压 400V，频率 51Hz 加载：电压 380V，频率≥49Hz 即转速应≥1470r/min
7 8	75 25	20 10	空载：电压 400V，频率 51Hz 加载：电压 380V，频率 50Hz 左右 即转速应在 1500r/min 左右
备注			其他额定转速的柴油机可参考本规范，要根据转速与频率的关系得出各阶段对转速的要求

对于新装的内燃机，或内燃机大修后受设备条件的限制，可不进行冷磨合而直接进行热磨合。内燃机磨合后，还应进行内燃机功率、燃油消耗率和机油消耗率等项目的测试，以便准确鉴定内燃机的（修理）质量。

10.4.2 参数调整

135 系列柴油机平时的调试内容主要包括喷油提前角的检查与调整、气门间隙的调整与配气相位的检查、机油压力的调整以及三角橡胶带张紧力的调整等。其中，三角橡胶带张紧力的调整在第 9 章冷却系统中已经讲述，在这里仅介绍前三者的调试方法。

（1）喷油提前角的检查与调整

为了使柴油机获得良好的燃烧和正常地工作，并取得最经济的燃油消耗率，每当柴油机工作 500h 或每次拆装后，都必须进行喷油提前角的检查与调整。135 基本型柴油机的喷油提前角规定如表 10-5 所示：

表 10-5 135 基本型柴油机的喷油提前角

名称	4135G	6135G-1	12V135AG-1	6135JZ 6135AZG	12V135JZ	6135G 4135AG 6135AG 12V135 12V135AG
喷油提前角 （上止点前以曲轴转角计）/(°)	24～27	23～25	26～28	20～22	24～26	26～29

喷油提前角的调整有两种方法：

第一种方法：拆下第 1 缸的高压油管，转动曲轴使第 1 缸活塞处于膨胀冲程始点，此时飞轮壳上的指针对准飞轮上的“0”刻度线。然后反转柴油机曲轴，使检视窗上的指针对准飞轮上相当于喷油提前角规定的角度，然后松开喷油泵传动轴节和盘上的两个固紧螺钉，按喷油泵的转动方向，缓慢而均匀地转动喷油泵凸轮轴至第 1 缸出油口油面刚刚发生波动时为止（如图 10-5 所示），并拧紧接合盘上的两个螺钉。

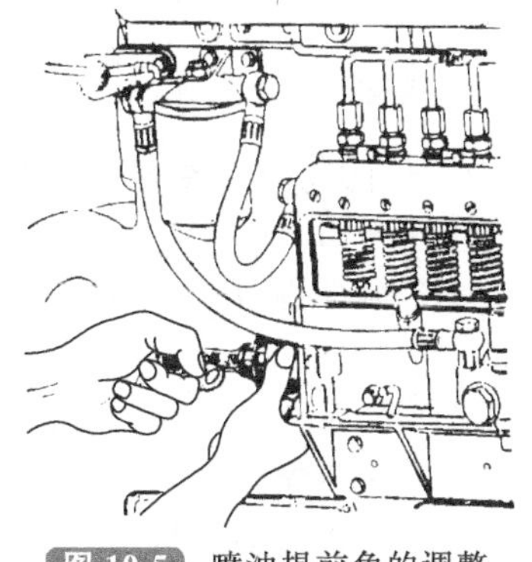

图 10-5 喷油提前角的调整

第二种方法：拆下第 1 缸高压油管，转动曲轴使第 1 缸活塞处于压缩终点位置前 40°左右，然后按柴油机旋转方向缓慢而均匀地转动曲轴，同时密切注意喷油泵第 1 缸出油口的油面情况。当油面刚刚发生波动的瞬间，即表示第 1 缸喷油开始，此时检视窗上指针所对准的飞轮上刻度值就是喷油提前角度数。如这个角度与规定范围不符，可松开接合盘上的两个固定螺钉，将喷油泵凸轮轴转过所需调整的角度（传动轴接盘上的刻度，每个相当于曲轴转角 3°），提前角过小，凸轮轴按运转方向转动；提前角太大，则按运转的反方向转动，然后拧紧接合盘上的两个螺钉，再重复核对一次，直至符合规定范围为止。

有时，检查喷油提前角与规定值相差甚微，可不必松开接合盘转动喷油泵凸轮轴，而只要将喷油泵的四只安装螺钉稍为放松，使喷油泵体做微小的转动即可，它的转动方向应与第二种方法相反，调整好后将螺钉拧紧。

一般，第 1 缸喷油提前角调整正确后，其他各缸的喷油提前角取决于油泵凸轮轴各凸轮的相位角，如有必要可在喷油泵试验台上进行检查与调整。

（2）气门间隙的调整与配气相位的检查

配气相位是指控制柴油机进排气过程的气门开闭的时间，必须正确无误，否则对柴油机的性能影响很大，甚至可造成气门与活塞的撞击、挺杆弯曲和摇臂断裂等事故。因此，每当重装气缸盖或紧过气缸盖螺母后，都必须对气门间隙重新进行调整。对经过大修或整机解体后重新组装过的柴油机，还需对配气相位进行检查。

1）气门间隙的调整

① 135 柴油机冷车时的气门间隙见表 10-6。

表 10-6 135 柴油机冷车时的气门间隙

名称	进气门间隙/mm	排气门间隙/mm
非增压柴油机	0.25～0.30	0.30～0.35
增压柴油机	0.30～0.35	0.35～0.40

② 135 直列型柴油机的缸序：第 1 缸从柴油机前端（自由端）算起。12 缸 V 形柴油机的缸序如图 10-6 所示。135 系列柴油机的发火次序如表 10-7 所示。

表 10-7 135 系列柴油机的发火次序

名称	发火次序
4 缸直列型柴油机	1—3—4—2
6 缸直列型柴油机	1—5—3—6—2—4
12 缸 V 形左转柴油机	1—12—5—8—3—10—6—7—2—11—4—9
12 缸 V 形右转柴油机	1—8—5—10—3—7—6—11—2—9—4—12

注：135 系列柴油机，除作为船用主机的 12 缸 V 形右转柴油机（如 12V135C、12V135AC 及 12V135JZC 等）外，均为左转机，其转向如图 10-6 所示，即面对飞轮端视为逆时针方向，右转机的转向与之相反，其发火次序亦不同。

③ 气门间隙调整前，先卸下气缸盖罩壳，然后转动曲轴使飞轮壳检视窗口的指针对准飞轮上的定时“0”刻度线，如图 10-7 所示。操作时，应防止指针变形，并保持指针位于飞轮壳上的两条限位线之间。此时，4 缸柴油机的第 1、4 缸，6 缸和 12 缸 V 形柴油机的第 1、6 缸均处于上止点。

然后确定在上止点的气缸中哪一缸处在膨胀冲程的始点。可拆下喷油泵的侧盖板，观察喷油泵柱塞弹簧是否处于压缩状态（喷油泵安装正确时），或者微微转动曲轴，观察进、排气门是否均处于静止状态。当喷油泵柱塞弹簧处于压缩状态，并且曲轴转动时，进、排气门均不动的那一缸就处于膨胀冲程始点的位置。

④ 135 系列柴油机，在确定膨胀冲程始点后，即可按表 10-8 用两次调整法进行气门间隙的调整。当然，也可用逐缸调整法，只是麻烦一些而已。

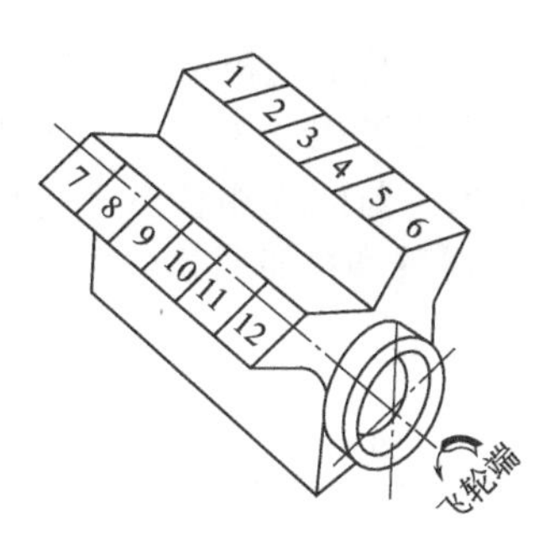

图 10-6 12 缸 V 形柴油机气缸顺序编号

图 10-7 飞轮上刻度线和指针

表 10-8 气门间隙调整

名称		第 1 缸活塞在膨胀冲程始点可调整气门的气缸序号	4 缸机的第 4 缸、6 缸机和 12 缸机的第 6 缸活塞在膨胀冲程始点可调整气门的气缸序号
4 缸机	进气门	1—2	3—4
	排气门	1—3	2—4
6 缸机	进气门	1—2—4	3—5—6
	排气门	1—3—5	2—4—6
12 缸左转机	进气门	1—2—4—9—11—12	3—5—6—7—8—10
	排气门	1—3—5—8—9—12	2—4—6—7—10—11
12 缸右转机	进气门	1—2—4—8—9—12	3—5—6—7—10—11
	排气门	1—3—5—8—10—12	2—4—6—7—9—11

⑤ 调整气门间隙时，先用扳手和起子，松开摇臂上的锁紧螺母和调节螺钉，按规定间隙值选用厚薄规（又名千分片）插入摇臂与气门之间，然后拧动调节螺钉进行调整（如图 10-8所示）。当摇臂和气门与厚薄规接触，拉动厚薄规有一定阻力但尚能移动时为止，并拧紧螺母，最后重复移动厚薄规检查一次。

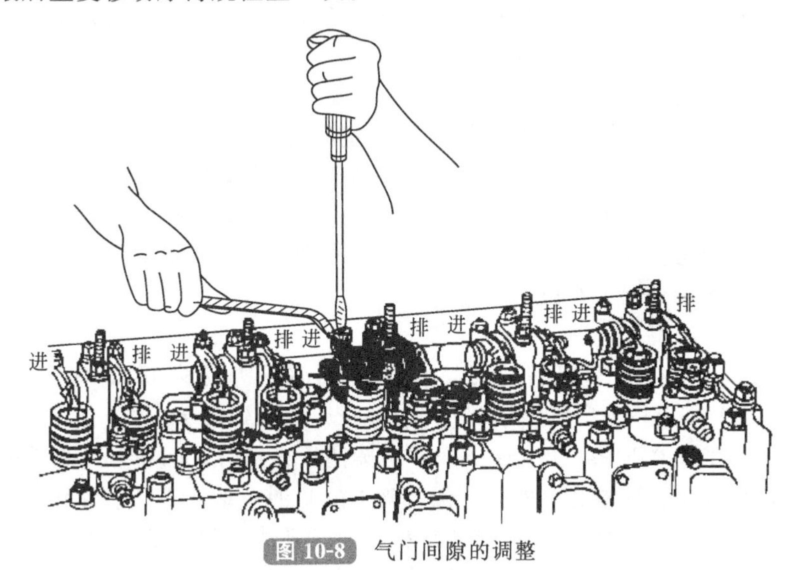

图 10-8 气门间隙的调整

2）配气相位的检查

135 基本型柴油机的凸轮外形结构尺寸虽然相同，但是其配气相位有两种，如图 10-9 所示，图 10-9(a) 为 1500r/min 自然吸气和改进型增压柴油机用；图 10-9(b) 为 1800r/min 6135G-1 型柴油机用，两种凸轮轴不能通用。柴油机在出厂前配气相位已经过检查，其误差均在公差范围内，不必再做检查。但当定时齿轮因齿面严重磨损而更换或因其他原因而重装后，应重新检查发动机的配气相位。

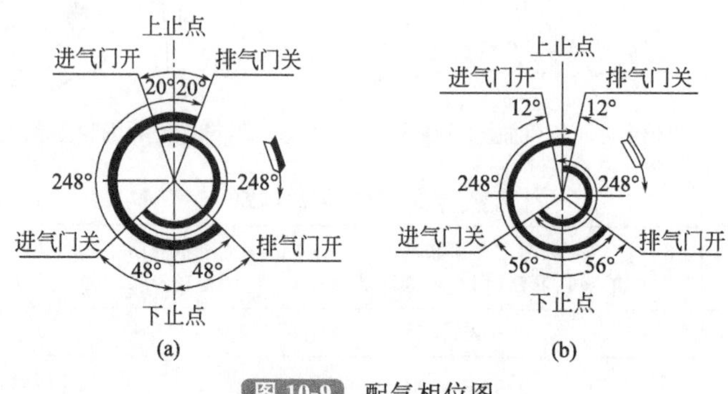

图 10-9 配气相位图

① 配气相位的检查，应在气门间隙调整后进行。检查时，先在曲轴前端装上有 360°刻度线的分度盘，在前盖板上安置一根可调节的指针，然后转动曲轴，使飞轮壳检视窗上的指针对准飞轮上的“0”刻度线，此时调整前盖板上的指针，使其对准分度盘上的“0”刻度线，并将它固定，同时在气缸盖上安放一只千分表，使它的感应头与欲检查的进气门或排气门的弹簧上座接触，再按分度盘上的转向箭头和发火次序转动曲轴逐缸检查，如图 10-10 所示。图中分度盘仅适用于 6 缸和 12 缸 V 形左转柴油机，上面的“1，6”“2，5”“3，4”等数字分别表示各缸的膨胀冲程始点位置，4 缸和 12 缸 V 形右转机应根据其转向、发火次序和发火间隔角采用同样的方法另行确定。

② 对直列型柴油机只需检查第 1 缸；对 12 缸 V 形柴油机需检查第 1、7 两缸。其余各缸均由凸轮轴保证。检查时，当千分表指针开始摆动之瞬时（由手能转动推杆变为不能转动的瞬时），即表示气门开始开启，这时分度盘上指针所指的角度即为气门开启始角；然后继续转动曲轴，千分表指针从零摆至某一最大值（此值即为气门升程）后开始返回，当千分表指针回到零之瞬时（由手不能转动推杆变为能转动之瞬时），表示气门关闭，这时分度盘上指针所指的角度即为气门关闭角。从气门开始开启至气门关闭，曲轴所转过的角度称为气门开启持续角。配气相位检查结果应符合图 10-9 规定的数值。其允差为±6°。

③ 如果发现配气相位与规定不符时，首先应确定定时齿轮的安装位置的正确性，因为凸轮轴和曲轴之间的相对位置是由定时齿轮保证的；其次是检查齿面的啮合间隙是否符合规定的要求，齿面和凸轮轴的凸轮表面是否有严重磨损现象。如不符规定，必须重新调整或换用新零件后，再重新检查配气相位。

（3）机油压力的调整

135 基本型柴油机，在标定转速时，其正常机油压力应为 0.25～0.35MPa（2.5～3.5kgf/cm^2），其中 6135G-1 型机为 0.30～0.40MPa（3～4kgf/cm^2），在 500～600r/min 时的机油压力应不小于 0.05MPa（0.5kgf/cm^2）。柴油机运行时，如与上述规定的压力范围不符时，应及时进行调整。调整时，先拧下调压阀上的封油螺母，松开锁紧螺母，再用起子转动调节螺栓（如图 10-11 所示）。旋进调节螺栓，机油压力升高；旋出则降低，直至调整到规定范围为止。调整后，将锁紧螺母拧紧，并装上封油螺母。

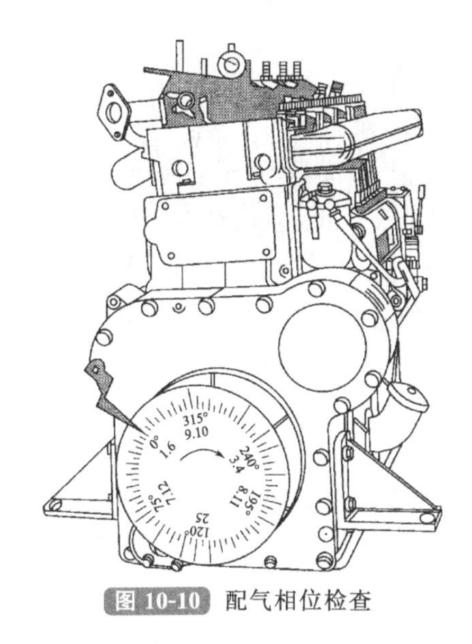

图 10-10 配气相位检查

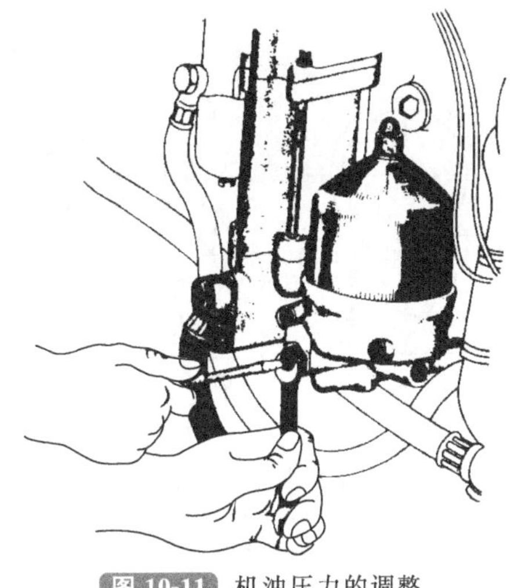

图 10-11 机油压力的调整

10.4.3 性能试验

标志内燃机性能的主要指标有效功率 N_e、有效扭矩 M_e表明了动力性，燃料消耗率 g_e表明了经济性。对于内燃机性能试验，主要测量上述参数。

（1）有效功率的测量

内燃机的有效功率 N_e，由公式 $N_e=M_en/9550$（kW）可知，在测定有效扭矩 M_e（N·m）及输出轴的转速 n（r/min）后，即可得出有效功率。

在内燃机试验台上，通常采用测功器来测量。测功器由制动器、测力机构及测速装置等部分组成。测功器按制动器工作原理的不同来分类，可分为水力测功器、电涡流测功器、机械测功器和空气动力测功器等。常用的是水力测功器和电涡流测功器。

① 水力测功器。水力测功器的主体是水力制动器，其基本原理是利用水分子间的相互摩擦，吸收内燃机输出的扭矩。其外形如图 10-12 所示，有测功器主体 4、摆锤式测力机构 1、测速装置 9 及底座 10 等部分。测功器主体（吸收扭矩）的结构如图 10-13 所示，其外壳由上壳 7、下壳 16 及左、右侧壳 12 构成空腔，左、右侧壳外端各装有端盖 4，端盖 4 装有滚动轴承 14，使定子可绕轴线摆动。转子 8 装在测功器轴 1 上，架在滚动轴承 13 上。

进行试验时，将内燃机的输出轴与测功器轴连接，打开进水阀，水流进入测功器的空腔。内燃机运转后，带动测功器的转子转动，转子上的搅水棒搅动水流形成环形涡流圈，水流与外壳内壁和阻水柱摩擦，形成阻力矩，与内燃机输出扭矩对应。作用在外壳的力矩，使外壳偏转，通过测力机构，可测出其作用力矩，即为内燃机的有效扭矩。由于水流吸收的功率转换为热能，使水温上升，因此要使水流循环散出热量，使水流出口处温度保持在 50～60℃之间。调节水流量，可改变测功器内的水面高度，以适应内燃机功率变化。

水力测功器的工作范围如图 10-14 所示。图中 A、B、C、D、E 线段围成的面积即为测功器的工作范围，被试内燃机的外特性曲线应在测功器的工作范围内。两者需选择匹配合适。

② 电涡流测功器。电涡流测功器由电涡流制动器和测力机构组成。电涡流制动器结构如图 10-15 所示。

电涡流制动器由转子部分、摆动部分和固定部分组成。转子部分是以转子轴 1 带动转子盘 3 转动的。摆动部分有涡流环 7、励磁线圈 6 和外环 5。固定部分有底座 18 和支架 2。

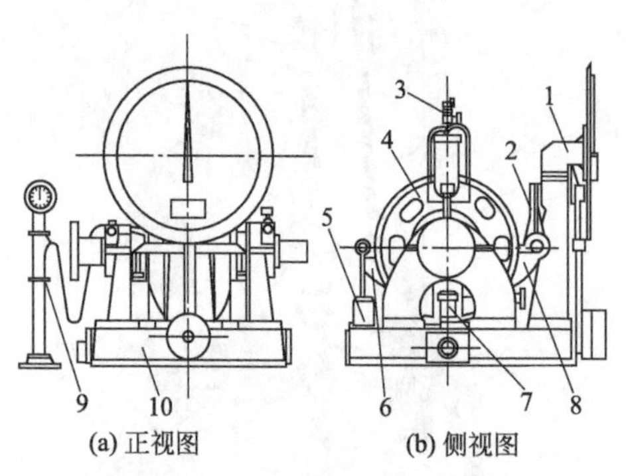

图 10-12 D系列水力测功器外形图

1—测力机构；2—连接杆；3—进水阀；4—测功器主体；5—减震器；6，8—耳环；7—排水阀；9—测速装置；10—底座

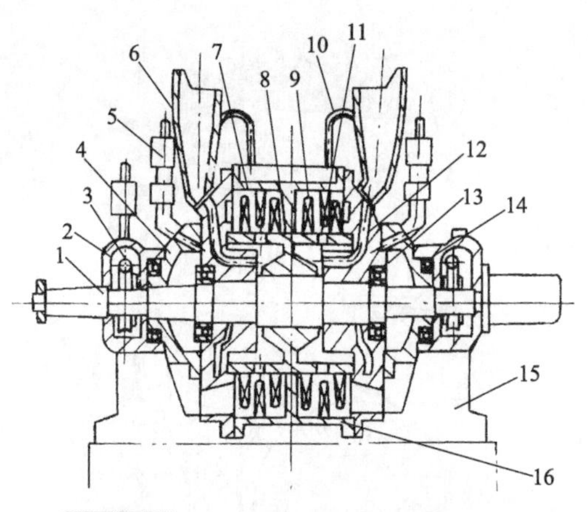

图 10-13 D系列水力测功器主体简图

1—测功器轴；2—轴承盖；3—蜗轮蜗杆；4—端盖；5—油杯；6—水斗；7—上壳；8—转子；9—搅水棒；10—通气管；11—阻水柱；12—侧壳；13，14—轴承；15—轴承座；16—下壳

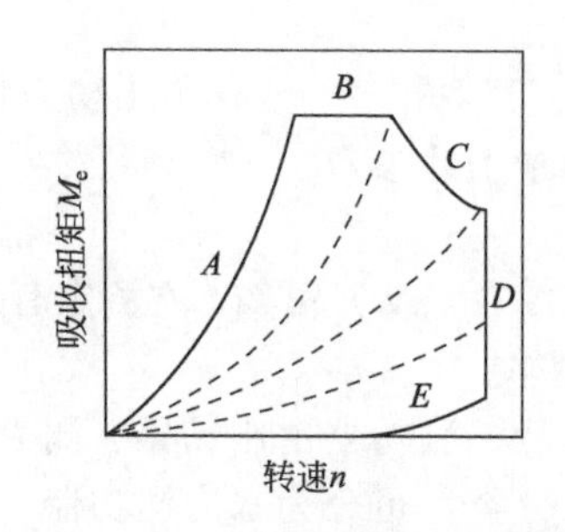

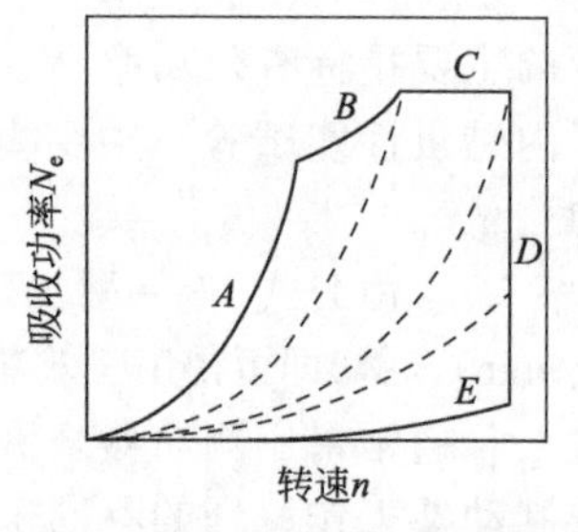

图 10-14 水力测功器工作范围图

线段 A—最大负荷调节位置（测功器内充满水）；线段 B—最大扭矩；线段 C—最大功率（最大允许出水温度）；线段 D—最高限制转速；线段 E—最小扭矩和功率（测功器内无水）

当励磁线圈中通入直流电时，产生磁场，磁力线通过转子盘、涡流环、摆动体外环和它们之间的空气隙而闭合。转子盘外圆上有均布的齿槽相间，转子盘外圆上的空气隙宽窄间隔均布。因此，转子盘外缘产生疏密相间的磁力线。当转子盘转动时，疏密相间的磁力线与转子盘同步旋转。对于涡流环内表面上的任一固定点，穿过它的磁力线发生周期性变化，就产生了电涡流。

电涡流在励磁磁场的作用下，受力方向与转动方向相同，使摆动体向转子转动的方向偏转，摆动体对转子产生制动扭矩。此制动扭矩由摆动体通过测力臂架 17 作用在扭矩传感器 16 上，将扭矩值信号输出。

转速信号是由安装在电涡流制动器转轴上的测速齿盘 11（一般有 60 个齿）产生脉冲信号的，与之对应安装的转速传感器 13 接收脉冲信号，输出转速信号。

内燃机输出的功率，可由测得的扭矩和转速，经自动测控系统精确“计算”后，由显示系统标出。

涡流环和转子盘都采用高导磁率、高电导率的纯铁制造，转子尺寸和质量与相同功率容量的直流电机要小得多，其结构简单，可在高转速下运行。

电涡流测功器的工作特性如图 10-16(c) 所示。从图中可看到，在低转速范围内，制动

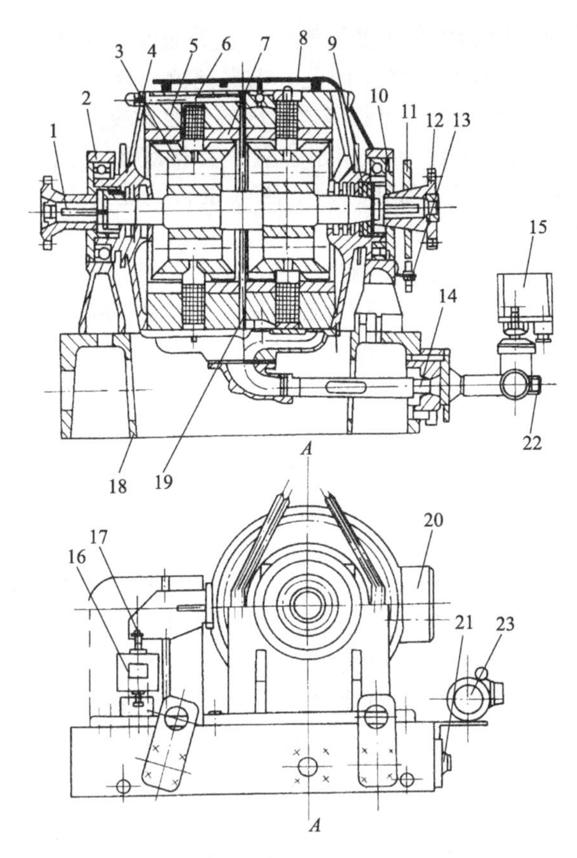

图 10-15 电涡流制动器结构图

1—转子轴；2—摆动体支架；3—转子盘；4—轴承座；5—外环；6—励磁线圈；7—涡流环；8—摆动排水管；9—主轴轴承；10—轴承端盖；11—测速齿盘；12—联轴器；13—转速传感器；14—摆动进水管；15—水压检测；16—扭矩传感器；17—测力臂架；18—底座；19—通风环；20—配重块；21—出水口法兰盘；22—回水口；23—油泵

力矩随励磁电流 I 和转速的增加而迅速增大。当电流 I 值一定时，在达到一定转速后，扭矩几乎不再增加；当转速不变时，扭矩随电流 I 值增加而增大，在电流 I 值增大到励磁线路的磁通饱和时，扭矩则不再增加。

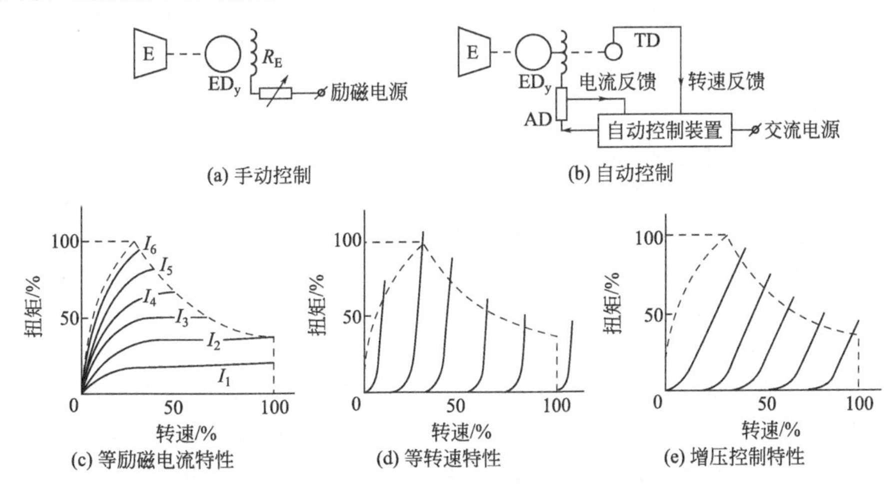

图 10-16 电涡流测功器的控制方式及其特性

E—发动机；ED_y—电涡流测功器；R_E—励磁调节电阻；TD—转速传感器；AD—电流传感器

在进行内燃机试验时，内燃机扭矩曲线随转速上升至某一转速区间，单纯增减励磁电流 I 来保持转速一定进行试验是很困难的。因此，电涡流测功器，除了用手动调整励磁电流的控制方式外，多附加自动控制装置，使励磁电流随转速自动变化。

不少电涡流测功器采用等电流自动控制装置，其接线示意图如图 10-16(a)、图 10-16(b) 所示，使励磁电流保持一定，与转速、电源电压和励磁线圈电阻的变化无关，电涡流测功器的工作特性曲线如图 10-16(c) 所示。

另有一种是自动等速控制方式。在测出转速偏离给定转速时，反馈到励磁回路中，使励磁电流急剧增减，保持恒定转速，其工作特性如图 10-16(d) 所示。

第三种是增压控制方式，它使励磁电流与转速成正比增加，其增加比例及调整范围可任意设定，其工作特性如图 10-16(e) 所示。

电涡流测功器所消耗的励磁功率很小，只需变动几安培励磁电流就能自由控制吸收的扭矩，这样，便能方便地实现控制自动化，有利于实现按预定规范试验和耐久性试验时无人操纵运转。

(2) 扭矩的测量

用扭矩仪来测量扭矩。其工作原理是通过测量轴（用特制的联轴器或利用实际的传动轴）传递扭矩时产生的扭转变形来测定扭矩值。扭转变形（扭转角）的测量，可采用机械、光学或电测等方法。下面介绍两种常用的扭矩仪。

① 相位差式扭矩仪。它利用了中间轴在弹性变形范围内，其相隔一定距离的两截面上产生的扭转角相位差与扭矩值成正比的工作原理。其原理如图 10-17 所示。在相距 L 的两截面上，装有两个性能相同的传感器，运转时，轴每转一圈，在传感器上产生一个脉冲信号，轴受到扭矩产生扭转变形，则从两个传感器上得到的两列脉冲波形中间有一个与扭转角成正比的相位差。将此相位差引入测量电路，经数据处理后，可显示其扭矩值。

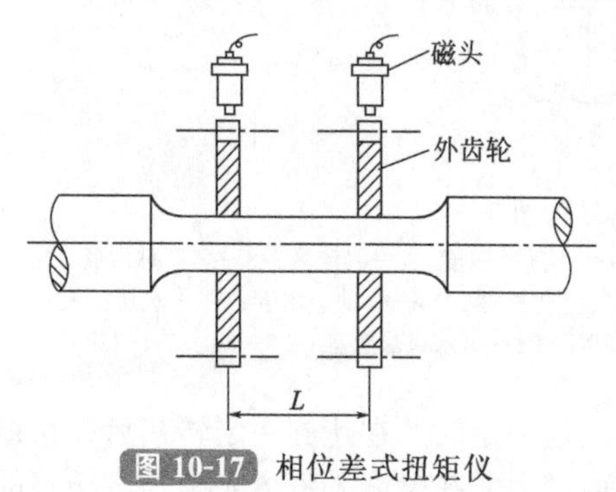

图 10-17 相位差式扭矩仪

② 应变式扭矩仪。它是利用应变原理来测量扭矩的，当转动轴受到扭矩时，只产生剪应力，在轴的外圆表面上的应力最大，两个主应力轴线成 45°或 135°夹角，把应变片粘贴在测点的主应力方向上测出应变值，由此能标示出扭矩值。

为了提高测量灵敏度，用 4 个应变片，按拉、压应力平均分配，4 个应变片组成全桥回路，保证测量为纯扭矩值。

(3) 转速的测量

测量转速的仪表种类较多。随着科学技术的迅速发展，现在多用非接触式电子与数字化测速仪表来测量。这类仪表体积小、质量轻、读数准确、使用方便、易于实现计算机屏幕显示和打印输出，能连续反映转速变化，能够测定发动机稳定工况下的平均转速，也能测定在特定条件下的瞬时转速。

① 磁电式转速传感器。如图 10-18 所示，它由齿轮和磁头组成。齿轮由导磁材料制成，有 Z 个齿，安装在被测轴上，磁头由永久磁铁和线圈构成，紧靠齿轮边缘约 2mm，齿轮每转一齿，切割一次磁力线，发出一次电脉冲信号，每转一圈，发出 Z 次电脉冲信号。磁电式转速传感器的结构简单，无须配置专门电源装置，发出的脉冲信号不因转速过高而减弱，在仪表显示范围内，可以测量高、中、低各种转速，具有广泛的使用场合。

② 红外测速传感器。图 10-19 所示的是测量近距离用的反射式红外传感器，它利用红外线发射管发射红外线射向转轴，并接收从转轴反射回来的红外线脉冲进行测速。这种红外

测速传感器可不受可见光的干扰。

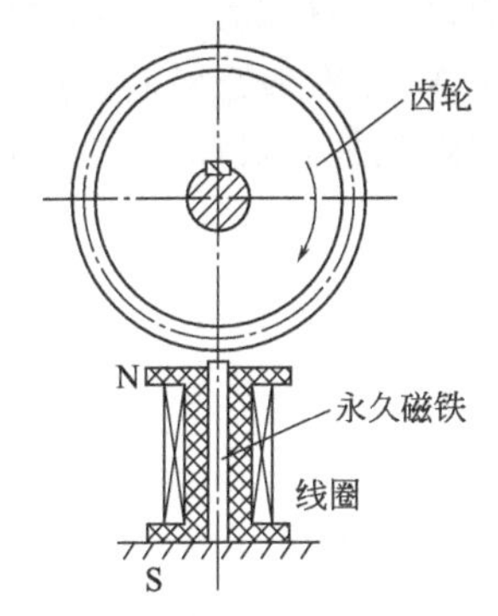

图 10-18 磁电式转速传感器

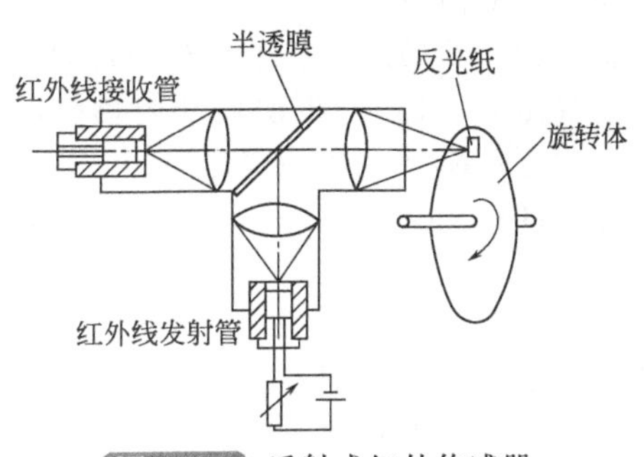

图 10-19 反射式红外传感器

（4）燃油消耗率的测定

燃油消耗率是通过测定在某一功率下消耗一定量燃油所经历的时间，经计算后得到的。常用的方法有称量法和容积法两种。

① 称量法。它是通过测定消耗一定质量的燃油所经历的时间来得到燃油消耗率的。其测量装置如图 10-20 所示。试验中以天平来称量杯中油量 m（g），用秒表测定消耗 m（g）燃油所需经历的时间 t（s），试验时，内燃机输出功率为 N_e（kW）。则用下列公式即可求得燃油消耗率。

$$g_e=\frac{3600m}{tN_e}[\mathrm{g/(kW \cdot h)}]$$

②容积法。它是通过测定消耗一定容积的燃油所经历的时间来得到燃油消耗率的。其测量装置如图 10-21 所示，在玻璃量瓶 4 的细颈处标有刻线，表明各油泡内的容积量。

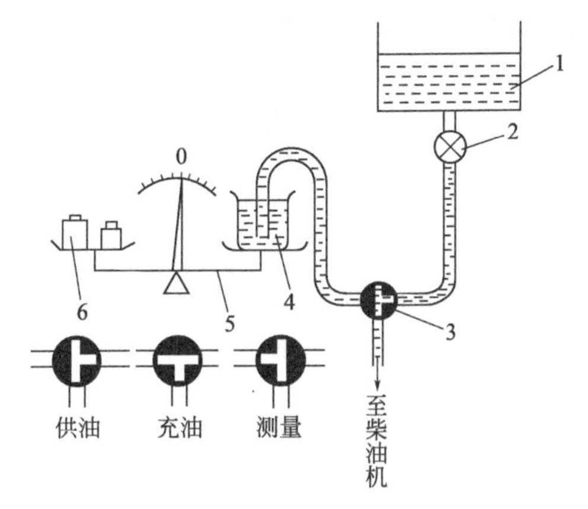

图 10-20 称量法测油耗示意图

1—油箱；2—开关；3—三通阀；4—油杯；5—天平；6—砝码

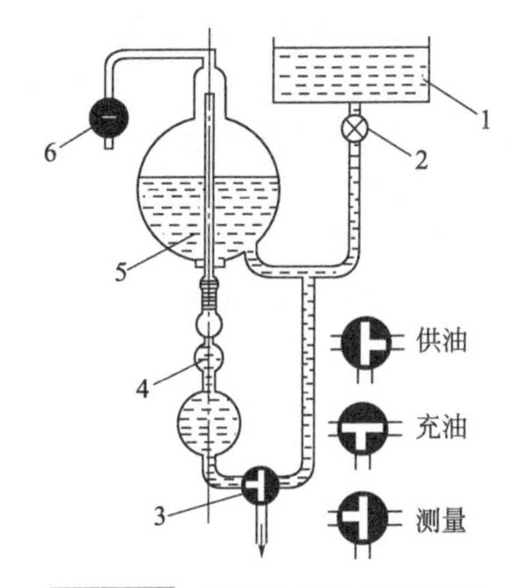

图 10-21 容积法测油耗示意图

1—油箱；2—开关；3—三通阀；4—玻璃量瓶；5—稳压泡；6—空气阀

试验时，调整内燃机输出功率为 N_e（kW）稳定工况，用秒表测定消耗 V（cm^3）燃油所经历的时间 t（s）。以燃油密度 γ（g/cm^3）计算消耗燃油量为 m（g）（$m=V\gamma$）。再用前述公式，即可算出燃油消耗率 g_e值。

（5）机油消耗率的测定

测定机油消耗率的目的主要是检查内燃机润滑系统的工作情况，其中包括内部的漏油情况。试验时，除记录内燃机的功率、电流、电压、频率、燃油和机油消耗量及试验时间等数据外，还应记录试验环境的温度、相对湿度、大气压力等以及试验所用的燃油和机油牌号。

试验前，给内燃机加入规定量的机油、水和燃油。启动内燃机，使其运行到油温达到使用说明书规定的数值或（85±5)℃后停机。转动曲轴，使第一缸的活塞处于上止点位置后，再转动曲轴3圈，然后放尽机油或放一定时间。之后，再给内燃机加入机油到规定值，记录这次加入的油量 m_1（g)。再次启动内燃机，使其在额定工况下运行12h后停机。停机后，按前面的方法放尽机油或放一定时间。

称出放出的机油量 m_2（g)。则机油消耗率 G_e[g/(kW·h)]：

$$G_e=\frac{m_1-m_2}{12P}$$

式中，P 为测定试验时内燃机的输出功率（一般用额定值)，kW。

上述测量试验应在标准环境下进行，否则应按GB/T 6072.1—2008《往复式内燃机 性能　第1部分：功率、燃料消耗和机油消耗的标定及试验方法　通用发动机的附加要求》中有关规定对试验结果进行修正。所谓标准环境状况是指：大气压为 10^5 Pa；空气相对湿度为30%；环境温度为25℃。

习题与思考题

1. 简述内燃机拆卸的一般原则和注意事项。
2. 简述4135柴油机的拆卸步骤。
3. 零件检验的主要方法有哪些?
4. 简述内燃机装配的主要要求、注意事项和装配原则。
5. 简述4135柴油机气缸盖总成和活塞连杆组总成的装配步骤。
6. 简述4135柴油机的装配步骤。
7. 什么是内燃机的冷磨合?什么是内燃机的热磨合?简述热磨合规范。
8. 简述4135柴油机气门间隙的检查与调整方法。
9. 简述4135柴油机喷油提前角（供油时间）的检查与调整方法。
10. 简述4135柴油机机油压力检查与调整方法。
11. 内燃机有功功率常用的测量方法有哪些?
12. 简述内燃机燃油消耗率的测量方法。

第11章 内燃机的使用与维护

内燃机性能的好坏、寿命的长短及其工作可靠性程度，除了与其设计、制造等因素有关外，在很大程度上还取决于使用者的使用方法正确与否，日常维护是否按规章制度落实，出现了故障是否及时处理等。可以说，正确的使用方法与维护保养措施是保证内燃机性能、寿命及其可靠性的最关键环节。本章以135系列柴油机为例讲述其使用、日常维护与常见故障检修，读者通过本章的学习，能基本掌握内燃机的使用、日常维护与常见故障检修技能，以达到举一反三、触类旁通的效果。

11.1 操作使用

11.1.1 燃油和机油的选用

在使用内燃机前，应根据使用环境条件选择合适型号的燃油（柴油/汽油）、机油和冷却液，汽油和冷却液的选用在前面相关章节已详述过，在此只讲述柴油和机油的选用。

（1）柴油的性能与选用

柴油机的主要燃料是柴油。柴油是石油经过提炼加工而成的，其主要特点是自燃点低、密度大、稳定性强、使用安全、成本较低，但其挥发性差，在环境温度较低时，柴油机启动困难。柴油的性质对柴油机的功率、经济性和可靠性都有很大影响。

① 柴油的主要性能。柴油不经外界引火而自燃的最低温度称为柴油的自燃温度。柴油的自燃性能是以十六烷值来表示的。十六烷值越高，表示自燃温度越低，着火越容易。但十六烷值过高或过低都不好。十六烷值过高，虽然着火容易，工作柔和，但稳定性能差，燃油消耗率大；十六烷值过低，柴油机工作粗暴。一般柴油机使用的柴油十六烷值为40～60。

柴油的黏度是影响柴油雾化性的主要指标。它表示柴油的稀稠程度和流动难易程度。黏度大，喷射时喷成的油滴大，喷射的距离长，但分散性差，与空气混合不均匀，柴油机工作时容易冒黑烟，耗油量增加。温度越低，黏度越大。反之则相反。

柴油的流动性能主要用凝点（凝固点）来表示。所谓凝点，是指柴油失去流动性时的温度。若柴油温度低于凝点，柴油就不能流动，供油会中断，柴油机就不能工作。因此，凝点的高低是选用柴油的主要依据之一。

② 柴油的规格与选用。GB 19147—2016/XG1—2018《车用柴油》将车用柴油按凝点分为六个牌号：

5号车用柴油：适用于风险率为10%的最低气温在8℃以上的地区使用；

0 号车用柴油：适用于风险率为 10%的最低气温在 4℃以上的地区使用；

−10 号车用柴油：适用于风险率为 10%的最低气温在−5℃以上的地区使用；

−20 号车用柴油：适用于风险率为 10%的最低气温在−14℃以上的地区使用；

−35 号车用柴油：适用于风险率为 10%的最低气温在−29℃以上的地区使用；

−50 号车用柴油：适用于风险率为 10%的最低气温在−44℃以上的地区使用。

车用柴油（Ⅵ）技术要求和试验方法见表 11-1。

表 11-1 车用柴油(Ⅵ)技术要求和试验方法(摘自 GB 19147—2016/XG1—2018)

项目	5 号	0 号	−10 号	−20 号	−35 号	−50 号	试验方法
氧化安定性(以总不溶物计)/(mg/100mL)	不大于 2.5						SH/T 0175
硫含量①/(mg/kg)	不大于 10						SH/T 0689
酸度(以 KOH 计)/(mg/100mL)	不大于 7						GB/T 258
10%蒸余物残炭②(质量分数)/%	不大于 0.3						GB/T 17144
灰分(质量分数)/%	不大于 0.01						GB/T 508
铜片腐蚀(50℃、3h)/级	不大于 1						GB/T 5096
水分③	无						GB/T 260
润滑性校正磨痕直径(60℃)/μm	不大于 460						SH/T 0765
多环芳烃含量④(质量分数)/%	不大于 7						SH/T 0806
总污染物含量/(mg/kg)	不大于 24						GB/T 33400
运动黏度⑤(20℃)/(mm^2/s)	3.0～8.0		2.5～8.0		1.8～7.0		GB/T 265
凝点(不高于)/℃	5	0	−10	−20	−35	−50	GB/T 510
冷滤点(不高于)⑥/℃	8	4	−5	−14	−29	−44	SH/T 0248
闪点(闭口)(不低于)/℃	60			50	45		GB/T 261
十六烷值(不小于)	51			49	47		GB/T 386
十六烷值指数⑦(不小于)	46			46	43		SH/T 0694
馏程 50%回收温度/℃	不高于 300						GB/T 6536
馏程 90%回收温度/℃	不高于 355						
馏程 95%回收温度/℃	不高于 365						
密度(20℃)⑧/(kg/m^3)	810～845			790～840			GB/T 1884 GB/T 1885
脂肪酸甲酯含量⑨(体积分数)/%	不大于 1.0						NB/SH/T 0916

① 也可采用 GB/T 11140 和 ASTM D7039 方法测定，结果有争议时，以 SH/T 0689 的方法为准。

② 也可采用 GB/T 268，结果有争议时，以 GB/T 17144 的方法为准。若车用柴油中含有硝酸酯型十六烷值改进剂，10%蒸余物残炭的测定应用不加硝酸酯的基础燃料进行(10%蒸余物残炭简称残炭。残炭是在规定的条件下，燃料在球形物中蒸发和热烈解后生成炭沉积倾向的量度。它可在一定程度上大致反映柴油在喷油嘴和气缸零件上形成积炭的倾向)。

③ 可用目测法，即将试样注入 100mL 玻璃量筒中，在室温(20℃±5℃)下观察，应当透明，没有悬浮和沉降的水分。也可采用 GB 11133 和 SH/T 0246 测定，结果有争议时，以 GB/T 260 方法为准。

④ 也可采用 SH/T 0606 进行测定，结果有争议时，以 SH/T 0806 方法为准。

⑤ 也可采用 GB/T 30515 进行测定，结果有争议时，以 GB/T 265 方法为准。

⑥ 冷滤点是指在规定条件下，当试油通过过滤器每分钟不足 20mL 时的最高温度。

⑦ 十六烷指数的计算也可采用 GB/T 11139。结果有争议时，以 GB/T 386 方法为准。

⑧ 也可采用 SH/T 0604 进行测定，结果有争议时，以 GB/T 1884 和 GB/T 1885 的方法为准。

⑨ 脂肪酸甲酯应满足 GB/T 20828 要求。也可采用 GB/T 23801 进行测定，结果有争议时，以 NB/SH/T 0916 方法为准。

注：铁路内燃机车用柴油要求十六烷值不小于 45，十六烷指数不小于 43，密度和多环芳烃含量项目指标为“报告”。

（2）机油的性能与选用

内燃机油的详细分类是根据产品特性、使用场合和使用对象划分的。每一个品种由两个大写英文字母及数字组成的代号表示。当第一个字母为“S”时，代表汽油机油；“GF”代表以汽油为燃料的，具有燃料经济性要求的乘用车发动机机油，第一个字母与第二个字母或第一个字母与第二个字母及其后的数字相结合代表质量等级。当代号的第一个字母为“C”时，代表柴油机油，第一个字母与第二个字母相结合代表质量等级，其后的数字 2 或 4 分别代表二冲程或四冲程柴油发动机。所有产品代号不包括农用柴油机油。各品种内燃机油的主要性能和使用场合见表 11-2。

表 11-2 内燃机油的分类(摘自 GB/T 28772—2012《内燃机油分类》)

应用范围	品种代号	特性和使用场合
汽油机油	SE	用于轿车和某些货车的汽油机以及要求使用 API SE 级油的汽油机
	SF	用于轿车和某些货车的汽油机以及要求使用 API SF、SE 级油的汽油机。此种油品的抗氧化和抗磨损性能优于 SE,同时还具有控制汽油机沉积、锈蚀和腐蚀的性能,并可代替 SE
	SG	用于轿车、货车和轻型卡车的汽油机以及要求使用 API SG 级油的汽油机。SG 质量还包括 CC 或 CD 的使用性能。此种油品改进了 SF 级油控制发动机沉积物、磨损和油的氧化性能,同时还具有抗锈蚀和腐蚀的性能,并可代替 SF、SF/CD、SE 或 SE/CC
	SH、GF-1	用于轿车、货车和轻型卡车的汽油机以及要求使用 API SH 级油的汽油机。此种油品在控制发动机沉积物、油的氧化、磨损、锈蚀和腐蚀等方面的性能优于 SG,并可代替 SG GF-1 与 SH 相比,增加了对燃料经济性的要求
	SJ、GF-2	用于轿车、运动型多用途汽车、货车和轻型卡车的汽油机以及要求使用 API SJ 级油的汽油机。此种油品在挥发性、过滤性、高温泡沫性和高温沉积物控制等方面的性能优于 SH。可代替 SH,并可在 SH 以前的“S”系列等级中使用 GF-2 与 SJ 相比,增加了对燃料经济性的要求,GF-2 可代替 GF-1
	SL、GF-3	用于轿车、运动型多用途汽车、货车和轻型卡车的汽油机以及要求使用 API SI 级油的汽油机。此种油品在挥发性、过滤性、高温泡沫性和高温沉积物控制等方面的性能优于 SJ。可代替 SJ,并可在 SJ 以前的“S”系列等级中使用 GF-3 与 SL 相比,增加了对燃料经济性的要求,GF-3 可代替 GF-2
	SM、GF-4	用于轿车、运动型多用途汽车、货车和轻型卡车的汽油机以及要求使用 API SM 级油的汽油机。此种油品在高温氧化和清净性能、高温磨损性能以及高温沉积物控制等方面的性能优于 SL。可代替 SL,并可在 SL 以前的“S”系列等级中使用 GF-4 与 SM 相比,增加了对燃料经济性的要求,GF-4 可代替 GF-3
	SN、GF-5	用于轿车、运动型多用途汽车、货车和轻型卡车的汽油机以及要求使用 API SN 级油的汽油机。此种油品在高温氧化和清净性能、低温油泥以及高温沉积物控制等方面的性能优于 SM。可代替 SM,并可在 SM 以前的“S”系列等级中使用 对于资源节约型 SN 油品,除具有上述性能外,强调燃料经济性、对排放系统和涡轮增压器的保护以及与含乙醇最高达 85%的燃料的兼容性能 GF-5 与资源节约型 SN 相比,性能基本一致,GF-5 可代替 GF-4
柴油机油	CC	用于中负荷及重负荷下运行的自然吸气、涡轮增压和机械增压式柴油机以及一些重负荷汽油机。对于柴油机具有控制高温沉积物和轴瓦腐蚀的性能,对于汽油机具有控制锈蚀、腐蚀和高温沉积物的性能
	CD	用于需要高效控制磨损及沉积物或使用高硫燃料自然吸气、涡轮增压和机械增压的柴油机以及要求使用 API CD 级油的柴油机。具有控制轴瓦腐蚀和高温沉积物的性能,并可代替 CC
	CF	用于非道路间接喷射式柴油发动机和其他柴油发动机,也可用于需要有效控制活塞沉积物、磨损和含铜轴瓦腐蚀的自然吸气、涡轮增压和机械增压式柴油机。能够使用硫的质量分数大于 0.5%的高硫柴油燃料,并可代替 CD
	CF-2	用于需高效控制气缸、环表面胶合和沉积物的二冲程柴油发动机

续表

应用范围	品种代号	特性和使用场合
柴油机油	CF-4	用于高速、四冲程柴油发动机以及要求使用 API CF-4 级油的柴油机，特别适用于高速公路行驶的重负荷卡车，并可代替 CD
	CG-4	用于可在高速公路和非道路使用的高速、四冲程柴油发动机。能够使用硫的质量分数小于0.05%～0.5%的柴油燃料。此种油品可有效控制高温活塞沉积物、磨损、腐蚀、泡沫、氧化和烟炱的累积，并可代替 CF-4 和 CD
	CH-4	用于高速、四冲程柴油发动机。能够使用硫的质量分数不大于0.5%的柴油燃料。即使在不利的应用场合，此种油品可凭借其在磨损控制、高温稳定性和烟炱控制方面的特性有效地保持发动机的耐久性；对于非铁金属的腐蚀、氧化和不溶物的增稠、泡沫性以及由于剪切所造成的黏度损失可提供最佳的保护。其性能优于 CG-4，并可代替 CG-4
	CI-4	用于高速、四冲程柴油发动机。能够使用硫的质量分数不大于0.5%的柴油燃料。此种油品在装有废气再循环装置的系统里使用可保持发动机的耐久性。对于腐蚀性和与烟炱有关的磨损倾向、活塞沉积物以及由于烟炱累积所引起的黏温性变差、氧化增稠、机油消耗、泡沫性、密封材料的适应性降低和由于剪切所造成的黏度损失可提供最佳的保护。其性能优于 CH-4，并可代替 CH-4
	CJ-4	用于高速、四冲程柴油发动机。能够使用硫的质量分数不大于0.05%的柴油燃料。对于使用废气后处理系统的发动机，如使用硫的质量分数大于0.0015%的燃料，可能会影响废气后处理系统的耐久性和/或机油的换油期。此种油品在装有微粒过滤器和其他后处理系统里使用可特别有效地保持排放控制系统的耐久性。对于催化剂中毒的控制、微粒过滤器的堵塞、发动机磨损、活塞沉积物、高低温稳定性、烟炱处理特性、氧化增稠、泡沫性和由于剪切所造成的黏度损失可提供最佳的保护。其性能优于 CI-4，并可代替 CI-4
	农用柴油机油	用于以单缸柴油机为动力的三轮汽车（原三轮农用运输车）、手扶变型运输机、小型拖拉机，还可用于其他以单缸柴油机为动力的小型农机具，如抽水机、发电机（组）等。具有一定的抗氧、抗磨性能和清净分散性能

根据 SAE（美国机动车工程师学会）黏度分类法，GB 11121—2006《汽油机油》和 GB 11122—2006《柴油机油》将内燃机油分为：

① 5 种低温（冬季，W——winter）黏度级号：0W、5W、10W、15W 和 20W。W 前的数字越小，则其黏度越小，低温流动性越好，适用的最低温度越低。

② 5 种夏季用油：20、30、40、50 和 60，数字越大，黏度越大，适用的气温越高。

③ 16 种冬夏通用油：0W/20、0W/30 和 0W/40；5W/20、5W/30、5W/40 和 5W/50；10W/30、10W/40 和 10W/50；15W/30、15W/40 和 15W/50；20W/40、20W/50 和 20W/60。代表冬用部分的数字越小、代表夏用的数字越大，则黏度特性越好，适用的气温范围越大。

目前，内燃机油产品标记为：质量等级＋黏度等级＋柴（汽）油机油。如 CD 10W-30 柴油机油、CC 30 柴油机油以及 CF15W-40 柴油机油等。通用内燃机油产品标记为：柴油机油质量等级/汽油机油质量等级＋黏度等级＋通用内燃机油或汽油机油质量等级/柴油机油质量等级＋黏度等级＋通用内燃机油。例如，CF-4/SJ 5W-30 通用内燃机油或 SJ/CF-4 5W-30 通用内燃机油，前者表示其配方首先满足 CF-4 柴油机油要求，后者表示其配方首先满足 SJ 汽油机油要求，两者均同时符合 GB 11122—2006《柴油机油》中 CF-4 柴油机油和 GB 11121—2006《汽油机油》中 SJ 汽油机油的全部质量指标。

11.1.2 发动机的启封

为了防止柴油机锈蚀，产品出厂时，其内外均已油封，因此，新机组安装完毕，符合安装技术要求后，必须先启封才能启动，否则容易使机组产生故障。

除去油封的方法步骤如下：

① 将柴油加热到50℃左右，用以除去发动机外部的防锈油。

② 打开机体及燃油泵上的门盖板，观察内部有否锈蚀或其他不正常的现象。

③ 人工盘动曲轴慢慢旋转，观察曲轴连杆和燃油泵凸轮轴以及柱塞的运动，应无卡滞或不灵活的现象。并将操纵调速手柄由低速到高速位置来回移动数次，观察齿条与芯套的运动应无卡滞现象。

④ 将水加热到90℃以上，然后从水套出水口处不断地灌入，由气缸体侧面的放水开关（或水泵进水口）流出，连续进行2～3h，并间断地摇转曲轴，使活塞顶、气缸套表面及其他各处的防锈油溶解流出。

⑤ 用清洁柴油清洗油底壳，并按要求换入规定牌号的新机油。燃油供给与调速系统、冷却与润滑系统和启动充电系统等均应按说明书要求进行清洁检查，并加足规定牌号的柴油和清洁的冷却水，充足启动蓄电池，做好开机前的准备工作。

11.1.3 启动前的检查

① 检查发动机表面是否彻底清洗干净；地脚螺母、飞轮螺钉及其他运动机件螺母有无松动现象，发现问题及时紧固。

② 检查各部分间隙是否正确，尤其应仔细检查各进、排气门的间隙及减压机构间隙是否符合要求。

③ 将各气缸置于减压位置，转动曲轴检听各缸机件运转的声音有无异常，观察曲轴转动是否自如，同时将机油泵入各摩擦面，然后关上减压机构，摇动曲轴，检查气缸是否漏气，如果摇动曲轴时，感觉很费力，表示压缩正常。

④ 检查燃油供给系统的情况。

a. 检查燃油箱盖上的通气孔是否畅通，若孔中有污物应清除干净。检查加入的柴油是否是符合要求的牌号，油量是否充足，并打开油路开关。

b. 打开减压机构摇转曲轴，每个气缸内有清脆的喷油声音，表示喷油良好。若听不到喷油声不来油，可能油路中有空气，此时可旋松柴油滤清器和喷油泵的放气螺钉，以排除油路中的空气。

c. 检查油管及接头处有无漏油现象，发现问题及时处理解决。

d. 向喷油泵、调速器内加注机油至规定油平面。

⑤ 检查冷却系统的情况。

a. 检查水箱内的冷却水量是否充足，若水量不足，应加足清洁的软水。

b. 检查水管接头处有无漏水现象，发现问题及时处理解决。

c. 检查冷却水泵的叶轮转动是否灵活，传动皮带松紧是否适当。

⑥ 检查润滑系统的情况

a. 检查机油管及管接头处有无漏油现象，发现问题及时处理解决。

b. 装有黄油嘴处应注入规定的润滑脂。

c. 检查油底壳的机油量，将曲轴箱旁的量油尺抽出，观察机油面的高度是否符合规定的要求，否则应随季节和地域的不同添加规定牌号的机油。在检查时，若发现油面高度在规定高度以上时，应认真分析机油增多的原因，通常有三方面的原因：加机油时，加得过多；柴油漏入曲轴箱，将机油冲稀；冷却水漏入机油中。

⑦ 检查电启动系统情况。

a. 先检查启动蓄电池电解液密度是否在1.240～1.280kg/L范围内，若密度小于1.180kg/L

时，表明蓄电池电量不足；

b. 检查电路接线是否正确；

c. 检查蓄电池接线柱上有无积污或氧化现象，应将其打磨干净；

d. 检查启动电机及电磁操纵机构等电气接触是否良好。

此外，如果柴油机与交流同步发电机组成柴油发电机组，还需对发电机进行检查：

a. 交流发电机与柴油机的耦合，要求联轴器的平行度和同心度均应小于 0.05mm。实际使用时要求可略低些，约在 0.1mm 以内，过大会影响轴承的正常运转，导致损坏，耦合好后要用定位销固定。安装前要复测耦合情况。

b. 滑动轴承的发电机在耦合时，发电机中心高度要调整得比柴油机中心略低些，这样柴油机上的飞轮的重量就不会转移到发电机轴承上，否则发电机轴承将额外承受柴油机飞轮的重量，不利于滑动轴承油膜的形成，导致滑动轴承发热，甚至烧毁轴承。这类发电机的联轴器上也不能带任何重物。

c. 安装发电机时，要保证冷却空气入口处畅通无阻，并要避免排出的热空气再进入发电机。如果通风盖上有百叶窗，则窗口应朝下，以满足保护等级的要求。

d. 单轴承发电机的机械耦合要特别注意定、转子之间的气隙要均匀。

e. 按原理图或接线图，选择合适的电力电缆，用铜接头来接线。铜接头与汇流排、汇流排与汇流排固紧后，其接头处局部间隙不得大于 0.05mm，导线间的距离要大于 10mm，还需加装必要的接地线。

f. 发电机出线盒内接线端头上打有 U、V、W、N 印记，它不表示实际的相序，实际的相序取决于旋转方向。合格证上印有“$\overrightarrow{\mathrm{UVW}}$”表示顺时针旋转时的实际相序，“$\overleftarrow{\mathrm{VUW}}$”即表示逆时针旋转时的实际相序。

11.1.4 启动过程

135 系列柴油机的启动性能与柴油机的缸数、压缩比、启动时的环境温度、选用油料的规格和有否预热措施等有关。一般分为不带辅助措施的常规启动和采用带辅启动助措施的低温启动两种，现分述如下。

（1）常规启动

4135G、4135AG、6135G、6135AG、6135G-1、6135AZG 和 6135JZ 型柴油机可以在不低于 0℃的环境温度下顺利启动；12V135、12V135AG、12V135AG-1 和 12V135JZ 型柴油机可以在不低于 5℃的环境温度下顺利启动。

① 脱开柴油机与负载联动装置。

② 将喷油泵调速器操纵手柄推到空载，转速为 700r/min 左右的位置。

③ 将电钥匙打开（4 缸柴油机无电钥匙，12 缸 V 形柴油机电钥匙转向“右”位），按下启动按钮，使柴油机启动。如果在 10s 内未能启动，应立即释放按钮，过 2min 后再做第 2 次启动。如连续三次不能启动时，应停止启动，找出原因并排除故障后再行启动。

④ 柴油机启动成功后，应立即释放按钮，将电钥匙拨回至中间位置（12 缸 V 形柴油机应转向“左”位，接通充电回路），同时注意机油压力表的读数，机油压力表必须在启动后 15s 内显示读数，其读数应大于 0.05MPa（0.5kgf/cm^2），然后让柴油机空载运转 3～5min，并检查柴油机各部分运转是否正常。例如可用手指感触配气机构运动件的工作情况，或掀开柴油机气缸盖罩壳，观察摇臂等润滑情况，然后才允许加速及带负荷运转。

柴油机启动后，其空载运转时间不宜超过 5min，即可逐步增加转速至额定值，并进入部分负荷的运转。待柴油机的出水温度高于 75℃、机油温度高于 50℃、机油压力高于

0.25MPa（2.5kgf/cm²）时，才允许进入全负荷运转。

（2）低温启动

低温启动是指在低于各机型规定的最低环境温度下的启动。启动时，用户应根据实际使用的环境温度采用相应的低温启动辅助措施。然后按常规启动的步骤进行。一般采取的低温启动辅助措施有如下几种。

① 将柴油机的机油和冷却液预热至60～80℃。

② 在进气管内安置预热进气装置或在进气管口采用简单的点火加热进气的方法（采用此法务须注意安全）。

③ 提高机房的环境温度。

④ 选用适应低温需要的柴油、机油和冷却液。

⑤ 对蓄电池采取保温措施或加大容量或采用特殊的低温蓄电池。

低温启动后，柴油机转速的增加应尽可能缓慢，以确保轴承得到足够的润滑，并使油压稳定，以延长发动机的使用寿命。

11.1.5 注意事项

（1）柴油机的正常使用

柴油机投入正常使用后，应经常注视所有仪表的指示值和观察整机运行动态；要经常检查冷却系统和各部分润滑油的液面，如发现不符规定要求或出现渗漏时，应即给予补充或检查原因予以排除。在运行过程中，特别是当突减负荷时，应注意防止因调速器失灵使柴油机转速突然升高而超过规定值（俗称“飞车”），一旦出现此类情况，应先迅速采取紧急停车的措施，然后查清原因，予以修理。

（2）柴油机与工作机械功率的匹配

用户选用柴油机时不仅应考虑与之配套的工作机械所需功率的大小，还必须考虑工作机械的负荷率，比如是间歇使用，还是连续使用。同时要考虑工作机械的运行经济性，即负载的工作特性和柴油机的特性必须合理匹配。因此柴油机功率的正确标定和柴油机与工作机械特性的合理匹配乃是保证柴油机可靠、长寿命以及经济运行的前提，否则将可能使柴油机超负荷运行和产生不必要的故障；或负载功率过小，柴油机功率不能得到充分的运用，这样既不经济并且易产生窜机油等弊病。

（3）柴油机在高原地区的使用

柴油机在高原地区使用与在平原地区的情况不同，给柴油机在性能和使用方面带来一些变化，在高原地区使用柴油机应注意以下几点：

① 由于高原地区气压低，空气稀薄，含氧量少，特别对自然吸气的柴油机，因进气量不足而燃烧条件变差，使柴油机不能发出其标定功率。即使柴油机基本结构相同，但各型柴油机标定功率不同，因此它们在高原工作的能力是不一样的。例如，6135Q-I型柴油机，标定功率为161.8kW/(2200r/min)，由于其标定功率大，性能余量很小，则在高原使用时每升高1000m，功率降低12%左右，因此在高原长期使用时应根据当地的海拔高度，适当减小其供油量。而6135K-II型柴油机，虽然燃烧过程相同，但因标定功率仅为117.7kW/(2200r/min)，因此性能上具有足够的余量，这样柴油机本身就有一定的高原工作能力。

考虑到在高原条件下着火延迟的倾向，为了提高柴油机的运行经济性，一般推荐自然吸气柴油机供油提前角应适当提前。

由于海拔升高，动力性下降，排气温度上升，因此用户在选用柴油机时也应考虑柴油机的高原工作能力，严格避免超负荷运行。

根据近年来的试验证明，对高原地区使用的柴油机，可采用废气涡轮增压的方法作为高原的功率补偿。通过废气涡轮增压不但可弥补高原功率的不足，还可改善烟色、恢复动力性能和降低燃油消耗率。

② 随着海拔升高，环境温度亦比平原地区要低，一般每升高 1000m，环境温度约要下降 0.6℃左右，外加因高原空气稀薄，因此，柴油机的启动性能要比平原地区差。在使用过程中，应采取与低温启动相应的辅助启动措施。

③ 因海拔升高，水的沸点降低，同时冷空气的风压和冷却空气质量减少，以及每千瓦在单位时间内散热量的增加，因此冷却系统的散热条件要比平原差。一般在高海拔地区不宜采用开式冷却循环，可采用加压的闭式冷却系统，以提高高原使用时冷却液的沸点。

(4) 增压柴油机的使用特点

① 在某些增压机型上，为了进一步改善其低温启动性能，在柴油机的进气管上还设有进气预热装置，低温启动时，应正确使用。

② 柴油机启动后，必须待机油压力升高后才可加速，否则易引起增压器轴承烧坏；特别是当柴油机更换润滑油、清洗增压器和滤清器或更换滤芯元件以及停车一星期以上者，启动后在惰转状态下，将增压器上的进油接头拧松一些，待有润滑油溢出后拧紧，再惰转几分钟后方可加负荷。

③ 柴油机应避免长时间怠速运转，否则容易引起增压器内的机油漏入压气机而导致排气管喷机油的现象。

④ 对新的柴油机或调换增压器后，必须卸下增压器上的进油管接头，加注 50～60mL 的机油，防止启动时因缺机油而烧坏增压器轴承。

⑤ 柴油机停车前，须怠速运转 2～3min，在非特殊情况下，不允许突然停车，以防因增压器过热而造成增压器轴承咬死。

⑥ 要经常利用柴油机停车后的瞬间监听增压器叶轮与壳体之间是否有碰擦声，如有碰擦声，应立即拆开增压器，检查轴承间隙是否正常。

⑦ 必须保持增压柴油机进、排气管路的密封性，否则将影响柴油机的性能。应经常检查固紧螺母或螺栓是否松动，胶管夹箍是否夹紧，必要时应更换密封垫片。

11.1.6 停车方法

(1) 正常停车

① 停车前，先卸去负荷，然后调节调速器操纵手柄，逐步降低转速至 750r/min 左右，运转 3～5min 后再拨动停车手柄停车；尽可能不要在全负荷状态下很快将柴油机停下，以防出现发动机过热等事故。

② 对 12 缸 V 形柴油机，停车后应将电钥匙由“左”转向“中间”位置，以防止蓄电池电流倒流。在寒冷地区运行而需停车时，应在停车后待机温冷却至常温（25℃）左右时，打开机体侧面、淡水泵、机油冷却器（或冷却水管）及散热器等处的放水阀，放尽冷却水以防止冻裂。若用防冻冷却液时则不需打开放水阀。

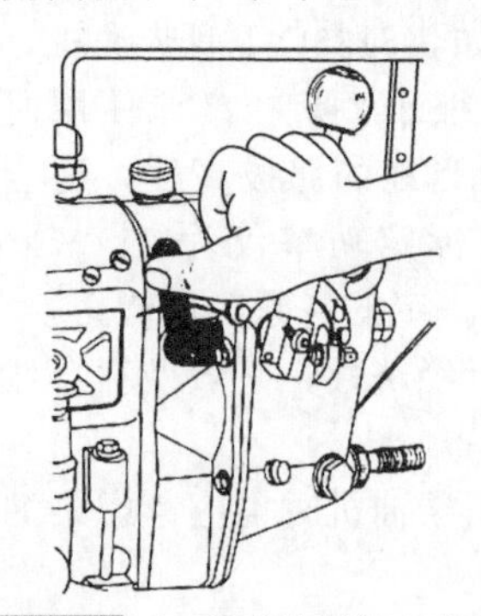

图 11-1 B型喷油泵紧急停车

③ 对需要存放较长时间的柴油机，在最后一次停车时，应将原用的机油放掉，换用封存油，再运转 2min 左右进行封存。如使用的是防冻冷却液，亦应放出。

(2) 紧急停车

在紧急或特殊情况下，为避免柴油机发生严重事故可采取紧急停车。此时应按图 11-1 所示的方向向右拨动紧急停车手柄，即可达到目的。在上述操作无效的情况下，应立即用手或其他器具完全堵住空气滤清器进口，达到立即停车的目的。

11.2 维护保养

柴油机的正确保养，特别是预防性的保养，是最经济的保养方法，是延长设备使用寿命和降低使用成本的关键。首先必须做好柴油机使用过程中的日报工作，根据使用者所反映的情况，及时作好必要的调整和修理。据此并参照柴油机使用说明书的内容、特殊工作情况及使用经验，制订出不同的保养日程表。

日报表的内容一般有如下几个方面：每班工作的日期和起止时间；常规记录所有仪表的读数；功率使用情况；燃油、机油与冷却液有否渗漏或超耗；排气烟色和声音有否异常以及发生故障前后情况及其处理意见。

柴油机的保养分级如下：

日常维护（每班工作）；

一级技术保养（累计工作 100h 或每隔一个月）；

二级技术保养（累计工作 500h 或每隔六个月）；

三级技术保养（累计工作 1000～1500h 或每隔一年）。

无论进行何种保养，都应有计划、有步骤地进行拆检和安装，并合理地使用工具，用力要适当，解体后的各零部件表面应保持清洁，并涂上防锈油或油脂以防止生锈；注意可拆零件的相对位置、不可拆零件的结构特点以及装配间隙和调整方法。同时应保持柴油机及附件的清洁完整。

11.2.1 日常维护

日常维护项目以及维护程序可按表 11-3 所示进行。

表 11-3 柴油机的日常维护

序号	保养项目	进行程序
1	检查燃油箱燃油量	观察燃油箱存油量，根据需要添足
2	检查油底壳中机油平面	油面应达到机油标尺上的刻线标记，不足时，应加到规定量
3	检查喷油泵调速器机油平面	油面应达到机油标尺上的刻线标记，不足时应添足
4	检查三漏（水、油、气）情况	消除油、水管路接头等密封面的漏油、漏水现象；消除进排气管、气缸盖垫片处及涡轮增压器的漏气现象
5	检查柴油机各附件的安装情况	包括各附件的安装的稳固程度，地脚螺钉及与工作机械相连接的牢靠性
6	检查各仪表	观察读数是否正常，否则应及时修理或更换
7	检查喷油泵传动连接盘	连接螺钉是否松动，否则应重新校喷油提前角并拧紧连接螺钉
8	清洁柴油机及附属设备外表	用干布或浸柴油的干抹布揩去机身、涡轮增压器、气缸盖罩壳、空气滤清器等表面上的油渍、水和尘埃；擦净或用压缩空气吹净充电发电机、散热器、风扇等表面上的尘埃

11.2.2 一级技术保养

除日常维护项目外，尚须增添的工作如表 11-4 所示。

表 11-4 柴油机的一级技术保养

序号	保养项目	进行程序
1	检查电池电压和电解液密度	用密度计测量电解液密度，此值应为 1.28～1.30kg/L（环境温度为20℃时），一般不应低于 1.27kg/L。同时液面应高于极板 10～15mm，不足时应加注蒸馏水
2	检查三角橡胶带的张紧程度	按皮带张紧调整方法，检查和调整皮带松紧程度
3	清洗机油泵吸油粗滤网	拆开机体大窗口盖板，扳开粗滤网弹簧锁片，拆下滤网放在柴油中清洗，然后吹净
4	清洗空气滤清器	惯性油浴式空气滤清器应清洗钢丝绒滤芯，更换机油；盆（旋风）式滤清器，应清除集尘盘上的灰尘，对纸质滤芯应进行保养
5	清洗通气管内的滤芯	将机体门盖板加油管中的滤芯取出，放在柴油或汽油中清洗吹净，浸上机油后装上
6	清洗燃油滤清器	每隔 200h 左右，拆下滤芯和壳体，在柴油或煤油中清洗或换芯子，同时应排除水分和沉积物
7	清洗机油滤清器	一般每隔 200h 左右进行 ① 清洗绕线式粗滤器滤芯 ② 对刮片式滤清器，转动手柄清除滤芯表面油污，或放在柴油中刷洗 ③ 将离心式精滤器转子放在柴油或煤油中清洗
8	清洗涡轮增压器的机油滤清器及进油管	将滤芯及管子放在柴油或煤油中清洗，然后吹干，以防止被灰尘和杂物沾污
9	更换油底壳中的机油	根据机油使用状况（油的脏污和黏度降低程度）每隔 200～300h 更换一次
10	加注润滑油或润滑脂	对所有注油嘴及机械式转速表接头等处，加注符合规定的润滑脂或机油
11	清洗冷却水散热器	用清洁的水通入散热器中，清除其沉淀物质至干净为止

11.2.3 二级技术保养

除一级技术保养项目外，尚须增添的工作如表 11-5 所示。

表 11-5 柴油机的二级技术保养

序号	保养项目	进行程序
1	检查喷油器	检查喷油压力，观察喷雾情况，另进行必要的清洗和调整
2	检查喷油泵	必要时进行调整
3	检查气门间隙和喷油提前角	必要时进行调整
4	检查进、排气门的密封情况	拆下气缸盖，观察配合锥面的密封、磨损情况，必要时研磨修理
5	检查水泵漏水否	如溢水口滴水成流时，应调换封水圈
6	检查气缸套封水圈的封水情况	拆下机体大窗口盖板，从气缸套下端检查是否有漏水现象，否则应拆出气缸套，调换新的橡胶封水圈
7	检查传动机构盖板上的喷油塞	拆下前盖板，检查喷油塞喷孔是否畅通，如堵塞，应清理
8	检查冷却水散热器、机油散热器和机油冷却器	如有漏水、漏油，应进行必要的修补
9	检查主要零部件的紧固情况	对连杆螺钉、曲轴螺母、气缸盖螺母等进行检查，必要时拆下检查并重新拧紧至规定扭矩

续表

序号	保养项目	进行程序
10	检查电器设备	各电线接头是否接牢,有烧损的应更换
11	清洗机油、燃油系统管路	包括清洗油底壳、机油管道、机油冷却器、燃油箱及其管路,清除污物并应吹干净
12	清洗冷却系统水管道	除常用的清洗液外,也可用每升水加150g苛性钠(NaOH)的溶液灌满柴油机冷却系统停留8～12h后开动柴油机,使出水温度达到75℃以上,放掉清洗液,再用干净水清洗冷却系统
13	清洗涡轮增压器的气、油道	包括清洗导风轮、压气机叶轮、压气机壳内表面、涡轮及涡轮壳等零件的油污和积炭

11.2.4 三级技术保养

除二级技术保养项目外，尚须增添的工作如表11-6所示。

表11-6 柴油机的三级技术保养项目

序号	保养项目	进行程序
1	检查气缸盖组件	检查气门、气门座、气门导管、气门弹簧、推杆和摇臂配合面的磨损情况,必要时进行修磨或更换
2	检查活塞连杆组件	检查活塞环、气缸套、连杆小头衬套及连杆轴瓦的磨损情况,必要时更换
3	检查曲轴组件	检查推力轴承、推力板的磨损情况,滚动主轴承内外圈是否有周向游动现象,必要时更换
4	检查传动机构和配气相位	检查配气相位,观察传动齿轮啮合面磨损情况,并进行啮合间隙的测量,必要时进行修理或更换
5	检查喷油器	检查喷油器喷雾情况,必要时将喷嘴偶件进行研磨或更新
6	检查喷油泵	检查柱塞偶件的密封性和飞铁销的磨损情况,必要时更换
7	检查涡轮增压器	检查叶轮与壳体的间隙、浮动轴承、涡轮转子轴以及气封、油封等零件的磨损情况,必要时进行修理或更换
8	检查机油泵、淡水泵	对易损零件进行拆检和测量,并进行调整
9	检查气缸盖和进、排气管垫片	已损坏或失去密封作用的应更换
10	检查充电发电机和启动电机	清洗各机件、轴承,吹干后加注新的润滑脂,检查启动电机齿轮磨损情况及传动装置是否灵活

11.3 常见故障

作为使用者，要按正确的方法使用内燃机，要按相关规程维护保养好内燃机，但无论使用和保养得多好，内燃机或早或晚地会出现这样或那样的故障。内燃机的常见故障有不能启动或启动困难、排烟不正常、运转无力、转速不均匀和不充电等。下面以国产135和105系列柴油机为例讲述柴油机常见故障检修。

11.3.1 不能启动或启动困难

（1）故障现象

① 气缸内无爆发声，排气管冒白烟或无烟；

② 排气管冒黑烟。

实践证明，要保证柴油机能够顺利启动，必须满足四个必备条件：具有一定的转速；油路、气路畅通；气缸压缩良好；供油正时。从以上柴油机启动的先决条件，就可推断柴油机不能启动或不易启动的原因。

（2）故障原因

① 柴油机转速过低：a. 启动转速过低；b. 减压装置未放入正确位置或调整不当；c. 气门间隙调整不当。

② 油、气路不畅通：a. 燃油箱无油或油开关没有打开；b. 柴油机启动时，环境温度过低；c. 油路中有水分或空气；d. 喷油器喷油雾化不良或不喷油；e. 油管或柴油滤清器有堵塞之处；f. 空气滤清器过脏或堵塞。

③ 气缸压缩不好：a. 活塞与气缸壁配合间隙过大；b. 活塞环折断或弹力过小；c. 进排气门关闭不严。

④ 供油不正时：a. 喷油时间过早（容易把喷油泵顶死）或过晚；b. 配气不正时。

（3）检查方法

在检查之前，应仔细观察故障现象，通过现象看本质，逐步压缩，即可达到排除故障之目的。对柴油机不能启动或启动困难这一故障而言，通常根据以下几种不同的故障现象进行判断和检查。

① 柴油机转速过低。使用电启动的柴油机，如启动转速极其缓慢，此现象大多系启动电机工作无力，并不能说明柴油机本身有故障。应该在电启动线路方面详细检查，判断蓄电池电量是否充足，各导线连接是否紧固良好及启动电机工作是否正常等，此外还应检查空气滤清器是否堵塞。

对手摇启动的柴油机来说，如果减压机构未放入正确位置或调整不对、气门间隙调整不好使气门顶住了活塞往往会感到摇机很费力，其特点是曲轴转到某一部位时就转不动，但能退回来。此时除了检查减压阀和气门间隙外，还应检查正时齿轮的啮合关系是否正确。

② 启动转速正常，但不着火，气缸无爆发声或偶尔有爆发声，排气冒白烟。通过这一现象，就说明柴油在机体内没有燃烧而变成蒸汽排出或柴油中水分过多。

首先检查柴油机启动时环境温度是否过低，然后检查油路中是否有空气或水分。柴油机供给系统的管路接头固定不紧、喷油器针阀卡住、停机前油箱内的柴油已用完等都可能使空气进入柴油机供给系统。这样，当喷油泵柱塞压油时，进入油路的空气被压缩，油压不能升高。当喷油泵的柱塞进油时，空气体积膨胀，影响吸油，结果供油量忽多忽少。出现此类故障的检查方法是，将柴油滤清器上的放气螺钉、喷油泵上的放气螺钉或喷油泵上的高压油管拧松，转动柴油机，如有气泡冒出，即表明柴油机供给系统内有空气存在。处理的方法是将油路各处接头拧紧，然后将喷油泵上的放气螺钉拧松，转动曲轴，直到喷油泵出油没有气泡为止，再拧紧放气螺钉后开机。如发现柴油中有水分，也可用相同的方法检查，并查明柴油中含有水分的原因，按要求更换燃油箱中的柴油。

如果没有空气或水分混杂在柴油中，应该继续检查喷油器的性能是否良好和供油配气时间是否得当。对单缸柴油机来说，应先判断喷油器的工作性能情况。

③ 启动转速正常，气缸压缩良好，但不着火且无烟，这主要是由低压油路不供油引起的。这时主要顺着油箱、输油管、柴油滤清器、输油泵和喷油泵等进行检查，一般就能找出产生故障的部位。

柴油过滤不好或者滤清器没有定时清洗是造成低压油路和滤清器堵塞的主要原因。对于油箱高于柴油滤清器的机型而言，判断油路或滤清器是否堵塞，可将滤清器通喷油泵的油管拆下，如油箱内存油很多，而从滤清器流出的油很少或者没有油流出，即说明滤清器已堵塞。对于油箱低于柴油滤清器的机型而言，则需用手泵把按压输油泵，按照上述方法检查。如果低压油路供油良好，则造成柴油机高压无油的原因大多是喷油泵中柱塞偶件或出油阀偶件磨损、装配不正确。

④ 启动转速正常且能听到喷油声，但不能启动，这主要是由气缸压缩不良引起的。

装有减压机构的 2105 型柴油机，如将减压机构处于不减压的位置，仍能用手摇把轻快地转动柴油机，且感觉阻力不很大，则可断定气缸漏气。

进气门或排气门漏气后，气缸内的压缩温度和压力都不高，柴油就不易着火燃烧，这类漏气发生的主要原因，一是气门间隙太小，使气门关闭不严。另一方面是气门密封锥面上或是气门座上有积炭等杂物，也使气门关闭不严。检查时可以摇转曲轴，如能听到空气滤清器和排气管内有“吱、吱”的声音，则说明进、排气门有漏气现象。

转动曲轴时，如发现在气缸盖与机体的接合面处有漏气的声音，则说明在气缸垫的部位有漏气处。可能是气缸盖螺母没有拧紧或有松动，也可能是气缸垫损坏。

转动曲轴时，机体内部或加机油口处发现有漏气的声音，原因多数出在活塞环上。为了查明气缸内压缩力不足是否因活塞环不良而造成，可向气缸中加入适量的干净润滑油，如果加入机油后气缸内压缩力显然增加，就表明活塞环磨损过甚，使气缸与活塞环之间的配合间隙过大，空气在活塞环与气缸套之间漏入曲轴箱。

如果加入机油后，压缩力变化不大，表明气缸内压缩力不足与活塞环无关，而可能是空气经过进气门或排气门漏走。

11.3.2 排烟不正常

（1）故障现象

燃烧良好的柴油机，排气管排出的烟是无色或呈浅灰色的，如排气管排出的烟呈黑色、白色和蓝色，即为柴油机排烟不正常。

（2）故障原因

① 排气冒黑烟的主要原因包括以下几个方面：a. 柴油机的负载过大，转速低；油多空气少，燃烧不完全。b. 气门间隙过大，或正时齿轮安装不正确，造成进气不足排气不净或喷油晚。c. 气缸压力低，使压缩后的温度低，燃烧不良。d. 空气滤清器堵塞。e. 个别气缸不工作或工作不良。f. 柴油机的温度低，使燃烧不良。g. 喷油时间过早。h. 柴油机各缸供油量不均匀或油路中有空气。i. 喷油器喷油雾化不良或滴油。

② 排气冒白烟的主要原因包括以下几个方面：a. 柴油机温度过低。b. 喷油时间过晚。c. 燃油中有水或有水漏入气缸，水受热后变成白色蒸汽。d. 柴油机油路中有空气，影响了供油和喷油。e. 气缸压缩力严重不足。

③ 排气冒蓝烟的主要原因包括以下几个方面：a. 机油盆内机油过多油面过高，形成过多的机油被激溅到气缸壁窜入燃烧室燃烧。b. 油浴式空气滤清器油池内或滤芯上的机油过多被带入气缸内燃烧。c. 气缸封闭不严，机油窜入燃烧室燃烧。其主要原因是活塞环卡死在环槽中；活塞环弹力不足或各活塞环开口上下重叠；活塞与气缸配合间隙过大或将倒角环安装方向装错等。d. 气门与气门导管间隙过大，机油窜入燃烧室中燃烧。

（3）检查方法

① 排气管冒黑烟的主要原因是气缸内的空气少，燃油多，燃油燃烧不完全或燃烧不及时等。因此，在检查和分析故障时，要紧紧围绕这一点去查找具体原因。检查时可用断油的方法逐缸进行检查，先区别是个别气缸工作不良还是所有气缸都工作不良。

如当停止某缸工作时，冒黑烟现象消失，则是个别气缸工作不良引起冒黑烟，可从个别气缸工作不良上去找原因。这些原因主要有：a. 喷油器工作不良。喷油器喷射压力过低、喷油器滴油、喷雾质量不好和油滴力度太大等均会使柴油燃烧不完全，因此，若发现柴油机有断续的敲缸声，排气声音不均匀，即说明喷油有问题，应该立即检查和调整喷油器。b. 喷油泵调节齿杆或调节拉杆行程过大，以致供油量过多。c. 气门间隙不符合要求，以致进气量不足。d. 喷油泵柱塞套的端面与出油阀座接触面不密封，或喷油泵调节齿圈锁紧螺钉或柱塞调节拐臂松动等，引起供油量失调，导致间歇性地排黑烟。

如果在分别停止了所有气缸工作后，冒黑烟的现象都不能消除，就要从总的方面去找原因。a. 柴油机负荷过重。柴油机超负荷运转，供油量增多，燃料不能完全燃烧，其排气就会冒黑烟。因此，如果发现排气管带黑烟，柴油机转速不能提高，排气声音特别大，即说明柴油机在超负荷运转。一般只要减轻负荷就可好转。b. 供油时间过早。在气缸中的压力、温度较低的情况下，供油时间过早的柴油机会导致部分柴油燃烧不完全，形成炭粒，从排气管喷出，颜色是灰黑色。应重新调整供油时间。c. 空气滤清器堵塞，进气不充分时柴油机也会冒黑烟。如果柴油机高速、低速都冒烟，可取下空滤器试验。如果冒烟立即消失，说明空滤器堵塞，必须立即清洗。d. 柴油质量不合要求，影响雾化和燃烧。

② 排气管冒白烟，说明进入气缸的燃油未燃烧，而是在一定温度的影响下，变成了雾气和蒸汽。排气管冒白烟最多的原因是温度低，油路中有空气或柴油中有水。如果是温度低所致，待温度升高后冒白烟会自行消除。从严格意义上讲，它不算故障，不必处理。如果油路中有空气或柴油内含有水分，其特点是排气除了带白色的烟雾外，柴油机的转速还会忽高忽低，工作不稳定。如果是个别缸冒白烟，则可能是气缸盖底板或气缸套有裂纹，或气缸垫密封不良向气缸内漏水所致的。

③ 排气管冒蓝烟，主要是机油进入燃烧室燃烧引起的。检查时应从易到难，首先检查机油盆的机油是否过多，然后检查油浴式空气滤清器油池和滤芯上的机油是否过多。其余的步骤则比较困难，除用逐缸停止工作的方法，确定是个别气缸还是全部气缸工作不良引起冒蓝烟外，还要拆下气缸盖进一步检查，取出活塞和气门。通常使用间接检查的方法，即根据柴油机的使用期限进行判断，如果柴油机接近大修期出现冒蓝烟，则一般是活塞、气缸、活塞环、气门和气门导管有问题，应通过维修来消除。

11.3.3 柴油机工作无力

柴油机在正常工作时，柴油机运转的速度应是正常的，声音清晰、无杂音，操作机构正常灵敏，排气几乎无烟。

柴油机工作无力就意味着不能承担较大的负载，即在负载加大时有熄火现象，工作中排气冒白烟或黑烟，高速运转不良，声音发闷，且有严重的敲击声等。柴油机工作无力的原因很多，但是在一般情况下，可从以下几个方面进行分析判断。

① 工作无力，转速上不去且冒烟。这是柴油机喷油量少的表现，常见的原因有：

a. 喷油泵供油量没调整好，或者油门拉杆拉不到头，喷油泵不能供给最大供油量。对于2105型柴油机和使用Ⅰ号喷油泵的柴油机来说，如果限制最大供油量的螺钉拧进去太多，就会感到爆发无力，有时爆发几次还会停下来。

b. 调速器的高速限制调整螺钉调整不当，高速弹簧的弹力过弱。

c. 喷油泵柱塞偶件磨损严重。由于柱塞偶件的磨损，导致供油量减少。可适当增加供油量。但磨损严重时，即使调大供油量也无效，应更换新件或修复。

d. 使用手压式输油泵的Ⅰ号或Ⅱ号喷油泵，如果输油泵工作不正常，或柴油滤清器部分堵塞，导致低压油路供油不足，都会导致喷油泵供油量减少。

② 柴油机工作无力，且各种转速下均冒浓烟。

这多半是喷油雾化不良和供油时间不对造成的。

a. 喷油嘴或出油阀严重磨损，滴油、雾化不良，燃烧不完全。

b. 喷油器在气缸盖上的安装位置不正确，用了过厚或过薄的铜垫或铝垫，使喷油器喷油射程不当，燃烧不完全。

c. 喷油泵传动系统零件有磨损，造成供油过迟。

d. 供油时间没有调整好。

③ 转速不稳的情况下，柴油机无力且冒烟。

a. 各缸供油量不一致。喷油泵和喷油器磨损或调整不当容易造成各缸供油不均。判断供油量是否不一致的方法：可让柴油机空车运转，用停缸法，轮流停止某一缸的供油，用转速表测量其转速。当各缸供油量一致断缸时，转速变化应当一样或非常接近，如果发现转速变化相差较大，则证明此缸喷油泵和喷油器磨损或需要调整供油量。

b. 柴油供给系统油路中含有水分或窜入空气，也会导致喷油泵供油量不足。

④ 柴油机低速无力，易冒烟，但高速基本正常。

这是气缸漏气的一种表现，高速情况下漏气量小，故能基本正常工作。漏气造成压缩终了的温度低，不易着火。如果在柴油机运转时从加机油口处大量排出烟气，或曲轴运转部位有“吱、吱”的漏气声，且低速时更明显，则可判定是气缸与活塞之间漏气。另外两种可能漏气的部位是气门和气缸垫处。

⑤ 柴油机表现功率不足，但空转时和供油量较少时排气无烟，供油量大时则易冒黑烟。

a. 空气滤清器滤芯堵塞，使柴油机的进气不足，而发不出足够的功率。

b. 气门间隙过大，使气门开度不够，进气量不足。

c. 排气管内积炭过多，排气阻力过大。

11.3.4 转速不均匀

柴油机转速不均匀有两种表现：一种是大幅度摆动，声音清晰可辨，一般称之为“喘气”或“游车”；另一种是转速在小幅度范围内波动，声音不易辨别，且在低转速下易出现，并会导致柴油机熄火。

影响柴油机转速不均匀的原因，多半是由于喷油泵和调速器的运动部分零件受到不正常的阻力，调速器反应迟钝。具体的因素很多，一般可能有以下几点。

① 供油量不均匀。柴油机运转时，供油多的缸，工作强，有敲击声，冒黑烟。供油少的缸，工作弱，甚至不工作，最终造成柴油机的转速不均匀。

② 个别气缸不工作。多缸柴油机如果有一个气缸不工作，其运转就不平稳，爆发声不均匀。可用停缸法查出哪一个气缸不着火。

③ 柴油供给系统含有空气和水分以及输油泵工作不正常。

④ 供油时间过早，易产生高速“游车”，低速时反而稳定的现象。

⑤ 喷油泵油量调节齿杆或拨叉拉杆发涩，导致调速器灵敏度降低。

⑥ 调速不及时，引起柴油机转速不稳。调速器内的各连接处磨损间隙增大、钢球或飞锤等运动件有卡滞以及调速弹簧失效等，则调速器要克服阻力或先消除间隙，才能移动调节齿杆或拨叉拉杆增减供油量。由于调速不及时，转速就忽高忽低。对于使用整体式（组合式）喷油泵的135或105系列等机型，打开喷油泵边盖，可以看到调节拉杆有规律地反复移动。如柴油机“游车”轻微，则此时可看到拉杆会发生抖动。

⑦ 喷油嘴烧死或滴油。

⑧ 气门间隙调整不当。

11.3.5 不充电

柴油机在中、高速运行时，电流表指针指向放电，或在“0”的位置上不动，说明充电电路有故障。

遇到不能充电首先检查充电发电机的皮带是否过松或打滑，再查看导线连接各处有无松动和接触不良现象。再按下列步骤判断。

使用直流充电发电机的柴油机，可用螺丝刀（起子）在充电发电机电枢接线柱与机壳之间“试火”。如有火花，说明充电机本身及磁场接线柱、调节器中的调压器、限流器及充电发电机电枢接线柱等整个励磁电路良好。故障应在调节器的电枢接线柱、节流器至电流表一段。如无火或火花微弱，说明充电发电机及其磁场接线柱、调节器中的调压器、限流器及充电发电机电枢接线柱等整个励磁电路有故障。

此时，可用导线连接电压调节器上的电枢和电池接线柱，观察电流表的指示。可能有两种现象，一种是有充电电流，这说明电压调节器中的节流器触点烧蚀或并联线圈短路，致使触点不能闭合。另一种是无充电电流，这说明电压调节器电池接线柱至电流表连接线断路或接触不良。排除这两个可能的故障之后仍不充电，则将临时导线改接充电发电机电枢和磁场接线柱。这时也有两种可能的情况出现：一种是能充电，这表明充电发电机良好，故障是电压调压器的励磁电路断路，如由于触点烧蚀或弹簧拉力过弱，致使触点接触不良，两触点间连线断路或电阻烧坏等；另一种是不充电，则可拆下充电发电机连接调节器的导线，将发电机的电枢和磁场接线柱用导线连在一起，并和机壳试火。这也有两种可能：有火花则表明发电机是良好的，不充电的原因可能是调节器的励磁电路搭铁；无火花则表明发电机本身有故障，可能是炭刷或整流子接触不良、电枢或磁场线圈断路或搭铁短路等。若以上几种方法都无效，所检查的机件工作都正常，则此时可判定是电流表本身有故障。

使用硅整流发电机的柴油机，若运行时电流表无充电指示，其判断检查方法如下：

首先检查蓄电池的搭铁极性是否正确以及硅整流发电机的传动皮带是否过松或打滑。如果导线接线方法正确，可用螺丝刀（起子）与硅整流发电机的后端盖轴承盖相接触，试试是否有吸力。在正常情况下，应该有较大的吸力，否则说明硅整流发电机励磁电路部分可能有开路。要确定开路部位，应拆下发电机的磁场接线柱线头，与机壳划擦，可能出现如下三种情况：第一种情况是无火花，说明调节器至发电机磁场接线柱的连线有断路；第二种情况是出现蓝白色小火花，说明调节器触点氧化；第三种情况是出现强白色火花，并发出“啪”的响声，说明磁场连线完好，而硅整流发电机内励磁电路开路，多是因接地炭刷搭铁不良或炭刷从炭刷架中脱出等原因引起的。

如确认硅整流发电机励磁电路连接良好，则打开调节器盖，用螺丝刀（起子）搭在固定触点支架和活动触点之间，使磁场电流不受调节器的控制而经螺丝刀构成通路。将柴油机稳定在中、高速上，观察电流表，会出现两种情况：一种是电流表立即有充电电流出现，这说明硅整流发电机良好，而调节器弹簧弹力过松；另一种是电流表仍无充电电流，此时应拆下硅整流发电机的电枢接线柱上的导线与机壳划擦，如有火花说明与电枢连接的线路完好，而故障发生在硅整流发电机内，如无火花，说明与电枢有关的接线断路。

习题与思考题

1. 简述柴油选用的基本要求。
2. 简述机油选用的基本要求。
3. 简述机组启动前的检查步骤。

4. 简述 4135 柴油机的启动过程。
5. 简述柴油机日常维护保养内容。
6. 简述柴油机不能启动或启动困难的故障现象、故障原因及其检修方法。
7. 简述柴油机排烟不正常的故障现象、故障原因及其检修方法。
8. 简述柴油机工作无力的故障现象、故障原因及其检修方法。
9. 简述柴油机转速不均匀的故障现象、故障原因及其检修方法。
10. 简述柴油机启动电池不充电的故障现象、故障原因及其检修方法。

参考文献

[1] 杨贵恒，龙江涛，王裕文，甘剑锋．发电机组维修技术．第2版．北京：化学工业出版社，2018.
[2] 杨贵恒，张海呈，张寿珍，钟进．柴油发电机组实用技术技能．北京：化学工业出版社，2013.
[3] 杨贵恒，贺明智，袁春，陈于平．柴油发电机组技术手册．北京：化学工业出版社，2009.
[4] 李飞鹏．内燃机构造与原理．第2版．北京：中国铁道出版社，2002.
[5] 陆耀祖．内燃机构造与原理．北京：中国建筑工业出版社，2004.
[6] 谭正三．内燃机构造．第2版．北京：机械工业出版社，1990.
[7] 孙建新．内燃机构造与原理．第2版．北京：人民交通出版社，2009.
[8] 许绮川，樊啟洲．汽车拖拉机学（第一册）——发动机原理与构造．北京：中国农业出版社，2009.
[9] 高连兴，吴明．拖拉机汽车学（第一册）——发动机构造与原理．北京：中国农业出版社，2009.
[10] 李明海，徐小林，张铁臣．内燃机结构．北京：中国水利水电出版社，2010.
[11] 赵新房．教你检修柴油发电机组．北京：电子工业出版社，2007.
[12] 赵家礼．图解维修电工操作技能．北京：机械工业出版社，2006.
[13] 晏初宏．机械设备修理工艺学．北京：机械工业出版社，1999.
[14] 马鹏飞．钳工与装配技术．北京：化学工业出版社，2005.
[15] 王勇，杨延俊．柴油发动机维修技术与设备．北京：高等教育出版社，2005.
[16] 孔传甫．汽车检测设备使用入门．杭州：浙江科学技术出版社，2005.
[17] 尤晓玲，李春亮，魏建秋．东风柴油汽车结构与使用维修．北京：金盾出版社，2003.
[18] 徐文媛．电机修理自学通．北京：中国电力出版社，2004.
[19] 方大千，朱征涛．实用电机维修技术．北京：人民邮电出版社，2004.
[20] 金续曾．中小型同步发电机使用与维修．北京：中国电力出版社，2003.
[21] 赵文钦，黄启松，林辉．新编柴油汽油发电机组实用维修技术．福州：福建科学技术出版社，2007.
[22] 上海柴油机股份有限责任公司．135系列柴油机使用保养说明书．第4版．北京：经济管理出版社，1995.